AEROSOL TECHNOLOGY

third edition

エアロゾルテクノロジー

第 3 版

William C. Hinds・Yifang Zhu 共著

日本エアロゾル学会 監修

諏訪好英・鍵直樹・並木則和 共訳

森北出版

●本書の補足情報・正誤表を公開する場合があります．当社 Web サイト（下記）で本書を検索し，書籍ページをご確認ください．

https://www.morikita.co.jp/

●本書の内容に関するご質問は下記のメールアドレスまでお願いします．なお，電話でのご質問には応じかねますので，あらかじめご了承ください．

editor@morikita.co.jp

初版への序文

空気中浮遊粒子は我々の身近な環境に存在し，ダスト，フューム，ミスト，スモーク，スモッグ，霧など，さまざまな異なった形態で現れる．これらのエアロゾルは，視界，気候および我々の健康と生活様式に影響を及ぼしている．本書では，エアロゾルの特性，挙動，測定方法を解説している．

本書は，産業衛生，大気汚染防止，放射線防護，あるいは環境科学に従事して空気中浮遊粒子を測定したり，研究，制御を行ったりする人々のための入門書である．本書は，専門技術者，大学院生，学部学生を対象としたレベルで書かれており，読者は化学と物理学を理解する十分な知識をもち，微積分学の基本的な概念を理解していることを前提としている．本書は，必ずしもエアロゾルの専門家向けに書かれたものではないが，このような分野を学ぼうとする人々の入門書として役立つものと考える．本書は，エアロゾル科学の実用的な用途との関連性に基づき，エアロゾルの挙動の基本となる物理的・化学的原理と，測定に用いられる機器類を理解するのに必要な内容を含んでいる．

本書は，数学的な解析よりも物理的な解析に重点を置いているが，エアロゾル工学の重要な側面は，エアロゾルの性質を定量的に記述することである．この目的のために，各章の終わりに合計 150 の演習問題を設けてある．これらは，本書に記載された情報の適用方法を学ぶための重要なツールである．本書では実際性を重視するとともに，エアロゾルの特性には測定値固有の変動を含むため，5%未満の補正係数や誤差は無視することとし，表には 2 桁または 3 桁の有効数字のみが示されている．

エアロゾル科学と応用分野の専門家たちは，エアロゾルの特性と挙動をより基本的に理解することの必要性を長年認識してきた．本書の執筆にあたり，筆者はこの長年にわたる必要性を満たし，関連分野の学生に適した入門書となるよう努めた．本書は，ハーバード大学公衆衛生学部環境健康科学科の大学院生を対象にエアロゾル技術に関する半期の必須コースとして行った 9 年間の講義ノートをもとにした．

各章は，講義の順序と同様に，単純なものから始まり，より複雑な内容へと進んでいくよう配置されている．たとえば，粒子の統計学は，学生がエアロゾルの初歩的な特性を理解し，統計学的な扱いの必要性を正しく認識してから学ぶよう，後半に配置してある．また，エアロゾルの応用についても基本的な原理を理解した後，各章で扱うようにしてある．フィルタリングや呼吸器への沈着のようなより複雑な応用についても同様である．エアロゾル分野ではさまざまな測定機器が用いられるが，異なる原理の測定器では，しばしば異なったデータが得られる．このことを正しく理解するため，それぞれのエアロゾル測定機器の動作原理も説明した．エアロゾル測定機器は急速に進歩しているため，本書では特定の機器についての説明は最小限に留めた．各種測定機器の詳細については，『Air Sampling Instruments, 5th edition, ACGIH, Cincinnati, OH, 1978』などの他の書籍でカバーされているので，本書と合わせて読んでいただきたい．参考文献およびその章の内容を応用するのに有効な演習問題を各章の末尾に示した．付録には一般的な参考資料として役立つ表やグラフも掲載した．

本書の執筆にあたり，多くの人々に協力していただいた．とくに原稿を読んで多くの有益な助言をしてくれたシンシナティ大学の Klaus Willeke に感謝したい．また，SEM 写真を提供してくれた Kenneth Martin，原稿の準備とタイピングを手伝ってくれた Laurie Cassel にも感謝する．

1982 年 2 月
マサチューセッツ州ボストンにて

William C. Hinds

第2版への序文

本書エアロゾルテクノロジーの初版が1982年に発行されてから16年以上が経過した．この間，エアロゾルの科学・技術分野に関わる研究者の数も増え，技術的にも大きく発展してきた．初版が発行された当時，エアロゾルに関する学会・協会は米国内に二つしかなかったが，現在は11の団体があり，国内および国際会議も定期的に開催されている．エアロゾルに関する成長分野には，ハイテク材料処理におけるエアロゾルの使用や治療薬の投与がある．また，バイオエアロゾル，マイクロエレクトロニクス製造におけるエアロゾル汚染，地球規模の気候に対するエアロゾルの影響についての認識も高まっている．初版は多くの読者を得てその有用性が証明されるとともに，この分野の標準的な入門書となったが，その後の技術の変化や発展に伴い，本書の内容を追加・更新する必要が生じた．

本書の目的は初版から変わってはおらず，環境分野の専門家，大学院生および学部学生に対し，エアロゾルの科学と技術に関して明確で，理解しやすく，かつ有用な情報を提供することにある．第2版では本分野の変化に合わせ，SIを主な単位系として使用するとともに，cgs単位を補助的な単位系として使用している．また初版の更新と改訂に加え，バイオエアロゾルに関する新しい章と，再飛散，輸送損失，呼吸器系への沈着モデル，および粒子のフラクタル特性評価に関する新たな項目を追加した．

大気エアロゾルに関する章については，内容を拡張し，バックグラウンドエアロゾル，都市エアロゾル，および地球規模の影響に関する章を加えた．さらに第2版では，26の新しい例題と30の新しい演習問題を追加した．なお，Klaus WillekeとPaul A. Baronによる『Air Sampling Instruments』（訳者注：ISBN 10:1882417399, ISBN 13:9781882417391）および『Aerosol Measurement』（訳者注：ISBN 0-442-00486-9）の最新版（訳者注：いずれもJohn Wiley and Sons Inc.より出版）は，いずれも測定方法と計測器についてより深く詳細に解説した書籍であり，本書と合わせて読むことをお勧めする．

第2版の改訂を支援してくれた多くの人々の中で，いくつかの章をレビューしてくれたJanet Macher，Robert Phalen，およびJohn Valiulisにとくに感謝したい．

Rachel Kim と Vi Huynh は原稿の変更箇所の入力を，また博士課程の学生 Nani Kadrichu は方程式の入力を行ってくれた．そして最後に，この長いプロセスの間，継続的にサポートしてくれた妻の Lynda に感謝する．

カリフォルニア州ロサンゼルスにて

William C. Hinds

第3版への序文

1999年に第2版が発行されてから22年以上が経過した．この間，エアロゾルの科学と技術は，その規模においても技術内容においても成長を続けてきた．第2版が最初に発行されたときにはエアロゾルに関する学会・協会は米国内に11あったが，現在は18団体が活動している．初版および第2版は多くの人に読まれ，エアロゾル分野の標準的な入門書となったが，本分野における技術発展に伴い，本書を更新・改訂する必要が生じた．

本書の目的は初版および第2版から変わってはおらず，環境分野の専門家，大学院生および学部学生に対し，エアロゾルの科学と技術に関して明確で，理解しやすく，かつ有用な情報を提供することにある．また，本書ではSIとcgs単位系を引き続き使用している．さらに本書では，大気エアロゾルとバイオエアロゾルの分野における新たな発見を含め，さまざまな章でサンプリング方法と機器に関する内容を拡張した．

第3版を作成するにあたり，とくにDr. Yan LinとYuening Guoのご協力に感謝したい．最後に，このプロセスを通じて継続的にサポートしてくれた，筆者らそれぞれの配偶者であるLyndaとYuqing Zhangに感謝する．

カリフォルニア州アラモにて

William C. Hinds

カリフォルニア州ロサンゼルスにて

Yifang Zhu

目　次

主な記号一覧

添え字等

$\overline{\square}$：平均値，算術平均値

$\square_0$：初期値，ダクトの…

$\square_{50\%}$，$\square_{84\%}$：捕集効果50%，84%に対応する…

$\square_{\mathrm{rms}}$：rms 値（2 乗平均平方根）

$\square_\infty$：離れた場所での…，一様流中の…，ダクトの…

a	加速度，粒子半径，Rosin–Rammler 分布の係数：式 (4.60)，光の吸収率に関する係数：式 (16.3)
a_c，a_r	遠心加速度：式 (3.15)，(5.25)
A	面積，断面積，ハマーカ定数：式 (6.1)，光の吸収率：式 (16.4)
A_c	Deutch–Anderson の式における捕集面積：式 (15.28)
A_p	粒子の断面積
A_s	表面積
b	Hatch–Choate の変換式の係数：式 (4.47)，Rosin–Rammler 分布の係数：式 (4.60)
B	粒子移動度：式 (3.16)，薄層の場所から見た対象物の明るさ：式 (16.28)
B'	背景の明るさ：式 (16.26)
B_0	対象物の明るさ：式 (16.26)
B_a	エアロゾルにより散乱する太陽光のうち観測者に向かう光の明るさ：式 (16.28)
B_R	観測点から見た物体の明るさ：式 (16.27)
B'_R	観測点から見た背景の明るさ：式 (16.27)
c	分子速度，光速
c_m	質量濃度，エアロゾルの単位体積あたりの粒子の質量
c_x, c_y, c_z	x, y, z 方向の速度
C	粒子濃度
C_c	カニンガム補正係数：式 (3.19)，すべり補正係数：式 (3.20)
C_D	抗力係数：式 (3.4)
C_m	質量濃度
C_N	個数濃度，エアロゾルの単位体積あたりの粒子数
C_R	見かけのコントラスト：式 (16.27)，(16.33)
C_v	体積濃度
CE_R	吸引性粒子用プレコレクタの捕集効率：式 (11.14)
CE_T	喉頭通過性粒子用プレコレクタの捕集効率：式 (11.18)
CI	信頼区間：式 (4.57)
d	粒径
$\hat{d}$	粒径の最頻値：式 (4.54)
d^*	ケルビン直径：式 (13.5)
d_a	空気力学径：式 (3.26)
d_A	Hatch–Choate の変換式における平均径：式 (4.47)
d_c	クラウドの径：式 (17.3)
d_d	液滴粒径
d_e	等価体積径：式 (3.23)，(11.6)，(19.3)，(21.1)
d_f	繊維径
d_F	フェレの直径：図 20.1
d_g	幾何平均径：式 (4.14)
d_m	気体分子直径
$d_{\bar{m}}$	平均質量径：式 (4.19)
d_{mm}	質量平均径：式 (4.26)
d_M	マーティン径：図 20.1
d_p	粒径
$\hat{d}_p$	最小捕集効率を示す粒径：式 (9.34)
$d_{\bar{p}}$	d^p に比例する平均粒径：式 (4.21)，

	(4.22)
d_{PA}	投影面積直径：図 20.1
d_{pp}	一次粒子の径：式 (20.6)
d_s	ストークス径：式 (3.26)
$d_{\bar{s}}$	2 次のモーメント平均：式 (4.23)，平均表面積径：式 (4.30)
d_{sm}	表面積平均径：式 (4.27)，(4.31)
$d_{\bar{v}}$	平均体積径：式 (4.22)
D	粒子の拡散係数：式 (7.1)，(7.7)
D_F	フラクタル次元：式 (20.5)
D_j	慣性インパクタの噴流径，ノズル径
D_S	サンプリングプローブの直径
D_v	空気中における蒸気の拡散係数
DF	総沈着率：式 (11.5)
$\mathrm{DF}_{\mathrm{AL}}$	肺胞領域の沈着率：式 (11.4)
$\mathrm{DF}_{\mathrm{HA}}$	頭部気道の沈着率：式 (11.1)
$\mathrm{DF}_{\mathrm{TB}}$	気管支領域の沈着率：式 (11.3)
e	電子の電荷，反発係数：式 (6.6)
E	効率，電界強度：式 (15.6)，(15.10)
$\mathbf{E}$	フィルタの捕集効率：式 (9.1)，(9.2)
$\mathbf{E}_c$	個数捕集効率：式 (9.1)
E_D	拡散による単一繊維の捕集効率：式 (9.27)
E_{DR}	拡散–さえぎりの相互作用による単一繊維の捕集効率：式 (9.28)
E_G	沈降による単一繊維の捕集効率：式 (9.30)
E_I	衝突効率：式 (5.27)，衝突による単一繊維の捕集効率：式 (9.24)
E_L	電子が粒子から自然放出されるのに必要な表面電場の強さ：式 (15.28)
$\mathbf{E}_m$	質量捕集効率：式 (9.2)
E_q	静電気力（鏡像力）による単一繊維の捕集効率：式 (9.32)
E_R	さえぎりによる単一繊維の捕集効率：式 (9.21)
E_Σ	単一繊維の総合捕集効率：式 (9.14)，(9.33)
$\widehat{E}_\Sigma$	最小捕集効率：式 (9.35)
f	比率，光の周波数，減光係数の式における係数：式 (16.17)，コロニーのあるサイトの割合：式 (19.3)，励起周波数：式 (21.2)
f_f	最終的な周波数：式 (10.20)
f_m	質量の頻度：式 (4.60)
f_n	n 個の単位電荷をもつ粒径の粒子の割合：式 (15.30)，(15.31)
F	力
F_{adh}	付着力：式 (6.1) ～ (6.4)
F_D	抗力：式 (3.4)，(3.8)
F_{diff}	拡散力：式 (7.2)
F_E	静電気力：式 (15.8)
F_f	流体要素に作用する摩擦力：式 (2.36)
F_G	重力：式 (3.11)
F_I	流体要素に作用する慣性力：式 (2.39)
F_n	ストークス抗力の形状成分：式 (3.6)
F_{rp}	輻射圧による力：式 (8.7)
F_s	表面張力により粒子と表面との間に生じる引力：式 (6.3)
F_{th}	熱泳動力：式 (8.1)，(8.4)
F_v	液体中の球の体積分率：式 (21.6)
F_τ	ストークス抗力の摩擦成分：式 (3.7)
g	重力加速度
G	重力沈降による沈着に関わる無次元数：式 (9.29)，クラウドの沈降速度と粒子の沈降速度との比：式 (17.6)，(17.7)
H	沈降粒子の粒径を求める経験式の置き換え値：式 (3.36)，熱泳動係数：式 (8.5)，蒸発潜熱：式 (13.14)
i	溶解時に塩の各分子が形成するイオンの数：式 (13.17)
i_1	垂直方向の偏光散乱光に対する強度パラメータ：式 (16.23)，(16.24)
i_2	水平方向の偏光散乱光に対する強度パラメータ：式 (16.23)，(16.25)
I	粒径区分データの間隔の数：式 (4.14)，光の強度：式 (16.7)
I_0	入射光の強度：式 (16.7)
$I_1(\theta)$	角度 θ における垂直偏光の散乱光強度：式 (16.24)
$I_2(\theta)$	角度 θ における水平偏光の散乱光強度：式 (16.25)
IF	吸引率：式 (11.7)，(11.8)

IF_N　鼻呼吸の吸引率：式 (11.9)
J　沈降速度の実験式における置き換え値：式 (3.34)，フラックス，拡散フラックス：式 (2.30)，(7.1)
k　ボルツマン定数，ベンチュリメータの係数：式 (2.47)，リチャードソンプロットの係数：式 (20.4)
k_p　熱伝導率
k_v　気体または蒸気の熱伝導率
K　凝集係数（Fuchs による補正後）：式 (12.13)
$\bar{K}$　多分散エアロゾルの有効凝集係数：式 (12.17)
K_0　凝集係数（Fuchs による補正前）：式 (12.9)，測定器の校正定数：式 (10.20)
K_E　クーロンの式の比例定数（SI）：式 (15.1)，表 15.1
K_R　ケルビン比：式 (13.5)
K_{st}　圧力上昇指数：式 (18.1)
KE，KE_b　運動エネルギー
Kn　クヌーセン数（$=2\lambda/dp$）
Ku　桑原の係数：式 (9.22)
L_d　水平型分級器の水平方向距離：式 (3.38)
L_R　解像度の限界：式 (20.8)
L_V　視距離：式 (16.35)
m　分子の質量，粒子の質量，屈折率：式 (16.2)，リチャードソンプロットの傾き：式 (20.4)
m'　光の実屈折率：式 (16.3)
$\dot{m}$　球が 1 秒間に押しのける気体の体積：式 (3.1)
m_f　フロートの質量：式 (2.50)
m_r　相対屈折率：式 (16.5)
M　分子量，総質量
M_{dep}　呼吸器系に 1 分間あたりに沈着する特定粒径の粒子質量：式 (11.6)
n　単位体積あたりの分子数，個数濃度，単位電荷の数
n'　経路の数：式 (7.33)
n_c　単位体積あたりの粒子衝突数：式 (12.5)，粒子の捕捉率：式 (9.9)，(12.22)，収集された生存微生物の総数：式 (19.3)
n_f　コロニーのあるサイトの数：式 (19.3)
n_L　限界荷電数：式 (15.28)，(15.29)
n_m　モル数
n_z　気体分子の平均衝突回数：式 (2.24)，液滴表面全体への分子到着率：式 (13.7)
N　分子数，サンプル内の粒子の総数，粒子個数濃度，仕切られた層の数：図 3.10
N_a　アボガドロ数
N_i　イオン濃度
N_{pp}　凝集体中の一次粒子の数：式 (20.6)
N_t　真の計数値：式 (16.38)
NA　開口数：式 (20.8)
p　圧力，分圧，法線力：式 (3.44)，モーメント平均の次数
p_o　浸透圧：式 (7.3)
p_r　圧力の読み値：式 (2.51)
p_{STP}　標準状態における真の圧力：式 (2.51)
p_u　入口圧力：式 (5.31)
P　圧力，周囲圧力
$\mathbf{P}$　透過率，全体的なフィルタ透過率：式 (9.3)，(9.4)
P_b　粒子の跳ね返り確率：式 (6.7)
P_d　液滴表面における水蒸気分圧：式 (13.5)
$\mathbf{P}_m$　質量濃度による透過率：式 (9.4)
P_s　飽和蒸気圧：式 (13.2)
P_T　全圧
P_v　動圧：式 (2.43)，(2.44)
Pe　ペクレ数：式 (9.26)
$\mathrm{PF}_{2.5}$，PF_{10}　$\mathrm{PM}_{2.5}$ または PM_{10} 粒子に含まれる特定粒径の粒子の割合：式 (11.20)，(11.19)
q，q'　電荷量，粒子の電荷量：式 (15.3)，重み付き分布の次数
q_F　フィルタ性能：式 (9.12)
qMD　q 次の重み付き分布の中央径：式 (4.48)
Q　流量，風量

Q_a	吸収効率：式 (16.10)
Q_e	減光効率：式 (16.8)
Q_L	液体流量：式 (21.3)
Q_{rp}	輻射圧の効率を表す計数：式 (8.7)
Q_s	サンプリング流量，散乱効率：式 (16.10)
Q_{STP}	標準状態における空気に換算した体積流量：式 (2.49)
r	半径位置
R	気体定数：式 (2.1)，半径，さえぎりによる単一繊維捕集効率の無次元パラメータ：式 (9.20)，電荷の分離距離：式 (15.3)
R_g	凝集体の半径：式 (20.6)
Re	レイノルズ数：式 (2.41)
Re_f	繊維のレイノルズ数：式 (9.13)
Re_F	流体のレイノルズ数
Re_P	粒子のレイノルズ数
RF	肺胞到達粒子の粒径分布：式 (11.10)
s	単位面積あたりのコロニーまたは粒子数：式 (19.2)
S	面積，停止距離：式 (5.19)，天秤の測定分解能：式 (10.19)
S_R	飽和率：式 (13.3)
Stk	ストークス数：式 (5.23)，(5.24)
Stk′	プローブ角度 Θ のときのストークス数：式 (10.5)
t	時間，フィルタの厚さ，t 検定値：式 (4.58)，(4.59)
T	温度
T_d	液滴表面の温度
TF	喉頭通過性粒子の比率：式 (11.17)
U	速度，気流速度，フィルタ内の気流速度：式 (9.6)，サンプリングプローブ内の気流速度
v	気体の体積
v_c	クラウドの体積：式 (17.2)
v_d	液滴の体積
v_m	分子の体積：式 (13.9)
v_p	粒子の体積
V	粒子の速度，粒子と気体との相対速度，電子顕微鏡の加速電圧：式 (20.9)
$\mathbf{V}$	流体の3次元速度ベクトル：式 (3.40)
V_c	跳ね返りの限界速度：式 (6.5)，クラウドの沈降速度：式 (17.4)
V_{dep}	沈着速度：式 (7.27)
V_{dsf}	拡散泳動とステファン流により生じる速度：式 (8.8)
V_f	終末速度：式 (5.15)
V_m	1分間の吸引流量：式 (11.6)，媒質中の光の速度：式 (16.5)
V_p	真空中と物質内の光の速度の比：式 (16.2)，粒子中の光の速度：式 (16.5)
V_r	r 方向の気体速度：式 (3.42)
V_{th}	熱泳動速度：式 (8.2)，(8.6)
V_T	接線方向の速度：式 (3.15)，ロッドの接線速度：式 (19.1)
V_{TC}	遠心力による終末速度：式 (3.14)
V_{TE}	静電気力による終末速度：式 (15.15)
V_{TF}	一定の外力 F による終末速度：式 (5.5)
V_{TS}	終末沈降速度：式 (3.13)，(3.21)
V_θ	θ 方向の気流速度：式 (3.42)
W	電圧
x	水平距離，分離距離，壁からの距離，正規変数：式 (11.11)
$\bar{x}$	液滴あたりの球の平均数：式 (21.5)
$\tilde{x}$	座標を表すダミー変数：式 (7.22)
$\bar{x}_{\mathrm{MMD}}$	粒径 MMD の液滴の平均個数：式 (21.6)
x_q	逆極性の電荷の分離距離：式 (6.2)
z	単位面積あたりの分子衝突数：式 (2.15)
Z	電気移動度：式 (15.21)
Z_i	イオンの移動度
α	フィルタ内の繊維体積の割合，充填率：式 (9.7)，光散乱の粒径パラメータ：式 (16.6)
α_c	凝縮係数：式 (13.7)
α_v	体積形状係数：式 (20.2)
β	凝集係数の補正係数：式 (12.13)，跳ね返りの限界速度における定数：式 (6.5)
γ	表面張力，フィルタの単位厚さあたりの捕集効率：式 (9.11)，(9.19)
Γ	速度勾配
δ	拡散境界層の厚さ：式 (7.30)
ε	比誘電率（誘電率），輝度コントラス

	トの限界値：式 (16.34)
ε_0	真空の誘電率：式 (9.32)，(15.2)
ε_f	繊維の比誘電率（誘電率）：式 (9.32)
η	粘度係数：式 (2.26)
η_c	二相系の粘性係数：式 (17.1)
θ	角度，散乱角
Θ	流れとサンプリングプローブとが成す角度
κ	比熱比：式 (13.4)
λ	気体分子の平均自由行程：式 (2.25)，光の波長，ステップサイズ：式 (20.5)
λ_e	電子の波長：式 (20.9)
λ_p	粒子の平均自由行程：式 (7.11)
μ	無次元沈着パラメータ：式 (7.28)，(7.33)
ρ	密度
ρ_0	単位密度，1 000 kg/m^3 [1.0 g/cm^3]
ρ_b	バルクの密度
ρ_c	クラウド密度：式 (17.2)
ρ_g	気体の密度
ρ_L	液体の密度
ρ_p	粒子の密度
ρ_r	密度の読み値：式 (2.51)
ρ_{STP}	標準状態における真の密度：式 (2.51)
σ_a	吸収係数：式 (16.11)
σ_{CMD}，$\sigma_{\ln\ \mathrm{CMD}}$	CMD および ln CMD の標準誤差：式 (4.56)
σ_e	減光係数：式 (16.7)
σ_{EE}	実験誤差による変動：式 (4.56)
σ_g	幾何標準偏差，GSD：式 (4.40)
σ_s	散乱係数：式 (16.11)
τ	接線力：式 (3.45)，緩和時間：式 (5.3)，検出器の信号回復時間：式 (16.38)
ϕ	角度，チューブの曲げ角度：式 (10.17)，フックスの補正係数：式 (13.16)
χ	動力学的形状係数：式 (3.23)
ω	角周波数，回転速度

1 序　論

空気中に浮遊している微粒子には，飛散した土壌粒子，火力発電所からの排煙，光化学反応により生成した粒子，海水の飛沫から生成した塩の粒子，水滴や氷の粒子からなる大気中の雲など，さまざまな種類がある．それらは，影響の度合いはそれぞれ大きく異なるが，視界や気候だけでなく，我々の健康や生活環境に少なからず影響している．これらの浮遊微粒子は，すべてエアロゾル（aerosols）の一種である．エアロゾルは，気体およびその気体中に浮遊する固体または液体の粒子として定義される．エアロゾルは，粒子と粒子が浮遊している気体から構成される二相系であり，これらには，ダスト（粉塵），フューム，煙，ミスト，霧，かすみ，雲，スモッグなどの幅広い現象が含まれる．エアロゾルという用語は，固体粒子が分散している安定な懸濁液を意味するハイドロゾルに類似したものとして 1920 年頃に造り出された．エアロゾルという言葉は，加圧スプレー缶などの製品に対して用いられているが，科学では，気体状物質の中に粒子が分散している状態を表す用語として広く用いられており，本書でもこの意味で使用している．

エアロゾルは，表 1.1 に示す粒子状物質の分散状態の一つである．表中に示した物質はすべて 2 成分系であり，粒子サイズと溶媒中の濃度に依存して特有の性質を示す．また，粒子サイズや濃度に応じてその安定度も大きく変化する．

エアロゾルの特性を理解することは実用上きわめて重要である．たとえば，これにより，水循環の重要なつながりである大気中での雲の形成プロセスを理解できる．エアロゾルの特性は，大気中の粒子状汚染物質の生成，輸送，消滅に影響を与える．

表 1.1　微粒子分散系の種類

分散媒体	分散粒子		
	気体	液体	固体
気体	—	フォグ，ミスト，スプレー	フューム，ダスト
液体	泡	乳濁液（エマルジョン）	懸濁液，スラリー
固体	スポンジ	ゲル	合金

作業環境や一般の生活環境における粒子状汚染物質の測定および制御には，エアロゾルに関する知識が必要となる．エアロゾルテクノロジーは，噴霧乾燥製品，光ファイバ，カーボンブラック，顔料の製造，殺虫剤の散布などにも応用されている．肺に吸入された粒子の毒性は，その化学的性質のみでなく物理的特性にも依存するため，浮遊粒子の危険性を正確に評価するには，エアロゾルの特性を理解する必要がある．また逆に，呼吸器疾患やその他の疾患の治療において，治療用エアロゾルを的確に投与するためにも，エアロゾルの知識が必要である．

エアロゾルテクノロジー（aerosol technology）には，エアロゾルの特性，挙動，物理的原理について研究し，その知識をエアロゾルの測定と制御に応用することが含まれている．エアロゾル中の粒子状物質の部分は，質量，容積ともにエアロゾル全体に比べて0.0001％未満であり，ほんの一部分を占めるにすぎない．粘性や密度といったエアロゾルの巨視的な特性は，純粋な空気の特性に比べて，ごくわずかに異なるだけである．そのため，エアロゾルの特性を研究するには，微視的な視点に立って考えることが重要である．これによって，エアロゾルの複雑な特性を理解するという問題が，個々の粒子の特性を理解するという問題に帰着できる．顕微鏡的なアプローチでは，個々の粒子に対して，その粒子にはたらく力や粒子の運動，また分散媒体としての気体や光学特性，その他の粒子との相互作用に関する問題を取り扱うこととなる．

20世紀初頭，エアロゾルは観察可能な物質の中で最も小さいものであったため，エアロゾルに関する研究は当時最先端の物理学であった．エアロゾル科学は，初期におけるブラウン運動と拡散の理解，Millikanによる電子の電荷の測定，および電離放射線研究のためのWilsonの霧箱実験に貢献した．これらの古典的なエアロゾル科学の研究は，1955年にFuchsが『エアロゾルの力学（The Mechanics of Aerosols)』を出版するまでの20世紀半ばまで続いた．第二次世界大戦後，とくに1970年代から1980年代にかけて，環境意識の高まりと，地域社会や作業環境における空気汚染から生じる健康影響への懸念により，エアロゾルテクノロジーの重要性が高まった．また，ハイテク産業におけるエアロゾルの利用や，半導体産業における粒子汚染への対策を中心として，エアロゾルテクノロジーの重要性が1980年代に急激に増大した．1990年代の10年間には，超微粒子（粒径0.1 μm未満）が地球規模の気候に及ぼす影響に関する研究も行われるようになった．エアロゾルテクノロジーは，我々自身が生活環境に与える影響と，逆にその生活環境から我々が受けている影響の双方を理解するうえで重要なツールとなっている．2000年代から 2010 年代には，有機エアロゾル，人工的なナノ粒子，エアロゾルのリモートセンシングなどに関して，さらに新しい研究が行われた．

夕焼け，雨，虹，地球規模の気候変動，植物の受粉などの自然現象，珪肺症（石英の粉塵を吸い込んだことが原因で肺が恒久的に瘢痕化する病気）などの健康影響，静電捕集，カスケードインパクタなどの粒子捕集原理などに関わる多様な現象には，いずれもエアロゾルが関係しているが，いずれも単純ではない．エアロゾルテクノロジーは物理学，化学，物理化学，工学の成果に基づいており，しばしば粉体工学で使われている手法，概念，用語も用いられている．また，エアロゾルテクノロジーの成果は，労働衛生，大気汚染への対策，吸入毒性学，大気物理および化学，放射線衛生学の分野にも応用されている．

本書では二つの単位系を使用している．主な単位系は国際単位系（SI，またはメートル・キログラム・秒単位系）である．しかしこの分野，とくに米国では，cgs 単位系（センチメートル・グラム・秒単位系）を使用する伝統があるため，cgs 単位を角括弧［ ］で表し，一部の式とほとんどの表記には両方の単位系を示してある．

図 1.1 ～ 1.5 は，エアロゾルの発生源と，生成された粒子の顕微鏡写真を対にして示したものである．これらは，エアロゾルの発生源と，そこから生成した粒子がいかに複雑な性状を有しているかを示している．

1.1 定 義

エアロゾルは，粒子の物理的形状とその発生原因に応じてさらに細かく分類できる．ただし，エアロゾルには厳密な科学的分類はない．以下の定義は一般的な使用法にほぼ対応しており，ほとんどの科学的な記述に対応する．

エアロゾル (aerosol)：気体中に固体もしくは液体の粒子が分散しているもの．通常，エアロゾルは少なくとも数秒間程度は安定しており，場合によっては 1 年もしくはそれ以上にわたり安定状態を保つ場合もある．エアロゾルという用語には，粒子とこれを分散させている気体（通常は空気）の両方が含まれる．粒子サイズは約 0.002 μm から 100 μm，あるいはそれ以上までの範囲を対象とする．

バイオエアロゾル (bio-aerosol)：生物由来のエアロゾル．バイオエアロゾルには，ウイルス，細菌，真菌などの生物そのものおよび真菌の胞子や花粉などの生物による産物が含まれる．

（a）石炭火力発電所（kamilpetran/Adobe Stoc）

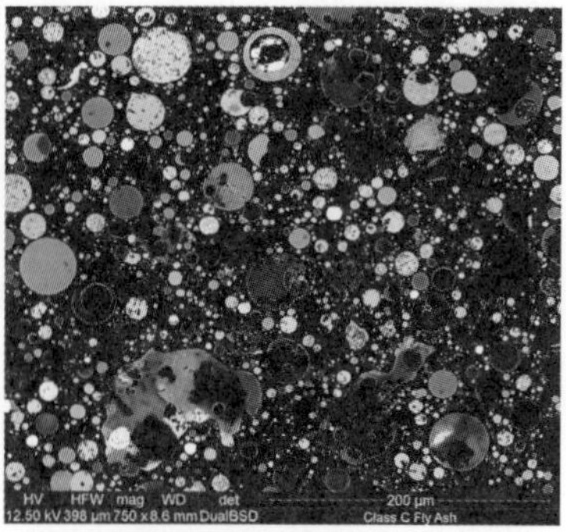

（b）石炭燃焼灰粒子の SEM 写真
（wabeggs/Wikimedia Commons）

図 1.1

（a）花崗岩の切断作業（kalpis/Adobe Stock）

（b）石英粒子の SEM 写真（倍率 ×2 650）
（Susumu Nishinaga/Science Source）

図 1.2

（a）アーク溶接作業

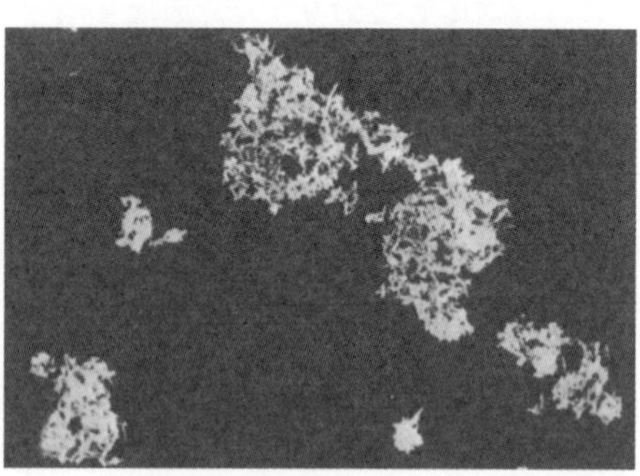

（b）酸化鉄粒子の SEM 写真（倍率 ×2 300）

図 1.3

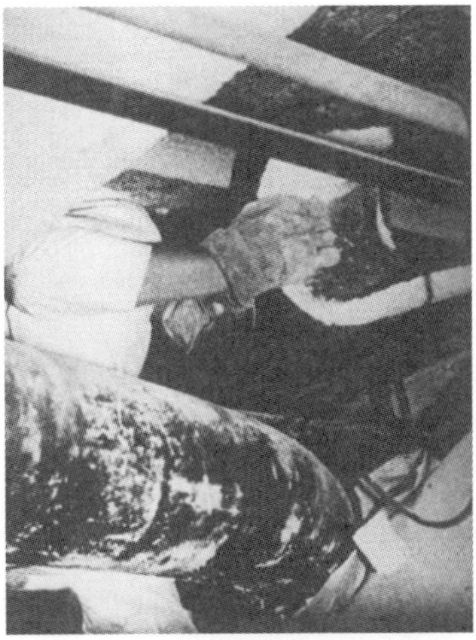

（a）アスベスト配管被覆の除去作業

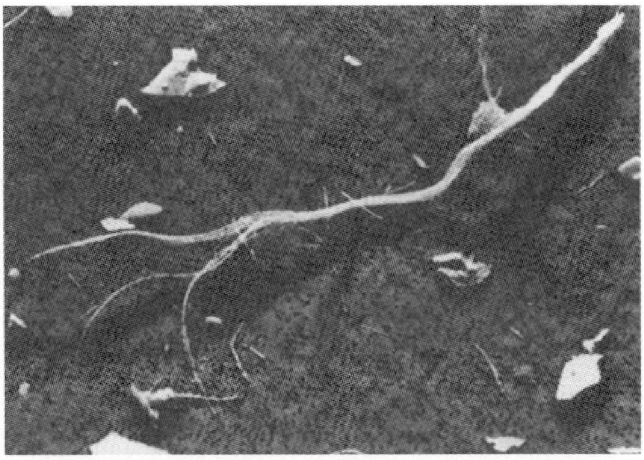

（b）アスベスト繊維の SEM 写真（倍率 ×1 250）

図 1.4

（a）1980 年 5 月のセントヘレンズ山の噴火

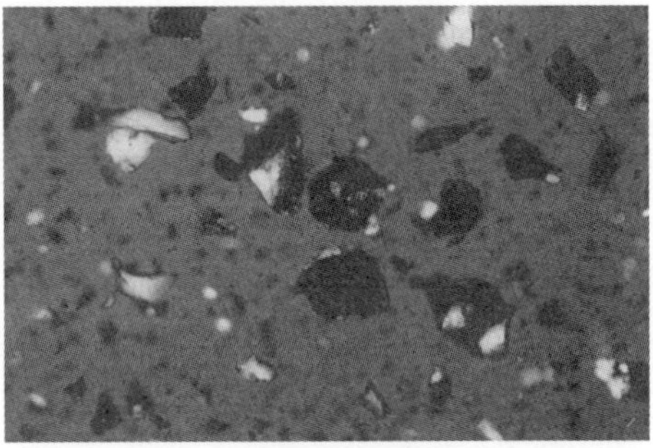

（b）火山灰の光学顕微鏡写真（倍率 ×125）

図 1.5 （オースティン・ポスト，Mount St. Helens: Five Years Later：Eastern Washington University Press および W. C. McCrone and J. G. Delly. McCrone Research Institute）

雲（cloud）：明確な境界をもつ目に見えるエアロゾル．

ダスト（dust，粉塵）：粉砕や摩耗など，母材の機械的崩壊によって形成される固体粒子のエアロゾル．粒子サイズはサブマイクロメートルから 100 μm 以上のものまであり，通常は不規則形状をしている．

フューム（fume）：蒸気またはガス状燃焼生成物の凝縮によって生成される固体粒子のエアロゾル．これらのサブマイクロメートル粒子は，多くの場合，一次エアロゾルのクラスタまたは鎖型凝集体であり，とくに後者の大きさは，通常 0.05 μm 未満である．この定義は，大気中の有害な汚染物質を指す一般的な用語の使用法とは異なることに注意すべきである．

ヘイズ（haze）：視界に影響を与える大気中のエアロゾル．

ミスト，フォグ（mist，fog）：凝縮または霧化によって形成される液体粒子エアロゾル．粒子は球形で，大きさはサブマイクロメートルから約 200 μm までの範囲である．

スモッグ（smog）：

1. 特定の地域における目に見える大気汚染の総称．この用語は煙（smoke）と霧（fog）という言葉に由来している．
2. 光化学スモッグ．太陽光が炭化水素や窒素酸化物に作用して大気中に形成されるエアロゾルを示す用語．粒子サイズは一般に 1 ～ 2 μm 未満である．

煙（smoke）：不完全燃焼によって生じる目に見えるエアロゾル．粒子は通常は直径 1 μm 未満の固体もしくは液体であり，フューム粒子のように凝集する場合もある．

スプレー（spray）：液体から機械的に形成される液滴エアロゾル．粒子サイズは数マイクロメートル以上ある．

通常，これらの区別は必ずしも必要ではないので，本書では一般的な用語としてエアロゾルを使用する．なお，液体粒子は液滴（droplet）とよぶこともある．粒子状物質（particulate matter）という用語は，固体粒子，液滴のいずれの場合にも用いる．一次エアロゾル（primary aerosol）は，大気中に直接放出された粒子，二次エアロゾル（secondary aerosol）は，化学反応（ガス–粒子変換）によって大気中で生成された粒子である．均質エアロゾルは，すべての粒子が化学的に同一な成分から成るエアロゾルである．単分散（mono-disperse）エアロゾルは，粒子がすべて同じ大きさのエアロゾルであり，試験用エアロゾルとして実験室で作られる．

ほとんどのエアロゾルは多分散（poly-disperse）エアロゾルであり，粒子サイズが広範囲にわたるため，その粒子サイズを特徴付けるには，統計的手法を用いる必要がある．

本書では，基本条件を温度 293 K［20℃］，大気圧 101 kPa（1 Pa＝1 N/m^2）［760 mmHg］と定義する．

1.2 粒子サイズ，形状，密度

粒子サイズ（particle size．通常は粒径，本書では粒子直径で表す）は，エアロゾルの挙動を特徴付けるための最も重要なパラメータである．エアロゾルのすべての特性は粒径に依存するが，なかには非常に強く支配されるものもある．さらに，ほとんどのエアロゾルには非常に広い粒径範囲の粒子が含まれており，最小粒子と最大粒子の間の粒径範囲が 100 倍に達するエアロゾルも珍しくはない．エアロゾルの特性は粒径に依存するだけでなく，これらの特性を支配する自然法則自体も粒径によって異なってくる場合がある．したがって，微視的な立場に立ち，粒子サイズ，すなわち粒径ごとの粒子特性を把握することが重要である．粒径ごとの粒子特性を把握できれば，粒径分布全体にわたってこれを積分することでエアロゾル全体の平均的な特性を推定できる．また，エアロゾルの特性が粒径によってどのように変化するかを理解することは，エアロゾルの特性を理解するための基礎となる．

粒径の基本単位は，マイクロメートル（μm），またはそれに相当する古い単位であるミクロン（μ）で，10^{-6} m，10^{-4} cm，または 10^{-3} mm である．ミクロンは現在では SI として認められていない．粒子サイズは粒子の半径を用いて表すこともあるが，本書では粒子の直径（粒径）とし，一貫性を保つため，基本的にはすべての粒径を μm で表すこととする．ただし，粒径 0.1 μm 未満の粒子の場合は，ナノメートル（nm）のほうが適切な場合も多い．粒径には記号 d を用いるが，他の記号と混同する可能性のある場合には記号 d_p を用いる．先述のように，粒径の単位は μm を基本とするが，計算の際には 10^{-6} 倍して m（SI）に変換したり，10^{-4} 倍して cm（cgs 単位）に変換したりして用いる場合がある．

図 1.6 は，エアロゾルの粒径範囲と各種現象との関係を示したものである．図には，気体分子レベルから mm のオーダまで 7 桁の寸法範囲が示されており，本書で扱うエアロゾルの粒径範囲（ほぼ 0.01 ～ 100 μm に集中している）を網羅している．粒径範囲は 1 μm のところで二つに大きく分けられる．これは，サブマイク

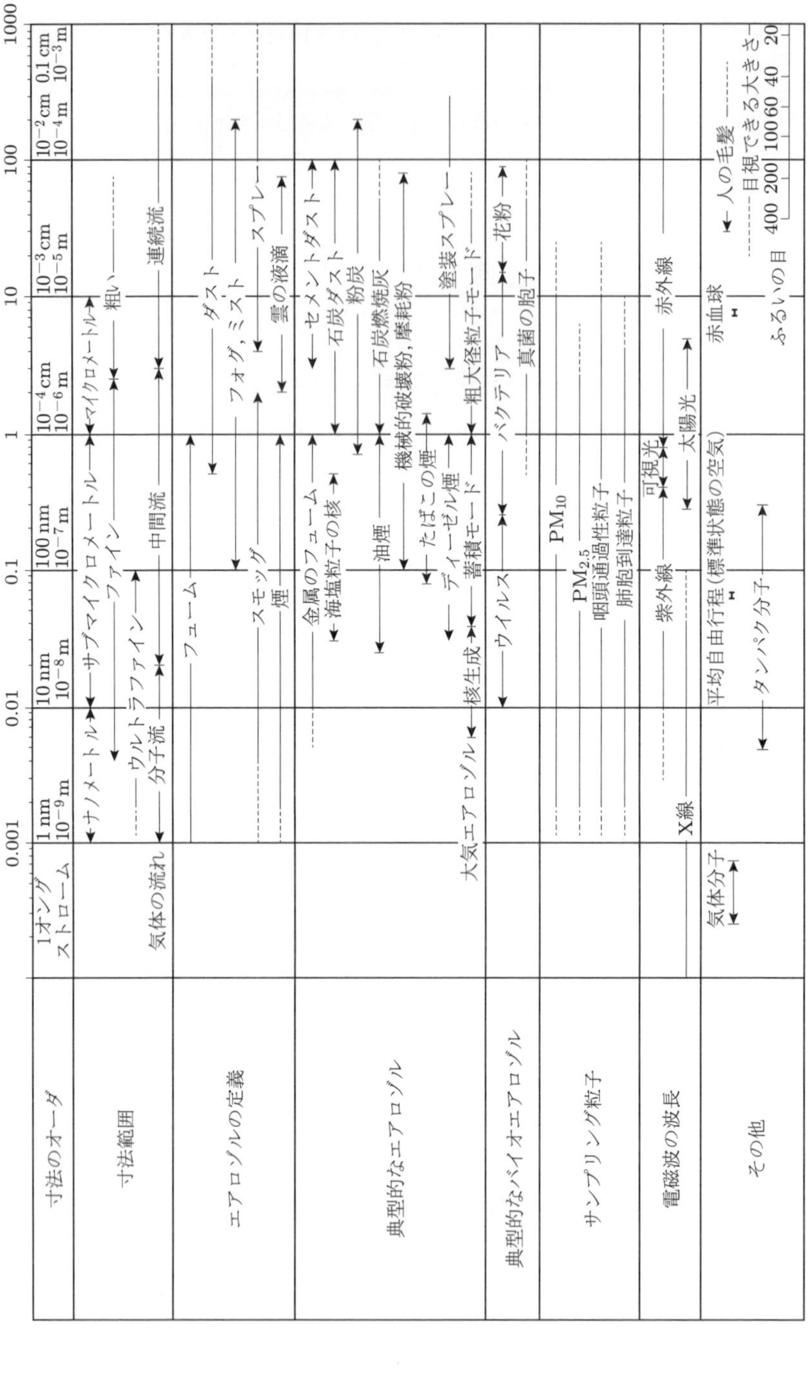

粒径（μm）
0.001
0.01
0.1
1
10
100
1000
寸法のオーダ
1オングストローム
1 nm 10^{-9} m
10 nm 10^{-8} m
100 nm 10^{-7} m
10^{-4} cm 10^{-6} m
10^{-3} cm 10^{-5} m
10^{-2} cm 10^{-4} m
0.1 cm 10^{-3} m
寸法範囲
ナノメートル
サブマイクロメートル
マイクロメートル
ウルトラファイン
ファイン
粗い
気体の流れ
分子流
中間流
連続流
エアロゾルの定義
フューム
ダスト
スモッグ
フォグ，ミスト
スプレー
煙
雲の液滴
典型的なエアロゾル
金属のフューム
セメントダスト
海塩粒子の核
石炭ダスト
粉炭
油煙
石炭燃焼灰
機械的破壊粉，摩耗粉
たばこの煙
ディーゼル煙
塗装スプレー
大気エアロゾル
核生成
蓄積モード
粗大径粒子モード
典型的なバイオエアロゾル
ウイルス
バクテリア
花粉
真菌の胞子
サンプリング粒子
PM10
PM2.5
咽頭通過性粒子
肺胞到達粒子
電磁波の波長
X線
紫外線
可視光
太陽光
赤外線
その他
気体分子
平均自由行程（標準状態の空気）
タンパク分子
赤血球
人の毛髪
目視できる大きさ
ふるいの目
400 200 100 60 40 20

図 1.6　さまざまなエアロゾル粒子の粒径範囲

ロメートル範囲の上限（1.0 μm 未満）とマイクロメートル範囲の下限（1 ～ 10 μm）に相当する．一般にダスト（粉塵），摩耗による生成物，花粉などの粒径は 1 μm あるいはそれ以上であり，フュームや煙の粒径はサブマイクロメートルもしくはそれ以下である．最も小さなエアロゾル粒子は，大きな気体分子とほぼ同程度の大きさであり，気体分子のそれに近い特性を備えている．超微粒子とは，大きな気体分子から粒径約 100 nm（0.001 ～ 0.1 μm）までの粒子のことを指し，粒径 50 nm 未満の粒子はナノメートル粒子またはナノ粒子とよばれている．10 μm を超える大粒径粒子は重力により短時間で沈降するため，大気中に安定に存在することが難しいが，作業環境では，人が粒子の発生源に近いため，健康に影響を与える重要な暴露源となる可能性がある．最大のエアロゾル粒子は目に見える程度の大きさであり，よく知られたニュートン力学（野球ボールや自動車の運動を記述するのによく使われる）で説明できる特性を備えている．本書の文章中の小数点の直径は約 400 μm，肉眼で見ることのできる小麦粉の最小粒子は 50 ～ 100 μm である．また，最も細かい金属製ふるいのメッシュ幅は約 20 μm である．可視光の波長はサブマイクロメートル粒子の大きさに近く，0.5 μm 程度である．

例題　粒径 10 μm と 0.1 μm の球状粒子の体積の比はどれだけか．

解　$$\text{体積} = \frac{\pi d^3}{6}$$

$$\text{比率} = \frac{(\pi/6)d_{10}^3}{(\pi/6)d_{0.1}^3} = \left(\frac{d_{10}}{d_{0.1}}\right)^3 = \left(\frac{10}{0.1}\right)^3 = 10^6$$

液体のエアロゾル粒子は，ほぼつねに球形をしているが，固体のエアロゾル粒子は，図 1.1 ～ 1.5 に示したように複雑な形状をしていることが多い．エアロゾルの特性に関する理論を展開する際には，粒子が球形であると仮定する．非球形粒子に対してその理論を適用するには，補正係数と相当径（equivalent diameter）を適用する．相当径とは，特定の物理的性質について，複雑形状の粒子と同じ値をもつ球形粒子を考えたときの直径である．いかなる特性についても，形状の相違によって物理的性質が 2 倍以上異なるということはほとんどないので，通常，形状による影響は無視できる．細長い繊維など，極端な形状をもつ粒子の場合には，各方向について異なる粒径の非球形粒子を考え，単純化する．一部のフュームや煙粒子は複雑な形状を有するが，これらはフラクタル次元によって特徴付けできる（20.2 節参照）．

その他の重要な物理特性として粒子密度（particle density）がある．粒子密度は，粒子自体の単位体積あたりの質量であり，通常は kg/m^3 [g/cm^3] で示される．次節で説明するように，エアロゾルの密度は濃度とよばれる．粉砕や摩耗によって生成した固体粒子や液体粒子の密度は，もとの材質と同じである．煙やフュームなどの粒子密度は，見かけ上，化学組成から予測される密度よりもはるかに小さい場合がある．なぜなら，これらの粒子はブドウの房のように凝集した構造をもち，そこには大量の空隙が存在するからである．本書では，とくに断りのないかぎり，粒子については単位密度 $\rho_0 = 1000$ kg/m^3 [1.0 g/cm^3]，すなわち水と同じ密度を仮定する．

1.3 エアロゾルの濃度

濃度は最もよく測定されるエアロゾルの特性であり，なかでも環境や健康への影響を考えるうえで最も重要な尺度は質量濃度である．質量濃度は，単位体積のエアロゾルに含まれる粒子状物質の質量であり，一般的な単位は g/m^3，mg/m^3，μg/m^3 で示される．質量濃度の定義は，エアロゾルの密度に相当すると解釈することもできるが，粒子密度と混同する可能性があるため，異なる用語を用いている．

濃度のもう一つの尺度としてよく使われるのが個数濃度である．個数濃度は，単位体積のエアロゾル中に存在する粒子の数であり，通常は個/cm^3 または個/m^3（/cm^3 または/m^3 とも表記する）で示される．超微粒子，バイオエアロゾル，繊維粒子の濃度は個数濃度で表されるのが一般的である．古くは，mppcf（million particles per cubic foot）という単位も使われていたが，フィート（ft）が SI ではないことから本書では使用しない．

また，ガス状汚染物質の場合とは異なり，エアロゾルには体積 ppm や質量 ppm を使用しない．これはエアロゾルが二相系であること，および，この方法で表現するとエアロゾル濃度が非常に小さな数値となることによる．ただし，表 1.2 に示すように，いくつかの標準濃度をこれらの方法で計算しておくことは有益である．たとえば，高密度な燃焼プルームの煙は，体積ベースでは 99.999％が清浄な空気といえることに注意すべきであろう．

図 1.7 は，実際に我々が扱うエアロゾルの濃度がいかに広い範囲にあるのか（$10^{-13} \sim 10^3$ g/m^3）を示している．

ここまで本書を読み進まれた読者の中で，本書第 1 版～第 3 版の序文を読まれて

表 1.2　質量 ppm で示されたエアロゾルの質量濃度の例（標準密度球を仮定）

	質量濃度，質量/体積 (mg/m³)	体積 (ppm)	質量 (ppm)
米国における $PM_{2.5}$ 年間基準 有害粉塵の濃度限界値	0.012	1.2×10^{-5}	9.6×10^{-3}
その他の微粒子	10	0.01	8
煙突排煙内の微粒子（典型例）	10 000	10	8 000

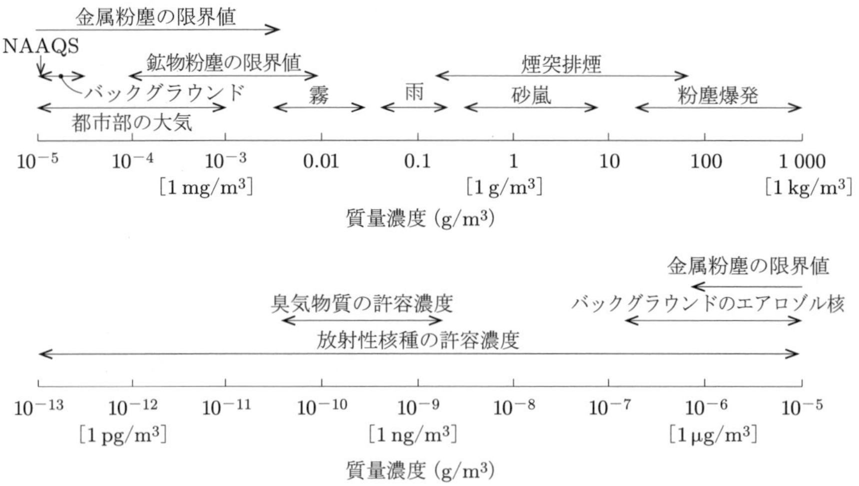

図 1.7　エアロゾル濃度の範囲（National Ambient Air Quality Standards：NAAQS（米国大気質基準））

いない方は，ぜひ改めて読んでいただきたい．これらの序文には，この書籍の内容とその使用方法に関する重要な情報が記載されている．

問題

1.1　エアロゾルの質量濃度が 10 mg/m³ のとき，エアロゾル 1 cm³ あたりに粒径 1.0 μm の粒子が何個存在するか．粒子密度を 1 000 kg/m³［1 g/cm³］であると仮定する．

解答：19 100/cm³

1.2　フィルタのない紙巻きタバコを 1 本喫煙した場合に，喫煙者は 20 mg の煙粒子を含む 350 mL のエアロゾルを吸い込む．このときの煙粒子が直径 0.4 μm の単位密度球であると仮定した場合，喫煙者は1本の紙巻きタバコから何個の粒子を吸い込むことになるか．また, 煙の質量濃度はいくらか．この煙濃度と米国（米国環境空気質基準（NAAQS））の $PM_{2.5}$ 基準（年平均値 12 μg/m^3 以下）との比率を比較せよ．

解答：6.0×10^{11}，0.057 kg/m^3［57 g/m^3］，4.8×10^6

（訳者注：日本国内の基準では年平均値が 15 μg/m^3 以下であり，かつ日平均値が 35 μg/m^3 以下である）

1.3　粒径 0.1 μm の水滴の中には何個の分子が含まれているか．

解答：1.8×10^7

1.4　直径 5 cm の物質を粒径 0.1 μm の球形粒子に分散すると，その総表面積は何倍に増加するか．

解答：5×10^5

1.5　喫煙者は1本の紙巻きタバコから約 20 mg の煙粒子を吸い込む．煙粒子を粒径 0.4 μm の単位密度球と考えたとき，この量の煙粒子の表面積はどれだけになるか．

解答：0.30 m^2［3 000 cm^2］

1.6　質量濃度 12 μg/m^3 のエアロゾル 1 m^3 がある．これが（a）粒径 0.1 μm，（b）1.0 μm，（c）10 μm の単分散エアロゾルであると仮定した場合，それぞれいくつの粒子が存在するか．粒子は単位密度球であるとする．

解答：（a）2.3×10^{10}　（b）2.3×10^7　（c）2.3×10^4

1.7　エアロゾル粒子が非常に大きな気体分子であるとした場合，密度 1 000 kg/m^3 の 1.0 μm 粒子から成る「気体」の分子量（mol あたりの質量）は何グラムになるか．

解答：3.2×10^{11} g/mol

1.8　粒子の質量と表面積との関係を粒径の関数として考える．単位密度（ρ= 1 000 kg/m^3［1.0 g/cm^3］）の物質 1 g が，すべて粒径 0.1 μm の球形粒子に分割された場合，表面積の総和はいくらか．

解答：60 m^2

1.9　同じ体積をもつ球形粒子と繊維粒子の表面積の比率を考える．繊維粒子（円筒形）の断面直径が球の直径の 20％であり，かつ両者の体積が同じ場合，両者の表面積の比率はいくつになるか．球形粒子，繊維粒子はいずれも単位密度と仮定する．

解答：0.3

参考文献

Listed below are some general references on aerosol science and technology.

ACGIH, *Air Sampling Technologies: Principles and Applications*, ACGIH, Cincinnati, 2008.

Boucher, O. *Atmospheric Aerosols: Properties and Climate Impacts*, Springer, New York, 2015. (A textbook on aerosols and their impact on the climate system.)

Clift, R., Grace, J. R., andWeber, M. E., *Bubbles, Drops, and Particles*, Dover Publications, New York, 2005. (Reference textbook on fluid dynamics, heat transfer, and mass transfer of single bubbles, drops, and particles.)

Colbeck, I., and Lazaridis, M. (Ed.) Aerosol Science: Technology and Applications,Wiley, New Jersey, 2014. (Comprehensive coverage of aerosol topics including emission sources, atmospheric aerosols, and climate.)

Davies, C. N. (Ed.), *Aerosol Science*, Academic Press, New York, 1966. (Thorough coverage on selected topics out of print but available in libraries.)

Friedlander, S. K., *Smoke, Dust and Haze*, 2nd edition, Oxford University Press, Oxford, UK, 2000. (Good coverage; oriented toward air pollution.)

Fuchs, N. A., *The Mechanics of Aerosols*, Pergamon, Oxford, UK., 1964. (This outstanding classic has been republished in paperback by Dover Publications, New York, 1989).

Hinds,W. C., *Aerosol Technology: Properties, Behavior and Measurements of Airborne Particles*, 2nd edition,Wiley, New York, 1999. (The predecessor to this edition.)

Hidy, G. M., and Brock, J. R., *The Dynamics of Aerocolloidal Systems*, Pergamon Press, New York, 1971. (A mathematical approach to the theory of aerosol science.)

Kulkarni, P., Baron, P. A., andWilleke, K. Aerosol Measurement: Principles, Techniques, and Applications, 3rd edition, Wiley, New Jersey, 2011. (Comprehensive coverage of aerosol measurement.)

Mercer, T. T., *Aerosol Technology in Hazard Evaluation*, Academic Press, New York, 1973. (Good coverage; oriented toward occupational hygiene.)

Reist, P. C., *Aerosol Science and Technology*, McGraw-Hill, New York, 1993. (An introductory textbook on aerosol science.)

Ruzer, L. S., and Harley, N. H., *Aerosols Handbook: Measurement, Dosimetry, and Health Effects*, 2nd Edition, Taylor and Francis, Oxfordshire, UK, 2012." (Good coverage on particle dosimetry on humans and its health impacts.)

Vincent, J.H., *Aerosol Sampling: Science, Standards, Instrumentation and Applications*, Wiley; New York, 2007. (Comprehensive coverage of aerosol sampling, especially with blunt samplers.)

Vincent, J. H., *Aerosol Science for Industrial Hygienists*, Pergamon, Oxford, UK., 1995. (A textbook on the application of aerosol science and technology to the field of occupational hygiene.)

Williams, M. M. R., and Loyalka, S. K., *Aerosol Science: Theory and Practice, Pergamon*, Oxford, 1991. (Strong theoretical coverage.)

エアロゾル科学技術を扱う専門誌として以下の四つがある．

Aerosol and Air Quality Research, Open Access, Taiwan.

Aerosol Science and Technology, Taylor & Francis, New York, U.S.
Aerosol Science and Engineering, Springer, China.
Journal of Aerosol Science, Elsevier, Exeter, U.K.

2 気体の性質

エアロゾルは，固体または液体の粒子とそれらが浮遊している気体との 2 相で構成されている．本書の大部分はエアロゾル粒子の特性と挙動を扱っているが，分散媒体としての気体は粒子と直接に相互作用し，エアロゾルの挙動に大きな影響を及ぼしている．粒子の運動は気体から抵抗を受ける．この抵抗の度合いは粒径に応じて異なり，とくに粒径が気体の分子間距離に近づくにつれてその影響は顕著となる．エアロゾル粒子は気体分子との衝突により運動量を交換し，ランダムに運動する（ブラウン運動）．また，気体中の温度勾配はエアロゾル粒子に熱泳動力とよばれる力を生じる．粒子と周囲の気体との間にはさまざまな相互作用があるため，エアロゾルの特性を扱う前に，気体の特性，とくに気体分子の運動理論（気体分子運動論）を理解する必要がある．

2.1 気体分子の運動理論（気体分子運動論）

粒子とこれが分散する気体との間の相互作用を理解するには，気体の運動理論（気体分子運動論：kinetic theory of gas molecules）を理解する必要がある．これらの相互作用は，気体の古典的な運動理論によって十分に説明されており，エアロゾルの特性を理解するための物理として，より高度な運動理論や量子力学を学習する必要はない．

気体分子運動論によれば，気体の温度，圧力，平均自由行程，粘性は，すべて気体分子の運動によって説明される．後述するように，温度は分子の運動エネルギーの尺度，圧力は容器内壁に衝突する分子により与えられる力，粘性は分子運動による運動量の伝達，拡散は分子の移動をそれぞれ表している．気体分子運動論では，基本として以下の三つを仮定する．① 気体は多数の分子から構成されている，② 分子の大きさは分子間距離に比べて小さい，③ 分子は衝突しないかぎり直線運動しており，衝突した場合は剛体球として弾性衝突する．ある意味で，分子の存在は分子間または他の物体と衝突した場合にのみ物理的な意味をもつという単純なふるまいをしている．気体分子運動論では，この気体分子の挙動をビリヤードのボールに見立てた衝突モデル（ビリヤードボールモデル）として表現し，温度，圧力，粘性，平均自由行程，拡散，熱伝導などの特性を，分子の個数 n，質量 m，直径 d_m，速度 c を用いて表している．

よく知られている理想気体の法則（ideal gas law）は，気体の絶対圧力 P，絶対温度 T，体積 v，およびモル数 n_m の関係を表したもので，次式で表される．

$$Pv = n_m RT \tag{2.1}$$

ここで，R は気体定数であり，その値は用いる単位系によって異なる．たとえば，圧力を Pa(N/m^2)，体積を m^3 で表した場合には，$R = 8.31$ J/(K·mol)(Pa·m^3/(K·mol))，圧力を atm，体積を cm^3 で表した場合には，$R = 82$ atm·cm^3/(K·mol) となる．他の単位を用いた場合については，付録 A.1 に記載した．式 (2.1) は，数気圧未満の圧力において，空気を含むほとんどの気体に適用できる．

理想気体の法則は，ボイルの法則（Boyle's law），シャルルの法則（Charles's law），およびアボガドロの法則（Avogadro's law）を組み合わせたものである．ボイルの法則は式 (2.1) から次のように書き表すことができる．

$$Pv = \text{一定} \qquad \text{（ただし，}n_m\text{ および }T\text{ が一定の場合）} \tag{2.2}$$

ボイルの法則は，気体の運動理論とニュートンの運動法則から導き出すこともできる．図 2.1 に示すように，一辺の長さが b の立方体の中に質量 m の分子 N 個が存在する場合を想定する．ある分子の x 軸に平行な速度成分を c_x とする．速度の y 成分と z 成分は x 方向の成分に影響しない．また，他の分子との衝突もないと仮定

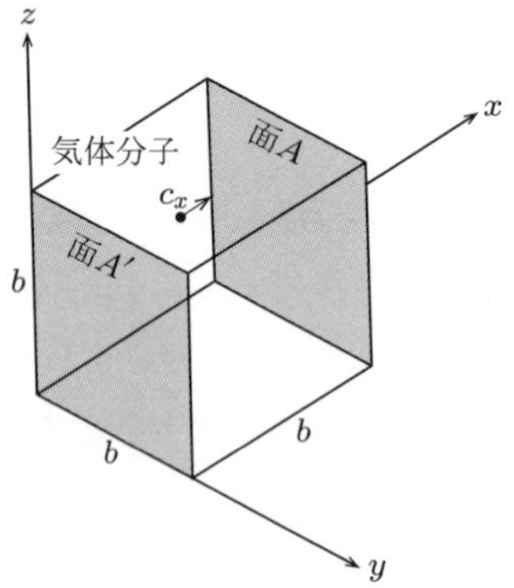

図 2.1 ボイルの法則を分子運動から導出するための立方体

すると，この分子は面 A と面 A' に衝突しながら，両面の間を速度 c_x で往復運動する．A または A' 面に衝突するまでの時間間隔は，

$$\Delta t = \frac{b}{c_x} \tag{2.3}$$

である．分子の運動量は，面と衝突するたびに mc_x から $-mc_x$ へと変化するので，運動量の変化は，

$$\Delta mV = mc_x - (-mc_x) = 2mc_x \tag{2.4}$$

となる．ある程度長い時間を考えると，単位時間あたりの運動量変化は，

$$\frac{\Delta mV}{\Delta t} = \frac{2mc_x}{b / c_x} = \frac{2mc_x^2}{b} \tag{2.5}$$

となる．ニュートンの第 2 法則（Newton's second law．付録 A.2 参照）によると，分子運動により生じる力は，分子の単位時間あたりの運動量変化と等しいので，

$$F = \frac{\mathrm{d}(mV)}{\mathrm{d}t} = \frac{2mc_x^2}{b} \tag{2.6}$$

また，分子運動によって生じる圧力，すなわち単位面積あたりの力は次のようになる．

$$P = \frac{F}{A + A'} = \frac{F}{2b^2} = \frac{2mc_x^2}{2b^3} = \frac{mc_x^2}{v} \tag{2.7}$$

ここで，$b^3 = v$ は立方体の体積である．

他の分子もそれぞれ同じ圧力を及ぼすので，すべての分子についての合計から，全圧力は次のように表せる．

$$P = \sum\left(\frac{mc_x^2}{v}\right)_i = \frac{m}{v}\sum\left(c_x^2\right)_i \tag{2.8}$$

式 (2.8) を 2 乗平均速度（分子速度の 2 乗平均平方根（root mean square）：rms 速度）$\overline{c_x^2}$ を用いて書き改めると，

$$N\overline{c_x^2} = \sum\left(c_x^2\right)_i \tag{2.9}$$

となり，したがって，次のようになる．

$$P = \frac{mN\overline{c_x^2}}{v} \tag{2.10}$$

ここで，N は立方体内の分子の数である．各分子の速度 c は次式で与えられる．

$$c^2 = c_x^2 + c_y^2 + c_z^2 \tag{2.11}$$

ここで，c_x，c_y，c_z は x，y，z 方向の速度成分であり，すべて同等である．したがっ

て，

$$\overline{c_x^2} = \overline{c_y^2} = \overline{c_z^2} \tag{2.12}$$

さらに，

$$\overline{c^2} = 3\overline{c_x^2} \tag{2.13}$$

となる．式 (2.13) を式 (2.10) に代入すると，次のようになる．

$$Pv = \frac{mN\overline{c^2}}{3} \tag{2.14}$$

これがボイルの法則，すなわち式 (2.2) を表している．ボイルの法則が成り立つ必要条件として，式 (2.14) の右辺が一定，すなわち温度一定のとき体積も一定であるという条件が導かれる．

詳細な分析によると，他の分子との衝突は前述の結果に影響を及ぼさないことがわかっている．さらに進んだ分析によると，単位面積の静止表面に1秒あたりに衝突する分子数 z は，次のようになる．

$$z = \frac{n\bar{c}}{4} \tag{2.15}$$

ここで，$\bar{c}$ は平均分子速度，n は分子の個数濃度，すなわち単位体積に含まれる分子数である．式 (2.15) を用いれば，空気分子とエアロゾル粒子との間の衝突頻度を大まかに推定できる．分子の個数濃度 n はアボガドロ数（Avogadro number）を理想気体のモル体積で割れば得られる．標準状態の空気では，n は $2.5\times10^{25}/\mathrm{m}^3$ [$2.5\times10^{19}/\mathrm{cm}^3$]，$\bar{c}$ は 460 m/s [約 46 000 cm/s, 時速 1 000 マイル] である．式 (2.15) より，任意の表面への分子衝突の割合は $2.9\times10^{27}/\mathrm{m}^2$ [$2.9\times10^{23}/\mathrm{cm}^2$] となる．粒径 0.1 μm の粒子の表面積は $3.1\times10^{-14}\ \mathrm{m}^2$ なので，1秒あたり 10^{14} 回の衝突が発生している．この計算では，粒子が静止しており，その表面が平坦であると仮定している．この仮定は，計算の目的から見て十分に合理的である．

2.2　分子速度

式 (2.14) と式 (2.1) を組み合わせると，分子速度の2乗平均平方根，すなわち rms 速度の式を得ることができる．1 mol の気体に対して次式となる．

$$Pv = RT = \frac{mN_a\overline{c^2}}{3} \tag{2.16}$$

$$c_{\mathrm{rms}}=(\overline{c^2})^{1/2}=\left(\frac{3RT}{mN_a}\right)^{1/2} \tag{2.17}$$

ここで，N_a はアボガドロ数である．mN_a は気体の分子量 M なので，

$$c_{\mathrm{rms}}=\left(\frac{3RT}{M}\right)^{1/2} \tag{2.18}$$

となる. 式 (2.18) は, 巨視的物理量の一つである気体温度を測定することによって，既知の気体分子の rms 速度を計算できるという意味で，気体分子運動論の有用性を示している．分子速度は温度の上昇とともに速くなるが，その変化は温度の平方根に比例した緩やかなものである．

式 (2.16) を用いることにより，1 mol の気体の運動エネルギー（kinetic energy）KE（$=(1/2)mV^2$）が，次式のように表される．

$$\mathrm{KE}=\frac{N_a m\overline{c^2}}{2}=\frac{3RT}{2} \tag{2.19}$$

理想気体の場合，運動エネルギーは圧力，体積，分子量には依存せず，温度のみに依存する．表 2.1 に 293 K［20℃］における気体および蒸気の分子速度を示す．表から明らかなように，軽い分子が重い分子と同じ運動エネルギーを維持するためには，より速い速度をもたなければならない．

表 2.1 293 K［20℃］における気体および蒸気の分子速度

気体または蒸気	分子質量（g/mol）	rms 速度（m/s）
H_2	2	1 910
H_2O	18	637
空気	29	503
CO_2	44	407
Hg	201	191

ある温度における気体分子の rms 速度は一定の値を示すが，気体にはマクスウェル-ボルツマン分布（Maxwell-Boltzmann distribution）で表される広範囲の分子速度分布が存在する（4.1 節「粒径分布の特性」参照）．各軸方向の分子速度成分の分布は次式で与えられる．

$$f(c_x)\mathrm{d}c_x=\left(\frac{m}{2\pi kT}\right)^{1/2}\exp\left(\frac{-mc_x^2}{2kT}\right)\mathrm{d}c_x \tag{2.20}$$

ここで，$f(c_x)\mathrm{d}c_x$ は c_x と $c_x+\mathrm{d}c_x$ の間の速度分数，k はボルツマン定数で $k=R/N_a$ である．図 2.2 に示すように，x 方向の正または負の速度は同じ分布をしており，

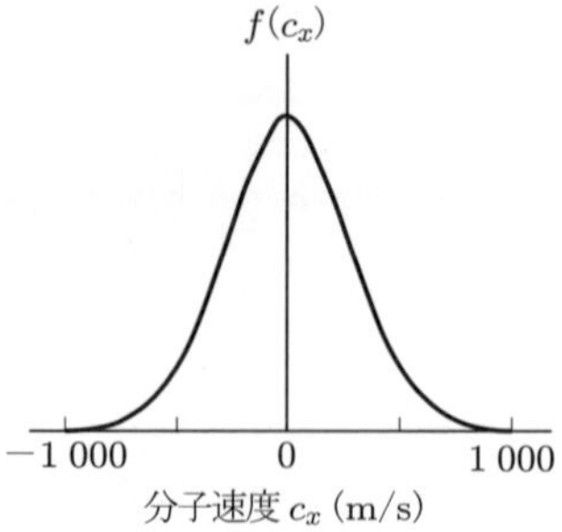

図 2.2　273 K［0℃］の窒素ガスにおける分子の x 方向速度成分の分布

気体全体が静止している場合，算術平均は 0 となる．

分子速度の大きさの分布は次式で表される．

$$f(c)\mathrm{d}c = 4\pi c^2\left(\frac{m}{2\pi kT}\right)^{3/2}\exp\left(\frac{-mc^2}{2kT}\right)\mathrm{d}c \tag{2.21}$$

図 2.3 に示すように，分子の速度が 0 になる確率，すなわち分子が停止する確率は 0 である．ここでは分布のある量を扱っているため，平均速度を計算する方法によって得られる値も違ってくる（分子速度の rms 速度：2 乗平均速度についてはすでに説明した）．一般的な平均値は算術平均である．分子速度の算術平均値は，ある瞬間におけるすべての分子速度の合計を分子の総数で除したものとして求められる．式 (2.21) により与えられるような連続分布に対しては，速度とその確率を全速度にわたって積分することにより平均値が求められる．

$$\bar{c} = \int_0^\infty cf(c)\mathrm{d}c = \left(\frac{8kT}{\pi m}\right)^{1/2} = \left(\frac{8RT}{\pi M}\right)^{1/2} \tag{2.22}$$

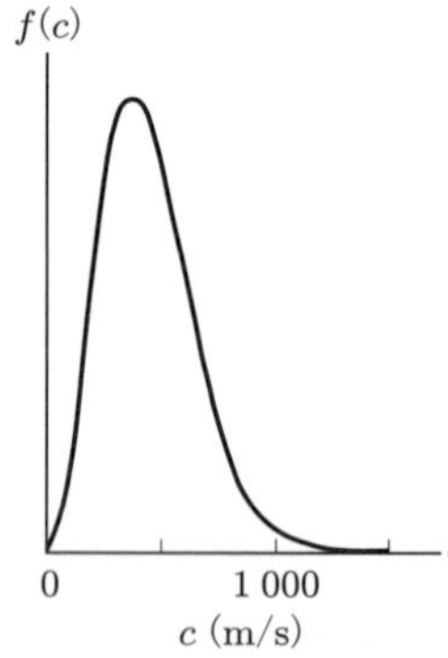

図 2.3　273 K［0℃］の窒素ガスにおける分子速度の分布

2.3 平均自由行程

エアロゾルの挙動には，気体との相互作用が関係することが多く，気体の不連続な特性を考慮する必要がある．すなわち，気体は連続流体として扱うことはできず，粒子とランダムに衝突しながら高速で運動する分子の集団と考える．このような考え方を用いるか否かを判断するには，粒子の大きさと気体分子の分子間間隔との相対的な関係を考える必要がある．分子間距離を表すための有用な概念として，平均自由行程（mean free path）がある．平均自由行程は，連続する分子間衝突の，衝突と衝突との間に分子が移動する平均距離として定義される．気体の平均自由行程 λ は，特定の分子が 1 秒間に衝突する平均回数 n_z と，その分子が 1 秒間に移動する平均距離から求められる．

$$\lambda = \frac{\bar{c}}{n_z} \tag{2.23}$$

例として，時速 60 マイル（約 97 km/h）で自動車を走らせたとき，毎時 3 回の弾性衝突をすると考えると，衝突間の平均距離は 20 マイル（約 32 km）となる．平均衝突回数 n_z は，式 (2.15) をもとに，気体分子が微小であること，および衝突面が移動していることを考慮すると次式で与えられる．

$$n_z = \sqrt{2} n \pi d_m^2 \bar{c} \tag{2.24}$$

ここで，d_m は分子の衝突径（collision diameter）であり，衝突の瞬間における二つの分子の中心間の距離として定義される．空気の場合，衝突径は約 3.7×10^{-10} m［3.7×10^{-8} cm］である．

式 (2.23)，(2.24) を組み合わせると，次式となる．

$$\lambda = \frac{1}{\sqrt{2} n \pi d_m^2} \tag{2.25}$$

101 kPa［1 atm］，293 K［20℃］における空気の平均自由行程は 0.066 μm である．

特定の気体では衝突径 d_m は一定と考えることができるので，平均自由行程は気体密度にのみ依存し，気体密度は n に比例する．したがって，平均自由行程は温度の上昇，および圧力の低下とともに長くなる．また，大気中では上空ほど平均自由行程は長くなる．

例題　標高 4 421 m［14 494 ft］のホイットニー山（カリフォルニア州）の頂上の平均自由行程はどの程度か．気温 20℃，圧力 0.7 atm であると仮定する．

解　式 (2.25) より，次式となる．

$$\lambda \propto \frac{1}{n} \quad ここで,\ n \propto P$$

したがって，次のように求められる．

$$\frac{\lambda_1}{\lambda_0} = \frac{n_0}{n_1} = \frac{P_0}{P_1}$$

$$\lambda_1 = \lambda_0 \frac{P_0}{P_1} = 0.066\left(\frac{1}{0.7}\right) = 0.094\,\mu\mathrm{m}$$

図 2.4 と表 2.2 は，標準状態における空気分子の相対的な大きさと間隔を，直径 0.1 μm の粒子（端の一部のみを示している）と比較して示したものである．図は気体分子の 2 次元表現であり，分子に関わるさまざまな 3 次元的スケールが図の平面内に示されている．図では，直径 0.1 μm の粒子の直径は 0.17 m［16.7 cm］となる．気体分子は，他の気体分子と衝突してから次の分子と衝突するまでに平均自由行程（0.066 μm）に等しい距離を平均的に移動する．

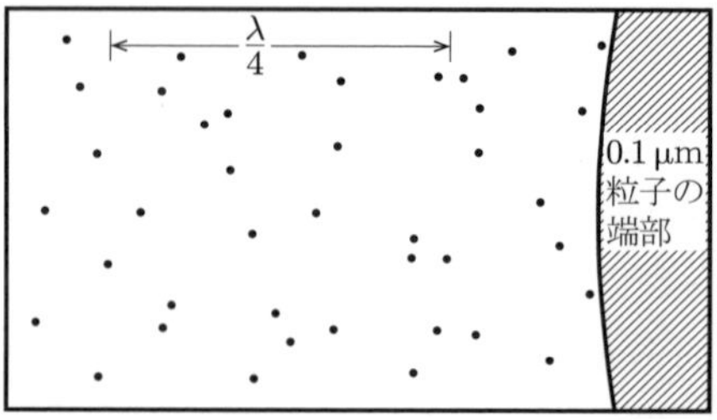

図 2.4　標準状態（293 K および 101 kPa）における気体分子，分子間距離，平均自由行程および 0.1 μm 粒子の相対的な大きさの比較

表 2.2　標準状態（293 K および 101 kPa）における空気分子の性質

大きさ	長さ（μm）	分子直径に対する比率
分子直径	0.00037	1
おおよその分子間距離	0.0034	9
平均自由行程	0.066	180
0.1 μm 粒子の直径	0.1	270

気体と粒子との相互作用に関する研究では，平均自由行程と粒子半径の比に等しい無次元数であるクヌーセン数（Knudsen number，$\mathrm{Kn}=2\lambda/d$）を使用するのが一般的である．しかし，クヌーセン数は粒径が小さくなるにつれて大きくなる値であり，本書の議論では紛らわしい場合がある．そのため，混乱を避ける意味で，本書ではクヌーセン数を使用しない．

2.4　その他の性質

気体分子運動論，とくにより高度な理論を用いると，温度と圧力の他に熱伝導率（thermal conductivity），粘性係数（viscosity coefficient），拡散係数（diffusion coefficient）など気体の物性値も表すことができる．粒子挙動を考える場合，粘性と拡散が重要となるため，これらの特性について気体分子運動論に基づき簡単に説明しておく．

まず，ニュートンの粘性の法則について述べる．この法則により，異なる速度で移動する流体層の間にはたらく摩擦力が導かれる．図 2.5 に示すように，面積 A の 2 枚の平板が距離 y だけ離れて平行に置かれた場合を考える．距離 y は平板に比べて十分小さいとする．一方の平板が静止しており，もう一方の平板が一定速度 U で移動した場合を想定すると，平板間の気体（または液体）は平板の運動に対して抵抗（流体の内部摩擦による）を生じるため，一定の速度を維持するには，力 F を平板に対して継続的に与える必要がある．この力は，平板の面積と平板間の相対速度に比例し，平板間の距離に反比例することから，次式で与えられる．

$$F=\frac{\eta A U}{y} \tag{2.26}$$

ここで，η は粘性係数，または粘度とよばれる比例定数である．SI では，粘度の単位は $\mathrm{N\cdot s/m^2}$，$\mathrm{kg/(m\cdot s)}$，または $\mathrm{Pa\cdot s}$ で，$1\ \mathrm{Pa}$（パスカル）$=1\ \mathrm{N/m^2}$ である．cgs 単位系では，粘度の単位は poise（ポアズ）であり，$\mathrm{dyn\cdot s/cm^2}$ の次元をもつ．

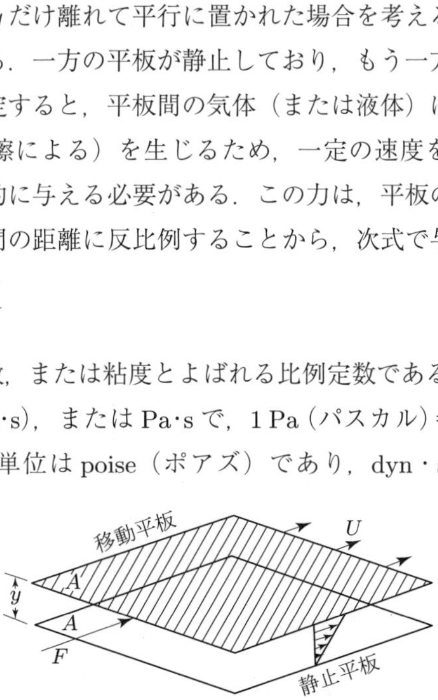

図 2.5　平行平板間に生じる流体抵抗

20℃における空気の粘度は 1.81×10^{-5} Pa・s［1.81×10^{-4} poise（P）］である．粘度が 1 Pa・s の流体は，1 m の距離を隔てた 1 m^2 の平行平板間で 1 m/s の相対速度を維持するのに 1 N の力を必要とする．粘性係数は流体の内部摩擦係数と考えることができる．

分子レベルでは，気体の粘性は，速度の速い層から速度の遅い層への分子運動量の伝達を表している．この伝達は，層間を移動する分子のランダムな熱運動によって引き起こされる．

この過程の物理的意味は，隣接する平行な線路上をわずかに異なる速度で慣性走行する2組の台車を考えるとわかりやすい．各台車に乗り込んだ質量 m' の人が，それぞれの台車の間を行ったり来たりして遊んでいるとする．速い台車から遅い台車へ人が飛び移るたびに，遅い台車には $m'\Delta V$ の運動量が与えられ，その分だけ遅い台車の速度が上昇する．逆方向に飛び乗った場合には，速い台車の速度が減少する．台車速度の差が大きいほど，また飛び移りの回数が多いほど，この効果は大きくなる．1秒あたり N' 回の飛び移りをした場合，各台車は $N'm'\Delta V$ の力を受け，遅い台車は加速，速い台車は減速する．

分子運動量の伝達は，平板間の速度勾配 U/y に依存するため，分子運動のすべての方向について平均すると，平均的な分子運動距離（平均自由行程）における流体速度の差は $2\lambda U/3y$ となる．質量 m の分子一つは，平均的な分子移動距離を動く間に $2m\lambda U/3y$ の運動量を伝達する．面積 A の平行平板間を横切る分子数は，双方向を考えると，式 (2.15) から $2(n\bar{c}/4)$ で与えられる．したがって，1秒あたりの合計の運動量伝達は，次のようになる．

$$\frac{nm\bar{c}\lambda AU}{3y} \tag{2.27}$$

この運動量の伝達率が式 (2.26) の摩擦抵抗力に等しい．式 (2.26) と式 (2.27) を組み合わせると，次のようになる．

$$\eta=\frac{1}{3}nm\bar{c}\lambda=\frac{1}{3}\rho_g\bar{c}\lambda \tag{2.28}$$

式 (2.22) の c と式 (2.25) の λ を代入して，次式となる．

$$\eta=\frac{2(mkT)^{1/2}}{3\pi^{3/2}d_m^2} \tag{2.29}$$

粘性係数は圧力には依存せず，分子の諸定数と温度のみに依存し，温度の上昇に伴って増加する．式 (2.29) で与えられる温度依存性はほぼ正しいが，実際の気体分子は，ここで仮定したような剛体球ではない．このため，ほとんどの気体において粘性の温度依存性は $T^{1/2}$ よりも大きくなる．たとえば，223 ～ 773 K［－50 ～ 500℃］の温度範囲では，空気の粘性係数は絶対温度の 0.74 乗に比例する．空気の粘性係数を温度の関数として示したものを付録 A.6 に記載した（以下の計算例も参照）．

気体の粘性係数が圧力と無関係であるというのは驚くべき結果であるが，このことは 0.001 ～ 100 atm の圧力範囲にわたって実験的に検証されている．また温度の上昇に伴い，気体の粘性係数が上昇するという関係は，油や蜂蜜などの液体を温めるとその粘度が減少するという我々の直感と矛盾している．これは，液体の場合は気体とは原理が異なり，主として接近した分子間にはたらく凝集力（cohesive force）によって液体の粘度が決まるためである．この凝集力は，温度の上昇に伴い急速に弱まるので，その結果，粘度が減少する．気体では分子間距離が非常に大きいため，ほとんどの場合，こうした凝集力の影響を受けることはない．

例題 100℃における空気の粘性係数はいくらか．

解 $\eta \propto T^{0.74} \quad \eta_2 = \eta_1 \left(\frac{T_2}{T_1} \right)^{0.74}$

$$\eta_{100°\mathrm{C}} = 1.81 \times 10^{-5} \left(\frac{373}{293} \right)^{0.74} = 2.16 \times 10^{-5}\ \mathrm{Pa \cdot s}$$

$$\left[\eta_{100°\mathrm{C}} = 1.81 \times 10^{-4} \left(\frac{373}{293} \right)^{0.74} = 2.16 \times 10^{-4}\ \mathrm{dyn \cdot s/cm^2} \right]$$

サザーランドの式（Sutherland equation）を使用すると，さらに正確な値を得ることができる．

$$\eta_T = \frac{1.458 \times 10^{-6}\, T^{1.5}}{T + 110.4}\ \mathrm{Pa \cdot s}$$

$$\eta_{100°\mathrm{C}} = \frac{1.458 \times 10^{-6} \times 373^{1.5}}{373 + 110.4} = 2.17 \times 10^{-5}\ \mathrm{Pa \cdot s}$$

サザーランドの式は，100 ～ 1 800 K の範囲で正確な粘性係数を与える．

ある気体が他の静止流体中において物質移動する現象を拡散（diffusion）とよぶ．これは濃度勾配による気体の分子運動の結果生じる現象である．気体が空気中に拡散する場合，そのフラックス J，すなわち拡散方向に垂直な単位面積あたり単位時間に移動する物質量（分子数/($\mathrm{m^2 \cdot s}$)）は，濃度勾配が $\mathrm{d}C/\mathrm{d}x$ である場合，フィックの拡散第1法則（Fick's first law of diffusion）により，次式で与えられる．

$$J = -D_{ba}\frac{\mathrm{d}C}{\mathrm{d}x} \tag{2.30}$$

D_{ba}は，気体a中における気体bの拡散係数（diffusion coefficient）または拡散率とよばれる比例定数であり，その単位は$\mathrm{m^2/s}$ [$\mathrm{cm^2/s}$] である．物質移動はつねに低濃度領域の方向に，すなわち勾配を下降する方向に生じるので，負の符号が必要となる．分子レベルでは，拡散係数は平均自由行程λと平均分子速度$\bar{c}$により表すことができる．図2.6に示すように，濃度勾配$\mathrm{d}n/\mathrm{d}x$がある場合を考え，x軸に沿った正方向の動きのみを考えると，平面Aの単位面積を，左から右に単位時間内に横切る気体bの分子数は次式で表される．

$$J^+ = (n^+)\bar{c} \tag{2.31}$$

n^+はxの正の方向に運動する気体bの分子数である．全分子の各々1/3ずつがx, y, zの3方向に運動していると仮定すると，全分子の1/6が+方向に運動していることになる．個数濃度n^+は，平面Aから平均自由行程一つ分離れた点での濃度の1/6となる．これは，分子が平面Aを通過する直前に最後の衝突をした領域がこの領域であるためである．同様にxの負の方向の濃度n^-は，平面Aから反対方向に平均自由行程離れた点での濃度から求められる．

$$\begin{aligned} n^+ &= \frac{1}{6}\left(n_A - \lambda\frac{\mathrm{d}n}{\mathrm{d}x}\right) \\ n^- &= \frac{1}{6}\left(n_A + \lambda\frac{\mathrm{d}n}{\mathrm{d}x}\right) \end{aligned} \tag{2.32}$$

ここで，n_Aは平面Aにおける濃度である．平面Aの単位面積を通過する正味の分子数は，

$$J = J^+ - J^- = -\frac{2\bar{c}\lambda}{6}\frac{\mathrm{d}n}{\mathrm{d}x} = -\frac{1}{3}\bar{c}\lambda\frac{\mathrm{d}n}{\mathrm{d}x} \tag{2.33}$$

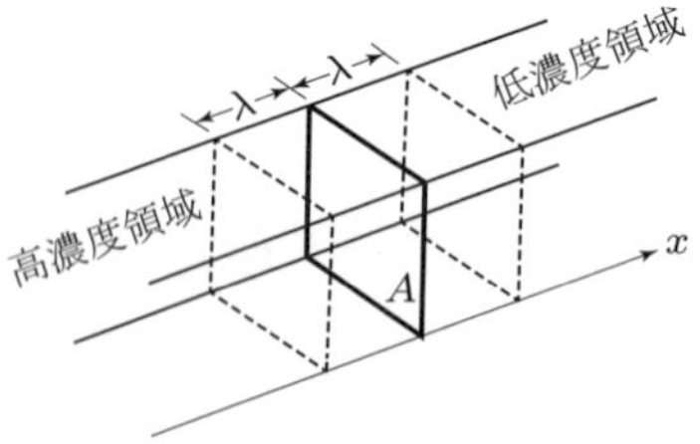

図2.6　拡散係数の導出

となり，式 (2.33) と式 (2.30) を比較すると，次式を得る．

$$D_{ba} = \frac{1}{3}\bar{c}\lambda \tag{2.34}$$

$\bar{c}$ と λ を代入すると（式 (2.22)，(2.25) 参照），次式となる．

$$D_{ba} = \left(\frac{2}{3\pi^{3/2}}\right)\frac{1}{nd_m^2}\left(\frac{RT}{M}\right)^{1/2} \tag{2.35}$$

より厳密な理論的解析によれば，式 (2.35) の最初の係数は $3\sqrt{2}\pi\,/\,64$ となる．式 (2.35) による標準状態での空気の拡散係数は 1.8×10^{-5} m²/s となり，理論値である 2.0×10^{-5} m²/s [0.20 cm²/s] より約 10%小さくなる．同様の導出方法を運動エネルギーの伝達に適用すると，気体の熱伝導率が得られる．

2.5 レイノルズ数

エアロゾル粒子の空気力学的特性を理解する鍵となるのが，レイノルズ数（Reynolds number）である．レイノルズ数は，管内の流れやエアロゾル粒子のような障害物周囲における流体の流れを特徴付ける無次元数である．レイノルズ数には次のような性質がある．

① レイノルズ数は流れの状況を表す指標である．すなわち，流れが層流であるか乱流であるかを判断する指標となる．

② レイノルズ数は流体各部にはたらく慣性力と摩擦力の比率である．特定の条件における流れの抵抗を求める場合にどの式を用いればよいのかを，この比率を用いて判断できる．

③ レイノルズ数が等しいことは，幾何学的に相似な物体の周辺に幾何学的に相似な流れが発生している状態を示している．この相似性は，障害物の大きさが異なっても，また流体の種類が異なっても，流線の形状が一致することを意味している．ここで流線とは，流体が障害物周辺を流れるときに，流体の微小要素が描く軌跡である．

レイノルズ数は，流体内の流体要素に作用する慣性力と摩擦力との比から導かれる．式 (2.26) で定義される摩擦力（frictional force）は次式のとおりである．

$$F_f = \eta A\frac{\mathrm{d}U}{\mathrm{d}y} \propto \eta L^2\frac{\mathrm{d}U}{\mathrm{d}L} \tag{2.36}$$

ここで，L は対象とする流れの代表長さ，$\mathrm{d}U/\mathrm{d}y$ は領域内の速度勾配である．また，慣性力（inertial force）は流体要素の運動量の変化率に等しく，次式となる．

$$F_I = ma = m\frac{\mathrm{d}'U}{\mathrm{d}t} \tag{2.37}$$

ここで，$\mathrm{d}'U/\mathrm{d}t$ は流体要素の総合的な加速度である．流体に加速度を与える要因には以下の二つがある．一つは，直径が流れに沿って変化する管内流れのように，全体的な流れの変化に基づく加速度（$\mathrm{d}U/\mathrm{d}t$）であり，もう一つは，障害物周辺の流れのように，特定の流体要素が速度の速い（または遅い）領域に移動したときに生じる加速度である．2 番目の加速度は，流体の速度と位置による速度変化の割合に比例するので，$U\,\mathrm{d}U/\mathrm{d}x$ で表される．したがって，総合加速度は，次のようになる．

$$\frac{\mathrm{d}'U}{\mathrm{d}t} = \frac{\mathrm{d}U}{\mathrm{d}t} + U\frac{\mathrm{d}U}{\mathrm{d}x} \tag{2.38}$$

ここで定常流を仮定すると，右側第 1 項は 0 となる．式 (2.37) に式 (2.38) を代入すると次式を得る．

$$F_I = \rho L^3 U\frac{\mathrm{d}U}{\mathrm{d}L} \tag{2.39}$$

式 (2.36) と式 (2.39) より，慣性力と摩擦力との比としてレイノルズ数 Re が得られる．

$$\mathrm{Re} = \frac{F_I}{F_f} = \frac{\rho L^3 U}{\eta L^2} = \frac{\rho UL}{\eta} \tag{2.40}$$

ここで，ρ は流体の密度である．幾何学的に相似な流れの場合，流体と粒子などの物体との間の相対速度 V を代表速度 U，管や粒子の直径 d のような代表寸法を L に置き換える．これらの実用的な数値を用いると，レイノルズ数は次式で与えられる．

$$\mathrm{Re} = \frac{\rho Vd}{\eta} \tag{2.41}$$

レイノルズ数は，いかなる単位系においても，不合理な単位を用いないかぎり無次元数である．またレイノルズ数は，慣性に関連する数値を分子に，粘性に関連する値を分母にもち，これらの効果の比率を表している．エアロゾル粒子に対してレイノルズ数を用いる場合にしばしば混乱するのが密度の扱いである．ここで用いる密度は気体の密度であり，エアロゾル粒子の密度ではない．

表 2.3 に示す空気の特性を適用すると，標準状態におけるレイノルズ数を，SI ま

表 2.3 標準圧力下における空気の物性値（293 K，101 kPa [20℃，760 mmHg]）

物性値	SI	cgs 単位系
粘性係数	1.81×10^{-5} Pa·s（N·s/m^2）	1.81×10^{-4} dyn·s/cm^2
密度	1.20 kg/m^3	1.20×10^{-3} g/cm^3
拡散係数	2.0×10^{-5} m^2/s	0.20 cm^2/s
平均自由行程	0.066 μm	0.066 μm

たは cgs 単位系の場合について簡単に次式で表すことができる．

$$\mathrm{Re}=66\,000\ Vd：\mathrm{SI}（V が m/s，d が m で与えられた場合） \tag{2.42}$$
$$[\mathrm{Re}=6.6\ Vd：cgs 単位系（V が cm/s，d が cm で与えられた場合）]$$

式 (2.42) は，管内の流れだけでなく，粒子のまわりの流れにも適用される．後者は粒子レイノルズ数とよばれる．

レイノルズ数は，エアロゾル粒子のような障害物と気体との相対速度によって決まる．気体が静止した粒子の周辺を流れる場合と，粒子が静止気体中を重力により同じ相対速度で沈降する場合は，空気力学的に等価である．粒子周辺の流れが層流（laminar flow）になるのは，レイノルズ数が低い場合（Re＜1，すなわち粘性力が慣性力に比べてはるかに大きい場合）である．このような低レイノルズ数の層流では，図 2.7 (a) に示すように，粒子の上流側と下流側で対称的な滑らかな流線パターンを生じる．レイノルズ数が 1.0 より大きくなると，図 (b) および (c) に示すように粒子の下流で渦が形成され，レイノル数が大きくなるにつれてこの渦はしだいに大きく成長し，やがて活発に剥離・生成を繰り返すようになる．管内の流れは，Re＜2 000 では層流，Re＞4 000 では乱流（turbulent flow）に遷移する．粒子まわりの流れと管内流れとで層流領域の上限が異なるのは，管内の流れが内壁に沿った直線的な流れであるのに対し，粒子まわりの流れでは慣性力の影響がより大きいためである．

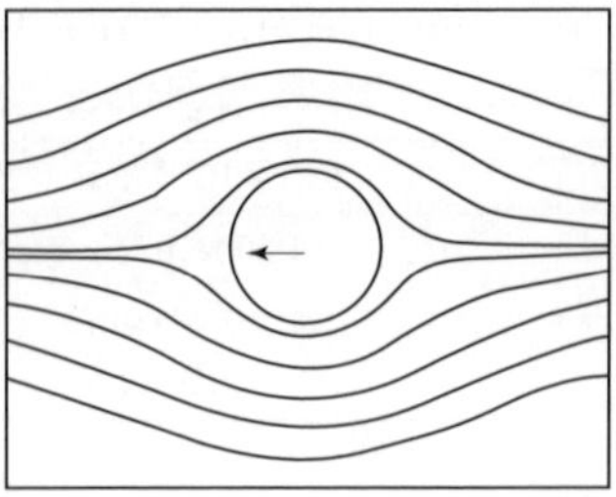

（a）層流 Re ≅ 0.1

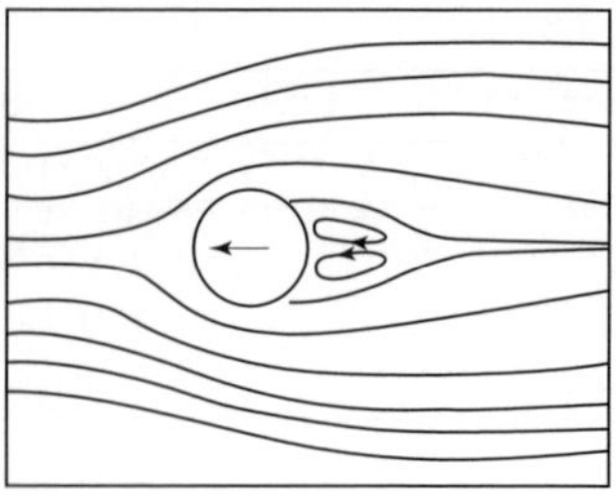

（b）乱流 Re ≅ 2.0

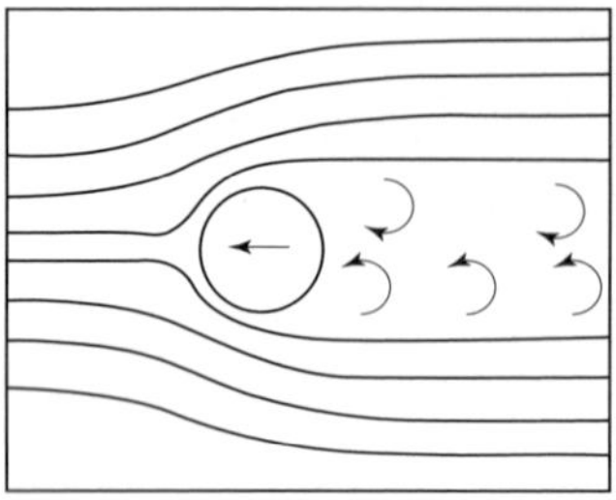

（c）乱流 Re ≅ 250

図 2.7　球のまわりの流れ

例題　直径 10 mm の水平チューブを通して，1.2 L/min の流量でオイルミストをサンプリングする．エアロゾルは標準状態とし，粒径 2 μm のオイルミストを含んでいる．粒子は空気とともにチューブ内を流れるが，1×10^{-4} m/s [0.01 cm/s] で沈降する．このとき，(a) 流れのレイノルズ数 Re_F，および (b) 粒子レイノルズ数 Re_P は，それぞれいくらか．

解　式 (2.41) および式 (2.42) より流れのレイノルズ数 Re_F は，次のようになる．

$$\mathrm{Re}_F = \frac{\rho V d}{\eta} = 66\,000\,Vd \quad [6.6\,Vd]$$

V は流速（チューブに対する空気の速度），d はチューブの直径である．

$$V = \frac{Q}{A}$$

ここで，

$$Q = \frac{1.2\,\mathrm{L/min}\times 0.001\,\mathrm{m^3/L}}{60\,\mathrm{s/min}} = 2.0\times10^{-5}\ \mathrm{m^3/s}$$

$$\left[Q = \frac{1.2\times1000}{60} = 20\,\mathrm{cm^3/s}\right]$$

A はチューブの断面積，

$$A = \frac{\pi d^2}{4} = \frac{\pi(0.01)^2}{4} = 7.9\times10^{-5}\, m^2 \quad \left[A = \frac{\pi\times1^2}{4} = 0.79\,\mathrm{cm}^2\right]$$

$$V = \frac{2.0\times10^{-5}}{7.9\times10^{-5}} \frac{\mathrm{m^3/s}}{\mathrm{m^2}} = 0.25\,\mathrm{m/s} \quad \left[V = \frac{20}{0.79} = 25\,\mathrm{cm/s}\right]$$

代入すると，次のようになる．

$$\mathrm{Re}_F = 66\,000\,Vd = 66000\times0.25\times0.01 = 170$$

$$[\mathrm{Re}_F = 6.6\times25\times1 = 170]$$

流れのレイノルズ数は 2 000 未満であるため，チューブ内の流れは層流である．

$$\mathrm{Re}_P = \frac{\rho Vd}{\eta} = 66\,000\,Vd \quad [\mathrm{Re}_P = 6.6\,Vd] \quad (式\ (2.41),\ (2.42)\ より)$$

ここで，V は気体中の粒子の終末速度，d は粒径である．代入すると，

$$\mathrm{Re}_P = 66\,000\,Vd = 66\,000(1\times10^{-4})(2\times10^{-6}) = 1.3\times10^{-5}$$

$$[\mathrm{Re}_P = 6.6\times0.01\times(2\times10^{-4}) = 1.3\times10^{-5}]$$

となる．粒子のレイノルズ数は 1.0 未満であるため，粒子の運動は層流領域にある．

2.6 流速・流量・圧力の測定

気体の局所速度，体積流量，積算体積，圧力を測定するための代表的な機器の比較情報を表 2.4 に示す．気体の体積と流量の測定に関するレビューは，West and Theron, 2015 にある．これらの機器は，エアロゾルのサンプリングやサンプリング装置の校正に応用されている．ダクト内空気の局所流速の測定は，正確な等速吸引（10.1 節）を行うのに必要であり，これをもとに流量の決定や流量測定器の校正を行うことができる．図 2.8 に示すピトー管（Pitot tube）は，気流中に挿入して動圧を測定する測定器である．測定部は，同軸二重管でできており，それぞれの管をマノメータ（差圧計）などの圧力測定器に接続する．内側の管には気体の流れに向かって開口があり，全圧（静圧と動圧の和）を測定できる．外側の管には流れに直交する方向に開口があり，静圧を測定できる．

両者の差をマノメータで測定すると，動圧が得られる．速度と動圧との関係は，次式で表される．

表 2.4　気体の速度，流量，体積，圧力を測定するための機器

測定対象	機器，測定器	測定範囲	図
風速	ピトー管	>5 m/s	2.8
	熱線風速計	50 mm/s〜40 m/s	
風量	ベンチュリメータ	1 L/s〜100 m^3/s	2.9
	オリフィスメータ	1 cm^3/s〜100 m^3/s	2.10
	ロータメータ	0.01 cm^3/s〜50 L/s	2.11
	質量流量計	0.1 cm^3/s〜2 L/s	
	層流エレメント流量計	0.1 cm^3/s〜20 L/s	
体積流量	スピロメータ	1〜1 000 L	2.12
	ソープバブルスピロメータ [a)]	1〜1 000 cm^3	2.13
	ピストンメータ	1〜1 000 cm^3	
	湿式流量計	制限なし	2.14
	乾式ガスメータ	制限なし	
圧力	マノメータ	0〜200 kPa［0〜2 atm］	2.15
	マイクロマノメータ	0〜0.5 kPa［0〜0.005 atm］	
	アネロイド式圧力計	0〜30 kPa［0〜0.3 atm］	
	ブルドン管圧力計	>20 kPa［>0.2 atm］	

a) 自動で流量測定できるタイプもある．

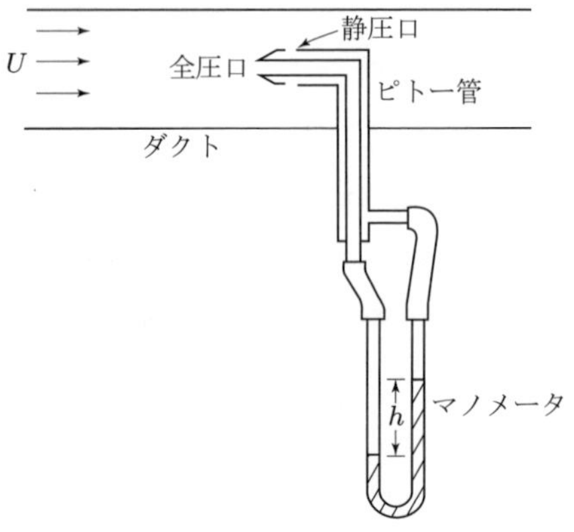

図 2.8　ピトー管

$$U = \sqrt{2gh} \tag{2.43}$$

ここで，U は速度，g は重力加速度，h は動圧ヘッド（動圧を流体の高さで表したもの）である．動圧 p_v の単位を Pa に変換すると，式 (2.43) を標準状態の空気に対してより使いやすい次の形になる．

$$U = 1.277\sqrt{p_v} \tag{2.44}$$

Uの単位はm/sである．多くの場合,圧力差は図2.8に示したように水圧式マノメータ（訳者注：U字管マノメータ）で測定される．その場合には，p_vの単位をmmH_2Oとして，次式を用いたほうが便利である．

$$U = 4.04\sqrt{p_v} \tag{2.45}$$

ここで，p_vの単位はmmH_2Oであり，水圧式マノメータを使用した場合はこちらのほうが便利である．

ピトー管は，流速が5 m/s［1 000 ft/min］を超える場合にも対応でき，標準的な流速計として用いられる．設計標準に従って製作されたものであれば，正確な測定が可能であり，校正の必要がない．

熱線式風速計（hot wire anemometer）は，気流によって熱線ヒータが冷却される現象を感知することにより，気流速度を測定する．風速が大きいほど熱線の冷却効果は高まるので，この効果を電子的に計測し，風速に変換してデジタル表示またはメータ表示する．同種の測定器に，加熱フィルムなど，熱線ヒータ以外の加熱素子を使用したものも各種ある（訳者注：ヒータの種類が異なるものを総称して熱式風速計とよぶことがある）．熱線風速計は，0.05 ～ 40 m/s（10 ～ 8 000 ft/min）の範囲の速度を測定できる．測定値は温度補償しなければならず，正しく校正されている必要がある．定期的に校正を受けることによって一定の測定精度を維持できる．

ダクト内の全体積風量 Q を測定するには，ダクトの断面を小区画に分割し，そのそれぞれについて局所的な速度を風速計で測定し，ダクトの断面全体についてこれらを面積積分する．この方法は，換気システムに設置されたベンチュリメータやオリフィスメータを校正する場合にも適用される．平均流速を$\bar{U}$，ダクトの断面積を A とすると，風量 Q は次式で与えられる．

$$Q = \bar{U}A \tag{2.46}$$

訳者注：式(2.46)は平均速度を正確に評価できる場合に成り立つが，ダクト内流れには分布があり，通常，測定は離散的な点でしか行えないため，この方法で正しい風量を求めることはできない．ダクトの断面を小区画に分割した場合には，次式で流量を求めるのが望ましい（面積で重み付けした合計値）．

$$Q = \sum_{i=1}^{n}(u_i A_i)$$

ここで，nは小区画の数，u_iは小区画の中心で測定した局所的な風速，A_iは小区画の面積である．

流量を直接測定するには2種類の測定器がある．一つはベンチュリメータ（Venturi meter）やオリフィスメータ（orifice meter）のような流れによる圧力変化を応用した測定器，もう一つはロータメータとよばれる流路面積の変化を利用した測定器である．ベンチュリメータとオリフィスメータは，いずれもダクト内に設けられた既知の抵抗を気流が通過する際に生じる圧力変化を測定することにより，平均流量を求める．ベンチュリメータでは，抵抗として流線型の流路の収縮部（ベンチュリ管部）が用いられており，損失が最小となるよう流れに応じた形状が設計されている．図2.9に示すように，圧力は上流側と収縮部で測定する．乱流に対する体積流量は次式で与えられる．

$$Q = kA_2\left(\frac{2(\Delta p)}{\rho_g\left(1-(A_2\,/\,A_1)^2\right)}\right)^{1/2} \tag{2.47}$$

ただし，標準状態では$k=0.98$，Δpは圧力差（p_1-p_2），A_1とA_2はそれぞれ上流側と収縮部の断面積，ρ_gは気体密度である．

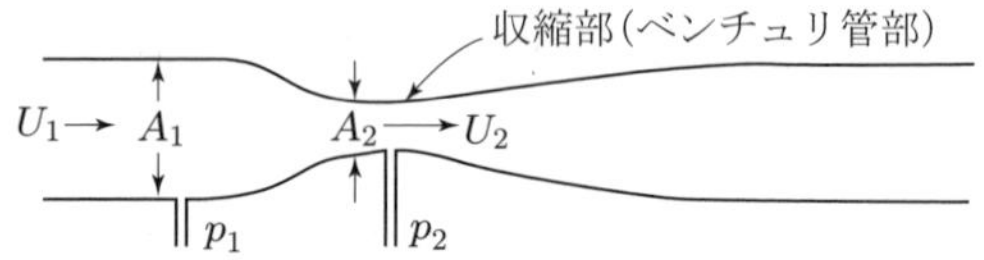

図 2.9　ベンチュリメータ

圧力変化を応用した流量測定器として，ベンチュリメータよりも簡単かつ安価で，よく用いられるものにオリフィスメータがある．これはダクト内にエッジの鋭い円形オリフィス板を挿入したものである．図2.10に示すように，オリフィス板により流線は収縮し，ベンチュリ管と同様の形状となる．気流の軌跡の最も狭い部分は，くびれ（vena contracta）とよばれている．圧力測定口は，上流部とくびれ部に設ける．くびれ部における流れの断面積A_2の測定は困難なため，通常はA_2の代わりにオリフィスの開口部面積A_oを用い，式(2.47)のkの値を0.62とする．kの値

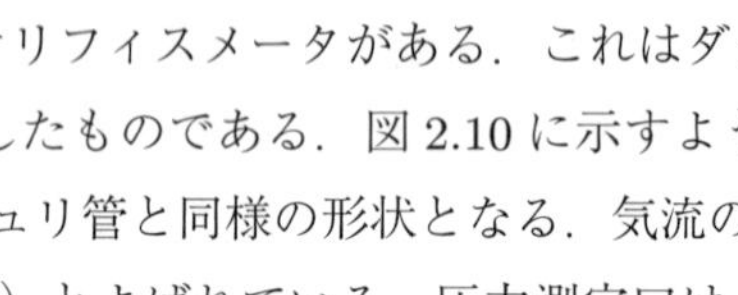

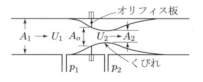

図 2.10　オリフィスメータ

は圧力測定口の位置やその他の要因に依存するため，通常は実験による校正が必要である．ベンチュリメータ，オリフィスメータのいずれの測定装置でも，圧力差の測定にはマノメータやアネロイド式圧力計(訳者注:受圧部に弾性素子を用いた圧力計．ブルドン管もこれに含まれる）が用いられる．

臨界ノズル（critical nozzle．流線形の入口を備えたオリフィス（訳者注：いわゆる Laval nozzle)）は，上流の状態が一定で下流の絶対圧力が上流圧力の 0.53 未満の場合に，一定の流量を維持する．このとき，くびれ部の流速は音速と等しくなり，下流側圧力がさらに低下してもくびれを通過する速度は増加しない．臨界オリフィス（critical orifice）を用いた場合にも，上述の条件が満たされれば，一定の流れが維持される．臨界ノズル，臨界オリフィスのいずれにおいても，標準状態では，オリフィスの開口部面積 A_o (mm^2) と上流側流量 Q (L/min) との関係は，近似的に次式で表される．

$$Q = 11.7kA_o \quad (1 < Q < 20\ \mathrm{L/min}\ \text{のとき}) \tag{2.48}$$

ここで，k の値は，臨界ノズルの場合は 0.98，臨界オリフィスの場合は 0.62 である．標準状態以外の場合は次式となる．

$$Q_{\mathrm{STP}} \propto \frac{p_1}{\sqrt{T_1}} \tag{2.49}$$

ここで，Q_{STP} は標準状態（標準温度および標準圧力）における空気に換算した体積流量である．これらの測定器は，真空ポンプを使用して一定の流量のサンプルを採取する場合に用いられる．

流量調節器（flow controller）は，圧力調整器とニードルバルブを組み合わせたものであり，状態が変化しても一定の流量を維持する装置である．圧力調整器により，ニードルバルブ前後の圧力降下を一定に維持する．

圧力変化を応用した流量測定器とは異なり，ロータメータ（rotameter）では流量に応じてオリフィス面積を変化させ，ほぼ一定の圧力降下を維持する．最も一般的なタイプのロータメータを図 2.11 に示す．この測定器は，測定対象の流体が垂直方向に通過する透明な管と，管内で自由に上下に移動できるフロートから構成されている．垂直管はテーパ状になっており，下部ほど内径が細くなっている．

フロートは，その質量と垂直管を上昇する流体による上向きの抗力とが釣り合う高さまで上昇する．フロートとテーパ状の垂直管内壁とのすき間面積はフロートが上昇するにつれて増加し，上昇流による抗力が減少するため，フロートは流量に応じた高さまで上昇して停止する．フロートの質量 m_f，断面積 A_f とした場合，流量

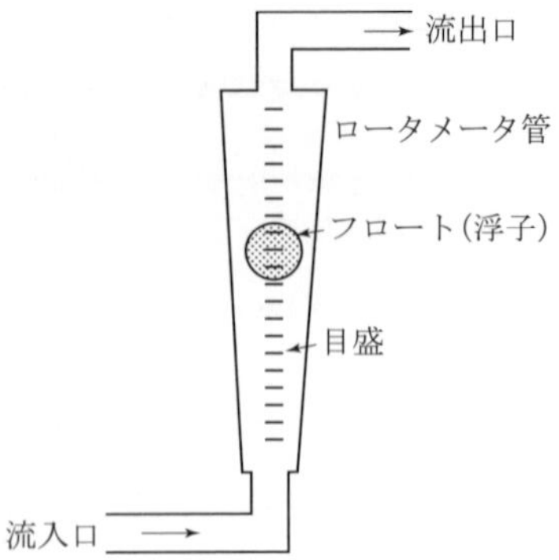

図 2.11　ロータメータ（浮子式流量計）

は次式で与えられる.

$$Q = C_r A_o \left(\frac{2gm_f}{\rho_g A_f} \right)^{1/2} \tag{2.50}$$

ここで，C_r はロータメータの特性係数（通常は 0.6 ～ 0.8），A_o はフロート位置における垂直管の開口面積である．通常，フロートの位置を垂直管に付いている目盛で読み取り，大気圧下での体積流量に換算する．流体の密度や圧力が標準状態と異なる場合には，次式により換算し，標準状態での真の流量 Q_{STP} を求める．

$$Q_{\mathrm{STP}} = Q \left(\frac{\rho_r}{\rho_{\mathrm{STP}}} \right)^{1/2} = Q \left(\frac{p_r}{p_{\mathrm{STP}}} \right)^{1/2} \tag{2.51}$$

添え字 r は測定時の値，添え字のない Q はロータメータの読み値を表している．粘性の変化による影響は，フロートの形状と垂直管内でのフロートの位置によって異なってくる．一般に，粘性が増加すると流量の読み値も大きくなる．

特殊な目盛がつけられたものでないかぎり，ロータメータで流量を計測する場合には，フロート幅が最も広い位置にある目盛を読む．一部のロータメータには，同じ垂直管で異なる流量範囲を測定するため，密度の異なる交換可能なフロートが附属しているものもある．ロータメータの流量測定範囲は 0.01 $\mathrm{cm^3/s}$ ～ 50 L/s である．市販品の精度はフルスケール読み取り値との差が ±2 ～ ±10% であるため，フロートが目盛の底部近くにある場合には，測定精度が低下する可能性がある．個々のロータメータでは，使用可能な最大流量は最小流量の 10 倍程度である．

質量流量計（mass flowmeter）は，感知管を通過する気体の質量流量に比例した電気信号を生成する．管の途中に定出力ヒータを配置してあり，ヒータの上流と下流で気体温度が測定される．この温度差は管を通過する気体の質量流量に比例する．

出力は通常，標準状態での体積流量として表示される．質量流量計を電子制御バルブに接続すると，一定の質量流量を維持できる（訳者注：これを組み合わせたものがマス・フロー・コントローラとして各社から販売されている）．

典型的な層流エレメント式流量計（laminar-flow element）は，ガスが流れる平行な狭いチャネルのチューブで構成されており，チャネル内の流れは層流である．エレメント間の差圧は，体積流量と粘度に直接比例する．これは，差圧が Q^2 に比例するベンチュリメータやオリフィスメータとは対照的である（式 (2.47) 参照）．

一定時間内の気体の積算流量が測定できれば，流量計を校正できる．積算流量計には 2 種の型式がある．一つは容積を拡張可能なチャンバを用いたものであり，もう一つは特定容積の目盛を用いたものである．スピロメータ（spirometer）は，積算流量計の基本となるものである．これは，図 2.12 に示すように，底が開いた円筒を密封用の水槽に入れ，上下に自由に動けるようにしたものである．スピロメータに空気を送ると，供給された気体体積に比例した高さだけ円筒が上昇する．円筒の上下方向の移動距離が制限されているため，スピロメータの測定能力はこの範囲に限定される．この装置の目盛，すなわち単位時間あたりに供給された気体容積は，物理的に直接測定できるので，この種の機器は流量測定の第一基準として用いるのに適している．スピロメータには，測定能力が 0.001 ～ 1 m^3 ［1 ～ 1 000 L］程度のものがある．

500 cm^3 未満の小さな体積は，ソープバブルスピロメータ（soap bubble spirometer）または気泡流量計とよばれる簡単な装置で測定できる（図 2.13）．ビュレット内を横切る気泡膜がピストンとして機能し，供給された体積に相当する距離

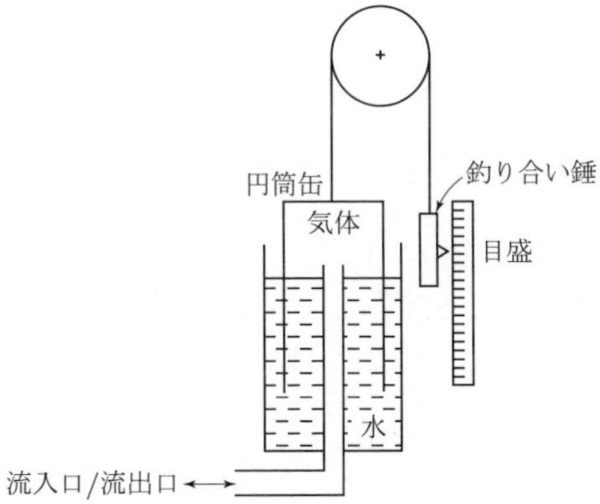

図 2.12 スピロメータ

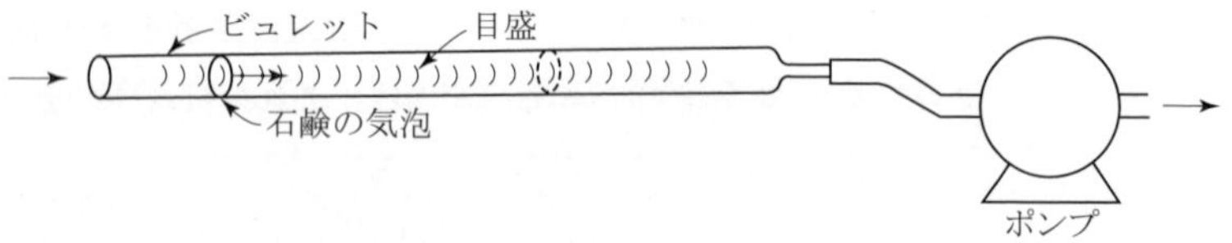

図 2.13　ソープバブルスピロメータ

だけ移動する．体積はビュレットの目盛から直接読み取ることができる．小型の自動化システムでは，気泡の移動を電子的に読み取り，流量を表示する．ソープバブルスピロメータは 1 cm^3/min ～ 25 L/min の流量測定に対応できる．

ピストンメータは，ほぼ摩擦のないピストンの変位を使用して体積を測定する．ピストンが特定の距離移動する時間を電子的に計測し，流量を計算して表示する．ピストンメータは，1 cm^3/min ～ 50 L/min までの流量測定が可能である．

湿式流量計（wet test meter．図 2.14）は，回転軸に取り付けられ，複数領域に分離されたドラムを用いて流量を測定する．気体が供給されると，ドラム領域のうちの一つに気体が溜まっていき，これが上昇して，ドラムの取り付けられた軸が回転する．流量はこの回転速度から測定できる．水面はドラム領域を密閉するとともに，流れを適切な領域に導くバルブとしても機能する．一つのチャンバが気体で満たされると，気体が溜まっていくドラム領域が切り替わるので，測定可能な気体流量に制限はない．

乾式ガスメータ（dry gas meter）は一対のベローズで構成されており，測定する気体が，それぞれのベローズに交互に充填，排出される．ベローズの動きにより

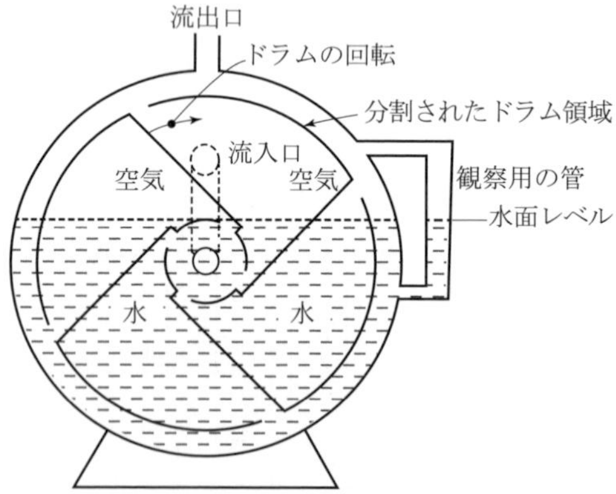

図 2.14　湿式流量計

流れを導くバルブを制御し，同時にメータを流れる気体の総容積を示すダイヤル機構を作動させる．非線形な動きを排除するため，インジケータダイヤルを回転させる必要があり，家庭用ガスメータとよく似た構造をしている．

U 字管マノメータ（U-tube manometer）は，低差圧を測定するための最も単純な装置であり，またこの装置は校正を必要としない．図 2.15 (a) に示すように，この装置は圧力差 $p_1 - p_2$ を液柱高さの差 Δh として表示する．マノメータ中の液体の高さで表され，単位としては mm，cm，あるいは inch が用いられる．液体には着色水，水銀，あるいは比重が既知なものが用いられる．液体の種類にかかわらず，圧力は次式により求められる．

$$\Delta p = \rho_L g \Delta h \tag{2.52}$$

ここで，ρ_L は液体の密度である．マノメータに圧力（あるいは真空）をかける場合には，液体が管外に吹き出したり，あるいは吸い込まれたりしないように注意しなければならない．

この点を改良した装置が，図 2.15 (b) に示す液溜め式マノメータ（well-type manometer）である．この装置は，読み取り目盛そのものに，液溜め部の水位の微

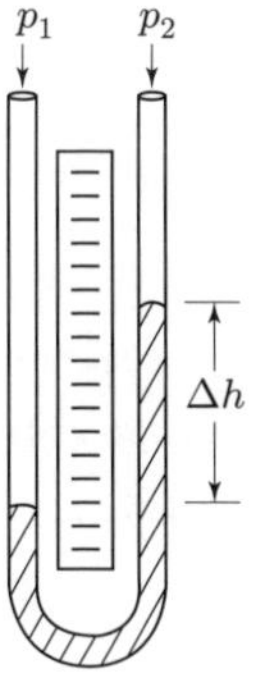

（a）U 字管マノメータ

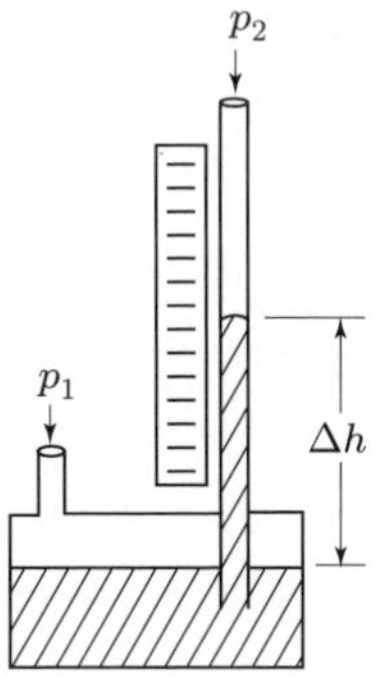

（b）液溜め式マノメータ

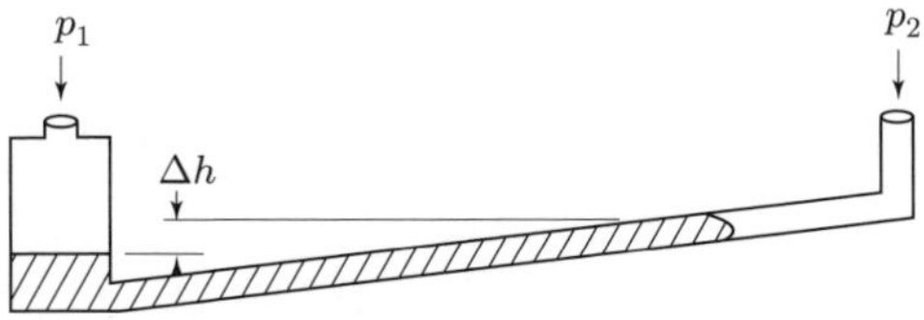

（c）傾斜式マノメータ

図 2.15 さまざまなマノメータ（差圧計）

小変化に対する補正が加えられているので，1本の液柱の高さを読み取るだけでよい．いずれのマノメータにおいても，圧力はつねに液柱高さの差で求められる．

図2.15 (c) に示す傾斜式マノメータ（inclined manometer）は，水柱0.1 mmほどの小さな圧力差を測定できる，より高感度な装置である．この装置でも，やはり圧力は液柱高さの差で求められるが，マノメータの一方あるいは両方の管が傾斜しているので，目盛は大きく拡大され，より正確に読み取ることができる．一般的な装置では，鉛直距離と目盛に沿った距離との比は1：10程度であり，鉛直方向の1単位に相当する圧力が，傾斜管では10単位の変化として表される．市販のマノメータの中には，傾斜管と鉛直管を組み合わせ，低差圧に対する傾斜式マノメータの感度と，通常の差圧に対する測定範囲とを同時に実現させたものもある．

マイクロマノメータ（micromanometer）は，マイクロメータの手動調整や表面接触式のセンサにより，U字管マノメータ内の液体表面の高さを精密に測定する装置である．測定精度は水柱高さ±0.005 mmである．

アネロイド式圧力計（aneroid type pressure gauge）は，圧力によって機械的に変形するダイヤフラム（隔膜）を用いている．ダイヤフラムの変形を低摩擦の結合機構により伝達し，ダイヤル上に圧力の読みとして表示する．大型のダイヤフラムを用いれば，非常に小さな圧力に対しても高感度な圧力計を作ることができる．アネロイド式圧力計は，持ち運びが可能であり，圧力の読み取りも簡単である．また指向性がなく，液体を用いる必要もない．ただし，機械装置であるため，定期的な校正が必要である．

ブルドン管圧力計（Bourdon-tube gauge）は，一般に20 kPa（3 psi）以上の圧力に対して使用される．ブルドン管は，管内の圧力が増大するとまっすぐに伸びる管であり，ブルドン管の動きに対応して圧力を表示するように目盛が設けられている．

問題

2.1　分子衝突径を3.8×10^{-10} mとして，20℃におけるCO_2ガスの粘性係数を求めよ．

解答：1.43×10^{-5} Pa·s［1.43×10^{-4} P］

2.2　300℃の空気中において，粒径0.5 μmの粒子表面に1秒あたりに分子が衝突する回数はいくらか．

解答：1.6×10^{15}/s

2.3 図 2.4 に示されている平均自由行程の倍率はいくらか.

解答：$\sim 2.8 \times 10^6$

2.4 高度 20 km における空気分子の平均自由行程はどの程度か. この高度では, 圧力は 5.5 kPa, 温度は 217 K である.

解答：0.90 μm

2.5 高圧チャンバを 1.5 気圧で用いた場合, チャンバ内の空気の平均自由行程はいくらか. ただし, 温度は 20℃とする.

解答：0.044 μm

2.6 標準状態における CO_2（分子量 44）の粘性係数は, 1.48×10^{-5} Pa·s であることがわかっている. 気体分子運動論に基づいて, CO_2 分子の衝突径と 1 秒間に生じる分子間衝突の回数を求めよ.

解答：3.7×10^{-10} m, 5.7×10^9/s

2.7 密閉容器内の気体の温度を 0℃から 500℃に上昇させると, 気体の平均自由行程にはどのような変化が起こるか.

解答：平均自由行程は変化しない

2.8 20℃の空気の平均自由行程は圧力をどの程度とすれば 1 μm になるか.

解答：6.6 kPa

2.9 気体中の音速 V_s は, $V_s = (\kappa RT/M)^{1/2}$ で与えられる. ここで, κ は圧力一定の場合と温度一定の場合の比熱の比である（空気の場合, $\kappa = 1.40$）. T は絶対温度, R は気体定数, M は気体の分子量である. V_s は平均分子速度が変化するとどのように変化するか. 20℃の空気の V_s を計算せよ. また, この比例関係は空気中の音の伝達メカニズムについて何を示しているのか.

解答：340 m/s［3.4×10^4 cm/s］

2.10 ダクト内の特定の速度に対して, レイノルズ数は絶対温度に対してどのように変化するか.

解答：$\mathrm{Re} \propto T^{-1.74}$

2.11 直径 10 m の熱気球で 100 kg の荷重を釣り上げるためには, 熱気球内部の空気の温度は何度でなければならないか. ただし, 気球内外の圧力は 101 kPa, 外気温は 20℃とする.

［ヒント：浮力 = 体積 × $(\rho_{\mathrm{out}} - \rho_{\mathrm{in}})g$］

解答：348 K［75℃］

2.12　標準状態に合わせて校正されたロータメータがある．圧力 160 kPa で 8 L/min と表示される場合，体積流量（L/min）は標準状態に換算していくらか．また，160 kPa における体積流量はいくらか．

解答：10.1 L/min，6.4 L/min

2.13　標準状態でサンプリング流量 5 L/min の臨界オリフィスを作りたい．薄板に設けるべき穴の直径はいくらにすればよいか．

解答：0.98 mm

2.14　サンプリング流量測定用に，フィルタの下流側にロータメータが設けられている．補正を加えない場合に 5%の流量差が生じたとする．そのときの絶対圧力（大気圧より低い）はいくらか．また，この圧力は大気圧よりもどの程度低いか．psi および mmHg 単位で求めよ．

解答：92 kPa，−1.4 psi，−71 mmHg

参考文献

Bird, B. R., Stewart, W. E., and Lightfoot, E. N., *Transport Phenomena*,Wiley, New York, 1960.

Kauzmann,W., *Kinetic Theory of Gases*, W. A. Benjamin, New York, 1966.

Lippmann, M., "Airflow Calibration", in Cohen, B., and Hering, S. (Eds.), *Air Sampling Instruments*, 8th edition, Ch. 7, ACGIH, Cincinnati, 1995.

Moore,W. J., *Physical Chemistry*, Prentice-Hall, Englewood Cliffs, NJ, 1962.

National Oceanic and Atmospheric Administration, National Aeronautics and Space Administration, and U.S. Air Force, *U.S. Standard Atmosphere*, 1976, NOAA, NASA, USAF,Washington, DC, 1976.
(Values in this standard are identical to ICAO Standard (1964) and ISO Standard (1973) up to an altitude of 32 km.)

Prandtl, L., and Tietjens, O., *Fundamentals of Hydro- and Aeromechanics and Applied Hydro- and Aeromechanics*, **2** vols., reprinted by Dover, 1957.

West, T., and Theron, A., "Measurement of Gas Volume and Gas Flow", *Anaesth. Intensiv. Care Med.*, 16, 114-118 (2015).

3 粒子の等速運動

最も一般的で，おそらく最も重要な粒子運動は，定常な直線運動（等速直線運動）である．この等速運動は，重力や電気力などの一定の外力と，粒子運動に対する気体の抵抗という二つの力が作用した場合の典型的な運動形態である．ほとんどの状況において，エアロゾル粒子はほぼ瞬時に一定速度に達するため，エアロゾル研究においては，粒子の等速運動についての解析がきわめて有効である．なお，エアロゾル粒子の加速運動については，第 5 章に述べる．気体の抵抗力は，粒子と気体の相対速度に依存する．したがって，粒子が気体中を運動する場合も，気体が粒子のまわりを流れる場合も現象は相対的に等しい．粒子運動について考える場合，これら二つの状況が同じであることは非常に都合がよい．

3.1 ニュートンの抵抗の法則

気体中を運動する球にはたらく抵抗力に対する一般式は，砲弾の弾道計算の一部として Newton により導かれたニュートンの抵抗の法則（Newton's resistance law）である．ニュートンの抵抗式（Newton's resistance equation）は，広範囲の粒子運動に適用できるが，主にレイノルズ数が 1 000 を超える場合に有効である．このレイノルズ数範囲は，砲弾については有効だが，エアロゾル粒子に対して有効であるとはいえない．3.2 節で述べるストークスの法則（Stokes's law）は，ニュートンの法則の第 1 原理から導かれたものであるが，ニュートンの抵抗法則の特別な場合を表している．ニュートンの抵抗式は，高レイノルズ数におけるエアロゾル粒子の沈降に関連して 3.7 節で用いられる．

Newton は，空気中を飛ぶ砲弾にはたらく抵抗は，砲弾が通過することにより押しのけられた空気の加速度により生じると仮定した．直径 d の球が 1 秒間に押しのける気体の体積は，球の投影面積に速度 V を掛けた体積である．したがって，その気体の質量は次式で表される．

$$\dot{m} = \rho_g \frac{\pi}{4} d^2 V \tag{3.1}$$

押しのけられた気体の加速度は，球と気体との相対速度に比例するため，単位時間あたりの運動量の変化は次のようになる．

$$\frac{\text{運動量の変化}}{\text{単位時間}} \propto \dot{m}V = \rho_g \frac{\pi}{4} d^2 V^2 \tag{3.2}$$

定義（訳者注：ニュートンの運動の第2法則）により，この運動量の時間変化は，気体中で粒子を運動させるのに必要な力に等しい．これが空気の抵抗力または抗力 F_D であり，次式で表される．

$$F_D = K \frac{\pi}{4} \rho_g d^2 V^2 \tag{3.3}$$

ここで，K は比例定数である．Newton は当初，K は物体の形状により決まる定数であり，速度には依存しないと考えていた．しかし，これはレイノルズ数が 1 000 以上の場合にのみ当てはまる．K を定数とした式 (3.3) は，限定された条件に対するニュートンの抵抗式の一つの形にすぎない．式 (3.3) の K を抗力 C_D に置き換えると，次のより一般的な関係が得られる．

$$F_D = C_D \frac{\pi}{8} \rho_g d^2 V^2 \tag{3.4}$$

式 (3.4) はニュートンの抵抗式の一般形であり，粒子の運動が音速以下であればつねに成り立つ．図 3.1 に示すように，球の抗力を動圧で無次元した値，すなわち抗力係数 C_D は，Re>1 000 では一定値となるが，Re<1 000 では値が大きく変化し，

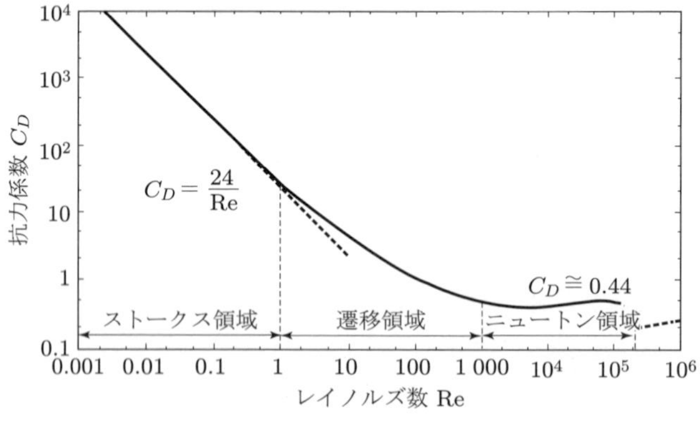

図 3.1　球の抗力係数とレイノルズ数との関係

レイノルズ数 Re が小さくなるほど抗力係数 C_D は大きくなる．図に示した曲線は物体が球の場合だが，他の形状も同様な特性を示す．Re>1 000 における抵抗係数 C_D は Re に対して一定だが，物体形状によって異なり，たとえば配送用バンの C_D は約 1.0，乗用車のセダンタイプでは約 0.5，スポーツカーでは 0.2 ～ 0.3，民間航空機では 0.04 である．

式 (3.3) は気体の慣性に基づいて導出されたため，慣性力が粘性力よりはるかに大きな高レイノルズ数での運動にのみ有効である．レイノルズ数が 1 000 ～ 2×10^5 の場合の粒子運動については，C_D はほぼ一定の 0.44 程度となり，式 (3.3) を適用できる．レイノルズ数が 1 000 未満の場合には，式 (3.4) を用いる必要があるが，正しい C_D の値を得るためには，粒子のレイノルズ数がわかっていなければならない．しかし，エアロゾル運動に関する問題では，粒径または速度のいずれかが知りたい値であり，これらがわからなければレイノルズ数は計算できない．このジレンマを解決する方法については 3.7 節に述べる．

図 3.1 の左側には，両対数グラフ上において直線で表される部分がある．この部分では，抗力係数とレイノルズ数との間に一定の関係が成り立つが，これは，式 (3.3) の関係とは異なっている．この範囲はストークス領域（Stokes region）とよばれ，詳細は次節で述べる．この直線の範囲内では，C_D と Re の関係は次式で表される．

$$C_D = \frac{24}{\text{Re}}(1 + 0.15\text{Re}^{0.687}) \tag{3.5}$$

これは，Clift et al., 1978 によって示された実験に基づいた相関関係と一致しており，誤差は Re<800 の場合は 4%以内，Re<1 000 の場合は 7%以内である．

Clift の研究以来，C_D と Re の関係を表す他の式が提案されてきたが，最近の実験研究では依然として式 (3.5) がより正しい値を示すことが判明している（Cheng, 2009 および Brown and Lawler, 2003）．

3.2 ストークスの法則

式 (3.4) に示したニュートンの抵抗式は，Re>1 000 の範囲で成り立ち，慣性力と比較して気体の粘性力が無視できるような粒子運動に適用できる．1851 年に Stokes は，慣性力が粘性力に比べて無視できるというまったく逆の場合について抗力の式を導出した．2.5 節で述べたように，レイノルズ数は粘性力と慣性力の比である．したがって，粘性力と比較して慣性力が無視できるような状態とは，低レイノルズ数の場合，すなわち層流を意味している．エアロゾルの運動は，速度が小さく，また微小な粒子を扱うので，ほとんどの場合が低レイノルズ数である．したがって，ストークスの法則はエアロゾルの研究において広範囲に応用できる．また，ストークスの法則の導出方法，およびそのための仮定や意味を知ることは，この法則を理解するうえで意味がある．

ストークスの法則（Stokes's law）は，ナビエ–ストークス方程式（Navier-Stokes equation）の解の一つである．ナビエ–ストークス方程式は，流体の運動を記述する一般微分方程式である．この式は，流体中の要素に対してニュートンの第2法則を適用して導かれたものであり，この要素にはたらく力として，物体力，圧力，粘性力を考慮している．結果として得られる方程式は非線形偏微分方程式であるため，一般解を得るのはきわめて困難である．そのため通常は，仮定を設けて式を単純化しなければならない．ストークスの解（Stokes's solution）は，慣性力が粘性力に比べて無視できるほど小さいという仮定により導かれたものである．この仮定によってナビエ–ストークス方程式の高次の項が無視され，解の得られる線型方程式となる．ストークスの式の導出には，さらに以下の仮定を設けている．すなわち，流れは非圧縮性であり，粒子の近傍には壁や他の粒子がなく，粒子の運動は定常であると仮定する．また，粒子は剛体球であり，粒子表面における流体の速度は0とする．ストークスの式の具体的な導出方法については，3.10節に詳述する．

Stokesは，上述の仮定のもとにナビエ–ストークスの式を解き，球形粒子周辺の流体中の任意の点にはたらく力を表す式を導いた．粒子にはたらく正味の力は，上記の力の垂直方向成分と接線方向成分を粒子表面にわたって積分することにより得られる．結果的に，粒子の運動に対して逆方向にはたらく二つの力が得られる．一つは，次式で示される形状成分（form component）

$$F_n = \pi\eta Vd \tag{3.6}$$

であり，もう一つは次式で示される摩擦成分（frictional component）である．

$$F_\tau = 2\pi\eta Vd \tag{3.7}$$

これらの成分を組み合わせると，流体中を速度 V で移動する球形粒子にかかる総合的な抵抗力が得られる．

$$F_D = 3\pi\eta Vd \quad (\mathrm{Re} < 1 \text{のとき}) \tag{3.8}$$

これがストークスの法則である．粒子が受ける抵抗力が式(3.8)で表される場合，粒子の運動はストークス領域にあるという．

粒子が流体中を移動すると流線が変形し，粒子の周辺に境界層が形成される．流体による抵抗力は，互いにすべり合う流体の層間にはたらく摩擦によって発生する．この抵抗に打ち勝つために費やされたエネルギーは熱に変わり，流体中に放散して消失する．実用的には，ストークスの法則が適用できるのは，粒子のレイノルズ数が 1.0 より小さい場合に限定される．このレイノルズ数では，ストークスの法則によって計算される抗力の誤差は 12%である．レイノルズ数が 0.3 の場合には抗力の誤差は 5%となる．

ストークスの法則によって与えられる抗力とニュートンの法則によって与えられる抗力を比較すると，以下のとおりである．

$$F_D = 3\pi\eta V d = C_D \frac{\pi}{8}\rho_g V^2 d^2 \quad (\mathrm{Re} < 1\text{のとき}) \tag{3.9}$$

ストークスの法則には粘性項が含まれているが，ρ_g のような慣性に関連する項は含まれていない．逆にニュートンの法則には ρ_q が含まれているが，粘性項は含まれていない．式 (3.9) を解くと抗力係数が得られる．

$$C_D = \frac{24\eta}{\rho_g V d} = \frac{24}{\mathrm{Re}} \tag{3.10}$$

これは図 3.1 の左側の直線部分を表す式である．式 (3.10) には V と d が含まれている．ニュートンの式では，抗力は V^2 と d^2 に比例する形であったが，ストークスの式では抗力は V と d に比例する形に変わっている．ニュートンの式が適用される範囲とストークスの式が適用される範囲との間の条件では，抗力が依存する値は V^2 から V へ，また d^2 から d へと徐々に変化する．この領域が図 3.1 の曲線部分である．式 (3.7) では，摩擦成分がストークス抗力の 2/3 になるのと同様に，形状成分のない管内の流れに対する式 (3.10) に相当する式は $C_D = 16/\mathrm{Re}$，すなわち式 (3.10) の 2/3 となっている．

ストークスの法則をエアロゾル粒子に適用する場合，この式の導出過程で設定したその他の仮定がストークスの式の適用範囲にどのような制限を与えるのかについて，以下に考察してみる．非圧縮性流体の仮定は，空気が圧縮されないことを意味するのではなく，粒子が流体中を移動するときに粒子の近くで空気が大幅に圧縮されないことを意味している．これは，粒子と気体との相対速度が音速よりもはるかに小さいと仮定するのと同等であり，エアロゾルについては，ほとんどすべての場合にこの仮定が当てはまる．

粒径の 10 倍以内の箇所に壁が存在すると，粒子が受ける抗力は壁の影響を受ける．しかし，エアロゾル粒子は小さいため，実際の容器や管の内部では，壁から粒径の 10 倍以内の領域に存在する粒子は，エアロゾル粒子のほんの一部だけである．

通常，剛体球についてはストークスの法則を修正する必要はない．しかし，水滴のように剛体球ではない粒子では，液滴表面の抵抗力によって生じる液滴内の循環により，ストークスの法則による予測よりも 0.6%早く沈降する．

粒子表面における流体の相対速度が 0 でない場合については 3.4 節で，また粒子が球形でない場合については 3.5 節で述べる．

3.3　沈降速度および外力による移動度

ストークスの法則の適用例の一つとして，静止空気中で重力沈降するエアロゾル粒子の速度の予測がある．空気中に放出された粒子の運動は，速やかに終末沈降速度（terminal settling velocity）に達する．このとき，粒子にはたらく空気の抗力 F_D と重力 F_G とは大きさが等しく，互いに逆向きで，次式が成り立つ．

$$F_D = F_G = mg \tag{3.11}$$

$$3\pi\eta V d = \frac{(\rho_p - \rho_g)\pi d^3 g}{6} \tag{3.12}$$

ここで，g は重力加速度，ρ_p は粒子密度，ρ_g は気体密度である．後者には浮力の効果が含まれているが，ρ_p が ρ_g よりもはるかに大きいため，通常は無視できる．たとえば，空気中に沈降する水滴の密度比は $\rho_p/\rho_g = 800$ であり，浮力を無視した場合の誤差はわずか 0.1%である．式 (3.12) を解くと，終末沈降速度 V_{TS} が得られる．

$$V_{\mathrm{TS}} = \frac{\rho_p d^2 g}{18\eta} \qquad (d > 1\,\mu\mathrm{m} \text{ かつ } \mathrm{Re} < 1.0 \text{ のとき}) \tag{3.13}$$

終末沈降速度は粒径の 2 乗に比例し，粒径とともに急速に増加する．導出方法からわかるように，ストークス領域での沈降速度は粘性に反比例し，気体密度には依存しない．5.2 節で示すように，エアロゾル粒子はほぼ瞬時に終末沈降速度に達する．したがって，実際の状況での粒子の動きを特徴付ける値として V_{TS} を用いることができる．ただし，粒径が 1.0 μm よりも小さな粒子に対しては，式 (3.13) に次節で述べるすべり補正係数（slip correction factor）を導入する必要がある．標準状態での単位密度球（1 000 kg/m^3 [1.0 g/cm^3]）については，次の簡略式が適用できる．

$$V_{\mathrm{TS}} \cong 3\times10^{-5} d^2 \text{ m/s} \qquad (1 < d < 100\,\mu\mathrm{m} \text{ のとき})$$

$$[V_{\mathrm{TS}} \cong 0.003 d^2 \text{ cm/s} \quad (1 < d < 100\,\mu\mathrm{m} \text{ のとき})]$$

d の単位は μm である.

遠心力などの重力以外の外力を受ける場合についても, 粒子の終末速度 (terminal velocity) が上記と同様の方法で求められる. 遠心力がはたらいている場合の終末速度は次式で与えられる.

$$V_{\mathrm{TC}} = \frac{\rho_p d^2 a_c}{18\eta} \tag{3.14}$$

ここで, a_c は粒子の位置における遠心加速度である. 接線方向の速度 V_T, 運動半径 R の場合には次のようになる.

$$a_c = \frac{V_T^2}{R} \tag{3.15}$$

ストークス領域での粒子の沈降速度を表す式 (3.13) は, エアロゾルの研究において最も基本的なものであり, 重要である. 式 (3.13) は, 粒径 1.5 ~ 75 μm の単位密度粒子の沈降速度を ±10%の精度で予測できる. すべり補正が含まれている場合 (3.4 節参照) には, さらに粒径 0.001 μm ほどの微小粒子に対しても正確な値を求めることができる.

ストークスの法則によれば, 式 (3.8) に示したように, 抗力は速度そのものに比例する. この関係から, エアロゾル粒子の定常運動を表す尺度となる粒子移動度 (particle mobility) B を次のように定義できる.

$$B = \frac{V}{F_D} = \frac{1}{3\pi\eta d} \qquad (d > 1\,\mu\mathrm{m}\ のとき) \tag{3.16}$$

移動度は, 粒子の終末速度とその速度を生み出す定常的な力との比である. これは, 粒子に単位力を加えた場合に得られる終末速度でもある. 単位は m/(N·s) [cm/(dyn·s)] である. 電気移動度 (electrical mobility) と区別するため, 力学的移動度 (mechanical mobility) とよぶことが多い. エアロゾル粒子の終末速度は, 外力に移動度を掛け合わせれば求められる.

$$V_{\mathrm{TS}} = F_G B \tag{3.17}$$

粒径 1 μm 未満の粒子では, B にすべり補正係数を掛ける必要がある (3.4 節参照).

例題　静止空気中で沈降する粒径 2.5 μm の酸化鉄球の終末沈降速度，抗力，および移動度はどれくらいか．酸化鉄の密度は 5 200 kg/m^3 [5.2 g/cm^3] である．

解　式 (3.13) に代入すると，次のようになる．

$$V_{\mathrm{TS}} = \frac{\rho_p d_p^2 g}{18\eta} = \frac{5200\times(2.5\times10^{-6})^2\times9.81}{18\times(1.81\times10^{-5})} = 9.8\times10^{-4}\ \mathrm{m/s}$$

$$\left[V_{\mathrm{TS}} = \frac{5.2\times(2.5\times10^{-4})^2\times981}{18\times(1.81\times10^{-4})} = 0.098\ \mathrm{cm/s}\right]$$

ここで，粒子のレイノルズ数を計算して粒子運動がストークス領域内にあることを確認する．

$$\mathrm{Re} = 66\,000Vd = 66\,000(9.8\times10^{-4})(2.5\times10^{-6}) = 1.62\times10^{-4}$$

$$[\mathrm{Re} = 6.6Vd = 6.6(0.098)(2.5\times10^{-4}) = 1.62\times10^{-4}]$$

粒子は十分にストークス領域内にあることが確認できた．したがってストークス抗力は，

$$F_D = 3\pi\eta Vd = 3\pi(1.81\times10^{-5})(9.8\times10^{-4})(2.5\times10^{-6}) = 4.18\times10^{-13}\ \mathrm{N}$$

$$[F_D = 3\pi\eta Vd = 3\pi(1.81\times10^{-4})(0.098)(2.5\times10^{-4}) = 4.18\times10^{-8}\ \mathrm{dyn}]$$

沈降する粒子では $F_D = F_G$ であるため，重力から計算しても同じ結果が得られる．

$$F_G = ma = \rho_p \frac{\pi d^3}{6} g = \frac{5200\pi(2.5\times10^{-6})^3 9.81}{6} = 4.17\times10^{-13}\ \mathrm{N}$$

$$\left[F_G = \frac{5.2\pi(2.5\times10^{-4})^3 981}{6} = 4.17\times10^{-8}\ \mathrm{dyn}\right]$$

粒子の移動度は以下のように求められる．

$$B = \frac{V_{\mathrm{TS}}}{F_G} = \frac{9.8\times10^{-4}}{4.17\times10^{-13}} = 2.35\times10^9\ \mathrm{m/(N\cdot s)}$$

$$\left[B = \frac{0.098}{4.17\times10^{-8}} = 2.35\times10^6\ \mathrm{cm/(s\cdot dyn)}\right]$$

3.4　すべり補正係数

ストークスの法則の重要な前提として，球の表面における気体の相対速度は 0 としている．この仮定は，粒径が気体の平均自由行程に近い微小粒子の場合には当てはまらない．このような粒子は，その表面にすべりを生じるため，ストークスの法則で予測されるよりも早い速度で沈降する．標準状態では，粒径 1 μm 未満の粒子

においてこの誤差が顕著となる．1910 年に Cunningham は，すべりの影響を考慮するため，ストークスの法則に加える補正係数を導出した．この係数はカニンガム補正係数（Cunningham correction factor）C_c とよばれ，つねに 1 より大きな値をもつ．この係数を用いると，ストークス抗力は次のように与えられる．

$$F_D = \frac{3\pi\eta V d}{C_c} \tag{3.18}$$

ここで，

$$C_c = 1 + \frac{2.52\lambda}{d} \tag{3.19}$$

であり，λ は，式 (2.25) で与えられる平均自由行程である．

式 (3.19) のカニンガム補正係数を導入すると，ストークスの法則の適用範囲は粒径 0.1 μm まで拡張される．既知の粒径および密度の粒子の沈降速度を測定してすべりを実験的に求めれば，この範囲はさらに小さな粒子に拡張できる．次式は，粒径 0.3 μm 未満のポリスチレンラテックス（PSL）粒子に関して Jung et al., 2012 が求めた値と精度 3％以内で一致する．

$$C_c = 1 + \frac{\lambda}{d}\left(2.33 + 0.96\exp\left(-0.50\frac{d}{\lambda}\right)\right) \tag{3.20}$$

この係数はすべり補正係数（slip correction factor）とよばれており，粒径 0.1 μm 未満の粒子に対しては式 (3.20) の形式で使用される．すべり補正後の終末沈降速度は次のようになる．

$$V_{\mathrm{TS}} = \frac{\rho_p d^2 g C_c}{18\eta} \quad (\mathrm{Re} < 1.0 \text{ のとき}) \tag{3.21}$$

式 (3.21) は，式 (3.20) による C_c の算出が可能なすべての粒径の粒子に対して，Re＜1.0 において有効である．

標準状態における粒径 1.0 μm の粒子のすべり補正係数は 1.15 である．すなわち粒子は，補正しない場合の沈降速度の式 (3.13) で予測されるよりも 15％早い速度で沈降する．1 μm 未満の粒子の場合，すべり補正係数は，粒径が小さくなるにつれて急速に増加（図 3.2 および図 A12 参照）する．また，厳密な計算を行うには，粒径が 5 μm あるいは 10 μm 未満の粒子についてもすべり補正係数が必要となる．すべり補正係数が必要となるのは，小さな粒子では粒径が平均自由行程に近づくためと考えられるが，その理由として「粒子が非常に小さいため分子間をすべり込む」ためといわれている．この説明は物理的には正しくはないが，どのような場合にす

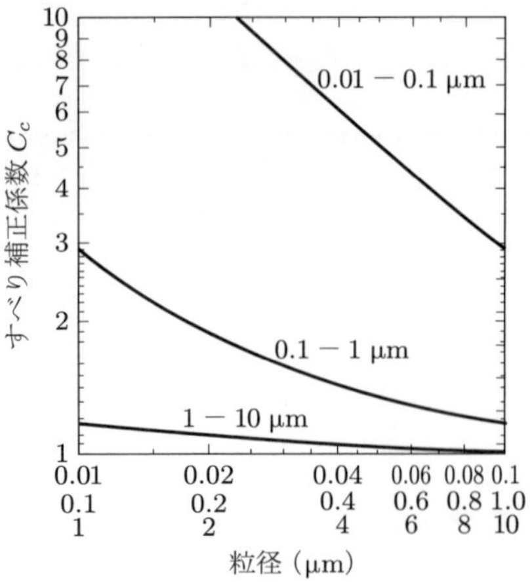

図 3.2　20℃，101 kPa におけるすべり補正係数

べり補正係数を適用すべきかを覚えておくには役立つ．

圧力が低い場合もすべり補正係数は大きくなる．これは，圧力が減少すると平均自由行程が増大するためである．標準状態以外の圧力の空気に対して利用しやすいように，式 (3.26) を書き直すと，次式となる．

$$C_c = 1 + \frac{1}{Pd}(15.60 + 7.00\exp(-0.059Pd)) \tag{3.22}$$

ここで，P は絶対圧力（kPa），d は粒子直径（μm）である．

式 (3.22) は，すべり補正係数の圧力依存性を考慮したものであるが，任意の圧力におけるすべり補正係数を求める簡単な方法としても利用できる．式 (3.22) において，圧力は P と d の積としてのみ現れるため，同じ積をもつ P と d の組み合わせは同じすべり補正係数を与えることになる．Pd を 101 kPa で割ると，標準圧力において，圧力 P，粒径 d の粒子と同じすべり補正係数をもつ粒子の粒径が得られる．この関係を用いると，図 3.2 または表 A.11 から任意の圧力におけるすべり補正係数を換算して求めることができる．たとえば，圧力 202 kPa における粒径 1 μm の粒子のすべり補正係数は，（訳者注：Pd の値が同値となる）101 kPa における 2 μm の粒子のすべり補正係数と同じ値である（C_c＝1.08）．

圧力はストークスの式には直接現れないが，平均自由行程に影響を与えるため，微小粒子の沈降速度に影響を与え，最終的にはすべり補正係数に影響を与える．表 3.1 に示すように，気体密度が増加すると，大きなすべり補正を必要とする微小粒

表 3.1 293 K［20℃］における単位密度球の終末沈降速度に対する圧力の影響

粒径（μm）	各種圧力における V_{TS}（m/s）		
	$P=0.1$ atm	$P=1.0$ atm	$P=10$ atm
0.001	6.9×10^{-8}	6.9×10^{-9}	6.9×10^{-10}
0.01	6.9×10^{-7}	7.0×10^{-8}	8.7×10^{-9}
0.1	7.0×10^{-6}	8.8×10^{-7}	3.5×10^{-7}
1	8.8×10^{-5}	3.5×10^{-5}	3.1×10^{-5}
10	0.0035	0.0031	0.0029
100	0.29	0.25	0.17

子（$d<0.1$ μm）や，大きな慣性力をもつ大粒径粒子（$d>100$ μm）の沈降が遅くなる．一方，これらの間の粒径をもつ粒子（たとえば 10 μm の粒子）は，沈降速度に対する圧力の影響をほとんど示さないことがわかる．

$d \ll \lambda$（標準圧力で $d<0.02$ μm）の場合の粒子運動は，自由分子（free molecule）または分子運動領域（molecular kinetic region）にあるといわれる．この領域では，空気は連続流体として粒子に抵抗を加えるのではなく，気体分子が不連続な衝突を繰り返すことによって抵抗を及ぼしている．なお，この衝突は粒子の後方に比べて前方で生じる頻度が高い．一方，$d>3$ μm の場合には，粒子運動は連続領域（$C_c \approx 1$）（continuum region）内にあり，ストークスの法則に対してすべり補正を行わずに式 (3.8) を適用できる．自由分子領域と連続領域の間の領域は，遷移領域（transition region）とよばれる．式 (3.20) の形式のすべり補正係数は，自由分子領域および遷移領域（および連続体領域）での粒子運動にも使用できるよう，ストークスの法則を補正している．

（訳者注：遷移領域という用語は，3.7 節においてストークス領域とニュートン領域との間の領域を示す用語としても使用するので，混同しないよう注意が必要である．気体の流れをクヌッセン数で分類する場合には，自由分子領域と連続領域との間の領域を中間流領域（intermediate flow region）とよぶことが一般的である．）

3.5 非球形粒子

前節までに示した抗力や沈降速度に関する式は，粒子が球形であるという仮定に基づいている．液滴（粒径 1 mm 以下）や凝縮した個体粒子は球形であるが，他の粒子はほとんどが非球形である．立方体形状の海塩粒子，円筒形状のバクテリア，繊維，単結晶，あるいは球の集合体など規則的な幾何学形状を示すものもある．また，凝集した粒子や粉砕された物質のように，不規則な形状のものもある．これらの粒子の形状は，その抗力と沈降速度に影響を及ぼす．

粒子形状が粒子運動に及ぼす影響を考慮するため，動力学的形状係数（dynamic shape factor）とよばれる補正係数をストークスの法則に導入する．動力学的形状係数は，非球形粒子（non-spherical particle）に実際にはたらく抗力と，非球形粒子と同じ体積，速度を有する球にはたらく抗力との比で定義される．動力学的形状係数 χ は次式で表される．

$$\chi = \frac{F_D}{3\pi\eta V d_e} \tag{3.23}$$

ここで，d_e は等価体積径（equivalent volume diameter）とよばれ，非球形粒子と同じ体積を有する球の直径である．この球を等価体積球とよぶ．等価体積径は，非球形粒子が溶融して液滴を形成した場合の球の直径と考えることもできる．粒子の顕微鏡測定から d_e を求める方法は，20.1 節に後述する．非球形粒子に対するストークスの法則は次のようになる．

$$F_D = 3\pi\eta V d_e \chi \tag{3.24}$$

終末沈降速度は以下のように書ける．

$$V_{\mathrm{TS}} = \frac{\rho_p d_e^2 g}{18\eta\chi} \tag{3.25}$$

さまざまな形状の粒子についての動力学的形状係数を表 3.2 に示す．動力学的形状係数の値は，その形状の模型を実際に制作し，水中に沈降させたときの沈降速度を測定して求められている．不規則形状の粒子については，3.9 節に述べる分級装置で沈降速度を間接的に測定して求めたものである．表に示されている値は，粒子のすべての方向について平均化されている．これは，Re＜0.1 の通常の状態では，粒子がブラウン運動により絶えずその向きを変えているためである．特殊な流線形状の粒子を除いて，動力学的形状係数は 1.0 より大きくなる．これは，非球形粒子が等価体積の球形粒子よりもゆっくりと沈降することを意味している．

不規則形状粒子のすべり補正係数を計算で求める手順は複雑であるが，等価体積球に対して求めた近似係数がほとんどの非球形粒子に対して適用できる．ランダムに配向した繊維（L/d＜20）のすべり係数は，等価体積球のすべり係数より 0～12％大きくなる（Dahneke, 1973 参照）．繊維などの細長い粒子が管内を流れる場合には，流線に沿って配向する傾向がある．レイノルズ数が 10 を超える場合，こ

表 3.2 非球形粒子の動力学的形状係数

形状	動力学的形状係数[a)]			
		軸長/幅の割合		
		2	5	10
幾何学的形状				
球	1.00			
立方体[b)]	1.03			
八面体[c)]	1.07			
四面体[c)]	1.19			
ピラミッド形[d)]	1.86			
星形[d)]	1.17			
棒状[d)]	1.38			
円筒形[e)]				
水平に配向		1.01	1.06	1.20
鉛直に配向		1.14	1.34	1.58
平均配向		1.09	1.23	1.43
クラスタ[f)]				
ダブレット	1.14			
トリプレット	1.21			
4 粒子のクラスタ	1.21			
個体粒子				
歴青炭[g)]	1.05～1.11			
石英[g)]	1.36			
砂[g)]	1.57			
滑石[h)]	1.88			

a) 明記されていないかぎり，すべての方向の平均.
b) Lau et al., 2013.
c) Loth, 2008.
d) Tran-Cong et al., 2004.
e) Calculated from Johnson et al., 1987.
f) Zelenyuk et al., 2016.
g) Davies, 1979.
h) Cheng et al., 1988.

れらの粒子は沈降方向に対して直交する向きに配向する．0.1＜Re＜10 の場合は一部の粒子のみがこの向きに配向し，レイノルズ数 0.1 未満では，配向はランダムとなる．

3.6 空気力学径

エアロゾル分野で広く用いられる等価直径の一つは，空気力学径（aerodynamic diameter）d_a である．これは，その粒子と同じ沈降速度をもつ単位密度（1 000 kg/m^3 [1 g/cm^3]：水滴の密度）の球形粒子の直径として定義される．関連する等価直径として，ストークス径（Stokes diameter）d_s がある．ストークス径は，粒子と同じ密度と沈降速度をもつ球の直径である．ただし，ストークス径は空気力学径ほど一般的に使われてはいない．

これらの相当直径（equivalent diameter）を用いると，式 (3.25) は次のように書くことができる．ただし，ここではすべり補正を無視した．

$$V_{\mathrm{TS}} = \frac{\rho_p d_e^2 g}{18\eta\chi} = \frac{\rho_0 d_a^2 g}{18\eta} = \frac{\rho_b d_s^2 g}{18\eta} \tag{3.26}$$

ここで，ρ_0 は単位密度，1 000 kg/m^3 [1.0 g/cm^3] である．空気力学径は，同じ空気力学的特性をもつ水滴の直径と考えることができる．粒子の空気力学径が 1 μm の場合，その形状，密度，物理的大きさに関係なく，空気力学的には 1 μm の水滴のように振る舞う．さらにいえば，空気力学径が 1 μm の粒子は，粒径，形状，密度が異なる他の粒子と空気力学的に区別できない．ストークス径は通常，粒子を構成する主要物質の平均密度 ρ_b によって定義される．これは，粒子の真の密度を定義するといった問題を避けるためである．粒子が多孔質であったり，閉塞穴を有していたり，または凝集構造であったりすると，真の密度は ρ_b とは異なる可能性がある．

不規則形状の粒子とその空気力学的等価球とストークス等価球との関係を図 3.3 に示す．それぞれの沈降速度は同じであるが，形状や密度が異なる．空気力学径とストークス径は，両方とも幾何学的特性ではなく，空気力学的挙動の観点から定義されている．沈降速度は，ほとんどの種類の空気力学的挙動の代用となる．空気力学径は，濾過，呼吸器沈着，各種の空気清浄装置の性能などの機構を解明するうえで重要な役割を果たす粒子特性である．多くの場合，空気力学径がわかっていれば，粒子の実際の大きさ，形状，密度を知る必要はない．分級装置（3.9 節参照）やカスケードインパクタ（5.6 節参照）などの機器は，空気力学的分級機構を利用して空気力学径を測定するものである．

式 (3.26) を整理すると以下の式が得られる．

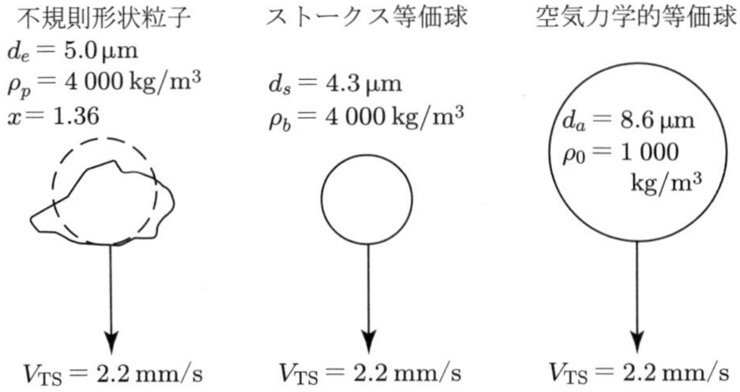

図 3.3　不規則形状粒子とそれに相当する球との関係

$$d_a = d_e\left(\frac{\rho_p}{\rho_0\chi}\right)^{1/2} = d_s\left(\frac{\rho_b}{\rho_0}\right)^{1/2} \tag{3.27}$$

球の場合には次式となる．

$$d_a = d_p\left(\frac{\rho_p}{\rho_0}\right)^{1/2} \tag{3.28}$$

密度が 1 000 kg/m^3 [1.0 g/cm^3] を超える球の場合，d_a はつねに d_p より大きくなる．

すべり補正を適用する必要があるような微小粒子の場合にも，相当径に関する上述の定義は成り立つが，そのままの形式ではあまり使いやすくない．このため，式 (3.28) のすべりを補正した次式が使われる．

$$d_a = d_p\left(\frac{C_c(d_p)}{C_c(d_a)}\right)^{1/2}\left(\frac{\rho_p}{\rho_0}\right)^{1/2} \tag{3.29}$$

ここで，$C_c(d_p)$ と $C_c(d_a)$ はそれぞれ d_p と d_a のすべり補正係数である．粒子のレイノルズ数が 1.0 より大きい場合には，その運動はストークス領域の外側にあり，前述の定義は当てはまるが，式 (3.26) ～ (3.28) は適用できない．

例題　$d_e = 20\ \mu\mathrm{m}$，$\rho_p = 2\,700\ \mathrm{kg/m^3}$ の石英粒子の空気力学径を計算せよ．

解　$d_a = d_e\left(\dfrac{\rho_p}{\rho_0\chi}\right)^{1/2}$　　ここで，$\chi = 1.36$（表 3.2 より）

$$d_a = 20\left(\frac{2700}{1000\times1.36}\right)^{1/2} = 20\times(1.41) = 28.2\,\mu\mathrm{m}$$

3.7　高レイノルズ数領域での沈降

ストークス領域における粒子運動の場合には，粒径と密度がわかれば沈降速度を直接求めることができた．また，速度がわかれば粒径を求めることもできた．しかし，Re>1.0 の粒子運動では，これらを直接求めることができない．重力がはたらく場合の式 (3.4) を立て，沈降速度について解くと，次式が得られる．

$$V_{\mathrm{TS}} = \left(\frac{4\rho_p d_p g}{3C_D \rho_g}\right)^{1/2} \tag{3.30}$$

式 (3.30) を用いて V_{TS} を計算するには，C_D の正しい値を決定する必要がある．しかし，図 3.1 または式 (3.5) から C_D を求めるには，粒子のレイノルズ数（$\rho Vd/\eta$）が必要であり，それには V_{TS} がわかっていなければならない．このジレンマは，d_p と V_{TS} との関係が，ストークス領域の $V_{\mathrm{TS}} \propto d^2$ からニュートン領域の $V_{\mathrm{TS}} \propto d^{1/2}$ に徐々に変化するために発生するものである．この関係は，遷移領域（レイノルズ数 1 ～ 1 000）に対する式 (3.30) の C_D の値の変化として現れる．

まず，粒子の運動がストークス領域の外側にあるかどうかを判断する必要がある．ストークスの法則が成り立つと仮定すると，式 (3.13) を使用して V_{TS} を計算でき，これによりレイノルズ数を計算できる．もし Re が 1.0 より大きければ，沈降粒子の運動はストークス領域の外にあり，V_{TS} の計算値は間違いとなる．その場合，次に概説する手順を使用して，V_{TS} の正しい値を決定できる．

このジレンマを回避する一つの方法は，式 (3.5) を式 (3.30) に代入し，式 (3.30) が望ましい精度内に収まるまで速度の候補値を反復的に代入していく方法（試行錯誤による反復計算）である．表 3.3 に，このプロセスを使用して計算された標準状態での単位密度球の V_{TS} を示す．ρ_p，ρ_g または η を変更すると，C_D と V_{TS} の間の関係が変化するため，表の値をさまざまな条件に合わせて補正することはできない（訳者注：あくまで反復法による数値的な近似解なので，異なる条件については改めて反復計算を実行する必要がある）．

別の手法として，$C_D(\mathrm{Re})^2$ を用いる計算方法がある．式 (3.30) を変形すると，次式を得る．

$$C_D = \frac{4\rho_p d_p g}{3\rho_g V^2} \tag{3.31}$$

式 (3.31) の両辺に $(\mathrm{Re})^2$ を掛けると，次のようになる．

表 3.3 標準状態における粒径 100 ～ 2 000 μm の単位密度球粒子の終末沈降速度 a)

粒径（μm）	Re	V_{TS}（m/s）	粒径（μm）	Re	V_{TS}（m/s）
100	1.65	0.248	360	34.5	1.44
105	1.87	0.268	370	36.5	1.48
110	2.12	0.289	380	38.6	1.52
115	2.38	0.312	390	40.7	1.57
120	2.67	0.335	400	42.9	1.61
125	2.98	0.358	410	45.1	1.65
130	3.31	0.382	420	47.4	1.69
135	3.61	0.402	430	49.8	1.74
140	3.96	0.425	440	52.2	1.78
145	4.33	0.448	450	54.6	1.82
150	4.71	0.472	460	57.1	1.86
155	5.11	0.495	470	59.6	1.90
160	5.52	0.518	480	62.2	1.94
165	5.95	0.542	490	64.8	1.98
170	6.40	0.566	500	67.5	2.02
175	6.87	0.589	550	81.6	2.22
180	7.35	0.613	600	96.8	2.42
185	7.84	0.637	650	113	2.61
190	8.35	0.660	700	130	2.80
195	8.88	0.684	750	149	2.98
200	9.42	0.708	800	168	3.16
210	10.5	0.755	850	189	3.34
220	11.7	0.802	900	210	3.52
230	13.0	0.849	950	233	3.69
240	14.3	0.896	1 000	257	3.86
250	15.7	0.943	1 100	307	4.19
260	17.1	0.989	1 200	361	4.52
270	18.6	1.03	1 300	419	4.84
280	20.1	1.08	1 400	480	5.15
290	21.7	1.12	1 500	546	5.46
300	23.4	1.17	1 600	614	5.77
310	25.1	1.21	1 700	686	6.06
320	26.9	1.26	1 800	762	6.36
330	28.7	1.30	1 900	841	6.65
340	30.6	1.35	2 000	924	6.94
350	32.5	1.39			

a) 遷移領域の近似 $C_D = (24/\mathrm{Re})(1 + 0.15\mathrm{Re}^{0.687})$ を用いて計算した．単位密度粒子を仮定した．

$$C_D(\mathrm{Re})^2 = \frac{4d^3\rho_p\rho_g g}{3\eta^2} \tag{3.32}$$

式 (3.32) の右辺には速度が含まれていないため，$C_D(\mathrm{Re})^2$ の値を求めることができる．$C_D(\mathrm{Re})^2$ は，レイノルズ数に対して一意に求められる関数なので，速度がわかっていなくても計算でき，これを用いて図式的に沈降速度を求めることができる．特定の粒子に対して式 (3.32) を次のように書くことができる．

$$C_D(\mathrm{Re})^2 = K$$

$$C_D = \frac{K}{(\mathrm{Re})^2} \tag{3.33}$$

これは，終末沈降速度における粒子に対して有効な C_D と Re を関連付ける一つの式である．この式と図 3.1 に示した遷移領域の式 (3.5) とは，Re と C_D の正しい値の点で交差する（図 3.4 参照）．粒子の沈降速度は，この交差点のレイノルズ数から求めることができる．

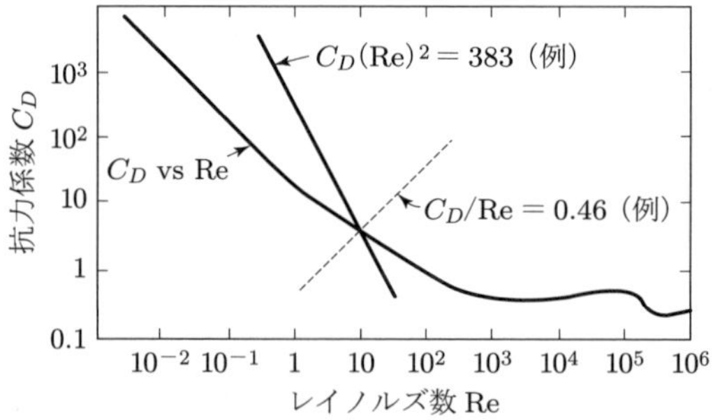

図 3.4 抗力係数とレイノルズ数との関係．$C_D(\mathrm{Re})^2 = 383$ および $C_D/\mathrm{Re} = 0.46$ の例

沈降速度は，$C_D(\mathrm{Re})^2$ を使用して次の実験式により直接計算することもできる．

$$V_{\mathrm{TS}} = \left(\frac{\eta}{\rho_g d_p}\right)\exp(-3.070 + 0.9935J - 0.0178J^2) \tag{3.34}$$

ここで，

$$J = \ln\left(C_D(\mathrm{Re})^2\right) = \ln\left(\frac{4\rho_p\rho_g d^3 g}{3\eta^2}\right)$$

である．式 (3.34) は，遷移領域での反復計算（式 (3.5)）による近似解と一致しており，誤差は，$1 < \mathrm{Re} < 600$ の場合は 3% 以内，$0.5 < \mathrm{Re} < 1\,000$ の場合は 7% 以内

表 3.4 $C_D(\mathrm{Re})^2$ が 10 ～ 99 000 の範囲にある沈降粒子のレイノルズ数 [a)]

$C_D(\mathrm{Re})^2$	0	1	2	3	4	5	6	7	8	9
10	0.40	0.43	0.47	0.51	0.54	0.58	0.61	0.65	0.69	0.72
20	0.75	0.79	0.82	0.86	0.89	0.92	0.96	0.99	1.02	1.06
30	1.09	1.12	1.15	1.18	1.22	1.25	1.28	1.31	1.34	1.37
40	1.40	1.43	1.47	1.50	1.53	1.56	1.59	1.62	1.65	1.68
50	1.71	1.74	1.77	1.80	1.83	1.86	1.89	1.92	1.95	1.98
60	2.01	2.04	2.07	2.10	2.13	2.16	2.19	2.22	2.25	2.27
70	2.30	2.33	2.36	2.39	2.42	2.45	2.47	2.50	2.53	2.56
80	2.59	2.62	2.64	2.67	2.70	2.73	2.75	2.78	2.81	2.84
90	2.86	2.89	2.92	2.95	2.97	3.00	3.03	3.05	3.08	3.11
$C_D(\mathrm{Re})^2$	0	10	20	30	40	50	60	70	80	90
100	3.14	3.40	3.66	3.92	4.17	4.41	4.66	4.90	5.13	5.36
200	5.59	5.82	6.05	6.27	6.49	6.70	6.92	7.13	7.34	7.55
300	7.75	7.96	8.16	8.36	8.56	8.75	8.95	9.14	9.34	9.53
400	9.72	9.90	10.1	10.3	10.5	10.6	10.8	11.0	11.2	11.4
500	11.5	11.7	11.9	12.1	12.2	12.4	12.6	12.8	12.9	13.1
600	13.3	13.4	13.6	13.8	13.9	14.1	14.2	14.4	14.6	14.7
700	14.9	15.0	15.2	15.4	15.5	15.7	15.8	16.0	16.1	16.3
800	16.4	16.6	16.7	16.9	17.1	17.2	17.3	17.5	17.6	17.8
900	17.9	18.1	18.2	18.4	18.5	18.7	18.8	19.0	19.1	19.2
$C_D(\mathrm{Re})^2$	0	100	200	300	400	500	600	700	800	900
1 000	19.4	20.8	22.1	23.4	24.7	26.0	27.2	28.4	29.6	30.7
2 000	31.8	33.0	34.0	35.1	36.2	37.2	38.2	39.2	40.2	41.2
3 000	42.2	43.2	44.1	45.1	46.0	46.9	47.8	48.7	49.6	50.5
4 000	51.4	52.2	53.1	53.9	54.8	55.6	56.4	57.3	58.1	58.9
5 000	59.7	60.5	61.3	62.1	62.9	63.6	64.4	65.2	65.9	66.7
6 000	67.4	68.2	68.9	69.7	70.4	71.1	71.8	72.6	73.3	74.0
7 000	74.7	75.4	76.1	76.8	77.5	78.2	78.9	79.6	80.2	80.9
8 000	81.6	82.3	82.9	83.6	84.2	84.9	85.6	86.2	86.9	87.5
9 000	88.1	88.8	89.4	90.1	90.7	91.3	92.0	92.6	93.2	93.8
$C_D(\mathrm{Re})^2$	0	1 000	2 000	3 000	4 000	5 000	6 000	7 000	8 000	9 000
10 000	94.4	100	106	112	117	123	128	133	138	143
20 000	148	152	157	162	166	170	175	179	183	187
30 000	191	195	199	203	207	211	214	218	222	226
40 000	229	233	236	240	243	247	250	254	257	260
50 000	264	267	270	273	277	280	283	286	289	292
60 000	295	298	301	304	307	310	313	316	319	322
70 000	325	328	331	334	336	339	342	345	348	350
80 000	353	356	358	361	364	367	369	372	374	377
90 000	380	382	385	388	390	393	395	398	400	403

a) 行見出しと列見出しの合計が $C_D(\mathrm{Re})^2$ の値.

である．レイノルズ数が 0.5 未満の場合は，式 (3.13) または式 (3.21) を使用するほうが正確な結果が得られる．

さらに簡便で正確な方法は，$C_D(\mathrm{Re})^2$ とそれに対応する Re との関係を示した表 3.4 を用いる方法である．まず，$C_D(\mathrm{Re})^2$ の値を計算し，この値に対応するレイノルズ数 Re を表 3.4 から求める．次に，このレイノルズ数から V_{TS} を計算する．この手順は標準状態以外の場合にも適用できる．

例題　密度 8 000 kg/m^3，直径 100 μm の球体の標準状態における重力沈降速度はいくらか．

解

$$C_D(\mathrm{Re})^2 = \frac{4d^3\rho_p\rho_g g}{3\eta^2} = \frac{4\times(100\times10^{-6})^3\times8000\times1.2\times9.81}{3\times(1.81\times10^{-5})^2} = 383$$

$$\left[C_D(\mathrm{Re})^2 = \frac{4\times(10^{-2})^3\times8\times1.20\times10^{-3}\times981}{3\times(1.81\times10^{-4})^2} = 383\right]$$

$C_D(\mathrm{Re})^2$ の値が 383 であった場合，表 3.4 から内挿して得られるレイノルズ数は 9.40 で，以下のようになる．

$$V_{\mathrm{TS}} = \frac{\mathrm{Re}}{66000d} = \frac{9.40}{66000\times100\times10^{-6}} = 1.42\ \mathrm{m/s}$$

$$\left[V_{\mathrm{TS}} = \frac{9.40}{6.6\times100\times10^{-4}} = 142\ \mathrm{cm/s}\right]$$

あるいは，$J=\ln(383)=5.95$ を式 (3.34) に代入すると，次のようになる．

$$V_{\mathrm{TS}} = \left(\frac{1.81\times10^{-5}}{1.20\times10^{-4}}\right)\exp\left(-3.07+0.9935\times5.95-0.0178\times5.95^2\right)$$

$$= 0.151\exp(2.21) = 1.38\ \mathrm{m/s}$$

$$\left[V_{\mathrm{TS}} = \left(\frac{1.81\times10^{-4}}{1.20\times10^{-3}\times10^{-2}}\right)\exp(2.21) = 138\ \mathrm{cm/s}\right]$$

同じ問題についてストークスの法則をそのまま適用した場合には，沈降速度は次のようになる．

$$V_{\mathrm{TS}} = \frac{\rho_p d^2 g}{18\eta} = \frac{8000\times(10^{-4})^2\times9.81}{18\times1.81\times10^{-5}} = 2.41\ \mathrm{m/s}$$

このように，粒子の運動が遷移領域にあることを意識せず，単純にストークスの式を適用すると，沈降速度は約 70% の過大評価となる．

粒子の沈降速度が既知の場合に粒径を求める問題にも, 同様の方法が適用できる. 式 (3.31) と式 (2.41) を組み合わせて得られる C_D/Re の値は, 粒径がわからなくても計算できる.

$$\frac{C_D}{\mathrm{Re}}=\frac{4\rho_p\eta g}{3\rho_g^2 V^3} \tag{3.35}$$

式 (3.35) は, 沈降粒子が満足する C_D と Re の関係を示している. 粒径は, 先述した沈降速度の場合と同様の反復計算, 図式解法または表から求める方法によって得ることができる. レイノルズ数 0.01 ~ 100 における C_D/Re の値を表 3.5 に示す. 速度が既知である沈降粒子の粒径は, 経験式により C_D/Re を用いて直接計算できる.

$$d=\left(\frac{\eta}{\rho_g V_{\mathrm{TS}}}\right)\exp(1.787-0.577H+0.0109H^2) \tag{3.36}$$

ここで,

$$H=\ln\left(\frac{C_D}{\mathrm{Re}}\right)=\ln\left(\frac{4\rho_p\eta g}{3\rho_g^2 V^3}\right)$$

である. $0.5<\mathrm{Re}<1\,000$ の場合について, 式 (3.36) から計算した沈降速度は, 遷移領域の近似式 (3.5) を使用した反復計算と 3%以内で一致する.

例題 前の例題を逆に解くことを考える. 標準状態での沈降速度が 1.42 m/s [142 cm/s] で, $\rho_p=8\,000\ \mathrm{kg/m^3}$ [$8\ \mathrm{g/cm^3}$] である粒子の粒径を計算する.

解

$$\frac{C_D}{\mathrm{Re}}=\frac{4\rho_p\eta g}{3\rho_g^2 V^3}=\frac{4\times 8\,000\times 1.81\times 10^{-5}\times 9.81}{3(1.20)^2(1.42)^3}=0.46$$

$$\left[\frac{C_D}{\mathrm{Re}}=\frac{4\times 8\times 1.81\times 10^{-4}\times 981}{3(1.2\times 10^{-3})^2(142)^3}=0.46\right]$$

$C_D/\mathrm{Re}=0.46$ の場合に表 3.5 から得られるレイノルズ数は 9.42 であり, これにより粒径を計算できる.

$$d=\frac{9.42}{66\,000\times V_{\mathrm{TS}}}=\frac{9.42}{66\,000\times 1.42}=101\ \mu\mathrm{m}$$

$$\left[d=\frac{9.42}{6.6\times 142}=101\ \mu\mathrm{m}\right]$$

あるいは, 式 (3.36) を使用し, $H=\ln(0.46)=-0.777$ を代入して次の結果を得ることができる.

表 3.5　C_D/Re が 0.01 ～ 99 の範囲にある沈降粒子のレイノルズ数[a)]

C_D/Re	0	0.001	0.002	0.003	0.004	0.005	0.006	0.007	0.008	0.009
0.01	106	99.5	93.8	88.8	84.4	80.6	77.2	74.1	71.3	68.8
0.02	66.5	64.3	62.4	60.6	58.9	57.3	55.8	54.5	53.2	52.0
0.03	50.8	49.7	48.7	47.8	46.8	46.0	45.1	44.3	43.6	42.8
0.04	42.1	41.5	40.8	40.2	39.6	39.1	38.5	38.0	37.5	37.0
0.05	36.5	36.0	35.6	35.2	34.7	34.3	34.0	33.6	33.2	32.8
0.06	32.5	32.2	31.8	31.5	31.2	30.9	30.6	30.3	30.0	29.7
0.07	29.5	29.2	29.0	28.7	28.5	28.2	28.0	27.8	27.5	27.3
0.08	27.1	26.9	26.7	26.5	26.3	26.1	25.9	25.7	25.5	25.3
0.09	25.2	25.0	24.8	24.7	24.5	24.3	24.2	24.0	23.9	23.7
C_D/Re	0	0.01	0.02	0.03	0.04	0.05	0.06	0.07	0.08	0.09
0.1	23.6	22.2	21.1	20.0	19.2	18.4	17.7	17.0	16.4	15.9
0.2	15.4	15.0	14.6	14.2	13.8	13.5	13.2	12.9	12.6	12.4
0.3	12.1	11.9	11.7	11.4	11.2	11.1	10.9	10.7	10.5	10.4
0.4	10.2	10.1	9.93	9.80	9.67	9.54	9.42	9.30	9.19	9.08
0.5	8.97	8.87	8.77	8.67	8.58	8.49	8.40	8.32	8.23	8.15
0.6	8.07	8.00	7.92	7.85	7.78	7.71	7.64	7.58	7.51	7.45
0.7	7.39	7.33	7.27	7.21	7.16	7.10	7.05	7.00	6.95	6.90
0.8	6.85	6.8	6.75	6.70	6.66	6.61	6.57	6.53	6.48	6.44
0.9	6.40	6.36	6.32	6.28	6.24	6.20	6.16	6.12	6.09	6.06
C_D/Re	0	0.1	0.2	0.3	0.4	0.5	0.6	0.7	0.8	0.9
1	6.03	5.71	5.44	5.20	4.99	4.8	4.63	4.48	4.34	4.21
2	4.09	3.98	3.88	3.79	3.70	3.62	3.54	3.47	3.40	3.33
3	3.27	3.21	3.16	3.11	3.06	3.01	2.96	2.92	2.88	2.84
4	2.80	2.76	2.72	2.69	2.66	2.62	2.59	2.56	2.53	2.51
5	2.48	2.45	2.43	2.40	2.38	2.35	2.33	2.31	2.29	2.27
6	2.25	2.23	2.21	2.19	2.17	2.15	2.13	2.12	2.10	2.08
7	2.07	2.05	2.04	2.02	2.01	2.00	1.98	1.97	1.96	1.94
8	1.93	1.92	1.90	1.89	1.88	1.87	1.86	1.84	1.83	1.82
9	1.81	1.80	1.79	1.78	1.77	1.76	1.75	1.74	1.73	1.72
C_D/Re	0	1	2	3	4	5	6	7	8	9
10	1.71	1.63	1.55	1.49	1.43	1.38	1.33	1.29	1.25	1.21
20	1.18	1.15	1.12	1.10	1.07	1.05	1.03	1.01	0.99	0.97
30	0.95	0.93	0.92	0.90	0.89	0.88	0.86	0.85	0.84	0.83
40	0.82	0.81	0.80	0.79	0.78	0.77	0.76	0.75	0.74	0.73
50	0.73	0.72	0.71	0.70	0.70	0.69	0.68	0.68	0.67	0.67
60	0.66	0.65	0.65	0.64	0.64	0.63	0.63	0.62	0.62	0.61
70	0.61	0.61	0.60	0.60	0.59	0.59	0.58	0.58	0.58	0.57
80	0.57	0.57	0.56	0.56	0.55	0.55	0.55	0.54	0.54	0.54
90	0.54	0.53	0.53	0.53	0.52	0.52	0.52	0.51	0.51	0.51

a) 行見出しと列見出しの合計が C_D/Re の値.

$$d=\left(\frac{1.81\times10^{-5}}{1.2\times1.38}\right)\exp\left(1.787-0.577\times(-0.777)+0.0109\times(-0.777)^2\right)$$

$$=(1.06\times10^{-5})\exp(2.242)=100\ \mu\mathrm{m}$$

$$\left[d=\left(\frac{1.81\times10^{-4}}{1.20\times10^{-3}\times142}\right)\exp(2.242)=100\ \mu\mathrm{m}\right]$$

この結果は，想定したもとの粒径に等しい.

ストークス領域外での非球形粒子の運動では，式 (3.32) および式 (3.35) の右辺に $1/\chi$ を掛ける．ここで，χ は動力学的形状係数であり，いずれの場合も粒径は等価体積径で表す．速度または粒径を計算する方法は, 球形粒子の場合と同じである．この手法は，レイノルズ数 100 未満の微小粒子，またはレイノルズ数 10 未満の不規則形状粒子の場合に適用可能である.

球形粒子の沈降速度の計算は，次のように要約できる．0.1 μm 未満の微小粒子の場合は，すべり補正の式 (3.21) と式 (3.20) を使用する．粒径 0.1 ～ 1 μm の場合には，式 (3.19) または式 (3.20) を使用してすべり補正係数を計算する．1.0 μm を超える粒子の場合には, 粒子のレイノルズ数が 1.0 未満であることを条件として, 式 (3.13) を適用する．粒子のレイノルズ数が 0.5 ～ 1.0 の場合, 式 (3.13), (3.34), または表形式の手順を使用する．Re＞1.0 の大きくて重い粒子の場合は，式 (3.34) を使用するか，式 (3.32), (2.41) と表 3.4 を使用する．$C_D=0.44$ の式 (3.30) は，$1000<\mathrm{Re}<2\times10^5$ の場合に使用できるが，これは，通常のエアロゾル粒子の運動の範囲を超えている.

3.8 攪拌沈降

V_{TS} を求める式を用いれば，室内あるいは容器中のエアロゾル濃度の時間変化を求めることができる．残念ながら, 実際の現象は非常に複雑なため, ここでは図 3.5 に示す二つの理想的な状況を想定する．すなわち，単分散エアロゾルの静穏沈降 (tranquil settling) と攪拌沈降 (stirred settling) の二つである．単分散エアロゾルの場合，実際の状況はこれら二つの理想的な状況の間にあり，通常は静穏沈降よりも攪拌沈降の場合に近くなる.

静穏沈降では，気体の運動はなく，個々の粒子の運動は静止流体中での重力沈降

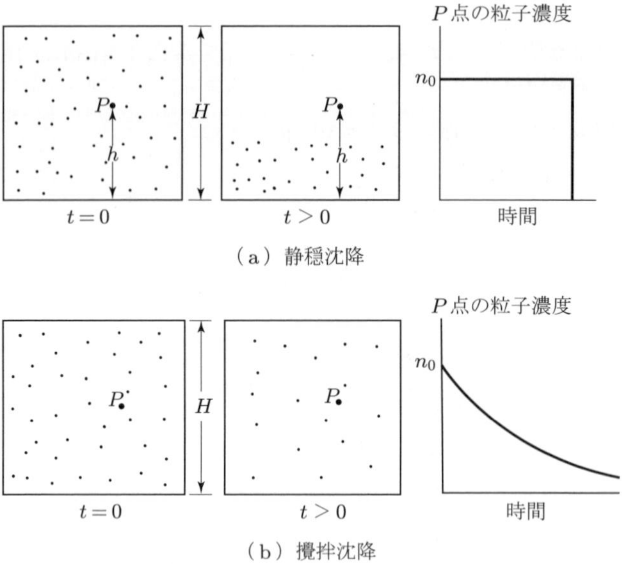

図 3.5　容器中での粒子の沈降

だけである．高さ H の円筒形の容器に，時刻 $t=0$ において濃度 n_0 の単分散粒子が均一に分布している場合を想定する．拡散を無視すれば，すべての粒子は一定速度 V_{TS} で沈降する．ある時刻 t を経過した後の容器内には，粒子がまったく存在しない上部領域と，平坦な粒子境界面があり，もとの粒子数に相当する粒子が含まれた下部領域とが形成される(図 3.5 (a) 参照)．粒子の一部は容器の底に沈着する．容器中の下部領域では，どの点においても濃度は一定だが，上部領域との境界面がその点を通過すると，直ちに濃度は 0 となる．容器の底面から距離 P の点にこの境界面が到達する時間は，$(H-h)/V_{TS}$ である．H/V_{TS} に相当する時間を経過すると，容器内のすべての場所で濃度が 0 となる．

静穏沈降とはまったく逆の極端な場合が攪拌沈降(図 3.5 (b))である．この場合，エアロゾルは勢いよく攪拌されており，拡散や再飛散および壁面への沈着がないとすれば，濃度はすべての時刻において容器内全体で一様である．粒子の速度の垂直成分は，沈降速度と対流速度とを合計したものとなる．しかし，対流速度の上下方向成分の総和は等しく，ある程度の時間が経過した後には相互に打ち消し合うので，各粒子の実質的な平均速度は V_{TS} に等しくなる．濃度は時間とともに減少するが，除去率も時間とともに減少する．除去率は容器の中の粒子数に比例するが，容器中に残った粒子は，容器全体に一様に拡散しながら個数が減少していくからである．

時間間隔 dt（対流運動と比較して相対的に短い時間）の間に除去される粒子の割合 dn/n は次式で表される．

$$\frac{\mathrm{d}n}{n}=\frac{V_{\mathrm{TS}}\mathrm{d}t}{H}$$

$t=0$ における初期条件 $n=n_0$ について積分すると，次式のようになる．

$$\frac{n(t)}{n_0}=\exp\left(\frac{-V_{\mathrm{TS}}t}{H}\right) \tag{3.37}$$

攪拌沈降中の粒子の濃度は，時間とともに指数関数的に減衰するが，数学的には決して 0 にはならない．しかし実際には，最後の浮遊粒子が沈降すると濃度は 0 になる．静穏沈降では，完全に粒子が除去され，濃度が 0 となるのに要する時間は H/V_{TS} で表せる．一方，攪拌沈降の場合には，同じ時間経過した時点での濃度は初期濃度の $1/e$ である．

多分散エアロゾルの場合，沈降の様子はさらに複雑である．静穏沈降，攪拌沈降いずれの場合でも，浮遊状態で残っている粒子の平均粒径は，時間とともに減少する．静穏沈降では，明白な上部境界面がなくなる．攪拌沈降では，粒径分布を示す各粒径に対して，式 (3.37) が適用できる．粒子濃度を時間の関数として表す式は，式 (3.37) を粒径分布の全範囲にわたって積分することで得られる．

例題 天井高 3 m の部屋に木粉塵が濃度 10 mg/m^3 で存在する．1 時間後の濃度はどれくらいになるか．木粉塵は空気力学径 4 μm の理想的な単分散粒子とし，攪拌沈降を想定する．

解
$$V_{\mathrm{TS}}=\frac{\rho_0 d^2 g}{18\eta}=\frac{1000\times(4\times10^{-6})^2\times9.81}{18\times(1.81\times10^{-5})}=4.8\times10^{-4}\,\mathrm{m/s}$$

$$\left[V_{\mathrm{TS}}=\frac{1\times(4\times10^{-4})^2\times981}{18\times(1.81\times10^{-4})}=4.8\times10^{-2}\,\mathrm{cm/s}\right]$$

単分散エアロゾルの場合は $C_m\propto n$，$t=60\times60=3\,600$ 秒である．したがって，次のようになる．

$$C_{3600}=C_0\exp\left(\frac{-V_{\mathrm{TS}}t}{H}\right)$$
$$=10\exp\left(\frac{-4.8\times10^{-4}\times3\,600}{3}\right)=10\exp(-0.576)=5.6\,\mathrm{mg/m^3}$$

$$\left[C_{3600} = 10\exp\left(\frac{-4.8\times 10^{-2}\times 3600}{300}\right) = 5.6\ \mathrm{mg/m^3}\right]$$

3.9 沈降速度を利用した装置

空気力学径を測定したり，粒子を二つ以上の粒径範囲に分級したりする装置の中には,粒子の沈降を利用したものがある．最も単純なものは沈降セル（sedimentation cell）で，Millikan が油滴実験（15.3 節参照）に用いたのと同様の装置である．容積 1 cm^3 未満の密閉容器内にエアロゾル粒子を導入し，窓面から強力な光線を照射する．水平に置かれた顕微鏡により，光線に対して直角方向から観測すると，粒子は光線を受け，小さな輝点として観測される．このとき，各粒子について接眼レンズ上に書かれた目盛線の間を沈降する時間を測定する．実際の沈降距離は校正されており，通常は 1.0 mm 未満である．空気力学径は，沈降速度の測定値から直接計算される．

粒径 0.3 µm 未満の微小粒子は，ブラウン運動のため大きな変動を引き起こし，沈降速度の測定が難しくなる．これら微細な粒子は視野から外れて見えなくなることもある．一方，5 µm より大きな粒子は，沈降速度が大きすぎるため正確な測定が難しい場合がある．いずれの場合も，照射する光線の熱による熱対流を最小限にするよう注意が必要である．さらに観測者によっては，より大きく明るい粒子を選ぶ傾向があり，これも防止しなければならない．

5 ～ 50 µm の大きな粒子の場合，空気力学径は沈降管（settling tube）を使用して直接測定できる（Wall et al., 1985）．通常，沈降管は直径約 7 mm，長さ 0.3 ～ 0.8 m の鉛直なガラス管で，その軸に沿って低出力レーザが照射される．管には 10 cm またはその他の間隔で目盛が付けられている．粒子は光の点として見え，既知の距離を通過する粒子の沈降時間をストップウォッチで測定する. 管径の選択は,管内での対流を低減し，内壁への粒子沈着を低減できる妥協点により決定する．この方法では，空気力学径の絶対測定が可能であり，校正は必要ない．

鉛直型分級器（vertical elutriator）は，エアロゾルの流れの中から，特定の空気力学径より大きな粒子を除去するために用いられる装置である．エアロゾルは，垂直ダクト中を低速で上向きに流れる．終末沈降速度 V_{TS} がダクト内流速よりも大きな粒子はダクトから外部へ流出しないため，エアロゾルの流れから除去される．この状況は，粒子の沈降と気流との間の競争であると考えることができ，より速いほうが結果を制する．この装置は，大きな粒子を大まかに分離するには十分に機能するが，ダクト内の気流速度の分布により，正確なカットオフ粒径を得ることは困難である．大きな粒子は正味下向きの速度をもち，上向きに移動する小さな粒子を濾過して除去することがある．綿粉のサンプリングに使用される鉛直型分級器については，11.5 節に述べる．

水平型分級器（horizontal elutriator）は，エアロゾルの流れから粒子を分離させるための分離器，あるいは粒径分布を測定するためのエアロゾルスペクトロメータとして利用できる．分離器として用いる場合には，長方形断面をもつ水平ダクト中にエアロゾルを低速で通過させる．粒子は気体の流れに対して直角方向に沈降するため，ダクトの底面に到達した粒子がエアロゾルの流れから分離される．粒子濃度の減衰は小粒径粒子よりも大粒径粒子のほうが大きくなる．図 3.6 に示すように流れが層流の場合には，$V_{TS} > H\bar{V}_x/L$（ただし $\bar{V}_x = \bar{U}$）の粒子は，エアロゾルの流れから完全に除去される．より小さい粒子は，除去率 $V_{TS}\,L/\bar{V}_x H$ で除去される．ダクト内に水平板を均等に配置すると H が減少し，特定粒径の粒子の捕集効率が増加する．水平型分級器は，吸入性粒子の質量捕集装置の一つとして用いられる（11.5 節参照）．

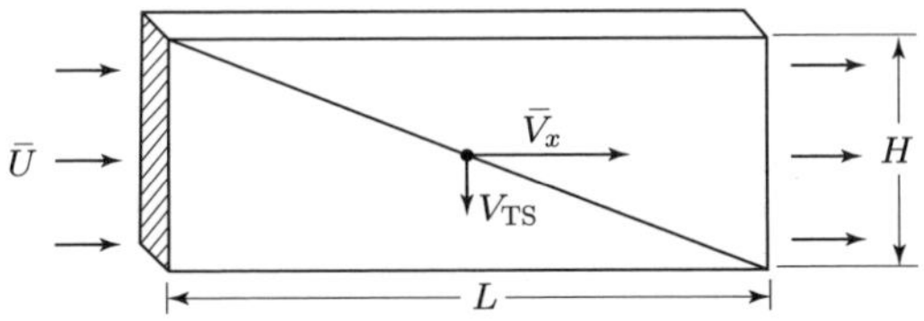

図 3.6 水平型分級器

粒径分布を測定するための分離型スペクトロメータ（elutriation spectrometer）においても，分級器と同様の分離機構が用いられている．この場合には，清浄空気流とエアロゾル流の二つの流れが使用される．清浄空気はダクト中を平均速度 $\bar{V}_x$ の層流で水平に流れる（図 3.7 参照）．分離セクションの上流では，ダクトの上面に沿ってエアロゾルが薄い流れまたは膜として導入される．異なる粒径の粒子は異なる速度で沈降し，各々の粒径に応じてダクト底面の異なる特定の場所に沈着する．沈降速度 V_{TS} の粒子が沈着する位置（入口から沈着位置までの距離）は次式で表される．

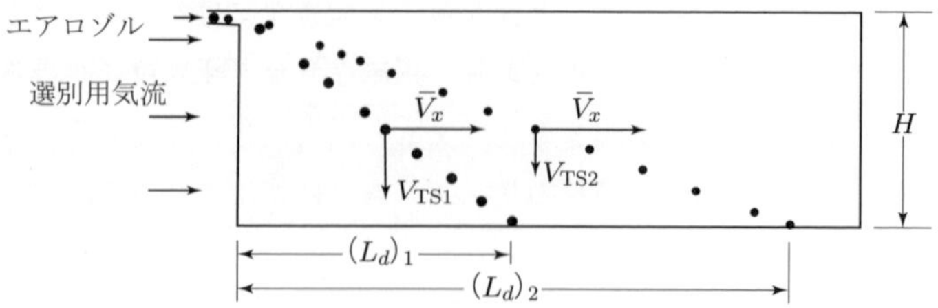

図 3.7　水平型分級器で捕集される粒子の軌跡

$$L_d = \frac{H\bar{V}_x}{V_{TS}} \tag{3.38}$$

ここで，Hはダクトの高さである．ダクトの底面にはスライドガラスまたは金属の薄片が敷かれており，部分的に取り外して沈着した粒子の数または質量を分析できるようになっている．粒子の沈着位置は，ある範囲の終末沈降速度 V_{TS} に対応しており，この V_{TS} から粒子の空気力学径が決定される．空気力学径の関数としての粒子の個数分布（あるいは質量分布）は，各粒径範囲の粒子の総数（または全質量）の割合から決定される．限界粒径よりも小さな粒子を捕集するために，ダクトの終端部にフィルタが設置されている．$V_{TS} \propto d_a^2$ であるから，微小粒子を捕集するためには，十分長いダクトを使わなければならない．手ごろな長さの装置で微小粒子を分級できるようにするため，幅が長さに沿って増加するダクトを使用して $\bar{V}_x$ を低減する方法がある．エアロゾル粒子の重力沈降は，きわめて遅いため，キャリアガスの速度を低くする必要があり，その結果，これらの機器は対流の影響を受けやすくなる．

エアロゾル遠心分離器（aerosol centrifuge）の原理は，重力が遠心力に置き換わることを除いて，水平型分級器とよく似ている．分離ダクトが周囲に収集面を備えた円筒のまわりに巻き付けられ，回転する．ダクトは多くの場合，螺旋状に配置されており，エアロゾルとキャリアガスが回転軸に沿って導入され，周囲から排出される．流路の外側には沈着用の金属膜が貼られている．この金属膜を取り外して分割し，各部分の質量を求めることにより，空気力学径の関数としての質量分布が求められる．遠心力は重力よりも大きな力を容易に得られるので，水平型分級器よりも高いサンプリング流量で動作させることができ，より小さな粒子を分離できる．実用的には，空気力学径で 0.1 ～ 15 μm の粒子が分離できる．流速の半径方向成分により二次流れ（渦）が発生すると，流線が歪むため，小さな粒径の粒子に対する分解能には限界が生じる．しかし，エアロゾル遠心分離器の中には，空気力学径がわずか数パーセント異なる粒子を分離できる高分解能の機器もある．エアロゾル遠心分離機の特性は，Marple et al., 1993 に要約されている．

3.10 付録：ストークスの法則の導出

非圧縮性流れ（$\nabla \cdot V = 0$ となる流れ）のナビエ−ストークス方程式は，重力と浮力を無視すると次のように書くことができる．

$$\rho\left(\frac{\partial U}{\partial t} + u\frac{\partial U}{\partial x} + v\frac{\partial U}{\partial y} + w\frac{\partial U}{\partial z}\right) = -\frac{\partial p}{\partial x} + \eta\left(\frac{\partial^2 U}{\partial x^2} + \frac{\partial^2 U}{\partial y^2} + \frac{\partial^2 U}{\partial z^2}\right) \tag{3.39}$$

式 (3.39) は x 方向について示したが，y 方向と z 方向についても同様の方程式を導くことができる．

演算子表記ではこれは次のようになる．

$$\rho\frac{\mathrm{D}\mathbf{V}}{\mathrm{D}t} = -\nabla p + \eta\nabla^2(\mathbf{V}) \tag{3.40}$$

ここで，$\mathbf{V}$ は空間内の固定点（x, y, z）または（r, θ, ϕ）における流体の 3 次元速度ベクトルであり，$\mathrm{D}\mathbf{V}/\mathrm{D}t$ は $\mathbf{V}$ の実質微分である（すなわち，$\mathrm{D}\mathbf{V}/\mathrm{D}t = \partial\mathbf{V}/\partial t + \mathbf{V}\cdot\nabla\mathbf{V}$）．方程式 (3.40) は，流体運動のオイラー表記（the Eulerian description of fluid motion）とよばれている．定常流の場合，実質微分の最初の項は 0 である．ナビエ−ストークス方程式を定常流れに対して使用するため，粒子は静止しており，そのまわりを流体が速度 $V = V_\infty$ で通過すると仮定する．ここで，V_∞ は粒子から十分に離れた点における流体の速度である．流れの方向は球面座標系の z 方向とする（図 3.8 参照）．$\mathbf{V}\cdot\nabla\mathbf{V}$ は加速度（慣性）項であり，粒子の近傍で加速された流体により生じる慣性力に伴う抵抗力を表している．ストークスの法則は低レイノルズ数の場合にのみ適用可能であり，慣性項は粘性頭に比べて小さく，無視できる．以上のことから，低レイノルズ数の非圧縮性定常流れに対する単純形式（線型形式）のナビエ−ストークス方程式が得られる．

$$\nabla p = \eta\nabla^2\mathbf{V} \tag{3.41}$$

半径 a の球のまわりの流れの場を極座標系で表した場合の解析解は，すでに得られている（たとえば Bird et al., 1960 または Landau and Lifshitz, 1959 参照）．速度分布は次式のとおりである．

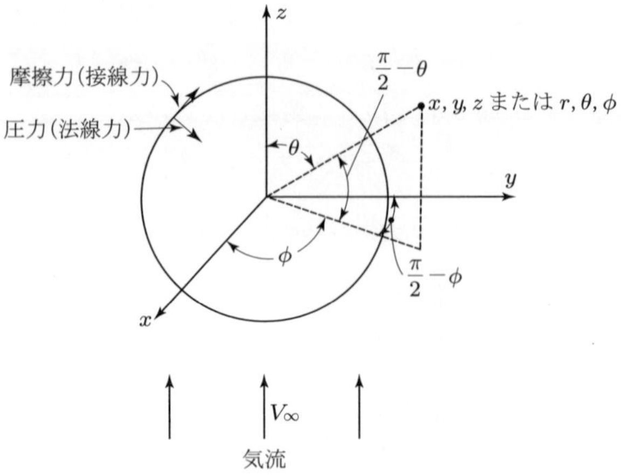

図 3.8　流体中の静止球に作用する力

$$V_r = V_\infty\left(1 - \frac{3}{2}\left(\frac{a}{r}\right) + \frac{1}{2}\left(\frac{a}{r}\right)^3\right)\cos\theta \tag{3.42}$$

$$V_\theta = -V_\infty\left(1 - \frac{3}{4}\left(\frac{a}{r}\right) - \frac{1}{4}\left(\frac{a}{r}\right)^3\right)\sin\theta \tag{3.43}$$

対称性があるため，V は ϕ の値によらず一定値となり，ϕ の関数ではない．速度分布は境界条件，つまり球の表面（$r = a$）で $V_r = V_\theta = 0$ を満たし，$r \gg a$ の場合，V_r と V_θ は V_∞ となる．この速度分布（式 (3.42) および式 (3.43)）により，法線力（normal forces）p と接線力（tangential forces）τ が発生する．球体近傍の流体内の任意の点において，これらの力は次式で与えられる．

$$p = p_0 - \frac{3\eta V_\infty}{2a}\left(\frac{a}{r}\right)^2\cos\theta \tag{3.44}$$

$$\tau = \frac{3\eta V_\infty}{2a}\left(\frac{a}{r}\right)^4\sin\theta \tag{3.45}$$

ここで，p_0 は周囲圧力である．予想どおり，$r \gg a$ の場合，垂直抗力 p は p_0 に等しくなる．

流体が球体に及ぼす正味の力を計算するには，球体の表面（$r = a$）全体にわたって力（法線力）と摩擦力（接線力）を積分する．

圧力の z 成分は $-p\cos\theta$ で，これに球の表面の微小面積（図 3.9 参照）を掛けた $(a\sin\theta\,\mathrm{d}\phi)(a\,\mathrm{d}\theta) = a^2\sin\theta\,\mathrm{d}\theta\,\mathrm{d}\phi$ を表面上で積分して，全圧力を求める．$r = a$

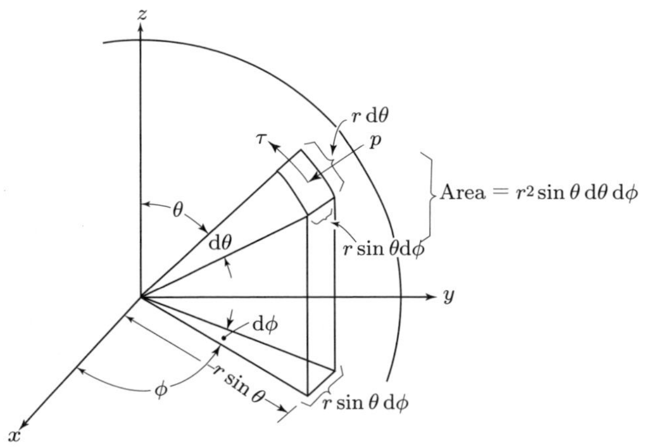

図 3.9　力の積分に関する説明図

を式 (3.44) に代入し，変数変換すると，

$$F_n = \int_S -p\cos\theta\,\mathrm{d}S = \int_0^{2\pi}\int_0^{\pi}\left(-p_0 + \frac{3\eta V_\infty}{2a}\cos^2\theta\right)a^2\sin\theta\,\mathrm{d}\theta\,\mathrm{d}\phi \tag{3.46}$$

式 (3.46) の積分を実行すると，次のストークス抗力 (Stokes drag) の形状成分 (form component) が得られる．

$$F_n = 2\pi\eta V_\infty a \tag{3.47}$$

接線方向のせん断応力 τ は，球の表面で接線方向に作用する．z 方向の成分は $\tau\sin\theta$ である．球の表面全体にわたってこの力を積分することにより，ストークス抗力の正味の摩擦成分が得られる．

$$F_\tau = \int_S \tau\sin\theta\,\mathrm{d}S = \int_0^{2\pi}\int_0^{\pi}\left(\frac{3}{2}\frac{\eta V_\infty}{a}\sin^3\theta\right)a^2\,\mathrm{d}\theta\,\mathrm{d}\phi \tag{3.48}$$

$$F_\tau = 4\pi\eta V_\infty a \tag{3.49}$$

形状成分と摩擦成分を組み合わせると，流体中の粒子運動によって粒子に作用する力の合計，すなわちストークスの法則が求められる．

$$F_D = 3\pi\eta V_\infty d \tag{3.50}$$

問題

3.1　静止空気中を 1 m/s で移動する粒径 50 μm の粒子に作用する抗力はいくらか．図 3.1 の C_D 対 Re のグラフを使用せよ．粒子が 0.01 m/s で移動するときの抗力はいくらか.

解答：1.2×10^{-8} N，8.2×10^{-11} N [1.2×10^{-3} dyn，8.2×10^{-6} dyn]

3.2　ニュートン抗力の式と図3.1を使用して，0.1 m/s で移動する 12 μm の粒子にかかる抗力を計算せよ．また，ストークス抗力の式を使用して計算した結果と比較してみよ．

解答：2.0×10^{-10} N [2.0×10^{-5} dyn]

3.3　古い労働衛生の経験則においては，10 μm のシリカ（石英）粒子は 1 ft/min（0.5 cm/s）の速度で沈降するとしている．このような粒子の真の沈降速度はどれくらいか．シリカの密度は 2 600 kg/m^3 [2.6 g/cm^3] である．

解答：0.58 cm/s

3.4　直径 D と長さ L の円筒形粒子の空気力学径を D，L，χ，ρ_p を用いて求めよ．

3.5　直径 0.15 μm の球状粒子（ρ_p = 2 500 kg/m^3）について，標準状態でのカニンガム補正係数と終末沈降速度を計算せよ．

解答：2.11，3.6×10^{-6} m/s [3.6×10^{-4} cm/s]

3.6　標準大気圧で，温度が (a) 20℃ および (b) 200℃ における粒径 0.2 μm の剛体球（ρ_p = 7 600 kg/m^3）の終末沈降速度を計算せよ．

解答：1.7×10^{-5} m/s，1.5×10^{-5} m/s [1.7×10^{-3} cm/s，1.5×10^{-3} cm/s]

3.7　1883年にカラカタウ火山（インドネシア）が爆発し，塵が 32 km 上空まで大気中に噴出した．この爆発による降下物はその後15か月間続いた．粒子の沈降速度が一定であり，すべり補正を無視できると仮定すると，塵に含まれていた最小粒子の粒径はいくらか．粒子が密度 2 700 kg/m^3 の球状岩石であると仮定する．

解答：3.2 μm

3.8　温度20℃，圧力 150 kPa における 0.5 μm シリカ球の沈降速度はどれくらいか．シリカの密度は 2 600 kg/m^3 である．

解答：2.4×10^{-5} m/s [0.0024 cm/s]

3.9　直径 0.1 m，長さ 1 m のチューブに 1.5 L の濃硫酸（ρ_p = 1.84 g/cm^3）が入っている．ここに空気を送り，泡立てて空気を乾燥させる．このとき，気泡が液面で破裂すると，液滴が形成される．このシステムから取り出せる最大の液滴の粒径はどれくらいか．風量は 10 L/min とし，すべり補正を無視する．

解答：19.5 μm

3.10　以下の粒子について，体積相当径，空気力学径，終末沈降速度，および終末沈降速度での抗力を計算し，結果を表にまとめて比較せよ．いずれの場合もすべり補正を無視する．

(a) 粒径 2 μm の単位密度球

(b) 粒径 2 μm の単位密度球で構成されるダブレット（二つの粒子によるクラスタ）

解答：

	d_e (μm)	d_a (μm)	V_{TS} (m/s [cm/s])	F_D (N [dyn])
(a)	2	2	1.2×10^{-4} [0.012]	4.1×10^{-14}[4.1×10^{-9}]
(b)	2.52	2.38	1.7×10^{-4} [0.017]	8.2×10^{-14}[8.2×10^{-9}]

3.11　以下の式を導出せよ．

$$d_a = n^{1/3}\left(\frac{\rho}{\chi}\right)^{1/2} d$$

ここで，d_a は粒径 d と相対密度 $\rho = \rho_p/\rho_0$ をもつ n 個の球から成るクラスタの空気力学径，χ はクラスタの形状係数である．

3.12　粒径 2 μm の球体で構成されるダブレットが終末沈降速度で沈降している．このダブレットにかかる抗力はいくらか．粒子密度は 3 000 kg/m^3 で，すべり補正は無視できるとする．

［ヒント：簡単な計算方法がある．式（3.13）の導出方法を確認せよ．］

解答：2.5×10^{-13} N［2.5×10^{-8} dyn］

3.13　粒径 1 μm，長さ 10 μm の円柱状のアスベスト繊維の標準状態での沈降速度はいくらか．密度 2 500 kg/m^3，ランダムな配向を仮定し，すべり補正を無視する．

解答：3.2×10^{-4} m/s [0.032 cm/s]

3.14　図 3.10 に示すように，均一速度 U の空気が寸法 L, H, W の沈降容器（settling chamber）内を流れている．内部隔壁がなく，粒子の再飛散もないとする．流れは層流で，エアロゾルが流入空気中に均一に分布し，すべり補正が無視できると仮定する．100％の効率で収集される最小粒径を与える式を導出せよ．この直径は，U, L, H, η, g, ρ_p の関数になる．

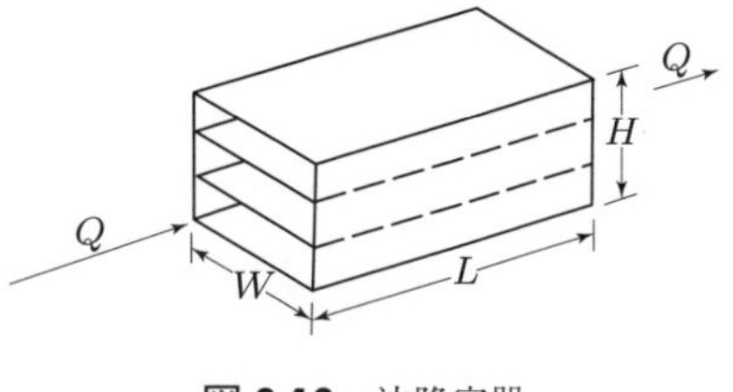

図 3.10　沈降容器

3.15　(a) N 層の等間隔に仕切られた多層沈降チャンバ（図 3.10）の捕集効率を粒径の関数として表す式を導け．ただし，流れは一様であり，チャンバの入口においてエアロゾルは一様に分散しており，すべり補正は無視できるものとする．

(b) 任意粒径の粒子に対する捕集効率が，補集面の全表面積に比例することを示せ．

3.16　断面が正方形の水平ダクト内を空気は一様な層流で流れている．ダクトの長さは 1 ft×1 ft×100 ft で，空気の流量は 1 000 ft^3/min である．10 μm の酸化鉄球（ρ_p＝5.2 g/cm^3）を含むエアロゾルが入口全体に均一に分布している場合，流入した粒子のうちどの程度が 100 ft 後流側のダクト出口に到達するか．ダクトの底面に到達した粒子はすべて付着すると仮定する．

解答：0.69

3.17　滞留時間 24 秒の水平流沈降チャンバを使用して，セメント窯から放出される 200 μm を超える粒子を回収したい．チャンバの最大高さはどの程度とすればよいか．粒子密度 ρ_p＝3 100 kg/m^3 [3.1 g/cm^3] と仮定する．

解答：39 m

3.18　静止空気中での粒径 100 μm の鉛球（ρ_p＝11 300 kg/m^3）の終末沈降速度はいくらか．

解答：1.8 m/s [180 cm/s]

3.19　粒子密度を ρ_p＝4 000 kg/m^3 としたとき，流量 200 ft^3/min を処理する直径 14 inch の垂直排気ダクトで排出できない粒径は何 μm 以上か．

解答：111 μm

3.20　粒径 40 μm のウラン球（ρ_p＝19 000 kg/m^3）の終末沈降速度はいくらか．

解答：0.74 m/s [74 cm/s]

3.21　球形剛体粒子（ρ_p＝7 800 kg/m^3）が静止空気中で速度 2.0 m/s で沈降するのが観察された．この粒子の粒径はどれくらいか．

解答：134 μm

3.22　高さ 14 ft のよく攪拌された原子炉容器内で，爆発後 1 時間後の浮遊粒子濃度が 20 mg/m^3，2 時間後の浮遊粒子濃度が 6 mg/m^3 であった．単分散エアロゾルの単純な攪拌沈降を仮定したとき，爆発直後の濃度はいくらであったか．また粒径（空気力学径）はどれくらいか．

解答：65 mg/m^3，6.9 μm

3.23　高さ 1.0 m のチャンバ内で攪拌沈降する 10 μm の粒子について，5 分後の濃度は初期の何％となるか．粒子密度は 3 000 kg/m^3 [3 g/cm^3] と仮定する．

解答：93％

参考文献

Bird, B. R., Stewart, W. E., and Lightfoot, E. N., *Transport Phenomena*,Wiley, New York, 1960.

Brown, P. P., and Lawler, D. F., "Sphere Drag and Settling Velocity Revisited", *J. Environ. Eng.*, **129**, 222-231 (2003).

Cheng, Y-S., Yeh, H-C., and Allen, M. D., "Dynamic Shape Factor of Plate-Like Particles", *Aerosol Sci. Tech.*, **8**, 109-123 (1988).

Cheng, N. S., "Comparison of Formulas for Drag Coefficient and Settling Velocity of Spherical Particles", *Powder Technol.*, **189**, 395-398 (2009).

Clift, R., Grace, J. R., andWeber, M. E., Bubbles, Drops, *and Particles*, Academic Press, New York, 1978 (p. 112).

Cunningham, E., "On the Velocity of Steady Fall of Spherical Particles through Fluid Medium", *Proc. R. Soc.*, **A-83**, 357-365 (1910).

Dahneke, B. A., "Slip Connection Factors for Spherical Bodies—III: The Form of the General Law", *Aerosol Sci.*, **4**, 163-170 (1973).

Davies, C. N., "Particle Fluid Interaction", *J Aerosol Sci.*, **10**, 477-513 (1979).

Davies, C. N., "Definitive Equation for the Fluid Resistance of Spheres", *Proc. Phys. Soc.*, **57**, 322 (1945).

Fuchs, N. A., *The Mechanics of Aerosols*, Pergamon, Oxford, U.K., 1964.

Johnson, D. L., Leith, D., and Reist, P. C., "Drag on Non-Spherical, Orthotropic Aerosol Particles", *Aerosol Sci.*, **18**, 87-97 (1987).

Jung, H., Mulholland, G.W., Pui, D. Y., and Kim, J. H., "Re-Evaluation of the Slip Correction Parameter of Certified PSL Spheres Using a Nanometer Differential Mobility Analyzer (NDMA)", *J. Aerosol Sci.*, **51**, 24-34 (2012).

Landau, L., and Lifshitz, E., *Fluid Mechanics*, Pergamon, London, 1959.

Lau, R., and Chuah, H. K. L., "Dynamic Shape Factor for Particles of Various Shapes in the Intermediate Settling Regime", *Adv. Powder Technol.*, **24**, 306-310 (2013).

Loth, E., "Drag of Non-Spherical Solid Particles of Regular and Irregular Shape", *Powder Technol.*, **182**, 342-353 (2008).

Marple, V. A., Rubow, K. L., and Olsen, B. A., "Inertial, Gravitational, Centrifugal, and Thermal Collection Techniques", inWilleke, K., and Baron, P.A. (Eds.), *Aerosol Measurement*, VanNostrand Reinhold, New York, 1993 (p. 228).

Mercer, T. T., *Aerosol Technology in Hazard Evaluation*, Academic Press, New York, 1973.

Tran-Cong, S., Gay, M., and Michaelides, E. E., "Drag Coefficients of Irregularly Shaped Particles", *Powder Technol.*, **139**, 21-32 (2004).

Wall, S., John,W., and Rodgers, D., "Laser Settling Velocimeter: Aerodynamic Size Measurement of Large Particles", *Aerosol Sci. Tech.*, **4**, 81-87 (1985).

Zelenyuk, A., Cai, Y., and Imre, D., "From Agglomerates of Spheres to Irregularly Shaped Particles: Determination of Dynamic Shape Factors from Measurements of Mobility and Vacuum Aerodynamic Diameters", *Aerosol Sci. Tech.*, **40**, 197-217 (2016).

4 粒径分布の統計

単分散エアロゾルの粒子の大きさは，粒径という単一のパラメータによって完全に定義できる．しかし，ほとんどのエアロゾルは多分散であり，その粒径範囲は2桁以上にわたる場合がある．粒径範囲が広く，またエアロゾルの物理的性質が粒径に大きく依存することから，統計的手法により粒径分布の特徴を正確に把握する必要がある．この章では，粒子の大きさに関する統計的性質を議論するため，粒子形状の影響を無視し，球形の粒子のみを扱う．

最初の段階では特定の分布の種類や形状を限定せず，一般的な粒径分布の特徴について述べる．次の段階でこれらの概念をエアロゾルの最も一般的な粒径分布である対数正規分布に適用していく．

4.1 粒径分布の特性

この節では，実際の粒径データの例を用いてエアロゾルの粒径分布の特性について考察する．粒子の大きさを詳細に調べた場合には，1 000 を超える粒径データが得られることがある．状況によっては，これらのデータをコンピュータなどにそのまま保存しておくことが有効な場合もある．しかし，粒子がどのような粒径範囲に分布しているかを調べたり，エアロゾルの特性を調べるために種々の統計分析を行ったりするには，1 000 個もの数値データは，たとえ一覧表のような形にまとめられていても非常に扱いにくい．このような場合，記述統計（descriptive statistics）の手法に基づき，情報を要約する必要がある．

第1段階として，全粒径範囲を一連の粒径区分に分割し，各々の区分に当てはまる粒子の個数（計数頻度（frequency））を集計する．このとき，どの粒子も除外されないよう，粒径区分は連続的で全粒径範囲を網羅するものでなければならない．粒径区分を10段階とすると，表4.1に示すように，1 000 個のデータは各粒径区分の下限（または上限）と各粒径区分に属する粒子数という20個のデータに集約さ

表 4.1　粒径範囲で区分けされたデータの例

粒径[a] (μm)	個数	個数の比率/粒径範囲	百分率	累積百分率
0〜 4	104	0.026	10.4	10.4
4〜 6	160	0.080	16.0	26.4
6〜 8	161	0.0805	16.1	42.5
8〜 9	75	0.075	7.5	50.0
9〜10	67	0.067	6.7	56.7
10〜14	186	0.0465	18.6	75.3
14〜16	61	0.0305	6.1	81.4
16〜20	79	0.0197	7.9	89.3
20〜35	90	0.0060	9.0	98.3
35〜50	17	0.0011	1.7	100.0
＞50	0	0.0	0.0	100.0
合計	1 000		100.0	

a) 粒径範囲は，その範囲の下限値以上，上限値未満とした.

れる．各粒径区分の上限と次の粒径区分の下限とは一致させ，もし粒径がちょうどこの限界値と一致するときには，より大粒径側の区分に集計する．このように区分けされたデータは，単なるデータの一覧表に比べてはるかに扱いやすく，また粒径分布の形状を容易に把握できる.

区分データを図示する方法の一つに，図 4.1 に示すようなヒストグラムがある．このヒストグラムでは，各々の長方形の横幅は粒径区分の範囲を，また高さは各粒径区分における粒子数を表している．ただし残念なことに，長方形の高さは粒径区分の幅に依存するため，この図は粒径分布を正しく表してはいない．たとえば，粒

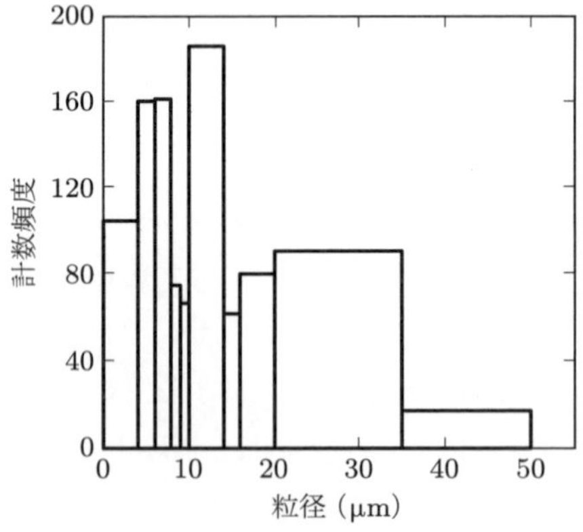

図 4.1　粒子の計数頻度のヒストグラム

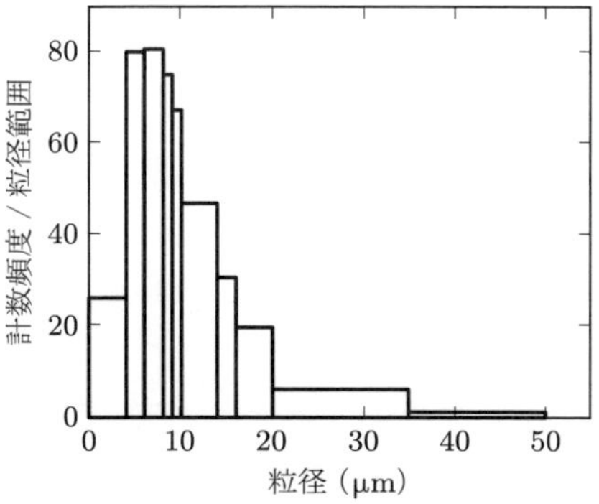

図 4.2 粒径区分の幅で基準化した計数頻度のヒストグラム

径区分の幅を 2 倍にすれば，その粒径区分の粒子数は約 2 倍となり，長方形の高さも 2 倍となってしまう．この問題を解消するため，各区分の粒子数をその区分の幅で割り，各粒径区分の間隔で基準化したヒストグラムが用いられる．図 4.2 に示すように，各長方形の高さは粒径区分の幅の単位あたりの粒子数に等しく，間隔が異なっていても相互に比較できる．さらに，各長方形の面積は，その粒径区分内の粒子の個数または頻度に比例している．この関係は，グラフの単位からも理解できる．個数/μm で表した高さ h'_i に，μm で表した幅 Δd_i を掛けた面積は，区分範囲内の粒子の個数に等しくなる．すべての長方形の合計面積は，サンプル内の粒子の合計数 N に一致する．

$$N = \sum_i \left(h'_i \Delta d_i \right) \tag{4.1}$$

通常，長方形の高さ h_i（計数頻度/μm）をサンプル内で観察された粒子の総数で割って基準化し，高さを粒子数の比率/μm としてヒストグラムを表示する．各粒径区分を示す長方形の面積 $h_i \Delta d_i$ は，その粒径範囲の粒子の割合 f_i に等しく，合計面積は 1.0 となる．この変更により，サンプル数 N が異なる別のデータから作成されたヒストグラムについても，粒径分布を相互に比較できるようになる．

$$f_i = \frac{n_i}{N} = h_i \Delta d_i \tag{4.2}$$

$$\sum f_i = \sum_i h_i \Delta d_i = 1.0 \tag{4.3}$$

図 4.3 に示すように，ヒストグラムの分布形状は図 4.2 と同じである．ただし，縦軸は各粒径囲の粒子数が全粒子に占める割合である．

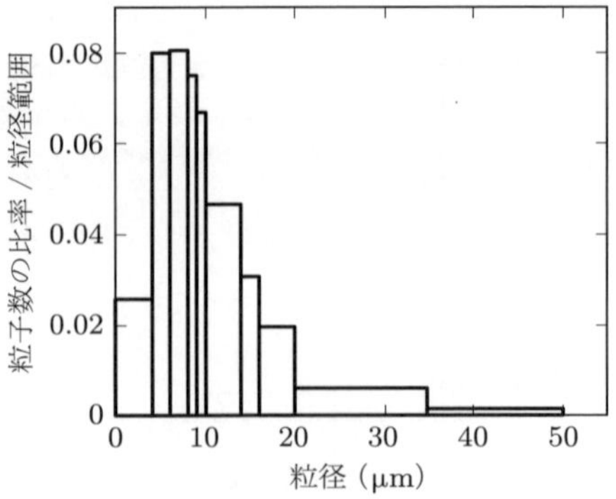

図 4.3　サンプル数で標準化した粒子数の比率のヒストグラム

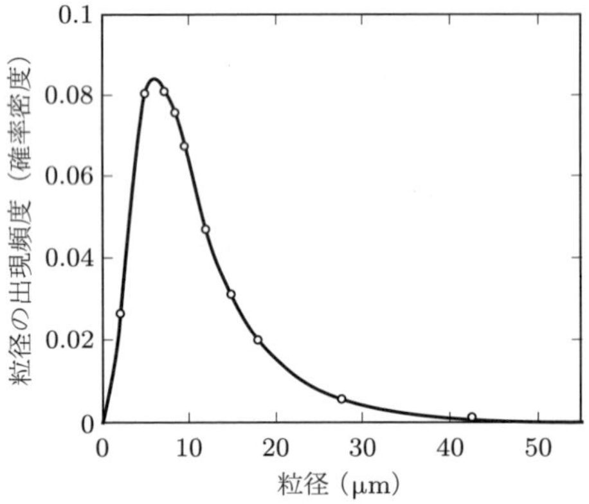

図 4.4　粒径の頻度分布（確率密度関数）

長方形の数を増やして長方形の先端を滑らかな曲線で結べば，図 4.4 に示すような粒径分布曲線が求められる．この曲線は，頻度分布関数あるいは確率密度関数とよばれ，粒子がさまざまな粒径にどのように分布しているかを正確に示したものである．この滑らかな曲線は，図 4.3 と同じ特性値を有しているが，数学的に取り扱いやすい形になっている．

頻度分布関数は，分布をもつ量の性質を示す非常に重要な関数なので，その概要を説明しておく．なおここでは，粒径分布を用いて説明するが，質量や風速など分布をもつ他のデータに対しても，同様に頻度分布関数を適用できる．粒径が d_p と $d_p + \mathrm{d}d_p$ の間にある粒子数 $\mathrm{d}f$ は，次式で表される．

$$\mathrm{d}f = f(d_p)\mathrm{d}d_p \tag{4.4}$$

ここで，$f(d_p)$ は頻度分布関数，$\mathrm{d}d_p$ は粒径の微小範囲である．この関数は，図 4.4

に示した曲線を数学的に表現したものである．曲線の下側領域の面積はつねに以下の関係にある．

$$\int_0^{\infty} f(d_p)\mathrm{d}d_p = 1.0 \tag{4.5}$$

これは式 (4.3) に対応している．頻度分布関数を取り扱う場合，どの範囲を対象とするのかに注意しなければならない．その範囲は，式 (4.5) のように 0 ∼ ∞ の場合もあれば，指定された粒径 a と b の範囲であったり，$\mathrm{d}d_p$ という微小範囲であったりする場合も考えられる．

二つの粒径 a と b の間の頻度分布関数において，曲線の下側領域の面積は，粒径がこの範囲内に収まる粒子の出現頻度に等しくなる．数学的には次のように表される．

$$f_{ab} = \int_a^b f(d_p)\mathrm{d}d_p \tag{4.6}$$

ここで，粒径 b と正確に等しい粒径をもつ粒子を考えると，粒径範囲の幅は 0 となる．そのため，このような粒子の出現頻度は 0 であることに注意されたい．

$$f_{bb} = \int_b^b f(d_p)\mathrm{d}d_p = 0 \tag{4.7}$$

粒径分布の情報は，次のように定義される累積頻度分布関数 $F(a)$ として表すこともできる．

$$F(a) = \int_0^a f(d_p)\mathrm{d}d_p \tag{4.8}$$

$F(a)$ は，粒径 a 未満の粒子の割合を示している．累積頻度分布の定義には粒径区分の幅が組み込まれている．図 4.5 は，表 4.1 に示されたデータの累積頻度分布を示したものである．累積頻度分布を用いると，特定の粒径より小さい粒子の割合が，曲線上でその粒径に対応する点の高さとして縦軸から直接求められる．

特定の粒径未満ではなく，特定の粒径以上の粒子数に基づいた累積頻度分布関数を作成することもできる．この場合，その関数をグラフ化すると，図 4.5 を左右裏返しにした S 字形の曲線が描かれる．なお本書では，一般的な表現である特定の粒径未満の粒子数に基づく累積頻度分布のみを扱う．

先述したように，累積頻度分布を用いると，指定した粒径未満の粒子の割合をグラフから直接読み取ることができ，粒径分布に関する定量的な情報を容易に求めることができる．a と b との中間の粒径をもつ粒子の割合（式 (4.6)）は，粒径 b の累積頻度から粒径 a の累積頻度を引くことによって求めることができる．

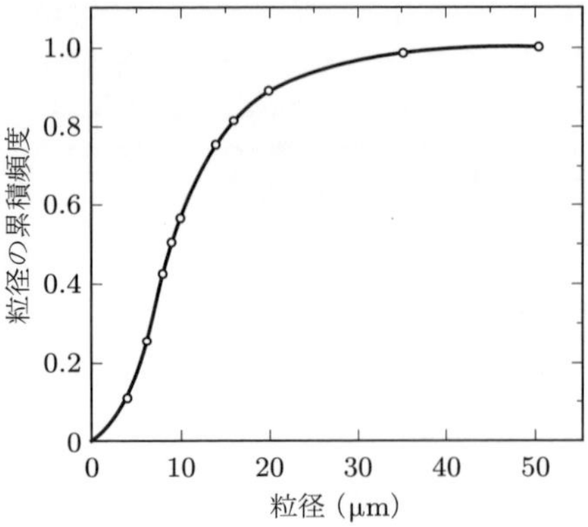

図 4.5　粒径の累積頻度分布

$$f_{ab} = F(b) - F(a) \tag{4.9}$$

任意の点における累積頻度分布関数の傾きは，次のように，その粒径における頻度分布関数に等しくなる．

$$f(d_p) = \frac{\mathrm{d}F(d_p)}{\mathrm{d}d_p} \tag{4.10}$$

データをさらに分析するには，取得したデータ群に対して数学的な分布関数を仮定し，この分布関数を特徴付けるパラメータを計算する．ほとんどの分布関数は，二つのパラメータによってその分布状態が特定できる．一つは分布の位置，すなわち分布の中央を示す値であり，もう一つは分布の幅や広がりを表す値である．これらのパラメータについては，次節以降において，特定の分布関数と関連させて詳しく述べる．

分布の位置を定義するのに最も一般的に使用される量は，平均値（mean），最頻値（mode），中央値（median），および幾何平均（geometric mean）である．これらの値は，一般的な用語として「平均値（average）」に含まれるものである．平均値（mean）または算術平均（arithmetic average）$\bar{d}_p$は，すべての粒径の合計を粒子の数で割ったものである．データが，サンプルデータ，区分データ，頻度分布関数のいずれで表されているとき，その平均は各々次式で与えられる．

$$\bar{d}_p = \frac{\sum d}{N} = \frac{\sum n_i d_i}{\sum n_i} = \int_0^\infty d_p f(d_p)\,\mathrm{d}d_p \tag{4.11}$$

ここで，n_iは代表径がd_iのグループiの粒子数であり，$N = \sum n_i$は各グループの粒子数を全粒径範囲について合計したものである．中間径（midpoint size）d_iは，幾何学的中間値（区間の上限と下限の積の平方根），または算術中間値（上限と下限の平均）である．多くの場合，前者が好まれるが，最初の間隔の下限が 0 である場合には歪みが生じる．ここでは説明を簡単にするため，算術中間値を使用する．

中央値は，全粒子数の半分の粒子の大きさがその値より小さく，全粒子数の半分の粒子がその値より大きくなるような直径として定義される．また中央値は，頻度分布関数の曲線を等面積に 2 分する直径でもあり，累積頻度が 0.5 に対応する直径である．最頻値とは，最も高い頻度で現れる粒径であり，頻度分布関数の曲線の最大値に対応する直径である．最頻値は，頻度分布関数の導関数を 0 とおき，d に関して解くことで求められる．正規分布のような対称的な分布の場合には，平均値，中央値，最頻値はいずれも同じ値になり，その値はグラフ上で対称軸を引いたときの水平軸が示す直径になっている．一方，非対称に偏った分布では，これらは違った値となる．非対称な分布の場合には，中央値を用いることが多い．中央値を用いれば，分布の端部に現われる極端な値の影響が平均値に比べて小さい．一般に，エアロゾルの粒径分布は，図 4.4 に示したように右に尾を引いた非対称分布となる．このような分布では次式が成り立つ．

$$最頻値 < 中央値 < 平均値 \tag{4.12}$$

幾何平均（geometric mean）d_g は，N 個のデータの積の N 乗根として定義される．

$$d_g = (d_1 d_2 d_3 \cdots d_N)^{1/N} \tag{4.13}$$

区分データの場合には，次のようになる．

$$d_g = \left(d_1^{n1} d_2^{n2} d_3^{n3} \cdots d_I^{nI} \right)^{1/N} \tag{4.14}$$

ここで，n_1，n_2，n_3，...，n_I は区分 1 〜 I の粒子の数，d_1，d_2，d_3，...，d_I は間隔 1 〜 I の中間値，またはその他の特徴的な直径である．幾何平均は，式 (4.14) の自然対数を取ることにより次のように $\ln d$ の形で表すこともできる．

$$\ln d_g = \frac{\sum n_i \ln d_i}{N} \tag{4.15}$$

$$d_g = \exp\left(\frac{\sum n_i \ln d_i}{N} \right) \tag{4.16}$$

なお，単分散エアロゾルの場合は $\bar{d}_p = d_g$，それ以外の場合は $d_g < \bar{d}_p$ となる．幾何平均については 4.4 節でさらに詳しく述べる．幾何平均は，対数正規分布（4.4 節に詳述する）を示すエアロゾルの特性を表すものとして広く使用されている．

例題　図 4.4，4.5 または表 4.1 の粒度分布について，平均値，中央値，最頻値を求めよ．また全粒子に対する 5 ～ 15 μm の粒子の割合を求めよ．

解　平均：式 (4.11) と表 4.1 の 1 列目と 2 列目を用いる．1 列目の中間値を用いると，次のようになる．

$$\bar{d}_p = \frac{\sum n_i d_i}{\sum n_i} = \left(\frac{1}{1000}\right)((2\times104)+(5\times160)+(7\times161)+\cdots+(42.5\times17))$$

$$\bar{d}_p = \frac{1}{1000}(11176) = 11.2\,\mu\mathrm{m}$$

中央値：図 4.5 を用いる．累積頻度分布の割合が 0.5 となる粒径は約 9 μm である．同様に表 4.1 も使用できる．表中の累積頻度が 0.5% となる区分の上限が 9 μm である．

最頻値：図 4.4 を用いる．曲線上の最高点となる粒径は約 6 μm である．

5 ～ 15 μm までの割合：図 4.5 と式 (4.9) を用いる．グラフから 15 μm 未満は 0.79，5 μm 未満は 0.18 となっている．式 (4.9) から次のようになる．

$$f_{5-15\mu\mathrm{m}} = 0.79 - 0.18 = 0.61$$

4.2　モーメント平均

4.1 節で述べた概念は，粒径分布だけではなく，金銭，人口，機械部品の寸法など，他の数値統計データにも同様に適応できる．粒径に関する統計がより複雑になっているのは，我々の測定値や知りたい量が，d^2 に比例する表面積や，d^3 に比例する質量など，粒径のべき乗（モーメント）に比例する量であることが多いためである．通常の統計分析において，金銭の 2 乗や人口の 3 乗には物理的な意味がないため，これらに相当するものはない．エアロゾルの粒径は間接的に測定される場合が多いので，モーメント平均（moment average）を用いる必要が生じる．たとえば，バスケットの中に大きさの異なるりんごがあった場合，各々の寸法を測定し，合計して総数で割れば平均寸法を求めることができる．この方法は直接測定とよばれる．また，個々のりんごの重さを計測し，その重さの合計を個数で割った場合は，平均質量が得られる．

$$\bar{m} = \frac{\sum m_i}{N} \tag{4.17}$$

もっとも，バスケット全体のりんごの重さを計測し，りんごの数を数えれば，$\bar{m}$ は簡単に求めることができる．これは，間接測定とよばれる手法の最初のステップである．りんごを球形と仮定すると，平均質量をもつりんごの大きさ（直径）$d_{\bar{m}}$と平均質量との関係は，次式で表される．

$$\bar{m} = \frac{\pi}{6}\rho_p d_{\bar{m}}^3 \tag{4.18}$$

式 (4.17) と式 (4.18) より，バスケットの中のりんご，いい換えればサンプル粒子の平均質量に対する直径（平均質量径（diameter of average mass））が次のように求められる．

$$d_{\bar{m}} = \left(\frac{6}{\rho_p \pi N}\sum m\right)^{1/3} = \left(\frac{6}{\rho_p \pi N}\frac{\pi\rho_p \sum d^3}{6}\right)^{1/3} = \left(\frac{\sum d^3}{N}\right)^{1/3} \tag{4.19}$$

平均質量径（3 次のモーメント平均）は，平均径（1 次のモーメント平均）とは異なる値となる．しかし，この値は非常に便利な値である．平均質量径を用いれば，サンプル中のエアロゾル粒子の個数と総質量との関係，すなわち個数濃度 C_N と質量濃度 C_m との関係が得られるからである．サンプル中の粒子の総質量 M は

$$M = N\bar{m} = N\frac{\rho\pi}{6}d_{\bar{m}}^3$$

であり，質量濃度 C_m は，

$$C_m = C_N\bar{m} = C_N\frac{\rho\pi}{6}d_{\bar{m}}^3 \tag{4.20}$$

となる．ここで述べた例は，モーメント平均の中の一つだけを扱ったものである．平均表面積や平均沈降速度に対応する粒子の直径も，べき乗数をモーメント p として一般化すると同様に定義できる．モーメント p に対応する粒径 d^p に比例する量の平均値に対応する直径の一般式は，次式で表される．

$$d_{\bar{p}} = \left(\frac{\sum d^p}{N}\right)^{1/p} \tag{4.21}$$

また，区分データでは次のようになる．

$$d_{\bar{p}} = \left(\frac{\sum n_i d_i^p}{N}\right)^{1/p} \tag{4.22}$$

これらのモーメント平均は，さまざまな異なるモーメント（d のべき乗数）で求めた平均値を，もとの直径の単位で表した値に対応している．これらは原点まわりのモーメントであり，分散や分布の偏りを定義する平均値まわりのモーメントと混同してはならない．分布が同じであれば，次数が高いほどモーメント平均はより大き

くなる.

$$\bar{d} > d_{\bar{s}} < d_{\bar{m}} \tag{4.23}$$

2次のモーメント平均$d_{\bar{s}}$は，第2章で述べたrms平均（2乗平均平方根）と同じものである．エアロゾルの粒径分布として一般的な対数正規分布の場合には，この章で述べた平均径の任意のものについての簡便な変換式が求められている（4.6節に述べる）．なお，これらのモーメント平均は，個数分布，すなわち各粒径範囲の粒子数の計数頻度をもとに導かれている．質量分布などの個数以外の分布については次節で扱う．

4.3 重み付き分布

前節までに述べた個数分布は，さまざまな分布のうちの一つにすぎない．個数分布とは異なる形式で表した分布として質量分布，より正確には，粒径の関数として質量（モーメント）で重み付けした分布がある．個数分布が，各粒径区分の粒子数の全粒子数に対する割合を表したのに対し，質量分布は，各粒径区分の粒子の質量の全質量に対する割合を表している．質量分布のグラフは，粒径に対応して質量がどのように分布しているのかを表している．粒子のサンプルが同じであっても，質量分布と個数分布とでは，平均値，中央値，幾何平均値，グラフの形状などはまったく異なったものになり，確率密度関数も異なる．4.2節に述べたような粒子データの違いを考慮し，個数分布の中央値を個数中央径（count median diameter：CMD），質量分布の中央値を質量中央径（mass median diameter：MMD）とよび，区別している．CMDは，全粒子個数の半分の粒子の直径が，その値より大きい粒子か，または小さい粒径で定義されており，MMDは，全質量の半分がその値より質量の大きい粒子か，または小さい粒子によって占められる直径として定義されている．すなわち，前者は個数分布のグラフを面積で2等分する点，後者は質量分布のグラフを面積で2等分する点の直径である．

（訳者注：4.2節では，対象とする量（すなわち個数や質量）の平物値をもつ粒径をモーメント平均粒径と定義したが，この場合，すべての粒子について粒径，質量などがわかっている必要がある．しかし，実際のデータは個々の粒子の粒径ではなく，粒径範囲ごとに振り分けられた区分データである．このため，各区分粒径に対して質量などの重み付けをした分布を考える必要がある．このような分布を重み付き分布とよんでいる．）

図4.5と同様な累積分布関数を，質量分布に対しても導くことができる．この場

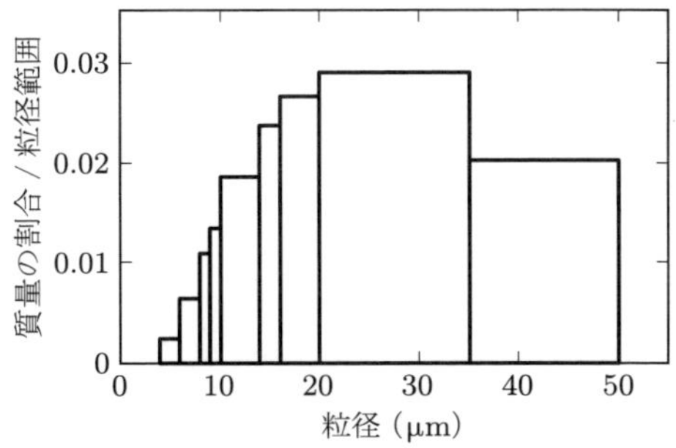

図 4.6 質量分布

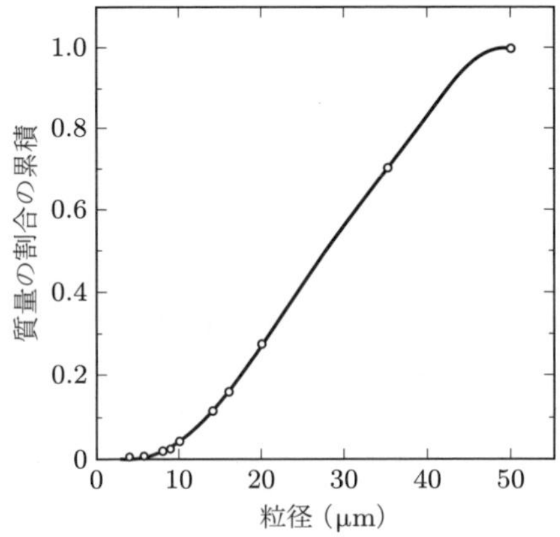

図 4.7 累積質量分布

合，縦軸は，指定された直径よりも小さな粒子の合計質量の全質量に対する割合である．図 4.6，4.7 は，表 4.1 および図 4.1 ～ 4.5 に示した粒径データをもとに，その質量分布および累積質量分布を求めたものである．

重み付き分布の簡単な例として，同じ個数の二つの粒径粒子からなるエアロゾル，たとえば，直径 1 μm の粒子 50 個と直径 10 μm の粒子 50 個から成るエアロゾルを考えてみる．個数で考えると，粒子の半分が各々の粒径に対応している．しかし，質量で考えると，その大部分が 10 μm の粒子によって占められている．10 μm の粒子の重さは 1 μm の粒子の 1 000 倍であるため，10 μm の粒子が全質量のうちの 50 000 単位分の質量を占めるのに対して，1 μm の粒子はわずかに 50 単位分しか占めていない．すなわち，質量ではその 99.9％が 10 μm の粒子に分布し，わずかに 0.1％

が1 μmの粒子に分布している．同様の解析を表面積に関して行うと，表面積の99%が10 μmの粒子に分布し，1%が1 μmの粒子に分布していることになる．個数分布と質量分布との違いをもっとわかりやすい例で示すと，9粒のぶどうと1個のりんごがあった場合，個数では90%をぶどうが占めるが，質量では90%をりんごが占めることになる．

重み付き分布で最も混同しやすいのは，個数平均径と質量平均径（mass mean diameter），および前節に述べた平均質量径（diameter of average mass）との区別である．式(4.11)に示した個数分布の算術平均，すなわち個数平均径は，区分データに対して次式で表される．

$$\bar{d} = \frac{\sum n_i d_i}{N} = \left(\frac{n_1}{N}d_1 + \frac{n_2}{N}d_2 + \cdots + \frac{n_I}{N}d_I\right) \tag{4.24}$$

ここで，Nは粒子の総数である．個数平均径を求める場合，各粒径のグループの代表径d_iには，そのグループの粒子数の割合n_i/Nが重み付けされる．

さまざまな粒径範囲における総質量の割合を表す質量分布の場合，まったく同じ方法で質量平均径d_{mm}を表すことができる．m_iをグループi内のすべての粒子の質量（中間径d_i）とし，Mを全グループの合計質量とすると，

$$d_{\mathrm{mm}} = \left(\frac{m_1}{M}d_1 + \frac{m_2}{M}d_2 + \cdots + \frac{m_I}{M}d_I\right) \tag{4.25}$$

となる．均一な密度の球状粒子の場合には，式(4.25)は次式のように書き換えることができる．

$$d_{\mathrm{mm}} = \frac{\sum m_i d_i}{M} = \frac{(\pi\rho_p/6)\sum n_i d_i^3 d_i}{(\pi\rho_p/6)\sum n_i d_i^3} = \frac{\sum n_i d_i^4}{\sum n_i d_i^3} \tag{4.26}$$

質量平均径は個数平均径と類似しているが，数学的にはまったく異なる．しかし，質量平均径は個数平均径や平均質量径と同様に，長さ（d^1）の単位をもっている．平均質量径を計算する場合には，大粒径粒子も微小粒子もまったく同等に扱われるが，平均化する量として質量が用いられる．一方，質量平均径を計算する場合には，平均化される量には直径が用いられるが，その直径は質量分布に応じて重み付けがされている．

表面積平均径（surface area mean diameter）d_{sm}は，区分された表面積s_iと全表面積Sを用いて式(4.26)と同様の形で求めることができる．

$$d_{\mathrm{sm}} = \frac{\sum s_i d_i}{S} = \frac{\sum n_i d_i^3}{\sum n_i d_i^2} \tag{4.27}$$

この平均径は，ザウター径（Sauter diameter）または体積表面平均径ともよばれる．

式 (4.27) の右辺は，3 次のモーメントと 2 次のモーメントの比である．式 (4.27) の分子は，質量平均径で表すことができる．区分けされたデータについての式 (4.22) から，

$$d_{\bar{m}} = \left(\frac{\sum n_i d_i^3}{N}\right)^{1/3} \tag{4.28}$$

$$\sum n_i d_i^3 = N(d_{\bar{m}})^3 \tag{4.29}$$

となる．同様に，平均表面積径を用いると，

$$\sum n_i d_i^2 = N(d_{\bar{s}})^2 \tag{4.30}$$

となる．これらを式 (4.27) に代入すると，

$$d_{\mathrm{sm}} = \frac{N(d_{\bar{m}})^3}{N(d_{\bar{s}})^2} = \frac{(d_{\bar{m}})^3}{(d_{\bar{s}})^2} \tag{4.31}$$

となる．したがって，重み付き平均径はいずれも二つのモーメント平均を用いて表すことができる．

また，重み付き平均径は総量を用いて表すこともでき，エアロゾルのサンプルの全質量を M，全表面積を S とすると，

$$M = \left(\frac{\rho_p \pi}{6}\right)\sum n_i d_i^3 \tag{4.32}$$

$$S = \pi \sum n_i d_i^2 \tag{4.33}$$

となり，式 (4.27) は次のようになる．

$$d_{\mathrm{sm}} = \left(\frac{6}{\rho_p}\right)\frac{M}{S} \tag{4.34}$$

式 (4.34) は，重み付き平均径の有用性を示している．すなわち，粒子密度がわかっている場合，サンプル粒子の重さと同じサンプルの表面積を測りさえすれば，平均粒径（表面積平均径 d_{sm}）を求めることができる（この種の測定を行うための方法として，ガス吸着法や放射性物質によるコーティング法などがある）．

質量，表面積，個数の分布に加えて，あまり一般的ではないが，長さの分布も用いられることがある．この分布は，粒子が隣接して並んでいると仮定し，任意の粒径区分におけるその全長の割合を表したものである．実際に直径の定数乗に比例する量をもとにした重み付き分布を考えることができる．d_p と $d_p + \mathrm{d}d_p$ の間の区間で

d_p^x に比例する量の割合を与える分布関数の一般形は，次式で表される．

$$df_x = f_x(d_p)dd_p = \frac{d_p^x f(d_p)}{\int_0^\infty d_p^x f(d_p) dd_p} dd_p \tag{4.35}$$

重み付き分布には一連のモーメント平均がある．重み q の重み付き分布の，p 次のモーメント平均を求める一般式は次のとおりである．

$$(d_{\mathrm{qm}})_{\overline{p}} = \left(\frac{\sum n_i d_i^q d_i^p}{\sum n_i d_i^q} \right)^{1/p} \tag{4.36}$$

$q=0$ の場合，重み付けは個数によって行われる．$p=1$ および $q=0$ の場合，算術平均である式 (4.11) が得られる．$p=1$ および $q=3$ の場合，質量平均径（式 (4.26)）が得られ，$p=3$ および $q=0$ の場合，平均質量径（式 (4.19) および式 (4.22)）が得られる．ここで使用されている用語は一般的ではあるが，必ずしも普遍的に使用されるものではない．平均質量径に対して質量平均径という用語を使用する著者もいるが，これは非常に紛らわしい．質量平均径は，質量分布の平均直径または質量で重み付けした平均直径として覚えておくとよい．エアロゾル科学に関する文献では，個数中央空気力学径（count median aerodynamic diameter：CMAD）または質量中央空気力学径（mass median aerodynamic diameter：MMAD）という用語が使われることがある．これらは，空気力学径による個数または質量分布に従って求めた中央径を表している．これらの分布のグラフは，空気力学径に対する係数頻度をプロットして作成される．AMD という用語は活性中央径（activity median diameter）を表しており，これは放射能の強さや毒物学的あるいは生物学的活性の粒径別分布を作成した場合の中央値に相当する．

例題　1. モーメント平均の例として，幾何学的に類似な 20 人の身長のリストをもとに，熱ストレスを実験するために平均表面積をもつ人を選ぶ場合を考えよ．

2. 重み付き分布の例としては，ふるいを使って砂の粒径を解析する場合を考えよ．

3. 右表から各値を求めよ．

n	d	nd	nd^2	nd^3	nd^4
3	1.0	3	3	3	3
5	2.0	10	20	40	80
2	6.0	12	72	432	2 592
10	9.0	25	95	475	2 675

解 1. 人の表面積の測定は困難だが，身長の測定は簡単である．表面積は身長の 2 乗 h^2 に比例し，その比例係数は定数であると仮定する．ここでは，この定数を具体的に求める必要はない．すると，平均表面積をもつ人の身長は次式で表される．

$$h_{\overline{\mathrm{SA}}} = \left(\frac{\sum h^2}{N}\right)^{1/2}$$

これは身長の 2 乗の（算術）平均平方根であり，2 次のモーメント平均である．同様に，平均体重の人を選びたい場合には，身長の 3 乗の（算術）平均を求め，その平方根をとればよい．

$$h = \left(\frac{\sum h^3}{N}\right)^{1/3}$$

この 20 人全員が一緒にエレベーターに乗れるかどうかを判断するには，全重量を知りたい．この場合は，前式で身長が与えられている人の体重を求め（または最も近い 2 人の間で補間し），その人の体重を 20 倍すればよい．身長を 3 乗してもその大きさの順序は変わらないので，その身長が中央値に対応している人は，体重についても中央値に対応しているからである．

2. メッシュサイズが順次小さくなるように積み重ねられたふるいを使って，砂をふるいにかける．メッシュの特性から，各ふるいに残った砂の直径はわかるので，各ふるいの上に残った砂の質量を測定すると，これらのデータから質量分布が決定でき，以下に示すようにして砂粒子の質量平均径を計算できる．

質量平均径の計算

ふるいの目の大きさ（mm）	捕集された砂粒の中間径 d_i（mm）	捕集された砂粒の質量 m_i（g）	合計質量に対する割合（%）	$m_i d_i$（g·mm）
1.0	1.5	8	8.2	12.0
0.50	0.75	34	35.1	25.5
0.25	0.375	40	41.2	15.0
0.125	0.188	12	12.4	2.26
最終段	0.062	3	3.1	0.19
	合計	97	100.0	54.9

$$d_{\mathrm{mm}} = \frac{\sum m_i d_i}{M} = \frac{54.9}{97} = 0.57\ \mathrm{mm}$$

3. 算術平均径，または個数平均直径 $= \dfrac{\sum nd}{N} = 2.50$

中央値 = 2.0

最頻値 = 2.0

$$平均面の直径 = \left(\frac{\sum nd^2}{N}\right)^{1/2} = 9.5^{1/2} = 3.08$$

$$平均体積径 = \left(\frac{\sum nd^3}{N}\right)^{1/3} = 47.5^{1/3} = 3.62$$

$$長さの平均径 = \frac{\sum nd^2}{\sum nd} = \frac{95}{25} = 3.80$$

$$表面積平均径 = \frac{\sum nd^3}{\sum nd^2} = \frac{475}{95} = 5.00$$

$$体積平均径 = \frac{\sum nd^4}{\sum nd^3} = \frac{2675}{475} = 5.63$$

表面積平均径は式 (4.31) によっても計算できる.

$$d_{\rm sm} = \frac{(d_{\bar{m}})^3}{(d_{\bar{s}})^2} = \frac{3.62^3}{3.08^2} = 5.00$$

4.4　対数正規分布

前節までは，特定の分布型に限定せず，一般的な分布の特性に焦点をあててきた．この節では，エアロゾルの粒径分析に対応するための手法として，対数正規分布の特徴と，その利用方法について述べる．なお後述するように，一般によく用いられている正規分布は，ほとんどの場合，エアロゾルの粒径分布を分析するには適していない．

特別な場合の粒径分布である Rosin−Rammler 分布, Nukiyama−Tanasawa 分布, べき乗分布，指数分布，Khrgian−Mazin 分布など，エアロゾルの粒径分布に適用されている他の分布の特性について，4.8 節に記載した．これらの分布は，特殊な状況に適用されるもので，エアロゾル科学としての適用範囲は限定的である．これらの分布やこの節で主題とする対数正規分布は，エアロゾルが示す粒径範囲の広さとその分布形状の非対称性に適合するよう，経験的に導かれたものである．

ほとんどのエアロゾルは，偏った非対称な分布（微小粒径側に最頻度値をもち，大粒径では長く尾をひく形状）を示すため，エアロゾルの粒径分布を記述するのに正規分布を使用することはない．正規分布はよく知られているように対称形をしており，適用できるのは，単分散の試験エアロゾル，特定の花粉や胞子，特別に調製されたポリスチレンラテックス（polystyrene latex：PSL）球などきわめて特殊な場合である．このとき，頻度分布関数は次式で与えられる．

$$\mathrm{d}f = \frac{1}{\sigma\sqrt{2\pi}} \exp\left(-\frac{(d_p - \bar{d}_p)^2}{2\sigma^2}\right) \mathrm{d}d_p \tag{4.37}$$

ここで，$\bar{d}_p$は算術平均径，σは標準偏差であり，区分されたデータに対しては，次のように定義される．

$$\sigma = \left(\frac{\sum n_i (d_i - \bar{d}_p)^2}{N-1}\right)^{1/2} \tag{4.38}$$

正規分布をエアロゾルの粒径のような範囲の広い量に当てはめることのもう一つの問題は，正規分布では，粒径が負の値を取りうることである．これは物理的にありえない．さらに，粒径分布は非対称となることが多い．そのため，粒径データを対数変換するような対数正規分布（lognormal distribution）が使われている．横軸に粒径の代わりに粒径の対数（実際には（d_p/d_0）の対数，d_0 は 1 μm）をとり，頻度分布をプロットすると，正規分布と同様の対称形の分布となる．図 4.8 は，図 4.1 のデータについて横軸を対数目盛として頻度分布をプロットしたものであり，対数正規分布が得られている．対数目盛には負の値が存在しえないので，先述した負の粒径の問題も解決される．

対数正規分布は，エアロゾルの粒径分布のほか，所得，人口，細菌の個体数，証券取引所における株式の価格，環境汚染物質の濃度などさまざまな分布に適用され

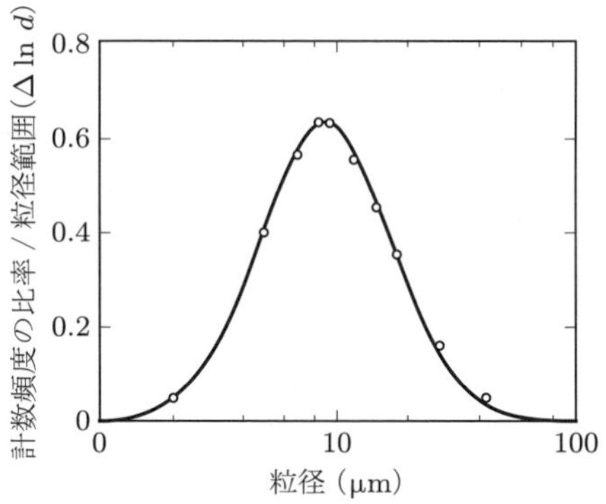

図 4.8 横軸（粒径）を対数目盛でプロットした頻度分布

ている．粒径のデータが，なぜ対数正規分布で近似できるのかについては，理論的根拠はないものの，ほとんどの単一発生源からのエアロゾルに適用できることがわかっている（章末の付録A.2参照）．なお，対数正規分布を示す2種類の分布を混合した場合には，必ずしも対数正規分布にはならない．

対数正規分布は，分布数量が正の値のみをもつことができ，分布量が幅広い範囲にわたっている場合，すなわち，最大値と最小値の比率が約10より大きい場合に最も有効である．この範囲が狭い場合には，対数正規分布は正規分布にほぼ近くなる．対数正規分布は，観測されるエアロゾルの粒径分布に非常によく適合し，その数学的形式が前節に述べた重み付き分布やモーメント平均を扱うのに便利なため，エアロゾルの粒径分布に広く使用されている．

d_pの対数値は正規的に分布するので，式(4.37)の$\bar{d}_p$とσを対数に置き換えることによって，対数正規分布頻度関数（lognormal distribution frequency function）が得られる．この置き換えにより，$\bar{d}_p$は$\ln d$の算術平均に置き換えられる．この値は，式(4.15)で幾何平均径（geometric mean diameter）d_gとして定義されたものと同じものである．

$$\ln d_g = \frac{\sum n_i \ln d_i}{N} \tag{4.39}$$

対数には，自然対数，常用対数のいずれを用いてもよいが，自然対数のほうが一般的なため，ここでは自然対数を使用する．

標準偏差σも，幾何標準偏差（geometric standard deviation：GSD）σ_gとよばれる対数の標準偏差に置き換えられる．

$$\ln \sigma_g = \left(\frac{\sum n_i (\ln d_i - \ln d_g)^2}{N-1} \right)^{1/2} \tag{4.40}$$

幾何標準偏差は，1.0以上の値をもつ無次元の値である．

幾何平均径d_gは，通常，個数中央径（count median diameter：CMD）に置き換えられる．幾何平均径は$\ln d_p$の分布の算術平均であり，この分布型は対称的な正規分布を示している（図4.8参照）ため，その平均値と中央値は等しくなる．対数変換を行ってもその大きさの順序は変わらないので，$\ln d_p$の分布の中央値はd_pの分布の中央値でもある．したがって，対数正規分布の場合は$d_g = \mathrm{CMD}$となり，頻度分布関数は次式のように表すことができる．

$$\mathrm{d}f = \frac{1}{\sqrt{2\pi}\ln \sigma_g} \exp\left(-\frac{(\ln d_p - \ln \mathrm{CMD})^2}{2(\ln \sigma_g)^2} \right) \mathrm{d}\ln d_p \tag{4.41}$$

これは，直径の対数値が $\ln d_p$ と $\ln d_p + \mathrm{d}\ln d_p$ の間にある粒子の割合を表している．ただし，頻度分布関数を表す場合は，粒径として $\ln d_p$ を用いるより，粒径 d_p で表すほうが便利である．$\mathrm{d}\ln d_p = \mathrm{d}d_p/d_p$ の関係を利用して，式 (4.41) を d_p に関して書き直すと，次のようになる．

$$\mathrm{d}f = \frac{1}{\sqrt{2\pi} d_p \ln \sigma_g} \exp\left(-\frac{(\ln d_p - \ln \mathrm{CMD})^2}{2(\ln \sigma_g)^2}\right) \mathrm{d}d_p \tag{4.42}$$

対数正規分布の場合も，4.1 節と同様に累積頻度分布を得ることができる．図 4.9 に示す累積頻度分布は，図 4.5 と同じものであるが，直径が対数目盛でプロットされている．なお，いずれの図の場合にも，その中央径は同じである．

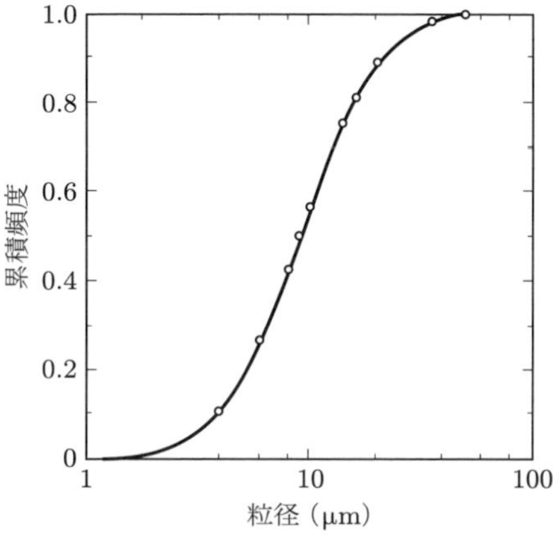

図 4.9 横軸（粒径）を対数目盛でプロットした累積頻度分布

正規分布の場合，粒子の 95% が $\bar{d} \pm 2\sigma$ で定義される粒径範囲内に収まる．対数正規数分布の場合，その分布は $\ln d$ に関して正規分布となるため，粒子の 95% が次式で定義される粒径範囲内に収まる．

$$\exp(\ln \mathrm{CMD} \pm \ln \sigma_g) \tag{4.43}$$

この範囲は非対称であり，CMD/σ_g^2 から $\mathrm{CMD} \times \sigma_g^2$ までの範囲となる．$\sigma_g = 2.0$ の場合，粒子の 95% は個数中央径の 1/4 ～ 4 倍の範囲の粒径をもつ粒子である．

対数正規分布のすべてのモーメント分布は対数正規分布になり，同じ幾何標準偏差をもつ．これは，対数目盛でプロットすると同じ形状になることを意味する．このような特性をもつ分布は，一般に対数正規分布のみである．図 4.10 は，同じ対数直径軸上にプロットした個数分布と質量分布を示したものである．質量分布は個

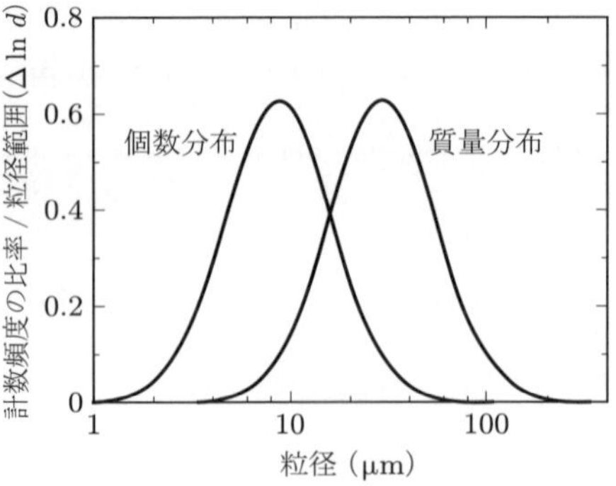

図 4.10　横軸（粒径）を対数目盛でプロットした個数分布と質量分布

数分布とまったく同じ形をしているが，MMD/CMD に相当する量だけ粒径軸に沿って移動している．MMD/CMD の比率は，幾何標準偏差 GSD のみがわかれば計算できる．この計算については 4.6 節で再度述べる．

4.5　対数確率グラフ

対数正規分布を粒径分析に適用するとき，多くの場合，対数確率グラフ（log-probability graph）を用いれば実用的かつ簡単に処理できる．これらのグラフの最も一般的な形式は，図 4.9 の両軸を図 4.11 のように変更し，さらに累積分率（または累積百分率）の軸を確率軸に変更したものである．図 4.12 に示すように，確率軸を用いると，中央値（50%点）付近の目盛が圧縮され，逆に両端付近の目盛が拡大されるので，対数正規分布の累積分布が直線となる．粒径を対数で表したものは対数確率グラフとよばれ，通常の粒径目盛を用いたものは確率グラフとよばれる．どちらのグラフも，表計算ソフトや市販の方眼紙にプロットして作成できる．いずれの場合も，累積分布の場合と同様に，グラフから直接，中央径を読み取ることができる．対数確率グラフは普通の方眼紙を用いても，粒径の対数と累積確率をプロットすれば描くことができる．この場合，百分率で表した累積確率は，中間径（50%）から標準偏差の何倍の範囲にあるのかを示している．直線の傾きは幾何標準偏差によって変化する．直線の傾きが急であれば分布範囲が広く，なだらかであれば分布範囲が狭いことを表す．また，図 4.12 で直線が水平になった場合には，単分散エアロゾル，すなわち全粒子が同一粒径であることを示している．

正規分布では，その標準偏差は，確率 84.1%に対応する粒径と，中央径（累積

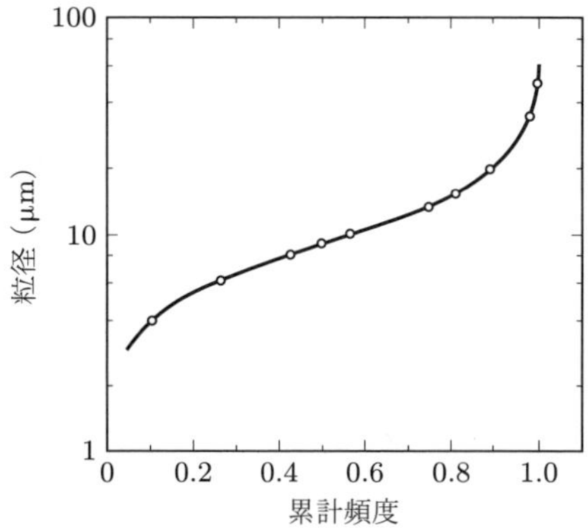

図 4.11 粒径と累積頻度との関係

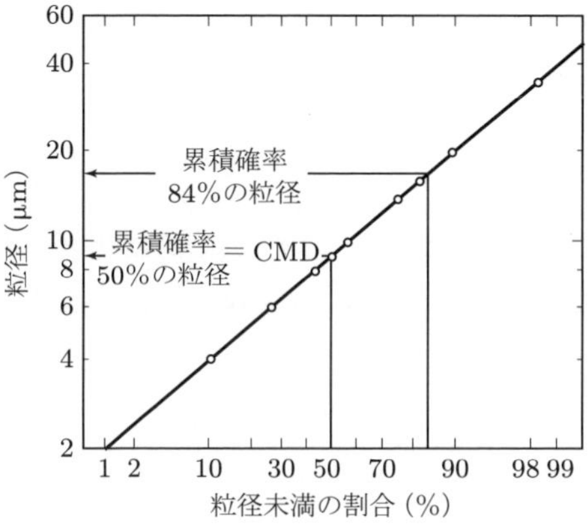

図 4.12 対数確率グラフ

確率 50％の粒径）との差で表される．あるいは，標準偏差は中央径と累積確率 15.9％に対応する粒径との差で表される．

$$\sigma = d_{84\%} - d_{50\%} \tag{4.44}$$

対数正規分布は，$\ln d$ に関する分布が正規分布で表されるので，これらの差は，次式のように比率で表される．

$$\ln \sigma_g = \ln d_{84\%} - \ln d_{50\%} = \ln\left(\frac{d_{84\%}}{d_{50\%}}\right) \tag{4.45}$$

$$\mathrm{GSD} = \sigma_g = \frac{d_{84\%}}{d_{50\%}} = \frac{d_{50\%}}{d_{16\%}} = \left(\frac{d_{84\%}}{d_{16\%}}\right)^{1/2} \tag{4.46}$$

幾何標準偏差は二つの粒径の比なので無次元であり，つねに 1.0 以上の値をとる．

個数中央径 CMD（累積確率 50％に対応する粒径）と幾何標準偏差 GSD は，対数確率グラフから直接決求めることができ，この二つの数値により対数正規分布を完全に定義できる．

粒径分布が対数正規分布であるか否かを図式的に決定するには，まず連続した粒径区分内の粒子数を求める必要がある．次に，表 4.1 の最後の列に示すように，これらの粒子数を全体の百分率で表し，各粒径区分の百分率を最小粒径区分から順次加えて百分率での累積分布を求める．最後に，各粒径区分のデータについて，その区分の最大粒径と最大粒径未満の粒子の割合（％）を対数確率グラフにプロットする．このデータ群を直線に当てはめることができれば，粒径分布は対数正規分布で表すことができ，前述のように，50％粒径と式 (4.46) から CMD と GSD を求めることができる．通常，データには多少のばらつきがあるが，データの傾向が直線的であるか否かが重要である．粒径分布が対数正規分布でない場合には，対数確率グラフのプロットは直線にはならない．この場合，CMD は求めることができるが，GSD を求めることはできない．式 (4.46) は対数正規分布の場合のみ成り立つものだからである．

エアロゾルをサンプリングする場合，空気力学的にサンプリングできない粒径が存在する．これは空気力学的限界粒径（aerodynamic cutoff size）とよばれる．この粒径を超える粒子はサンプリングされないので，対数確率グラフ上の累積線はその上端付近で曲線になり，空気力学的限界粒径を超えることはない．

粒径を光学顕微鏡で測定する場合には，上記限界粒径と同様の限界が粒径分布の小さいほうにも存在する．20.3 節で詳述するが，測定の光学的限界のため，粒径の測定データには直径約 0.3 μm 未満の粒子は含まれないことになる．この限界は光学的限界粒径（optical cutoff size）とよばれることがあるが，これによって，対数確率グラフ上の累積線は下限付近で曲線となり，0.3 μm より小粒径を示すことはない．図 4.13 にこれらの大小二つの限界をもつデータの例を示す．なお，これらの限界粒径は，サンプリング装置あるいは測定装置によって生じる影響である．これらの限界粒径が粒径分布全体に及ぼす影響がごくわずかな場合には，これらの影響を無視し，対数確率グラフのデータに直線を当てはめて真の分布を推定することが可能である．

図 4.13 には，GSD は同じであるが，中央径が異なる二つの対数正規分布を混合した場合の影響も示されている．この分布は，極大値が二つ現われることから，二重モード分布（bimodal distribution）とよばれる．多くの場合，二つの対数正規

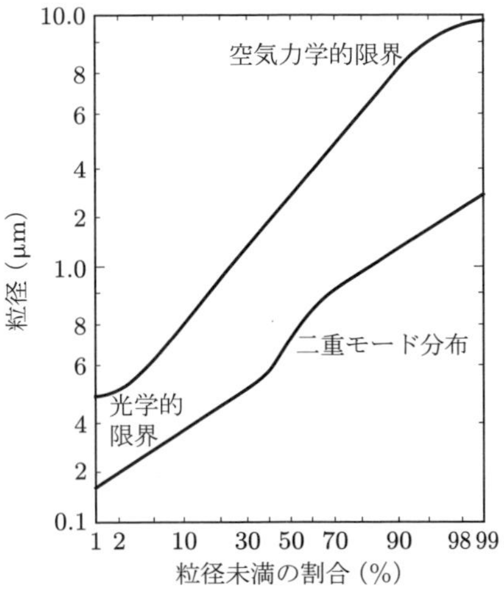

図 4.13 対数確率グラフが非線形となる例

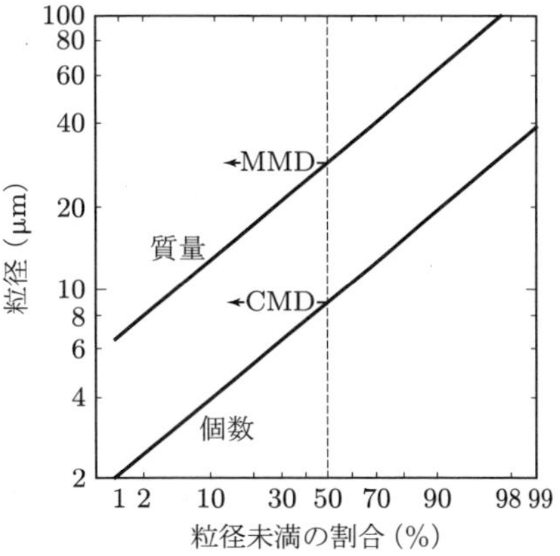

図 4.14 対数確率グラフ上の累積個数分布と累積質量分布

分布を重ね合わせることで二重モード分布を表すことができる（Knutson and Lioy, 1995 参照）.

対数正規分布の最大の利点の一つは，どのような重み付き分布であっても，幾何標準偏差 GSD がつねに同じになることである．GSD が同じであれば，$d_{84\%}/d_{50\%}$ も同じになり，対数確率グラフでは，個数分布以外の重み付き分布についても，その累積分布直線は個数累積分布の直線と平行になる．また，直線間（および中央径の間）の差は GSD のみの関数となる（4.6 節参照）．図 4.14 は，表 4.1 に与えられたデータの個数分布および質量分布を，累積分布の形で対数確率グラフにプロットしたものである．横軸は，質量分布の場合は累積質量百分率を，個数分布の場合は累積個数百分率を表している．

4.6 Hatch–Choate の変換式

対数正規分布に大きな有効性，汎用性があるのは，既知の対数正規分布に対してこの章に述べたあらゆる平均粒径を簡単に計算できる点である．すなわち，対数正規分布が既知であれば，その分布に対して平均粒径と幾何標準偏差 GSD が既知となる．このため，質量分布や平均質量径などの他の特性が必要な場合であっても，個数分布など一つの粒径分布についての特性を評価すればよい．

詳細な粒径分布が得られている場合には，4.1 ～ 4.3 節に示した各式を用いれば，その他の重み付き分布やその平均値，中央値，モーメント平均を計算することが可能である．しかし，この手順は少々煩雑であり，また詳細な分布が得られていなければ不正確なものとなる場合がある．粒径分布が対数正規分布の場合に限られるが，これらの量は変換式を用いて相互に換算できる．この式は Hatch−Choate の変換式（The Hatch-Choate conversion equations）とよばれている（Hatch and Choate, 1929）．

まず，個数中央径 CMD を次の値に変換する 3 種類の変換式を考える．すなわち，① 異なる種類の中央径，② 重み付き平均径，③ ある量の平均に対応する径，への変換式である．これらの式は，個数中央径からの変換として表されるが，組み合わせによって，任意の平均径相互の変換にも適用できる．以下の例では，最も一般的な場合として，個数分布と質量分布との間の変換について示す．表面積や沈降速度に基づく粒径分布など，任意の重み付き分布に対して同様の式を導くことができる．以下のすべての変換式は，すべて次式と同じ形式となる．

$$d_A = \mathrm{CMD}\exp(b\ln^2\sigma_g) \tag{4.47}$$

ここで，b は変換の種類，すなわち平均径 d_A の種類にのみ依存する定数である．いずれの変換においても，二つの径の比率は σ_g にのみ依存する．なお，これらの対数正規変換式の導出について 4.10 節に記載した．

個数中央径 CMD を q 次の重み付き分布の中央径 qMD に変換する変換式の一般形は次のようになる．

$$q\mathrm{MD} = \mathrm{CMD}\exp(q\ln^2\sigma_g) \tag{4.48}$$

この変換では，式 (4.47) の b が q に等しくなっている．たとえば，質量中央径 MMD の場合は，式 (4.47) を $b=q=3$ として次式が求められる．

$$\mathrm{MMD} = \mathrm{CMD}\exp(3\ln^2\sigma_g) \tag{4.49}$$

個数中央径 CMD を q 次の重み付き分布の平均径 d_{qm} に変換するには，次の変換式を用いる．

$$d_{\mathrm{qm}} = \mathrm{CMD}\exp\left(\left(q+\frac{1}{2}\right)\ln^2\sigma_g\right) \tag{4.50}$$

たとえば，質量平均径は次式となる．

$$d_{\mathrm{mm}} = \mathrm{CMD}\exp(3.5\ln^2\sigma_g) \tag{4.51}$$

個数中央径 CMD を平均径（d^p の平均値に対応する直径）に変換する式は，次のように与えられる．ここで $p=1$ のときは長さ平均径，$p=2$ のときは表面積平均径，

$p=3$ のときは質量または体積平均径が得られる.

$$d_{\bar{p}} = \mathrm{CMD}\exp\left(\frac{p}{2}\ln^2\sigma_g\right) \tag{4.52}$$

平均質量粒子の直径（この大きさの粒子の質量に粒子の個数を掛ければ総質量となる粒径）は，次式のようになる.

$$d_{\bar{m}} = \mathrm{CMD}\exp(1.5\ln^2\sigma_g) \tag{4.53}$$

最頻値 $\hat{d}$ は次式で与えられる.

$$\hat{d} = \mathrm{CMD}\exp(-1\ln^2\sigma_g) \tag{4.54}$$

式 (4.36) に示した任意の平均径の一般的な変換式，すなわち q 次の重み付き分布から p 次の重み付き分布の平均を求める変換は，次式で与えられる.

$$(d_{\mathrm{qm}})_{\bar{p}} = \mathrm{CMD}\exp\left(\left(q+\frac{p}{2}\right)\ln^2\sigma_g\right) \tag{4.55}$$

常用対数を用いる場合には（$q+p/2$）の頃を 2.303 倍し，$\log_{10}$ と 10^x を用いる．$q=0$ のとき，式 (4.55) は平均径 d^p（式 (4.52)）の換算式になる．また $p=0$ のときには，式 (4.55) は q 次の重み付き分布の中央径（qMD）を求める変換式となり，$p=1$ のときには q 次の重み付き分布の平均径 d_{qm} を求める変換式となる．変換式 (4.47) でよく用いられる係数 b の値を表 4.2 に示す．図 4.15 は，表 4.1 のデータに対数正規分布を当てはめた場合の個数分布のグラフ上に，いくつかの平均径の相対値位置を示したものである．変換式の係数が大きくなるにつれて，その平均径の位置は CMD から遠くなる．また，図 4.16 に示すように，GSD が大きくなるほど，MMD と CMD との比率は大きくなる.

表 4.2 変換のための式（4.47）の係数

CMD から変換する場合 [a]		式（4.47）の計数 b
最頻値	$\hat{d}$	−1
個数平均径	$\bar{d}$	0.5
平均質量径	$d_{\bar{m}}$	1.5
質量中央径	MMD	3
質量平均径	d_{mm}	3.5

a) 式 (4.47) の d_A を表記された径に入れ替える.

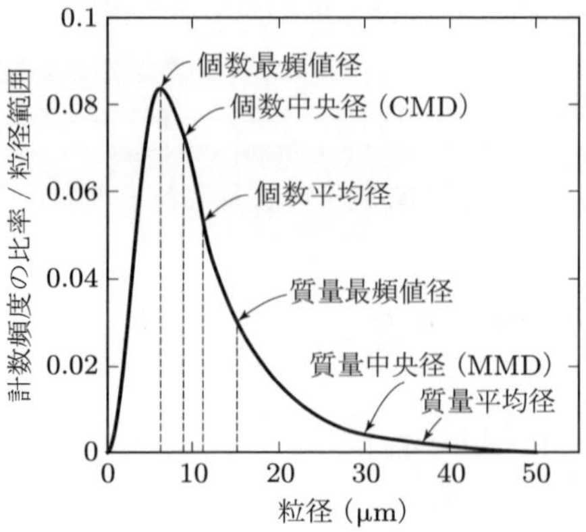

図 4.15　粒子の個数分布および各種平均径の位置．表 4.1 のデータ（CMD = 9.0 μm および GSD = 1.89）に基づく

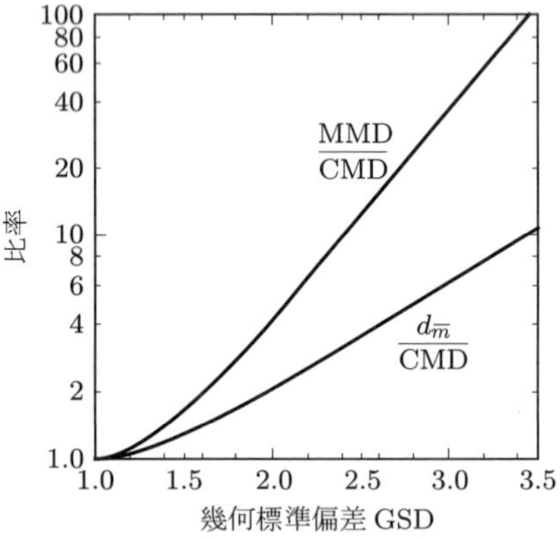

図 4.16　幾何標準偏差に対する質量中央径，平均質量径の個数中央径との比率

表 4.3 は，この節で説明してきたさまざまな平均に関する情報をまとめたもので，対数正規変換式（式 (4.47)）の係数 b の値を示してある．b の値には明らかな傾向があり，その類推によって任意の方向に表を拡張できる．ただし，次節で説明するように，データが正確であり，変換された平均径の近傍において正しく対数正規分布に当てはまることを確認する必要がある．

表 4.3 平均径の種類，定義式，および対数正規変換式の係数[a)]

分布（d^q）	平均の種類[b)] $p=0$ 中央値，幾何平均	$p=1$ 粒径	$p=2$ 表面積	$p=3$ 体積，質量
個数（d^0）	個数中央径 幾何平均径 $\mathrm{CMD}=\exp\left(\dfrac{\sum n\ln d}{N}\right)$ $b=0$	個数平均径 $\bar{d}=\dfrac{\sum nd}{N}$ $b=0.5$	平均表面積径 $d_{\bar{s}}=\left(\dfrac{\sum nd^2}{N}\right)^{1/2}$ $b=1$	平均体積径 平均質量径 $d_{\bar{m}}=\left(\dfrac{\sum nd^3}{N}\right)^{1/3}$ $b=1.5$
長さ（d^1）	長さ中央径 LMD $=\exp\left(\dfrac{\sum nd\ \ln d}{\sum nd}\right)$ $b=1$	長さ平均径 $d_{lm}=\dfrac{\sum nd^2}{\sum nd}$ $b=1.5$		
面積（d^2）	表面積中央径 SMD $=\exp\left(\dfrac{\sum nd^2\ \ln d}{\sum nd^2}\right)$ $b=2$	表面積平均径 ザウター径 体積−面積平均径 $d_{\mathrm{sm}}=\dfrac{\sum nd^3}{\sum nd^2}$ $b=2.5$		
体積（d^3） 質量（d^3）	体積中央径 質量中央径 MMD $=\exp\left(\dfrac{\sum nd^3\ \ln d}{\sum nd^3}\right)$ $b=3$	体積平均径 質量平均径 $d_{\mathrm{mm}}=\dfrac{\sum nd^4}{\sum nd^3}$ $b=3.5$		

a）式 (4.47) の b，式 (4.55) の $b=q+p/2$.
b）p は粒径の次数.

例題 CMD = 3.5 μm，GSD (σ_g) = 2.2 の対数正規分布をもつ粒子の MMD と平均質量径 $d_{\bar{m}}$ を計算せよ.

解 MMD の場合は，$b=3$ で式 (4.47) を使用する.

$$\mathrm{MMD}=\mathrm{CMD}\exp(b\ln^2\sigma_g)=3.5\exp(3(\ln 2.2)^2)$$

$$\mathrm{MMD}=3.5\exp(3\times 0.622)=3.5e^{1.865}=3.5\times 6.46=23\ \mu\mathrm{m}$$

$b=1.5$ のときの $d_{\bar{m}}$ は，次のようになる.

$$d_{\bar{m}}=\mathrm{CMD}\exp(1.5\ln^2(2.2))=3.5e^{0.932}=8.9\ \mu\mathrm{m}$$

4.7　統計的精度

個数データに基づいて質量平均径や質量中央径を計算する場合には，十分な注意が必要である．図4.15に示したように，質量分布の中心は質量中央径MMDであるが，この値は個数分布の裾のかなり外側に偏っており，この付近での個数分布が十分正確に求められていなければならない．データに誤差やばらつきがある場合は，各種重み付き分布の計算値は推定値と考え，慎重に扱う必要がある．たとえば84%粒径に誤差が10%あった場合，GSDは2.0から2.2に変わり，MMDの計算値の誤差は53%にもなる．この問題は逆の場合にも当てはまる．すなわち，質量データから個数径を求める場合には，質量分布の下限に近いデータが統計的に十分正確でなければならない．

サンプル内のほとんどの粒子は比較的少数の粒径区分内にあり，分布の端のほうの粒径区分にはほとんど粒子が含まれないことが多い．粒径分布曲線の端部における，測定値の統計的信頼性を確保する一般的な基準は，その分布曲線（質量分布，個数分布のいずれの場合も）にとって意味のある粒径区分すべてについて，少なくとも10個の粒子が入るように測定することである．顕微鏡測定の場合に，この基準を満たすための効率的な方法（区分計数法（stratified counting））については，20.1節で述べる．

粒径分布の測定値を対数確率グラフにプロットした場合，それがほぼ直線で近似できれば，測定値による中央値と幾何標準偏差が真の値にどの程度近いのかを，統計的に求めることができる．CMDやGSDを信頼区間で表すと，真値が存在する可能性の高い範囲を統計的に示す尺度となる．95%信頼区間は，真値その区間の範囲内にある可能性が95%（20のうち19の確率）であることを表している．

対数正規分布の場合，$\ln d$は正規分布になるので，ln CMD（およびCMD）の信頼区間は，ln CMDの標準偏差，$\sigma_{\ln \mathrm{CMD}}$を用いて表すことができる．

$$\sigma_{\ln \mathrm{CMD}} = \left(\frac{\ln^2 \sigma_g}{N} + \sigma_{\mathrm{EE}}^2 \right)^{1/2} \tag{4.56}$$

式(4.56)の右辺第1項はランダムサンプリング誤差を表しており，各サンプルが実験誤差なしで同じ安定したエアロゾルから採取されたと仮定すると，サンプルごとのln CMDの変動を表している．σ_{EE}は，測定による実験誤差から生じるln CMDの変動である．ほとんどの粒径測定ではNが大きいため，ランダムサンプリング誤差は実験誤差と比較して小さくなる．ln CMDの信頼区間（CI）は次式で与えられる.

$$95\%\ \mathrm{CI} \cong \ln \mathrm{CMD} \pm 2\sigma_{\mathrm{CMD}} \quad (\text{CMD に対して}) \tag{4.57}$$

式 (4.57) で計算される信頼限界は対数であり，CMD の 95%信頼区間を得るために直径に変換する.

ほとんどの場合，ln CMD または ln GSD に対する実験誤差の影響を評価する簡単な方法はない．しかし，CMD と GSD の信頼区間は，同じエアロゾルに対して繰り返し粒径分布測定を行うことで評価できる．CMD と GSD の分布について平均と標準偏差を通常の方法で計算すると，CMD と GSD の信頼区間が次のように求められる.

$$95\%\ \mathrm{CI} = \overline{\mathrm{CMD}} \pm t\sigma_{\mathrm{CMD}} \quad (\text{CMD に対して}) \tag{4.58}$$

$$95\%\ \mathrm{CI} = \overline{\mathrm{GSD}} \pm t\sigma_{\mathrm{GSD}} \quad (\text{GSD に対して}) \tag{4.59}$$

ここで，t は統計表から得られた t 検定値である（$P=0.05$，および自由度 $N'-1$，N' はデータ数)．対数確率グラフでは，CMD の信頼区間は粒径分布線の垂直位置の範囲を定義し，GSD の信頼区間は傾きの範囲を定義する．t 検定や F 検定などの統計検定を使用して，あるエアロゾルの粒径分布のパラメータを別のエアロゾルの粒径分布のパラメータと比較できる．これらの手法については，Cooper, 1993, Land, 1988，Herdan, 1960 および Aitchison and Brown, 1957 らが議論している.

累積対数確率グラフは 0 から無限大までの粒径範囲をカバーすると考えることができる．粒径範囲のどちらかの端のデータを切り捨てた場合，これによってかなりの数の粒子が失われるので，累積グラフそのものを使用すべきではないが，偏りなく頻度ヒストグラムを作成することは可能である.

対数確率グラフでは，累積頻度目盛の間隔が両端にいくほど拡大されているため，5%と 95%の点では，累積頻度の誤差は 50%の点に比べて（図上で）約 4 倍に拡大される．目視によって対数確率分布のグラフに直線を当てはめる場合，実質的には中心部（20 ～ 80%）のデータを尊重し，5%より小さい部分，あるいは 95%より大きい部分は無視する．このとき，最小 2 乗法により直線を当てはめる方法は推奨できない．なぜなら，この方法では，分布の両端部を強調しすぎる可能性があるからである．このため，分布内のすべての点に適切な重みを与える最適な直線を見つけるための反復的なコンピュータ手法も提案されている（Raabe, 1978 および Kottler, 1951).

対数正規分布が便利なため，明らかに直線上にないデータにも直線を当てはめようとしてしまいがちである．これは，とくに他の平均径を対数変換式で求めようとしている場合には非常に危険である．データが対数正規分布に従わない場合には，いかなる分布も仮定せず，累積分布図から得られる百分率径を用いたほうが適切である．コルモゴロフ-スミルノフ検定（Kolmogorov-Smirnov test：区間数＞10の場合）や$\chi 2$乗検定（chi-square goodness of fit test：個数データの場合）などの統計的検定手法を使用すれば，対象とするデータが対数正規分布から大きく外れているかどうかを判断することもできる(Cooper, 1993およびWaters et al., 1991参照).

測定データから粒径分布を計算する方法については，とくに測定データの粒径範囲が明確ではない場合には，逆解析またはデコンボリューション（deconvolution）とよばれる手法が適用されるが，本書の範囲を超えているため，ここでは扱わない(さまざまなアプローチの概要については，Knutson and Lioy, 1995およびCooper, 1993参照).

4.8　付録1：粒径分布に用いられる分布

エアロゾルの粒径分布を特徴付けるため，最も一般的に使用される分布は，4.4～4.7節に示した対数正規分布である．しかし，この他にも特殊な分布が，ある特定の状況下ではエアロゾルの粒径分布を表すのに適することが判明している．以下の式において，aとbは分布ごとに異なる値をもつ経験的定数である．

① Rosin-Rammler分布（Rosin and Rammler, 1983）は，粉砕した石炭の粒径を測定ために考案されたものであるが，十分に拡散していない粉塵や噴霧液滴にも適用できる．この分布は，粒径分布が対数正規分布よりも非対称性が大きい場合，あるいはふるいを用いた分析の場合に用いられる．粒径がdとd_p + dd_pとの間にある粒子の質量分率は次式で与えられる．

$$\mathrm{d}f_m = abd_p^{b-1}\exp\left(-ad_p^b\right)\mathrm{d}d_p \tag{4.60}$$

ここで，aは粒子の細かさに依存する値，bは粒子の材質のみに依存する値である．この分布は，最小直径と最大直径のカットオフ粒径が明確に定義されている場合に使用できる．

② Nukiyama-Tanasawa分布（Nukiyama and Tanasawa, 1939）は，粒径範囲が非常に広い噴霧液滴に用いられる．粒径がd_pとd_p + dd_pの間にある粒子の個数は，次式で与えられる．

$$\mathrm{d}f = ad_p^2\exp\left(\frac{-b}{d_p^3}\right)\mathrm{d}d_p \tag{4.61}$$

実験定数 a と b はノズル定数 c の関数である.

③ べき乗則分布は大気エアロゾルの粒径分布に適用されている（第 14 章参照）. 粒径が d_p と d_p + $\mathrm{d}d_p$ の間の粒子の個数は次式で与えられる.

$$\mathrm{d}f = a d_p^{-b} \mathrm{d}d_p \tag{4.62}$$

④ 指数則分布は粉末材料に適用されている. 粒径が d_p と d_p + $\mathrm{d}d_p$ の間の粒子の個数は次式で求められる.

$$\mathrm{d}f = a \exp(-b d_p) \mathrm{d}d_p \tag{4.63}$$

なお, 粒子の総数は a/b である.

⑤ 雲滴のサイズ分布は, Khrgian−Mazin 分布によって記述される（Pruppacher and Klett, 1997）. 粒径が d_p と d_p + $\mathrm{d}d_p$ の間の単位体積あたりの液滴個数は, 次式で求められる.

$$\mathrm{d}f = a d_p^2 \exp(-b d_p) \mathrm{d}d_p \tag{4.64}$$

総合的な個数濃度は $2a/b^3$, 平均径は $3/b$ である.

4.9　付録２：エアロゾル粒径分布の理論的根拠

4.4 節では, 対数正規分布をもつエアロゾル粒径分布についての基本的な理論的根拠はないと述べた. これは一般的にいえることではあるが, 粒子の生成過程が比例効果の法則（law of proportionate effect）に従う場合, 対数正規分布が粒径分布に適用できることが指摘されている. この法則では, 粒径の変化が段階的に生じる必要があり, 各段階の粒径は前段階の粒径にランダムな係数を掛けたものになる. 固体粒子の粉砕はそのような生成過程の一例である. Brown and Wohletz, 1995 は, フラクタルな破砕に基づくワイブル分布（Weibull distribution）と Rosin−Rammler 分布について物理的な考察から, これらを導出できることを示している. フラクタルな破砕は, どのスケールでも同じように見える亀裂の分岐ツリーを生成する分離過程である（第 20 章参照）. Brown and Wohletz は, 結果として得られる分布の一部が対数正規分布に非常に似ていることに注目している.

4.10　付録３：Hatch−Choate の変換式の導出

式 (4.22) で与えられる d_p と d^p の平均値との関係は次式となる. なお, $p=2$ の場合は表面積に対応し, $p=3$ の場合は質量に対応する.

$$d_{\overline{p}} = (\overline{d^p})^{1/p} = \left(\int_0^\infty d^p f(d) \mathrm{d}d\right)^{1/p} \tag{4.65}$$

対数正規分布についての$d_{\overline{p}}$を求めるには，まず $d^p f(\mathrm{d})$ の値を CMD，σ_g，および p を用いて表す必要がある．$f(\mathrm{d})$ を式 (4.42) で表し，$d^p = \exp(p \ln d)$ を代入すると，次のようになる．

$$d^p f(d) = \frac{e^{p \ln d}}{\sqrt{2\pi} d \ln \sigma_g} \exp\left(\frac{-(\ln d - \ln \mathrm{CMD})^2}{2 \ln^2 \sigma_g}\right) \tag{4.66}$$

指数部分を合成し，2 乗の項を開くと，次式が得られる．

$$d^p f(d) = \frac{1}{\sqrt{2\pi} d \ln \sigma_g} \times \exp\left(\frac{+2(\ln^2 \sigma_g) p \ln d - \ln^2 d + 2(\ln d) \ln \mathrm{CMD} - \ln^2 \mathrm{CMD}}{2 \ln^2 \sigma_g}\right) \tag{4.67}$$

式 (4.67) 全体に次式を掛け合わせることで，式 (4.67) の指数項を完全な 2 乗の形に書き直すことができる．

$$1 = \left(\exp\left(p \ln \mathrm{CMD} + \frac{p^2}{2} \ln^2 \sigma_g\right)\right)\left(\exp\left(-p \ln \mathrm{CMD} - \frac{p^2}{2} \ln^2 \sigma_g\right)\right) \tag{4.68}$$

式 (4.68) の右辺第 2 項を，式 (4.67) の指数項に掛けると，次式のように新しい指数項が得られる．

$$\frac{-1}{2 \ln^2 \sigma_g}(\ln^2 d - 2(\ln d)(\ln \mathrm{CMD} + p \ln^2 \sigma_g) + \ln^2 \mathrm{CMD} + 2p(\ln \mathrm{CMD}) \ln^2 \sigma_g + (p \ln^2 \sigma_g)^2) \tag{4.69}$$

これは次式と等しい．

$$\frac{-\left(\ln d - (\ln \mathrm{CMD} + p \ln^2 \sigma_g)\right)^2}{2 \ln^2 \sigma_g} \tag{4.70}$$

したがって，次式を得る．

$$d^p f(d) = \exp\left(p \ln \mathrm{CMD} + \frac{p^2}{2} \ln^2 \sigma_g\right) \times \left(\frac{1}{\sqrt{2\pi} d \ln \sigma_g} \exp\left(-\frac{\left(\ln x - (\ln \mathrm{CMD} + p \ln^2 \sigma_g)\right)^2}{2 \ln^2 \sigma_g}\right)\right) \tag{4.71}$$

ここで，式 (4.71) を式 (4.65) に代入すると，結果の式を積分できる．式 (4.71) の右辺最初の指数関数は定数項である．括弧で囲まれた項は，形式的には対数正規分布の頻度分布関数と同じ形式をしている．式 (4.65) は次式のように変形できる．

$$d_{\bar{p}} = (\overline{d^p})^{1/p} = \exp\left(p \ln \mathrm{CMD} + \frac{p^2}{2} \ln^2 \sigma_g\right)^{1/p} \tag{4.72}$$

$$\ln d_{\bar{p}} = \frac{1}{p} \ln \overline{d^p} = \frac{1}{p}\left(p \ln \mathrm{CMD} + \frac{p^2}{2} \ln^2 \sigma_g\right) \tag{4.73}$$

$$\ln d_{\bar{p}} = \ln \mathrm{CMD} + \left(\frac{p}{2}\right) \ln^2 \sigma_g \tag{4.74}$$

したがって，d^p の平均値に対応する粒径 $d_{\bar{p}}$ は次のようになる．

$$d_{\bar{p}} = \mathrm{CMD} \exp\left(\frac{p}{2} \ln^2 \sigma_g\right) \tag{4.75}$$

これは，式 (4.52) と同じものである．

q 次の重み付き分布の中央値 qMD の変換式を得るには，式 (4.35) の分布関数から始める．p を q に置き換えた式 (4.71) を分子に代入し，式 (4.66) 〜 (4.72) に述べた手順を使用して式 (4.71) を積分した値を分母に代入すると，次の結果が得られる．

$$\mathrm{d}f_q = \frac{1}{\sqrt{2\pi}\, d \ln \sigma_g} \exp\left(-\frac{\left(\ln d - (\ln \mathrm{CMD} + q \ln^2 \sigma_g)\right)^2}{2 \ln^2 \sigma_g}\right) \tag{4.76}$$

この式は対数正規分布（式 (4.42)）と同じ形をしており，中央径は次のように与えられる．

$$\begin{aligned} \ln q\mathrm{MD} &= \ln \mathrm{CMD} + q \ln^2 \sigma_g \\ q\mathrm{MD} &= \mathrm{CMD} \exp\left(q \ln^2 \sigma_g\right) \end{aligned} \tag{4.77}$$

これは式 (4.48) と同じ式である．

q 次の重み付き分布の平均径 d_{qm} は，式 (4.71) から求めることができる．この平均は粒径の 2 種類のモーメントの比であり，一般に，次式で表される．

$$d_{\mathrm{qm}} = \frac{\displaystyle\int_0^\infty x^{q+1} f(x) \mathrm{d}x}{\displaystyle\int_0^\infty x^q f(x) \mathrm{d}x} \tag{4.78}$$

式 (4.78) の分子と分母は両方とも，式 (4.71) の積分と等価である．式 (4.66) 〜 (4.72) の手順に従って式 (4.78) を評価すると，次のようになる．

$$d_{\mathrm{qm}} = \frac{\exp\left((q+1) \ln \mathrm{CMD} + \frac{(q+1)^2}{2} \ln^2 \sigma_g\right)}{\exp\left(q \ln \mathrm{CMD} + \frac{q^2}{2} \ln^2 \sigma_g\right)} \tag{4.79}$$

$$\ln d_{\mathrm{qm}} = \ln \mathrm{CMD} + \frac{((q+1)^2 - q^2)\ln^2 \sigma_g}{2} \tag{4.80}$$

$$d_{\mathrm{qm}} = \mathrm{CMD}\exp\left(\left(q + \frac{1}{2}\right)\ln^2 \sigma_g\right) \tag{4.81}$$

これは式 (4.50) と同じである.

問題

4.1 右の粒径分布データについて, 算術平均径, 幾何平均径, CMD, および表面積平均径を計算せよ.

粒径（μm）	個数
1	3
3	5
5	2
8	1

解答：3.27 μm, 2.67 μm, 3.0 μm, 3.84 μm

4.2 粒径 1.5 ～ 6.5 μm の間では一定値をとり, それ以外では 0 になる頻度分布関数をもつ粒子について, 算術平均径, CMD, 平均質量径, および表面積平均径を求めよ.

［ヒント：分布を 2, 3, 4, 5, 6 μm を中間径とした五つの区間に分割する.］

解答：4.0 μm, 4.0 μm, 4.45 μm, 4.89 μm

4.3 エアロゾルの粒径分布が対数正規分布であり, MMD = 10.0 μm, GSD = 2.5 であった場合, 個数中央径はいくらか. ただし, ρ_p = 3 000 kg/m^3 [3.0 g/cm^3] と仮定する.

解答：0.81 μm

4.4 花崗岩の粉塵サンプルを連続的にふるいにかけたところ, 右表のデータが得られた. 対数確率グラフを使用して, この分布の MMD と GSD を求めよ. また, 変換式を使用して個数中央径を求めよ.

ふるいの目の大きさ（μm）	捕集された質量（g）
200	4.0
100	21.6
50	38.4
40	8.0
最終段	8.0
合計	80.0

解答：80 μm, 1.75, 31 μm

4.5 対数正規分布をもつエアロゾルの CMD = 2.0 μm, GSD = 2.2 であった. 質量濃度が 1.0 mg/m^3 の場合，個数濃度はいくらか．$\rho_p = 2\,500$ kg/m^3 [2.5 g/cm^3] の球形粒子を仮定する．

解答：5.8×10^6/m^3 [5.8/cm^3]

4.6 対数正規分布をもつエアロゾル（GSD = 1.8）を想定する．粒径分布は，すべり補正を無視でき，ストークスの法則が成り立つ範囲内にあるとする．平均沈降速度を示す粒子の直径が 6.0 μm であった場合，個数中央径はいくらか．

解答：4.2 μm

4.7 対数正規分布をもつエアロゾルの個数中央径が 0.3 μm，GSD = 1.5 であった．個数濃度が 10^6 個/cm^3 の場合，質量濃度はいくらか．粒子は密度 4 500 kg/m^3 [4.5 g/cm^3] の球体とする．

解答：130 mg/m^3

4.8 幾何標準偏差 σ_g の対数正規分布をもつエアロゾルを想定する．粒子が既知の距離 h に到達するのに必要な平均時間が t だった場合について，この平均沈降時間を示す粒径を求める式を導出せよ．また，この直径を個数中央径に変換する式を示せ．球状の粒子を仮定し，すべり補正は無視する．

解答：$d_{\bar{t}} = (\sum d^{-2}/N)^{-0.5}$，式（4.47）において $b = +1$ とおけばよい

4.9 あるエアロゾルをラドンガスと混合したところ，粒子の表面上に放射性ラドンの崩壊生成物による被覆が形成された．次に，このエアロゾルを空気力学径に基づき 8 グループに分割し，各粒径グループの放射能を測定した．粒径分布が対数正規分布であった場合，この情報を使用して個数中央径を計算するにはどうすればよいか．すべての粒子は同じ密度をもち，幾何学的に類似している．また対数確率グラフが利用できるとする．

4.10 0.05 μm 未満の粒子の場合，減光効率（第 16 章参照）が d^4 に比例する．エアロゾルが CMD = 0.01 μm，GSD = 1.8 で対数正規分布する場合，平均減光効率をもつ粒子の粒径はいくらか．

解答：0.02 μm

4.11 粒子 1 g あたりの表面積を比表面積と定義する測定により，全比表面積の 16% が 0.3 μm 未満の粒子によって占められ，84% が 1.5 μm 未満の粒子によって占められていることがわかった．粒径分布が対数正規分布であると仮定して，（対数確率グラフを使用せずに）比表面積中央径，CMD，および GSD を計算せよ．比表面積は粒子 1 g あたりの表面積である．

解答：0.67 μm，1.28 μm，2.24

4.12　CMD と σ_g を用いて平均比表面積をもつ粒子の粒径を与える換算式を導出せよ．

解答：式 (4.47) において $b=-1/2$ とおけばよい．

参考文献

Aitchison, J., and Brown, J. A. C., *The Lognormal Distribution Function*, Cambridge University Press, Cambridge, U.K., 1957.

Brown,W. K., andWohletz, K. H., "Derivation of theWeibull Distributions Based on Physical Principles and its Connection to the Rosin-Rammler and Lognormal Distribution", *J. Appl. Phys.*, **52**, 493-502 (1995).

Cooper, D.W., "Methods of Size Distribution Data Analysis and Presentation", inWilleke, K., and Baron, P. A. (Eds), *Aerosol Measurement*, Van Nostrand, Reinhold, New York, 1993.

Crow, E. L., and Shimizu, K. (Eds.), *Lognormal Distributions: Theory and Applications*, Marcel Dekker, New York, 1988.

Hatch, T., and Choate, S. P., "Statistical Description of the Size Properties of Non-Uniform Particulate Substances", *J. Franklin Inst.*, **207**, 369 (1929).

Herdan, G., *Small Particle Statistics*, 2nd edition, Academic Press, New York, 1960.

Knutson, E. O., and Lioy, P. J., "Measurement and Presentation of Aerosol Size Distributions", in Cohen, B. S., and Hering, S. V. (Eds.), *Air Sampling Instruments*, 8th edition, ACGIH, Cincinnati, 1995.

Kottler, F., "The Goodness of Fit and the Distribution of Particle Sizes", *J. Franklin Inst.*, **251**, 449-514 (1951).

Land, C. E., "Hypothesis Tests and Interval Estimates", in Crow, E. L., and K. Shimizu, K. (Eds.), *Lognormal Distributions*, Marcel Dekker, New York, 1988.

Mercer, T. T., *Aerosol Technology in Hazard Evaluation*, Academic Press, New York, 1973.

Nukiyama, S., and Tanasawa, Y., *Trans. Soc. Meeh. Eng.* (*Japan*), **5**, 63 (1939).

Pruppacher, H. R., and Klett, J. D., *Microphysics of Clouds and Precipitation*, 2nd edition, Kluwer, Dordrecht, the Netherlands, 1997.

Raabe, O. G., "Particle Size Analysis Utilizing Grouped Data and the Log-Normal Distribution", *J. Aerosol Sci.*, **2**, 289-303 (1971).

Raabe, O. G., "A General Method for Fitting Size Distributions to Multicomponent Aerosol Data Using Weighted Least-Squares", *Env. Sci. Tech.*, **12**, 1162-1167 (1978).

Rosin, P., and Rammler, E., "Laws Governing the Fineness of Powdered Coal", *J. Inst. Fuel*, **7**, 29 (1933).

Silverman, L., Billings, C., and First, M., *Particle Size Analysis in Industrial Hygiene*, Academic Press, New York, 1971.

Waters, M. A., Selvin, S., and Rappaport, S. M., "A Measure of Goodness-of-Fit for the Lognormal Model Applied to Occupational Exposures", *Am. Ind. Hyg. Assoc. J.*, **52**, 493-502 (1991).

5 粒子の加速運動と曲線運動

第 3 章では，最も簡単な粒子の運動として等速直線運動について述べた．この章では，より複雑な 2 種類の粒子の運動について考察する．すなわち，一定または変動する力を受ける粒子の加速運動と，曲線経路に沿った粒子の曲線運動である．このような粒子の運動は，繊維フィルタ，カスケードインパクタ，あるいは我々の呼吸器内における粒子の捕集メカニズムを説明するのに重要となる．

5.1 緩和時間

ストークス領域内で運動している粒子の終末速度は，粒子に作用する外力 F に直接比例する．ここで外力とは，重力，遠心力，静電気力など，粒子に遠隔から作用する力を意味しており，抗力は外力とはみなさない．このときの比例定数は，式 (3.16) で定義される物理的移動度 B である．

$$V_{\mathrm{TF}} = BF \tag{5.1}$$

外力が重力の場合，式 (5.1) は次のようになる．

$$V_{\mathrm{TS}} = BF_G = Bmg \tag{5.2}$$

粒子質量と移動度の積 mB は，複雑な粒子運動を解析する場合に有効な量で，エアロゾルの力学においてよく使われる．この量は粒子の緩和時間（relaxation time）とよばれ，記号 τ で表される．緩和時間は時間の単位をもつ．粒径を用いて緩和時間を表すと，

$$\tau = mB = \rho_p \frac{\pi}{6} d^3 \left(\frac{C_c}{3\pi\eta d} \right) = \frac{\rho_p d^2 C_c}{18\eta} = \frac{\rho_0 d_a^2 C_c}{18\eta} \tag{5.3}$$

緩和時間という用語が使用されるのは，後述するように，粒子がその速度を新しい力の状態に応じて加速または減速し，調整（緩和）するのに必要な時間を表しているためである．緩和時間は，たとえば停止している自動車が 60 km/h まで加速するまでの時間に似ている．緩和時間は粒子の質量と移動度にのみ依存し，粒子に作

用する外力の種類や大きさの影響は受けない．緩和時間を粒子の特性として考えると便利だが，緩和時間には粘性とすべり補正が含まれているため，周囲の気体の温度，圧力の影響を受ける．式 (5.3) で定義される緩和時間は，$\mathrm{Re}<1$ のストークス領域での粒子の運動にのみ適用される．表 5.1 は，種々な粒径の粒子に対する緩和時間を示している．緩和時間は，式 (5.3) に示すように，粒径の 2 乗に比例し，粒径が大きくなるにつれて急速に増加する．

表 5.1　標準状態における単位密度粒子の緩和時間

粒径（μm）	緩和時間（s）
0.01	7.0×10^{-9}
0.1	9.0×10^{-8}
1.0	3.5×10^{-6}
10.0	3.1×10^{-4}
100	3.1×10^{-2}

緩和時間を用いると，粒子の終末沈降速度を簡単に求めることができる．式 (3.21) に τ を代入すると，次式となる．

$$V_{\mathrm{TS}} = \tau g \tag{5.4}$$

粒子の終末速度は，単に τ と外力により生じる加速度と積の形で表される．質量 m の粒子に一定の外力 F が作用している場合，終末速度は次のようになる．

$$V_{\mathrm{TF}} = \tau \frac{F}{m} \tag{5.5}$$

緩和時間を別の表現で表すと，緩和速度は加速度を受ける粒子の終末速度に比例する値をもつものともいえる．

5.2　粒子の加速

第 3 章に示した終末沈降速度の式では，粒子の加速（particle acceleration）を無視し，粒子に作用する力が釣り合って粒子速度が一定となるときの平衡状態を仮定した．ここでは，静止空気中に初速度 0 で放出された粒子の加速について考える．粒子はすぐに終末沈降速度に達するが，それに要する時間と加速プロセスの性質を考えてみる．

ニュートンの運動の第 2 法則（Newton's second law of motion）は，加速プロセス中のあらゆる瞬間に成立する．したがって，次式を得る．

$$\sum F = \frac{\mathrm{d}(mV(t))}{\mathrm{d}t} \tag{5.6}$$

ここで，$V(t)$ は時刻 t における粒子の速度である．蒸発中の（あるいは成長中の）場合を除き，粒子の質量は一定なので，式 (5.6) は次のようになる．

$$\sum F = m\frac{\mathrm{d}V(t)}{\mathrm{d}t} = ma(t) \tag{5.7}$$

$a(t)$ は瞬間の加速度である．沈降粒子にはたらく力は一定の重力と抗力であり，これは各時刻の粒子速度に依存する．ここで, 粒子の運動には慣性力が作用しない(非慣性（non-inertial)）と考えると，粒子運動の解析が容易となる．任意の時刻における抗力は，その時刻における粒子の速度 $V(t)$ を用いて，式 (3.18) のストークスの法則から求められる．重力方向を正にとり，すべり補正を無視すれば，式 (5.7) は次のようになる．

$$F_G - F_D = mg - 3\pi\eta V(t)d = m\frac{\mathrm{d}V(t)}{\mathrm{d}t} \tag{5.8}$$

式 (5.8) の両辺に粒子移動度 B を掛けると，

$$mBg - 3\pi\eta V(t)Bd = mB\frac{\mathrm{d}V(t)}{\mathrm{d}t} \tag{5.9}$$

となり，$\tau = mB$ および $B = (3\pi\eta d)^{-1}$ を代入すると次式となる．

$$\tau g - V(t) = \tau\frac{\mathrm{d}V(t)}{\mathrm{d}t} \tag{5.10}$$

τg を V_{TS} に置き換えて整理すると，次のようになる．

$$\int_0^t \frac{\mathrm{d}t}{\tau} = \int_0^{V(t)} \frac{\mathrm{d}V(t)}{V_{\mathrm{TS}} - V(t)} \tag{5.11}$$

式 (5.11) の両辺を積分すると，次式を得る．

$$\frac{t}{\tau} = -\ln(V_{\mathrm{TS}} - V(t)) + \ln V_{\mathrm{TS}} \tag{5.12}$$

両辺に -1 を掛けて指数をとると，次のようになる．

$$e^{-t/\tau} = \frac{V_{\mathrm{TS}} - V(t)}{V_{\mathrm{TS}}} \tag{5.13}$$

これを $V(t)$ について解けば，求める次式が得られる．

$$V(t) = V_{\mathrm{TS}}(1 - e^{-t/\tau}) \tag{5.14}$$

式 (5.14) は，静止空気中に粒子が時刻 $t=0$ に放出された後，重力を受けて任意の時刻 t に到達した粒子速度 $V(t)$ を表している．この式を見ると，この問題の境界条件，すなわち $t=0$ において $V(t)=0$，$t \gg \tau$ において $V(t)=V_{\mathrm{TS}}$ を満たしていることがわかる．図 5.1，5.2 に示すように，粒子速度は経過時間 τ には V_{TS} の 63%，$t=3\,\tau$ には V_{TS} の 95%に達する．数学的には $V(t)$ は V_{TS} に漸近するのみで，V_{TS} に到達することはないが，実用的な観点からは，粒子速度は $t=3\tau$ のときに精度 ±5%の範囲で V_{TS} に達し，それ以降は一定値を保つと考えてよい．表 5.2 に示

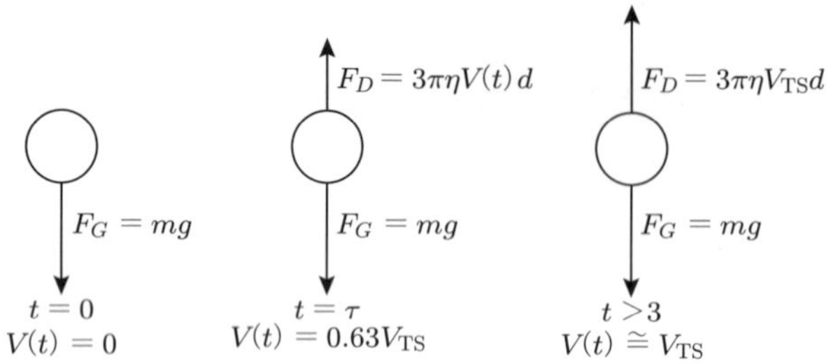

図 5.1　静止空気中における粒子の加速

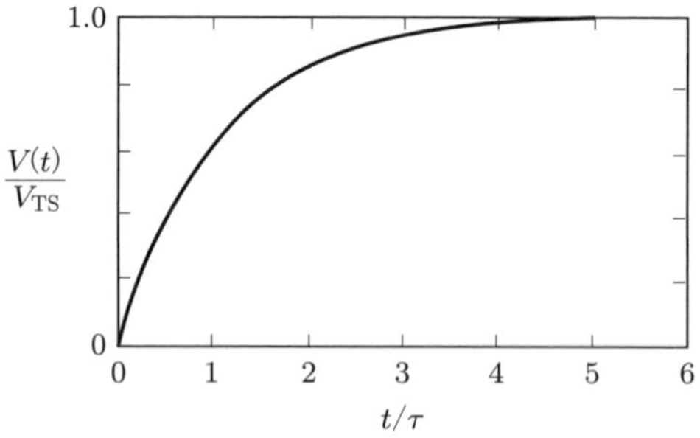

図 5.2　加速粒子の速度変化

表 5.2　単位密度粒子が標準状態において終末速度に達するのに要する時間

粒径（μm）	終末速度 [a] に達する時間（s）
0.01	0.00002
0.1	0.00027
1.0	0.011
10.0	0.94
100	92

a) $3\,\tau$（τ は緩和時間）後における速度と定義した．

すように，空気力学径が 10 μm 未満の粒子では，終末速度に達するまでにかかる時間は非常に短く，1 ms 未満である．

式 (5.14) は，粒子運動を表す一般式の特殊な場合である．なお，粒子運動の一般式は，特定の軸に沿って一定の外力が粒子に作用する場合の $V(t)$ を求めたものであり，誘導方法は上記よりも複雑である．V_0 を時刻 $t=0$ における粒子の初速度，V_f を平衡状態の終末速度（粒子に作用する力が釣り合った状態の速度）とすると，粒子運動を表す一般式は次のようになる．

$$V(t) = V_f - (V_f - V_0)e^{-t/\tau} \tag{5.15}$$

静止空気中に放出された粒子が終末速度まで加速される場合，$V_0=0$，$V_f=V_{\mathrm{TS}}$ であり，式 (5.15) は式 (5.14) と一致する．

初速度とすべての力が同軸上に作用する場合に式 (5.15) を適用するには，粒子の初速度と終末速度がわかっていればよい．一定の外力が作用する場合を含め，多くの場合には，これらの速度が既知であるか，または簡単な物理計算から求めることができる．式 (5.15) は，初期状態から終末速度に至る間の粒子の速度変化を表している．任意時刻の粒子速度は，終末速度の速度変化量と時間依存項との積を終末速度から差し引いたものに等しい．後者の時間依存項は，その時刻までの経過時間と緩和時間との比のみに依存する量である．したがって，初期の速度差は時間 τ の間に $1/e$ の割合で減少する．

式 (5.15) を用いれば，さまざまな状況について検討できる．たとえば，速度 U の水平流中に放出された粒子について重力を無視したときの運動を考えると，初速度は 0 であり，終末速度は U である．これらを式 (5.15) に代入すると，式 (5.14) と同じ式になるが，V_{TS} が U に置き換えられている．空気の流れが鉛直方向で，粒子が沈降する場合にも，同様の式が得られる．この場合，下向きを正の速度とすると，終末速度は $V_{\mathrm{TS}}+U$ になる．

速度 U の水平流中に，同軸方向に速度 V_0 で粒子を放出した場合の運動を，重力を無視して考えてみる．初速度は V_0，終末速度は U である．U と V_0 が同方向の場合は，粒子は気流速度まで加速もしくは減速する．U と V とが逆方向の場合には，粒子はまず減速した後，その運動方向が逆転し，さらに気流速度まで加速する．

先述した粒子運動では，終末速度に到達するまでに要する時間は，実用上は $3\,\tau$ に等しく，速度の大きさや速度差には依存しない．表 5.2 に示したように，粒径 100 μm の粒子でさえ，終末速度に達するのに必要な時間は 0.1 s 未満であり，粒径 10 μm の粒子では 1 ms 未満で終末速度に到達する．我々が関心をもつほとんどの状況では，粒子の運動は，はるかに長い時間にわたり継続するため，粒子が即座に終末速度に達すると仮定しても，これによる誤差は無視できる程度である．この仮定に基づけば，エアロゾルの力学におけるさまざまな問題を比較的簡単に解析できるようになる．

例題　粒径 30 μm のガラス球（$\rho_p = 2\,500\ \mathrm{kg/m^3}$）が，静止空気中で静止状態から解放された場合，その終末沈降速度の 50% の速度に達するまでにどの程度の時間がかかるか．

解　$V_0 = 0, \quad V_f = V_{\mathrm{TS}}$

$$\tau = \frac{\rho_p d_p^2}{18\eta} = \frac{2500 \times \left(30 \times 10^{-6}\right)^2}{18 \times 1.81 \times 10^{-5}} = 0.0069\,\mathrm{s}$$

$$\left[\tau = \frac{2.5 \times \left(30 \times 10^{-4}\right)^2}{1.8 \times 1.81 \times 10^{-4}} = 0.0069\,\mathrm{s}\right]$$

式 (5.15) に代入すると，次のようになる．

$$V(t) = 0.5V_{\mathrm{TS}} = V_{\mathrm{TS}} - (V_{\mathrm{TS}} - 0)e^{-t/\tau}$$

$$0.5 = 1 - e^{-t/\tau}$$

$$\ln 0.5 = -\frac{1}{\tau} = \frac{t}{0.0069}$$

$$t = 0.0048\,\mathrm{s} = 4.8\,\mathrm{ms}$$

ここまでは，一定の外力がはたらく場合のみを考察してきた．粒子が力の変化に適応する速度が，力の変化速度よりも速い場合には，外力の変化に応じた粒子の動きを容易に解析できる．粒子の緩和時間 τ よりも長い時間 t_c の間に力が $1/e$ 変化するとすれば，粒子運動の変化は瞬時に生じるものと仮定でき，任意の時刻における粒子速度は次式で与えられる．

$$V(t) = \tau \frac{F(t)}{m} \quad (\tau \ll t_c \text{ のとき}) \tag{5.16}$$

この考え方が適用できる例には，寸法が変化するダクト内を流れるエアロゾルや，曲がった流路内で遠心力を受ける粒子（粒子の半径方向の位置に応じて遠心力が増加する）の問題などがある．

5.3 停止距離

一定外力を受ける粒子の加速運動の解析をもう一歩進めると，粒子の移動距離が求められる．すなわち，式 (5.15) の $V(t)$ を $\mathrm{d}x/\mathrm{d}t$ に置き換え，積分すると，x 軸に沿った変位 $x(t)$ を時間の関数として求めることができる．

$$\int_0^{x(t)} \mathrm{d}x = \int_0^t V_f\,\mathrm{d}t - \int_0^t (V_f - V_0)e^{-t/\tau}\,\mathrm{d}t \tag{5.17}$$

$$x(t) = V_f t - (V_f - V_0)\tau(1 - e^{-t/\tau}) \tag{5.18}$$

式 (5.18) は，時刻 t における加速粒子の位置 $x(t)$ を表している．この式を用いると，5.2 節で解析したさまざまな状況について，粒子の任意時刻における位置を求めることができる．前節で取り上げなかった重要な問題として，初速度 V_0 の粒子が外力のない状態で静止空気中を移動する場合の，粒子の最大到達距離を求めるという問題がある．この場合，$V_f = 0$ および $t \gg \tau$ が成り立つため，式 (5.18) は次のようになる．

$$S = V_0\tau \tag{5.19}$$

ここで，粒子の最大移動距離である S は，停止距離（stopping distance）または慣性範囲（inertial range）とよばれる．変位スケールでは，停止距離は，粒子が初期にもつ有効運動量を表す尺度であるともいえ，粒子の初期運動量は空気摩擦によって減少し，停止距離に達すると 0 となる．5.1 節では，τ が積 mB として定義されているため，停止距離は次式のように粒子の移動度とその初期運動量との積として定義することもできる．

$$S = BmV_0 \tag{5.20}$$

前節の議論と同様，粒子が全停止距離を移動するのに要する時間は，数学的には無限大であるが，図 5.3 に示すように，粒子はその距離の 95% を 3 τ の時間で移動する．停止距離は，粒子に作用する外力が突然解除された場合（電気力のように瞬間的に外力を解除できる状況を考えると理解しやすい）に，粒子が静止空気中で減速しながら移動を続け，最終的に到達する距離でもある．流れの方向が急激に 90° 変化するような気流中での粒子運動も，停止距離を用いて解析できる重要な事象である．この場合，停止距離は，粒子がもとの方向に移動し続ける距離を表しており，粒子運動の持続性（persistence）を表す尺度として考えることもできる．式 (5.19) によれば，緩和時間 τ は，単位初速度の粒子の停止距離を表すと解釈できる．停止距離は，曲線運動の特徴を表す場合や，物質を機械的操作で切断や粉砕する際に飛

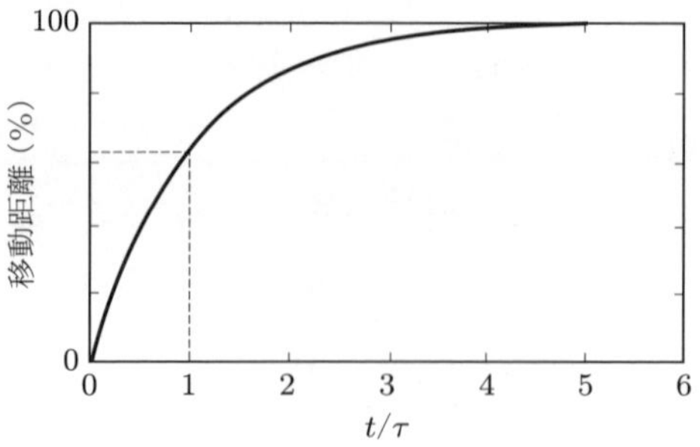

図 5.3　静止空気中における初速度 V_0 の粒子の移動距離

散する粒子の距離を求める場合にも応用される．

停止距離についてのここまでの議論は，粒子の運動がすべてストークスの法則の範囲内であると仮定している．停止距離は，ストークス領域外で運動するような高速の大きな粒子の運動を考えるうえで重要となる．このような状況では，抗力と速度との比例関係が速度とともに変化するため，粒子運動を解析することが非常に難しくなる．Mercer, 1973 の経験式では，初期レイノルズ数が $\mathrm{Re}_0 < 1\,500$ の場合について，誤差 3%以内で停止距離を計算できる．これらの粒子では次式となる．

$$S = \frac{\rho_p d}{\rho_g}\left(\mathrm{Re}_0^{1/3} - \sqrt{6}\,\mathrm{atan}\left(\frac{\mathrm{Re}_0^{1/3}}{\sqrt{6}}\right)\right) \tag{5.21}$$

ここで，$\mathrm{Re}_0 = \rho_g V_0 d/\eta$，逆正接（atan）は rad で表される．表 5.3 は，粒径 0.01 ～ 100 μm の単位密度粒子が，初速度 10 m/s［1 000 cm/s］で放出された場合の停止距離を表したものである．このように大きな初速度においても，停止距離は比較

表 5.3　停止距離，初期レイノルズ数，および初速度 10 m/s の単位密度球が停止距離の 95%を移動する時間

粒径（μm）	Re_0	停止距離 a) V_0 = 10 m/s (mm)	停止距離の 95%を移動する時間（s）a)
0.01	0.0066	7.0×10^{-5}	2.0×10^{-8}
0.1	0.066	9.0×10^{-4}	2.7×10^{-7}
1.0	0.66	0.035	1.1×10^{-5}
10.0	6.6	2.3 b)	8.5×10^{-4} b)
100	66	127 b)	0.065 b)

a）式 (5.19) により計算した．
b）式 (5.21) により計算した．

的小さく，粒子は急激に減速して停止する．このことから，エアロゾル粒子が非常に大きなものであっても，それほど遠くへ飛ばすことはできないことがわかる．エアロゾルのスプレー缶による放出や自然対流など，多くの状況において，粒子の運動は気体の運動に支配されており，式 (5.19) や式 (5.21) では粒子の移動距離を決定できない．

例題 1. 粒径 1 μm の酸化アルミニウム球が，回転する砥石から初速 9 m/s で静止空気中に放出されたときの停止距離はいくらか．粒子密度は 4 000 kg/m³［4.0 g/cm³］である．すべり補正は無視する．

2. 1 と同じ条件において，粒径 16 μm の酸化アルミニウム球の停止距離はいくらか．

解 1. $\mathrm{Re}_0 = 66\,000 \times 10^{-6} \times 9 = 0.6$ なので，式 (5.19) を用いる．

$$S = \tau V_0 = \frac{\rho d^2}{18\eta} V_0 = \frac{4\,000 \times (10^{-6})^2 \times 9}{18 \times 1.81 \times 10^{-5}} = 0.00011\,\mathrm{m} = 0.11\,\mathrm{mm}$$

$$\left[S = \frac{4.0 \times (10^{-4})^2 \times 900}{18 \times 1.81 \times 10^{-4}} = 0.011\,\mathrm{cm} \right]$$

2. $\mathrm{Re}_0 = 66\,000 \times 16 \times 10^{-6} \times 9 = 9.6$ なので，式 (5.21) を用いる．

$$S = \left(\frac{4\,000 \times 16 \times 10^{-6}}{1.20} \right) \left(9.6^{1/3} - \sqrt{6}\,\mathrm{atan}\left(\frac{9.6^{1/3}}{\sqrt{6}} \right)\right)$$

$$= 0.053\left(2.13 - 2.45\,\mathrm{atan}\left(\frac{2.13}{2.45}\right)\right)$$

$$= 0.053(2.13 - 1.75) = 0.020\,\mathrm{m} = 20\,\mathrm{mm}$$

5.4 曲線運動とストークス数

粒子が曲線経路をたどるとき，粒子は曲線運動（curvilinear motion）をしているという．この種の粒子運動は，次の二つのまったく異なる状況によって発生する．

① 静止空気中または均一速度の気流中では，粒子が別の軸に沿って加速する場合，または時間や位置によって変化する一つ以上の力が粒子にはたらく場合に，粒子は二つ（またはそれ以上）の軸に沿った力に応答し，曲線運動をする．各軸に沿った動きは，前節で述べた運動方程式によって記述できる．

② 空気に流れがある場合には，流路が縮小したり，流れの方向が変わったり，

あるいは障害物のまわりを通過するときに流線が曲がり，空気中の浮遊粒子は曲線運動をする．

① の曲線運動は，力を x 成分と y 成分に分解し，各成分に対して 5.1 ～ 5.3 節に述べた手法を適用できる．このようにして解析できるのは，ストークス領域内では，x 方向と y 方向（および z 方向）の力が独立しており，個別に扱えるからである．すなわち，x 方向の粒子の動きは y 方向の抵抗力に影響を与えることはない．いずれかの軸で粒子レイノルズ数が 1.0 を超えるような場合には，その軸に沿った粒子の運動が他の方向の抗力に影響を与えるため，より複雑な解析が必要となる．

このような曲線運動の例に，静止空気中に速度 V_0 で水平に放出された粒子の運動がある．x 方向，y 方向の運動の式は次のようになる．

$$
\begin{aligned}
x(t) &= V_0\tau(1-e^{-t/\tau}) \\
y(t) &= V_{\mathrm{TS}}t - V_{\mathrm{TS}}\tau(1-e^{-t/\tau})
\end{aligned}
\tag{5.22}
$$

時刻を $t=\tau$，2τ，3τ などと変化させ，x および y の値を解き，グラフにプロットしていくと，図 5.4 のような粒子の軌跡を描くことができる．

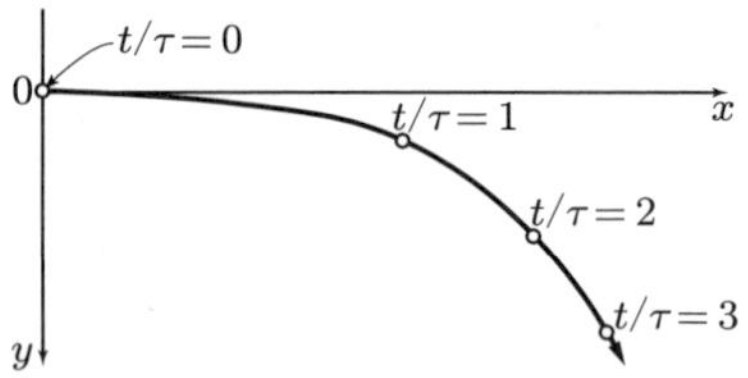

図 5.4　水平方向に初期速度をもつ沈降粒子の軌跡

障害物のまわりの流れなどの②の曲線運動は，さらに複雑になる．慣性を無視できる非常に小さな粒子は，完全に気体の流線に追従する．質量の大きな大粒径粒子は慣性力をもつため，気流の流れとは無関係に直線運動を続けようとする．ここで対象とするのは，これらの両極端な運動の中間的な運動をするような粒子である．このような粒子の曲線運動を解析するには，まず，障害物のまわりの気流の流線パターンを求める必要がある．これは少し難しい流体力学の問題となる．何らかの方法により流れ場が求められたなら，障害物近くのすべての点で流れの速度と方向がわかるので，粒子が流れ場を通過する際の実際の軌道を求めることができる．この問題は，障害物が球や円筒など，単純な幾何形状の場合に対してのみ数学的に解析できる．障害物がより複雑な形状をしている場合は，流れの場を一連の微小領域に分割し，短い時間間隔ごとに数値的に解を求めていく必要がある．粒子に作用する外力は，各微小時間の間は一定であると仮定し，時間ステップごとに再評価される．一般にこのような解析では，障害物上流側のさまざまな箇所に粒子の初期位置を設定し，数多くの粒子追跡を行う必要がある（訳者注：障害物形状が複雑な場合の計算方法についての説明は，いわゆるCFD（computational fluid dynamics）のソフトを使用し，ラグランジュ法で粒子追跡する場合を想定している．速度場から流れ関数（stream function）を求め，その等高線として流線を計算すれば，必ずしも多数の初期位置について粒子追跡を行う必要はない）．

曲線運動は，ストークス数（Stokes number：Stk）とよばれる無次元数によって特徴付けられる．ストークス数は，障害物の固有寸法に対する粒子の停止距離の比率である．たとえば，直径 d_c の円柱を横切る流れの場合，ストークス数は次のように定義される．

$$\mathrm{Stk} = \frac{S}{d_c} = \frac{\tau U_0}{d_c} \quad (\mathrm{Re}_0 < 1.0\text{のとき}) \tag{5.23}$$

ここで，U_0 は円筒から十分に離れた地点での乱れのない気流の速度であり，$\mathrm{Re}_0 = \rho_g d_p U_0/\eta$ となる．$\mathrm{Re}_0 > 1.0$ の場合，式 (5.21) を用いて S を計算し，式 (5.23) に代入する（Israel and Rosner, 1983）．ストークス数は，「流れが障害物を通過する時間」に対する「粒子の緩和時間」の比である．または，「変形した流れがもとの流れに戻るまでの時間 d_c/U_0」に対する「粒子が速度調整するのにかかる時間 τ」の比でもある．$\mathrm{Stk} \gg 1$ の場合，流れが曲線運動しても，粒子は直線運動を続ける．逆に $\mathrm{Stk} \ll 1$ の場合には，粒子は流線に完全に追従する．式 (5.23) は，問題によって多少異なる定義ができるため，ストークス数の定義はその問題固有のものとなる場合がある．

異なる大きさの円柱周囲で，幾何学的に類似した粒子の動きが発生するには，以下の二つの条件が満たされなければならない．すなわち，① 二つの状況における流れのレイノルズ数が等しく，② ストークス数が等しい，ことが必要である．異なる寸法の円筒まわりにおける粒子運動が幾何学的に相似であるためには，流れのレイノルズ数が等しくなければならず，また，ストークス数も等しくなければならない．レイノルズ数が一致する場合には，気体の流れの相似性が保証される．また，ストークス数が一致する場合には，二つの流れの場における粒子運動が相似であることが保証される．ストークス数は，障害物の大きさに対する粒子運動の持続性

(particle's persistence) の比率ともいえる．ストークス数が0に近づくと，粒子は流線に完全に追従するようになる．ストークス数が増加すると，空気の流線方向が変わるときに粒子は方向を変えるのに抵抗する．ストークス数は，次節に述べる慣性衝突を特徴付けるためにも用いられる．

5.5　慣性衝突

衝突 (impaction) は曲線運動の特殊な場合であり，エアロゾル粒子の捕集や粒径測定に広く利用されている．衝突プロセスについては，理論的にも実験的にも数多くの研究が行われてきた．おそらくこれまでに，他のどのエアロゾル分離プロセスよりも多くの研究が実施されてきた．20世紀前半において，衝突は居住環境を評価するための微粒子捕集手段として一般的な方法であった．1960年代以降には，カスケードインパクタ (衝突に基づく粒子捕集機器) が，粒径分布の測定・評価に広く使用されるようになった．粒子の慣性力を利用して特定の粒径範囲の粒子を分級的に捕集する装置を，慣性インパクタ (inertial impactor) とよぶ．本書では，以下単にインパクタとよぶ場合もある．慣性インパクタにはさまざまなものがあるが，すべての慣性インパクタは同じ原理を利用している．

慣性インパクタの後流側からポンプでエアロゾルサンプルを吸引すると，図5.5に示すように，エアロゾルはノズルを通過して高速の噴流 (jet) となり，内部に設置された平板に衝突する．この平板は捕集板 (impaction plate) とよばれるが，ノズルからの流れはこの平板を避け，流線に急峻な90°の曲がりを形成する．エアロゾル中に存在する粒子のうち，ある値を超えた慣性をもつ大きな粒子は，急峻な曲がり部において流線に追従できなくなり，平板に衝突する．なお，粒子は平板に

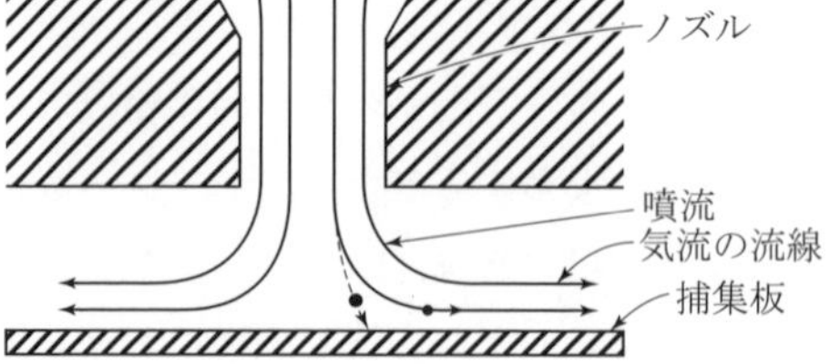

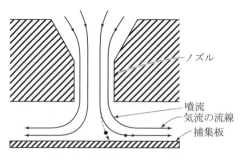

図5.5　慣性インパクタの断面

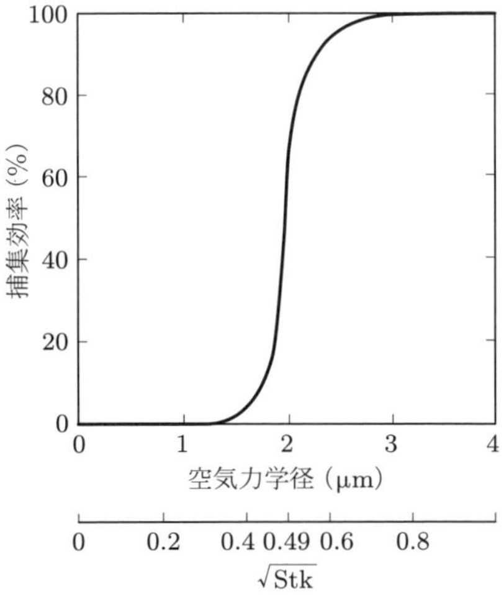

図 5.6 典型的な慣性インパクタの粒子捕集効率

衝突した瞬間にその表面に付着すると仮定する．一方，これよりも小さな粒子は流線に沿って運動し，平板への衝突を避けることができ，インパクタの後流側へ流出する．これによって，インパクタはエアロゾル粒子を二つの粒径範囲に分離する．すなわち，特定の空気力学径より大きい粒子は平板に衝突して気流から除去され，それより小さい粒子は浮遊状態のままインパクタを通過する．

慣性インパクタは，特定の粒径の捕集効率 E_t（correction efficiency）について図 5.6 に示すような曲線的な特性を示すが，衝突理論（impaction theory）によって，これを説明できる．捕集効率を支配するパラメータはストークス数，または衝突パラメータである．これは，平均ノズル出口速度 U における粒子の停止距離と噴流の半径 $D_j/2$ との比として定義される．

$$\mathrm{Stk} = \frac{\tau U}{D_j/2} = \frac{\rho_p d_p^2 U C_c}{9\eta D_j} \tag{5.24}$$

このストークス数は式 (5.23) とは若干異なり，障害物の代表長さではなくノズル半径 $D_j/2$ に関して定義されている．長方形のノズルを備えたインパクタでは，式 (5.24) のノズル半径の代わりに噴流幅の片側半分を使用する．

インパクタの捕集効率はストークス数の関数であるが，その関係は単純ではない．インパクタの捕集効率曲線を理論的に求めるには，コンピュータを使用した数値解析が必要となる．まず，特定の衝突体の形状についてナビエ–ストークス方程式を解き，噴流付近の流線パターンを求める．次に，特定の粒径の粒子について，流入する流線ごとに粒子の軌道を計算していく．各粒径に対する捕集効率は，捕集板を横切る粒子軌道数の割合によって求める．同様の作業をさまざまな粒径の粒子について行っていくと，図 5.6 のような特徴的なインパクタの捕集効率曲線を得ることができる．インパクタの捕集効率曲線を，粒径に比例するストークス数の平方根（$\sqrt{\mathrm{Stk}}$）に対する効率として表すことが一般によく行われる．実験的にこの曲線を求めるには，一連の単分散エアロゾルを用いた捕集効率の測定が必要となる．ただし，この節で後述する推奨設計基準を満たすような特性をもつすべてのインパクタは，レイノルズ数とストークス数が同じ条件のとき，まったく同じ効率を示すので，各インパクタの設計に対して捕集効率曲線は 1 回だけ評価しておけばよい．

以下の近似的なモデルにより，衝突プロセスとこれに関連するパラメータの重要性が説明できる．図 5.7 に示すように，噴流内の流速は均一であり，90° 向きを変えるまで均一速度の流れが続くという単純な仮定を立てる．また対称性により，中心線から右半分のみを考慮する．粒子が流線の湾曲部分（円弧と仮定する）を通過するとき，粒子は遠心力を受け，半径方向に一定速度 V_r でもとの流線から離れていく．この速度は次式で与えられる．

$$V_r = \tau a_r = \frac{\tau U^2}{r} \tag{5.25}$$

ここで，r は流線の曲率半径である．噴流により供給される粒子は，捕集板に対して垂直な速度 U をもつ．図 5.7 に示すように，気流は捕集板付近で方向を 90° 変えるが，粒子は速度 U における停止距離 Δ だけ捕集板に向かって進む．

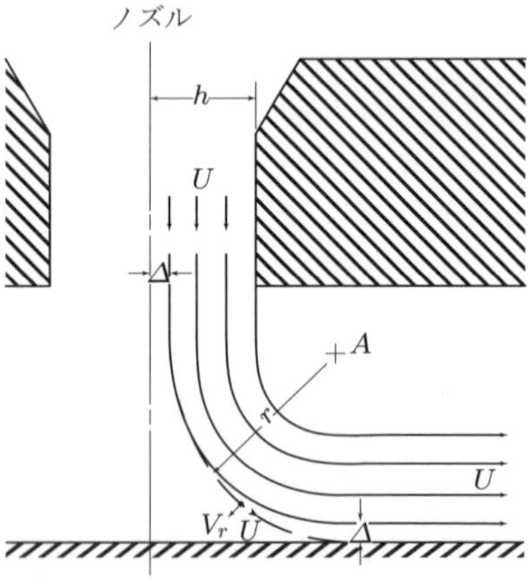

図 5.7　簡略化されたインパクタのモデル

$$\Delta = V_r t = \frac{\tau U^2}{r}\left(\frac{2\pi r}{4U}\right) = \frac{\pi}{2}\tau U \tag{5.26}$$

図 5.7 において，衝突効率 E_I，あるいは捕集効率 E_t は，Δ と h との比となるので，次式を得る．

$$E_I = \frac{\Delta}{h} = \frac{\pi\tau U}{2h} = \frac{\pi}{2}(\mathrm{Stk}) \tag{5.27}$$

50％捕集条件（50％の粒子が捕集される条件）では，図 5.7 における流れの中心線からノズル壁までの距離の半分に存在する粒子が捕集されることになるので，$E_I = 0.5$，$\Delta = h/2$ である．これは，衝突の限界条件と 50％捕集効率のストークス数 Stk_{50} を定義する式となる．式 (5.25) と式 (5.26) から計算すると，理論上は $\mathrm{Stk}_{50} = 1/\pi \cong 0.32$ が得られる．この解析は，インパクタの効率を完全に説明しうるほど正確なものではない．このような単純化されたモデルでは，Stk_{50} の値が，より厳密な計算で得られる 0.59 よりも大幅に小さくなっている．

インパクタにおいて，ストークス数を評価するときの代表長さは，噴流と捕集板との間の距離であると思うかもしれない．しかし，噴流の径は，その径と同程度の距離を流れる間にはわずかしか変化しない．そのため，ノズルと捕集板との距離が多少違っても，エアロゾルの流れが大きくその影響を受けることはない．インパクタの特徴的な寸法としては，ノズルと捕集板との距離ではなく，噴流の半径，すなわち噴流幅の半分が用いられる．

ほとんどのインパクタでは，粒径別の完全な捕集効率曲線を必要とはしない．鋭いカットオフ曲線（cutoff curve）をもつインパクタの捕集効率曲線は，粒径を分級する観点から見て理想的なステップ関数型の効率曲線に近い．したがって，この理想的な状態では，特定の空気力学径以上の粒子はすべて捕集され，それより小さな粒子はすべて通過することになる．この粒径は，カットオフ粒径（cutoff size），あるいは単にカットオフ径などとよばれ，記号 d_{50} で表す．適切に設計されたインパクタのカットオフ径は，実用上はほぼ理想的であると考えることができ，その効率曲線の特徴は，単一の数値 Stk_{50}，すなわち 50％の捕集効率に対応するストークス数で表すことができる．Stk_{50} は，実際のカットオフ曲線に最もよく適合する理想的な位置である．これは，インパクタを通過するカットオフ粒径以上の粒子の質量（図 5.8 の上側の斜線部分）が，インパクタに捕集されるカットオフ粒径以下の粒子の質量（同じく下側の斜線部分）と等しいと仮定しているのと同じである．表 5.4 は，この節で後述するレイノルズ数と幾何学的寸法基準を満足する 2 種類のイ

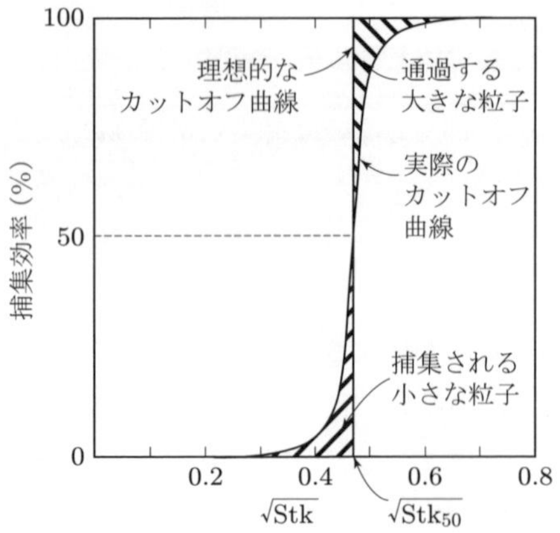

図 5.8　インパクタのカットオフ曲線の理想と実際

表 5.4　インパクタの 50% 捕集効率に対応するストークス数[a)]

ノズルの種類	Stk_{50}	$\sqrt{\mathrm{Stk}_{50}}$
円形ノズル	0.24	0.49
矩形ノズル	0.59	0.77

a) インパクタは必要な設計基準を満たしている.

ンパクタのノズルについて Stk_{50} の値を求めたものである．これらの設計基準を満たすインパクタは，ノズルの直径や速度に関係なく，同じ Stk_{50} 値を有する．

式 (5.24) を書き直せば，表 5.4 に示した Stk_{50} の値を用いて捕集効率 50% に対応する粒径 d_{50} を次のように求めることができる．

$$d_{50}\sqrt{C_c} = \left(\frac{9\eta D_j(\mathrm{Stk}_{50})}{\rho_p U}\right)^{1/2} \tag{5.28}$$

式 (5.28) は，噴流速度ではなく噴流の流量 Q で表すこともできる．円形ノズルのインパクタの場合，

$$d_{50}\sqrt{C_c} = \left(\frac{9\pi\eta D_j^3(\mathrm{Stk}_{50})}{4\rho_p Q}\right)^{1/2} \tag{5.29}$$

噴流幅 $W \times L$ の矩形ノズルのインパクタの場合，

$$d_{50}\sqrt{C_c} = \left(\frac{9\eta W^2 L(\mathrm{Stk}_{50})}{\rho_p Q}\right)^{1/2} \tag{5.30}$$

となる．しかし，すべり補正計数 C_c は d_{50} の関数であるため，これを無視できなければ，式 (5.28) ～ (5.30) を粒径に関して解くことはできない．インパクタの設計では，圧力が大気圧よりも低くなるノズル下流側の条件に対してすべり補正を考慮する必要がある．下流側圧力 p_d は，入口圧力 p_u から動圧を引いた次式になる．

$$p_d = p_u - \frac{\rho_g U^2}{2} \tag{5.31}$$

d_{50} は次の経験式を使用して $d_{50}\sqrt{C_c}$ から推定できる．

$$d_{50} = d_{50}\sqrt{C_c} - 0.078 \quad (d_{50}\text{ が }\mu\text{m で与えられたとき}) \tag{5.32}$$

この式は，$d_{50} > 0.2$ μm，圧力 91 ～ 101 kPa [0.9 ～ 1.0 atm] において誤差 2％以内の結果を与える．d_{50} を m 単位で表すと，最後の項は 7.8×10^{-8} [cm 単位の場合は 7.8×10^{-6}] となる．インパクタの効率曲線は，空気力学的な d_s（$\rho_p = 1\,000$ kg/m^3 [1.0 g/cm^3]）で表されていることが多く，インパクタで得られる測定結果も空気力学径で表される．インパクタを校正流量とは異なる流量で使用する場合には，式 (5.29) または式 (5.30) と式 (5.32) を用いてカットオフ粒径を調整する．

捕集効率曲線において望ましい鋭いカットオフ粒径を得るための推奨設計基準は，以下に示すとおりである．まず，ノズルにおけるレイノルズ数は 500 ～ 3 000 でなければならない．特定のカットオフ粒径に対して，複数のノズルを並列に使用することで，レイノルズ数を制御できる．また，分離距離（ノズルと捕集板の間の距離）と噴流の直径または幅との比は，円形ノズルの場合は 1：5，矩形ノズルの場合は 1.5：5 あるいはこれらよりも低い比率とすることが推奨される．

式 (5.28) からわかるように，カットオフ粒径をサブマイクロメートル領域にするためには，高速で動作する小径のノズルが必要となる．これらのパラメータの実用的な制限から，最小カットオフ粒径は 0.2 ～ 0.3 μm 程度に制限される．マイクロオリフィスインパクタとよばれる装置は，化学エッチングで製作した直径 50 μm ほどの小さなノズルを多数使用することにより，この限界を 0.06 μm まで拡張している．0.05 μm という小さな d_{50} 値を実現できる別の方法としては，低圧インパクタがある．このインパクタは 3 ～ 40 kPa [0.03 ～ 0.4 atm] という非常に低い絶対圧力下で使用する．低圧インパクタでは，すべり補正係数が大幅に増加する効果があり，式 (5.28) に従ってカットオフ粒径が減少する．なお，このような低圧では，液滴は揮発によって粒径が変化する可能性がある．また，出口圧力が低いため，大型の真空ポンプが必要となる．マイクロオリフィスインパクタ，低圧インパクタのいずれも，通常のインパクタよりも噴流速度が大きいため，粒子の跳ね返りに注意する必要がある．

例題　噴流直径 1 mm の円形ノズルをもつインパクタを 1.0 L/min で使用したときのカットオフ直径 d_{50} はいくらか．インパクタは推奨設計基準を満たしていると仮定する．

解　$Q = 1.0\,\mathrm{L/min} = 0.001/60 = 1.67 \times 10^{-5}\,\mathrm{m^3/s} = [16.7\,\mathrm{cm^3/s}]$

式 (5.29) に代入すると，次のようになる．

$$d_{50}\sqrt{C_c} = \left(\frac{9\pi \times 1.81 \times 10^{-5}(10^{-3})^3(0.24)}{4 \times 1000 \times 1.67 \times 10^{-5}}\right)^{1/2} = 1.36 \times 10^{-6}\,\mathrm{m} = 1.36\,\mu\mathrm{m}$$

$$\left[d_{50}\sqrt{C_c} = \left(\frac{9\pi \times 1.81 \times 10^{-4}(0.1)^3(0.24)}{4 \times 1 \times 16.7}\right)^{1/2} = 1.36 \times 10^{-4}\,\mathrm{cm} = 1.36\,\mu\mathrm{m}\right]$$

また，式 (5.32) より，次のようになる．

$$d_{50} = d_{50}\sqrt{C_c} - 0.078 = 1.36 - 0.078 = 1.28\,\mu\mathrm{m}$$

通常のインパクタでも，サブマイクロメートルのカットオフ粒径をもつものは，その最終部分の圧力が約 0.9 atm となる．したがって，揮発性物質の液滴から成るエアロゾルをサンプリングする場合，この圧力により誤差を生じる可能性がある．固体粒子，とくに大きな粒子は，捕集板に衝突した際に跳ね返ってしまい，小さな粒子とともにインパクタを通過する可能性がある．この問題については次節で取り上げる．

5.6　カスケードインパクタ

図 5.5 に示したインパクタの下流にフィルタを追加すると，インパクタで捕集されなかったすべての粒子を収集できる．このようなシステムでエアロゾルをサンプリングすると，その粒径分布に関する情報が得られる．インパクタで捕集された粒子の質量とフィルタで捕集された粒子の質量は，サンプリング前後の重量差から求められる．インパクタは，サンプリングされた粒子を二つの粒径範囲に分離する．一つはカットオフ粒径より大きい粒子（インパクタに捕集された粒子），もう一つ

はカットオフ粒径より小さい粒子（フィルタに捕集された粒子）である．たとえば，カットオフ粒径 5 µm のインパクタが，エアロゾル粒子の質量の 30％を捕集し，70％がフィルタで捕集される場合を考える．この場合，エアロゾル粒子の質量の 30％は空気力学径が 5 µm を超える粒子であり，70％は 5 µm 未満の粒子ということになる．この測定によって累積分布曲線上に一つの点が得られる．すなわち，粒子質量の 70％が 5 µm 未満の粒子に関連していることがわかる．それぞれ異なるカットオフ直径に対応する複数の条件でインパクタを使用すれば，累積質量分布曲線上に複数の点を取得できる．しかし，設定可能な流量範囲には制限があり，また複数回の測定において，サンプリングされるエアロゾルは同じ粒径分布であることが保証されなければならないため，この方法には実用上の難しさがある．この問題は，異なるカットオフ粒径の複数のインパクタを同時に使用することで解決できる．

ただし，複数のインパクタを並列に並べて使用する方法は，複数の流量制御が煩雑でコストがかかるため，一般的ではない．より一般的な方法は，複数のインパクタを，カットオフ粒径の大きなものから順に配置して直列に並べるものである．このような装置はカスケードインパクタ（cascade impactor）とよばれている．カスケードインパクタの構成を図 5.9 に示す．各段のインパクタは，インパクタステージとよばれ，それぞれのカットオフ粒径はノズル寸法により調整し，各ステージで順に小さくなるよう設計してある．D_j を減らすと U が増加し，どちらも式 (5.28) に従って d_{50} を減らすはたらきをする．各ステージには同じ流量のサンプルが流れるため，制御すべき流量は 1 箇所だけでよい．各ステージには，捕集された粒子を重量測定（または化学分析）するための取り外し可能な衝突板が取り付けられている．カスケードインパクタの最終ステージには，通常，そのステージのカットオフ粒径未満の粒子をすべて捕集するフィルタが取り付けられる．

カスケードインパクタでは，各ステージに到達する粒子のうち，そのステージのカットオフ粒径以上の粒子がすべて捕集される．エアロゾルは，各ステージを連続的に流れるので，あるステージにおいて捕集された粒子の粒径は，すべて前のステージのカットオフ粒径よりも小さく，そのステージのカットオフ粒径よりも大きい．

カスケードインパクタでは，空気力学径に応じて，粒径の全体的な分布が一連のグループとして分類される．各ステージの重量測定から，ステージに対応した空気力学径の範囲に含まれる粒子の割合を求め，第 4 章に述べた手順に従って質量分布を集計していく．表 5.5 は，カスケードインパクタにより取得したデータから累積質量分布曲線をプロットする際のデータ処理の例を示している．各ステージで捕集

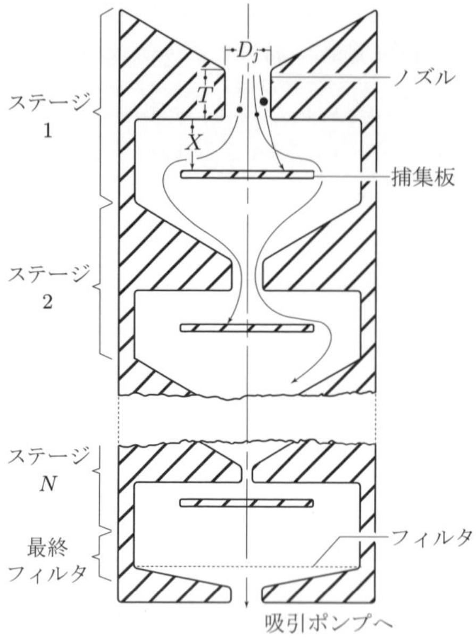

(a) 概略図 (Dale Lundgren et al. Copyright 1979 by the Board of Regents of the State Florida)

(b) 8 ステージから校正される Andersen 型の大気塵用カスケードインパクタ（ノズルと捕集板が左側に置かれている）

図 5.9　カスケードインパクタ

表 5.5　カスケードインパクタのデータ処理の例

ステージ番号	初期質量 (mg)	測定後質量 (mg)	捕集粒子質量 (mg)	質量分率 (%)	d_{50} (μm)	捕集粒子の粒径範囲 (μm)	累積質量分率 a) (%)
1	850.5	850.6	0.1	0.6	9.0	>9.0	100.0
2	842.3	844.1	1.8	11.0	4.0	4.0 ～ 9.0	99.4
3	855.8	861.0	5.2	31.7	2.2	2.2 ～ 4.0	88.4
4	847.4	853.6	6.2	37.8	1.2	1.2 ～ 2.2	56.7
5	852.6	855.1	2.5	15.2	0.70	0.70 ～ 1.2	18.9
最終フィルタ	78.7	79.3	0.6	3.7	0	0 ～ 0.70	3.7
			16.4	100.0			

a) 各粒径範囲の上限に対して累積質量分率をプロットすれば，累積質量分布曲線が作成できる．

される粒子の粒径範囲（7 列目）をまず定義し，次に，各範囲の上限粒径に対する累積質量の割合（累積質量分率）をプロットする．質量中央径は，第 4 章に述べたように累積質量分布から直接求められる．

このデータ処理では，各ステージは理想的なカットオフ特性をもつことを前提としている．これが成り立つためには，隣接するステージのカットオフ粒径が十分離れており，各ステージの捕集効率曲線の重なりが無視できるほど小さいことが必要である．この仮定が成り立たない場合には，正確な捕集効率曲線の形から，より複雑な解析をしなければならない．また，カットオフ特性が理想的でない場合の影響は相殺されると仮定している．すなわち，各ステージを通過するカットオフ粒径以上の粒子の質量と，そのステージで捕集されるカットオフ以下の粒子の質量は等しいと仮定している．この仮定はつねに成り立つとは限らず，この仮定が成り立たない場合には，粒径分布の形が歪んだものとなる．

Marple and Olson, 2011 は，60 種類を超える市販のインパクタに関する情報を表にまとめている．表 5.6 には，最も一般的なカスケードインパクタの特性に関する情報が示されている．ここに示したカットオフ粒径の範囲は，一般的に使用される流量に対するものであり，それ以外の流量でインパクタを使用する場合には，式 (5.28) ～ (5.30) により換算できる．

前述の議論では，粒子が捕集板表面に衝突した場合には，粒子は必ず付着すると仮定した．液体粒子の場合にはこの仮定はほぼつねに正しい．硬い固体粒子の場合は，衝突した際に跳ね返ったり，付着した後に吹き飛ばされたりすることがある．この場合，ある粒径の粒子の質量の一部が，より小さな粒径区分の中に含まれてしまうことになる．粒子が跳ね返るか否かは，粒子の種類，衝突速度，および捕集板表面の材質や硬さによって違ってくる．この問題については 6.4 節で述べる．図 5.10 に示すように，捕集板をオイルかグリースの薄い膜でコーティングすると，粒子の跳ね返りを減らすことができる．効果的な跳ね返り防止用コーティングには，シリコーンシール材，高真空用グリース，ワセリン，シリコーンオイルなどがある．均一な薄膜を得るには，通常，これらの材料をトルエンやシクロヘキサンなどの溶媒に溶かし，塗布またはスプレーして乾燥させる．重量を安定させるためにベーキングが必要な場合がある．跳ね返り防止用コーティングを施した場合も，衝突面に粒子が付着して堆積してくると，粒子が跳ね返る可能性がある．これは，衝突してくる粒子がコーティング面ではなく，堆積した粒子に衝突するためである．多孔質金属や粗いメンブレンフィルタに油を含ませたものを衝突面に使用すると，堆積した粒子の層に油が浸透し，効果的な跳ね返り防止用コーティングが維持される．

繊維フィルタを捕集面として使用することは推奨されない．流れの一部がフィルタ内に入り，粒子が繊維から脱離する可能性があるためである．プラスチックフィ

表 5.6　さまざまなカスケードインパクタの特性

種類	モデル名	製造会社 a)	吸引流量 (L/min)	ステージ数	各ステージのノズル数	d_{50} (μm) b)
Ambient	Mercer（02−130）	*INT*	1	7	1	0.3〜4.5
Ambient	Multijet CI（02−200）	*INT*	10	7	1〜12	0.5〜8
Ambient	One ACFM Ambient	*COP*, *NSE*, *TFS*, *TIS*, *WES*	28	8	400	0.4〜10
Ambient（HiVol）	Series 230	*NSI*, *TFS*, *TIS*	1 420	5	9	0.5〜7.2
Personal	Marple Model 298	*MSP*	2	8	4	0.5〜20
Source Test	In-Stack Mark 3	*NSE*	21	8	20	0.3〜12
Pharmaceutical	MSLI	*COP*	30	4	1	1.7〜13
PM inlet	HiVol PM_{10}	*NSI*, *TFS*, *TIS*	1 130	1	9	10
Low Pressure	Low Pressure	*DEK*	3	12	1	0.08〜35
Micro-Orifice	MOUDI	*MSP*	30	9	≤2 000	0.06〜16.7
Real-time	QCM-MOUDI	*MSP*	10	6	≤2 000	0.045〜2.44
Real-time	ELPI+（Electrical Low-Pressure Impactor）	*DEK*	10	13	3	0.006〜10
Single-Stage	Micro-Environmental	*MSP*	10	1	1	2.5 または 10
Viable	Andersen Viable	*TIS*, *WES*, *TFS*	28	6	400	0.65〜7
Viable	BioStage	*SKC*	28	1	400	0.6
Virtual	Dichotomous Sampler	*TFS*	16.7	1	1	2.5

a) *INT*: In-Tox Products, Cary, NC; *COP*: Copley Scientific, Ltd., Nottingham, U.K.; *NSE*: New Star Environmental, Inc., Roswell, GA; *TFS*: Thermo Fisher Scientific, Waltham, MA; *TIS*: Tisch Environmental, Inc., Cleves, OH; *WES*: Westech Instrument Services Ltd., U.K.; *MSP*: MSP Corporation, Shoreview, MN; DEK: Dekati Ltd., Finland; *SKC*: SKC Inc., Eighty Four, PA

b) d_{50} の範囲は 4 列目の流量に対する値.

ルムや小孔のメンブレンフィルタは，粒子の跳ね返りを軽減できないが，粒子捕集後の分析に便利である.

粒子は，カスケードインパクタのステージ間の流路に堆積する可能性もある．このような堆積は，粒子のステージ間損失（inter-stage losses）とよばれ，カスケー

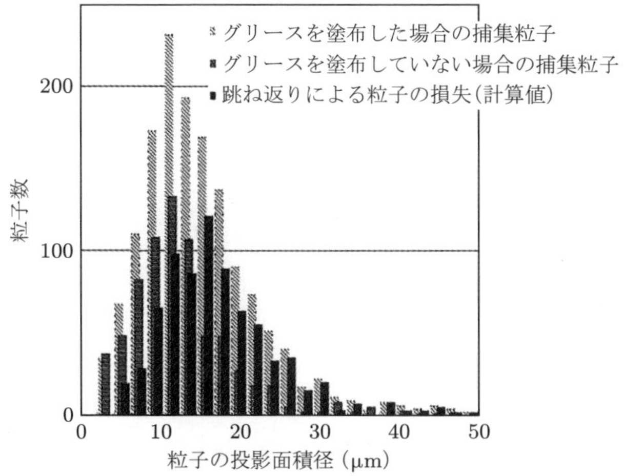

図 5.10 グリースを塗布した場合と塗布していない場合の捕集板に堆積した粒子の粒径分布 (Yamamoto et al., 2002)

ドインパクタを使用する際の問題点の一つである．通常のカスケードインパクタでは，この損失は主に，最初の二つのステージで大きな粒子が失われるという形で現れる．粒子は主に，流路の屈曲部での慣性衝突によって失われる．粒子のステージ間損失は粒径に依存し，捕集された粒子の質量には損失分が含まれないため，粒径分布がより小さいほうに向かって歪められる．ステージ間損失は，最初の数段のステージ間の流路について，急激な曲がりを最小限に抑えるよう設計するか，インパクタをより低い流量で使用することで低減できる．

粒子の捕集板への堆積が進むと，スポットが形成され，それが円錐形の山に成長し，流れの形状とカットオフ粒径が変化する．またこれにより，跳ね返り防止用コーティングの効果も低下するため，いずれのステージでも捕集できる質量に実質的な上限が生じる．捕集粒子の質量の下限は，通常，使用する天びんの感度など，粒子質量の分析手法によって決まる．インパクタの中には，より微小粒径の範囲における粒径分布を正確に測定できるように，プレコレクタを備え，大粒径粒子の大部分を捕集するものもある．プレコレクタは，明確なカットオフ粒径をもつ必要はない．プレコレクタのカットオフ径が最初のステージのカットオフ粒径よりも大きければ，プレコレクタと最初のステージで捕集された粒子の質量を合計することで，最初のステージのカットオフ粒径より大きな粒子の総質量が求められるからである．インパクタの中には，捕集粒子の堆積を防ぐために，作動中にその表面をゆっくり回転させるものもある.

5.7 仮想インパクタ

粒子の跳ね返りと堆積による問題を克服するもう一つのアプローチとして，仮想インパクタ（バーチャルインパクタ（virtual impactor））がある．仮想インパクタでは，図5.11に示すように，捕集板が捕集プローブに置き換えられている．通常のインパクタにおいて捕集板に衝突するのと同等な，十分な慣性力をもつ粒子が捕集プローブに流入する．これらの粒子は，浮遊粒子として少量の空気の流れに乗って下流のフィルタに運ばれ，捕集される．その結果，仮想インパクタでは，カットオフ粒径より大きい粒子とカットオフ粒径より小さい粒子が別々のフィルタに捕集される．この技術によって，さまざまな種類の化学分析が簡素化され，捕集板のコーティングの影響などが軽減される．捕集プローブ側の流量は，通常，総流量の5～10%とするが，その結果，捕集プローブにもステージのカットオフ粒子より小さな粒子が5～10%含まれることになる.

仮想インパクタのストークス数の計算には，通常のインパクタと同様，式(5.24)を使用する．カットオフ直径も式(5.28)～(5.32)で計算できるが，Stk_{50}には別の値が使用される．この値は，総流量に対する捕集プローブ側流量の比率に依存し，

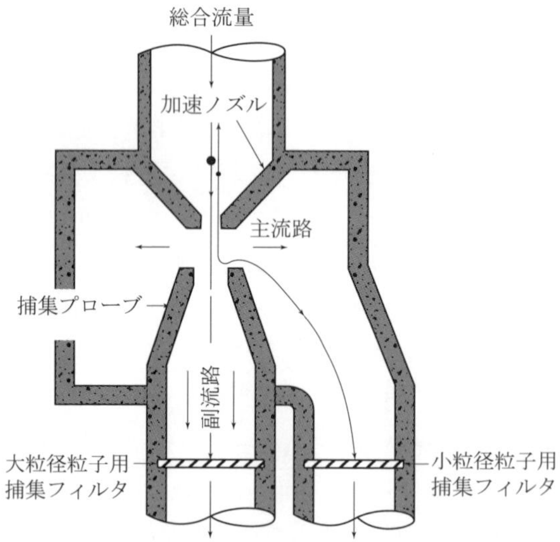

図5.11 仮想インパクタ

捕集プローブ側流量が 10%の場合は 0.48 になる．図 5.12 に示すように，仮想インパクタの捕集効率曲線は，通常のインパクタとほぼ同じ程度の鋭いカットオフをもち，捕集プローブ側流量の比率を上げると，カットオフ粒径は明確となるが，小粒径粒子がステージのフィルタに捕集される割合が大きくなる．

仮想インパクタにおける粒子損失は，カットオフ粒径に近い粒子で最大となる（図 5.12 参照）．損失は捕集プローブの入口で発生し，固体粒子よりも液体粒子のほうが大きな損失が生じる．また，捕集プローブ側の流量比を減少させると損失が増加する．しかしこれらの損失は，以下の設計要件を満たすことで，数パーセント程度に減らすことができる（Chen and Huang, 2016 参照）．ノズル直径を D_N とすると，最も重要な設計要件は以下のとおりである．すなわち，① 捕集プローブの直径を D_N より 30 ～ 50%大きくすること，② 捕集プローブ入口の内側半径が $0.3 \times D_N$ であること，③ 取り付け部からのノズルの突出量は $2 \sim 3 \times D_N$ とすること，④ ノズルと捕集プローブとの距離は $1.0 \sim 1.8 \times D_N$ とすること，さらに追加の要件として，捕集プローブ側流量は総流量に対して 5 ～ 15%以下とすること，ノズルと捕集プローブの軸の位置合わせを注意深く慎重に行うことなどが挙げられる．

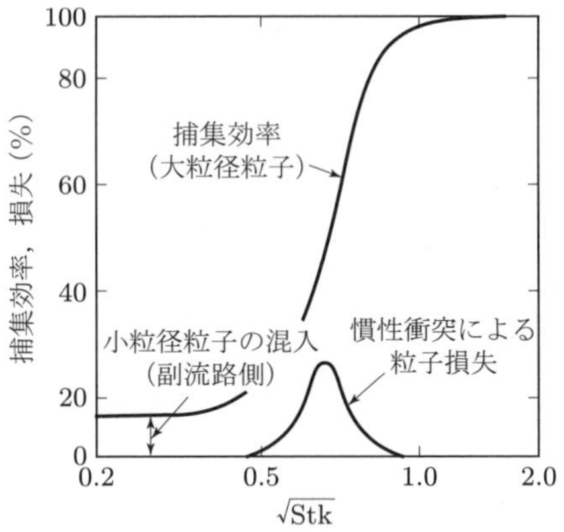

図 5.12　仮想インパクタの捕集効率と内部損失（Chen and Yeh, 1987）

仮想インパクタでは，各ステージで 2 種類の流量を制御する必要があり，複雑なため，通常は 1 ～ 2 段のステージしかもっていない．大気汚染の測定に使用される二分式サンプラは，仮想インパクタを利用して大気エアロゾルの「粗い」粒子と「細かい」粒子を分離する．これらのユニットは 1 m^3/h［16.7 L/min］で動作し，d_{50} ＝2.5 μm である．

仮想インパクタでは衝突を利用しないが，空気力学径に従って粒子を二つの流れに分離する．したがって，カットオフ粒径より大きな粒子の濃度を高める粒子濃縮装置として仮想インパクタを使用することもできる．d_{50} を対象粒径よりも小さく設定すると，これらの粒子はすべて，サンプリングされたもとの流量よりもはるかに小さい流量の捕集プローブに流出し，濃縮される．総流量に対する捕集プローブ側流量の比率が 10％の仮想インパクタは，捕集プローブ側における目的の粒子濃度を 10 倍に高めることができる．培養実験などで使われている最新の濃縮装置は，さまざまな粒径の粒子を同時に濃縮できる．濃縮された流れを清浄な乾燥空気で希釈してもとの濃度に戻すと，水蒸気やその他のガスを 1/10 に削減できる．

5.8　飛行時間式粒子測定器

飛行時間式粒子測定器（time-of-flight instruments）は，タイム・オブ・フライト型粒子測定器または ToF 測定器ともよばれ，幅広い範囲にわたる空気力学径の分布をリアルタイムかつ高分解能で測定できる．図 5.13 に示すように，エアロゾルサンプルが収束ノズル内で加速（$>10^6$ m/s^2 [10^8 cm/s^2]）され，ノズル出口で高速気流（>100 m/s [10 000 cm/s]）となる．ノズルの出口付近には，2 本のレーザビームが噴流内の約 100 μm 離れた箇所に焦点を結ぶよう配置されている．清浄なシースエアによって噴流の中心に集められた粒子は，ノズル内の空気流によって加速される．このとき，0.3 μm 未満の小さな粒子は，ノズル内の加速する空気に追いつき，空気とほぼ同じ速度で排出される．粒子が最初のレーザビームを通過すると，非常に短い（<1 μs）散乱光パルスが生成され，これが光電子増倍管によって検出される．粒子が 2 番目のビームを通過するときにも，再度同様のパルスが生

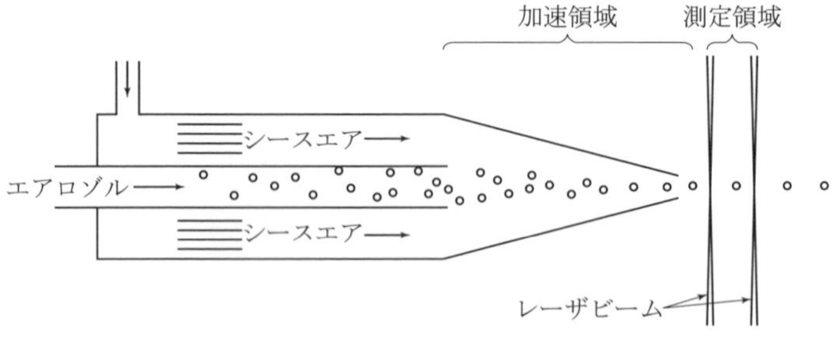

図 5.13　飛行時間式粒子測定器

成される．二つのパルス間の時間間隔を電子的に感知し，粒子が二つのレーザビーム間の距離を通過するときの平均速度を計測する．大きな粒子は空気よりもゆっくりと加速し，測定部を通過する時点ではまだ最終速度（空気速度）に達していない．粒径が大きくなるほど，または粒子が重くなるほど，空気からの遅れが大きくなり，測定部での粒子速度が遅くなる．適切な校正を行うと，遅れの大きさから粒子の空気力学径を計測できる．この処理は電子的に行われ，粒径と粒径分布がほぼリアルタイムに評価される．市販されている飛行時間式粒子測定器の仕様を表 5.7 に示す．

表 5.7 市販されている飛行時間式粒子測定器の特性

パラメータ	APS 3321[a)]
粒径（μm）	0.5〜20
最大許容粒子濃度（個/cm^3）	1 000
流量（L/min）	5.0
レーザビーム間の距離（mm）	〜0.10

a）TSI, Inc., Shoreview, MN.

飛行時間式粒子測定器を使用する場合，注意すべき重要な点がある．これは主として，粒子の動きが高速であり，ストークス領域の外にあるため発生するものである．装置の校正には通常 1 000 kg/m^3［1.0 g/cm^3］付近のものが使われるが，これとは異なる密度の粒子について測定を行った場合，粒子密度効果（particle density effect）とよばれる現象が発生する．式 (3.26) で定義されるように，同じ空気力学径とストークス領域での沈降速度をもつ二つの粒子でも，密度が異なると遅れ時間に違いを生じる．密度の大きな粒子は慣性力が大きく，密度の小さい粒子よりも加速されにくい．したがって，密度が大きい粒子は測定部での速度が遅くなり，測定器によっては実際よりも大きな粒子として評価される．粒子密度効果による誤差は，あらかじめさまざまな密度の粒子に対する換算表を生成しておくことで低減できる．

一方，非球形粒子は逆の効果をもたらす．不規則形状の非球形粒子は，ストークス領域で定義された空気力学径に基づいて予測されるよりも，ノズル内での抵抗が大きくなる．その結果，これらの粒子は測定部をより速く通過し，実際よりも小さな粒子として評価される．液体粒子の場合は，粒子はノズルの流れによって偏平な回転楕円体に引き伸ばされる．そのため測定部での抗力と速度が増加し，実際より小さな粒子として評価される．残念ながら，このような非球形粒子の誤差を簡単に補正できる方法はない．長軸・短軸の比が2：1程度あるような非球形粒子では，誤差が2倍にもなる可能性があるので，注意が必要である．

別の種類の誤差として，最初の粒子の飛行時間が完了する前に2番目の粒子が到着したときに発生するものがある．この現象はコインシデンス誤差（coincidence error）とよばれ，測定器はこれを二つの小さな粒子からの信号と解釈してしまう可能性がある（訳者注：パーティクルカウンタでは，二つの粒子が同時に計測されたとき一つの大きな粒子と解釈されてしまう現象をコインシデンス誤差とよぶが，これとは現象が異なることに注意．飛行時間式粒子測定器には2本のレーザビームが使用されるが，両者の焦点が近いため，粒子がどちらの焦点を通過したのかを判断できない．上記コインシデンス誤差はこれにより生じる）．最近の機器には，誤差を含む可能性のあるデータを検知し，測定データから除外する機能が備わったものもある．このコインシデンス誤差により，測定器が正確に測定できる濃度には上限がある（表5.7参照）．

飛行時間式粒子測定器を校正圧力（通常は海面圧力に設定される）とは異なる圧力下で使用した場合にも，誤差を生じる．高高度の上空で測定を行う場合には周囲圧力が低いためノズル内の抗力が減少し，測定部を通過する粒子速度が低下し，粒径が過大評価される原因となる．表5.7に示した測定器の場合，周囲圧力が10％低下すると，1 μmを超える粒子の粒径が約14％過大評価されることがわかっている．

問題

5.1　静止空気中に放出されてから100 μs後の粒径6 μmの水滴の速度，加速度，および移動距離はいくらか．

解答：6.5×10^{-4} m/s [0.065 cm/s]，4.1 m/s^2 [410 cm/s^2]，3.7×10^{-8} m [3.7×10^{-6} cm]

5.2　海面で気泡が破裂すると，30 μmの液滴が0.1 m/s［10 cm/s］の速度で垂直上方に飛び出す．この粒子が静止空気中で到達する最大の高さはどれくらいか．

［ヒント：$V_f = -V_{TS}$; $V(t) = 0$ のときの t を求め，時刻 t における変位を求める．］

解答：1.6×10^{-4} m [0.016 cm]

5.3　直径23 μmのオリフィスを190 mm^3/minで流れる液体の微細な流れを粉砕し，直径21 μmの単分散エアロゾル液滴を形成する．これらの粒子は静止空気中でどれくらいの距離を移動するか．

解答：7.1 mm

5.4　直径 20 μm の剛体球粒子が，3 450 rpm で回転する直径 7 inch の砥石車のリムから放出される．鋼の密度は 7 800 kg/m^3 [7.8 g/cm^3] である．

(a) ストークスの法則が成立すると仮定した場合，この粒子の停止距離はいくらか．

(b) 実際の停止距離はどれくらいか．

解答：0.31 m [31 cm]，0.15 m [15 cm]

5.5　歯科用高速ドリルの直径は 1 mm で，50 000 rpm で回転している．ドリルから 40 μm の歯の破片が発生したとき，この歯の粒子はどこまで飛散するか．歯の粒子は球形で，密度が 2 g/cm^3 であると仮定する．

解答：0.019 m [1.9 cm]

5.6　炭鉱から採取した空気サンプルに含まれるディーゼル煙と石炭粉塵を単一ステージのインパクタで分離し，それぞれの質量濃度を測定したい．ディーゼル設備を備えた炭鉱からの典型的な質量粒径分布は二重モード分布であり，モードの一つはディーゼル煙粒子の 0.16 μm，もう一つは石炭粉塵の 7 μm である．またモード間の極小点は空気力学径 0.8 μm である．四つのノズルを使用し，総流量 2.5 L/min でサンプリングする場合，ノズル直径はどの程度とすべきか．

解答：0.64 mm

5.7　カスケードインパクタを使用して 500°F（260℃）の煙突内の粒径分布を測定したい．この使用条件に対して，カットオフ粒径 d_{50} をどのように調整すればよいか．ただし，このステージのカットオフ粒径は 70°F（21℃）の状態で求められたものとし，また 500°F に応じた適正流量で使用しているものとする．すべり補正は無視する．

解答：d_{50} を 25％増加させる

5.8　アンダーセン型インパクタの第 5 ステージに，直径 0.0135 inch の穴が 400 個あいている．サンプリング流量が 2 ft/min（0.0566 m^2/min）のとき，単位密度の球形粒子に対するこのステージの理論的な d_{50} を求めよ．

解答：0.65 μm

5.9　標準状態においてサンプリング流量 1.0 ft^3/min で使用するよう設計されたカスケードインパクタがあり，一つのステージのカットオフ粒径は 5 μm である．このステージを 300°F（149℃）で使用した場合，このステージのカットオフ粒径はいくらか．ただし，このときの流量は標準状態まで冷却した時点で 1.0 ft^3/min であった．

解答：4.8 μm

5.10 単一の円形ノズルをもつインパクタで，空気力学径で測ったカットオフ粒径を 0.7 μm とするには，どの程度の流量が必要か．噴流の直径は 0.07 cm とする．

解答：0.063 m^3/hr [1.04 L/min]

参考文献

Chen, B. T., and Yeh, H. C., "An Improved Virtual Impactor: Design and Performance", *J. Aerosol Sci.*, **18**, 203-214 (1987).

Chen, H. Y., and Huang, H. L., "Numerical and Experimental Study of Virtual Impactor Design and Aerosol Separation", *J. Aerosol Sci.* **94**, 43-55 (2016).

Cheng, V. S., Barr, E. B., Marshall, I. A., and Mitchell, J. P., "Calibration and Performance of an API Aerosizer", *J. Aerosol Sci.*, **24**, 501-514 (1993).

Fuchs, N. A., *The Mechanics of Aerosols*, Pergamon, Oxford, U.K., 1964.

Israel, R., and Rosner, D. E., "Use of a Generalized Stokes Number to Determine the Aerodynamic Capture Efficiency of Non-Stokesian Particles from a Compressible Gas Flow", *Aerosol Sci. Tech.*, **2**, 45-51 (1983).

John,W., "A Simple Derivation of the Cutpoint of an Inertial Impactor", *J. Aerosol Sci.*, **14**, 1317-1320 (1999).

Lodge, J. P., and Chen, T. L., *Cascade Impactors: Sampling and Data Analysis*, American Industrial Hygiene Association, Akron, OH (1988).

Loo, B.W., and Cork, C. P., "Development of High Efficiency Virtual Impactors", *Aerosols Sci. Tech.*, **9**, 167-176(1988).

Marple, V.A., and Chien, C. M., "Virtual Impactor: A Theoretical Study", *Environ. Sci. Technol.*, **14**, 976-984 (1980).

Marple, V. A., andWilleke, K., in Lundgren, D. A., et al. (Eds.), *Aerosol Measurement*, University Presses of Florida, Gainesville, FL, 1979.

Marple,V. A., and Olson, B. A., "Sampling and Measurement Using Inertial, Gravitational, Centrifugal, and Thermal Techniques", in Kulkarni, P., Baron, P. A., andWilleke, K. (Eds), *Aerosol Measurement: Principles, Techniques, and Applications*, 3rd edition, John Wiley & Sons, Inc., Hoboken, New Jersey, 2011.

Mercer, T. T., *Aerosol Technology in Hazard Evaluation*, Academic Press, New York, 1973.

Rader, D. J., and Marple, V. A., "Effect of Ultra-Stokesian Drag and Particle Interception on Impaction Characteristics", *Aerosol Sci. Tech.*, **4**, 141-156 (1985).

Yamamoto, N., Fujii, M., Endo, O., Kumagai, K., and Yanagisawa, Y., "Broad Range Observation of Particle Deposition on Greased and Non-Greased Impaction Surfaces Using a Line-Sensing Optical Microscope", *J. Aerosol Sci.*, **33**, 667-679 (2002).

6 粒子の付着

エアロゾル粒子が表面に接触すると，それがどのような面であったとしても，接触した表面に強く付着（adhesion）する．これは，エアロゾル粒子の場合と気体分子の場合で異なる特徴の一つである．また，エアロゾル粒子が互いに接触した場合には，必ず凝集体を形成する．濾過やその他の粒子捕集方法は，粒子が表面に付着する性質を利用したものである．粒径が数マイクロメートル程度の粒子にはたらく付着力は，他の一般的な力の何倍もの大きさになる．付着の問題は重要であるが，定性的にしかわかっていない．これは，粒子の付着がきわめて複雑な現象であり，付着に影響を及ぼすすべての要素を考慮に入れた完全な理論が構築できないためである．また，粒子の付着に関する実験の多くは，高真空のような特殊な条件下や，理想的な表面を用いて行われてきた．このため，実際の表面への粒子の付着に対して，これらの実験から得られた知見をそのまま適用することは難しい．6.1 節では，付着力の性質と，付着力に影響を及ぼす要因について述べる．

6.1 付着力

粒子の付着力（adhesive force）として主なものには，ファンデルワールス力（van der Waals force），静電気力（electrostatic force），および液体膜の表面張力（surface tension）から生じる力がある．これらの力は，粒子を構成する物質の種類，形状，大きさ，表面粗さ，表面の汚れ，相対湿度，温度，接触時間，初期接触速度などのさまざまな影響を受ける．

まず，付着力に関する理論的な解析を取り上げる．最も重要な力はファンデルワールス力である．これは分子間にはたらく引力であり，化学結合の作用域に比べて長距離まで作用する力である．粒子表面には水や有機分子の吸着層が存在し，それらによる遮蔽効果があるため，エアロゾル粒子の付着には化学結合は介在しない．ファンデルワールス力は，物質内の電子のランダムな動きにより，瞬間的に双極子とよばれる電荷の偏りが生成されるために生じる．図6.1に示すように，これらの双極子は，隣接する材料に逆極性の双極子を誘発し，引力を生じる．ファンデルワールス力は，表面間の距離が離れると急速に減少する．したがって，この力は表面から分子直径の数倍程度の範囲にしか及ばない．図6.2に示すように，顕微鏡レベルでは，ほとんどの表面は不規則な形状をしており，アスペリティ（asperity）とよばれる凹凸がある．粒子と表面との接触は，少なくとも最初の段階では，これら少数の凹凸によって起こる．図に示すように，物質表面の大部分は，表面粗さのスケールに応じた平均距離 x だけ離れている（訳者注：分離距離（separation distance）とよばれる）．滑らかな表面の場合，この距離は通常，関与する分子のサイズとほぼ同じ 0.0004 μm（0.4 nm）程度である．

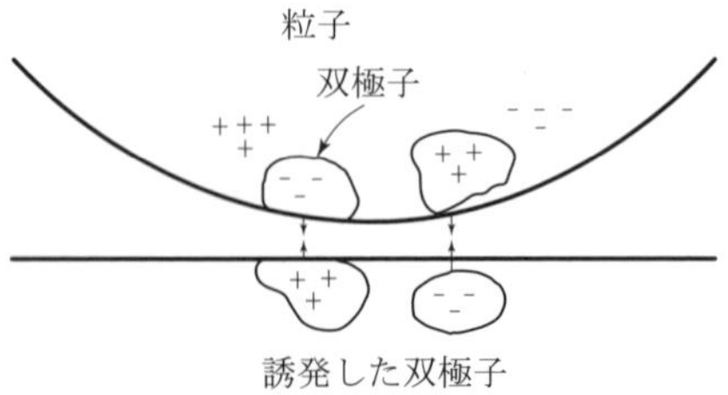

図 6.1　ファンデルワールスの付着力

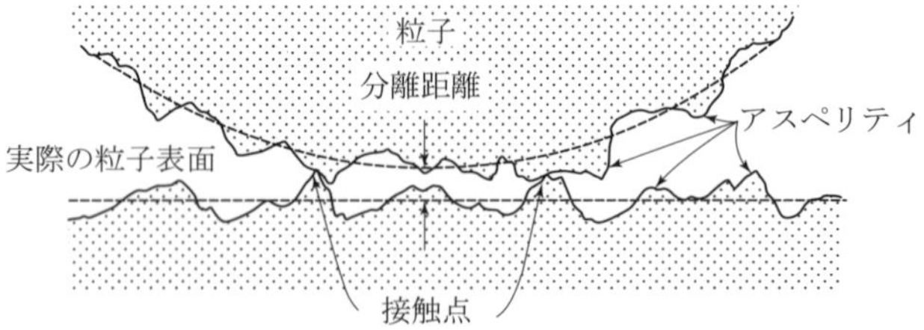

図 6.2　接触表面の拡大図

ファンデルワールス力の正味の影響は，平らな表面近傍にある球形粒子の全分子間の力を積分すれば得られる．粒子と表面との間に生じる付着力は次式で表される．

$$F_{\mathrm{adh}} = \frac{Ad}{12x^2} \tag{6.1}$$

ここで，A はハマーカ定数（Hamaker constant）とよばれ，粒子や表面の材料によって異なる値をもつ．一般的な材料の場合，その値は $6\times10^{-20}\sim150\times10^{-20}$ J［$6\times10^{-13}\sim150\times10^{-13}$ erg］の範囲になる．式(6.1)は，接触領域の平坦化が無視できる理想的な硬い材料に適用される．一般には，粒子が最初に表面に接触した後，ファンデルワールス力と静電気力によって徐々に凹凸が変形し，引力と変形に抗する力が釣り合うまで分離距離が減少して接触面積が増加する．この変形プロセスは数時間にもわたることがある．関係する材料の硬さにより，最終的な接触面積，すなわち付着力の強さは違ってくる．接触面が平坦化すると，軟金属では最大 15 倍，プラスチックでは 100 倍以上付着力が増加する（Tsai et al., 1991 参照）．

0.1 μm 以上の粒子の多くは微小な電荷 q を帯びており，これにより表面に逆極性で等しい大きさの電荷が誘導される．その結果，次のような静電気力が発生する．

$$F_E = \frac{K_E q^2}{x_q^2} \tag{6.2}$$

ここで，K_E は比例定数（式 (15.1) 参照），x_q は逆極性の電荷の分離距離であり，この値は表面の分離距離とは異なる場合がある．

絶縁粒子も低温の場合には電荷を帯びており，この静電引力により表面に付着する．粒径 0.1 μm を超える粒子が帯電しうる平衡電荷量（15.7 節参照）は，近似的に $\sqrt{d}$ に比例するため，静電気付着力は粒径に比例する．

通常，大部分の物質の表面には液体分子が吸着している．したがって，図 6.3 に示すように，接触点にできる毛細管部に引き込まれた液体膜の表面張力により，粒子と表面との間に引力が生じる．相対湿度 90% を超える場合，理想的に滑らかな表面にはたらくこの引力は次式で表せる．

$$F_s = 2\pi\gamma d \tag{6.3}$$

ここで，γ は液体膜の表面張力である．実際の表面では相対湿度が低いため，付着力は粒子の直径ではなく，接触点の凹凸の曲率に依存する．この曲率は粒子ごとに大きく異なり，同じ大きさの粒子でも付着力には分布を生じる．

ここで述べた三つの付着力，すなわちファンデルワールス力，静電気力，および液体膜の表面張力はいずれも粒径に比例し，これが付着力の最も経験的な表現となる．粒子が強く帯電している場合を除き，通常はファンデルワールス力と表面張力

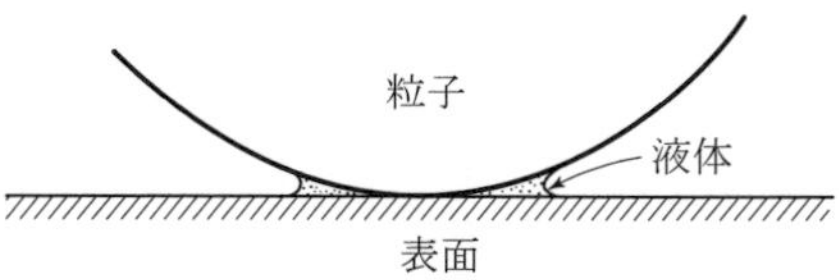

図 6.3 液膜による付着力

は静電気力よりも大きい.

付着力を実験的に測定する方法として，粒子を表面から分離させるのに要する力を求める方法がある．これには，ファイバ・マイクロ天秤（fiber microbalance）や遠心力（centrifugal force）を利用する直接測定法と，分離のために振動あるいは気流を利用する間接測定法とがある．清浄な表面をもつ硬い物質については，25℃におけるガラスおよび石英の粒子（> 20 μm）の接着力の直接測定から，次のような有用な経験式が得られている（Corn, 1961）.

$$F_{\mathrm{adh}} = 0.063d(1 + 0.009(\mathrm{RH})) \tag{6.4}$$

ここで，力の単位はN，粒径の単位はm，RHは相対湿度（単位は%）である [cgs単位系では，F_{adh} はdyn，d はcm，係数の0.063は63に置き換える].

6.2　粒子の脱離

表面から粒子を剥離するのに必要な力は，遠心分離機内で表面に垂直な遠心力を粒子に加え，粒子が脱離したときの回転数から測定できる．しかしこの種の測定では，単分散粒子を表面から脱離させる場合であっても，測定される力に分布ができる．たとえば98%の粒子を脱離させるのに要する力は，50%の粒子を脱離させるのに要する力の10倍もの力が必要である．この測定法では，粒子が表面近傍の気流によって除去される可能性もある（6.3節参照).

一般に付着力は粒径 d に比例するが，重力，振動，遠心力による剥離力は d^3 に，気流による剥離力は d^2 に比例する．これらの関係は，粒径が小さくなればなるほど表面から粒子を除去することが困難になることを示唆している．これは，砂粒などの目に見える大きな粒子は振動や気流によって容易に除去できるが，煤粒子などの小さな粒子は洗浄しなければ除去できないという事実と一致する. 重要なことは，表6.1に示すように，粒径10 μm未満の粒子にはたらく付着力が，粒子が受ける他の力に比べ，きわめて大きいことである．10 μm未満の個々の粒子は，普通の力では容易に取り除くことができないが, これらの粒子が厚い層を成している場合には，大きな塊（0.1 ～ 10 mm）として簡単に取り除くことができる．なぜなら，粒子が集まってできた大きな凝集体は，互いに強く付着して一つの大きな粒子として振る舞い，また気流を受けた場合には表面境界層上層の強い風を受けるので，簡単に表面から吹き飛ばすことができるからである.

表 6.1 単位密度の球状粒子に働く付着力，重力，気流から受ける力の比較

粒径（μm）	力（N）		
	付着力 a)	重力	10 m/s［1 000 cm/s］の気流から受ける力
0.1	10^{-8}	5×10^{-18}	2×10^{-10}
1.0	10^{-7}	5×10^{-15}	2×10^{-9}
10	10^{-6}	5×10^{-12}	3×10^{-8}
100	10^{-5}	5×10^{-9}	6×10^{-7}

a）相対湿度 50%として式 (6.4) から計算した.

6.3 再飛散

粒子の付着と脱離に密接に関係しているのが再飛散（resuspension）である．再飛散とは，粒子が表面から剥離し，表面から気体中に粒子が移動することと定義できる．再飛散は，噴流，機械的な力，他の粒子の衝突，または静電気力により発生する．再飛散は，掃除機をかけた場合や，子供が走り回った場合，あるいは人が歩いた場合など，さまざまな屋内活動によっても引き起こされる．これらの活動は，室内粒子からの吸入暴露を増加させる原因となる（Qian et al., 2014）．粒子の運び去り（re-entrainment），または吹き飛ばし（blow-off）という，より具体的な用語は，噴流による再飛散を指している．粒子の付着や脱離と同様，我々は再飛散現象の性質を理解してはいるものの，いつ再飛散が起こるのかを確実に予測することはできない．粒子の再飛散は，ダクト内や冷却コイル上の粉塵の蓄積と除去，舗装道路や未舗装の道路を走行する車両により引き起こされる飛散粉塵などに関連する重要な現象である．

前節に述べた静的な付着とは異なり，再飛散には，粒子が空中に浮遊する前に粒子が表面で転がったり滑ったりする現象が含まれる．このような状況下では，粒子を除去するために必要な力は，静的に付着した粒子に比べてはるかに小さく，遠心分離機で静的に剥離するのに必要な力の約 1%である．たとえば，屋内における粒子再飛散の主なメカニズムには，転がり剥離が含まれており，付着力は微視的な表面粗さによって大幅に減少する（Qian et al., 2014）．

噴流内やダクト内の気流による粒子の再飛散を解析するには，表面上の個々の粒子（まばらな単層）と，粒子が互いに接触している付着粒子層の二つのケースを考慮しなければならない．噴流内やダクト内の流速分布を測定することや，粒子が除

去されたか否かを判断することは比較的容易であるが，表面に付着した粒子に気流がどのような力を及ぼすのかを評価することは難しい（訳者注：粒子は表面の境界層の深部に存在しているため）．また，粒子の再飛散は，特定の気流速度において特定の粒径範囲にある粒子の一部が確率的に表面から除去される現象であることも，定量的な評価を難しくしている．

さまざまな粒径のガラスビーズを再飛散させるのに必要な気流速度に関する代表的なデータが Com and Stein, 1965 により測定されている（図 6.4）．予想されるとおり，大きな粒子ほど，また気流速度が大きいほど，粒子が再飛散する可能性が高くなる．再飛散量の推定値は桁違いに異なるが，歩行に誘発される粒子の再飛散も，粒径 0.7 ～ 10 μm の場合に増加することが示されている（Qian et al., 2014）．

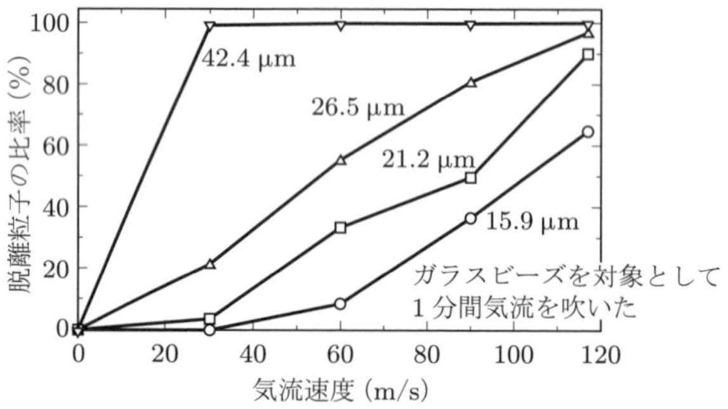

図 6.4　4 種類の粒径に対する粒子の再飛散と気流速度との関係（Com and Stein, 1965）

表面付近の気流が乱流の場合，物体表面には境界層が形成され，表面のごく近傍には粘性底層とよばれる層流の薄い層が存在する．この層の厚さより小さい粒子は，境界層により保護されるため，再飛散しにくい．乱流境界層では，乱流渦が境界層を貫通する急峻な流れを頻繁に作り出しており，境界層に沈んだ粒子の再飛散は，この乱れた流れによって生じる．したがって，このような再飛散は時間に依存する．図 6.4 は，粒子が付着した表面を気流に 1 分間暴露した場合の再飛散量のデータである．大きな粒子ほど，また気流速度が大きいほど，粒子の再飛散率が大きくなっていくことがわかる．

表面に粒子の層が存在する場合には状況が異なる．この場合には，以下に述べる二つの現象が関係する．まず，粒子は粒子層の上部から順に，個々の粒子または小さなクラスタとして再飛散する．これを侵食（erosion）とよぶ．もう一つの現象として，粒子層の上部からだけではなく，層の断面全体を露出する形で再飛散が生じる場合もある．どの現象が生じるのかは，粒子間および粒子と表面との間の付着力の相対的な強さに依存する．侵食は噴流にさらされる時間とともに増加するが，露出は1秒以内で完了する．Zimon, 1982 による研究では，粒径範囲 10 〜 87 μm のさまざまな鉱物粉塵の層の露出が，3 〜 10 m/s［300 〜 1 000 cm/s］の気速で発生することが示されている．

気流にさらされた単層粒子は，他の粒子の衝突によって再飛散することもある．このような再飛散は，気流のみによる飛散よりも容易に生じる．この現象は，浸食，粉塵の飛散，インパクタにおける粒子の誤分級に重要な影響を与える．John et al., 1995 は，表面に垂直に 40 m/s［4 000 cm/s］の噴流を流し，3.0 μm の蛍光アンモニウム粒子を衝突させたとき再飛散する蛍光アンモニウム粒子（粒径 8.6 μm）の量を測定している．噴流の速度で供給される粒子のストークス数は$\sqrt{\mathrm{Stk}} = 0.81$であり，衝突速度 9.3 m/s［930 cm/s］に相当するが，再飛散量は大きな幅で変動を示した．関連する粉末分散プロセスについては，粉末をエアロゾル化する方法の一部として 21.3 節に述べる．

6.4 粒子の跳ね返り

固体粒子が表面に衝突した場合，その速度が数メートル毎秒未満であっても，表面と粒子自身が変形して運動エネルギーを失う．衝突速度が速いほど変形は大きくなり，付着力も大きくなる．粒子の衝突速度が大きい場合，運動エネルギーの一部は変形プロセス（塑性変形）により消散するが，一部は弾性的な反発の運動エネルギーに変換される．反発エネルギーが付着エネルギー（付着力に打ち勝つのに必要なエネルギー）を超えると，粒子は表面から跳ね返り，表面から脱離する．この現象は，静的な状態で強い付着力を示すような粒子でも起こりうるが，液滴やタールのような変形しやすい物質では生じない．粒子の衝突速度が非常に大きい場合には，その運動エネルギーの多くが変形に消費され，また衝突速度が小さい場合には跳ね返りを生じないので，粒子の跳ね返りが最も多く生じるのは，これらの中間的な速度で粒子が衝突した場合である．

粒子の跳ね返りの問題は，インパクタや繊維フィルタにおける固体粒子の捕集に関連して研究されている．粒子の材料が硬いほど，粒子が大きいほど，または速度が速いほど，跳ね返りが発生する可能性は高くなる．またこの現象には，表面粗さが重要な役割を果たすこともわかっている．表面をオイルまたはグリースでコーティングすると，付着エネルギーおよび変形による散逸エネルギーが増加し，粒子の跳ね返りが大幅に低減する．

跳ね返りの発生条件を求める方法としては，二つの方法がある．その一つは，付着エネルギーあるいは運動エネルギーの限界値を求める方法であり，他の一つは，それを超えると跳ね返りが起こるという限界速度を求める方法である．後者の限界速度 V_c は次式で表される．

$$V_c = \frac{\beta}{d_a} \tag{6.5}$$

ここで，β は物質や形状により定まる定数である．たとえば，コーティングされていない金属製の捕集板表面で跳ね返りが発生しない限界速度の上限値として，$\beta = 2 \times 10^{-6}$ m²/s [0.02 cm²/s] が得られている（Cheng and Yeh, 1979）．Wall et al., 1990 は，4種類の材料の表面に衝突する蛍光アンモニウム粒子の V_c を測定し，β について $7.4 \times 10^{-6} \sim 2.9 \times 10^{-5}$ の範囲の値で，平均は 1.3×10^{-5} $\mathrm{m^2/s}$ [0.13 $\mathrm{cm^2/s}$] であったとしている．

Dahneke, 1971 によれば，粒子が表面に衝突したときに跳ね返りが発生するのに必要な運動エネルギー KE_b は次式で求められる．

$$\mathrm{KE}_b = \frac{d_p A(1 - e^2)}{2xe^2} \tag{6.6}$$

ここで，x は前述した分離距離，A はハマーカ定数，e は反発係数（反発速度と接近速度の比）である．e の代表的な値は $0.73 \sim 0.81$ の範囲である（Wall et al., 1990）．A と e は粒子と表面の材質のみに依存する．実際には，これらの定数は実験的に求める必要がある．Ellenbecker et al., 1980 によれば，CMD = 0.14 µm の不規則形状のフライアッシュ粒子の跳ね返り確率 P_b と，その運動エネルギー KE (J) との関係は次のようになる．

$$P_b = 1 - 0.000224(\mathrm{KE})^{-0.233} \tag{6.7}$$

cgs 単位系の場合，KE の単位は erg であり，0.000224 を 0.00958 に置き換えればよい．式 (6.7) は，最大 15 µm の蛍光塩化ナトリウム粒子を使用して行われた他の研究者の測定結果ともよく一致している．この式は，KE が 2×10^{-16} J [2×10^{-9} erg] の場合，跳ね返り確率は 0%，KE が 4×10^{-15} J [4×10^{-8} erg] の場合，跳ね返り確率は 50% であることを示している．これらの値は，単位密度の 10 µm 粒子の場合，0.03 m/s [3 cm/s] および 0.12 m/s [12 cm/s] の衝突速度に相当する．

問題

6.1 相対湿度 90% で粒径 2 μm の球体が直径 100 μm のフィルタ繊維に付着している．この球体をフィルタ繊維から取り除くには，どの程度の気流速度が必要か．抗力はストークスの法則によって与えられ，気流速度は繊維の存在による影響を受けないと仮定する．

解答：670 m/s [6.7×10^4 cm/s]

6.2 粒径 10 μm の単位密度の球体が表面に付着している．この球体を表面に平行な気流で取り除くには，どの程度の気流速度が必要か．直線的な速度勾配をもつ厚さ 0.1 mm の層流境界層を想定する．簡単化のため，粒子の中心高さの速度に対する抗力が付着力の 0.01 倍のときに粒子が除去されると仮定する．相対湿度は 50%，ストークスの法則が成り立つと仮定する．

解答：110 m/s [11 000 cm/s]

6.3 コーティングされていない捕集板上で最大 10 μm の固体粒子（ρ_p=1 000 kg/m^3 [1.0 g/cm^3]）を跳ね返ることなく捕集できるインパクタのノズルにおける気流速度はどの程度か．6.4 節に示した限界速度（Cheng and Yeh, 1979）を使用して求めよ．また，この限界速度を満たす d_{50} が 10 μm，総流量が 1.0 L/min となるインパクタを設計する場合，噴流をいくつに分割すればよいか．噴流の数とその直径を決定せよ．

解答：0.2 m/s [20 cm/s]，405，0.51 mm

6.4 重力加速度の 1 000 倍の加速度を与えたとき，表面から振り落とされる粒子はどの程度の大きさか．乾燥空気，単位密度粒子を想定する．

解答：110 μm

参考文献

Cheng, Y. S., and Yeh, H. C., "Particle Bounce in Cascade Impactors", *Env. Sci. Tech.*, **13**, 1392-1396 (1979).

Com, M., "The Adhesion of Solid Particles to Surface, II", *J. Air Pol. Control Assoc.*, **11**, 566-584 (1961).

Corn, M., "Adhesion of Particles" in Davies, C. N. (Ed.), *Aerosol Science*, Academic Press, New York, 1966.

Corn, M., and Stein, F., "Re-Entrainment of Particles from a Plane Surface", *Am. Ind. Hyg. Assoc. J.*, **26**, 325-336 (1965).

Dahneke, B., "The Capture of Aerosol Particles by Surfaces", *J. Colloid Interface Sci.*, **37**, 342-

353 (1971).

Ellenbecker, M. J., Leith, D., and Price, J. M., "Impaction and Particle Bounce at High Stokes Numbers", *J Air Pol. Control Assoc.*, **30**, 1224-1227 (1980).

John,W., "Particle—Surface Interactions: Charge Transfer, Energy Loss, Resuspension, and Deagglomeration", *Aerosol Sci. Tech.*, **23**, 2-24 (1995).

Krupp, H., "Particle Adhesion, Theory and Experiment", *Advan. Colloid Interface Sci.*, **1**, 113-239 (1967).

Qian, J., Peccia, J., and Ferro, A., "Walking-Induced Particle Resuspension in Indoor Environments", *Atmos. Environ.*, **89**, 464-481 (2014).

Tsai, C-J., Pui, D. Y. H., and Liu, B. Y. H., "Elastic Flattening and Particle Adhesion", *Aerosol Sci. Tech.*, **15**, 239-255 (1991).

Wall, S., John,W.,Wang, H-C., and Goren, S., "Measurements of Kinetic Energy Loss for Particles Impacting Surfaces", *Aerosol Sci. Tech.*, **12**, 926-946 (1990).

Zimon, A. D., *Adhesion of Dust and Powder*, 2nd edition. (English translation), Consultants Bureau, New York, 1982.

7 ブラウン運動と拡散

植物学者 Robert Brown は，1827 年に水中で花粉の粒子が不規則に動き続けることを発見した．この運動は，現在ではブラウン運動とよばれている．そのおよそ 50 年後に，空気中の煙粒子についても同じような動きが観察された．この時点で初めて，気体分子運動論から予測される気体分子の動きとブラウン運動とが結び付いた．1900 年代の初頭には，Einstein がブラウン運動を記述する関係式を導出し，その妥当性はまもなく実験的に確かめられた．

対流を除けば，粒径 0.1 μm 未満の粒子の主な輸送および堆積機構は熱拡散である．とくに移動距離が小さい場合には，この種の粒子の捕集には熱拡散が大きく作用する．たとえばフィルタ内部や人間の肺や気道内での粒子沈着には，熱拡散が大きく作用する．物理的に大きなスケールでは，対流や渦運動による粒子の移動量は熱拡散よりはるかに大きい．

7.1 拡散係数

ブラウン運動（Brownian motion）とは，静止空気中でのエアロゾル粒子の不規則な運動であり，これは，気体分子が粒子に衝突して与える衝撃が絶えまなく不規則に変化するために起こる．エアロゾル粒子の拡散（diffusion）とは，濃度勾配がある場合の粒子の正味の輸送量（net transport）である．この輸送は，つねに高濃度領域から低濃度領域に向かって起こる．いずれの過程も，粒子の拡散係数（diffusion coefficient）D を用いて，その特性を示すことができる．D が大きいほどブラウン運動は活発になり，濃度勾配中での物質の移動速度は速くなる．拡散係数は，エアロゾル粒子のフラックス（flux．空間における単位面積の仮想面を単位時間内に通過する粒子の個数）J と，濃度勾配 dn/dx とを関係付ける比例定数である．この関係は，拡散に関するフィックの第 1 法則（Fick's first law of diffusion）とよばれている．外力がない場合，この法則は次式で表せる．

$$J = -D\frac{\mathrm{d}n}{\mathrm{d}x} \tag{7.1}$$

エアロゾル粒子についての式 (7.1) は，フラックスと濃度が粒子個数の単位で表されていることを除けば，気体に関する式 (2.30) とまったく同じである．

エアロゾル粒子の拡散係数は，ストークス-アインシュタインの理論（Stokes-Einstein derivation）を用いれば，粒子の特性値を用いて表すことができる．この理論では，濃度勾配に沿って正味の粒子運動を引き起こす力，すなわち拡散力（diffusion force）は，粒子運動に抵抗するようにはたらく気体による抗力に等しいとしている．後者は 3.2 節で述べたストークスの抗力により表される．したがって，拡散力 F_{diff} は次式で表される．

$$F_{\mathrm{diff}} = \frac{3\pi\eta V d}{C_c} \tag{7.2}$$

Einstein, 1905 は，以下のことを明らかにした．

① 観察可能なエアロゾル粒子のブラウン運動は，巨大な気体分子のブラウン運動と同様である．

② エアロゾル粒子のブラウン運動の運動エネルギーは，それが浮遊している気体分子の運動エネルギーと等しく，$\mathrm{KE} = (3/2)kT$ で表される．

③ 粒子にはたらく拡散力は，その粒子にはたらく浸透圧である．

浸透圧は，液体中に粒子が分散している場合を考えるとよく理解できる．図 7.1 に示すような半透膜で仕切られた領域を考える．液体の分子はこの仕切りを自由に通過できるが，分散している粒子は通過できないものとし，膜は左右自由に動けることとする．図 (b) のような位置に膜を移動し，その位置に膜を固定しておくためには，左方向に力を加えていなければならない．この力は右方向に作用している浸透圧による力に等しい．この力は，膜の左側に分散している粒子濃度が高いことによって生じる圧力と考えられる．すなわちこの圧力は，高濃度領域と低濃度領域の粒子濃度を均一にしようとして生じる圧力と考えることができる．この力は，膜の両側の濃度差に直接比例する．この概念は，液体の場合と同様，気体にも当てはまり，また液体に分散する粒子と同様，浮遊粒子にも当てはまる．浸透圧 p_o は，ファントホッフの法則（van't Hoff's law）により，単位体積あたりに n 個の浮遊粒子が存在する場合，次式で表される．

$$p_o = kTn \tag{7.3}$$

ここで，k はボルツマン定数（Boltzmann's constant），T は絶対温度である．

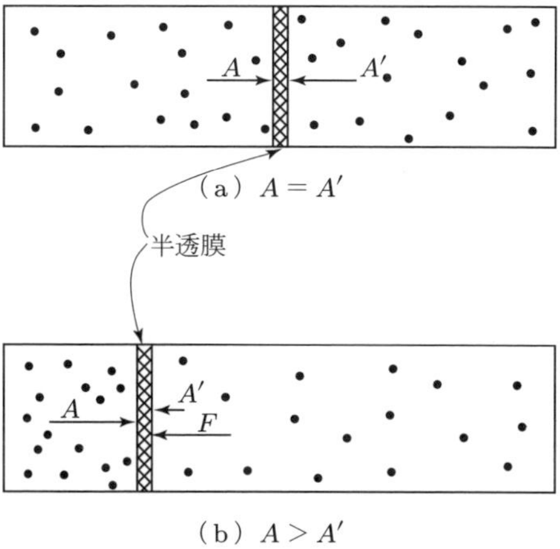

図 7.1 浸透圧による力．膜をこの位置に固定しておくためには，力 F が加わっていなければならない

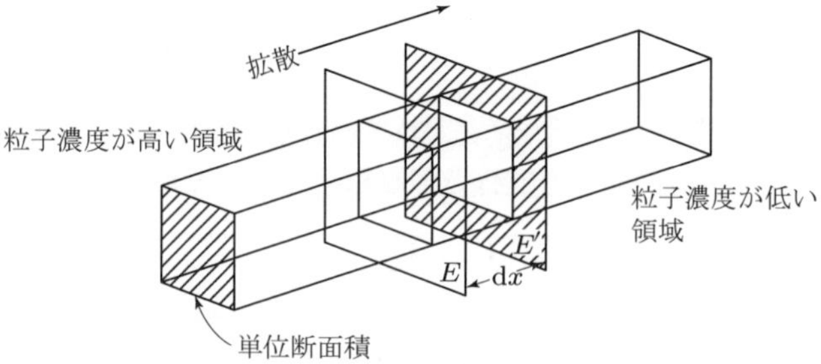

図 7.2 粒子拡散係数を導出するための図

図 7.2 に示すような場合を考えると，エアロゾル粒子の拡散は，面 E, E' を通って左から右に向かって生じる．なぜなら，この例では，左から右へ向かって濃度勾配があり，式 (7.3) から予測されるように，E と E' における浸透圧がわずかに異なっているからである．正味の浸透圧は，E と E' の間の体積内の粒子を右に押す次の拡散力を生み出す．

$$F_{\mathrm{diff}} = kTn_E - kTn_{E'} = -kT\mathrm{d}n \tag{7.4}$$

ここでは，図 7.2 に示したように面 E, E' の単位断面のみを考える．E, E' 間の気体の体積は $\mathrm{d}x$ であり，その中に含まれる粒子数は $n\,\mathrm{d}x$ である．したがって，この空間内にある個々の粒子に加わる拡散力は次式で表される．

$$F_{\mathrm{diff}} = -\frac{kT}{n}\frac{\mathrm{d}n}{\mathrm{d}x} \tag{7.5}$$

この拡散力により，ストークス抗力を受ける粒子の正味の移動が求められる．式 (7.5) を式 (7.2) に代入して整理すると，次のようになる．

$$nV = -\frac{kTC_c}{3\pi\eta d}\frac{\mathrm{d}n}{\mathrm{d}x} \tag{7.6}$$

式 (7.6) の左辺は，この過程により生じる粒子の正味の移動速度 V と単位体積あたりの粒子数 n との積であり，これはフラックス J，すなわち単位面積を単位時間に通過する粒子数と等しい．したがって，次のようになる．

$$D = \frac{kTC_c}{3\pi\eta d} \tag{7.7}$$

式 (7.7) は，エアロゾル粒子の拡散係数に関するストークス–アインシュタインの式（Stokes-Einstein equation）とよばれている．一般には，式 (3.16) にすべり補正を加えた粒子移動度を用いて次のように表される．

$$D = kTB \tag{7.8}$$

拡散係数の単位は $\mathrm{m^2/s}$ [$\mathrm{cm^2/s}$] である．粒子の拡散係数は，気体の拡散係数と同様，温度の上昇に伴い増加する．すべり補正が無視できるような大きな粒子の場合には，D は粒径に反比例する．すべり補正係数が大きな微小粒子の場合には，気体分子に関する式 (2.35) から予測されるように，D は d^{-2} にほぼ比例する．拡散係数と粒径との関係を表 7.1 に示す．粒径 0.01 μm の小さな粒子であっても，拡散係数は空気分子よりも 3 桁近く小さい．粒子の拡散係数は，そのブラウン運動の強度を特徴付けるだけでなく，単位濃度勾配における粒子の輸送速度を表している．したがっ

表 7.1　293 K [20℃] における単位密度球の拡散に関連する特性

粒径 (μm)	移動度 (m/N·s)	拡散係数 ($\mathrm{m^2/s}$)	平均熱速度 (m/s)
0.00037 [a]	—	2.0×10^{-5}	460 [b]
0.01	1.3×10^{13}	5.4×10^{-8}	4.4
0.1	1.7×10^{11}	6.9×10^{-10}	0.14
1.0	6.8×10^{9}	2.7×10^{-11}	0.0044
10	6.0×10^{8}	2.4×10^{-12}	0.00014

a）空気分子の直径．
b）式 (2.22) により計算した．

て，0.01 μm の粒子は，10 μm の粒子よりも 20 000 倍速く拡散によって輸送されることになる．

例題 標準状態での 0.1 μm 粒子の拡散係数を計算せよ．

解
$$D = kTB = \frac{kTC_c}{3\pi\eta d} = \frac{1.38\times10^{-23}(293)2.93}{3\pi(1.81\times10^{-5})(0.1\times10^{-6})} = 6.9\times10^{-10}\,\mathrm{m^2/s}$$

$$\left[D = \frac{1.38\times10^{-16}(293)2.93}{3\pi(1.81\times10^{-4})(0.1\times10^{-4})} = 6.9\times10^{-6}\,\mathrm{cm^2/s}\right]$$

エアロゾル粒子は周囲の気体分子とエネルギーを交換しているため，粒子と気体分子はいずれも $(3/2)kT$ に等しい平均運動エネルギーをもつ（式 (2.19)）．この方程式を解くと，質量 m，直径 d の球状粒子の rms 速度を求めることができる．

$$c_{\mathrm{rms}} = \left(\frac{3kT}{m}\right)^{1/2} = \left(\frac{18kT}{\pi\rho_p d^3}\right)^{1/2} \tag{7.9}$$

同様に，平均熱速度（mean thermal velocity）は次式となる．

$$\bar{c} = \left(\frac{8kT}{\pi m}\right)^{1/2} = \left(\frac{48kT}{\pi^2\rho_p d^3}\right)^{1/2} \tag{7.10}$$

拡散係数は粒子密度には依存しないが，熱速度は粒子密度に依存する．この結果は，直感に反するように感じるかもしれないが，以下のことを考えれば理解できる．すなわち，浸透圧およびストークス抗力は粒子密度とは無関係なのに対し，運動エネルギーはその定義から粒子の質量に依存する．拡散過程では，粒子の運動は，不規則な正負両方向の微小運動が統計的に結合した形で求められる．平均熱速度は各瞬間における粒子の平均速度（average forward motion）である．粒子拡散の場合に粒子の空気力学径を用いるのは適当ではない．正味の移動量は粒子密度 ρ_p とは関係しないため，物理的な直径を用いるべきである．

7.2 粒子の平均自由行程

第 2 章では，気体分子の小規模運動が平均速度と平均自由行程を用いて説明できることを示した．エアロゾル粒子のブラウン運動についても，同じような特性値を導いておくことが有効である．粒子の平均熱速度は式 (7.10) で与えられるが，これは気体分子に関する式と同じである．図 7.3 に示すように，エアロゾル粒子の動

（a）空気分子の軌跡（330 000 倍に拡大）（$\lambda = 0.066$ μm，経過時間 = 1.6 ns）　（b）0.1 μm 粒子の中心の軌跡（$\lambda_p = 0.012$ μm，経過時間 = 1.7 μs）

図 7.3　ブラウン運動による軌跡の 2 次元投影

きと気体分子の動きとはまったく異なる．この図は，空気分子の軌跡と直径 0.1 μm の球の中心の軌跡を同じ縮尺で描いたものである．気体分子の軌跡は，直線的な動きと衝突による鋭角的な方向の変化から成り立っている．これに対して粒子の軌跡は，気体分子との衝突によりその方向がごくわずかずつ変化している．何十億回もの衝突の影響が積み重なり，粒子の軌跡は図示したように曲がりくねった蛇行運動となる．粒子運動の大きさを表すには，気体分子の平均自由行程に相当する長さ（図 7.3 参照）が用いられる．気体分子の平均自由行程は，衝突間の直線部分の長さを単純に平均したものである．粒子については，その軌跡が滑らかな曲線となるため，気体分子のように直線距離を単純平均する方法は適用できない．この曲線運動の特性を表すものとして，粒子の平均自由行程（particle mean free path）λ_p を定義する．λ_p は，任意の点から見て，粒子の運動方向が完全に変わってしまうまでにその粒子の中心が移動する距離の平均値である．図 7.4 に示すように，この距離は，粒子のもとの移動方向の速度成分が完全になくなるまで，すなわち運動方向が 90° 変化するまでに，粒子がもとの方向へ進んだ直線距離に等しい．平均的には，粒子は式 (7.10) に示した平均熱速度で運動する．したがって，λ_p は，この速度における粒子の停止距離，いい換えると，ある方向の粒子速度の持続性（persistence）であり，

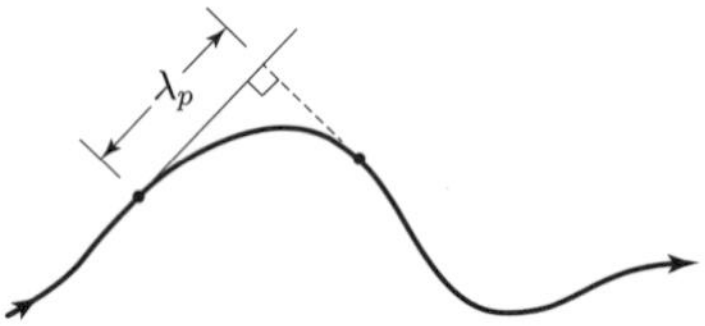

図 7.4　粒子の軌道と見かけの平均自由行程

次式のようになる．

$$\lambda_p = \tau \bar{c} \tag{7.11}$$

さまざまなサイズの粒子の τ，$\bar{c}$，および粒子の平均自由行程 λ_p を表 7.2 に示す．τ と $\bar{c}$ は粒径により大きく変化するが，それらの積である λ_p は，粒径が 1 000 倍変化した場合でも，その変化は 4 倍に満たない．エアロゾル特性の多くは粒径に大きく依存するが，平均自由行程は粒径に依存しない数少ないエアロゾル特性の一つである．大きな粒子は小さな粒子よりも大きな慣性をもつが，その影響は平均熱速度によって相殺されるため，エアロゾル粒子のブラウン運動のスケールはすべての粒径でほぼ同じ値となる．粒子の平均自由行程は気体の平均自由行程の約 1/3 であり，粒子密度が大きくなると粒子の平均自由行程も増加する．

表 7.2 単位密度球粒子の平均自由行程

d (μm)	τ (s)	$\bar{c}$ (m/s)	λ_p (μm)
0.00037 a)	—	460	0.066
0.01	6.8×10^{-9}	4.4	0.030
0.1	8.8×10^{-8}	0.14	0.012
1.0	3.6×10^{-6}	0.0044	0.016
10	3.1×10^{-4}	0.00014	0.044

a) 空気分子の直径．

粒子の拡散係数は，平均速度と平均自由行程とを用い，気体分子に関する式 (2.34) と同様の形で表すことができる．式 (5.3)，(7.8)，(7.10)，(7.11) を組み合わせると，次式が導かれる．

$$D = \frac{\pi}{8} \lambda_p \bar{c} \tag{7.12}$$

λ_p が粒径にほとんど左右されないため，式 (7.12) は，$\bar{c}$ と D との間には強い関連性があることを表している．

7.3 ブラウン変位

ブラウン運動によるエアロゾル粒子の小運動は粒子の平均自由行程で表すことができ，粒子の蛇行運動によるの正味の移動量を求めることができる．粒子はある瞬間にはある方向に動いているが，次の瞬間には別の方向に動いている．粒子の緩和時間に比べて長い時間内での粒子の正味の変位（net displacement）は，こうした

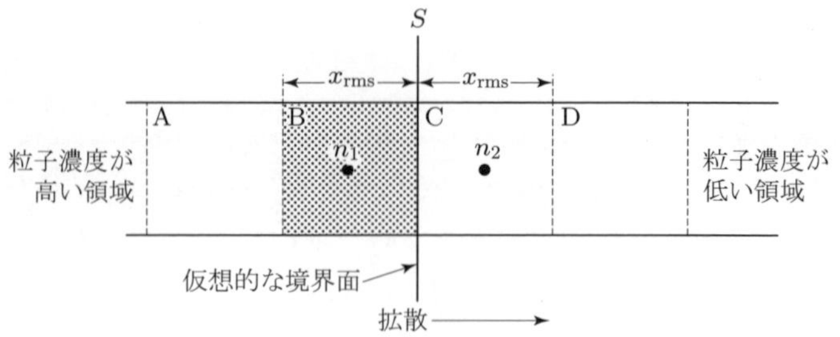

図 7.5　ブラウン運動による粒子移動の模式図

微小運動の統計的な組み合わせに依存する．

図 7.5 に示すように，x 軸に沿った左から右への拡散の過程を考える．なおこの図は，単位断面積の円筒を横から見たものである．ここでは，仮想面 S を横切って左から右へ移動する粒子の正味のフラックス J を求めようとしている．以下，x 軸に沿った動きのみを想定する．τ より長い微小時間 t の間に，個々の粒子は正味の距離 x_i だけ移動するとする．また，時間 t の間に粒子の半分だけが右に移動し，残り半分だけが左に移動するものとする．簡単化のために，個々の粒子の変位をその rms 平均値 x_{rms} に置き換える．ここで，表面 S から距離 x_{rms} 以内の粒子，すなわち領域 B（および C）内の粒子のみを考えると，時間 t の間に，B の粒子の半分が右に移動し，表面 S を横切って領域 C に移動する．残りの半分は左に移動し，領域 A に移動する．同様に C の粒子の半分は B に移動し，半分は D に移動する．

n_1 と n_2 が体積 B と C の中点における粒子の数の濃度を表すものとすると，勾配の定義から，次式を得る．

$$n_2 = n_1 + x_{\mathrm{rms}} \frac{\mathrm{d}n}{\mathrm{d}x} \tag{7.13}$$

ここで，勾配 $\mathrm{d}n/\mathrm{d}x$ は濃度が右に減少する場合，すなわち x 方向に減少する場合を負とする．面 S を左から右に通過する粒子の正味の移動量（net transfer rate）J は，単位時間内に領域 B から右に移動する粒子の数から領域 C から左に移動する粒子の数を引いたものに等しい．したがって，次のようになる．

$$J = \frac{x_{\mathrm{rms}}}{2t} n_1 - \frac{x_{\mathrm{rms}}}{2t} n_2 = \frac{x_{\mathrm{rms}}}{2t}(n_1 - n_2) \tag{7.14}$$

ここで，x_{rms} は領域 B（および C）の体積を単位断面積で割ったものに等しい．式 (7.13) を式 (7.14) の n_2 に代入すると，次のようになる．

$$J = \frac{x_{\mathrm{rms}}}{2t}\left(n_1 - n_1 - x_{\mathrm{rms}}\frac{\mathrm{d}n}{\mathrm{d}x}\right) \tag{7.15}$$

したがって,

$$J = -\frac{(x_{\mathrm{rms}})^2}{2t}\frac{\mathrm{d}n}{\mathrm{d}x} \tag{7.16}$$

となる．これはフィックの第 1 法則（式 (7.1)）のもう一つの表し方であり，拡散係数は次のように与えられる.

$$D = \frac{(x_{\mathrm{rms}})^2}{2t} \tag{7.17}$$

時間の間に任意の軸に沿って起こる 2 乗平均平方根変位 (rms displacement. 以下, rms 変位）は，次式で表される.

$$x_{\mathrm{rms}} = \sqrt{2Dt} \tag{7.18}$$

前述の導出から，ブラウン運動と拡散とが結び付けられることがわかる．粒子は，どこにあってもブラウン運動をしているが，濃度勾配があるため，濃度の高い図 7.5 の左から移動してくる粒子の数は，濃度の低い右側から移動してくる粒子よりも，つねに多い．すなわち，正味の質量移動（net mass transfer）は，つねに濃度低下方向に起こる．もし濃度勾配がなければ，ブラウン運動はどの方向をとっても同じであるから，正味の質量移動量は 0 である．表 7.3 に，1 秒間の x の値と 1 秒間の重力沈降距離 $x_{\mathrm{grav}} = 1 \times V_{\mathrm{TS}}$（gravitational displacement）とを対比して示した．この表からも，粒径 0.1 μm 以下の粒子の気体中での移動機構には，拡散とブラウン運動が最も大きく関与しているという観察結果が裏付けられる.

ブラウン運動を理解するもう一つの方法として，図 7.6 (a) に示すような状態を考える．時間 $t=0$ では $x=0$ の場所に大部分の粒子が集中しており，他の領域には粒子はない．外力がまったくはたらかないとすると，粒子はブラウン運動によって

表 7.3 標準状態における単位密度球のブラウン運動と重力による 1 秒間あたりの正味の移動量

粒径（μm）	ブラウン運動による 1 秒間の rms 変位 x_{rms}（m）	1 秒間の沈降距離 x_{grav}（m）	$x_{\mathrm{rms}}/x_{\mathrm{grav}}$
0.01	3.3×10^{-4}	6.9×10^{-8}	4800
0.1	3.7×10^{-5}	8.8×10^{-7}	42
1.0	7.4×10^{-6}	3.5×10^{-6}	0.21
10	2.2×10^{-6}	3.1×10^{-3}	7.1×10^{-4}

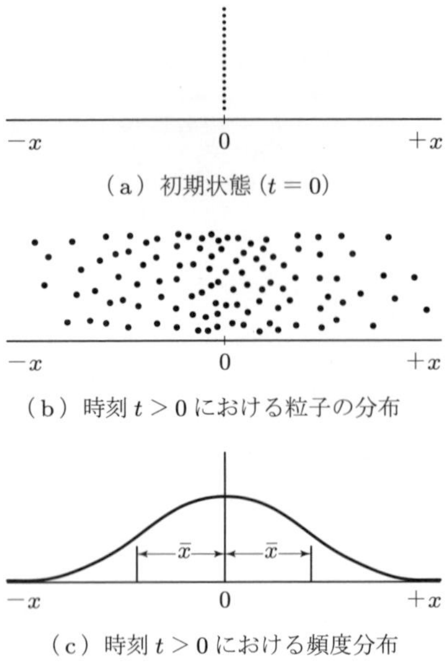

図 7.6　ブラウン運動による粒子の拡散

時間とともに図 (b) のように広がっていく．もとの場所の右側にも左側にも，同数の粒子が移動していく．図 (c) に示した粒子の頻度分布は，その平均値は 0 で標準偏差が rms 変位 x_{rms}（式 (7.18)）に等しい正規分布となる．

$$\sigma = x_{\mathrm{rms}} = \sqrt{2Dt} \tag{7.19}$$

最初に放出された粒子の総数のうち，時間 t において x と $x+\mathrm{d}x$ の間にある粒子の割合は，次式で求められる．

$$\frac{\mathrm{d}n(x,t)}{n_0} = \frac{1}{(4\pi Dt)^{1/2}} \exp\left(\frac{-x^2}{4Dt}\right)\mathrm{d}x \tag{7.20}$$

ここで，n_0 は時間 $t=0$ で放出された粒子の数である．式 (7.20) は，時間 $t=0$ で原点から移動し始めた単一粒子が時間 t で x と $x+\mathrm{d}x$ の間にある確率も表す．表 7.4 は，$t=0$ で原点から放出された粒子が，放出後のさまざまな時点で特定の方向に原点から 1 mm 以上離れる確率を示している．

熱拡散は，$d<0.1$ μm の小さな粒子が，微小距離において比較的長い時間をかけて生じる分散現象として最も重要である．ここで述べ，また表 7.4 に示したブラウン変位（Brownian displacement）は，大気中での自然対流に比べてきわめて小さなものであることに注意すべきである．屋外の対流拡散では，エアロゾルは風の平

表 7.4 粒子がブラウン運動により特定の方向に 1 mm 以上移動する確率

粒径（μm）	時間（s）			
	1	10	100	1000
0.001	0.759	0.923	0.976	0.992
0.01	0.002	0.338	0.762	0.924
0.1	0	0	0.007	0.396
1.0	0	0	0	2×10^{-5}

均風速と渦によって運ばれる. 渦の大きさと速度は風速と大気の安定性に依存する. 屋内では通常, 平均風速はほとんどない. 空気の動きはエアロゾルを混合して輸送する役割を果たす渦によって支配される. 熱拡散の概念は, 熱拡散係数に類似した渦拡散係数を定義することにより渦拡散にも適用できる. 円管内のエアロゾル流の対流拡散については, 7.4, 7.5 節に述べる. エアロゾルの対流拡散に関する一般的な現象については, Friedlander, 2000 および Reist, 1993 によって概説されている.

粒子は, また, 回転ブラウン運動（Fuchs, 1964）も行っている. これは, 粒子がまずある方向に回転し, 次には逆の方向に回転する運動である. この運動は, 球状粒子の場合には実質的にほとんど重要でないが, 不規則形状の粒子には, この運動があるため, 外力が一方向にはたらく場合でもランダムな運動を生じる.

7.4 拡散による沈着

ブラウン運動をしている気体分子は, ある表面と衝突した場合には跳ね返る. この運動量の伝達があるため, 気体の圧力は容器の壁面に伝わる. 気体分子とは異なり, エアロゾル粒子は表面に衝突した場合には付着してしまう. これは表面上のエアロゾル粒子の濃度が 0 であり, 表面近傍の領域に濃度勾配が生じることを意味している. この濃度勾配により, 表面方向へのエアロゾル粒子の拡散が連続的に起こり, 粒子濃度は表面に向かって徐々に低下する.

最も簡単な例として, 均一な初期濃度 n_0 をもつ無限大の広がりをもつエアロゾル中に置かれた垂直平板を考える. 初期条件として, 表面の近傍では気体は静止しているものと仮定する. ここで, 表面への沈着により粒子がエアロゾル中から除去される割合を求めてみる. x を平面からの水平距離とする. 任意の距離 x および任意の時間における粒子の濃度 $n(x, t)$ は, 拡散に関するフィックの第 2 法則を満足し,次式が成り立つ．

$$\frac{\mathrm{d}n}{\mathrm{d}t} = D\frac{\mathrm{d}^2 n}{\mathrm{d}x^2} \quad \begin{cases} n(x,0) = n_0 \\ n(0,t) = 0 \end{cases} \tag{7.21}$$

この式の解は次式で与えられる．

$$n(x,t) = \frac{n_0}{(\pi Dt)^{1/2}}\int_0^x \exp\left(\frac{-\tilde{x}^2}{4Dt}\right)\mathrm{d}\tilde{x} \tag{7.22}$$

ここで，$\tilde{x}$ は座標を表すダミー変数である．図 7.7 は，0.05 μm の粒子の表面近傍での濃度分布を時間別に示したものであり，図 7.8 は，それを任意の粒径，壁面からの距離あるいは時間に対して成り立つように一般化したグラフで示したものである．時間の経過とともに濃度勾配は緩やかになるが，その範囲は表面から非常に遠くまで広がっていく．たとえば図 7.7 を見ると，1 000 秒（約 16 分）経過した時点

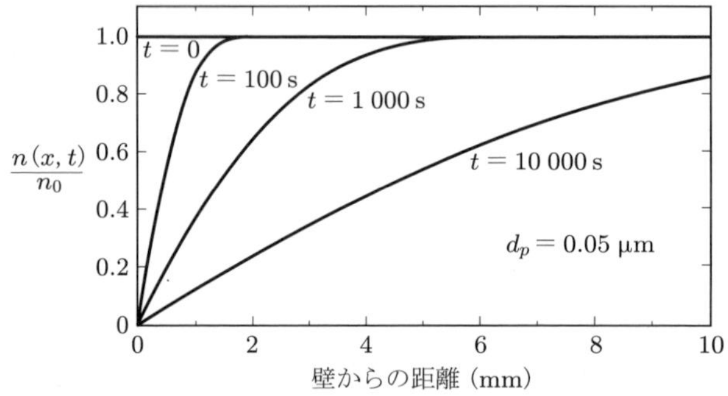

図 7.7　気流がない場合の壁近くの 0.05 μm 粒子の濃度分布．図中のパラメータは初期混合状態からの時間

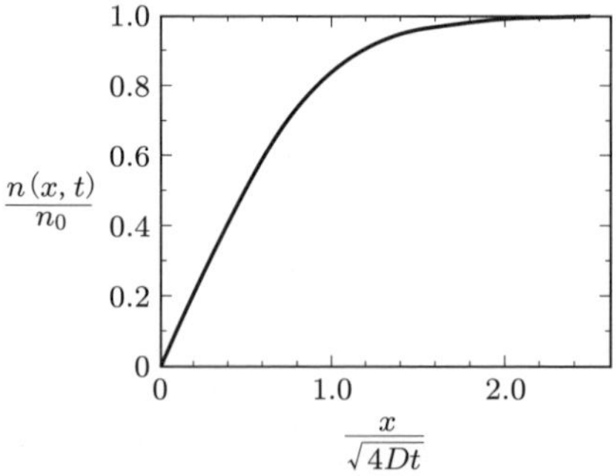

図 7.8　壁付近の粒子濃度分布の一般形

では，表面への沈着の影響が壁面から 6 mm まで広がっているが，それ以上離れた地点でのエアロゾル粒子の濃度には影響を及ぼしてはいない．したがって，壁面からの距離が 1 mm かそれ以下の場合や，粒径が 0.05 μm よりもはるかに小さな場合を除いては，この過程による濃度低下はそれほど急激ではない．式 (7.22) の導出ではエアロゾル領域は無限であると仮定したが，エアロゾルの量が有限であっても，他の壁面による濃度勾配の影響がない場合には，この式を用いることができる．

表面での濃度勾配を求め，フィックの第 1 法則を当てはめれば，単位面積あたりの粒子の表面沈着率を求めることができる．表面における濃度勾配は，式 (7.22) で $x=0$ と置いた場合の $\mathrm{d}n/\mathrm{d}x$ で与えられるので，次式のようになる．

$$\frac{\mathrm{d}n}{\mathrm{d}x} = \frac{n_0}{(\pi D t)^{1/2}} \quad (x = 0 \text{ のとき}) \tag{7.23}$$

式 (7.23) を式 (7.1) に代入すると，任意の時刻 t における表面の単位面積あたりの粒子沈着率（rate of particle deposition）を求めることができる．

$$J = n_0 \left(\frac{D}{\pi t}\right)^{1/2} \tag{7.24}$$

式 (7.24) によれば，表面への粒子沈着率は時間とともに減少する．したがって，この式を積分し，表面の単位面積あたりの沈着粒子の累積数 $N(t)$ を求めておくと便利である．

$$N(t) = \int_0^t n_0 \left(\frac{D}{\pi \tilde{t}}\right)^{1/2} \mathrm{d}\tilde{t} \tag{7.25}$$

$$N(t) = 2n_0 \left(\frac{Dt}{\pi}\right)^{1/2} \tag{7.26}$$

式 (7.26) は，濃度勾配のある範囲の外側に気流のない無限のエアロゾル領域があり，また濃度が一定値 n_0 を保っている場合にのみ成り立つ．しかし有限な容器の場合でも，その壁面への沈着によって失われる粒子数の上限値を求める場合にこの式を利用できる．表 7.5 は，拡散と重力沈降による水平な表面への粒子の沈着を比較したものである．単位密度粒子の場合，粒径が 0.2 μm 程度であれば，100 秒間あたりの粒子沈着率は，両者でほぼ等しい．

式 (7.24) の粒子沈着率は，沈着速度（deposition velocity）V_{dep} で表すこともできる．沈着速度は，粒子沈着率（沈着粒子のフラックス）を濃度勾配の外側における粒子濃度で正規化したものとして定義される．

表 7.5　拡散と沈降による単位密度粒子の100秒間あたりの水平面への累積沈着量の比較

粒径（μm）	累積沈着量		
	拡散（個/m^2）	沈降（個/m^2）	拡散/沈降の比率
0.001	2.6×10^4	0.68	3.8×10^4
0.01	2.6×10^3	6.9	380
0.1	3.0×10^2	88	3.4
1.0	59	3 500	1.7×10^{-2}
10	17	3.1×10^5	5.5×10^{-5}
100	5.5	2.5×10^7	2.2×10^{-7}

a) 勾配領域を超えるときのエアロゾル粒子濃度は $1/cm^3$ と仮定した.

$$V_{\mathrm{dep}}=\frac{J}{n_0}=\frac{\text{付着粒子数}/(\mathrm{m}^2\cdot\mathrm{s})}{\text{濃度勾配の外側における空間の粒子数}/\mathrm{m}^3}=\mathrm{m/s} \qquad (7.27)$$

沈着速度とは，粒子が表面へ移動するときの有効速度であり，沈降による付着の場合の沈降速度と類似した値である.

実用上の大きな問題の一つに，円管内を流れるエアロゾル粒子の内壁への拡散沈着の問題がある．この問題は，前述のエアロゾルが静止している場合に比べ，より複雑であるが，たとえば，円管内で層流を仮定した場合など，いくつかの単純な条件については数学的な解が得られている．この解では，直径 d_t の円管内を通る粒子の通過率（出ていく粒子数の入ってくる粒子数に対する比率）を無次元の沈着パラメータ μ (deposition parameter)

$$\mu=\frac{4DL}{\pi d_t^2\bar{U}}=\frac{DL}{Q} \qquad (7.28)$$

として表している．ここで，D は粒子の拡散係数，L は円管の長さ，$\bar{U}=Q/A$ は円管内の平均流速，Q は円管内の体積流量である．体積流量が一定であれば，円管内での粒子の損失は直径の影響を受けないという興味ある結果が得られている．直径の大きな円管では粒子の拡散距離が長くなるが，これがちょうど，拡散時間が長いことにより相殺されるからである．式 (7.29) は，より複雑で正確な式を近似し，通過率 $\mathbf{P}$ を μ の関数として表したものであるが，μ のすべての値に対して誤差 1% 以内で通過率 $\mathbf{P}$ が得られる.

$$\mathbf{P}=\frac{n_{\mathrm{out}}}{n_{\mathrm{in}}}=1-5.50\mu^{2/3}+3.77\mu \qquad (\mu<0.009\ \text{のとき})$$

$$\mathbf{P}=0.819\exp(-11.5\mu)+0.0975\exp(-70.1\mu) \qquad (\mu\geq 0.009\ \text{のとき}) \quad (7.29)$$

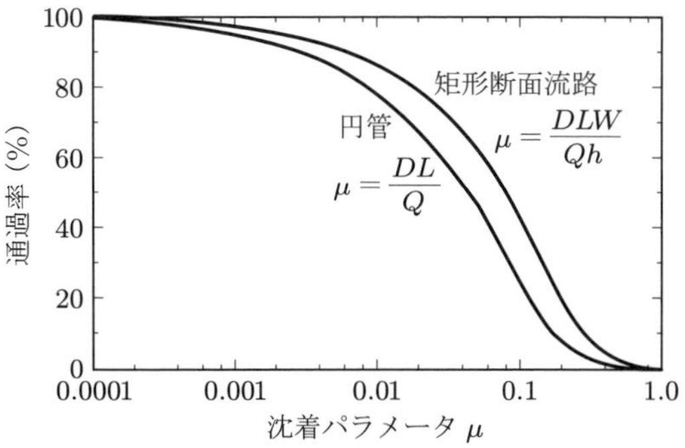

図 7.9 円管と矩形断面流路の通過率と沈着パラメータ

表 7.6 長さ 1 m の円管内における壁面沈着による粒子損失率

粒径（μm）	流量（L/min）		
	0.1	1.0	10
0.001	1.000	0.978	0.422
0.01	0.428	0.108	0.025
0.1	0.029	0.006	0.001
1.0	0.003	0.0008	0.0002

a）流れが層流であれば，円管の直径は任意である．

図 7.9 は，**P** と μ との関係を示したものである．円管の場合は式 (7.29) を，また長方形流路の場合は式 (7.34) を用いる．$\mu<0.001$ の場合には壁面への拡散沈着による粒子の損失は少ないが，$\mu>0.3$ の場合はほとんどすべての粒子が円管の壁面に沈着し，失われてしまう．

例題 0.03 μm 粒子を含むエアロゾルが，直径 5 mm，長さ 1.2 m のチューブを通して，8×10^{-7} m^3/s [0.8 cm^3/s] でサンプリングされている．進入する粒子のうちどれだけが円管を通過するか．

解
$$\mu = \frac{DL}{Q} = \frac{6.39\times10^{-9}\times1.2}{8.0\times10^{-7}} = 0.0096 \quad \left[\mu = \frac{6.39\times10^{-5}\times120}{0.8} = 0.0096\right]$$

図 7.9 あるいは式 (7.29) より，$\mathbf{P}=78\%$ が得られる．

$$\mathbf{P} = 0.819e^{-11.5(0.0096)} + 0.0975e^{-70.1(0.0096)} = 0.733 + 0.0497 = 78\%$$

流れが乱流の場合には，拡散による表面沈着はさらに複雑であり，厳密に解くことはできない．通常，乱流の場合には，表面に接する薄い拡散境界層（diffusive boundary layer）以外の領域ではすべて一定濃度 n_0 であると仮定する．なおこの仮定は，円管内であっても大西洋の海面であっても同様に用いられる．拡散境界層の中では，濃度は n_0 から直線的に減少し，表面で 0 になる．これらの条件下では，沈着速度は次式のように与えられる．

$$V_{\mathrm{dep}} = \frac{D}{\delta} \tag{7.30}$$

ここで，D は粒子の拡散係数，δ は拡散境界層の厚さである．式 (7.30) を適用する場合，δ は流れや速度境界層の状況，および粒径に依存するため，妥当な値を決定することが困難である．Wells and Chamberlain, 1967 は，管内の乱流境界層における沈着速度を次のように求めている．

$$V_{\mathrm{dep}} = \frac{0.04\bar{U}}{\mathrm{Re}^{1/4}}\left(\frac{\rho_g D}{\eta}\right)^{2/3} \tag{7.31}$$

ここで，$\bar{U}$ は円管内の平均速度，Re は流れのレイノルズ数，D は粒子の拡散係数である．式 (7.31) を式 (7.27) と組み合わせれば沈着フラックス J を，式 (7.32) と組み合わせれば円管の通過率を計算できる．

粒径が 1 µm を超える粒子の場合，乱流による堆積の主なメカニズムは粒子の慣性である．慣性沈着は，乱流領域の壁近くの粒子が，壁に向かう十分な速度を得て，粘性底層を貫通し，管壁に到達した場合に発生する．このメカニズムによる沈着速度の式は，Friedlander and Johnstone, 1957 によって与えられ，Davies, 1966 および Lee and Gieseke, 1994 によって再検討されている．さらに Lee et al., 1994 は，拡散沈着と慣性沈着の間の遷移領域に関する経験式も提示している．粒子は乱流による拡散や壁への慣性衝突により損失するが，長さ L の管を通過する粒子の全通過率は次式で与えられる．

$$\mathbf{P} = \frac{n_{\mathrm{out}}}{n_{\mathrm{in}}} = \exp\left(\frac{-4V_{\mathrm{dep}}L}{d_t\bar{U}}\right) \tag{7.32}$$

式 (7.32) は，流れが層流となるレイノルズ数についても適用可能で，式 (7.29) よりも粒子損失をうまく説明している（Kumar et al., 2008）．

7.5 拡散バッテリー

拡散バッテリー（diffusion battery）とは，拡散係数に従って粒子を分離する装置であり，前節で述べた層流の拡散沈着による粒子損失を利用している．この装置は，円管または導管の出入口における粒子濃度を測定することにより，エアロゾルの拡散係数を求めることにも利用される．μ の平均値と管内を流れるエアロゾル粒子の拡散係数は，式 (7.29) を解いて求められる．拡散バッテリーは，粒径が 0.002 〜 0.2 μm の範囲の粒子に適用できる．複数のユニットを直列または並列に配置して用いれば，粒径分布に関する情報が得られる．拡散バッテリーの原理と応用の包括的な概要は，Knutson, 1999 および Fierz et al., 2002 に記載されている．

図 7.10 に示すものが拡散バッテリーの三つの基本タイプ，集束円管型（tube bundle），平行平板型（parallel plate），スクリーン型（screen）である．式 (7.28) から，1 本の長い円管を使っても，それを n 本の短い円管に切って並列に配置し，各々の円管に全流量の $1/n$ ずつの流量を流しても，まったく同じ μ の値が得られることがわかる．μ は管の直径に依存しないため，図 7.10 (a) に示したように，小さな直径の円管を束にして使うことにより，1 本の長い円管を用いるよりも小型化できる．式 (7.29) と通過率の測定値から μ が得られれば，式 (7.28) により拡散係数と粒径が求められる．

微小間隔の平行平板間を流れるエアロゾルの通過率は，数学的解析によって求められる．プレートの幅 W をプレート間隔 h に比べて十分大きくすると，図 7.10 (b) のように，複数の長方形の流路を積み重ねて用いた拡散バッテリーも設計できる．この場合，μ の値は次式で与えられる．

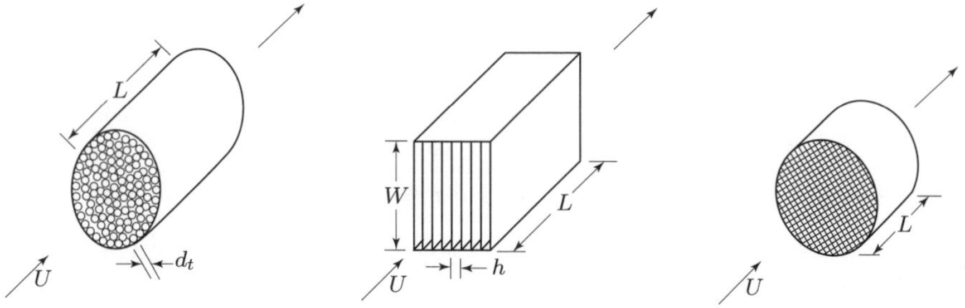

（a）集束円管型　（b）平行平板型または矩形流路型　（c）スクリーン型

図 7.10 拡散バッテリーの 3 種類のタイプ

$$\mu = \frac{DLn'W}{Qh} \tag{7.33}$$

ここで，L は流れの方向に測った経路の長さ，n' は経路の数，W はすべての経路の幅の合計値，h はプレート間隔である．粒子の通過率は，以下の式により，μ のすべての値に対して，誤差 1%以内で求められる．

$$\mathbf{P} = \frac{n_{\text{out}}}{n_{\text{in}}} = 1 - 2.96\mu^{2/3} + 0.4\mu \quad （\mu < 0.005 のとき）$$

$$\mathbf{P} = 0.910\exp(-7.54\mu) + 0.0531\exp(-85.7\mu) \quad （\mu > 0.005 のとき） \tag{7.34}$$

平行平板型拡散バッテリーは，同性能の集束円管型拡散バッテリーよりも簡単に製作でき，またほとんどの場合，小型にできる．しかし，式 (7.34) で予測される性能を得るには，ある程度の寸法精度が必要となる．

3番目のタイプであるスクリーン型拡散バッテリーは，非常に目の細かい金網を何段にも重ねたものである．網目を通り抜ける流れは，非常に多くの細孔を通る流れと同じであり，集束円管型拡散バッテリーとよく似ている．635 メッシュのスクリーンには 1 cm^2 につき 62 000 個もの穴があいており，その各々は一辺が約 20 μm である．粒子捕集の機構は集束円管型とは若干異なり，通過率は次式で与えられる（Cheng and Yen, 1980）．

$$\mathbf{P} = \frac{n_{\text{out}}}{n_{\text{in}}} = \exp\left(\frac{-10.8\alpha L D^{2/3}}{\pi(1-\alpha)d_w^{5/3}\overline{U}^{2/3}}\right) \tag{7.35}$$

ここで，α は 1 からスクリーン空隙率を引いたもの，d_w はワイヤの直径，L は穴の深さである．式 (7.35) は，代表的なスクリーン（145 ～ 635 メッシュ，$U > 0.02$ m/s [2 cm/s]，および $0.002 < d_p < 0.5$ μm に対応）に関する Cheng et al., 1985 のさらに詳細な式と 2%以内で一致する．635 メッシュのステンレス鋼スクリーンの場合，1 層あたり $\alpha = 0.345$，$d_w = 20$ μm であり，一層あたりの L は 50 μm である．

拡散バッテリーを用いて単分散エアロゾルを分級する際の粒径は，通過率の式を逆に解くこと，あるいは図 7.9 のように，μ と通過率との関係をプロットすることで，容易に求められる．図 7.11 に示すように，拡散バッテリーはインパクタのように明確なカットオフではなく，粒径の 1 桁以上の幅をもつ緩やかなカットオフ特性を有する．多分散エアロゾルを拡散バッテリーで分級した場合，1 回の測定値からは平均拡散係数（average diffusion coefficient）が求められ，さらにこの値から拡散平均径（diffusion average diameter）が求められる．粒径分布に関する情報が得ら

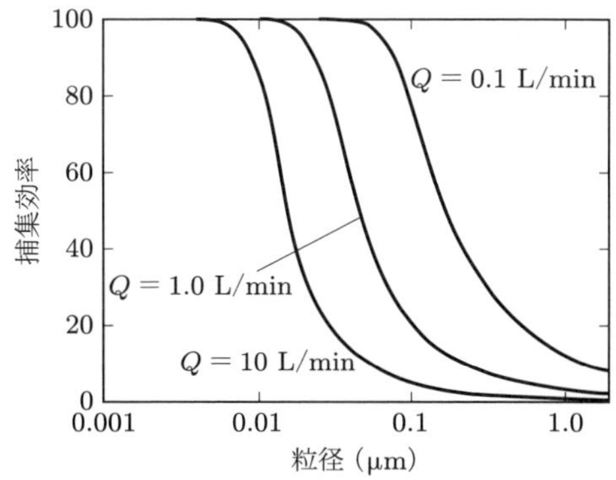

図 7.11 3 種類の流量における平行平板型拡散バッテリーの捕集効率と粒径との関係．流路は 30 チャンネル，各チャンネルは 8 × 0.1 × 20 cm

れていないかぎり，拡散平均径を他の平均径に換算できない．多分散エアロゾルの場合，有効長さの異なる数台の拡散バッテリーを用いるか，あるいは有効長さが同じ拡散バッテリーで流量を変えて用いることにより，一連の通過率の測定値が得られる．カットオフ特性が徐々に重なり合うため，拡散バッテリーにより得られるデータから粒径を逆算する手順は，カスケードインパクタによる場合よりも複雑である．Cheng, 1993 は，拡散バッテリーの測定データから多分散エアロゾルの粒径分布を求める図式解法およびコンピュータプログラムをレビューしている．

関連する装置として，デニューダまたはストリッパがある．これらは，粒子に影響を与えることなくエアロゾルの流れから気体または蒸気を除去する．円筒管型と環状管型の 2 種類が一般的に使用されている．いずれのタイプも，流路の内壁は特定の気体または蒸気を浸透する材料がコーティングされている．円筒管デニューダを通る気体または蒸気の浸透率は，式 (7.28) の拡散係数を使用して，式 (7.29) によって予測できる．流量と形状を慎重に選択することにより，エアロゾルの流れから気体または蒸気をほぼ完全に分離できる．

環状管型デニューダでは，エアロゾルは二つの同心管の間の環状空間を通って軸方向に流れる．$d_2 - d_1 \ll d_1$ の層流の場合，浸透率は式 (7.34) と次式で計算できる．

$$\mu = \frac{\pi DL(d_1 + d_2)}{Q(d_2 - d_1)} \tag{7.36}$$

ここで，d_1 と d_2 はそれぞれ環状流路の内径，外径である．通常，環状管型デニューダで気体と粒子とを分離する場合，同じ長さの円筒管型デニューダよりもはるかに大きな流量で使用できる．

問題

7.1　粒径と密度の等しい100個の粒子を，静止空気中に放出し，5分間放置した．垂直軸に沿ったブラウン運動により，一部の粒子は他の粒子よりも速く沈降する．粒子が0.6 μmの単位密度球であった場合，5分後の原点からの変位の平均と標準偏差はいくらか．

解答：4.1 mm，0.17 mm

7.2　ブラウン運動による1秒間のrms変位と終末沈降速度とが等しい球形粒子の直径を求める式を導け．ただし，すべり補正は無視する．

7.3　1914年にFletcher（Phys. Rev. 4，440）は，拡散係数を実験的に求めた論文を発表した．彼の実験は，ある定められた垂直距離を粒子が沈降する時間を測定するものである．彼は電界を用いて粒子を出発点に引き戻し，一つの粒子について6 000回の繰り返し実験を行った．粒径を0.36 μm，沈降距離を0.74 mmとした場合の沈降時間の平均値と，標準偏差は理論的にはいくらか．ただし，実験誤差はないものとし，標準偏差は平均値に比べて十分に小さいものとする．また，$\rho_p = 1\,000$ kg/m^3 [1.0 g/cm^3] とする．この実験を行うのに，おおよそどのくらいの時間がかかるか．粒子を出発点に引き戻すのに25秒かかると仮定する．

解答：131秒，28秒，10.8日（まったく休みなしで行った場合で！）

7.4　粒径0.1 μmのエアロゾル粒子を，その時点の位置から1.0 mを超える距離（特定の軸に沿ったいずれかの方向に）で観測できる確率が32%になるまで，平均でどの程度観測を続ける必要があるか．ただし，粒子の運動はブラウン運動のみであると仮定する．0.1 μm粒子のすべり補正係数は2.93とする．

解答：23年間

7.5　長さ5 mm，直径3 mmの円管で二つのチャンバが接続されている．一方のチャンバ内は0.01 μm粒子が濃度10 000/cm^{3}で満たされている．もう一方のチャンバ内の濃度は0/cm^{3}とする．このとき，粒子の拡散係数を計算せよ．また，粒子はどのくらいの速度で一方のチャンバからもう一方のチャンバに拡散するか．円管を通る空気流はないと仮定する．

解答：5.4×10^{-8} m^2/s [5.4×10^{-4} cm^2/s]，0.76個/s

7.6　エアロゾルサンプルが長さ1 m [100 cm]，内径0.4 cmのチューブを用いて0.2 L/minの流量で採取されている．0.01 μm粒子のサンプリングチューブの壁への拡散による損失は何%か．

解答：29%

7.7 粒径 32.5 mm の球形粒子を，粒径 0.1 μm の放射性エアロゾルを含むチャンバ内に 5 分間放置する．球体を取り出し，その表面に付着した粒子の数を放射能計数によって測定すると，8×10^7 となった．チャンバ内の粒子の個数濃度はどれくらいか．

解答：4.7×10^{13} 個/m^3 [4.7×10^7 個/cm^3]

7.8 レイノルズ数 3 000 では，円管内の流れは層流の場合も乱流の場合もありうる．直径 5 cm，長さ 3 m のチューブを使用してレイノルズ数 3 000 でエアロゾルをサンプリングする．0.1 μm 粒子が拡散によりチューブ内壁に沈着して損失する量は，乱流の場合と層流の場合とでどの程度異なるか．層流の場合に対する乱流の場合の比率で答えよ．

解答：2.7

参考文献

Chang, Y. S., Yeh, H. C., and Brinsko, K. J., "Use of Wire Screens as a Fan Model Filter", *Aerosol Sci. Tech.*, **4**, 165-174 (1985).

Cheng, Y. S., and Yeh, H. C., "Theory of a Screen-Type Diffusion Battery", *J. Aerosol Sci.*, **11**, 313-320 (1980).

Davies, C. N., "Deposition from Moving Aerosols", in Davies, C. N. (Ed.), *Aerosol Science*, Academic Press, London, 1966.

Einstein, A., "On the Kinetic Molecular Theory of Thermal Movements of Particles Suspended in a Quiescent Fluid", *Ann. Physik*, **17**, 549-60 (1905). English translation, Einstein, A., *Investigations on the Theory of Brownian Movement*, R. Furth (Ed.), translated by A. D. Cowper, Dover, New York, 1956.

Fierz, M., Scherrer, L., and Burtscher, H., "Real-Time Measurement of Aerosol Size Distributions with an Electrical Diffusion Battery", *J. Aerosol Sci.*, **33**, 1049-1060 (2002).

Friedlander, S. K., *Smoke, Dust and Haze*, 2nd edition, Oxford University Press, Oxford, U.K., 2000.

Friedlander, S. K., and Johnstone, H. F., "Deposition of Suspended Particles from Turbulent Gas Streams", *Ind. Engr. Chem.*, **49**, 1151 (1957).

Fuchs, N. A., *The Mechanics of Aerosols*, Pergamon, Oxford, U.K., 1964.

Knutson, E. O., "History of Diffusion Batteries in Aerosol Measurements", *Aerosol Sci. Tech.*, **31**, 83-128 (1999).

Kumar, P., Fennell, P., Synonds, J., and Britter, R., "Treatment of Losses of Ultrafine Aerosol Particles in Long Sampling Tubes During Ambient Measurements", *Atmos. Environ.*, **42**, 8819-8826 (2008).

Lee, K.W., and Gieseke, J. A., "Deposition of Particles in Turbulent Pipe Flows", *J. Aerosol Sei.*, **25**, 699-704 (1994).

Reist, P. C., *Aerosol Science and Technology*, McGraw-Hill, New York, 1993.

Wells, A. C., and Chamberlain, A. C., "Transport of Small Particles to Vertical Surfaces", *Brit. J. Appl. Phys.*, **18**, 1793 (1967).

Cheng Y-S., "Condensation Detection and Diffusion Size Separation Techniques", inWilleke, K., and Baron, P. A. (Eds.), *Aerosol Measurement*, Van Nostrand Reinhold, New York, 1993.

8 熱泳動力と輻射力

熱泳動力（thermal force）は，温度勾配がある場合に，粒子と周囲の気体分子との非対称な相互作用により発生する力である．輻射力（radiation force）とよばれる同様の力は，光照射によって粒子内に温度勾配が生じた場合に発生する．また，周囲の気体の濃度勾配によっても粒子に力が生じることがある．これらの力によって生じる粒子の動きは，勾配の種類に応じて，熱泳動（thermophoresis），光泳動（photophoresis），または拡散泳動（diffusiphoresis）とよばれる．これらの力と密接に関係している現象としては，他に輻射圧（radiation pressure）とステファン流（Stefan flow）から生じる力がある．これらの力はすべて非常に弱いが，エアロゾル粒子の移動性がきわめて高い場合には，顕著なエアロゾル運動を引き起こす．巨視的な物体にとってこのような力はまったく影響がなく，日常の経験からそれらの力を直感的に理解するのは難しい．これらの力は，過去 1 世紀にわたって，科学的注目を浴びてきたが，実用的にはあまり応用されていない（訳者注：しかしエアロゾルの分野では，これらの力による現象がしばしば顕著に現れたり，エアロゾル計測に応用されたりしている）．熱泳動は，エアロゾルの捕集に使用される熱輻射塵埃計（サーマルプレシピテータ）の基本原理でもある．

8.1 熱泳動

気体中に温度勾配が生じると，気体中のエアロゾル粒子は低温側に向かう方向に力を受ける．この力により引き起こされるエアロゾル粒子の運動を，熱泳動という．熱泳動力の大きさは，気体と粒子の特性および温度勾配の強さによって決まる．熱泳動に関する最初の研究は，高温物体の周辺に見られるダストの存在しない層についての実験的研究であった．たとえば，煙の中に高温の金属棒を挿入した場合，煙粒子は高温物体によって跳ね返され，図 8.1 に示すような粒子のない層（particle free layer）を形成するように見える．この層は境界がはっきりしており，通常は

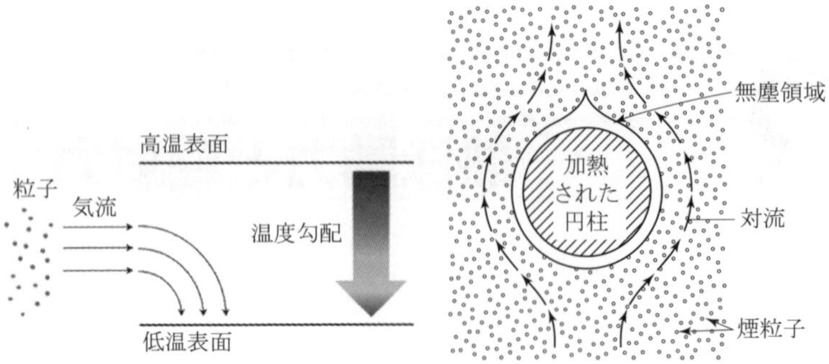

（a）熱泳動の原理　（b）加熱された円柱周辺の無塵領域

図 8.1

厚さ 1 mm 以下である．この層の厚さを測定すると，層の厚さは煙粒子の種類によらず，高温物体と気体との温度差の平方根に比例することが見出された．その後の研究により，この層は，高温物体表面近傍の温度勾配により生じる熱泳動力の存在を表していることが見出された．

熱泳動力とこれによる粒子の運動は，つねに低温側に向かう方向に生じる．冷たい表面が暖かい気体に近づくと，熱泳動により気体中の粒子が表面に沈着する．同様の現象は，高温気体が冷えた金属表面や窓面に近づいた場合にも発生する．

小さな粒子（$d<\lambda$）にはたらく熱泳動力は，気体分子の衝突による運動量の伝達が，粒子の低温側よりも高温側のほうが大きいために生じる．図 8.2 に示すように温度勾配がある場合，左側から来る気体分子の速度は右側から来る分子の速度よりも大きくなる．左からの運動量のほうが大きいため，右向き，すなわち低温側に

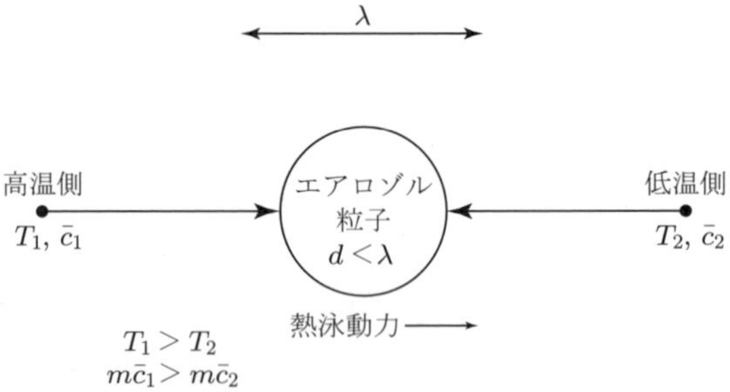

図 8.2 温度勾配中での粒子への分子の衝突（$d<\lambda$）．粒子の側面左から受ける運動量が大きくなると，正味の力が発生する

向かって力が生じる．これが熱泳動力である．熱泳動力は，粒子表面における気体分子の反射の状況によっても変化するため，それを厳密に表すことはここで述べたよりも複雑である（Waldmann and Schmitt, 1966）．粒径 d の粒子にはたらく熱泳動力は，理論的には次式で表される．

$$F_{\mathrm{th}} = \frac{-p\lambda d^2 \Delta T}{T} \quad (d < \lambda \text{ のとき}) \tag{8.1}$$

ここで，p は気体の圧力，λ は気体分子の平均自由行程，ΔT は温度勾配，T は絶対温度である．熱泳動力は温度が低い方向にはたらくため,負の符号がついている．Waldmann and Schmitt, 1966 によると，熱泳動速度（thermophoretic velocity）V_{th} は次式で表される．

$$V_{\mathrm{th}} = \frac{-0.55\eta \Delta T}{\rho_g T} \quad (d < \lambda \text{ のとき}) \tag{8.2}$$

熱泳動速度は粒径とは無関係であり，温度勾配に比例する．標準状態（20℃，1 atm）においては，単位温度勾配（1 K/cm）あたりの熱泳動速度は次式となる．

$$V_{\mathrm{th}} = -2.8 \times 10^{-8} \Delta T \quad (V_{\mathrm{th}}\,(\mathrm{m/s}),\ \Delta T\ (\mathrm{K/m}) \text{のとき}) \tag{8.3}$$

$$[V_{\mathrm{th}} = -2.8 \times 10^{-4} \Delta T \quad (V_{\mathrm{th}}\,(\mathrm{cm/s}),\ \Delta T\ (\mathrm{K/cm}) \text{のとき})]$$

大きな粒子（$d>\lambda$）の場合には，粒子内に温度勾配が生じるため，熱泳動の現象はさらに複雑になる．粒子内の温度勾配は，粒子のごく近傍の気体の温度勾配に影響を及ぼす．結果的に粒子の受ける運動量は，依然として低温側より高温側のほうが大きく，したがって正味の力は小さい粒子のときと同様，低温側に向かって作用する．この場合，熱泳動力は粒子の熱伝導率 k と空気の熱伝導率 k_p との比による影響を受ける．$d>\lambda$ の粒子にはたらく熱泳動力は次式で与えられる．

$$F_{\mathrm{th}} = \frac{-9\pi d\eta^2 H \Delta T}{2\rho_g T} \quad (d > \lambda \text{ のとき}) \tag{8.4}$$

ここで，係数 H には粒子内部の温度勾配の影響が含まれ，ΔT は粒子が存在しない場合の気体の全体的な勾配である．Talbot et al., 1980 によって提案された分子適応係数（molecular accommodation coefficient）を使用すると，H は次のように表される．

$$H \cong \left(\frac{1}{1+6\lambda/d}\right)\left(\frac{k_a/k_p + 4.4\lambda/d}{1+2k_a/k_p + 8.8\lambda/d}\right) \tag{8.5}$$

ただし，k_a は空気の熱伝導率，k_p は粒子の熱伝導率である．

空気およびさまざまなエアロゾル粒子成分の熱伝導率を表 8.1 に示す．$d>\lambda$ の

表 8.1　さまざまな物質の熱伝導率 [a]

物質	熱伝導率	
	W/(m·K)	(cal/(cm·s·K))[b]
20℃の空気 [c]	0.026	0.000062
ヒマシ油	0.18	0.00043
グリセロール	0.27	0.00064
水銀	8.4	0.02
パラフィンオイル	0.13	0.00030
水	0.59	0.0014
アスベスト	0.079	0.00019
カーボン	4.2	0.01
粘土	0.71	0.0017
溶融シリカ	1.0	0.0024
ガラス	0.84	0.002
花崗岩	2.1	0.005
鉄	66.9	0.16
酸化マグネシウム	0.13	0.0003
水晶	9.6	0.023
塩化ナトリウム	6.6	0.016
ステアリン酸	0.13	0.0003

a) After Mercer, 1973.
b) $k(\mathrm{cal/(cm \cdot s \cdot K)}) = 0.00239 \times k(\mathrm{W/(m \cdot K)})$.
c) $k_a = (0.00265 \times T^{1.5}) \times (T + 245 \times 10^{-(12/T)})^{-1}$ W/(m·K).

場合の熱泳動速度は，式 (8.4) とストークスの抗力とが等しいとおくことにより，次式のように求められる．

$$V_{\mathrm{th}} = \frac{-3\eta C_c H \Delta T}{2\rho_g T} \quad (d > \lambda \text{ のとき}) \tag{8.6}$$

図 8.3 に示すように，大きな粒子（$d>\lambda$）の熱泳動速度は，小さな粒子（$d<\lambda$）の熱泳動速度とは対照的に，粒径と熱伝導率に依存する．粒子は回転ブラウン運動をしているが，これにより粒子内での温度勾配の形成が妨げられることはない．なぜなら，粒子が 1 回転するのに必要な時間は，温度勾配が形成されるのに要する時間に比べて十分長いからである（Fuchs, 1964）．

表 8.2 は，100 K/m [1 K/cm] の温度勾配による熱泳動速度と終末沈降速度とを比較したものである．0.1 μm 未満の粒子では，このような弱い温度勾配であっても V_{th} は V_{TS} よりも大きくなる．表 8.3 は，この温度勾配による熱泳動で，100 秒

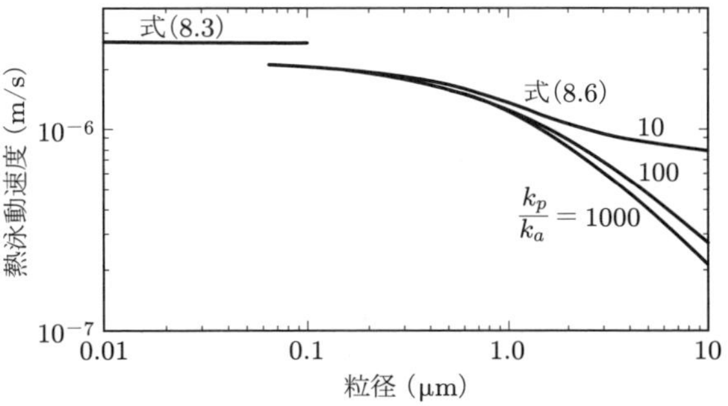

図 8.3 標準状態における 100 K/m [1.0℃/cm] の温度勾配による熱泳動速度．パラメータは熱伝導率の比 (k_p/k_a)

表 8.2 100 K/m [1℃/cm] の温度勾配による熱泳動速度と終末沈降速度との比較 (293 K [20℃])

粒径 (μm)	終末沈降速度 (m/s)	熱泳動速度 a) (m/s)
0.01	6.7×10^{-8}	2.8×10^{-6}
0.1	8.6×10^{-7}	2.0×10^{-6}
1.0	3.5×10^{-5}	1.3×10^{-6}
10.0	3.1×10^{-3}	7.8×10^{-6}

a) $k_p = 10\ k_a$.

表 8.3 拡散および熱泳動による 100 秒間の累積沈着数 (293 K [20℃]，温度勾配 100 K/m [1℃/cm]，単位濃度エアロゾル)

粒径 (μm)	累積沈着数	
	拡散 (個/m^2)	熱泳動 a) (個/m^2)
0.01	2 600	280
0.1	290	200
1.0	59	130
10.0	17	78

a) $k_p = 10\ k_a$.

間に表面に沈着する 0.2 μm 以上の粒子数が，拡散による沈着粒子数を超えることを示している．

例題　それぞれが40℃と0℃に保たれ，1 mmの間隔で設置された2枚の垂直平行板の間に，粒径3.0 µmの塩化ナトリウム粒子を通過させる．このとき，低温側平板に向かう熱泳動速度はいくらか．

解

$$\frac{k_a}{k_p} = \frac{0.026}{6.6} = 0.0039, \qquad \frac{\lambda}{d} = \frac{0.066}{3} = 0.022$$

式 (8.5) より次のように求められる．

$$H = \left(\frac{1}{1+6(0.022)}\right)\left(\frac{0.0039+4.4(0.022)}{1+2(0.0039)+8.8(0.022)}\right) = 0.074$$

式 (8.6) より次のように求められる．

$$V_{\mathrm{th}} = \frac{-3\times 1.81\times 10^{-5}\times 0.074((0-40)/0.001)}{2\times 1.2\times 293} = 2.3\times 10^{-4}\ \mathrm{m/s}$$

$$\left[V_{\mathrm{th}} = \frac{-3\times 1.81\times 10^{-4}\times 0.074((0-40)\,/\,0.1)}{2\times 1.2\times 10^{-3}\times 293} = 0.023\ \mathrm{cm/s}\right]$$

8.2　熱輻射塵埃計（サーマルプレシピテータ）

熱輻射塵埃計（サーマルプレシピテータ（thermal precipitator））は，熱泳動の原理を用いてエアロゾル粒子を表面に沈着させ，捕集する装置である．この装置には，ワイヤ状，リボン状またはプレート状の加熱部があり，周辺温度に保持された表面と加熱部との間にエアロゾルを通し，その表面に粒子を沈着させる．図8.4に示すように，これまで，加熱部と粒子沈着面との組み合わせとして，ワイヤとプレート（図8.1参照），二重円筒間，プレート対プレートなどさまざまな方式の装置が開発されてきた（Su et al., 2017参照）．周囲温度の粒子沈着表面には，通常，分析に直接使用できる電子顕微鏡グリッドを使用する（20.4節参照）．サンプリング流量は，2×10^{-3} L/min [2 cm^3/min] から約2 L/minの範囲である（Meyer, 2015参照）．比較的低い流量でサンプリングすることにより，粒子の物理的変化（すなわち，粒子および粒径分布の変化）が最小限に抑えられる（Su et al., 2017）．

熱泳動速度は粒径によって減少しないため，熱輻射塵埃計は低濃度の小さな粒子（<0.5 µm）の収集に適しており，煤粒子（Messerer et al., 2003），環境中の粒子状物質（Su et al., 2017），およびナノ粒子（Azong-Wara et al., 2013）の捕集に応用している．歴史的には，英国の鉱山で粉塵濃度を測定するための基準サンプラとして，加熱されたワイヤとプレートを組み合わせた熱輻射塵埃計が使用されてきた．

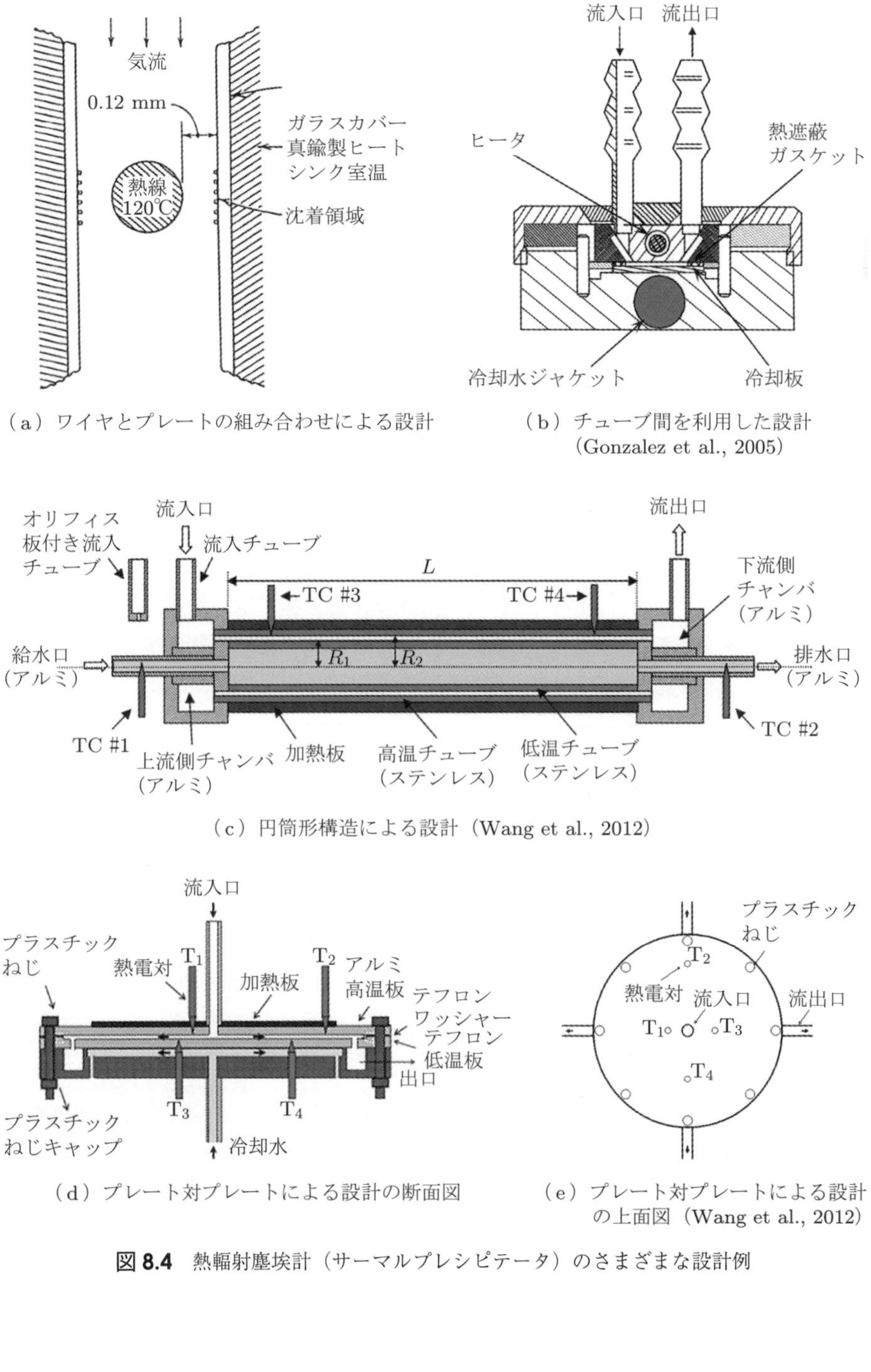

（a）ワイヤとプレートの組み合わせによる設計

（b）チューブ間を利用した設計（Gonzalez et al., 2005）

（c）円筒形構造による設計（Wang et al., 2012）

（d）プレート対プレートによる設計の断面図

（e）プレート対プレートによる設計の上面図（Wang et al., 2012）

図 8.4　熱輻射塵埃計（サーマルプレシピテータ）のさまざまな設計例

熱輻射塵埃計の最新バージョンは，Gonzalez et al., 2005，Azong-Wara et al., 2009，およびLeith et al., 2014らが提案している．Leith et al., 2014が開発した装置はTPS100 Thermophoretic Personal Samplerとして商品化されており，RJ Lee Group（ペンシルバニア州モンロービル）から入手できる．この装置は，5×10^{-3} L/min [5 cm^3/min] のサンプリング流量，50 ～ 95 K の温度差によって粒子を捕集し，そのまま電子顕微鏡で分析できる．

小さな粒子は大きな粒子よりも熱泳動速度が大きいため，ワイヤとプレートを組み合わせた熱輻射塵埃計では，最も小さな粒子が最初に沈着し，より大きな粒子がさらに下流に沈着する．この現象は，加熱ワイヤの代わりに加熱プレートを使用するか，ワイヤに対して捕集表面をゆっくりと移動させることによって最小限に抑えることができる．加熱プレートの場合，粒子はより長い時間熱泳動力にさらされるため，温度勾配をそれほど大きくする必要はない．

内部の温度勾配を大きく設定できれば，熱泳動を応用した空気清浄機も実現可能ではあるが，主要メカニズムとして熱泳動を使用した空気清浄機は現在のところ開発されていない．マイクロエレクトロニクスの製造工程では，製品を周囲の空気よりも高い温度に維持することで熱泳動を応用し，表面への粒子沈着量を削減する対策としている例がある．

8.3　光泳動，拡散泳動，ステファン流

光泳動（photophoresis）と輻射圧（radiation pressure）による運動という2種類のエアロゾル粒子の運動が光の照射によって引き起こされる．光泳動は熱泳動の特殊な場合であり，粒子に光が当たることによって粒子内部に温度勾配が生じることにより起こる．このとき，粒子近傍の気体にも同様に温度勾配が生じ，8.1節で述べたような輻射力が生じる．光泳動の機構は熱泳動と同様であるが，気体全体にわたる温度勾配は必要としない．光泳動の場合，粒子内の温度勾配を測定することが困難なため，熱泳動の場合よりもその現象を把握することが難しい．光泳動力（photophoretic force）は，光の強さと波長，粒子の大きさ，形状，構成物質，および気体の圧力に左右され，力は$\lambda\approx d$のときに最大となる．後述する輻射圧とは異なり，光泳動は粒子とまわりの気体との相互作用により起こるため，真空中では発生しない．

光泳動が起こるためには，粒子が入射光線の一部を吸収しなければならない．粒

子が光を強く吸収する場合，粒子の光源側に高温部分ができ，光泳動力は光源から離れる方向にはたらく．粒子が光を弱く吸収する場合，粒径と吸収率によって入射光線が光源に対して粒子の反対側に焦点を結ぶことがある．この場合には，粒子の光源から離れた側が加熱され，粒子は光源に向かって輻射力を受ける．この現象は逆光泳動（reverse photophoresis）とよばれている．光泳動については，Chernyak et al., 1993 と Jovanovic, 2009 が報告している．光泳動は，大気上層部でのサブミクロン粒子の運動に大きな影響を及ぼしていると考えられるが，その現象を実用的に応用したものはない．

輻射圧または光圧（light pressure）は，光そのものの偏向や吸収による運動量の直接伝達によって生じる．光は光子の流れとして考えられ，粒子によって光子が偏向（あるいは吸収）を受けると光子の運動量が変化し，それにより光源から離れる方向にはたらく力が生じる．輻射圧によって粒子にはたらく力は，次式で表される．

$$F_{\mathrm{rp}} = \frac{I_0 \pi d^2 Q_{\mathrm{rp}}}{4c} \tag{8.7}$$

ここで，I_0 は光の入射強度，c は光速である．また Q_{rp} は効率を表す係数であり，粒子に入射した光線のうち，粒子を光源から離れる方向に作用する運動量移動を引き起こす光線の割合である．Q_{rp} は，粒径，光の波長，屈折率，および吸収率によって決定される複雑な関数である（Kerker, 1969）．可視光線による輻射圧は，粒径が 0.3 μm 未満の場合には，粒径が小さくなるにつれて急激に減少する．

輻射圧には電磁放射が直接影響しているため，粒子が真空中にあっても空気中にあっても，その力はまったく同じである．彗星の尾が太陽から離れる方向に押し流されるのも，この輻射圧によるものである．彗星の尾は，彗星本体から生じた微細な粒子から構成されており，その長さは数百マイルにも及ぶ．強力なレーザ光線を用いて粒子（1 ～ 100 μm）を重力に逆らって持ち上げる実験なども行われている（Ashkin, 1980）．

不均一な混合気体中の粒子は，気体成分の濃度勾配により拡散泳動力（diffusiophoretic force）を受ける．これは，気体分子から粒子に与えられる運動量が不均一であることにより生じる力である．空気中に他の気体，あるいは蒸気が拡散しているとき，全圧が一定に保たれるように蒸気と空気が別々の方向に拡散することがあり，必然的に濃度勾配が形成される．もし，蒸気分子が空気分子より重ければ，粒子に作用する運動量は，高濃度の蒸気側からのほうが大きくなる．このため，粒子を重い分子の拡散方向に移動させる力が生じる．この力の強さは気体の分子量，拡散係数および濃度勾配により左右されるが，エアロゾルの粒径による影響はほとんどない．

蒸発あるいは凝縮している液体表面近傍では，状況はさらに複雑である．濃度勾配と拡散泳動に加えて，ステファン流（Stefan flow）とよばれる空気力学的流れが存在する．この流れは，蒸発あるいは凝縮している表面近傍の粒子にステファン抗力を及ぼす．ステファン流は，蒸発している表面で発生し，凝縮している表面に向かって流れる．等温状態では，蒸発を生じている表面の近傍にステファン流によって，熱泳動の場合に見られるものと同様なエアロゾル粒子の存在しない層が形成される．この層が初めて観察されたのは 100 年以上前のことである．

蒸発表面の近傍で全圧が一定に保たれるためには，蒸気の濃度勾配と空気の濃度勾配とが逆向きで等しい大きさをもち，平衡が保たれていなければならない．空気の濃度勾配により，空気分子は絶えず液滴の表面に向かって拡散するが，空気は液滴の表面に蓄積されることはない．したがって，この表面方向への空気の拡散を相殺するためには，表面から離れる方向へ向かう気流が存在しなければならない．これがステファン流である．この表面から離れる方向への空気の移動は，表面に向かう空気の濃度勾配とは逆向きのものであり，拡散によるものではない．空気が蒸発表面に到達した時点で凝縮が生じる場合には，ステファン流は生じない．しかし，常温ではこうした状況は起こらないため，ステファン流は表面から離れる方向に生じる．表面で凝縮が起こっている場合には状況は逆転し，ステファン流は表面に向かう．

ほとんどの場合，蒸発あるいは凝縮している表面近傍の粒子には，拡散泳動とステファン流の両方が同時に作用している．これらの力は，同方向の場合もあれば反対方向の場合もある．気体と蒸気の分子量が等しい場合，拡散泳動は生じないが，ステファン流は存在する．

標準状態での空気中の水蒸気について，Goldsmith and May, 1966 は，拡散泳動とステファン流の組み合わせから生じる速度の経験式を次のように導出している．

$$V_{\mathrm{dsf}} = -1.9 \times 10^{-7} \frac{\mathrm{d}p}{\mathrm{d}x} \tag{8.8}$$

ここで，V_{dsf} の単位は m/s，$\mathrm{d}p/\mathrm{d}x$ は蒸気の局部的な圧力勾配（kPa/m）であり，cgs 単位系では V_{dsf} の単位は cm/s，$\mathrm{d}p/\mathrm{d}x$ の単位は kPa/cm，係数は -1.9×10^{-3} となる．式 (8.8) によって与えられる速度は，蒸発液滴から離れる，または凝縮液

滴に向かう方向の速度である．後者の流れは，ベンチュリスクラバなどの空気清浄装置に利用されている．過飽和状態を作ることにより，凝縮とステファン流を発生させ，微粒子を凝縮液滴や表面に捕捉できる．

問題

8.1　直径 2 μm のパラフィン油滴（密度＝900 kg/m^3 [0.9 g/cm^3]）が水平面と平行に流れている．粒子が表面に沈降するのを防ぐにはどの程度の温度勾配が必要か．T＝20℃とする．

解答：8 300 K/m [83 K/cm]

8.2　図 8.4 (a) に示す熱輻射塵埃計において粒径 1.0 μm の溶融シリカ粒子の最大熱泳動速度を求めよ．ワイヤ・プレート間の温度勾配が均一で，ワイヤ温度 120℃，プレート温度 20 ℃と仮定する．
［ヒント：ρ_g，η，λ，および c_c は中間温度で評価する．］

解答：12 mm/s [1.2 cm/s]

8.3　粒径 0.5 μm のステアリン酸粒子が標準状態で直射日光を受けた場合，粒子に作用する輻射圧による力を計算せよ．また，そのときの粒子の速度はいくらか．日射の強度は約 1 200 W/m^2，Q_{rp}＝1.0 と仮定する．

解答：7.8×10^{-19} N，1.2×10^{-8} m/s [7.8×10^{-14} dyn，1.2×10^{-6} cm/s]

8.4　－2 000 K/m [－20 K/cm] の垂直温度勾配があるとき，沈降しないパラフィン油滴（ρ_p＝900 kg/m^3 [0.9 g/cm^3]）の大きさを求めよ（マイナス記号は温度が上方向に下がることを示す）．T＝20℃，H＝0.17 と仮定する．

解答：0.98 μm

参考文献

Ashkin, A., "Applications of Laser Radiation Pressure", *Science*, **210**, 1081-1088 (1980).

Fuchs, N. A., *The Mechanics of Aerosols*, Pergamon, Oxford, U.K., 1964.

Azong-Wara, N., Asbach, C., Stahlmecke, B. et al., "Design and Experimental Evaluation of a New Nanoparticle Thermophoretic Personal Sampler", *J Nanopart Res*, **15**, 1530 (2013).

Azong-Wara, N., Asbach, C., Stahlmecke, B. et al., "Optimisation of a Thermophoretic Personal Sampler for Nanoparticle Exposure Studies", *J Nanopart Res*, **11**, 1611 (2009).

Chernyak, V., and Beresnev, S., "Photophoresis of Aerosol Particles", *J. Aerosol Sci.*, **24**, 857-

866 (1993).

Goldsmith, P., and May F. G., "Diffusiophoresis and Thermophoresis inWater Vapour Systems", in Davies, C. N., (Ed.), *Aerosol Science*, Academic Press, London, 1966.

Gonzalez, D., Nasibulin, A. G., Baklanov, A. M., et al., "A New Thermophoretic Precipitator for Collection of Nanometer-Sized Aerosol Particles", *Aerosol Sci. and Technol.*, **39**, 1064-1071 (2005).

Green, H. L., andWatson H. H., *Med. Res. Council, Spec. Rept*, No. 199, His Majesty's Stationery Office, London, 1935.

Jovanovic, O., "Photophoresis—Light Induced Motion of Particles Suspended in Gas", J. of Quant. Spectros. *Radiat. Transf.*, **110**, 889-901 (2009).

Kerker, M., *The Scattering of Light*, Academic Press, New York, 1969.

Leith, D., Miller-Lionberg, D., Casuccio, G., et al., "Development of a Transfer Function for a Personal, Thermophoretic Nanoparticle Sampler", *Aerosol Sci. and Technol.*, **48**, 81-89 (2014).

Messerer, A., Niessner, R., and Pöschl, U. "Thermophoretic Deposition of Soot Aerosol Particles Under Experimental Conditions Relevant for Modern Diesel Engine Exhaust Gas Systems", *J. Aerosol Sci.*, **34**, 1009-1021 (2003).

Mercer, T. T., Aerosol Technology in Hazard Evaluation, Academic Press, New York, 1973.

Meyer, M., "Design of a Thermal Precipitator for the Characterization of Smoke Particles from Common Spacecraft Materials", *National Aeronautics and Space Administration (NASA) Technical Memorandum*, 2015-218746 (June 2015).

Talbot, L., Cheng, R. K., Schefer, R.W. and Willis, D. R., "Thermophoresis of Particles in a Heated Boundary Layer", *J. Fluid Mech.*, **101**, 737-758 (1980).

Waldmann, L., and Schmitt, K.H., "Thermophoresis and Diffusiophoresis of Aerosols", in Davies, C. N. (Ed.), *Aerosol Science*, Academic Press, London, 1966.

Wang, B., Ou, Q., Tao, S., and Chen, D-R., "Performance Study of a Disk-to-Disk Thermal Precipitator", *J. Aerosol Sci.*, **52**, 45-56 (2012).

Wang, B., Tao, S. and Chen, D-R., "A Cylindrical Thermal Precipitator with a Particle Size-Selective Inlet", *Aerosol Sci. and Technol.*, **46**, 1227-1238 (2012).

9 濾 過

濾過（filtration）によるエアロゾル粒子の捕集は，エアロゾルサンプリングの最も一般的な方法であり，空気浄化にも広く用いられている．濾過はエアロゾル粒子を捕集する単純な方法であり，利用範囲も広く，経済的である．とくに粒子濃度が低い場合には，繊維フィルタを用いて高効率でかつ最も経済的にサブミクロン粒子を捕集できる．エアロゾルの濾過は，呼吸器の保護，精錬所からの排気の浄化，放射性物質や有害物質の処理，クリーンルームなど，さまざまな分野で応用されている．

濾過の一般原理はよく知られているが，その過程は複雑であり，理論と実験の間にはまだ大きな隔たりがある．しかし，濾過については理論的および実験的研究が活発に行われており，これまで非常に多くの論文，文献が公表されている．

この章では，繊維フィルタや多孔性メンブレンフィルタの性質，微粒子の捕集メカニズムを概説し，フィルタの基本的な性質である捕集効率と圧力損失が，フィルタのグレードや対象粒径によってどのように変化するかについて述べる．以下に示す濾過に関する説明では，前章までに述べた多くの概念や基礎理論，およびこれらを統合した理論が応用されている．

9.1 フィルタの巨視的性質

エアロゾルの捕集に用いるフィルタのうち最も重要なものは，繊維フィルタと多孔質メンブレンフィルタである．繊維フィルタ（fibrous filter）は，これを構成する繊維のほとんどが気流に垂直となるよう配置した微細繊維の層で構成されている．図 9.1 に示すように，これらのフィルタの内部はほとんどが空気であり，空隙率（porosity）は 70％から 99％以上になる．繊維径はサブミクロンから 100 μm の範囲である．最も一般的なものには，セルロース繊維（木質繊維），ガラス繊維，プラスチック繊維が用いられている．高効率フィルタを通過する空気速度は，通常

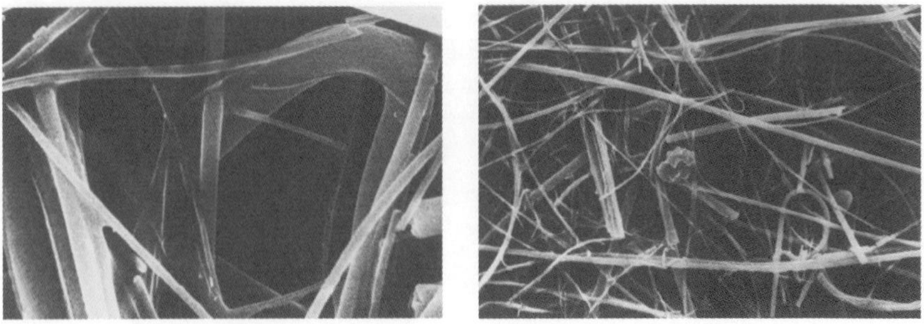

（a）4 150 倍　（b）800 倍

図 9.1　高効率ガラス繊維フィルタの SEM 写真

は非常に遅く，0.1 m/s［10 cm/s］程度である．通過速度を低下させるため，フィルタ面積を大きくするようフィルタ素材をひだ状に加工することが多い．

エアロゾルの濾過メカニズムについては，フィルタが微細なふるいのようなはたらきをしており，その開口よりも小さな粒子のみが通過すると誤解されることが多い．この考えは，固体粒子の液体濾過の場合には当てはまる場合もあるが，エアロゾルの濾過メカニズムを正しく表してはいない．以下に示すように，繊維フィルタ内での粒子の除去は，繊維表面への衝突と付着によって行われる．

図 9.2 に示すように，多孔質メンブレンフィルタ（porous membrane filter）は，繊維フィルタとは異なる構造をしており，空隙率は 50 ～ 90％と低い．エアロゾルはフィルタ内の複雑な細孔構造により形成された不規則な流路を通って流れ，このとき粒子が細孔を構成している部材上に付着し，空気の流れから除去される．多孔質メンブレンフィルタは，他の方式のフィルタに比べ，粒子の除去効率は高いが，

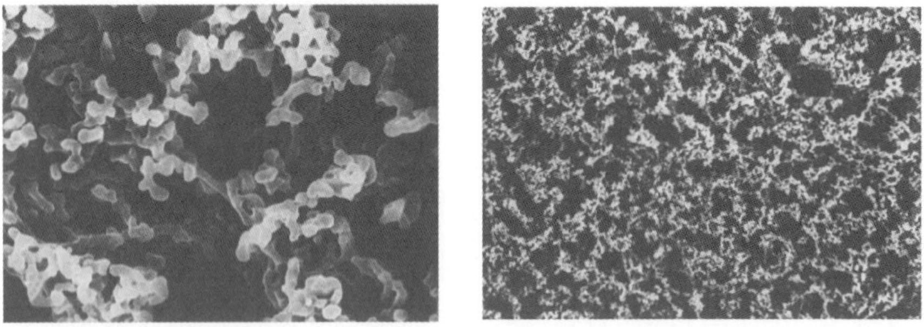

（a）4 150 倍　（b）800 倍

図 9.2　孔径 0.8 μm のセルロースエステル製多孔質メンブレンフィルタの SEM 写真

圧力損失も大きい．また通常，多孔質メンブレンフィルタでは，生産者が表示する孔径よりもはるかに小さな粒子に対しても高い捕集効率が得られる．多孔質メンブレンフィルタは，セルロースエステル，焼結金属，ポリ塩化ビニル，テフロン，その他のプラスチックから作られている．

図 9.3 に示すキャピラリーメンブレンフィルタ（capillary pore membrane filter）には，フィルタ表面にほぼ垂直で，均一な直径の微細な円筒形の穴が並んでいる．このフィルタは厚さ 10 μm のポリカーボネートフィルムでできており，放射線粒子などを衝突させ，その後エッチング処理することにより円筒形の細孔を形成している．孔径より小さい粒子の捕集効率は，多孔質メンブレンフィルタに比べて低いが，表面が滑らかなため，走査型電子顕微鏡観察用の粒子捕集用にとくに有用である．

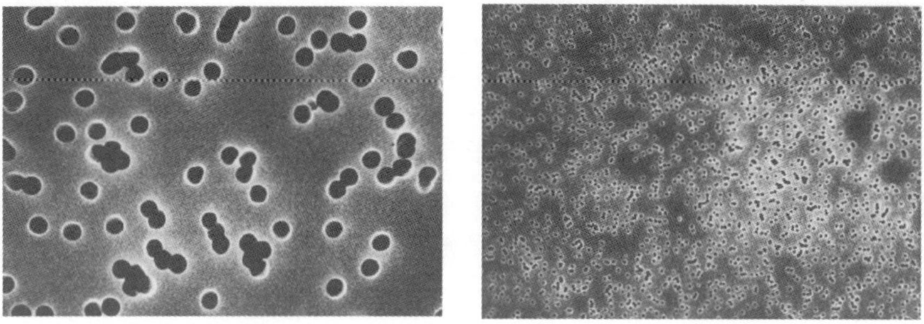

（a）4 150 倍　　（b）800 倍

図 9.3 細孔径 0.8 μm のキャピラリーメンブレンフィルタの SEM 写真

布フィルタ（fablic filtration）は，繊維フィルタと混同されることが多いが，工業用空気浄化において，高濃度の粉塵を高効率で濾過するために用いられる．布フィルタは，数千枚の布製バッグを並列に並べた大規模な設備として用いられることが多い．一般に各バッグは，直径 0.12 ～ 0.4 m [12 ～ 40 cm]，高さ 3 ～ 10 m である．織布またはフェルト布の初期の捕集効率は低いが，粉塵の層が布の上に形成されると高い効率を示すようになる．濾過効率が高くなるのは，布上に堆積した粉塵の層が多孔性であるためである．家庭用の掃除機は，この型の濾過を単純化したものである．工業用の場合，定期的にバッグを震動させる．これは粉塵層の厚さを減らし，空気を流れやすくするためである．このフィルタは，他の型のフィルタよりも大きな圧力損失のもとで使用される．排ガスを浄化するために高温で使用できる布が近年着目されている．さらに交通関連の大気汚染物質，とくに超微粒子を効率的に除去する手段として，高効率客室空気（high efficiency cabin air：HECA）フィルタが車内用として使用されている（Lee and Zhu, 2014 参照）.

粒状床濾過（granular-bed filtration）では，エアロゾル粒子が細粒の床（水平層）を通過するときに，繊維フィルタと同じメカニズムにより粒子が捕集される．粒状床濾過は主に腐食性エアロゾルや高温エアロゾルを含む空気の浄化に使用されるが，本書では取り上げない（Tien, 1989 参照）.

フィルタを粒子のサンプリングに用いる場合，その能力は一般に捕集効率（collection efficiency．フィルタに流入する粒子と捕集された粒子との比）で表される．捕集効率は，個数捕集効率 $\mathbf{E}_c$ または質量捕集効率 $\mathbf{E}_m$ のいずれかで表される．一般に質量捕集効率は個数捕集効率よりも高い値を示す.

$$\mathbf{E}_c = \frac{N_{\mathrm{in}} - N_{\mathrm{out}}}{N_{\mathrm{in}}} \tag{9.1}$$

$$\mathbf{E}_m = \frac{C_{\mathrm{in}} - C_{\mathrm{out}}}{C_{\mathrm{in}}} \tag{9.2}$$

ここで，N と C はフィルタに流入する粒子とフィルタから流出する粒子数と質量濃度である.

一方，空気浄化装置の性能は，通常，透過率（penetration）$\mathbf{P}$ で表される．透過率は，流入粒子に対するフィルタを透過する粒子の比である.

$$\mathbf{P} = \frac{N_{\mathrm{out}}}{N_{\mathrm{in}}} = 1 - \mathbf{E} \tag{9.3}$$

$$\mathbf{P}_m = \frac{C_{\mathrm{out}}}{C_{\mathrm{in}}} = 1 - \mathbf{E}_m \tag{9.4}$$

なお透過率の記号は，捕集効率の表記に合わせて，下付き添え字で，個数に関するもの，質量に関するものを区別した．フィルタの捕集効率が高い場合，捕集効率がごくわずかに変化しても透過率は大きく変化する．捕集効率が 99％から 99.9％となった場合でも，透過率は 10 倍異なる.

フィルタ表面における空気の速度．すなわちフィルタに流入する直前の空気速度は，面風速（face velocity）U_0 とよばれている.

$$U_0 = \frac{Q}{A} \tag{9.5}$$

ここで，Q はフィルタを通過する体積流量，A は空気の流れを受けているフィルタの断面積である．フィルタ内部では，空気の通過流路の面積が繊維（あるいはメンプレンや顆粒）によって縮小されるため，空気速度 U は U_0 よりわずかに大きくなる．したがって，次のようになる．

$$U = \frac{Q}{A(1-\alpha)} \tag{9.6}$$

ここで，α は繊維体積の割合であり，充填密度あるいは充填率（packing density, solidity）とよばれている．繊維フィルタの場合，α は次式で定義され，通常 0.01 〜 0.3 の値をとる．

$$\alpha = \frac{\text{繊維の体積}}{\text{全体積}} = 1 - \text{空隙率} \tag{9.7}$$

ふるいによる粒子の捕集では，理想的にはふるいの目より大きな粒子を 100％捕集し，小さい粒子を 100％通過させる．ふるいの場合とは異なり，繊維フィルタは多数の薄い層から構成されており，各層は特定の粒径の粒子を一定の確率で捕集する．したがって，単分散エアロゾルに対する繊維フィルタの濾過効率は，フィルタが厚くなれば増加する．単分散エアロゾルに対する濾過効率は，フィルタが厚くなれば向上する．γ を単位厚さ $\mathrm{d}t$ の層あたりの捕集効率とすると，単位体積のエアロゾルが層を通過する際に捕集される粒子数 n_c は次のようになる．

$$n_c = N\gamma\mathrm{d}t \tag{9.8}$$

ここで，N はフィルタに流入する粒子の個数濃度である．フィルタの層を通過するエアロゾルの個数濃度の減少は，層を通過するエアロゾルの単位体積あたりに捕集される粒子数 n_c に等しいから，次式となる．

$$\mathrm{d}N = -n_c = -N\gamma\mathrm{d}t \tag{9.9}$$

フィルタ全体については，式 (9.9) をフィルタの厚さ全体にわたって積分して

$$\int_{N_{\text{in}}}^{N_{\text{out}}} \frac{\mathrm{d}N}{N} = \int_0^t (-\gamma)\,\mathrm{d}t \tag{9.10}$$

となり，これより，次のようになる．

$$\ln\left(\frac{N_{\text{out}}}{N_{\text{in}}}\right) = -\gamma t$$

$$\mathbf{P} = e^{-\gamma t} \tag{9.11}$$

したがって，粒子の透過率はフィルタ厚の増加に伴って指数的に減少する．γ の値は，次章に詳述するが，粒径，面風速，フィルタの充填率，および繊維径に依存する．式 (9.11) は，単分散エアロゾル，および多分散エアロゾル中の特定の粒径の粒子に対しては成り立つが，多分散エアロゾル全体の透過率には当てはまらない．

捕集されやすい粒子は，最初の数層で除去されてしまうが，捕集されにくい粒子は，ほとんど除去されずに通過する．したがって，エアロゾルがフィルタ内を通過するにつれて粒子の粒径分布が変化する．γ は粒径によって異なるため，多分散エアロゾルの場合には γ そのものもフィルタ内の位置によって変化することになる．

繊維フィルタには捕集効率が最小となる粒径が存在し，普通は 0.05 ～ 0.5 μm に捕集効率の最小値が存在する．また特定の粒径に対しては，捕集効率が最小となる面風速も存在する．これらの影響およびこれらを引き起こすメカニズムについては，次の二つの節で詳述する．

フィルタを構成する物質は，通過する気流に抵抗を与え，圧力降下すなわち圧力損失（pressure drop）Δp を生じさせる．面風速が一定の場合，フィルタの圧力損失はフィルタの厚さに比例する．このことは，厚さを 2 倍にした場合，2 枚の同じフィルタを直列に並べて使用した場合と同等であることを考えれば理解できる．2 枚のフィルタを直列に使用した場合，気流速度と抵抗は双方のフィルタで同じであり，総合的な抵抗は各々の抵抗を足し合わせればよい．

後述するように，ほとんどの場合フィルタ中の流れは層流であり，したがって圧力降下は通過する空気速度に比例する．フィルタの性質，たとえば繊維径や孔径，α，U_0 あるいは t などのうちいずれかが変化しても，特定の粒径に対する捕集効率および圧力損失はどちらも変化する．最良のフィルタとは，圧力損失を最小限に抑えながら最高の捕集効率を実現するフィルタである．さまざまなタイプや厚さのフィルタを比較する際に，基準として用いられるのはフィルタ性能（filter quality）q_F である．これは，単位厚さあたりの圧力損失に対する γ の比 $\Delta p/t$ で表される．$\gamma = -\ln(\mathbf{P})/t = \ln(1/\mathbf{P})/t$ であるから，次式を得る．

$$q_F = \frac{\gamma t}{\Delta p} = \frac{\ln(1/\mathbf{P})}{\Delta p} \tag{9.12}$$

q_F の値が大きいほどフィルタ性能は高くなる．q_F の値は，同じ面風速，同じ粒径の粒子に対して比較しなければならない．市販されているフィルタ材料の性能を表 9.1 に示す．

繊維フィルタでは，フィルタ内に収集された粒子が蓄積する粉塵の負荷（粉塵負荷量（dust loading））により，効率と圧力損失の両方が増加する．初期の段階ではこの性質は有利にはたらき，フィルタ性能が向上するが，最終的には圧力降下が過大となり，フィルタは目詰まりを起こす．α の値が小さいフィルタは，粉塵負荷量が多くなっても目詰まりを起こすことはない．活性炭への蒸気の吸着とは異なり，

表 9.1 一般的なエアロゾル捕集用フィルタの材料

フィルタ名	方式	材料	厚さ (μm)	繊維径または孔径 (μm)	充填率	圧損[a] (kPa)	捕集効率 (%)[a)〜c)]	フィルタ特性 (kPa^{-1})[a), b)]
Whatman 41	繊維	セルロース	215	20	0.14	2.5[d)]	72[d)]	0.52[d)]
Millipore Isopore	CPM（毛細管メンブレン）	ポリカーボネート	23	2	0.94	9.3	94.54〜100	0.31
PALL PTFE	メンブレン	Polytetra-fluoroethylene（PTFE）	46	2	NA[e)]	2.5	99.69〜100	2.28
Sterlitech GA-55	繊維	Glass	210	0.6	0.12	0.3[f)]	99.99	27.91[f)]
MF-Millipore	メンブレン	Mixed Cellulose Ester（MCE）	150	0.8	0.18	6.2	99.99〜100	1.49
Sterlitech	メンブレン	銀	50	0.8	0.4	4.3	86.51〜100	0.47

a）とくに明記しないかぎり $U_0 = 20.5$ cm/s の場合.
b）多分散 NaCl エアロゾルの場合.
c）Soo et.al., 2016.
d）Lippmann, 2001. $U_0 = 27$ cm/s, $d_p = 0.3$ μm の場合.
e）メーカによっては適用不可.
f）$U_0 = 5$ cm/s の場合.

繊維フィルタでは，通常，粉塵粒子が貫通する問題は生じない（訳者注：活性炭フィルタの場合，飽和吸着量を超えると捕集対象物がそのまま通過してしまう）．しかし，気流速度が非常に速い場合には，蓄積した液体が液滴として放出されたり，粉塵負荷量が大きくなりすぎたフィルタがたわみ，粉塵の塊が脱落したりすることがある．

エアロゾルのサンプリングを目的としてフィルタを選択する場合には，捕集効率，圧力損失に加えて，適用する分析方法についても十分に考慮する必要がある．質量分析の場合には，時間経過や取り扱いの方法，温度，相対湿度の変化などに対してフィルタの質量が安定していることが求められる（10.4 節参照）．実際の計量および保管条件下では，フィルタの質量変化を 0.2% 以下（直径 37 mm のメンブレンフィルタでは 100 μg 以下の質量変化）に抑えることは困難である．セルロース繊維フィルタは非常に吸湿性が高いため，質量計測を目的としたエアロゾルのサンプリングには適していない．ガラス繊維およびセルロースエステルフィルタは，湿気や時間経過による影響をほとんど受けない．また，ポリカーボネート，ポリ塩化ビニル，およびテフロンフィルタは，最もこれらの影響を受けない．

エアロゾル粒子を化学的方法で分析する場合は，フィルタの材質やフィルタ内の汚染物質による影響を考慮する必要がある．たとえば，一部の種類のガラス繊維フィルタには，特定の有機化合物の分析を妨げる有機結合剤が最大5重量%含まれている．ガラス繊維の表面は弱アルカリ性であり，SO_2 と反応して繊維表面に硫酸塩を形成する．有機物を含まない特殊なマイクロクォーツフィルタ（microquartz filter）は，微量有機化合物の分析に広く使用されている．焼却または酸への溶解による灰化が必要な分析方法では，フィルタ残留物の量と種類に十分注意しなければならない．溶剤を用いて可溶性のエアロゾル粒子を抽出するには，フィルタの材質は溶剤に対して安定でなければならない．アルファ線を発する粒子の放射線分析では，粒子がフィルタ内のどのくらいの深さまで捕集されているかが問題となる．これはアルファ線がフィルタ材によって吸収されるからである．顕微鏡分析のためのフィルタサンプリングについては，10.6節，20.3節，および20.5節で簡単に述べ，バイオエアロゾルについては19.2節で説明する．

9.2　単一繊維の捕集効率

フィルタによる濾過は複雑な過程である．この過程をその最も基本的なレベル，すなわち，単一繊維による粒子の捕集について分析することによって，d_p，α，U_0，d_f などのさまざまなパラメータの効果を明らかにできる．ここではフィルタの中央に，気流に対して軸が垂直となるように配置された1本の繊維を想定し，粒子がその繊維上に捕集されるいくつかの機構について分析する．粒子は繊維に衝突すると繊維に付着し，完全にエアロゾルの流れから除去されると仮定する．

古典的な濾過理論では，独立した繊維での捕集のみを取り上げており，他の繊維は存在しないかのように扱っている．次式で表される直径 d_f の繊維の周辺における流れのレイノルズ数 Re_f を調べると，ほとんどの場合，流れが層流であることがわかっている．

$$\mathrm{Re}_f = \frac{\rho_g d_f U}{\eta} \tag{9.13}$$

層流下では，1本の繊維による流線の歪みは，繊維間距離が径よりもはるかに大きくても，隣接する繊維の周辺の流れに影響を及ぼす．最近の単一繊維理論（single fiber theory）では，個々の繊維についての理論と同じ考え方に基づくが，さらに隣接する繊維の影響を考慮している．

繊維がエアロゾルの流れから粒子を除去する効率は，単一繊維捕集効率 E_Σ，すなわち，繊維の単位長さあたりの無次元粒子沈着率によって定義される．図 9.4 に示すように，E_Σ は，繊維の投影面積を通過して繊維に接近してくる粒子数に対する，最終的に繊維上に捕集された粒子数の比である．

$$E_\Sigma = \frac{\text{単位長さあたりの繊維上に捕集される粒子数}}{\text{単位長さあたりの繊維の投影面積を通過する粒子数} } \tag{9.14}$$

別の表現方法で表すと，E_Σ は1秒間に繊維によって実際に捕集された粒子数と，1秒間に繊維の仮想輪郭部を通過した粒子数との比であるともいえる．

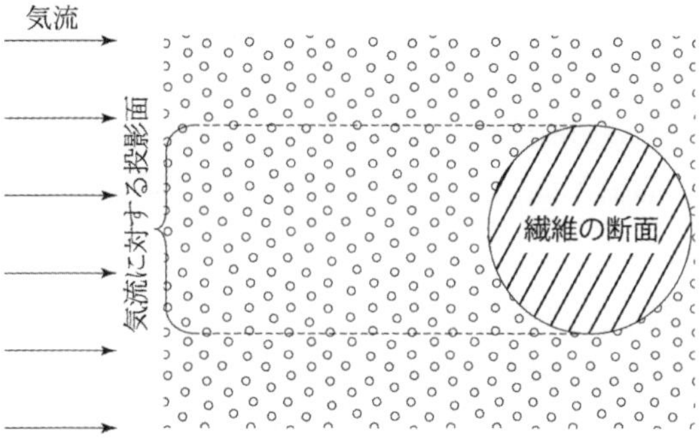

図 9.4 単一捕集効率

フィルタの総合捕集効率（overall efficiency）**E** が単一捕集効率 E_Σ の関数であることは明らかである．フィルタ内のすべての繊維の直径が等しいとすると，フィルタ単位体積中の繊維の全長は，式 (9.7) の α の定義から求められる．すなわち，

$$L = \frac{4\alpha}{\pi d_f^2} \tag{9.15}$$

となる．E_Σ の定義より，単位断面積の厚さ $\mathrm{d}t$ のフィルタ部分を単位体積のエアロゾルが通過するときに捕集される粒子数は次式で与えられる．

$$n_c = NE_\Sigma d_f L \mathrm{d}t \tag{9.16}$$

式 (9.16) は次式を与えると式 (9.8) に等しくなる．

$$\gamma = E_{\Sigma} d_f L \tag{9.17}$$

式 (9.15) と式 (9.17) から，次式を得る．

$$\gamma = \frac{4\alpha E_{\Sigma}}{\pi d_f} \tag{9.18}$$

したがって，式 (9.11) は次のようになる．

$$\mathbf{P} = 1 - \mathbf{E} = e^{-\gamma t} = \exp\left(\frac{-4\alpha E_{\Sigma} t}{\pi d_f}\right) \tag{9.19}$$

式 (9.19) は，フィルタ透過率の巨視的特性を単一繊維の捕集効率 E_{Σ} という微視的特性と関連付けている．式 (9.19) を用いるときの難しさは，E_{Σ} の値をどのように決定するかであり，これについては 9.3 節および 9.4 節で述べる．

9.3 沈着メカニズム

エアロゾル粒子がフィルタ内の繊維上に沈着する基本的なメカニズムには，以下の五つがある．

① さえぎり（interception）

② 慣性衝突（inertial impaction）

③ 拡散（diffusion）

④ 重力沈降（gravitational settling）

⑤ 静電気力（electrostatic force）

これら五つの沈着メカニズム（deposition mechanism）は，肺やサンプリングチューブ，あるいは空気清浄機内部での粒子沈着を生じる要因でもある．対象によって分析や予測の方法は異なるが，基本的な沈着メカニズムはいずれの場合も同じである．最初の四つのメカニズムは，機械的捕集メカニズムとよばれる．本節では，各々のメカニズム，およびそれによる単一繊維捕集効率の予測式を示す．理論的な解析は複雑であり，ここで示したのは簡略化した式であるが，これらの式は各種条件に対する捕集効率の傾向を表すには十分に正確である．以降の説明では，可能なかぎり実験的に検証された理論に基づいた式を示しており，とくに明記しないかぎり，これらの式は標準状態において $0.005<\alpha<0.2$, $0.001<U_0<2$ m/s [0.1 ～ 200 cm/s], $0.1<d_f<50$ μm および $\mathrm{Re}_f<1$ の範囲で成り立つ．

図 9.5 に示すように，さえぎりによる捕集は，繊維表面から一粒子半径内の流線に，粒子が偶然入った場合に発生する．粒子は有限の大きさをもつため，繊維に衝

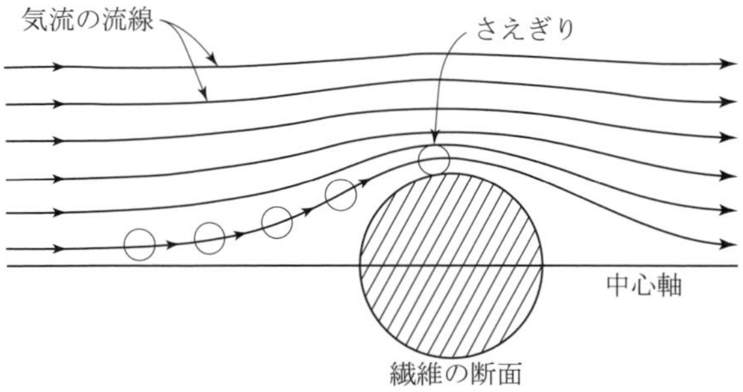

図 9.5 さえぎりによる単一繊維への粒子の捕集

突し，その表面に捕集される．したがって，ある大きさの粒子は，特定の流線に沿って移動した場合には繊維表面に捕捉されるが，他の流線に沿って移動した場合は捕集されない．純粋なさえぎりを考えた場合，粒子は流線に完全に沿って移動することを想定し，慣性力，重力沈降，ブラウン運動は無視している．この場合，粒子がたどる流線が繊維表面から一粒子半径内の領域を通過するか否かが捕集を決定づける唯一の要因となる．

さえぎりによる単一捕集効率は，次式の無次元パラメータ R に依存する．

$$R = \frac{d_p}{d_f} \tag{9.20}$$

さえぎりによる単一繊維への捕集効率 E_R は，Lee and Ramamurthi, 1993 によって次のように与えられている．

$$E_R = \frac{(1-\alpha)R^2}{\mathrm{Ku}(1+R)} \tag{9.21}$$

ここで，Ku は桑原の係数である．Ku は，他の繊維が近接していることにより生じる，ある繊維のまわりの流れの場の変形の影響を含んだ無次元の係数である．Ku は充填率 α のみに依存する．

$$\mathrm{Ku} = -\frac{\ln\alpha}{2} - \frac{3}{4} + \alpha - \frac{\alpha^2}{4} \tag{9.22}$$

Ku は，1.9（$\alpha=0.005$ の場合）から 0.25（$\alpha=0.2$ の場合）までの値をとる．$d_f < 2\ \mu\mathrm{m}$ の場合には，表面におけるすべりの効果を含んだより複雑な Ku の式を用いなければならない（Yeh and Liu, 1974）．この場合，式 (9.22) の右辺に $2\lambda/d_f$ を追加することで，十分よい近似が得られる（Kirsch and Stechkina, 1978）．E_R は R の増加とともに増加するが，理論的な最大値 $1+R$ を超えることはない．捕集

効率が最低値を示すような粒径範囲では，さえぎりが支配的な捕集機構である．これは流速 U_0 に依存しない唯一の捕集メカニズムである．

慣性衝突は，図 9.6 に示すように繊維付近で流線が急激に変化した場合，粒子がその慣性のため，この流線に追従しきれず，流線を横切って繊維に衝突することで発生する．このメカニズムを左右するパラメータは，式 (5.23) で定義されたストークス数であり，粒子の停止距離と繊維径との比である．

$$\mathrm{Stk} = \frac{\tau U_0}{d_f} = \frac{\rho_p d_p^2 C_c U_0}{18\eta d_f} \tag{9.23}$$

この式は，粒子運動の持続性と目標物の大きさとの比を表している．慣性衝突による単一繊維への捕集効率は，ストークス数が大きくなるにつれて増加する．ストークス数が大きくなるのは，

① 粒子の慣性が大きい（d_p あるいは ρ_p が大きい）

② 粒子速度が早い

③ 繊維径が小さく，流線の曲がりが急峻である

の場合である．慣性衝突による単一繊維への捕集効率 E_I は，次のように与えられている（Yeh and Liu, 1974）．

$$E_I = \frac{(\mathrm{Stk})J}{2\mathrm{Ku}^2} \tag{9.24}$$

ここで，

$$J = (29.6 - 28\alpha^{0.62})R^2 - 27.5R^{2.8} \quad (R < 0.4 \text{のとき}) \tag{9.25}$$

である．$R > 0.4$ の場合，J を求める簡単な方程式は存在しない．近似的な分析の場合には，次節でも用いているが，$R > 0.4$ に対して $J = 2.0$ を用いてもよい．当然予想されることであるが，慣性衝突は大粒径粒子の捕集に対して支配的なメカニズ

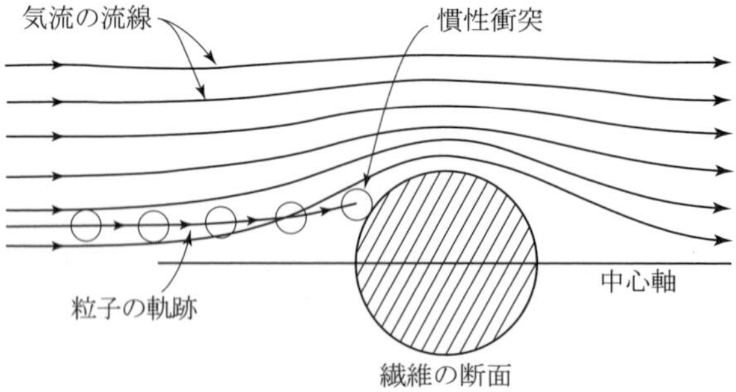

図 9.6　慣性衝突による単一繊維への粒子の捕集

ムであり，このような粒子では通常，さえぎりによる捕集も同様に顕著である．しかし，E_I と E_R の合計は，理論上の最大値 $1+R$ を超えることはできない．

小さな粒子の場合は，繊維をさえぎらない流線上を移動しているときでも，近傍を通過する際にブラウン運動によって繊維に衝突する可能性が大きい．図 9.7 はこのような粒子の軌跡を示している．これは第 7 章で述べた表面沈着の特別な場合である．拡散による単一繊維捕集効率 E_D は，無次元数であるペクレ数 Pe のみの関数である．

$$\mathrm{Pe} = \frac{d_f U_0}{D} \tag{9.26}$$

ここで，D は粒子の拡散係数である．拡散による単一繊維への捕集効率 E_D は，Davies, 1973 によって次式のように与えられている．

$$E_D = 2\mathrm{Pe}^{-2/3} \tag{9.27}$$

式 (9.27) は，実験的な測定結果から導かれたものであり，係数 2 は，実験的に求められた数値である．

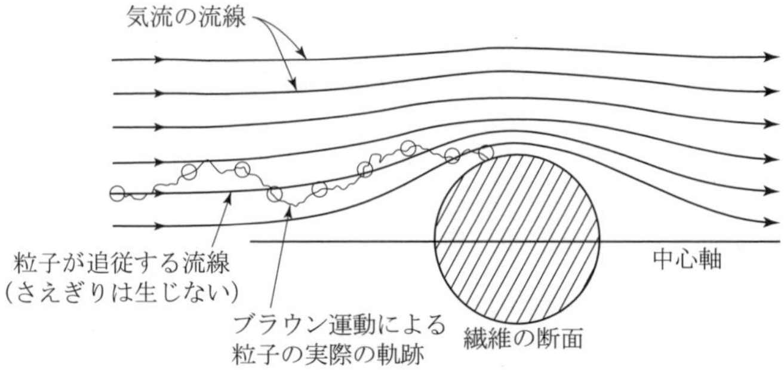

図 9.7　拡散（ブラウン運動）による単一繊維への粒子の捕集

単一繊維捕集効率は，ペクレ数と粒径が小さくなるに伴い増加する．E_D は d_p の減少に伴って増加する唯一の捕集メカニズムである．E_D の論理的表現には Ku の効果が含まれる（Brown, 1993 参照）．

捕集効率が最小となる粒径付近について，全体的な単一繊維捕集効率（overall single fiber collection efficiency）を推定するには，拡散粒子のさえぎりによる捕集量の増加を説明するため，次の相互作用項を導入する必要がある．

$$E_{\mathrm{DR}} = \frac{1.24 R^{2/3}}{(\mathrm{Ku}\,\mathrm{Pe})^{1/2}} \tag{9.28}$$

重力沈降による沈着を左右する無次元数は，次の G である．

$$G = \frac{V_{\mathrm{TS}}}{U_0} = \frac{\rho_g d_p^2 C_c g}{18\eta U_0} \tag{9.29}$$

U_0 と V_{TS} が同方向，すなわち気流が下向きの場合，沈降に対する単一繊維捕集効率 E_G は次式で表される．

$$E_G \approx G(1+R) \tag{9.30}$$

気流が V_{TS} とは逆方向の場合には次式となる．

$$E_G \approx -G(1+R) \tag{9.31}$$

E_G は全体的な単一繊維捕集効率を低下させる方向にはたらく．流れが水平の場合には，E_G は非常に小さく，G^2 程度となる．一般に，粒径が大きく U_0 が低い場合を除き，E_G は他の沈着メカニズムに比べて小さい．U_0 がおよそ 0.1 m/s [10 cm/s] よりも大きな場合には，慣性衝突のほうが重力沈降よりも支配的である．

四つ目の沈着メカニズムとして，静電沈着（electrostatic deposition）が支配的になることもありうるが，その大きさを求めるためには，粒子と繊維の電荷を知る必要があり，これは定量化がきわめて困難な場合が多い．静電気力による捕集は，粒子と繊維を定量化可能な何らかの方法によって荷電された場合を除き，一般には無視できる．荷電繊維，荷電粒子，またはその両方による粒子捕集の理論は，Brown, 1993 によって概説されている．粒子あるいは繊維の電荷量が増加すると，捕集効率は増加する．荷電粒子は，クーロン力（Coulomb's force）により逆極性に荷電した繊維に引き付けられる．電気的に中性な粒子も荷電した繊維に引き寄せられることがある．荷電した繊維によって生成される電場は，粒子内に双極子，すなわち電荷分離（分極）を引き起こす．繊維のまわりの不均一な場では，粒子の手前側は遠い側の反発力よりも大きな引力を受ける．したがって，正味の力が繊維の方向に作用し，粒子はその方向に移動する．クーロン力以外の場合として，荷電した粒子が非荷電繊維のきわめて近傍にきたときには，鏡像力（image force）により引き付けられることがある．荷電粒子は，電荷量が等しく逆極性の電荷を繊維表面に生じさせ，粒子自身で引き寄せる場を作り出す．鏡像力はクーロン力ほど強くはない．

フィルタ繊維上の電荷に関する式を使用するには，顕微鏡レベルでの電荷の分布を知る必要がある．しかし，このことは一般にはよく知られてはいないが，微視的な荷電状態は巨視的なそれとは大きく異なる．第 15 章に述べるように，粒子の電荷は，電荷が取得された条件から推定できる．Brown, 1993 は，ガラス繊維フィルタを用いた実測に基づき，電気的に中性な繊維と電荷 q をもつ粒子との鏡像力による単一繊維への捕集効率を次のように示している．

$$E_q = 1.5\left[\frac{(\varepsilon_f - 1)}{(\varepsilon_f + 1)} \frac{q^2}{12\pi^2 \eta U_0 \varepsilon_0 d_p d_f^2}\right]^{1/2} \tag{9.32}$$

ここで，ε_f は繊維の比誘電率（誘電率），q は粒子の電荷，ε_0 は真空の誘電率である．

顕微鏡レベルでの定量化は困難であるが，荷電繊維はフィルタの捕集性能を大幅に向上させることができる．この特性は，呼吸用フィルタなど，高効率と低圧力損失が要求される用途に適用されている（Brown, 1993 参照）．最も古いタイプの荷電繊維フィルタは，直径約 1 μm の絶縁性樹脂粒子を含浸させたウール繊維で作られたレジンウールフィルタ，またはハンセンフィルタ（Hansen filter）である．フェルトをカーディング（carding．訳者注：不純物を除去し繊維を一定方向にそろえるための作業）する機械的作用により，樹脂粒子が高電位に帯電し，良好な条件下では何年もその状態を保持し続ける．フィルタ内にこのような強い電荷が存在すると，フィルタの抵抗を増加させることなく捕集効率が大幅に向上する．残念ながら，荷電繊維フィルタは，電離放射線，高温，高湿度，または油や DOP（フタル酸ジエチルヘキシル：di(2-ethylhexyl) phthalate）などの有機物液滴にさらされると電荷が失われ，その効果が失われる．また，塵が蓄積すると電荷が覆い隠されて，効果が低下することもある．

別のタイプの荷電繊維にエレクトレット繊維がある．この繊維は，ポリプロピレンなどの絶縁プラスチックの薄いシートから作られており，片面が正，もう一方の面が負になるようにコロナ帯電され，半永久的にその状態が持続する．シートは繊維に分割され，繊維フィルタに組み込まれる．エレクトレット繊維フィルタには，樹脂製ウールフィルタと同様の利点と制限がある．

9.4 フィルタの捕集効率

フィルタの総合捕集効率は，単一繊維の総合捕集効率（total single fiber efficiency）E_Σ（訳者注：すべての沈着メカニズムによる捕集効率を合計したものなので，ここまで単一繊維捕集効率にも同じ記号を用いてきた）がわかれば，式 (9.19) によって決定できる．単一繊維の機械的沈着メカニズムはそれぞれが独立して作用し，それぞれの捕集効率が 1.0 未満であるかぎり，式 (9.33a) によって正しく結合される．

$$E_{\sum} = 1-(1-E_R)(1-E_I)(1-E_D)(1-E_{\mathrm{DR}})(1-E_G) \tag{9.33a}$$

$$E_{\sum} \approx E_R + E_I + E_D + E_{\mathrm{DR}} + E_G \tag{9.33b}$$

ここで，沈着メカニズムごとの単一繊維捕集効率は，式 (9.21)，(9.24)，(9.27)，(9.28)，(9.30) で与えられる．式 (9.33b) はより単純化したもので，理論的には正確ではないがよく使用されている．しかし，異なるメカニズムが同じ粒子に対して競合し，それぞれによる捕集効果が重複している可能性があり，捕集効率を過大評価する可能性がある．多くの場合，一つのメカニズムが優勢であり，全体の効率はそのメカニズムのみに依存することが想定できる．この節の後半で示すように，慣性衝突，ブラウン拡散，および重力沈降のメカニズムが，さまざまな粒径と面風速において支配的となる．式 (9.33b) は，一つのメカニズムのみが優勢で，他のメカニズムが 0.01 未満である場合，式 (9.33a) と 5%以内で一致するが，繊維の直径と粒径にはさまざまな範囲があるため，状況は通常，この仮定よりも複雑である．粒径分布全体にわたって式 (9.19) を積分すれば，粒径範囲の影響が正しく処理される．しかし，繊維径に幅がある場合には，この方法を用いても正しい結果は得られない．なぜなら，流れ場および粒径別の捕集効率は，径が異なる繊維の存在によって影響を受けるからである．実用的には，圧力損失測定（9.5 節参照）によって求められる有効繊維径（effective fiber diameter）をこれらの計算において d_f の近似値として用いるのが適当である．式 (9.19) と式 (9.33) は，実際の繊維が空気の流れに対してすべて垂直ではなく，また密集したりしていて α が均一ではないため，捕集効率を過大評価する傾向がある（Davies, 1973 の不均質係数を参照）．これらの式で，先述した有効繊維径を使用すると，この問題が回避される．

表 9.2 は，厚さ 1 mm，充填率 $\alpha = 0.05$，および繊維直径 2 µm のフィルタについて，式 (9.19) および (9.33b) を用いて計算した各捕集メカニズムによる単一繊維捕集効率およびフィルタの総合捕集効率である（面風速は 0.1 m/s [10 cm/s]）．図 9.8 は，二つの速度について式 (9.19) で求めたフィルタの総合捕集効率の粒径との関係をグラフにしたものである．この図にも表 9.2 の値がいくつか併記されている．この条件範囲では，小さな粒子の場合はさえぎりと慣性衝突が無視できるが，粒径 0.3 µm を超える粒子では，これらの影響が急速に増加する．拡散は 0.2 µm 未満の粒子にとって唯一重要なメカニズムであるが，それを超える粒径の粒子ではほぼ無視できる．すべての粒径範囲において，重力沈降は他のメカニズムに比較して小さい．一般的に 0.5 µm 以上の粒子の捕集では，空気力学径が関与する機構が中心であり，0.5 µm 以下については，物理径が関与する機構が中心であるといえる．図 9.9

表 9.2 フィルタの単一繊維捕集効率と総合捕集効率（t = 1 mm，α = 0.05，d_f = 2 μm，U_0 = 0.1 m/s [10 cm/s]）

粒径 (μm)	単一繊維捕集効率 a)						フィルタの総合捕集効率 b) (%)
	E_R	E_I	E_D	E_{DR}	E_G	E_Σ	
0.01	0.000	0.000	0.840	0.020	0.000	0.861	100.0
0.02	0.000	0.000	0.339	0.016	0.000	0.356	100.0
0.05	0.001	0.000	0.106	0.013	0.000	0.119	97.7
0.1	0.003	0.000	0.046	0.011	0.000	0.059	84.9
0.2	0.010	0.002	0.021	0.010	0.000	0.043	74.3
0.5	0.055	0.034	0.009	0.009	0.000	0.108	96.8
1.0	0.183	0.238	0.005	0.010	0.001	0.437	100.0
2.0	0.550	0.887	0.003	0.011	0.003	1.454	100.0
5.0	1.965	3.500	0.002	0.012	0.027	3.500	100.0
10.0	4.585	6.000	0.001	0.014	0.183	6.000	100.0

a）標準条件で単位密度球を仮定し，式（9.33b）により計算した．
b）式 (9.19) により計算した．

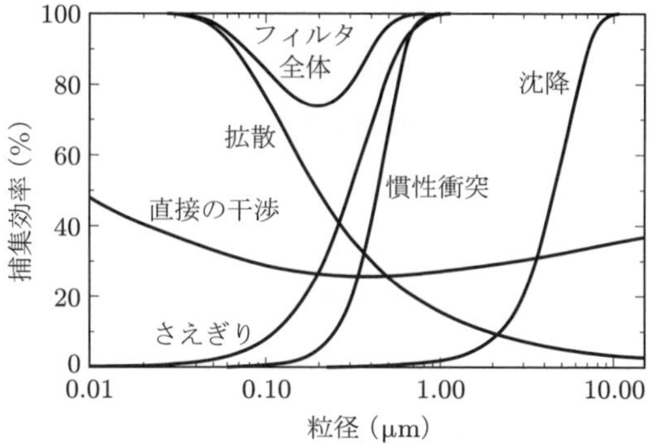

図 9.8 個々のメカニズムに対する単一繊維捕集効率と総合捕集効率（t = 1 mm，α = 0.05，d_f = 2 μm，U_0 = 0.10 m/s [10 cm/s]）

は，フィルタ効率に対する面速度の影響を粒子サイズの関数として示したものである．一般に面速度を下げると，最小効率に近い粒径の捕集効率が向上する．

最小の捕集効率を示す粒径は，図 9.8，9.9 では約 0.2 μm であるが，これは拡散の効果を得るには大きすぎ，慣性衝突やさえぎりの効果を得るには小さすぎる中間的な粒径である．こうした競合的なメカニズムは，粒径範囲が異なっても作用するため，すべてのフィルタには最小捕集効率を示す粒径が存在する．普通それは 0.05 ～ 0.5 μm の範囲である．高性能フィルタの捕集効率を調べる標準試験では，0.3 μm

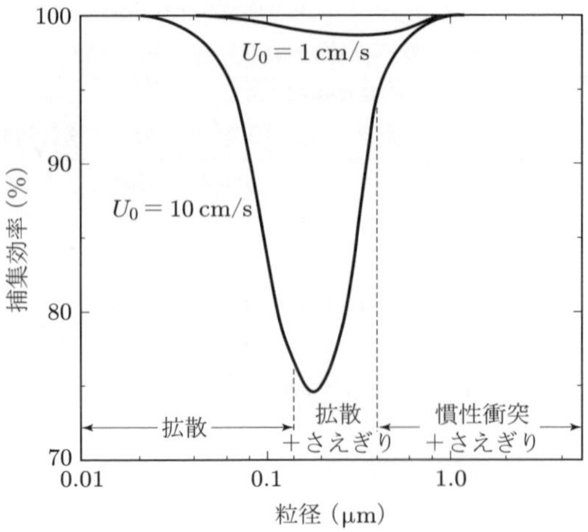

図 9.9　面風速 0.01 m/s［1 cm/s］および 0.1 m/s［10 cm/s］におけるフィルタの捕集効率と粒径との関係（t = 1 mm，α = 0.05，d_f = 2 μm）

の DOP 粒子を用いる．これは，この粒径が最小捕集効率を表す粒径に近く，他の粒径の場合では，これよりも高い効率を示すという仮定に基づいている．Lee and Liu, 1980 は，最小捕集効率を示す粒径範囲での支配的な捕集メカニズムがさえぎりと拡散だけであると仮定し，最小捕集効率を示す粒径 $\hat{d}_p$ と最小捕集効率 $\widehat{E}_\Sigma$ を予測する次式を導出した．

$$\hat{d}_p = 0.885\left(\left(\frac{\mathrm{Ku}}{1-\alpha}\right)\left(\frac{\sqrt{\lambda}\,kT}{\eta}\right)\left(\frac{d_f^2}{U_0}\right)\right)^{2/9} \tag{9.34}$$

$$\widehat{E}_\Sigma = 1.44\left(\left(\frac{1-\alpha}{\mathrm{Ku}}\right)^5\left(\frac{\sqrt{\lambda}\,kT}{\eta}\right)^4\left(\frac{1}{U_0^4 d_f^{10}}\right)\right)^{1/9} \tag{9.35}$$

これらの式は $0.075 < \lambda/d_p < 1.3$，$R < 1$ の範囲で成り立つ．ただし，λ は空気の平均自由行程である．表 9.2 と図 9.8 は，捕集効率が最小に近い場合に作用する主要なメカニズムがさえぎりと拡散だけであるという仮定を裏付けている．最小捕集効率を示す粒径は $(d_f)^{4/9}$ に比例する．これは，繊維径が小さくなるにつれて $\hat{d}_p$ が減少することを示唆している．さらに，式 (9.35) から，繊維径が小さくなると最低捕集効率が大きくなることがわかる．Lee, 1981 は，粒状床フィルタに関しても，式 (9.34) および (9.35) に類似した式を示している．

図 9.10 に示すように，特定の粒径に対して最小捕集効率を与える面風速が存在

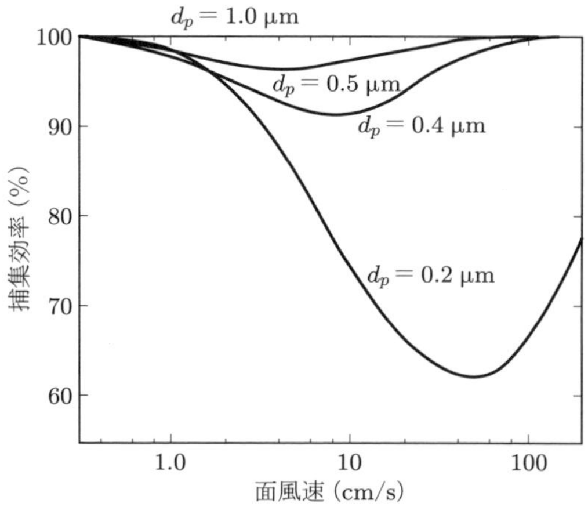

図 9.10　粒径 0.2，0.4，0.5，1 μm のフィルタ捕集効率と面風速との関係（t = 1 mm，α = 0.05，d_f = 2 μm）

する．風速が増加すると，拡散による捕集の割合が減少し，慣性衝突による捕集の割合が増加する．最小捕集効率を示す風速は，粒径が小さくなるにつれて大きくなる．いくつかの風速でフィルタの捕集効率を測定すると，対象粒径に対してどの捕集メカニズムが最も重要かがわかる．

図 9.11 (a) は，さまざまな捕集メカニズムについて，それが支配的に作用する粒径範囲と面風速の範囲をまとめたものである．図 9.11 に用いたフィルタ条件は，表 9.2 および図 9.8 〜 9.10 に用いたものと同じである．各々の範囲は，式 (9.33) により求められるすべての単一繊維捕集効率の 20%以上を占める範囲を表したものである．図 9.11 を 1 cm/s および 10 cm/s で水平に切った断面が，図 9.9 に対応している．同様に，図 9.11 を 0.2，0.4，0.5，1 μm で縦に切った断面が，図 9.10 に対応している．このフィルタでは，0.1 μm 未満の粒子に対して拡散が唯一の捕集メカニズムである．さえぎりは 0.1 μm 以上の広い範囲にわたって粒子捕集に大きく関与している．慣性衝突は，数センチメートル毎秒以上の風速で粒径 1 μm 以上の粒子に対してのみ支配的な機構である．図 9.11 (b) は，図 9.11 (a) と同じ軸上の全体的なフィルタ効率の等高線を示している．最小捕集効率を示す範囲は，拡散とさえぎりが主たる捕集機構として作用する部分に現れている．近年，ナノメートルサイズの繊維が繊維フィルタに使用されるようになり，捕集効率の向上，圧力損失 Δp の減少によりフィルタ全体の品質が向上した（Podgórski et al., 2006）.

フィルタ内の繊維による固体粒子の捕集が進むと，粒子は直径の小さい短い繊維

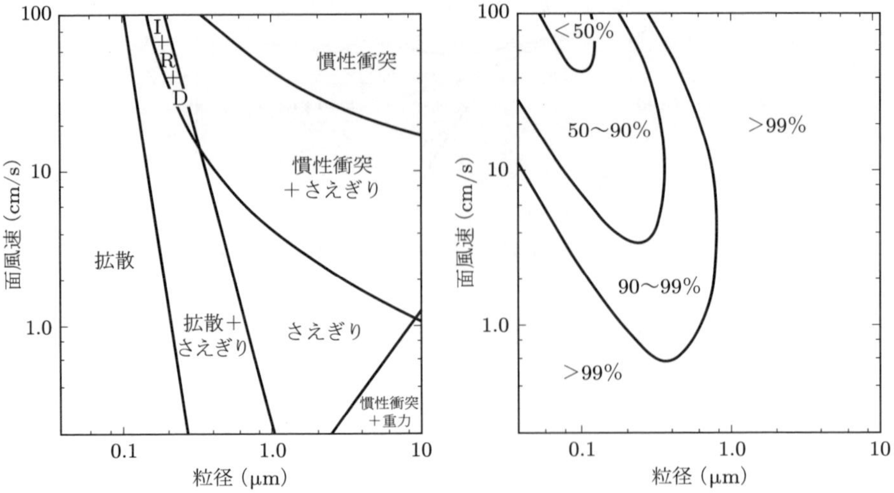

（a）個々の捕集メカニズムが単一繊維の捕集効率に 20%以上寄与する領域（式 (9.33) に基づく）

（b）全体的なフィルタ効率の等高線

図 9.11　繊維フィルタの濾過特性（t = 1 mm，α = 0.05，d_f = 2 μm）

のような形で繊維の表面から突き出てくる．この状況では，捕集効率は向上するが，空気の流れに対する抵抗も増加する．最終的には抵抗が大きくなりすぎて目詰まりを発生する．この問題は Brown, 1993 によって概説されている．それまでに捕集された粒子上に新たな粒子が優先的に捕集され，繊維表面から伸びる粒子の鎖，すなわち樹状突起の発達が観察されている．この状況は，目詰まりが発生するまでは，充填率の低いフィルタにとって粒子を捕集できる箇所が多くなるという意味で利点がある．液体粒子の場合には，このような突起は発生しない．風速が大きい場合（＞500 cm/s）には，固体粒子が大きな運動量で繊維に衝突し，跳ね返ってフィルタを通過してしまう可能性があるが，高性能フィルタを使用する通常の風速範囲 U_0＜1.0 m/s [100 cm/s] では，この問題は生じない．

9.5　圧力損失

繊維フィルタでは，フィルタ内の通過気流に対する抵抗，すなわち圧力損失が，各繊維の複合効果によって引き起こされる．圧力損失は，すべての繊維による合計抵抗力である．Davies, 1973 は圧力損失を次のように示している．

$$\Delta p = \frac{\eta t U_0 f(\alpha)}{d_f^2} \tag{9.36}$$

ここで,

$$f(\alpha) = 64\alpha^{1.5}(1+56\alpha^3) \quad (0.006 < \alpha < 0.3 \text{ のとき}) \tag{9.37}$$

となる．したがって，圧力損失は t に比例し，d_f^2 に反比例する．また，フィルタ内部での流れが層流であるため，面風速にも比例する．繊維径 1 μm 以下のフィルタの場合，繊維表面での気体のすべりの影響があるため，その圧力損失は式 (9.36) で得られるものよりも小さい．たとえば，d_f が 0.1 μm，α が 0.05 のフィルタの圧力損失は，式 (9.36) で予測される値の 70%となる．

式 (9.37) は実験的な相関関係をもとに導かれたものであり，流れに対して繊維が垂直に配置されていないなど，理想的ではない効果が含まれている．Δp，t，および α の測定値を用いれば，式 (9.36) から有効繊維径を求めることができる．さらに，この有効繊維径を用いて，9.2 ～ 9.4 節で示した方法により，捕集効率を推定できる．

図 9.12 は，繊維径が捕集効率に及ぼす影響を示している．この図では，充填率は一定に保たれ，すべてのフィルタの圧力損失が同じになるように各フィルタの厚さが調整されている．この条件では, ある粒径に対する捕集効率が増加することは, フィルタ性能が向上することを意味している．繊維径が小さくなると最小捕集効率

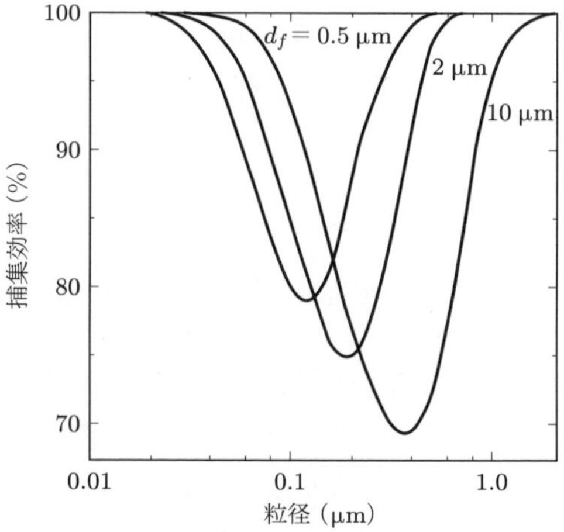

図 9.12 粒径の関数として表したフィルタ捕集効率への繊維サイズの影響．α = 0.05，U_0 = 0.1 m/s [10 cm/s]，フィルタの厚さは，三つのフィルタすべての圧力損失が同じになるよう式 (9.36) により調整されている．パラメータは繊維の直径

を示す粒径は小さくなり，最小捕集効率は増大する．したがって，$d_p > 0.2\ \mu m$ の場合，繊維径が小さくなればフィルタ性能は向上する．

9.6 メンブレンフィルタ

9.1節で述べたように，エアロゾルのサンプリングには多孔質メンブレンフィルタが重要である．これらのフィルタの細孔サイズは 0.01 ～ 10 μm，細孔密度は $10^4 \sim 10^6/mm^2$ [$10^6 \sim 10^8/cm^2$]，充填率は 0.15 ～ 0.30 であり，捕集効率は全粒径にわたって高い．多孔質メンブレンフィルタの材料として最も一般的なものは，セルロースエステルであるが，ポリ塩化ビニル，ナイロン，ポリテトラフルオロエチレン（PTFE），焼結金属などの他の材料のものも製品化されている．

実験的評価から，多孔質メンブレンフィルタは，同じ厚さと充填率，および孔径よりわずかに小さな有効繊維径を有する繊維フィルタとあらゆる面で同等な性能を示すことが実証されている（Wang and Tronville, 2014）．たとえば，孔径 0.8 μm のメンブレンフィルタの性能は，有効繊維径 0.55 μm の繊維フィルタの性能に相当する．図 9.2 に示した細孔間の構成物質は，繊維のように機能し，その寸法がほぼ有効繊維径と一致している．捕集メカニズムとその適用範囲は，同じ特性を示す繊維フィルタと同じである．また多孔質メンブレンフィルタの圧力損失の測定値は，有効繊維径を用いて式 (9.36) で計算したものとよく一致する．

キャピラリーメンブレンフィルタ（capillary pore membrane filter，図 9.3）は，$10^3 \sim 10^7$ 細孔数/mm^2 [$10^5 \sim 10^9$ 細孔/cm^2] をもつ薄い（6 ～ 11 μm）ポリカーボネートフィルムである．細孔は，フィルタ表面に対してほぼ垂直な均一な円筒形の穴である．細孔サイズは直径 0.015 ～ 14 μm の範囲である．ポリカーボネートフィルムの表面は滑らかであるため，光学顕微鏡や走査型電子顕微鏡，蛍光 X 線などの表面分析方法に最適なサンプル捕集面となる．これらのフィルタ形状は単純なため，細孔壁への拡散による捕集効率（入口効果を無視する）は，式 (7.29) で計算できる．重力沈降はチューブの場合と同じである．流線が各細孔の縁近くを通過する際に，慣性衝突とさえぎりが主に細孔の入口で発生する．キャピラリーメンブレンフィルタの全捕集効率は，孔径より小さく，約 0.01 μm より大きな粒子については 100% 未満であり，0.05 μm 付近で最小捕集効率を示す．細孔サイズが大きい場合，細孔の縁での跳ね返りにより，液体粒子のほうが固体粒子よりも高い捕集効率を示す．

特定のサンプリング用にどのようなフィルタ部材を適用するのがよいのかは，対象となる粒径に対する捕集効率，流量，圧力損失，および捕集後の粒子の分析方法によって異なる．粒子の分析方法には，重量分析，顕微鏡分析，化学分析などがあり，これらについては10.4節に述べる．

問題

9.1 繊維径が10 μm，充填率が1%のフィルタについて，最小捕集効率の粒径が0.5 μmになる面風速を求めよ．

解答：0.12 m/s [12 cm/s]

9.2 (a) 従来の繊維フィルタと (b) $U_0 = 0.1$ m/s [10 cm/s] におけるナノ繊維フィルタの最小単一繊維捕集効率$\hat{E}_\Sigma$と最小捕集効率を示す粒径$\hat{d}_p$はいくらか．式 (9.34) と式 (9.35) によって予測される諸元は右表のとおりである．標準状態を想定する．

フィルタ	t (mm)	d_f (μm)	α
従来の繊維フィルタ	1	2	0.05
ナノ繊維フィルタ	0.2	0.1	0.005

解答：(a) 57%，1.02 μm　(b) 100%，0.33 μm

9.3 粒径0.5 μmの単位密度粒子を捕集する際のさえぎり，慣性衝突，拡散による単一繊維捕集効率がフィルタの総合捕集効率に占める割合を求めよ．フィルタの有効繊維径は1.0 μm，充填率は0.02，$U_0 = 0.5$ m/s [50 cm/s] とする．

解答：28%，71%，1%

9.4 空気力学径0.2 μmの粒子を慣性衝突によって50%捕集するには，どの程度の面風速が必要か．フィルタの繊維径4 μm，充填率0.05，厚さ2 mmとする．

解答：8.5 m/s [850 cm/s]

9.5 孔径0.45 μmのメンブレンフィルタの有効繊維径はどの程度か．充填率0.20，厚さ0.15 mm，$U_0 = 0.015$ m/s [1.5 cm/s] のときの圧力損失は1 cmHgとする．

解答：0.50 μm

参考文献

Brown, R.C., Air Filtration: *An Integrated Approach to the Theory and Applications of Fibrous Filters*, Pergamon, Oxford, U.K., 1993.

Kirsch, A .A., and Fuchs, N. A., "Studies of Fibrous Filters—III: Diffusional Deposition of Aerosols in Fibrous Filters", *Ann. Occup. Hyg.*, **11**, 299-304 (1968).

Kirsch, A. A., and Stechkina, I. B., "The Theory of Aerosol Filtration with Fibrous Filters", in Shaw, D. T. (Ed.), *Fundam. Aerosol Sci.*,Wiley, New York, 1978.

Lee, K.W., "Maximum Penetration of Aerosol Particles in Granular Bed Filters", *J. Aerosol Sci.*, **12**, 79-87 (1981).

Lee, E.S., and Zhu, Y., "Application of a High-Efficiency Cabin Air Filter for Simultaneous Mitigation of Ultrafine Particle and Carbon Dioxide Exposures Inside Passenger Vehicles", *Environ. Sci. Technol.*, **48**, 2328-2335 (2014).

Lee, K.W., and Ramamurthi, M., "Filter Collection", inWilleke, K. and Baron, P. A. (Eds.), *Aerosol Measurement: Principles, Techniques, and Applications*, Van Nostrand Reinhold, New York, 1993.

Lee, K.W., and Liu, B. Y. H., "On the Minimum Efficiency and Most Penetrating Particle Size for Fibrous Filters", *J. Air Poll Control Assoc.*, **30**, 377-381 (1980).

Lippmann, M. "Filters and Filter Holders", in Cohen B. and McCammon C. (Eds.) *Air Sampling instruments for Evaluation of Atmospheric Contaminant*, 9th ed., ACGIH, Cincinnati, 2001.

Podgórski, A., Bałazy, A., and Gradoń, L., "Application of Nanofibers to Improve the Filtration Efficiency of the Most Penetrating Aerosol Particles in Fibrous Filters", *Chem. Eng. Sci.* **61**, 6804-6815 (2006).

Soo, J., Monaghan, K., Lee, T., Kashon, M., and Harper, M., "Air Sampling Filtration Media: Collection Efficiency for Respirable Size-Selective Sampling", *Aerosol Sci.and Technol.*, **50**:1, 76-87 (2016).

Spumy, K. R., *Advances in Aerosol Filtration*, CRC/Lewis, Boca Raton, FL, 1998.

Tien, C., *Granular Filtration of Aerosols and Hydrosols*, Butterworth, Boston, 1989.

Wang, J., and Tronville, P., "Toward Standardized Test Methods to Determine the Effectiveness of Filtration Media against Airborne Nanoparticles", *J. Nanopart Res*, **16**, 2417 (2014).

Yeh, H. C., and Liu, B. Y. H., "Aerosol Filtration by Fibrous Filters", *J. Aerosol Sci.*, **5**, 191-217 (1974).

10 サンプリングと濃度の測定

エアロゾルの研究を進めるうえで最も基本的な要素として，エアロゾルを特定するための試料のサンプリングがある．試料は，浮遊微粒子の濃度と粒径分布を正確に反映したものでなければならない．この章では，この問題と質量および個数濃度の決定に関連した問題について述べる．

10.1 等速サンプリング

等速サンプリング（isokinetic sampling）すなわち等速吸引とは，エアロゾルの流れから試料をサンプリングする際に，試料を確実にサンプリングチューブの入口に導くための方法である．たとえば，ダクトまたは煙突からの試料取得のようにプローブを使用した抽出的な手段をとる場合もあれば，風の強い環境での試料採取のように直接的な場合もある．サンプリングチューブまたはプローブの入口の中心軸が気流の流線と平行に配置され，これらの流入口における気流速度が，その周辺の気流速度と等しい場合を等速サンプリングとよぶ．これは，図 10.1 に示すように，流入口のすぐ上流で流線の歪みがないという条件を満たすように試料をサンプリングする方法ともいえる．等速サンプリングであれば，粒径や慣性の有無に関係なく，流入口での粒子の損失が防げ，少なくともチューブに流入するエアロゾルの濃度と粒径分布が，流れの中におけるものと同じであることが保証される．（訳者注：エアロゾルのサンプリングでは，この他に，チューブ内での粒子の損失などもあるため）等速サンプリングは採取口と計測器との間で粒子の損失がないことを保証するものではない．

等速サンプリングが達成できない場合，すなわち，非等速吸引（an-isokinetic sampling）では粒径分布が歪められ，濃度は誤ったものとなる．その原因は，採取口付近の流線の曲線部分での粒子の慣性力の影響である．非等速吸引の場合には，試料中に大きな粒子が過大に含まれたり，逆に気流中には大きな粒子が多数あるの

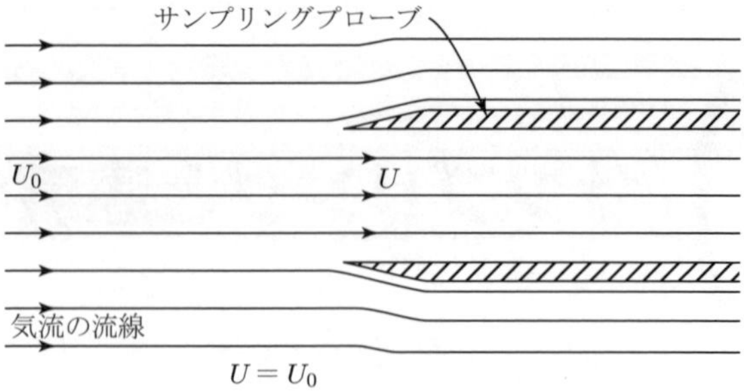

図 10.1　等速サンプリング

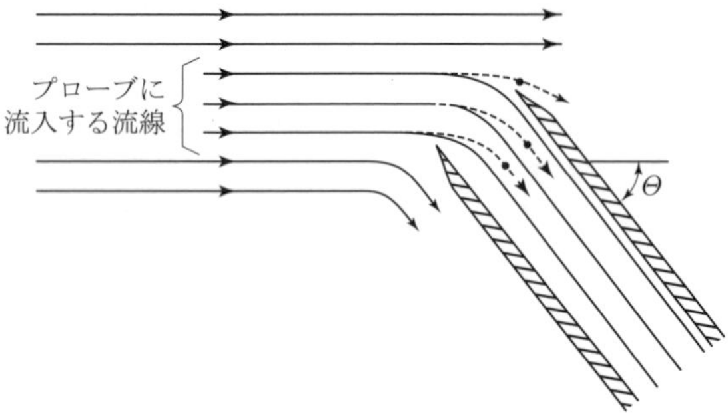

（a）サンプリングチューブが気流と平行になっていない場合（$\Theta \neq 0$）

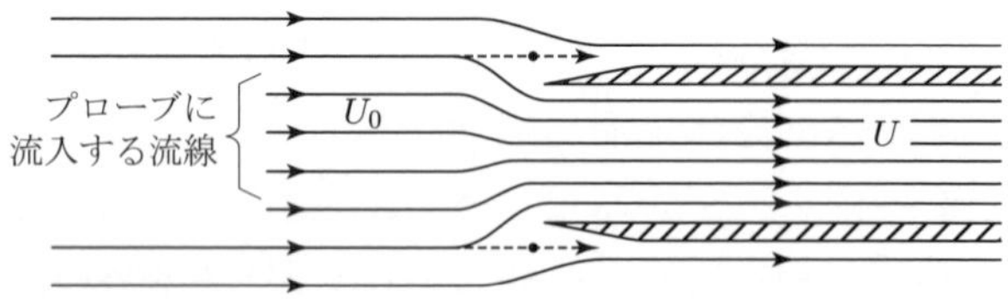

（b）サンプリングチューブ内の流速が周辺の気流より大きい場合（$U > U_0$）

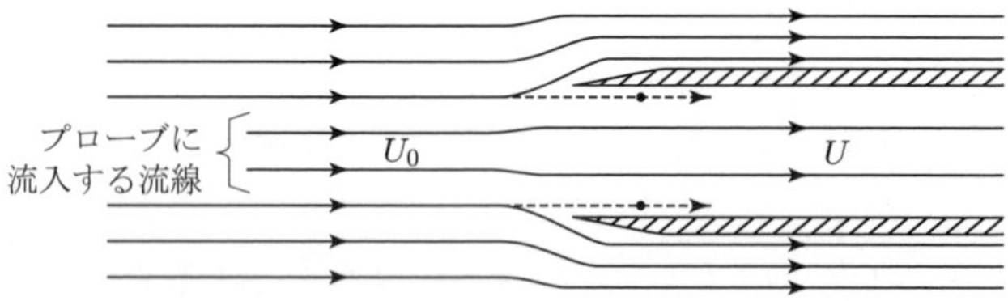

（c）周辺の気流速度がサンプリングチューブ内の流速より大きい場合（$U < U_0$）

図 10.2　非等速サンプリングの例

に試料中に含まれていなかったりする．図 10.2 に非等速吸引の三つの状態を示す．図 (a) はサンプリングチューブが気流と平行になっていない場合，図 (b) はサンプリングチューブ内の流速が周辺の気流より大きい場合，図 (c) は周辺の気流速度がサンプリングチューブ内の流速より大きい場合である．

等速サンプリングが達成できない場合，もとの粒径分布が既知または推定可能でなければ，真の濃度は決定できない．特定の粒径の粒子に対する非速度サンプリングから生じる誤差は，これ以降の式によって推定できる．サンプリングチューブ内での損失については 10.3 節に述べる．

プローブ周辺の気流速度 U_0，プローブへの吸引速度 U の場合，適切に位置合わせされたプローブの等速条件は次のようになる．

$$U = U_0 \tag{10.1}$$

この条件を満たすには，プローブ周辺の風量とプローブ内の風量がそれぞれの断面積に比例する必要がある．流量 Q_0，直径 D_0 の円形ダクト内で，直径 D_s のサンプリングプローブで流量 Q_s でエアロゾルをサンプリングすると，式 (10.1) は次のようになる．

$$\frac{Q_s}{Q_0} = \left(\frac{D_s}{D_0}\right)^2 \tag{10.2}$$

例題 直径 0.3 m [30 cm] のダクト内に風量 1 m^3/s の流れがある．直径 20 mm のプローブで等速サンプリングを行うサンプリング流量はいくらか．

解 $Q_s = 1 \times \left(\dfrac{0.02}{0.3}\right)^2 = 0.0044\ \mathrm{m^3/s}$ $\left[Q_s = 10^6\left(\dfrac{2}{30}\right)^2 = 4\,400\ \mathrm{cm^3/s}\right]$

カスケードインパクタなどでサンプリングするような場合，流量が固定されているので，等速サンプリングになるようプローブの口径を選択する必要がある．このため，さまざまな直径の交換可能なサンプリングプローブが用意されており，サンプリング速度を流速に一致させることができる．サンプリング誤差が最大になるのは，粒子の慣性が非常に大きく，気流が曲線を描いて流入口に入るときに粒子が直線運動を続けるような場合である．逆に，慣性が無視できるような十分小さな粒子は，流線に完全に従うため，サンプリング誤差は生じない．

サンプリング速度が等速であるにもかかわらず，プローブの角度が流線の方向からずれている場合，濃度は過小評価される．図 10.2 (a) に示したように，サンプリングされた空気の中に慣性力の大きな粒子があった場合，その粒子は流入口を通過してしまい，サンプリングされない.

図のようにプローブのずれの角度を Θ として，等速サンプリングした場合に生じる濃度の最大測定誤差は次のようになる.

$$\frac{C}{C_0} = \cos\Theta \quad (0° < \Theta < 90° \text{かつ} \mathrm{Stk} > 6 \text{のとき}) \tag{10.3}$$

ここで，C はプローブ内の濃度，C_0 は周辺の気流中の濃度，Stk は流入口のストークス数で，次式で表される.

$$\mathrm{Stk} = \frac{\tau U_0}{D_s} \tag{10.4}$$

$\mathrm{Stk} < 0.01$ の場合，粒子の慣性は無視でき，濃度比 $C/C_0 = 1$ となる．$0.01 < \mathrm{Stk} < 6$ のような条件でサンプリングした場合，状況はさらに複雑になる．Durham and Lundgren, 1980 は，等速吸引するプローブの角度が $0° \leq \Theta \leq 90°$ の範囲でずれた場合の濃度比について次の経験式を示している.

$$\frac{C}{C_0} = 1 + (\cos\Theta - 1)\left(1 - \frac{1}{1 + 0.55(\mathrm{Stk}')\exp(0.25\,\mathrm{Stk}')}\right) \tag{10.5}$$

ここで，

$$\mathrm{Stk}' = \mathrm{Stk}\exp(0.022\Theta)$$

である．Θ の単位は°である．$\Theta = 0$ または $\mathrm{Stk} = 0$ のとき，式 (10.5) においても C/C_0 の値は1となる．図10.3は，$U = U_0$ のときにストークス数とプローブ角度が濃度比 C/C_0 にどの程度影響を及ぼすのかを，式 (10.5) により求めたものである．第5章のカスケードインパクタの場合と同様に，横軸はストークス数の平方根としている．たとえば，10 m/s（1 000 cm/s）の気流から直径1 cmのプローブでサンプリングした場合，Stk = 0.1，1.0，5.0 は，それぞれ空気力学径で 1.8，18，90 μm に対応することが図からわかる．プローブの傾きが15°未満の場合は，測定濃度に生じる誤差はすべての粒径についてわずかしかない．気流方向がわかっている場合には，サンプリングプローブの方向をおおよそ流線に一致させるよう目視で設定すればよい.

プローブは気流と平行に置かれているが，流入口での流速が気流流速より大きい場合（図10.2 (b)），大きな慣性力をもつ粒子は，流入口で収束する流線に追随できず，サンプリングされない．したがって，サンプリング流量が等速吸引よりも大きい場合には，濃度を過少評価することになる.

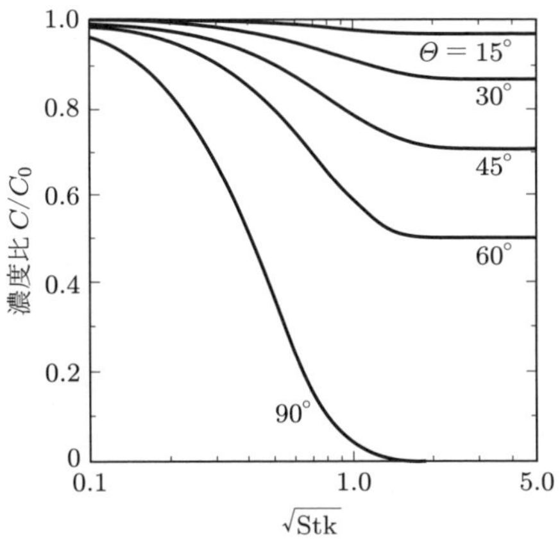

図 10.3 等速サンプリングした場合の濃度測定誤差に対するプローブ角度の影響

角度ずれの場合と同様に，最大のサンプリング誤差は大きくて重い粒子で発生する．この場合，濃度比は，実際にプローブに流入する粒子の軌跡が形成する円柱の断面積を，速度 U_0 でプローブに接近する気流が形成する円柱の断面積で割ったものに等しくなる．図 10.2 (b)（および (c)）と式 (2.46) から，次式となる．

$$\frac{C}{C_0} = \frac{(\pi/4)D_s^2}{(U/U_0)(\pi/4)D_s^2} = \frac{U_0}{U} \quad (\mathrm{Stk} > 6 \text{ のとき}) \tag{10.6}$$

プローブが適切に設置された場合の濃度比は，Belyaev and Levin, 1974 によって次のように与えられている．

$$\frac{C}{C_0} = 1 + \left(\frac{U_0}{U} - 1\right)\left(1 - \frac{1}{1 + (2 + 0.62U/U_0)\mathrm{Stk}}\right) \tag{10.7}$$

式 (10.7) から，$U_0/U = 1$ または $\mathrm{Stk} = 0$ の場合には $C/C_0 = 1$ となる．

プローブに流入する速度がプローブを通過する気流速度よりも遅い場合，図 10.2 (c) に示したように，流線は入口で広がるが，大きな粒子は直進してサンプリングされてしまう．この状態，すなわち吸引流量が等速吸引より小さい場合には，濃度が過大評価される．このような場合の濃度比 C/C_0 への影響も式 (10.6) および式 (10.7) から求められる．

図 10.4 は非等速吸引による影響を，ストークス数の平方根と濃度比の関係で表したものである．また図 10.5 は，同じ内容を，さまざまなストークス数について，流速比と濃度比との関係として表したものである．サンプリング条件が $\mathrm{Stk} < 0.01$ および $0.2 < U_0/U < 5$ の場合，損失は無視でき，$C/C_0 \approx 1$ となる．

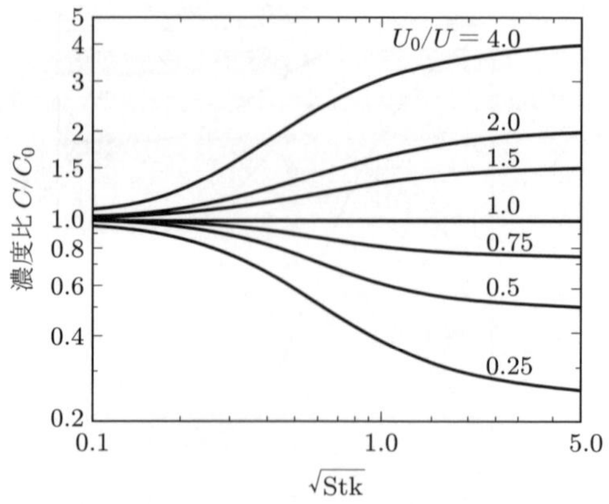

図 10.4　さまざまな速度比におけるストークス数と濃度比との関係（$\Theta = 0°$）

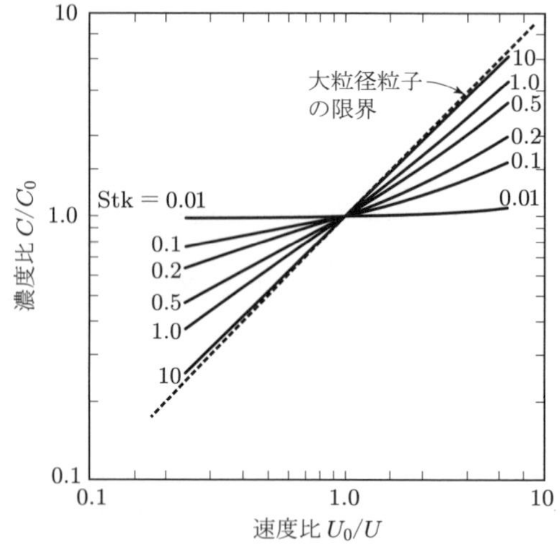

図 10.5　さまざまなストークス数における速度比と濃度比との関係（$\Theta = 0°$）

例題　流速 10 m/s［1 000 cm/s］のダクトから，直径 10 mm のプローブを用いて流量 8 L/min でサンプリングした場合，単位密度の 20 μm 粒子の濃度比はいくらか．プローブは正しく設置されていると仮定する．

解

$$U = \frac{0.008}{60(\pi/4)0.01^2} = 1.70\ \text{m/s} \quad \left[U = \frac{8\,000}{60(\pi/4)^2} = 170\ \text{cm/s}\right]$$

$$\frac{U_0}{U} = \frac{10}{1.70} = 5.88, \qquad \frac{U}{U_0} = 0.170$$

$$\mathrm{Stk} = \frac{\tau U_0}{D_s} = \frac{1.24 \times 10^{-3} \times 10}{0.01} = 1.24 \quad \left[\mathrm{Stk} = \frac{1.24 \times 10^{-3} \times 1000}{1} = 1.24\right]$$

$$\frac{C}{C_0} = 1 + (5.88 - 1)\left(1 - \frac{1}{1 + (2 + 0.62(0.170))1.24}\right) = 1 + 4.88(1 + 0.28)$$
$$= 4.5$$

非等速吸引とプローブの角度ずれが同時に起こった場合，状況は少し複雑になる（Brockmann, 2011 参照）．この場合の最大濃度比は次式で与えられる．

$$\frac{C}{C_0} = \frac{U_0}{U}\cos\Theta \quad (0° \le \Theta \le 90° \text{かつ} \, \mathrm{Stk} > 6 \text{のとき}) \tag{10.8}$$

式 (10.8) は，特定の角度ずれに対して，これを補償して濃度比を 1 にできる速度比があることを示している．

ここまでの議論では，プローブが流入口に鋭いエッジをもつ薄壁のチューブであると仮定している．そうでないプローブを用いた場合は，解析がかなり複雑となる（Vincent, 2007 参照）．また，ここでは流れが層流であると仮定しているが，実際には，速度の瞬間的な変動が平均速度の ±10% を超えることはほとんどなく，平均流を考えれば変動は 0 となるため，ここまでの議論は乱流にも適用できる．煙道からサンプリングを行う場合も等速サンプリングに関する議論は同じであるが，通常，気体が冷却され，組成が変化した後に測定が行われるため，状況はさらに複雑である．等速吸引を確保するには，体積流量が変化することを考慮し，正確なサンプリング流量を求めなければならない．

ダクトに曲がりや障害物がある場合，ダクト径の 5 ～ 10 倍未満の下流側位置で正確なサンプリングを行うには，ダクト断面の異なる領域から複数のサンプリングを行う必要がある．このような場合，ダクト断面を等分割し，それぞれの U_0 を求め，分割断面ごとに等速吸引を行う．流速測定用のピトー管とサンプリングチューブを一つのユニットに組み合わせたものを使用すると，連続的に流速測定とサンプリングを行うことができる．自動化されたシステムでは，継続的に速度を測定し，等速条件を維持するためサンプリング流量を調整することが可能である．

10.2 静止空気からのサンプリング

等速サンプリングと密接に関係する問題として，静止または静止に近い空気からサンプリングする場合にも，サンプリング誤差を生じる可能性がある．等速吸引に関する基準は，静止空気中ではサンプリング流量を0にする必要があるため適用できない．静止空気中でサンプリングを行う場合，誤差は粒子の沈降速度によるものと慣性力によるものの二つの要因が考えられる．Davies, 1968は，これら二つの要因によるサンプリング誤差が無視できる場合の基準を示している．

粒子の沈降速度により生じる誤差は，サンプリング流速が小さく，サンプリングチューブが上向きの場合に生じる．本来，試料中には含まれないはずの粒子がプローブ内に沈降し，その結果，濃度が過大に評価される．極端な例として，サンプリング流量を0とした場合を想定すると，沈降粒子がサンプリングされるため，誤差は無限大となる．逆にプローブが下を向いている場合には，同様の原因により濃度が過小評価される．サンプリングプローブの中心軸が水平の場合には，粒子の沈降速度によるサンプリング誤差は生じない．

Davies, 1968は，サンプリングプローブを任意の方向に設置した場合について，粒子の沈降速度により生じる誤差が無視しうる基準として次式を示している．

$$U \geq 25V_{\mathrm{TS}} \tag{10.9}$$

ここで，Uはプローブ内の気流速度である．式(5.4)を使用すると，式(10.9)は，サンプリング流量Q，プローブ直径D_s，粒子緩和時間τを用いて次のように表すことができる．

$$D_s \leq \frac{2}{5}\left(\frac{Q}{\pi\tau g}\right)^{1/2} \tag{10.10}$$

標準状態ですべり補正を無視すれば，式(10.10)は次式のようになる．

$$D_s \leq 680\left(\frac{Q^{1/2}}{d_a}\right) \tag{10.11}$$

ここで，D_sの単位はmm，Qの単位は$\mathrm{m^3/h}$，d_a（空気力学径）の単位はμmである．D_sをcm，Qを$\mathrm{cm^3/s}$で表した場合，係数は4.1となる．

粒子の慣性力によってもサンプリング誤差が生じる．曲がった流線に沿って粒子がプローブに近づくと，粒子の速度は増加し，粒子の慣性力が十分大きい場合には，その停止距離はプローブ径に比べて十分大きなものとなる．このような粒子はプローブ流入口を通過してしまいサンプリングされない．この誤差は，粒子が大きいほど，また，プローブ流入口付近の流速が速いほど大きくなる．

Davies, 1968は，プローブ入口における流れ場を仮定し，粒子の慣性力によるサンプリング誤差が生じないような基準として，次式を示している．

$$D_s \geq 10\left(\frac{Q\tau}{4\pi}\right)^{1/3} \tag{10.12}$$

標準状態においてすべり補正を無視すれば，次式のように書き直せる．

$$D_s \geq 4.05Q^{1/3}d_a^{2/3} \tag{10.13}$$

ここで，D_sはプローブ径（mm），Qはサンプリング流量（m^3/h），d_aは粒子の空気力学径（μm）である．D_sの単位をcm，Qの単位をcm^3/sとした場合には，係数は0.062となる．

式(10.10)および式(10.12)は，特定の粒径の粒子を特定の流量でサンプリングする際に使用できるプローブ径の上限値，下限値を与える．図10.6は，これらに基づいて，許容されるプローブ径の範囲を示したものである．右に向かって増加する一連の線は，7種類のサンプリング流量に対する慣性力に対するサンプリング基準(式(10.12))に適合するために必要な最小プローブ径を表している．右に向かって減少する一連の線は，同じく7種類のサンプリング流量について，沈降速度に対するサンプリング基準（式(10.10)）に適合するために必要な最大プローブ径を表している．所定の流量について，2本の線の交点の左側にある三角形の領域は，対象粒径に対して許容可能なプローブ径の範囲を示している．特定の流量についての交点の右側では，最大適合プローブ径は，最小適合プローブ径よりも小さくなり，両方の基準を同時に満たすことはできない．その場合，最大プローブ径は，プローブが上を向く場合の沈降速度に対する基準である式(10.10)を優先する．プローブ

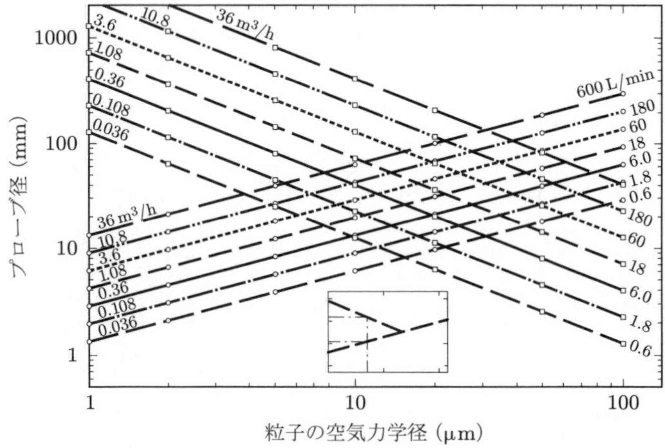

図10.6 静止空気中でサンプリングする際に使用できるプローブ径とサンプリング流量

の中心軸が水平方向の場合，沈降速度による誤差は発生しないため，プローブ径は許容最大径により制限されることはない．したがって，この場合，サンプリング誤差を生じないためには，式 (10.12) または図 10.6 により与えられる許容最小径より大きいプローブを，中心軸方向を水平に設置して使用すればよい．図には 0.036 〜 36 m^3/h [0.6 〜 600 L/min] の 7 種類の流量についての最小プローブ径と粒径との関係が示されている．○の付いた線は慣性力に対するサンプリング基準の最小プローブ径，□の付いた線は沈降速度に対するサンプリング基準の最大プローブ径である．各流量についての 2 本の線の交点の左側は，対象粒径に対して許容可能なプローブ径の範囲を示している（部分拡大図参照）．交点の右側の粒径については，両基準を同時に満たすことはできないので，沈降速度による誤差を避けるため，プローブ中心軸が水平となるように配置する．

式 (10.9) 〜 (10.13) および図 10.6 は，静止空気中でのサンプリングに適用されるが，これらの基準は次式の流速のもとでも使用できる．

$$U_0 \leq \frac{1}{5}\left(\frac{Q}{4\pi\tau^2}\right)^{1/3} \tag{10.14}$$

静止空気のサンプリング基準を適用できる最大気流速度 U_0 は，図 10.7 のサンプリング流量と d_a の関数として与えられる．図で与えられた気流速度よりも大きい場合は，等速サンプリング基準を使用する必要がある．

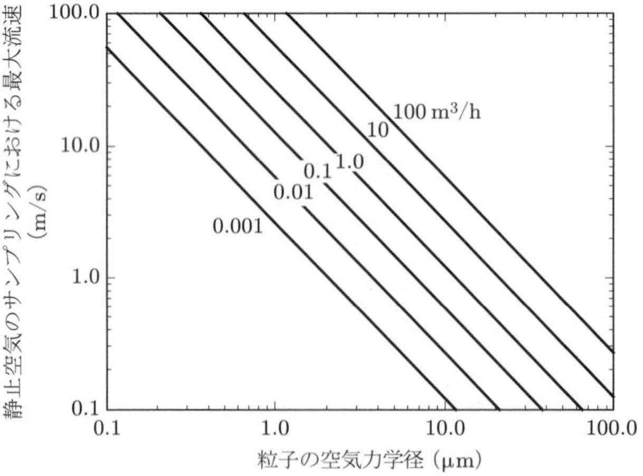

図 10.7　静止空気のサンプリングにおける最大流速と粒子の空気力学径との関係（サンプリング流量 0.001 〜 100 m^3/h）．流量がグラフに示した値（1 m^3/h = 16.7 L/min）より大きい場合は，等速サンプリングの基準を適用する必要がある

Davies が示した基準のうち，とくに慣性力に対する基準（式 (10.12)）は厳しすぎるとの指摘もあるが，いずれにせよこれらの基準は，誤差のないサンプリングを確実に行うためのものである．Agarwal and Liu, 1980 は，静止空気中でのサンプリングプローブ付近の流れを数値シミュレーションにより求め，プローブ径が次の条件を満たせば，サンプリング誤差が 10%以下になることを示した．

$$D_s \geq 20\tau^2 g \tag{10.15}$$

この基準は，比較的単純で流入速度やサンプリング流量に依存しないという利点がある．これは，Davies の基準よりもはるかに制限が緩く，空気力学径が 100 µm 未満の粒子の静止空気サンプリングには実際的な制限がないことを示唆している．

ここまでに述べた基準は，いずれもサンプリングプローブに流入する粒子の損失を避けるのに効果的であるが，サンプリングシステムとしては他にもさまざまな損失の原因があることに注意すべきである（10.3 節参照）．

例題 静止空気から 0.36 m^3/h [6 L/min] で 5 µm の粒子をサンプリングする場合，どの範囲のプローブ径が Davies の基準を満たすか．標準状態を想定する．

解 式 (10.11) と式 (10.13) を使用すると，次のように求められる．

$$D_s \leq \frac{680(0.36)^{1/2}}{5} = 82\,\text{mm} \quad \left[D_s \leq \frac{4.1(6\,000/60)^{1/2}}{5} = 8.2\,\text{cm}\right]$$

$$D_s \geq 4.05(0.36)^{1/3} \times 5^{2/3} = 8.4\,\text{mm}$$

$$\left[D_s \geq 0.062(6\,000/60)^{1/3} \times 5^{2/3} = 0.84\,\text{cm}\right]$$

これらの結果は，図 10.6 から得られた結果と一致する（部分拡大図参照）．

10.3 輸送損失

サンプリングプローブの入口に粒子が効率的に入ったとしても，粒子は流入口と捕集装置または測定装置までの間のチューブや継手の中で損失する可能性がある．サンプリングプローブからチューブに縮小するときの流線の曲がりにより，プローブの内側や入口のすぐ近くで損失が発生する場合がある．このような損失について，Brockmann, 2011 によって検討されている．

サンプリング経路における粒子の損失は，9.3 節に述べた五つの沈着メカニズムの結果である．それぞれのメカニズムが重要となる場合もあるが，通常，さえぎりの影響は他のメカニズムに比べて小さい．さらに，高温のエアロゾルをサンプリングするときに冷たいチューブを使う場合は，熱泳動が重要になる．各メカニズムによる損失は，フィルタの単一繊維捕集メカニズムの場合と同様の方法で，特定の粒径について組み合わせることができる（式 (9.33)）．一般に，輸送経路をできるだけ短く真っ直ぐにし，全体に同じ径のチューブを使用することで，損失が軽減される．サンプリング条件によっては，温度を下げて凝集を避けたり，結露を防ぐために，エアロゾルを清浄空気で希釈したりすることが望ましい場合がある．

円形断面をもつチューブ内の層流では，チューブ内壁への拡散沈着による粒子損失は，式 (7.29) で計算できる．乱流の場合には，拡散（式 (7.31) および (7.32)）または境界層を横切って発生する慣性沈着によって粒子損失が発生する（7.4 節の最後の説明参照）．均一な流れをもつ長方形断面の流路における粒子沈着による損失は，3.9 節に述べた水平分離器における損失と同じである．円形断面をもつチューブ内の層流について，Fuchs, 1964 は沈着による粒子損失を次式で与えている．

$$\text{沈着による損失} = \frac{2}{\pi}\left(2k_1k_2 - k_1^{1/3}k_2 + \operatorname{asin}\left(k_1^{1/3}\right)\right) \tag{10.16}$$

ここで，

$$k_1 = \left(\frac{3LV_{\mathrm{TS}}}{4D_sU}\right)\cos\theta, \qquad k_2 = \left(1 - k_1^{2/3}\right)^{1/2}$$

であり，L はチューブの長さ，θ は水平からのチューブの傾きで，単位は rad である．層流の場合，チューブの曲がり部分での粒子の慣性沈着は，次の経験式で与えられる（Crane and Evans, 1977）．

$$\text{チューブの曲がりによる損失} = (\mathrm{Stk})\,\phi \tag{10.17}$$

ここで，ϕ は曲げ角度（単位は rad），$\mathrm{Stk} = \tau U/D_s$ である．チューブの曲がり部分で乱流の場合については，Pui et al., 1987 による次の経験式が適用される．

$$\text{チューブの曲がりによる損失} = 1 - \exp(-2.88\,(\mathrm{Stk})\,\phi) \tag{10.18}$$

静電沈着と熱泳動沈着については，予測がより困難である．壁に向かう静電速度（静電気による終末速度）は，粒子の電荷と場の強度がわかっている場合，式 (15.15) によって計算できる．同様に，温度勾配がわかっている場合，熱泳動速度は式 (8.2) および (8.6) によって計算できる．乱流の場合，これらのメカニズムによる損失は，式 (15.38) と静電速度または熱泳動速度の計算値を使用して推定できる．

10.4 質量濃度の測定

質量濃度の測定には，直接測定と間接測定がある．直接測定は，重力質量または慣性質量の検出に基づいて行う．間接測定は，粒子の質量に関連する光散乱などの別の特性の測定結果を質量濃度に換算する（16.5 節参照）．直接読み取り装置は，1 秒未満から数分の読み取り間隔で，ほぼリアルタイムの濃度測定を行うことができる（10.5 節参照）．フィルタサンプルを用いる方法では，粒子質量を積分して，数分から数日にわたる平均エアロゾル濃度を算出する．一般的な大気および多くの屋内環境では，エアロゾル濃度は時間的にも空間的にも大きく変動する．

エアロゾルの質量濃度測定方法として最も一般的な方法は，既知の体積のエアロゾルをフィルタに通過させ，捕集されたエアロゾル粒子によるフィルタの質量増加を測定する方法である．質量捕集効率が既知のフィルタ，あるいは捕集効率がほぼ 100％と考えられる高性能フィルタを用い，捕集された粒子の質量をサンプルの体積で割って質量濃度を求める．この方法は，ハイボリュームサンプラによる方法と区別するため，「総」質量測定とよばれる．また，この方法は，労働衛生に関連した作業環境でのサンプリングや，大気環境の PM_{10} や $PM_{2.5}$ の測定にも用いられており，吸引性粒子のサンプリングとよばれる（11.4，11.5 節参照）．これらのサンプリング法のいずれかによって捕集された粒子をさらに分析して，特定の元素または化合物の質量を求めることができる．

フィルタ上に捕集された粒子の重量分析は，低コストで簡単に実施でき，かつ正確な質量濃度測定方法として広く使用されている．この方法では，サンプリング前後におけるフィルタの質量およびサンプリング流量，サンプリング時間を正確に測定する必要がある．流量の測定については 2.6 節に述べた．

質量測定には，化学分析用天秤や XPR2U マイクロ天秤（XPR2U，Mettler Toledo, Columbus, OH）などが使用されている．分析用天秤（analytical balance）は，フィルタの質量を 0.1 mg の分解能（特別仕様型では 0.01 mg）で測定できる機械式天秤である．XPR2U マイクロ天秤は，コイルで発生させた磁場トルクにより機械梁のバランスをとる天秤で，より高い分解能を有している．コイル内の電流を測定してサンプル質量を決定する．測定精度は測定スケール全体（0.3 ～ 2 100 mg）で 0.1 μg である．フィルタサンプリング法において質量測定する場合，実質的な測定精度の限度は 10 μg 程度である．

一般的なフィルタのサイズは，円形ディスクの場合は直径 13，25，37，47 mm，ハイボリュームサンプラの場合は200×250 mm（8×10 inch）の長方形シートである．メディアの質量が小さいフィルタを使用すると，捕集された粒子の質量の総質量に占める割合を大きくすることができ，湿度や温度によるフィルタ質量の変化による影響を削減でき，測定精度を向上できる．表10.1に，一般的なフィルタの質量および質量安定性を示す．フィルタの質量変化による影響を受けずに濃度測定を行うためには，フィルタ上に捕集する粒子質量が約0.5 mg以上あることが望ましい．表に示されているフィルタ質量の変動と比較して捕集粒子の質量が十分大きくなるように，サンプリング時間またはサンプリング流量を調整する必要がある．

表10.1　一般的なフィルタの質量安定性[a]

フィルタの種類	温度，湿度が制御されていない環境[b]		温度，湿度が制御された環境[b]	
	除電しない場合[c] (mg)	除電した場合[c] (mg)	除電しない場合[c] (mg)	除電した場合[c] (mg)
ガラス繊維フィルタ	87.933±0.0628	91.314±0.0653	87.844±0.0118	88.999±0.0038
テフロンメンブレンフィルタ	244.371±0.0047	272.801±0.004	244.370±0.0049	272.800±0.0087
PVCメンブレンフィルタ	13.259±0.0021	13.056±0.0029	13.257±0.0023	13.052±0.0023
MCEメンブレンフィルタ	41.582±0.1132	42.803±0.1173	41.435±0.0431	42.606±0.354

a）Tsai et.al., 2002.
b）重量測定前に，フィルタを相対湿度40～45%の環境中に24時間放置した．
c）各タイプ四つのフィルタを使用し，制御された環境と制御されていない環境，除電した場合，しない場合の重量を測定した．データは平均±標準偏差で表してある．

フィルタの質量を測定する理想的な方法としては，温度（±1℃）と湿度（相対湿度30～50%の場合±5%）が制御されたチャンバまたは室内に天秤を置き，各測定を行うまでに少なくとも1時間（24時間とする場合が多い）この環境で安定させる．測定開始から終了までの間に湿度が変化すると，測定結果に誤差が生じる．Tsai et al., 2002は，室温22～26℃の場合，相対湿度が1%増加するごとに，混合セルロースエステル（MCE）製フィルタでは16.7 μg，ガラス繊維フィルタでは6.4 μgの質量が増加することを報告している．サンプルフィルタの質量を計測するたびに，三つのブランク（対照）フィルタおよびフィルタとほぼ同じ重量の参照質量を測定することが望ましい．

静電気がフィルタに蓄積し，計量誤差を引き起こす可能性もある．静電気を中和するため，ポロニウム 210 などのアルファ線源を用いて各計量の前にフィルタを放射線暴露することが行われている．

空間濃度が特定の基準値 C'_m を下回っているかどうかを判断する目的でサンプリングする場合，捕集された質量が測定分解能の少なくとも 10 倍となるよう，十分なサンプリング流量を設定する．この条件は次式で表される．

$$\text{サンプリング流量} = \frac{10S}{C'_m} \tag{10.19}$$

ここで，S は天秤の測定分解能である．この要件は理想的なサンプリング条件を前提としており，濃度変化に伴う統計的な問題などには対応していない．

一般的なサイズのフィルタホルダには，図 10.8 に示すように，オープン型とインライン型がある．前者は粒子が確実にフィルタ上に均一に分布するため，顕微鏡分析用サンプルの捕集に使用する．一般的なオープン型フィルタホルダは，流入口での粒子損失を最小限とするように設計されている．インライン型は，プローブを使用してサンプルを採取する場合や，機器へ清浄空気を供給するため，空気供給ラインで粒子を除去する用途に使用される．

図 10.8 オープン型およびインライン型の 47 mm フィルタホルダ（左）と 37 mm 使い捨てフィルタカセット（右）

個人用サンプラは，対象者の呼吸領域内のエアロゾル濃度を測定し，対象者のエアロゾルへの暴露を評価するため，産業衛生の分野で用いられている．そのため，測定対象者の口から 0.3 m［30 cm］以内の領域にあるエアロゾルをサンプリングする．個人用サンプラは，軽量のバッテリー駆動ポンプ（10.7 節参照）と直径 37 mm のプラスチック製インライン型フィルタホルダ(図 10.8) で構成されている．ほとんどの個人用サンプラでは，インライン型フィルタホルダが採用されているが，これは偶発的な汚染や機械的損傷からフィルタを保護するためであり，NIOSH

(NIOSH 2017) でも推奨されている．局所的な発生源によって空間的な濃度に大きなばらつきがある場合には，個人用サンプリングが必要である．濃度が適度に均一な場合は，対象領域または固定点でのサンプリングにより環境を評価できる．フィルタホルダはスタンドまたは三脚に取り付け，呼吸領域の高さに設置する．Fairchild et al., 1980 は，オープン型フィルタホルダを用いた場合には，インライン型フィルタホルダを用いた場合よりもサンプリング誤差が大きくなることを報告している．いずれのタイプにおいても，数マイクロメートルを超える大きな粒子ははかなりの量が壁面へ沈着することがある．

フィルタの周辺部分は，ホルダ外部からの空気の流入やフィルタの縁からの漏れを防ぐため，十分密閉されていなければならない．また，ガラス繊維やメンブレンフィルタの破裂を防ぐため，スクリーンやサポートパッドが必要である．使い捨てタイプのプラスチック製フィルタホルダとして，25 mm および 37 mm のオープン型，インライン型フィルタホルダが市販されている．市販のフィルタホルダについては，Lippmann, 2001 がレビューしている．

PM_{10} 捕集用の分粒装置を備えたハイボリュームサンプラは，環境の空気質評価を目的としたサンプリングに最も広く使用されている装置である．分粒装置（11.5 節参照）は全方向性の流入口であり，慣性衝突，および選択的な粒子損失を組み合わせて PM_{10} 以外の粒径をカットオフするように設計されている．この種のサンプラは，サンプリング流量 0.188 m^3/s [40 ft^3/min，1 130 L/min] で使用できる．二分式 PM_{10} サンプラ（PM_{10} dichotomous（dichot）sampler）は，PM_{10} 捕集用分粒装置と仮想インパクタを使用して，サンプリングされたエアロゾルから PM_{10} 粒子を 2.5 μm 以上および 2.5 μm 未満に分離する．サンプリング流量は 1.0 m^3/hr［16.7 L/min］である．

微粒子のスタックサンプリング（stack sampling．固定ソースサンプリング stationary-source sampling ともよばれる）は，通常，EPA 法 5 または 17（米国環境保護庁：U.S. Environmental Protection Agency, 2016）に従って実施される．EPA 法 5 のセットアップを図 10.9 に示す．等速サンプリングプローブには，サンプリング位置での速度をモニタリングするための一体型ピトー管が付いている．プローブ流入口からフィルタまでの流路はガラスで内張りされており，結露を防ぐために加熱されている．また，フィルタホルダは加熱容器内にある．フィルタホルダの下流では，サンプリング空気を冷却して凝縮性ガスが除去され，流量測定ユニットに送られる．粒子の質量濃度が温度に依存しない場合は，より単純な EPA 法 17

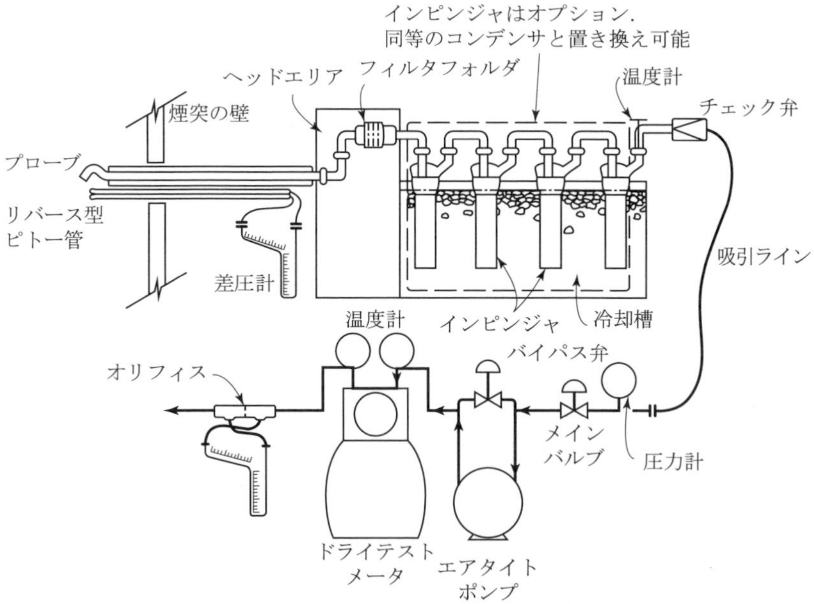

図 10.9 EPA 法 5 のスタックサンプリングに用いる測定システム（U.S. Environmental Protection Agency, 2016）

を使用できる．この方法は基本的には EPA 法 5 と同じだが，フィルタホルダがスタック内の入口から数センチメートル下流に配置される点が異なり，加熱容器やチューブは必要ない．その他システムの構成は EPA 法 5 と同じである．

10.5 直読型測定器

フィルタサンプルの重量分析では通常，サンプリング場所を離れ，測定器のある室内にサンプルを持ち込んで重量測定する必要がある．これには時間的ロスを生じるため，とくに労働衛生作業の評価においては，サンプリング現場で数分のうちに質量濃度を測定できる携帯式の直読型測定器（現場測定器）が用いられている．一般に，直読型測定器は，フィルタによる重量測定よりも精度は劣るが，測定は簡便である．また，測定時間が短いので，空間的または時間的に濃度が変化する場合でも測定が可能となる．

この節に示す直読型測定器による質量濃度測定方法は，Weingartner et al., 2011 によって詳細に解説されている．これらの機器に加えて，凝縮核計数装置については第13章に，電気移動度分析装置については第15章に，フォトメータ，ネフェロメータ，および光学粒子計数器については第16章に述べる．

質量濃度を測定する直読型測定器には，粒子を捕集する機能と，それらの質量を正確に計測する機能が必要である．水晶式マイクロバランス粉塵計（quartz crystal microbalance：QCM．訳者注：ピエゾバランス粉塵計ともよばれる）では，圧電水晶の表面に静電沈着または慣性衝突によってエアロゾル粒子を捕集する．水晶はその共振周波数（5～10 MHz）で振動するが，この周波数は，水晶表面に沈着した粒子質量に応じて直線的に減少する．このタイプの測定器の一つである Kanomax 3520 シリーズ Piezobalance（Kanomax USA Inc., Andover, NJ）の概要を図 10.10 に示す．この装置では，わずか 0.005 μg の質量増加に対して共振周波数が 1 Hz 変化する．24～120 秒のサンプリング時間における共振周波数の変化を測定し，その値を質量濃度に変換し，結果をデジタル画面に表示する．温度変化は基準水晶素子により補償される．この装置では，±10％の精度で 0.01～10 mg/m^3 の粒子濃度を測定できる．測定器の重量は 2 kg，サンプリング流量は 1 L/min である．ポータブルモデルは，0.01～10 μm のカットオフ径のインパクタを吸入側に装置することによって，特定粒径粒子のサンプリングや吸引性粒子のサンプリングを行うことができる．水晶式マイクロバランス MOUDI インパクタ（モデル 140，TSI Inc., Shoreview, MN）は，各インパクタのステージでこの検出方法を使用している．

捕集効率はすべての粒径について高いが，10 μm を超える大きさの固体粒子は圧

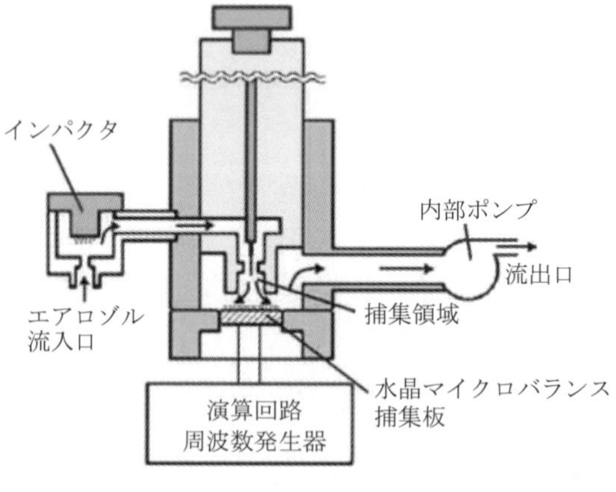

図 10.10 Kanomax 3520 シリーズ水晶マイクロバランス粉塵計（Kanomax USA Inc., Andover, NJ）

電水晶の表面に完全に密着しないため，このような粒子が捕集された場合，質量濃度は低く評価される．測定中に温度や相対湿度が変化した場合も誤差が生じる可能性がある．圧電水晶に沈着した粒子が 5 ～ 10 μg 程度になると，粒子の層が何層か形成されてしまうため，それ以降は，粒子と圧電水晶との密着度が十分ではなくなる．水晶表面は，湿ったスポンジで注意深く拭き取ると清浄化できる．ポータブルタイプの測定器では，内蔵スポンジを使用して半自動的に清掃が行われる．

別のタイプの振動素子を応用した質量センサに，マサチューセッツ州ウォルサムの Thermo Fisher Scientific が製造しているテーパ型振動子マイクロバランス（TEOM 1400AB）がある．図 10.11 に示すように，振動素子は，長さ 100 ～ 150 mm の中空の先細りのガラス棒で，細い側の端に 13 mm のフィルタをセットできるフィルタホルダが取り付けられている．幅広い側の端部は固定されており，フィルタを取り付けた端部は数百ヘルツで振動する．エアロゾルはフィルタを通して中空のガラス棒に沿って 0.5 ～ 5 L/min で吸引される．フィルタ上に収集された粒子の沈着量により，共振周波数が低下する．この共振周波数の変化を電子的に感知し，質量濃度に変換して表示する．捕集された粒子による質量の増加 Δm は，初期周波数 f_i および最終的な周波数 f_f を用いて以下のように表せる．

$$\Delta m = K_0 \left(\frac{1}{f_f^2} - \frac{1}{f_i^2} \right) \tag{10.20}$$

ここで，K_0 は各要素に固有の校正定数である．TEOM 1400AB は，10 分～ 24 時

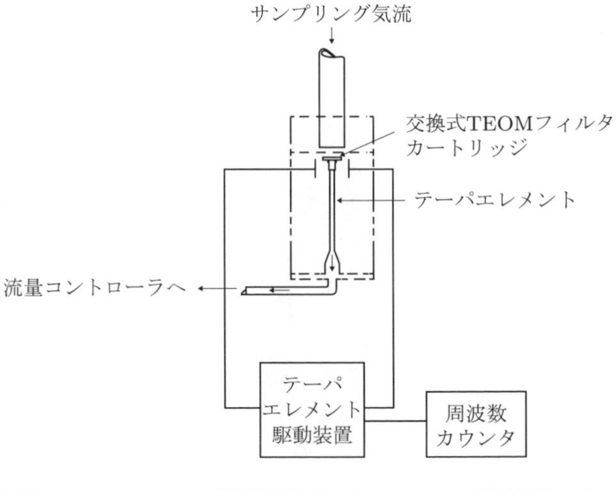

図 10.11 捕集されたエアロゾル質量を測定するためのテーパ型振動子マイクロバランス

間の平均時間に対して，周囲濃度を μg/m^3 単位で測定できる．粒子質量の測定精度を得るには，フィルタとホルダを可能なかぎり小型で軽量なものとすることが望ましい．この測定器は，流入プローブを選択することで，PM_{10}，$PM_{2.5}$，$PM_{1.0}$ に対応した測定が可能である．校正は，既知の質量をフィルタに加えて行う．

質量濃度を測定するための別のタイプの携帯型測定器では，ベータ線吸収法（beta gauge method）を使用している．このタイプの測定器として，たとえばE-BAM粒子モニタ（Met One Instruments Inc., Grants Pass, OR）がある．図 10.12 に示すように，粒子はベータ線源とベータ線検出器との間に設置したフィルタ上，またはマイラーフィルム（Mylar film．訳者注：ポリエステルの薄膜）上に捕集される．粒子はベータ線を吸収するため，これを応用して粒子質量を求めることができる．この測定器では，サンプルの捕集前後におけるベータ線源からの放射線量を測定する．この測定値の差は，沈着した粒子の質量に比例するので，測定値を質量濃度に変換してデジタル表示する．ほとんどのベータ線吸収式測定器には，単位面積あたりの質量 100 ～ 1 000 g/m^2［10 ～ 100 mg/cm^2］の基板が使用されており，0.2 ～ 5 g/m^2［10 ～ 500 mg/cm^2］の沈着粒子濃度を測定できる．濃度が低い場合や，粒子がフィルタ上に広く分散して沈着するような方法を用いた場合には，より長いサンプリング時間が必要になる．インパクタは小さなスポット領域に粒子を沈着させることができるため，1 ～ 25 mg/m^3 の濃度のエアロゾルを 2 L/min でサンプリングした場合，約 1 分で十分なベータ線吸収を測定できる程度の粒子を捕集できる．

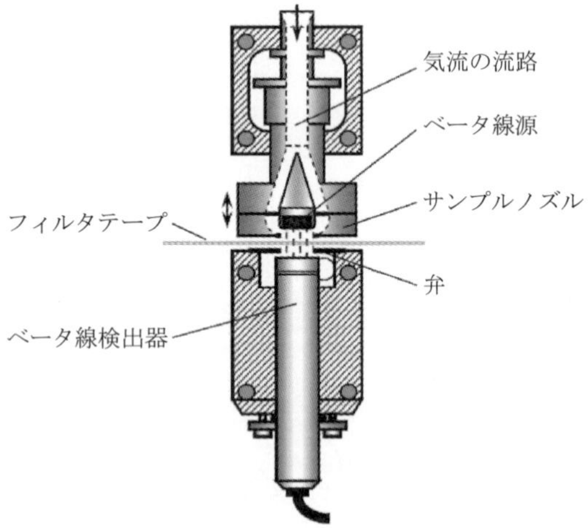

図 10.12　ベータ線吸収法を応用した携帯型測定器

直径 1 cm のフィルタを備えた機器では，通常，上記濃度範囲と流量で濃度測定を行うのに，0.1 ～ 4 時間が必要となり，測定精度は ±25% である．これらの機器は，入射するすべてのベータ線を完全に吸収する 10 μm を超える粒子には適していない．いずれの測定器も，前段に PM_{10} 用または呼吸器吸入用分粒装置を装着できる．インパクタ方式の測定器は，インパクタのカットオフ粒径より小さい粒子を捕集しないため，測定誤差を生じる可能性がある．ベータ線吸収量はエアロゾル物質に多少依存するが，一般的なエアロゾル物質の場合には，この影響の範囲は 35% 程度である．

10.6 個数濃度の測定

粒子の個数濃度は，メンブレンフィルタ（Millipore AA または HA など）上に粒子をサンプリングし，フィルタを光学顕微鏡で検査することにより得ることができる．セルロースエステル製メンブレンフィルタには以下のような二つの特質があり，この種の測定に適している．一つは非常に捕集効率が高いため，表面近くのすべての粒子を捕集できることである．もう一つは，適切な屈折率の液浸オイルでフィルタを満たすことで透明にできることである．捕集粒子の計数は，第 20 章で説明する顕微鏡測定の手順に従う．顕微鏡は，使用する視野領域での計数が正しく行われるよう調整しておく．フィルタ上に捕集された粒子の総数は，計測数に計測面積の全面積に対する割合を掛けることにより求める．個数濃度は，捕集された粒子の総数を，サンプリング空気の全体積で割って求める．47 mm フィルタの場合，捕集総数が 10^7 個程度あると，顕微鏡を用いた個数濃度の計数に適したサンプル密度となる．

計数値の標準偏差 σ は次式で与えられる．

$$\sigma = \sqrt{n} \tag{10.21}$$

ここで，計数値はポアソン分布をすると仮定しており，n は計数された粒子数である．

例題　47 mm フィルタ（有効直径は 41 mm）上に流量 10 L/min で 5 分間エアロゾルをサンプリングし，直径 0.30 mm の五つの顕微鏡視野から合計 441 個の粒子が計数された．エアロゾルの個数濃度はいくらか．

解　フィルタ上の粒子の総数 N は，計数値を面積で換算して求める．

$$N = 441\left(\frac{41^2}{5\times 0.30^2}\right) = 1.65\times 10^6$$

サンプリング空気の体積は，$5\times 10 = 50\ \mathrm{L} = 0.05\ \mathrm{m^3}$ $[50\,000\ \mathrm{cm^3}]$ である．したがって，個数濃度は次のようになる．

$$\frac{1.65\times 10^6}{0.05} = 3.3\times 10^7\,/\mathrm{m^3} \quad \left[\frac{1.65\times 10^6}{50\,000} = 33/\mathrm{cm^3}\right]$$

1925 年から 1950 年にかけて，米国における個数濃度の標準的測定方法は，インピンジャで試料を捕集し，ダスト計数セル（dust-counting cell）により捕集した粒子の個数を計数するものであった．この方法による測定結果と，鉱業や他の劣悪な労働環境の職業において見られる呼吸器系疾病の発生率との間に相関関係があることが見出された．米国政府産業衛生士会議（American Conference of Governmental Industrial Hygienists：ACGIH）の鉱物粉塵に対する閾値限界値の多くは，この方法で得られたデータに基づいており，1984 年まで ACGIH によって推奨されてきた．図 10.13 に示すインピンジャは，ノズルが水中またはアルコール中にあることを除いて，その原理はインパクタとよく似ている．1 μm より大きい粒子は慣性機構によって採取液中に取り込まれ，最終的には液体中に浮遊した状態となる．ミゼットインピンジャの d_{50} の計算値が 0.7 μm であることから推測できるように，1 μm 未満の粒子では，捕集効率が急速に低下する（5.5 節参照）．標準型（Greenberg-Smith による）およびミゼットインピンジャの特性を表 10.2 に示す（訳者注：表には 19.2 節で述べる BioSampler のデータも併記されている）．

既知の体積の空気をサンプリングした後，基準量の採取液からその一部（整数分の 1 に相当）を取り出し，ダスト計数セルで測定する．ダスト計数セルは，ガラス表面に採取液を 0.1 mm の薄層の形で封入し，流動しないようにしたものであり，顕微鏡による計数が可能である．既知の体積の採取液中に取り込まれた粒子個数は，接眼レンズの目盛またはセルの底面にエッチングされた格子を用いて計数する．捕集粒子の総数は，計数した採取液の体積全体に対する割合をもとに計算して求める．個数濃度は，フィルタの場合と同様に，サンプリング空気の体積に対する捕集粒子

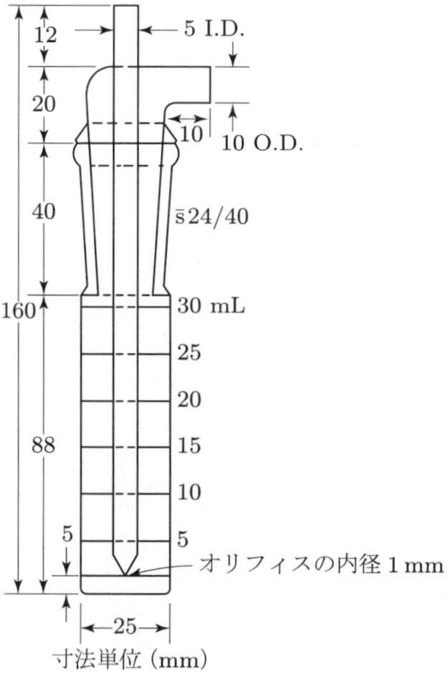

図 10.13 ガラス製ミゼットインピンジャ（Ind. Eng. Chem.（Anal. Ed.), 16, 346, 1944）（Copyright 1944, American Chemical Society）

表 10.2 インピンジャの特性

	標準	ミゼットインピンジャ	BioSampler
流量（L/min）	28.3	2.83	12.5
噴流速度（m/s）	120	60	313
ノズル径（mm）	2.3	1	3×0.63
衝突距離（mm）	5	5	N/A a)
液量（mL）	75	10	20
圧力損失（kPa [mmHg]）	9.6 [72]	3.6 [27]	50.8 [381]
適用粒径範囲	d_a > 1 μm	d_a > 1 μm	d_a > 0.5 μm

a）メーカによっては上記特性を適用できない場合がある.

の総数の割合として計算する. 近年, このサンプリング方法は, 吸入式の質量サンプリング（11.5 節参照）に大部分が置き換えられているが, ここに示した粒子計数技術は, バイオエアロゾル（第 19 章）およびアスベスト濃度（20.5 節）の評価に引き続き使用されている. 個数濃度を測定するための凝縮装置および光学測定器については, それぞれ 13.6 節および 16.5 節で述べる.

10.7 サンプリングポンプ

Rubow, 2001は，エアロゾルのサンプリングに適したポンプとエアムーバ（air mover）のレビューを提供している．一般的に用いられている4種類のエアロゾルサンプリング用ポンプ（sampling pump）を図10.14に，またこれらの特性を表10.3と図10.15に示す．

MSAパーソナルポンプ　ロータリーベーン式ポンプ　ダイヤフラム真空ポンプ　GMWハイボリュームサンプラ

図10.14 エアロゾルサンプリング用ポンプ

個人用サンプリングポンプ（personal sampling pump）は，ベルトに装着するよう設計された軽量でポータブルなバッテリー駆動のポンプである．このポンプは，8時間の使用が可能で，また，ロータリーメータと流量制御バルブまたは定流量回路が組み込まれているので，1～4 L/minの一定流量で，勤務中に作業者がさらされる大気をサンプリングできる．表10.3に記載されている個人用サンプリングポンプに加え，少なくとも5種類の他の同様のポンプが市販されている．ほとんどは，モータによってダイヤフラムを前後に駆動して空気を送り出すダイヤフラム式ポンプ（diaphragm-type pump）を使用しており，作動音は比較的静かだが，流量が脈動するのを抑えるためダンパが必要である．高性能なバージョンでは，広範囲（例：5～5 000 cm^3/min）にわたる定流量サンプリングが可能である．また指定時間に駆動を開始/停止できるものや，断続的なサンプリングを行うためのプログラミング機能を有したものもある．

この方式の大型のものとして，ダイヤフラム式真空ポンプ（diaphragm vacuum pump）があり，電圧120 Vまたは240 Vで作動する．このポンプも作動音は比較的静かだが，流量にかなりの脈動がある．この種のポンプは，空気を加圧して供給

表 10.3 エアロゾルサンプリング用ポンプの特性

ポンプの種類	出力 (W(Hp))	重量 (kg)	フィルタ寸法 (mm)	最大流量 (L/min)	最大吸引圧力 (kPa(cmHg))
SKC 224-PCXR4 [a] (ダイヤフラム式個人用サンプラ)	12〜18 (0.016-0.024)	0.9	25, 37	5	8.7 (6.5)
SKC Leland Legacy [a] (ダイヤフラム式個人用サンプラ)	88.8 (0.12)	1	37	15	N/A [e]
GAST DOA-F502A [b] (ダイヤフラム式真空ポンプ)	250 (0.34)	6	47	53.3	86 (65)
GAST 0523b [b] (ロータリーベーン式真空ポンプ)	190 (0.25)	15	47	128.3	90 (67.3)
Thermo Fisher Scientific [c] (ハイボリュームサンプラ)	750 (1)	38〜61	N/A [e]	571-1714 [d]	N/A [e]

a) SKC Inc., Eighty Four, PA.
b) GAST Manufacturing Corp., Benton Harbor, MI.
c) Thermo Fisher Scientific, Waltham, MA.
d) at 59 °F.
e) 製造元からデータが提示されていない.

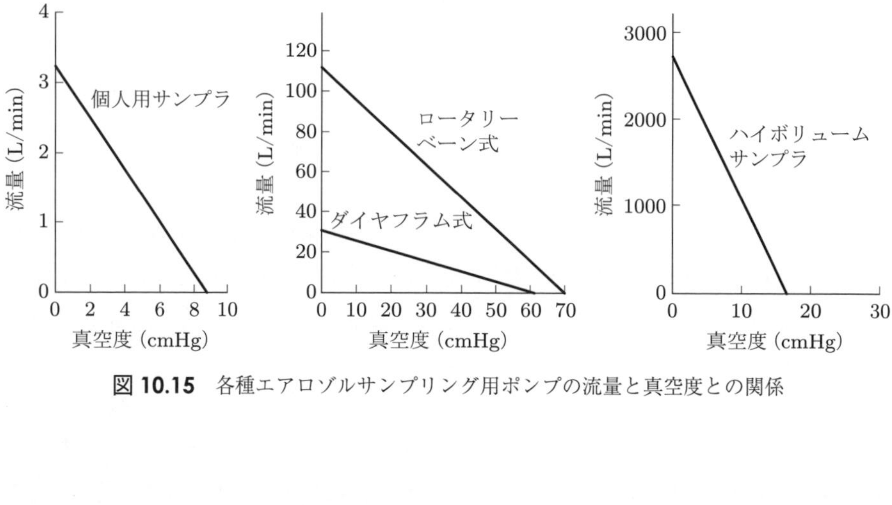

図 10.15 各種エアロゾルサンプリング用ポンプの流量と真空度との関係

することも可能であり，圧力計，真空計，および圧力調整器を直接取り付けることができる．ダイヤフラム式真空ポンプはステンレス製バルブを用いており，使用にあたっては定期的に洗浄する必要がある．ロータリーベーン式ポンプ（rotary vane pump）にはバルブはなく，チャンバ内の偏心回転軸に取り付けられたカーボン製ベーンをスライドさせることによって空気の吸引が行われる．この種のポンプは，前述のすべてのポンプよりも騒音が大きく，ベーンの摩耗と潤滑油により，排気中に炭素粒子とオイルミストのエアロゾルが生成される．ロータリーベーン式ポンプの吸引流量は，大気圧空気に換算して 10 ～ 1 500 L/min である．

ハイボリュームサンプラ（high volume sampler）は，ハイボル（high-vol）ともよばれ，ガラス繊維フィルタ（8×10 inch）とブロアーを保護シェルター内に装したもので，大気中の粒子状物質測定用の標準サンプラとして長年使用されてきた．切妻屋根型のカバーを備えた標準的なハイボリュームサンプラの吸気効率は，風速と風向によって異なる．風速 8 km/h では 30 μm 粒子に対する捕集効率は 50％であるが，風速が小さいほど捕集効率は大きくなり，逆に強風では捕集効率が小さくなる．最近では，これらのサンプラは，主に 0.19 m^3/s [40 ft^3/min，1 130 L/min] で吸引可能な PM_{10} 用ハイボリュームサンプラに置き換えられている（11.5 節参照）．

問題

10.1　高速道路におけるエアロゾルをサンプリングするため，80.47 km/h（時速 50 マイル）で走行中の車の窓からプローブを使用して，40 L/min でサンプリングすることにした．非等速サンプリングによる測定誤差を，全粒径について ±10％未満にするためには，使用できるプローブ径の範囲はどれだけか．車両による流線の変化は無視して一様流とみなし，プローブは気流と平行に設置されていると仮定する．

解答：5.9 ～ 6.5 mm [0.59 ～ 0.65 cm]

10.2　Davies の基準に準拠した直径 20 mm のプローブを使用して，静止空気中において 10 L/min でサンプリングできる最大粒計はいくらか．すべり補正を無視し，プローブ軸が水平であると仮定する．

解答：14 μm

10.3　直径 15.24 cm（6 inch）のダクトに流量 11.33 m^3/min（400 ft^3/min）の流れ

がある．ここから 28.3 L/min（1 ft^3/min）で等速サンプリングするには，どの程度のプローブ直径が必要か．プローブは気流と平行に設置されていると仮定する．また，プローブの角度が気流か 30° 傾いた場合，同じサンプリング流量で 20 μm の粒子をサンプリングするとどの程度の誤差が発生するか．

解答：7.6 mm [0.76 cm]，−11%

10.4　直径 33 mm のプローブを使用して静止空気中の 18 μm 粒子をサンプリングする．このとき，Davies の基準を満たす流量の範囲を求めよ．

解答：0.76 ～ 1.7 m^3/h [12.6 ～ 28 L/min].

10.5　ミゼットインピンジャで 30 分間サンプリングし，ダスト計数セルの 100 の小区画で粒子を計数したところ，合計 283 個であった．採取液の厚さは 0.1 mm，小区画は 50×50 μm であった．サンプリングされた空気中の粒子個数濃度はいくらか．

解答：1 330/cm^3

10.6　直径 1.3 cm のプローブを使用し，流量 128 L/min で煙道から 20 μm の粒子をサンプリングすると，どのような濃度誤差が生じるか．煙突内の速度は 25 m/s とし，プローブは流れと平行に設置されていると仮定する．

解答：+47%

10.7　直径 47 mm のフィルタホルダ（有効直径＝40 mm）を MF-Millipore フィルタとともに 2.5 cmHg の負圧で使用する．流速 10 m/s のガス流れから等速サンプリングするには，径がいくらのプローブをこのフィルタホルダに接続すればよいか．
[ヒント：表 9.1 を使用する.]

解答：6.3 mm [0.63 cm]

10.8　粒径 10 μm のエアロゾル粒子を，長さ 0.3 m，直径 10 mm の水平チューブを通して 6 L/min で等速サンプリングする．チューブの後流側には 90° の曲がりが続いている．直管内と曲がり管内での粒子損失はどの程度になるか．粒子は単位密度球を想定する．

解答：8.8%，6.2%

参考文献

Agarwal, J. K., and Liu, B. Y. H., "A Criterion for Accurate Aerosol Sampling in Calm Air", *Am. Ind. Hyg. Assoc. J.*, **41**, 191-197 (1980).

Ashley, K. and O'Connor, P.F. (Eds.), *NIOSH Manual of Analytical Methods (NMAM)*, 5th edition, NIOSH, 2017.

Belyaev, S. P., and Levin, L. M., "Techniques for Collection of Representative Aerosol Samples", *J. Aerosol Sci.*, **5**, 325-338 (1974).

Brockmann, J.E, "Aerosol Transport in Sampling Lines and Inlets", in Kulkarni, P., Baron, P. A., and Willeke, K. (Eds.), *Aerosol Measurement: Principles, Techniques, and Applications, 3rd edition*,Wiley, New Jersey, 2011.

Crane, R. I., and Evans, R. L., "Motion of Particles in Bends of Circular Pipes", *J. Aerosol Sci.*, **8**, 161-170 (1977).

Davies, C. N., "The Entry of Aerosols into Sampling Tubes and Heads", *Brit. J. Appl. Phys. (J. Phys. D).* **1**, 921-932 (1968).

Durham, M. D., and Lundgren, D. H., "Evaluation of Aerosol Aspiration Efficiency as a Function of Stokes Number, Velocity Ratio, and Nozzle Angle", *J. Aerosol Sci.*, **11**, 179-188 (1980).

Fairchild, C. I., Tillery, M. I., Smith, J. P., and Valdez, F. O., *Collection Efficiency of Field Sampling Cassettes*, Los Alamos Scientific Laboratory Report No. LA-8646-MS (1980).

Fuchs, N. A., *The Mechanics of Aerosols*, Pergamon, Oxford, 1964.

Fuchs, N. A., "Sampling of Aerosols", *Atmos. Env.*, **9**, 697-707 (1975).

Lippmann, M., "Filters and Filter Holders", in Cohen, B., and McCammon, C. (Eds.), *Air Sampling Instruments for Evaluation of Atmospheric Contaminant*, 9th edition, ACGIH, Cincinnati, 2001.

Pui, D. Y. H., Romay-Novas, F., and Liu, B. Y. H., "Experimental Study of Particle Deposition in Bends of Circular Cross-sections", *Aerosol Sci. Technol.*, **7**, 301-315 (1987).

Rubow, K. "Air Movers and Samplers", in Cohen B. and McCammon C. (Eds.) *Air Sampling Instruments for Evaluation of Atmospheric Contaminant*, 9th edition, ACGIH, Cincinnati, 2001.

Tsai, C. J., and Chang, C. T., "The Effect of Environmental Conditions and Electrical Charge on the Weighing Accuracy of Different Filter Materials", *Sci. Total Environ.*, **293**, 201-206 (2002).

U.S. Environmental Protection Agency, *Standards of Performance for New Stationary Sources*, 40CFR60, (Rev. July 1, 2016), U.S. Govt. Printing Office,Washington DC (2016).

Vincent, J.H., *Aerosol Sampling: Science, Standards, Instrumentation and Applications*,Wiley, New York, 2007.

Weingartner, E., Burtscher, H., Hüglin, C. and Ehara, K. "Semi-Continuous Mass Measurement", in Kulkarni, P., Baron, P. A., andWilleke, K. (Eds.), *Aerosol Measurement: Principles, Techniques, and Applications, 3rd edition*,Wiley, New Jersey, 2011.

11 呼吸器系への沈着

呼吸により人が吸引する粒子の危険性は，その粒子の化学組成および呼吸器系内のどの部位に沈着するかによって異なる．したがって，エアロゾルの危険性を適切に評価するには，粒子が肺の中のどこにどのように沈着するかを知る必要がある．このことは，医薬品エアロゾルの吸入による投与を効果的に行うためにも重要である．人体には，エアロゾルの吸引に伴う危険性に対処するため，効果的な保護機能が備えられている．ここでは，最も重要な保護機能，すなわち，粒子が肺の中の敏感な部位に達するのを防止する機能について考察する．

粒子の肺への沈着は，その基本的なメカニズムはフィルタによる粒子捕集の場合と同じである．しかし，それぞれの捕集メカニズムの相対的な重要度には大きな違いがある．フィルタによる捕集では，その流路は固定されており，また流れも定常であるのに対し，呼吸器系では，流路形状は時間的に変化し，また流れの方向も周期的に変動するため，実際の状況は非常に複雑なものとなる．肺への粒子沈着メカニズムを基礎的な理論を用いて完全に予測することは困難なため，多くの場合，実験データなどに基づく経験式が適用されている．この章では，呼吸器系に適用される粒子沈着の基本メカニズム，肺内の粒子沈着の特徴，吸引時の口や鼻への粒子の侵入について概説する．これらを理解するには，まず人間の呼吸器系の特徴を明らかにする必要がある．

11.1 呼吸器系

呼吸器系（respiratory system）への粒子沈着の観点から，人の呼吸器系は三つの部位に分けることができる．各々の部位には，解剖学上の部位が一つ以上含まれている．これらの部位は，構造や空気の流れの様子，粒子沈着に対する感度（訳者注：人体の健康への影響の度合い）などがそれぞれ異なる．第 1 の部位は鼻，口，咽頭，喉頭を含む頭部気道（head airway）や胸部以外の領域（extrathoracic region）であり，鼻咽頭領域（nasopharyngeal region）ともよばれる．吸入された空気は，この部位で温められ，加湿される．第2の部位は肺の気道（lung airway）や気管支領域（tracheobroncial region）であり，喉頭から末端細気管支までの気道が含まれる．この部位は上下を逆転した樹木に似ており，1本の幹である気管から細い多くの小枝，すなわち気管支に枝分かれしている．第3の部位は，末端細気管支の先に設けられた肺胞領域（alveolar region）であり，この部位で O_2 と CO_2 とのガス交換が行われる．

普通の成人の呼吸器系は，1日に10 ～ 25 m^3（12 ～ 30 kg）の空気を処理している．肺の中でガス交換が行われる部分の面積は約75 m^2 あり，これはテニスコートの半分のサイズに相当する．またその表面は全長2 000 kmにおよぶ毛細血管で覆われている．図11.1に人の呼吸器系を示す．安静時の成人は，呼吸ごとに約0.5 Lの空気を吸い込み，吐き出している．重労働時には，呼吸量がその3倍を超える場合もある．安静時の成人は1分間に約12回の呼吸を行うが，重労働時にはその回数が3倍となる．通常の呼吸では約2.4 Lの空気が吐き出されずに体内に残るが，この半分近くは強制呼気によって吐き出される．吸入された空気は，気管から肺胞表面まで移動する際に，23箇所もある気道の分岐を通過する流路をたどる．最初の16分岐は気管および気管支領域にあり，残りは肺胞領域にある．

粒子が肺に沈着した場合，粒子が肺の中に留まる時間はその化学組成，沈着部位，除去機構によって異なる．呼吸器系の最初の二つの部位の気道表面は，粘液層（粘膜）で覆われており，粘液は繊毛運動によって徐々に咽頭部に運ばれ，無意識のうちに食道に飲み込まれる．この粘膜繊毛運動により，沈着粒子はおよそ数時間で呼吸器系の外に除去される．この作用は，微量の刺激性ガスやエアロゾルによって加速されることもあれば，多量の同様な物質により負荷が大きくなると遅くなる可能性もある．肺胞領域には，ガス交換機能を行うため，この保護粘膜層がない．したがって，この領域に沈着した不溶性粒子の除去は，きわめて遅く，数ヵ月以上かかることもある．可溶性粒子は，薄い肺胞膜を通り抜け，血液中に溶け込む．固体粒子はゆっくりと溶解したり，あるいは，肺胞マクロファージ（食細胞）に捕捉されて溶かされたり，リンパ節や繊毛運動により運ばれたりする．シリカなどの繊維性個体粒子は，この作用を妨害し，肺胞領域に徐々に瘢痕（訳者注：擦り傷や切り傷）を引き起こしたり，線維症（訳者注：創傷の治癒過程で結合組織が硬化し，正常な役割ができなくなる疾患）の原因となったりする．さらに，ナノメートルサイズの粒子は肺の血液・空気間のバリアを通過できる．これらの粒子のごく一部は肺胞上皮を

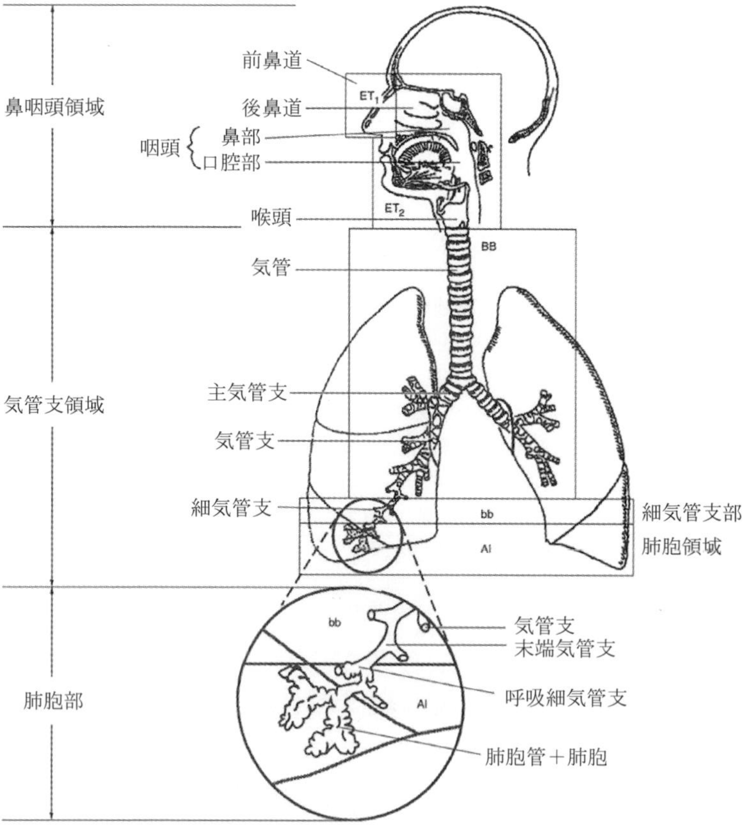

図 11.1 人の呼吸器系（Hofmann, 2011/Elsevier）

通って循環系および肺外臓器に侵入する可能性がある（Mühlfeld et al., 2008 参照）.

表 11.1 に，肺のさまざまな部位の特性を示す．3.6 m^3/hr［1 L/s］の一定速度で空気を吸引している場合，気道中の空気の速度は，肺葉気管支に達するまで徐々に増加し，その後，残りの 70 ～ 80 mm を移動する間に急激に低下する．この急激な速度の低下は，この部位に非常に多くの小さな気道（呼吸細気管支）があり，合計した断面積が急激に増加することによる．気道の合計断面積は，肺葉気管支から呼吸細気管支に至るまでに 250 倍に拡大し，気流速度は 1/250 となる．通常の呼吸では，新しく吸入された空気が肺の中に残っている空気を先に押しやるため，肺胞管までしか達しないが，O_2 と CO_2 の拡散によって非常に短い末端距離（<1 mm）の間でガス交換は容易に行われる．気管や主気管支の中では，通常の呼吸サイクルの場合でも，吸気および呼気速度に伴い気流は乱流となる．このため，吸入空気（粒

表 11.1　肺の各部位の特性 [a)]

気道	分岐世代	各世代の分岐数	直径 (mm)	長さ (mm)	総断面積 (cm^2)	流速 [a)] (mm/s)	滞在時間 [b)] (ms)
気管	0	1	18	120	2.5	3 900	30
主気管支	1	2	12	48	2.3	4 300	11
肺葉気管支	2	4	8.3	19	2.1	4 600	4.1
区域気管支	4	16	4.5	13	2.5	3 900	3.2
壁に軟骨のある気管支	8	260	1.9	6.4	6.9	1 400	4.4
末端気管支	11	2 000	1.1	3.9	20	520	7.4
壁に筋肉がある細気管支	14	16 000	0.74	2.3	69	140	16
末端細気管支	16	66 000	0.60	1.6	180	54	31
呼吸細気管支	18	0.26×10^6	0.50	1.2	530	19	60
肺胞管	21	2×10^6	0.43	0.7	3 200	3.2	210
肺胞嚢	23	8×10^6	0.41	0.5	72 000	0.9	550
肺胞		300×10^6	0.28	0.2			

a）Weibel のモデル A に基づく肺の各部分の特性：全肺容量の 3/4（0.0048 m^3［4 800 cm^3］）で規則的な呼吸をしている平均的な成人の肺についての値（Lippmann, 2001）.

b）流量 3.6 m^3/hr［1.0 L/s］の場合．

子を含む）と残留空気との混合が起こる．残留空気の流れはあらゆる状態において層流だが，直径に比べて気道の長さが非常に短いため，その中の流れは十分発達した流れになることはない．このことが，数学的解析およびモデルの作成をさらに難しくしている．表 11.1 に示した空気速度は，定常流を仮定したものであるが，実際の呼吸では，気流は周期的に変動し，各サイクルで方向が 2 回反転する．

11.2　沈　着

吸い込まれた粒子は，9.3 節で述べた五つの沈着メカニズムの複合作用により，呼吸器系のさまざまな部位へ沈着するか，または呼気により吐き出される．これらのメカニズムの中で最も重要なのは衝突，沈降，拡散であり，さえぎり，静電沈着が重要となるのは特殊な場合に限られる．気道壁に接触した粒子はそこに沈着し，再飛沫はしない．粒子沈着する部位は，粒径，密度，形状，気道の形状および個人の呼吸パターンによって異なる．

呼吸器系内での粒子沈着を理論的に説明するには，呼吸気道内の絶えず変化する流れ場と，そこにおける粒子運動を完全に記述する必要があり，非常に難しい．しかし，特定の沈着メカニズムについて考察することにより，呼吸器系への沈着に関連する要因を解明できる．さらに，これらのメカニズムがわかれば，粒子サイズ，呼吸頻度，流量，1 回の呼吸による換気量と呼吸器系への粒子沈着量との間の複雑な関係を考察できる．以下に述べる内容は，健康な成人に関するものであり，それ以外の人, たとえば呼吸器疾患のある人などについては, 沈着特性はまったく異なったものになる場合がある．

空気を吸い込んでいる間，吸引された空気は口や鼻から入り，枝分かれした気道系を通り抜け，肺胞領域に至るまでに何度も方向を変える．気流方向が変化するたびに，粒子は慣性により方向を変えず短い距離を進み続ける．その結果，一部の粒子が慣性衝突によって気道表面近くに沈着することになる．慣性衝突が起こるかどうかは，気道内流速における粒子の停止距離によって決まるが，気道内の流速は非常に小さいので，この機構による沈着は，たまたま気道壁近くにあった大きな粒子に限られる．しかし質量の面からみると，沈着の大部分は慣性衝突によるものといえる．慣性衝突による沈着は，最初の気管分岐点である竜骨部またはその付近で最も多く，その他の領域でも程度は低いが沈着を生じる．これは，竜骨部付近では流線が最も鋭角に曲げられ, また分岐部のごく近くを通過するためである．表 11.2 は，吸気量が 3.6 m^3/hr［1.0 L/s］で一定な場合に，気道内に生じる気流速度に対応した粒子の停止距離と気道直径との比を, 何箇所かの気道について示したものである．慣性衝突によって沈着する確率はこの比で決まり，気管支領域で最も高くなる．

大きな気道では慣性衝突が支配的であるのに対して，流速が遅く，直径の小さい

表 11.2 肺の各領域における標準密度粒子の沈着における沈降，衝突，および拡散メカニズムの相対的重要度

気道	停止距離/気道径（%）[a)]			沈着距離/気道径（%）[b)]			rms 変位/気道直径（%）[c)]		
	0.1 μm	1 μm	10 μm	0.1 μm	1 μm	10 μm	0.1 μm	1 μm	10 μm
気管	0	0.08	6.8	0	0	0.52	0.04	0.01	0
主気管支	0	0.13	10.9	0	0	0.41	0.03	0.01	0
区域気管支	0	0.31	27.2	0	0	0.22	0.05	0.01	0
末端気管支	0	0.17	14.9	0	0.02	2.1	0.29	0.06	0.02
終末細気管支	0	0.03	2.8	0	0.18	15.6	1.1	0.22	0.06
肺胞管	0	0	0.23	0.04	1.7	150	3.9	0.79	0.23
肺胞嚢	0	0	0.07	0.12	4.7	410	6.7	1.3	0.40

a）3.6 m^3/hr［1.0 L/s］の定常流での気道速度における停止距離．
b）沈着距離＝沈降速度×3.6 m^3/hr［1.0 L/s］の定常流で気道中に滞留する時間．
c）3.6 m^3/hr［1.0 L/s］の定常流の気道内に存在する時間中に移動する rms 変位．

気道や肺胞領域では，沈降が支配的な沈着メカニズムとなる．沈降による沈着は，気道が水平方向のとき最大となる．表 11.2 に, 気道直径と沈着距離との比を示した．ここで沈着距離は，終末沈降速度に，3.6 m^3/hr [1.0 L/s] の定常流における各気道内での滞留時間を掛け合わせたものとした．このメカニズムは，気管から遠い末端の気道においても重要である．吸湿性粒子は飽和状態の気道を通過するときに成長し，末端の気道において沈着や慣性衝突による沈着を起こしやすくなる．

距離が短く滞留時間が比較的長い細い気道では，ブラウン運動によって，サブミクロン粒子が気道壁に沈着する可能性が高くなる．表 11.2 には，気道直径と気道内での移動距離の 2 乗平均平方根との比が示してある．この比は拡散による沈着の可能性を示しており，直径が小さく滞留時間が長い気道では，粒子が拡散沈着しやすくなることがわかる．拡散による沈着は，粒径 0.5 μm 未満の粒子に支配的なメカニズムであり，空気力学径よりも幾何直径に支配される．

さえぎりは，粒子が流線に沿って移動する際に，その物理的大きさのために気道表面に接触し，沈着するプロセスである．さえぎりによる粒子沈着の可能性は，気道表面に流線がどの程度接近しているかということと，気道直径に対する粒径の比（この比は最も小さな気道でもかなり小さい）がどの程度であるかにより異なる．さえぎりによる沈着として例外的な挙動を示すものに，一方向に長く，空気力学径の小さい繊維がある．繊維は，曲がった気道を容易に通り抜け，細い気管に達した後，さえぎりにより沈着する可能性が高い．

荷電粒子は，その粒子により気道表面に誘電した静電気（鏡像力）により沈着する．単一荷電粒子は，その個数濃度が高い場合，相互に反発し合って気道表面に向かって移動し，沈着する．

呼吸器内の総沈着量（total deposition．各部分での沈着量の総和）の測定は，通常，試験用単分散エアロゾルを使用し，一定条件下で呼吸したときの吸気および呼気中のエアロゾル濃度を比較することによって行う．人の呼吸頻度，吸引空気量，吸入から呼気までの間の休止時間は，すべて吸入した粒子の沈着に影響する．空気力学径 0.5 μm 以上の粒子では，呼吸回数（1 分あたりの呼吸数）が少ないほど重力沈降する時間が長くなるため，部分的な沈着量が大きくなる．約 1 μm 以上の粒子では，平均流速が大きくなるほど慣性衝突による沈着が増大する．吸入から呼気までの間の休止時間も，全粒径にわたって沈着量を高めるが，径が大きいほど，また休止時間が長いほど沈着量は大きくなる．図 11.2 は, 国際放射線防護委員会（the International Commission on Radiological Protection : ICRP）の沈着モデル（11.3

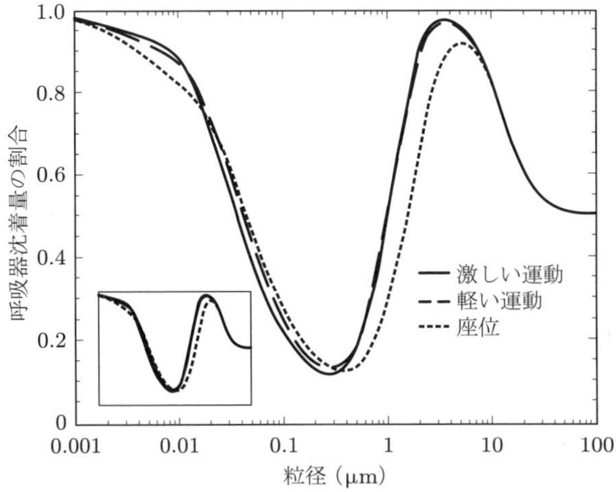

図 11.2 ICRP の沈着モデルに基づく呼吸器への総沈着量の予測結果．男性と女性の平均的なデータに対し，三つの運動レベルについて示してある．呼吸による流れの変化の影響は考慮されていない

節参照）に基づく，広範囲な粒径についての総沈着量を示している．

実験的研究の多くでは，総沈着量が測定されているが，吸入した粒子の潜在的な危険性を評価するには，肺の中のどの部位へ粒子が沈着するかを知ることが重要である．そのためには，損傷を生じる肺内の重要な部位について，沈着粒子の実質的な影響の度合いを評価する必要がある．呼吸器系への粒子沈着は，その領域の沈着効率だけでなく，前の領域での沈着にも依存する．頭部および気管・気管支領域での沈着は，肺胞領域を刺激性粒子や有害な粒子から保護する役割を果たしている．図 11.3 は，0.001 ～ 100 μm の粒子について，ICRP の沈着モデル（11.3 節参照）によって予測した総沈着量および局所的な沈着量を粒径の関数として示している．

鼻から吸引された空気は，鼻腔内にある鼻介骨のまわりを通過する間に温められ，加湿される．大粒径粒子は，沈降によって，また鼻毛や気流経路の屈曲部に慣性衝突して除去される．鼻腔の繊毛表面に沈着した粒子は咽頭まで運ばれて飲み込まれる．吸気流量 1.8 m^3/hr［30 L/min］で口呼吸した場合には，吸入空気が喉頭に到達する前に，空気力学径 5 μm の粒子の約 20%，空気力学径 10 μm の粒子の 70% が沈着によって除去される．鼻からの呼吸では，5 μm 粒子で 70%，10 μm 粒子で 100%の粒子が鼻に沈着する．口呼吸と鼻呼吸のいずれにおいても，平均呼吸量が増加すると，頭部領域での沈着が増加する．0.01 μm 未満の超微粒子は，拡散係数

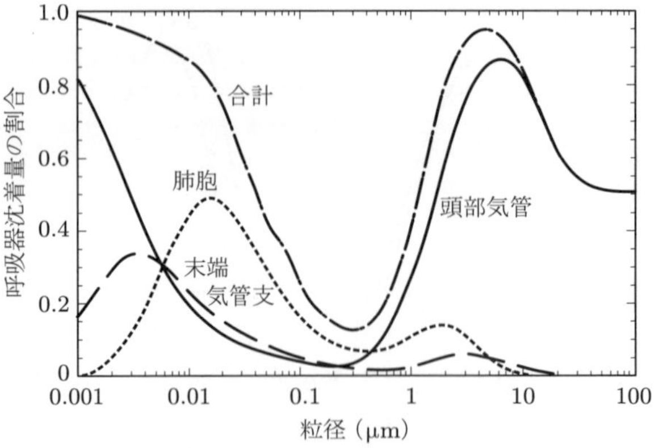

図 11.3　ICRP の沈着モデルに基づく，軽い運動（鼻呼吸）による総沈着量と局所沈着量の予測（男性と女性の平均的なデータ）

が高いため，頭部気道に多くが沈着する．

平均呼吸量 1.2 m^3/hr［20 L/min］以上の場合，気管・気管支領域では，粒径 3 μm 以上の粒子の沈着は慣性衝突によるものが支配的である．粒径 0.5 ～ 3 μm の粒子または流量が 1.2 m^3/hr［20 L/min］未満の場合には，沈降が主な沈着メカニズムだが，この粒径範囲の粒子が気管・気管支領域に沈着する量はごくわずかである．軽い運動条件では，気管・気管支領域に到達する空気力学径 5 μm の粒子の約 35％，10 μm の粒子の 90％が，この領域に沈着する．これらの効率は，吸気量が増加すると大幅に増加する．吸入空気と肺に残っていた空気は，気管・気管支領域最初のいくつかの分岐点で，気道内の乱流のために混合される．このとき，吸気から残留空気へ粒子が移動し，サブミクロン粒子は次の肺胞領域に沈着する．超微粒子，とくに 0.01 μm 未満の粒子は，ブラウン運動によって気管・気管支領域に沈着する．

肺胞領域への沈着は，通常，頭部気道および気管・気管支領域を通過し，最終的に肺胞領域に沈着する吸入粒子の割合として表される．気管・気管支領域における沈着量は粒径によって異なるため，一般に 10 μm を超える粒子は肺胞領域に達することはなく，2 ～ 10 μm の範囲の粒子が少数ながら肺胞領域に到達する．肺胞領域における粒子の沈着量は，粒径，呼吸頻度，および 1 回の呼吸での吸気量に依存する．図 11.3 に示したように，気管・気管支および頭部気道の沈着が多い場合には，肺胞の沈着は減少する．したがって，これらの領域は，より脆弱な肺胞領域を保護する役割を果たしている．

吸入空気は，各気道の軸に沿って放物線状の速度分布で肺胞領域を通過する．通常の呼吸では，気流は放物線状の速度分布を保ったまま肺胞に到達するわけではなく，最後の数ミリメートルの領域で分子拡散により胸壁との間でガス交換が行われる．このように流速が遅く，小さな領域では，物質の輸送メカニズムは流れよりも拡散に依存する．しかし，吸入されたサブミクロン粒子は，沈降速度が非常に小さく，拡散速度も分子に比べて桁違いに遅いので，肺胞領域にすぐには沈着しない．

これらサブミクロン粒子の沈着は，気管・気管支領域で吸入空気から残留空気に粒子が移動し，その後，肺胞領域の閉じ込められた残留空気から沈降して生じる．その結果，0.2 〜 1 μm の粒子の肺胞領域への沈着率は約 5 〜 20％であり，粒径にはほとんど依存しない．図 11.4 に示すように，超微粒子（$d_p \leq 0.1$ μm）は，粒径の大きな粒子よりもはるかに高い沈着率（25 〜 35％）を示す．一般に，理論モデルによる肺胞沈着の予測は実験結果よりも低いが，これはおそらく細気管支から肺胞領域までの粒子沈着までを統括的に扱っているためと考えられる．

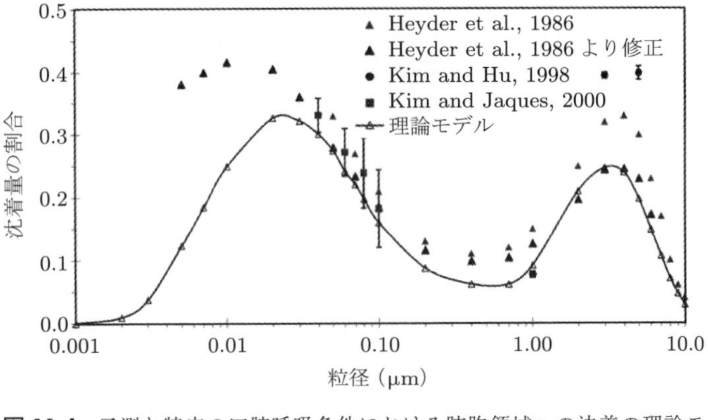

図 11.4 予測と特定の口腔呼吸条件における肺胞領域への沈着の理論モデルと実験データ（理論モデルには確率的複数経路モデルを適用．実験データは Heyder et al., 1986，Kim and Hu, 1998，Kim and Jaques, 2000）．1 回の吸気量は 1 L，呼吸頻度は 15/min とした（Hofmann, 2011/Elsevier）

11.3 沈着モデル

総沈着量および局所沈着量を予測するための多くのモデルが，半経験的コンパートメントモデル（semi-empirical compartmental model），単一経路モデル（single-path model），複数経路モデル（multiple-path model），確率的複数経路モデル

(stochastic multiple-path)，数値流体力学（computational fluid dynamics：CFD）モデルなどのさまざまなアプローチを使用して開発されている．これらについての包括的なレビューは，Hofmann, 2011 によってまとめられている．先進的で広く使用されている半経験的コンパートメントモデルには，国際放射線防護委員会（ICRP，1994）と国家放射線防護測定評議会（National Council on Radiation Protection and Measurement：NCRP，1997）が開発した 2 種類のモデルがある．これらのモデルは，放射性粒子の吸入によって生じる臓器や組織の線量を推定するため，実験データ，理論，および 1960 年代に開発された初期の ICRP モデルに基づき開発されたもので，典型的な男性と女性，成人と子供のそれぞれに対応している．また 1994 年の ICRP モデルは 2015 年に改訂され，人の頭部気道領域における粒子の運動力学，とくに人の前部および後部の鼻腔における粒子分配に関する新たな知識が組み込まれた（Smith et al., 2014）．いずれのモデルも，基本的にすべての粒径範囲および呼吸系の全範囲にわたって，局所的および全体的な沈着量を推定できる．これらのモデルでは典型的な成人と小児を対象としているが，呼吸器沈着には被験者間で大きなばらつきがあり，個人によってはモデルとは大きく異なる沈着パターンを示す場合もある．沈着のモデル化に加えて，体内領域間の輸送速度や胸部リンパ節を含む組織への影響についても予測が可能である．

二つのモデルでは，呼吸器系の各領域での沈着量を計算する方法が異なる．ICRP モデルでは，実験データと理論に基づく経験式を使用して，呼吸器系の五つの領域，すなわち鼻と口，喉頭，上気道（気管支），下気道（細気管支），および肺胞における沈降，慣性，拡散による沈着を予測する．NCRP モデルでは，鼻と喉の沈着について経験式を使用するが，呼吸器系の他の領域での沈着は，各分岐の数と肺胞領域の気道形状の詳細なデータを使用して計算する．沈着量は，第 3 章，第 5 章，および第 7 章で示したものと同様の沈降，慣性，拡散に関する理論式を用いて分岐箇所ごとに計算される．計算に用いられているデータと方程式の詳細は，Yeh and Schum, 1980 および Yeh et al., 1996 によってまとめられている．いずれのモデルによっても，総沈着量および頭部気道における沈着量について同様の予測結果が得られるが，とくに 0.1 μm 未満の粒子の場合は，気管・気管支領域と肺胞領域との間における沈着量の予測に若干の違いがある．ただし，モデルによる予測沈着量の差は，正常な人の個人差に比べてごくわずかである．

図 11.2 は，ICRP 沈着モデル（国際放射線防護委員会，1994）を用いて，座位，軽い運動，激しい運動レベルにある成人を対象とした総沈着量の予測結果である．

計算では，標準状態における単位密度球を想定しており，男性と女性の結果を平均して示している．モデルの計算に使用した呼吸パラメータは表 11.3 に示すとおりである．また図 11.2 の計算には，吸気の影響や口や鼻に入る可能性のある粒径周囲の粒子の割合が考慮されている（11.4 節参照）．

表 11.3 ICRP モデルで使用される呼吸パラメータ

	機能的残気量 FRC（L）	呼吸速度（m^3/hr）	呼吸頻度（回/min）	1 回の呼吸気量（L）
女性				
座位	2.68	0.39	14	0.46
軽い運動	2.68	1.25	21	0.99
激しい運動	2.68	2.7	33	1.36
男性				
座位	3.30	0.54	12	0.75
軽い運動	3.30	1.5	20	1.25
激しい運動	3.30	3	26	1.92

図 11.2 中の挿入図は，吸引量に対する総沈着量を示している．挿入図とメインの図を比較すると，数マイクロメートルより大きい粒子では吸引効果が非常に顕著であることがわかる．また 1 ～ 5 μm の粒子については，座位のほうが運動している場合よりも沈着量が少ないことを除き，運動レベルが総沈着量にはあまり大きな影響を及ぼさないことがわかる．さらに約 0.3 μm 付近に最小値があることも示している．この粒径は，慣性や沈降による沈着が顕著となるには小さすぎ，拡散による沈着が顕著となるには大きすぎる．

図 11.3 は，ICRP モデルに基づく，軽作業に従事する成人の総沈着量および部分的沈着量を 0.01 μm の総沈着量に対する割合として示している．1 μm より大きい粒子の場合，総沈着量は頭部気道内の沈着によって支配される．他の領域では，総沈着量は二つ以上の領域における沈着を反映している．どの領域の沈着量も，その前の領域の沈着の影響を受ける．そのため，頭部気道には吸入した粒子が沈着するが，気管・気管支領域には頭部気道領域を通過した粒子のみが沈着する．肺胞領域の沈着は，その前の二つの領域での沈着によって減少する．呼気によって流れの方向が逆転すると，より深い領域での沈着により粒子数を減らした空気が各領域に逆流するので，これによる沈着はさらに減少する．頭部気道，とくに鼻は，0.01 μm 未満の粒子が拡散によって沈着するため，肺胞領域での沈着が減少する．これによっ

て，肺の気道および肺胞領域における沈着粒子は最も粒径の小さなものから除去されていく．

以下に示す一連の簡略化した式は，標準状態で単位密度の単分散粒子をICRPモデルに当てはめた結果から得られたものである．これらの式で予測される沈着量は，3種類の運動レベルにおける男性，女性のデータを平均したものと，0.001〜100 μmの粒径範囲にわたり±3%以内でICRPモデルと一致することが示された．式(11.1)〜(11.5)において d_p は粒径（μm）である．頭部気道の沈着率 $\mathrm{DF_{HA}}$ は次式で表される．

$$\mathrm{DF_{HA}} = \mathrm{IF}\left(\frac{1}{1+\exp(6.84+1.183\ln d_p)} + \frac{1}{1+\exp(0.924-1.885\ln d_p)}\right) \tag{11.1}$$

ここで，IFは吸引粒子の割合（吸引率）である（次節参照）．ICRPモデルで使用される吸引粒子の割合は次式で与えられる．

$$\mathrm{IF} = 1-0.5\left(1-\frac{1}{1+0.00076\,d_p^{2.8}}\right) \tag{11.2}$$

気管・気管支領域の沈着率 $\mathrm{DF_{TB}}$ は次式で与えられる．

$$\mathrm{DF_{TB}} = \left(\frac{0.00352}{d_p}\right)\Big(\exp\left(-0.234(\ln d_p+3.40)^2\right) + 63.9\exp\left(-0.819(\ln d_p-1.61)^2\right)\Big) \tag{11.3}$$

肺胞領域の沈着率 $\mathrm{DF_{AL}}$ は次式で与えられる．

$$\mathrm{DF_{AL}} = \left(\frac{0.0155}{d_p}\right)\Big(\exp\left(-0.416(\ln d_p+2.84)^2\right) + 19.11\exp\left(-0.482(\ln d_p-1.362)^2\right)\Big) \tag{11.4}$$

IFは式(11.3)と式(11.4)に明示的には現れないが，これらは吸引の影響を含むデータに適合する．総沈着率DFは，各領域における沈着率の合計である．あるいは，次のようになる．

$$\mathrm{DF} = \mathrm{IF}\left(0.0587 + \frac{0.911}{1+\exp(4.77+1.485\ln d_p)} + \frac{0.943}{1+\exp(0.508-2.58\ln d_p)}\right) \tag{11.5}$$

図11.2, 11.3, および式(11.1)〜(11.5)は単位密度球に関するものであるが，0.5 μmを超える粒子の空気力学径と0.5 μm未満の粒子の物理直径または等価体積径を使用すると，単位密度球以外の粒子にも適用できる．球の場合は $d_a = d_p(\rho_p/\rho_o)^{1/2}$,

非球体については式 (3.27) を参照のこと．呼吸器系に 1 分間あたりに沈着する特定粒径の粒子質量 M_{dep} は次式で求められる．

$$M_{\mathrm{dep}} = \frac{\pi}{6} N \rho_p d_p^3 V_m (\mathrm{DF}) \tag{11.6}$$

ここで，N は直径 d_p および密度 ρ_p の粒子の個数濃度，V_m は 1 分間に吸引される流量，DF は粒径 d_p の粒子の総沈着率である（式 (11.5)）．各領域について計算する場合には，DF を式 (11.1)，(11.3) または (11.4) により対象領域の沈着率に置き換える．

例題 呼吸によって吸入した 5 μm 粒子のうち，どの程度が頭部気道領域に沈着するか．粒子は単位密度球とし，軽作業に従事する成人を想定する．

解

$$\mathrm{DF_{HA}} = 1 \times \left(\frac{1}{1+\exp(6.84+1.183\ln(5.0))} + \frac{1}{1+\exp(0.924-1.885\ln(5.0))} \right)$$
$$= 1 \times (0.00016 + 0.892) = 0.89$$

11.4 粒子の吸引性

口や鼻への粒子の侵入は，等速サンプリングと静止空気サンプリングの要素を含むサンプリングプロセスと考えることができる．薄肉のサンプリングプローブとは異なり，人間の頭は複雑な形状をした厚肉のサンプラである．厚肉サンプラに対する理論的アプローチと実験結果は，Vincent, 2007 によってレビューされている．気流が厚肉サンプラ周辺に接近すると，流線には 2 種類の歪みが現れる．空気が厚肉サンプラの周囲を流れるとき，その周辺の流線はサンプラを避けて流れ，入口付近では流線が集中する．この状況は等速サンプリングの場合よりもかなり複雑であり，すべての粒径に対して完全なサンプリングを保証する条件は存在しない．

鼻または口に侵入する粒子の割合は，もとの粒子濃度に対する吸引空気中の粒子濃度の割合，吸引率（inhalable fraction）IF で表され，これは吸引効率（aspiration efficiency），吸引性（inhalability）などともよばれる．吸引率は通常 1 未満だが，条件によっては 1 を超える場合もある．それは粒子の空気力学径と外部の風の速度，方向に依存する．吸引率は，大型の低速風洞内に機械式呼吸器に接続された実物大の胴体全体のマネキンを設置して測定される．測定は，狭い粒径分布をもつ試験用エアロゾルを均一濃度でマネキン周辺に流して行う．マネキンは風向きに対して任意の角度で配置したり，連続的に回転したりできる．試験粒子は空気力学径 5～100 μm のものを使用する．風速は，屋内環境をシミュレーションする場合は最大 4 m/s，屋外環境をシミュレーションする場合は最大 10 m/s とする．マネキンに吸引された粒子を口または鼻の中にあるサンプリングフィルタによって捕集し，マネキンの頭の近くに設置した等速サンプラで基準濃度測定用の粒子を捕集する．

特定の条件および粒径に対する吸引率は，口（または鼻）に設置したフィルタにおける粒子捕集量に基づき計算した濃度と，等速サンプラで計測した濃度との比として求める．通常，すべての風向きに対する吸引率を同等とみなし，計測した全方位に対する平均値として吸引率を表す．このようにして求めた口への吸引率の粒径に対する分布を図 11.5 に示す．このデータは ACGIH 吸引性粒子状物質（IPM）のサンプリング基準（ACGIH, 2018）となっている．各曲線は，最大 100 μm までの粒子捕集に関して，吸引式サンプラの望ましいサンプリング性能を定義している．この基準は，国際標準化機構（ISO 7708）および欧州標準化委員会（CEN EN481）によって提案された基準と同じものである．吸引率およびそのサンプリング基準 $\mathrm{IF}(d_a)$ を表す式は以下のとおりである．

$$\mathrm{IF}(d_a) = 0.5\times(1+\exp(-0.06d_a)) \quad (U_0 < 4\ \mathrm{m/s}\text{のとき}) \tag{11.7}$$

ここで，d_a は空気力学径（μm）である．Vincent et al., 1990 は，周囲の空気速度 U_0 が 4 m/s 以上の場合の吸引率について，次式を示している．

$$\mathrm{IF}(d_a, U_0) = 0.5\times(1+\exp(-0.06d_a)) + 10^{-5}U_0^{2.75}\exp(0.055d_a) \tag{11.8}$$

ここで，d_a の単位は μm（d_a＜100 μm），U_0 の単位は m/s である．式 (11.8) は，

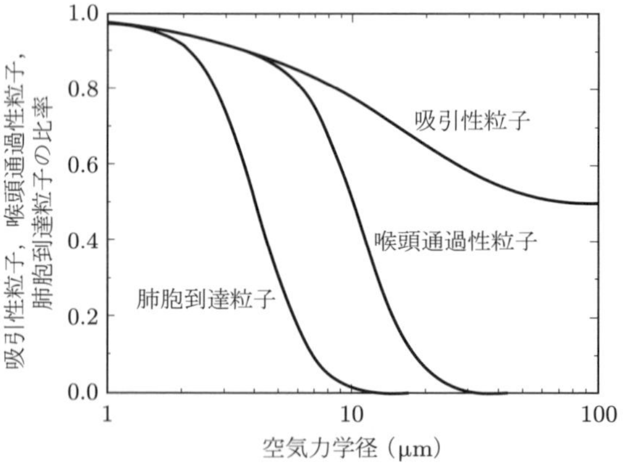

図 11.5　吸引性粒子，喉頭通過性粒子，肺胞到達性粒子に対する ACGIH によるサンプリング基準

$d_a < 30\ \mu m$ および $U_0 < 10$ m/s の場合，および $d_a < 100\ \mu m$ および $U_0 < 3$ m/s の場合，±5%以内で式 (11.7) と一致する．鼻の吸引率 IF_N のデータは少ないが，次のように近似できる．

$$IF_N(d_a) = 0.035 + 0.965 \exp\left(-0.000113 d_a^{2.74}\right) \tag{11.9}$$

ここで，d_a は空気力学径（μm）である（Hinds et al., 1998）．

例題 単位密度の 18 μm 粒子の吸引率はどれくらいか．$U_0 < 4$ m/s と仮定する．

解 式 (11.7) により，次のようになる．

$$IF = 0.5 \times (1 + \exp(-0.06 \times 18)) = 0.67$$

吸引式サンプラの性能は，吸引率の評価と同様，低速風洞で評価される．サンプラの性能評価はそれぞれ 1 粒径ごとに行う．サンプラの性能は，次の二つの方法のいずれかで表される．一つは，真の周囲空気濃度（等速サンプラによって測定された濃度）に対する評価対象サンプラでの測定濃度の比を用いる方法である．もう一つは，マネキンによる測定結果，または，等速サンプラによる測定結果に吸引率曲線を適用して計算した結果との比を用いる方法である．前者は，そのサンプラが，周囲環境中の特定粒径の粒子に対してどの程度正確に粒子をサンプリングできるのかを示すサンプラの絶対的な能力に関する尺度を提供する．これによって得られた結果は，吸引性粒子のサンプリング基準曲線と直接比較できる．後者の方法では，そのサンプラが吸引性粒子のサンプリング基準にどの程度適合しているかを相対的に表す指標となる．

Mark et al., 1985 が開発したエリアサンプラは，吸引性粒子のサンプリング基準を満たすよう設計した個人用サンプラを十数のエリアに配置している．この装置には，2 rpm で回転する直径 50 mm，高さ 60 mm の円筒形の回転サンプリングヘッドがあり，側面に 3×15 mm の楕円形の吸入口がある．バッテリー駆動により，計量可能なカセットに取り付けられた 37 mm フィルタ上に 0.18 m^3/hr [3 L/min] でエアロゾルをサンプリングできる．

最も一般的に使用される個人用吸引式サンプラは，Mark and Vincent, 1986 が開発した産業医学研究所（Institute for Occupational Medicine：IOM）の個人用サンプラである．図 11.6 に示すその装置は，直径 15 mm の突出流入口を備えた直径 37 mm の円筒形本体を備えている．作業者の胸元に取り付けられ，吸入口がつねに前を向くように装着する．フィルタは軽量なカセットに格納されており，流入

図 11.6　IOM 式個人用サンプラ

口に沈着した粒子もサンプルに含めて一緒に計量できる．この装置は，U_0<1.0 m/s の吸引性粒子のサンプリング基準によく合致している．導電性プラスチック製のこの方式のサンプラが，ペンシルバニア州 Eighty Four の SKC，Inc. によって製造されている．

Kenny et al., 1997 は, 8 種類の個人用吸引式サンプラの性能を比較評価している．そのうち 5 種類は 0.5 m/s で満足のいく性能を発揮したが，1 m/s の場合には 2 機種が，また 4 m/s ではいずれの機種も満足のいく性能を発揮しなかったと報告している．一般に使用されるインライン式 37 mm プラスチック製フィルタカセットは，空気力学径が 30 μm を超える粒子に対して過小サンプリング（実際よりも低い捕集率となる）する．開放式サンプラでは，U_0<1.0 m/s の場合は 30 μm を超える粒子が過小サンプリングされ，4 m/s ではすべてのサイズが過大サンプリング（実際よりも多くの粒子が捕集される）される．IOM 式個人用サンプラと 37 mm インライン式個人用サンプラを使用した並列同時サンプリングの結果を表 11.4 にまとめ

表 11.4　IOM 式個人用サンプラと 37 mm インライン式個人用サンプラの性能比較[a)]

エアロゾル	IOM 式/37 mm インライン式測定濃度の比率
鉱物粒子，小麦粉	2.5
オイルミスト，塗料スプレー	2.0
製錬所，鋳造所	1.5
煙，フューム，溶接	1.0

a）Werner et al., 1996.

て示す. 吸引性粒子用のサンプラについては, Hinds, 1999によって概説されている.

11.5 肺胞到達粒子のサンプリングおよびその他の粒径に対する選択的サンプリング

呼吸器内の各領域における沈着が理解されるようになると，健康への影響に関連する粒径粒子の選択的なサンプリング，すなわち浮遊粒子のうち特定の空気力学径の粒子をサンプリングする方法が開発されるようになった．これらの方法では，呼吸器系の特定の領域に到達して沈着するような粒径の粒子を選択してサンプリングし，その他は除外する．労働衛生の分野では，吸引性粒子や綿粉の選択的サンプリング技術の例が挙げられる．大気質の分野では，PM_{10} や $PM_{2.5}$ を対象としたサンプリング技術がある．

(訳者注：ISO 7708:1995では，以下のような粒径分類が定義されている（図11.5参照).

- 吸引性粒子（inhalable)：大気中から鼻や口を通って吸引されるすべての粒子.
- 喉頭通過性粒子（thoracic)：吸引性粒子のうち喉頭を通過して肺に向かう粒子. 各種規格のサンプリング基準では50%カットオフ粒径を10 μmとしている.
- 肺胞到達粒子（respirable)：喉頭通過性粒子のうち肺胞まで到達する粒子．各種規格のサンプリング基準では50%カットオフ粒径を4 μmとしている.

respirableを呼吸可能粒子，あるいは吸入粒子などと訳す場合もあるが，吸引性粒子(inhalable）との区別がつきにくいことから，本書では実質的な意味に従い，肺胞到達粒子と表す)

肺胞到達粒子のサンプリングは，シリカ粉塵への職業的暴露を評価するために1950年代に初めて使用された．粉塵による健康への影響を評価するには，有害な肺胞領域に沈着する可能性のある粒子量に関する情報が必要となる．人の呼吸器系には粒径選択性があり,特定の粒径より大きい粒子は肺胞領域に到達できないため,肺胞損傷に関しては無害と考えられる．シリカやその他の粉塵の潜在的な危険性を推定するには，これら無害な粒子を評価から除外し，肺胞領域に有害な粒径範囲の粒子を評価する必要がある．

歴史的には，有害な鉱物粉塵に対して顕微鏡による粒子計数を行うことにより，喉頭通過性粒子の評価が行われてきた．人体への危険性は，質量濃度ではなく個数濃度（粉塵計数）によって評価される．これは，鉱山労働者で観察される呼吸器疾患者の発生率や発症の程度と個数濃度とが強く相関するためである．図11.7に示すように，質量濃度と個数濃度で見た粒径の最頻値，中央値には大きな違いがある．

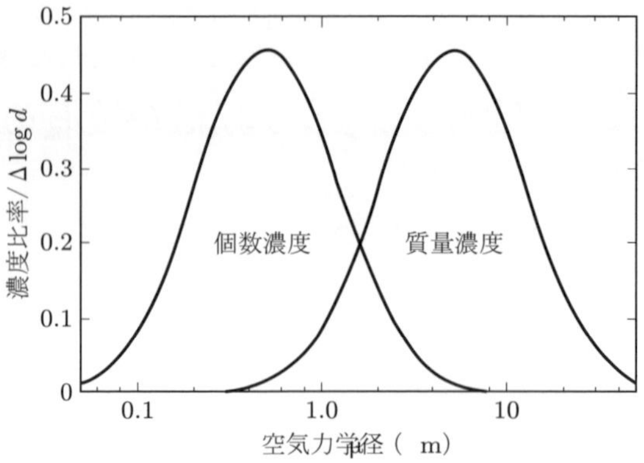

図 11.7　粉塵の典型的な個数濃度と質量濃度の分布

典型的な鉱山エアロゾルの質量の 60％以上は，大きすぎて肺胞領域に到達できない粒子で占められているが，粒子数の約 98％は肺胞領域に到達可能である．したがって，この状況における危険性をより正確に反映するには，個数濃度による評価が重要となる．

肺胞到達粒子のサンプリングでは，フィルタの上流側にプレコレクタを設け，肺胞領域に到達できない粒子を空気力学的に除去する．浮遊粉塵中の肺胞到達粒子の質量は，プレコレクタを通過した粒子質量を分析して評価する．この方法は，肺胞到達粒子サンプリング（respirable sampling），肺胞到達粒子質量サンプリング（respirable mass sampling），または粒径選択的サンプリング（size-selective sampling）とよばれる．残念ながら，肺胞到達粒子とそれ以外の粒子を分別するカットオフ粒径は，図 11.5 に示したように明確ではなく，2 ～ 10 μm の範囲にわたって徐々に広がっている．肺胞到達粒子のサンプリングは，粉塵粒子を計数するよりも簡単，迅速，かつ正確である．

肺胞到達粒子の粒径分布 RF は，米国政府産業衛生士会議（ACGIH）の粒径選択サンプリング基準によって次のように定義されている．

$$\mathrm{RF} = \mathrm{IF}(d_a)\times(1-F(x)) \tag{11.10}$$

ここで，$\mathrm{IF}(d_a)$ は式 (11.7) で与えられる吸引率，$F(x)$ は次の標準化された正規変数 x の累積である．

$$x = 2.466\ln(d_a) - 3.568 \tag{11.11}$$

d_a は粒子の空気力学径（μm）である．変数 x は標準偏差，$(1-F(x))$ は肺胞領域に到達できる吸入粒子の割合である．d_a に 4.25 μm を用いると，$F(x)$ は次のように近似できる（訳者注：ISO 7708: 1995 では，健康な成人を対象とした肺胞到達粒子の粒径分布を，中央値 4.25 μm，幾何標準偏差 1.5 の累積幾何正規分布と定義している）.

$$F(x) = 0.5 \times (1 - 0.1969x + 0.1152x^2 - 0.0003x^3 + 0.0195x^4)^{-4} \quad (x \leq 0 \text{ のとき})$$

$$F(x) = 1 - 0.5 \times (1 + 0.1969x + 0.1152x^2 - 0.0003x^3 + 0.0195x^4)^{-4} \quad (x > 0 \text{ のとき}) \tag{11.12}$$

ここで，x は式 (11.11) で与えられる．式 (11.10) および式 (11.11) とともに，この近似は，肺胞到達粒子の比率が 0.005 を超える場合について，誤差 1% 以内の予測を可能とする．より単純な近似により，IF と d_a に関する RF の直接計算が可能になる．

$$\mathrm{RF} = \mathrm{IF}(d_a) \times (1 - \exp(-\exp(2.54 - 0.681 d_a))) \tag{11.13}$$

式 (11.13) で計算した肺胞到達粒子の比率は，式 (11.10) ～ (11.12) による計算結果と，d_a = 0 ～ 100 μm に対して 0.007 未満の差しかない．表 11.5 と図 11.5 は，吸

表 11.5 吸引性粒子，喉頭通過性粒子，肺胞到達粒子の粒径分布 a)

空気力学径（μm）	吸引性粒子	咽頭通過性粒子	肺胞到達粒子
0	1.00	1.00	1.00
1	0.97	0.97	0.97
2	0.94	0.94	0.91
3	0.92	0.92	0.74
4	0.89	0.89	0.50
5	0.87	0.85	0.30
6	0.85	0.81	0.17
8	0.81	0.67	0.05
10	0.77	0.50	0.01
15	0.70	0.19	0.00
20	0.65	0.06	0.00
25	0.61	0.02	0.00
30	0.58	0.01	0.00
35	0.56	0.00	0.00
40	0.55	0.00	0.00
50	0.52	0.00	0.00
60	0.51	0.00	0.00
80	0.50	0.00	0.00
100	0.50	0.00	0.00

a）ACGIH, 2018.

引性粒子，喉頭通過性粒子および肺胞到達粒子に対するACGIH（2018）によるサンプリング基準である．粒径選択的サンプリングに適したこの基準は，ISOおよびCENでも採用されている．吸引性粒子のサンプリングには，粒径選択用のプレコレクタを使用する．特定の粒子サイズに対するプレコレクタの捕集効率$\mathrm{CE}_R(d_a)$は次のようになる．

$$\mathrm{CE}_R(d_a) = 1 - \mathrm{RF}(d_a) \tag{11.14}$$

図11.8は，肺胞到達粒子のサンプリング基準と実験的に求めた肺胞沈着粒子の沈着率を比較したものである．この基準は肺胞領域に到達する粒子を定義しているのに対し，沈着率は肺胞領域に到達してそこに沈着する粒子の割合であることに注意すべきである．プレコレクタの機能は，呼吸器系の気道が肺胞領域から粒子を排除したり，粒子が肺胞領域に到達するのを防ぐのと同じ方法で，サンプルから粒子を排除するよう設計することが望ましい．サンプリングフィルタは，粒径選択された粒子を100%捕集できるが，肺胞領域には，粒径選択された粒子の約20～40%しか沈着しないことが認識されており，これを考慮して吸引性粉塵の暴露基準が設定されている．この基準は，粒径約4 μm以上の範囲において，口呼吸時の肺胞沈着率（図11.8）に厳密に対応する．しかし，吸引性粒子のサンプリングでは，粒径約4 μm以上においても，鼻呼吸時の肺胞領域に到達する典型的な比率を超える粒子が捕集される．肺胞到達粒子の質量サンプリングは，特定領域に有毒な粉塵，または肺胞領域に沈着される粉塵に対して適用される．米国では，カドミウム，シリカ，石炭，滑石，およびその他の鉱物粉塵への職業上の暴露に対して，肺胞到達粉

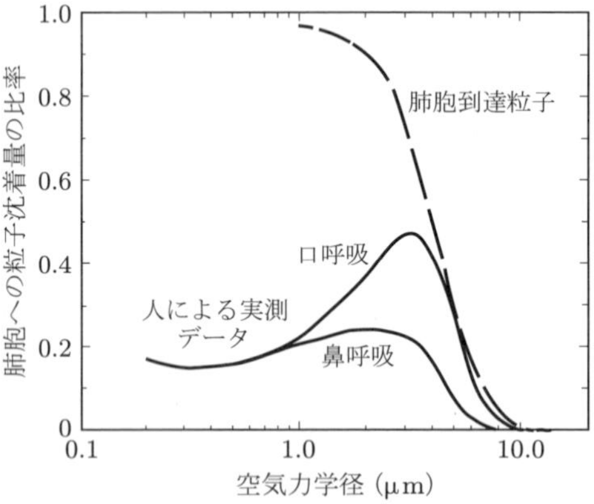

図11.8　肺胞沈着粒子の測定値（中央値）とACGIHの肺胞到達粒子のサンプリング基準との比較（Lippmann, 1977による人のデータ）

塵の基準がある．重金属や殺虫剤の非呼吸性粒子は，通常は肺胞領域に損傷を与えることはないが，吸入すると体の他の部分に重大な損傷を引き起こす可能性がある．

吸引性物質のサンプリングに最も広く使用されている手法では，プレコレクタにサイクロンを使用し，第2段階のコレクタに高効率フィルタを使用する．一般的ではないが，他の手法として，水平分級器，遠心分離装置，特別に設計されたインパクタ，多孔質フィルタ，毛細管メンブレンフィルタなどを使用する方法もある．各種プレコレクタの特性が，表11.6およびLippmann, 2001にまとめられている．

表 11.6 吸引性物質サンプリング用の各種プレコレクタの特性

名称	方式	サンプリング流量 (L/min)	重量 (kg)
10 mm 径ナイロン製サイクロン	サイクロン	1.7	0.18 [a)]
SKC GS-3	サイクロン	2.75	NA [b)]
GK 2.69 Cyclone	サイクロン	1.6/4.2	0.085
Tisch Cotton Dust Sampler	分級器	7.4	10 [c)]
TSI 200 Series Personal Impactor	インパクタ	2/4/10	0.048
Thermo Fisher Scientific PDM 3700	インパクタ	2.2	2 [c)]

a) フィルタホルダと支持フレームを含む．
b) メーカによっては利用不可の場合あり．
c) ポンプを含む．

米国で最も一般的なプレコレクタは，図11.9に示す10 mm径ナイロン製サイクロンである．粉塵を含む空気がサイクロンの円筒部分の接線方向にある入口を通って吸引されると，空気はサイクロン内で数回回転してから，上部中央にあるフィルタに排出される．この回転中に，遠心運動によって大きな粒子が壁に沈着する．さらに大きな粒子や壁に捕集された物質の塊は，サイクロンの底部にあるグリットポットに落下，堆積する．このサイクロンを0.10 m^3/hr [1.7 L/min] で動作した場合に，空気力学径に対して，ACGIHの喉頭通過性粒子のサンプリング基準にほぼ一致する捕集効率が得られることが実験的に確認されている．サイクロンは通常，ホルダ内のフィルタとともに，評価対象とする作業者の呼吸ゾーンに取り付けられ，作業者のベルトに装着されたバッテリー駆動のポンプ（10.7節参照）にチューブで接続される．

図11.10に概略を示したThermo Fisher Scientific製個人用ダストモニタ（PDM 3700）は，とくに米国を拠点とする鉱山用途の石炭粉塵のモニタ用に設計されている．この装置では，サイクロン，加熱ヒータ，ポンプ，およびTEOM（10.5節参照）

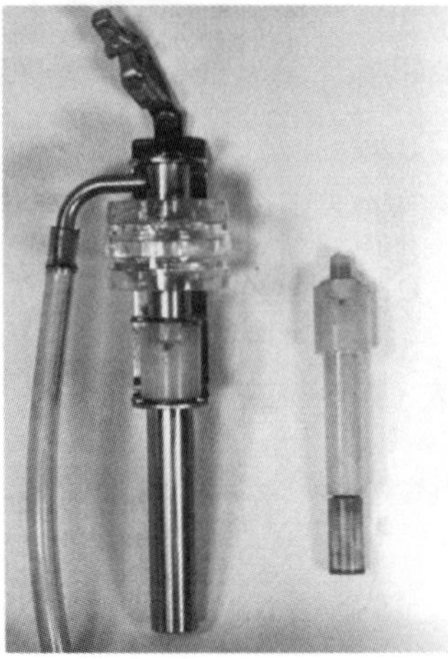

図 11.9　喉頭通過性粒子サンプリング用の 10 mm 径ナイロン製サイクロン

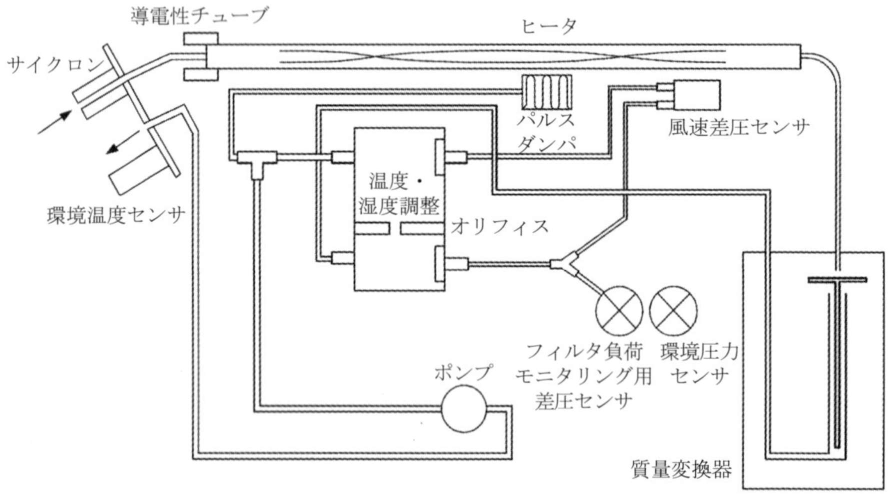

図 11.10　Thermo Fisher Scientific 製個人用ダストモニタ PDM 3700
（Thermo Fisher Scientific, Waltham, MA）

が一体化されており，リアルタイムに質量濃度の測定を行うことができる．サンプリング中は装置を水平に維持する必要がある．

喉頭通過性粒子のサンプリング基準は，呼吸による粒子沈着に関するもう一つの粒径選択的なサンプリング基準である．これは，吸入中に喉頭を通過して胸部または胸部に到達するエアロゾル粒子の割合として定義される．この基準に従ったサンプリングは，肺の気道または肺胞領域に沈着すると危険な物質を評価するのに適している．このサンプリング基準は，50％カットオフ粒径が空気力学径で 10 μm である（図 11.5 参照）．喉頭通過性粒子の粒径分布 TF(d_a) は，ACGIH 基準によって次のように定義されている．

$$\mathrm{TF}\,(d_a) = \mathrm{IF}(d_a)(1 - F(x')) \tag{11.15}$$

ここで，IF(d_a) は式 (11.7) で与えられる吸引率，$F(x')$ は標準化された正規変数 x' の累積値である．

$$x' = 2.466\ln(d_a) - 6.053 \tag{11.16}$$

d_a の単位は μm である．式 (11.12) は，式 (11.16) で与えられるように，x を x' に置き換えることで $F(x')$ を近似できる．より単純な式を使用すると，IF と d_a を用いて TF を直接計算できる．

$$\mathrm{TF}(d_a) = \mathrm{IF}(d_a)(1 - \exp(-\exp(2.55 - 0.249\,d_a))) \tag{11.17}$$

式 (11.17) によって計算された喉頭通過性粒子の比率と，式 (11.15)，(11.16) および (11.12) で計算した結果との差は，$d_a = 0 \sim 100$ μm において 0.006 未満である．喉頭通過性粒子に適応するプレコレクタの捕集効率 CE_T は次式のとおりである．

$$\mathrm{CE}_T(d_a) = 1 - \mathrm{TF}(d_a) \tag{11.18}$$

喉頭通過性粒子用サンプラについては Volkwein, 2011 によってレビューされている．

2016 年に米国環境保護庁によって環境微粒子サンプリングの標準方法として公布された PM_{10} サンプリング基準は，喉頭通過性粒子のサンプリング基準と密接に関連している．喉頭通過性粒子のサンプリング基準と同様，PM_{10} サンプリング基準は，胸部に侵入する粒子に基づいている．両者のカットオフ粒径は空気力学径で同じ 10 μm であるが，二つの重要な違いがある．まず一つは，PM_{10} は環境中の粒子状物質全体の一部であり，喉頭通過性粒子のように呼吸に関わる粒子状物質の一部ではないことである．もう一つは，PM_{10} を定義するカットオフ曲線は，喉頭通過性粒子のカットオフ曲線よりもかなり急峻なことである．PM_{10} 粒子に含まれる粒径 d_a の粒子の割合 PF_{10} は，次のように求められる．

$$\begin{aligned}
&\mathrm{PF}_{10} = 1.0 && (d_a < 1.5\,\mu\mathrm{m}\ \text{のとき}) \\
&\mathrm{PF}_{10} = 0.9585 - 0.00408 d_a^2 && (1.5 < d_a < 15\,\mu\mathrm{m}\ \text{のとき}) \\
&\mathrm{PF}_{10} = 0 && (d_a > 15\,\mu\mathrm{m}\ \text{のとき})
\end{aligned} \tag{11.19}$$

d_a の単位は μm である．式 (11.19) で計算した結果と，米国連邦規則集

（40CFR53.43，2018年7月1日改訂）との差は0.0005未満である．新たな設計のサンプラでは，PM_{10} 基準を満たす風速範囲が2～24 km/hr［0.55～6.7 m/s］であることが，風洞試験により確認されている．PM_{10} サンプラには，流量1.13 m^3/min［1130 L/min］の大容量タイプから，流量1.0 m^3/hr［16.7 L/min］の低容量二分式サンプラまで多岐にわたるものがある．大容量 PM_{10} サンプラの吸引口を図11.11に示す．二分式サンプラは仮想インパクタを使用して PM_{10} 粒径範囲を2.5 μmでカットし，視認性と微粒子評価を実現する．環境中の微粒子による健康影響への懸念から，米国環境保護庁は，1997年に $PM_{2.5}$ 粒子のサンプリングに関する新しい基準を設定した．$PM_{2.5}$ のカットオフ曲線は，二分式サンプラで使用される仮想インパクタと同様のカットオフ曲線により定義される．次の経験式は，$PM_{2.5}$ 粒子のサンプリング粒径 $PF_{2.5}$ に含まれる直径 d_a の粒子の割合を示す．

$$PF_{2.5} = (1 + \exp(3.233\,d_a - 9.495))^{-3.368} \tag{11.20}$$

ここで，d_a は粒子の空気力学径（μm）である．$PM_{2.5}$ の粒径分布を式（11.20）で計算した結果と，米国連邦規則集（40CFR53.62，2018年7月1日改訂）との差は0.001未満である．1段式の個人用 PM_{10} または $PM_{2.5}$ サンプラは，SKC, Inc., Eighty Four, PAから入手可能である．他の装置では，2.5 μmカットオフを達成するためにサイクロンまたはスパイラル注入口を使用している．

米国労働安全衛生局（U.S. Occupational Safety and Health Administration：

図11.11　環境用大容量 PM_{10} サンプラの吸引口（Tisch Environmental, Cleves, OH）

OSHA）は，綿粉塵の健康被害を評価するため，選択的な粒径による粉塵基準を推奨している．この標準は，鉛直型分級器をプレコレクタとして使用して採取されたフィルタサンプルに基づいている．分級器は，エアロゾルから空気力学径 15 μm を超える粒子を除去する．鉛直型分級器で測定した紡糸工場労働者の粉塵症発症率と粉塵濃度との間には疫学的相関関係が見出されている．15 μm のカットオフ粒径は，肺胞または気管・気管支領域に沈着する粒子の上限を表すために選択されたものである．また，リンター（Linter）とよばれる大きな非肺胞到達粒子（訳者注：綿花を分離したときに残る短い繊維）は，従来のサンプラの吸引口を詰まらせ，質量濃度測定に大きな偏りをもたらす可能性がある．

鉛直型分級器の動作原理については 3.9 節を参照してほしい．図 11.12 に示す標準的な綿粉塵サンプリング用鉛直型分級器は，直径 15 cm，高さ 70 cm である．吸引口が下部にあり，標準の 37 mm フィルタホルダが上部に取り付けられている．サンプリング流量として 7.4 L/min が推奨されているが，このとき分級器の断面が最も広い部分における平均上昇速度が，粒径 15 μm の単位密度球の沈降速度に等しい 0.68 cm/s となるよう設計されている．吸引口の円錐形部分は，流入気流が主要部分の流れを乱さないよう追加されたと考えられる．しかし残念ながら，吸引口部分の早い流れが中心線に沿って上昇し，空気力学径 30 μm までもの粒子がフィルタに到達する可能性がある．分級器内のこの不均一な流れにより，広範囲の粒子

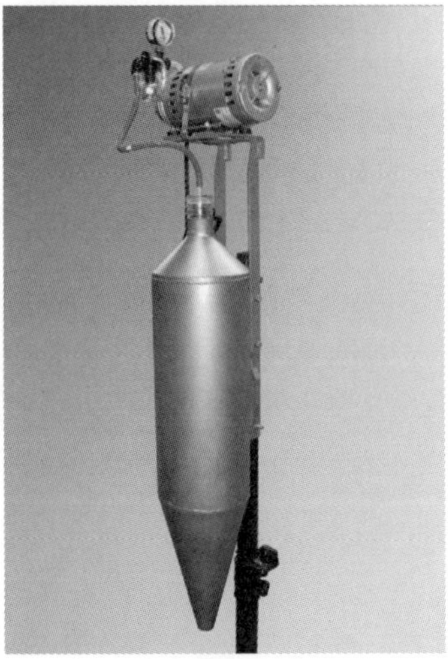

図 11.12 綿粉塵サンプリング用鉛直型分級器（Tisch Environmental, Cleves, OH）

サイズにわたって段階的なカットオフが発生する．また，さらに大きな粒径の粒子が吸引口に侵入すると，分級器の円錐形部分に沈着し，サンプリングされる空気に対してこれらの堆積粒子が浮遊フィルタとして機能して，新たな問題が発生する可能性もある．

問題

11.1　表 11.1 によると，呼吸器系のどの領域のレイノルズ数が最も高くなるか．またその領域において，吸入流量 3.6 m^3/hr［1.0 L/s］におけるレイノルズ数はいくらか．

解答：気管，4 200

11.2　粒径 4.0 µm の粒子のうちどの程度が頭部気道に沈着するか．平均的な成人が軽作業に従事し，粒子密度が 1 000 kg/m^3［1.0 g/cm^3］であると仮定する．

解答：0.82

11.3　ACGIH の肺胞到達粒子の基準を使用して，(a) 肺胞領域に到達する空気力学径 4.5 µm の吸引粒子の割合，および (b) 肺胞領域に到達する 4.5 µm の周囲粒子の割合を計算せよ．

解答：0.44，0.39

11.4　粒径 7 µm の単位密度球粒子の肺胞到達粒子と喉頭通過性粒子の割合を計算せよ．外気速度は 4 m/s 未満であると仮定する．

解答：0.83，0.74

11.5　ICRP モデルに基づき，平均的な成人の肺胞領域に沈着する 3.0 µm 粒子（ρ_p = 4 000 kg/m^3［4.0 g/cm^3］）の割合を求めよ．

解答：0.045

11.6　粒径 0.02 µm および 2.0 µm の粒子が同数含まれるエアロゾルを想定する．図 11.3 を使用して，両者が肺胞領域に沈着する個数と質量の割合を求めよ．

解答：0.31，0.14

参考文献

ACGIH, 2018 *Threshold Limit Values and Biological Exposure Indices*, ACGIH, Cincinnati, (2018).

ACGIH Air Sampling Procedures Committee, *Particle Size-Selective Sampling in theWorkplace*, American Conference of Governmental Industrial Hygienists, Cincinnati, OH (1985).

European Committee for Standardization (CEN), "Workplace Atmospheres—Size Fraction Definitions for Measurement of Airborne Particles", CEN Standard EN 481, Brussels: European Committee for Standardization, 1993.

Hatch, T. F., and Gross, P., *Pulmonary Deposition and Retention of Inhaled Aerosols*, Academic Press, New York, 1964.

Hinds,W. C., "Inhalable Aerosol Samplers", in *Particle Size-Selective Sampling for Particulate Air Contaminants*, ACGIH, Cincinnati (1999).

Hinds,W. C., Kennedy, N. J., and Tatyan, K., "Inhalability of Large Particles for Mouth and Nose Breathing", *J. Aerosol Sci.*, **29**, S^{277}-S^{278} (1998).

Heyder, J., Gebhart, J., Rudolf, G., Schiller, C.F., and Stahlhofen,W., "Deposition of Particles in the Human Respiratory Tract in the Size Range 0.005-15 μm", *J. Aerosol Sci.*, **17**, 811-825 (1986).

Hofmann,W., "Modelling Inhaled Particle Deposition in the Human Lung—A Review", *J. Aerosol Sci.*, **42**, 693-724 (2011).

International Commission on Radiological Protection, "Human Respiratory Tract Model for Radiological Protection", Annals of the ICRP, Publication **66**, Elsevier Science, Inc., Tarrytown, NY (1994).

International Commission on Radiological Protection, "Occupational Intakes of Radionuclides: Part 1", Annals of the ICRP, Publication **130**., **44** (2) (2015).

International Standards Organization (ISO), "Air Quality-Particle Size Fraction Definitions for Health-Related Sampling", ISO standard 7708, Geneva, Switzerland (1995).

Kim, C.S., and Hu, S.C., "Regional Deposition of *Inhaled Particles* in Human Lungs: Comparison between Men andWomen", *J. of Appl. Physiol.*, **84**, 1834-1844 (1998).

Kim, C.S., and Jaques, P.A. "Respiratory Dose of Inhaled Ultrafine Particles in Healthy Adults", *Philos. Trans. of the R. Soc.* **358**, 2693-2705 (2000).

Kenny, L. C., Aitkens, R., Chalmers, C., Fabries, J. F., Gonzalez-Femandez, E., Kronhout, H., Fiden, G., Mark, D., Riediger, G., and Prodi, V., "A Collaborative European Study of Personal Inhalable Aerosol Sampler Performance", *Ann. Occup. Hyg.*, **41**, 135-153 (1997).

Lippmann, M., "Regional Deposition of Particles in the Human Respiratory Tract", in Lee, D. H. K., Falk, H. F., Murphy, S. O., and Geiger, S. R. (Eds.), *Handbook of Physiology*, Reaction to Environmental Agents, American Physiological Society, Bethesda, MD, 1977.

Lippmann, M., "Size-Selective Health Hazard Sampling", in Cohen B. and McCammon C. (Eds.), *Air Sampling instruments for Evaluation of Atmospheric Contaminant*, 9th ed., ACGIH, Cincinnati, 2001.

Mühlfeld, C., Gehr, P., and Rothen-Rutishauser, B., "Translocation and Cellular Entering Mechanisms of Nanoparticles in the Respiratory Tract", *Swiss Med Wkly.*, **138**, 387-391 (2008).

Mark, D., and Vincent, J. H., "A New Personal Sampler for Airborne Total Dust inWorkplaces", *Ann. Occup. Hyg.*, **30**, 89-102 (1986).

Mark, D., Vincent, J. H., Gibson, H., and Fynch, G., "A New Static Sampler for Airborne Total Dust in Workplaces", *Am. Ind. Hyg. Assoc. J.*, **46**, 127-43 (1985).

National Council on Radiation Protection and Measurement, *Deposition, Retention and Dosimetry of Inhaled Radioactive Substances*, Report S.C. 57-2, NCRP, Bethesda, MD (1994).

Phalen, R. F., *Inhalation Studies: Foundations and Techniques*, CRC Press, Boca, Raton, FL, 1984.

Smith, J. R. H., Birchall, A., Etherington, G., Ishigure, N., and Bailey, M.R., "A Revised Model for the Deposition and Clearance of *Inhaled Particles* in Human Extra-Thoracic Airways", *Radiat. Prot. Dosim.*, **158**, 135-147 (2014).

Vincent, J. H., Mark, D., Miller, B. G., Armbruster, F., and Ogden, J. L., "Aerosol Inhalability at Higher Windspeeds", *J. Aerosol Sci.*, **21**, 577-586 (1990).

Vincent, J.H., *Aerosol Sampling: Science, Standards, Instrumentation and Applications*,Wiley; New York, 2007.

Volkwein, J.C., Maynard, A.D., and Harper, M., "Workplace Aerosol Measurement", in Kulkarni, P., Baron, P. A., and Willeke, K. (Eds.), *Aerosol Measurement: Principles, Techniques, and Applications, 3rd edition*,Wiley, New Jersey, 2011.

Walton,W. H., *Inhaled Particles*, vol. 4, Pergamon, Oxford, 1977.

Werner, M.A., Spear, T. M., and Vincent, J. H., "Investigation into the Impact of IntroducingWorkplace Aerosol Standards Based on the Inhalable Fraction", *Analyst*, **121**, 1207-1214 (1996).

Yeh, H. C. and Schum, G. M., "Models for Human Lung Airways and their Application to Inhaled Particle Deposition", *Bull. Math. Biology*, **42**, 461-480 (1980).

Yeh, H. C. Cuddihy, R. G., Phalen, R. F., and Chang, I-Y., "Comparisons of Calculated Respiratory Tract Deposition of Particles Based on the Proposed NCRP Model and the New ICRP Model", *Aerosol Sci. Tech.*, **25**, 134-140(1996).

12 凝　集

エアロゾルの凝集（coagulation）とは，エアロゾル粒子が相対的な運動によって衝突して合体し，より大きな粒子を形成する過程である．その結果，粒子の個数は連続的に減少し，粒径は増大する．粒子間の相対的な運動がブラウン運動により生じる場合，その過程を熱凝集（thermal coagulation）という．この種の凝集は，エアロゾルにとっては自然に，かつつねに生じる現象である．相対的な運動が重力や静電気力のような外力，または，空気力学的な効果により生じる場合，その過程は運動学的凝集（kinematic coagulation）とよばれる．

凝集はエアロゾルにとって最も重要な粒子相互間の現象である．凝集の理論は，もともと液体を対象に発展してきたが，その後エアロゾルに拡張されたものである．そのため，当初から使われてきた凝集という名称が現在も使用されている．固体粒子の場合，この過程は集塊（agglomeration）とよばれることがあり，形成される粒子の集団を凝集体（agglomerate）とよぶ．特定のセラミック，顔料，光学材料などの製造では，まず気相反応によって小さな固体粒子を生成する．これらの粒子を制御された条件下で凝集させることで，必要な粒径を得ることができる．粒子の形状は合体によって制御される．高温で凝集体を処理すると，凝集体を構成する粒子が部分的に融合して（焼結），望ましい形状の固体粒子が形成される．

凝集理論の目的は，粒子の個数濃度と粒径が時間とともにどのように変化するかを説明することである．とくに多分散エアロゾルの場合，正確に理解することは非常に難しい．しかし，多くの場合，単純化した理論によって凝集の特性を理解し，個数濃度と粒径との変化を推定することが可能である．

12.1　単分散粒子の凝集

凝集の最も単純なものは，$d_p > 0.1\ \mu\mathrm{m}$ の単分散球形粒子の熱凝集である．ここでは，粒子は衝突すれば必ず付着し，最初は粒子サイズがゆっくり変化すると仮定する．この種の凝集は，もとの理論を研究した研究者の名前をとって，スモルホウスキー凝集（Smoluchowski coagulation）とよばれる．

基本的なアプローチとして，単一の粒子に注目し，他の粒子がその表面にどのように拡散するかを考慮する．これは 7.4 節で述べた粒子表面への拡散の問題に相当する．ある粒子の表面における粒子のフラックス，すなわち単位時間，単位面積あたりの衝突率は，拡散に関するフィックの第 1 法則（式 (7.1)）によって次のように与えられる．

$$J = -D\frac{\mathrm{d}N}{\mathrm{d}x} \tag{12.1}$$

ここで，D は粒子の拡散係数，N は個数濃度，$\mathrm{d}N/\mathrm{d}x$ は着目する粒子の衝突表面における粒子の濃度勾配である．衝突面とは，粒子に他の粒子が衝突した場合にその衝突粒子の中心が達する位置にあると考える仮想面である．粒径 d_p の粒子の場合，衝突面は直径 2 d_p の球となる．拡散粒子をその中心で置き換えると，拡散方程式が容易に導出できる．ある粒子と他の粒子の衝突率 $\mathrm{d}n/\mathrm{d}t$ は，この衝突面の面積 A_s と粒子フラックスとの積で求められる．

$$\frac{\mathrm{d}n}{\mathrm{d}t} = A_s J = -\pi(2d_p)^2 D\frac{\mathrm{d}N}{\mathrm{d}x} \tag{12.2}$$

着目する粒子の衝突面での濃度勾配を与える解は，非定常項を無視すると，次のようになる（Fuchs, 1964）．

$$\frac{\mathrm{d}N}{\mathrm{d}x} = -\frac{2N}{d_p} \quad (d_p > \lambda_p \text{のとき}) \tag{12.3}$$

ここで，λ_p は粒子の平均自由行程（式 (7.11)）である．式 (12.2) と式 (12.3) を組み合わせると，着目する粒子に対する衝突率が次のように得られる．

$$\frac{\mathrm{d}n}{\mathrm{d}t} = 8\pi d_p DN \tag{12.4}$$

ここまで着目してきた粒子は他の粒子とまったく同じものであるから，各々の粒子の衝突率はすべて $8\pi d_p DN$（回/s）となる．単位体積中には N 個の粒子があるため，単位体積あたりの衝突率 $\mathrm{d}n_c/\mathrm{d}t$ は，式 (12.4) の N 倍となるが，このように計算すると各々の衝突を二重に数えていることになるため，係数 1/2 を導入し，次式を得る．

$$\frac{\mathrm{d}n_c}{\mathrm{d}t} = \frac{N}{2}(8\pi d_p DN) = 4\pi d_p DN^2 \tag{12.5}$$

衝突ごとに単位体積内の粒子の数が一つ減少するため，個数濃度も一つ減少することになる．衝突率は，個数濃度の変化率 $\mathrm{d}N/\mathrm{d}t$ と符号が逆で数値的には等しくなる．

$$\frac{\mathrm{d}N}{\mathrm{d}t} = -4\pi d_p D N^2 \tag{12.6}$$

$d_p D$ はほぼ一定なので，個数濃度の変化率は次のように表すこともできる．

$$\frac{\mathrm{d}N}{\mathrm{d}t} = -K_0 N^2 \tag{12.7}$$

ここで，K_0 は凝集係数（coagulation coefficient）であり，SI では $\mathrm{m^3/s}$，cgs 単位系では $\mathrm{cm^3/s}$ である．

$$K_0 = 4\pi d_p D \tag{12.8}$$

凝集係数の値を表 12.1 に示す．

表 12.1 標準条件における凝集係数 a)

粒径（μm）	補正係数 β	凝集係数	
		K_0（式（12.9））（$\mathrm{m^3/s}$）	K（式（12.13）による補正）（$\mathrm{m^3/s}$）
0.004	0.037	168×10^{-16}	6.2×10^{-16}
0.01	0.14	68×10^{-16}	9.5×10^{-16}
0.04	0.58	19×10^{-16}	10.7×10^{-16}
0.1	0.82	8.7×10^{-16}	7.2×10^{-16}
0.4	0.95	4.2×10^{-16}	4.0×10^{-16}
1.0	0.97	3.4×10^{-16}	3.4×10^{-16}
4	0.99	3.1×10^{-16}	3.1×10^{-16}
10	0.99	3.0×10^{-16}	3.0×10^{-16}

a）表の値に 10^6 を掛けたものが凝集係数（$\mathrm{cm^3/s}$）．

式（12.8）の拡散係数を式（7.7）に置き換えると，次のようになる．

$$K_0 = \frac{4kTC_c}{3\eta} \quad (d_p > 0.1\,\mu\mathrm{m}\ のとき) \tag{12.9}$$

式（12.9）には粒径 d_p は現れず，粒径の影響が残るのはすべり補正係数だけとなる．したがって，すべり補正が無視できる大きな粒子の場合，K_0 は粒径に依存しないが，粒径が小さくなると，すべり補正係数の影響により K_0 は増加する．標準状態では，凝集係数の式（12.9）はさらに次のように簡略化できる．

$$K_0 = 3.0\times10^{-16}\,C_c\,\mathrm{m^3/s}\ \left[3.0\times10^{-10}\,C_c\,\mathrm{cm^3/s}\right] \quad (d_p > 0.1\,\mu\mathrm{m}\ のとき) \tag{12.10}$$

凝集速度（rate of coagulation）は式 (12.7)（個数濃度の変化速度）で表され，粒子の個数濃度の 2 乗と凝集係数 K_0 に比例する．通常は，ある時間経過した後の最終的な凝集状態を求めようとする場合が多い．K を定数と仮定して，式 (12.7) を積分すると，時間の関数として個数濃度を表すことができる．

$$\int_{N_0}^{N(t)} \frac{\mathrm{d}N}{N^2} = \int_0^t -K_0 \mathrm{d}t$$

$$\frac{1}{N(t)} - \frac{1}{N_0} = K_0 t \tag{12.11}$$

ここで, N_0 は時刻 0 における初期個数濃度, $N(t)$ は時刻 t における個数濃度である．$N(t)$ について解くと，次のようになる．

$$N(t) = \frac{N_0}{1 + N_0 K_0 t} \tag{12.12}$$

式 (12.11) と式 (12.12) は，同じ式を異なる形式で表したものである．いずれも単純な単分散粒子の凝集，すなわち K_0 が一定の場合の凝集を説明するのに用いられる．

凝集速度は N^2 に比例するため，高濃度では速いが，凝集によって粒子濃度が低下すると遅くなる．この様子は，単分散エアロゾルの個数濃度の実測値を時間の関数としてプロットした図 12.1 (a) に示されている．式 (12.11) は，$1/N(t)$ が t について直線であることを示している．図 (a) に示したデータを $1/N$ の関係として

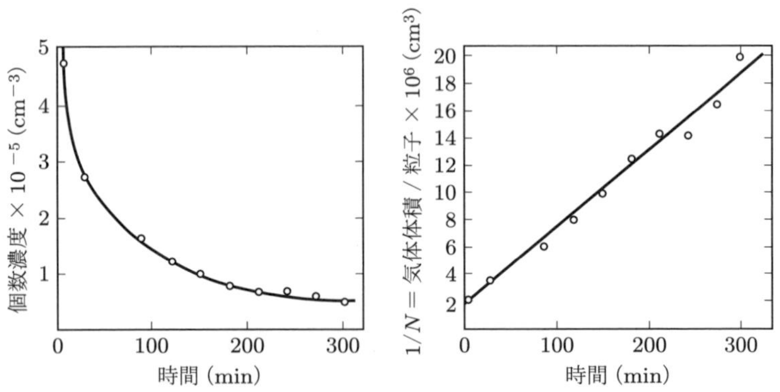

（a）個数濃度の時間変化

（b）粒子あたりの平均気体体積 ($1/N$) の時間変化 (Mercer, 1978)

図 12.1　単分散の塩化アンモニウムエアロゾル粒子の凝集．同じデータが二つの方法でプロットされている（Mercer, 1978）

プロットすると，図 (b) のように直線が得られる．$1/N$ の単位は cm^3 であり，これは粒子 1 個あたりの平均空気占有量を示している．図 (b) の直線の傾きは凝集係数 K_0 である．

式 (12.3) は，粒子表面の平均自由行程内における濃度勾配を正確に記述してはいないため，単純な単分散凝集は 0.1 μm より大きい粒子に限定される．この誤差は粒径が小さくなるにつれて大きくなり，標準状態で粒径 0.4 μm 未満の粒子では顕著となる．この影響を補正する係数 β は，Fuchs, 1964 によって与えられている．補正後の凝集係数 K は次式となる．

$$K = K_0\beta \tag{12.13}$$

補正後の凝集係数（式 (12.13)）は，すべての粒径の粒子に適用できる．β と K の値を表 12.1 に示した．また，より完全な凝集係数の値を表 A.11 に示しておく．式 (12.11) および式 (12.12) では，K_0 を K に置き換える必要がある．

凝集による個数濃度の減少の直接的な結果として，エアロゾル粒子の粒径は増大する．粒子の損失がないとすると，閉じた系におけるエアロゾル粒子の質量は一定のままなので，単位体積あたりの質量（質量濃度 C_m）も凝集によって変化することはない．液体粒子の場合，C_m は次式で与えられる．

$$C_m = N_0 \frac{\pi}{6} \rho_p d_0^3 = N(t) \frac{\pi}{6} \rho_p (d(t))^3 \tag{12.14}$$

$$\frac{d(t)}{d_0} = \left[\frac{N_0}{N(t)} \right]^{1/3} \tag{12.15}$$

ここで，d_0 は初期粒径，$d(t)$ は時間 t における粒径である．粒径は個数濃度の 3 乗に反比例して増大し，式 (12.12) に従って個数濃度も時間とともに変化する．粒径が凝集によって 2 倍になるためには，個数濃度が 1/8 に減少する必要がある．単純な単分散エアロゾルの凝集では，粒径は時間とともに次式に従って増加する．

$$d(t) = d_0(1 + N_0Kt)^{1/3} \tag{12.16}$$

式 (12.15)，(12.16) は，固体粒子に対しても近似的に成立する．ただし，図 1.3 (b) に示したような多孔質の粒子に対しては成立せず，多孔質粒子の凝集体は式 (12.15) よりも早く成長する．式 (12.11) ～ (12.15) は単分散エアロゾルに対して導出されたものであるが，多くの場合，多分散エアロゾルにも適用できる．CMD について計算された K を使用すると，CMD が 0.1 μm より大きく，GSD が 2.5 未満の粒子に対して，濃度変化が 8 倍未満の場合に，誤差 30％以内で個数濃度の変化を予測できる．

例題　初期の個数濃度が 10^{14} 個/m^3 [10^8 個/cm^3] である 0.8 μm の単分散エアロゾルの場合，10 分後の個数濃度と粒径はどのように変化するか．標準状態における単純な単分散凝集を仮定する．

解　$d_0 = 0.8\ \mu\mathrm{m}$ より $C_c = 1.194 \cong 1.2$

$$K_0 = 3.0\times10^{-16}\times1.2 = 3.6\times10^{-16}\,\mathrm{m^3/s}$$

$$\left[K_0 = 3.0\times10^{-10}\times1.2 = 3.6\times10^{-10}\,\mathrm{cm^3/s}\right]$$

$$t = 10\times60 = 600\,\mathrm{s},\qquad N_0 = 10^{14}/\mathrm{m^3}\ \left[10^8/\mathrm{cm^3}\right]$$

$$N(t) = \frac{N_0}{1+N_0K_0t} = \frac{10^{14}}{1+10^{14}\times3.6\times10^{-16}\times600} = 4.4\times10^{12}/\mathrm{m^3}$$

$$\left[N(t) = \frac{10^8}{1+10^8\times3.6\times10^{-10}\times600} = 4.4\times10^6/\mathrm{cm^3}\right]$$

したがって，個数濃度は 10^{14} 個/m^3 [10^8 個/cm^3] から 4.4×10^{12} 個/m^3 [10^6 個/cm^3] に減少する．粒径の変化は次のようになる．

$$\frac{d(t)}{d_0} = \left(\frac{N_0}{N(t)}\right)^{1/3} = \left(\frac{10^{14}}{4.4\times10^{12}}\right)^{1/3} = 2.8\quad\left[\frac{d(t)}{d_0} = \left(\frac{10^8}{4.4\times10^6}\right)^{1/3} = 2.8\right]$$

個数濃度は 1/23 に減少し，粒径は 0.8 μm から 2.26 μm に増大する．この結果は，次のように式 (12.16) を使用して直接求めることができる．

$$d(t) = d_0(1+N_0K_0t)^{1/3} = 0.8\times\left(1+10^{14}\times3.6\times10^{-16}\times600\right)^{1/3} = 2.26\,\mu\mathrm{m}$$

$$\left[d(t) = 0.8\times(1+10^8\times3.6\times10^{-10}\times600)^{1/3} = 2.26\,\mu\mathrm{m}\right]$$

図 12.2 と図 12.3 は，凝集係数を 5×10^{-16} m^3/s [5×10^{-10} cm^3/s] として，さまざまな初期濃度に対する個数濃度の時間変化を式 (12.12) により計算し，比較したものである．また表 12.2 は，さまざまな初期濃度について，個数濃度が初期濃度の 1/2 に減少するまでの時間，および粒径が 2 倍になるまでの時間を示したものである．これらの図表より，高濃度では非常に速く凝集が生じるが，低濃度では凝集が遅くなることがわかる．また図 12.3 から，一定時間が経過した後は，初期濃度に関係なく，濃度はその時刻に応じて決まる特定の値を超えることはないこともわかる．図 12.3 に最大濃度と示された曲線は，式 (12.11) を $N_0 = \infty$ として計算したものであり，任意の時間経過した時点で存在できるエアロゾルの最大濃度を示している．たとえば 30 分経過した後には，初期濃度に関係なく，個数濃度 N の最大値

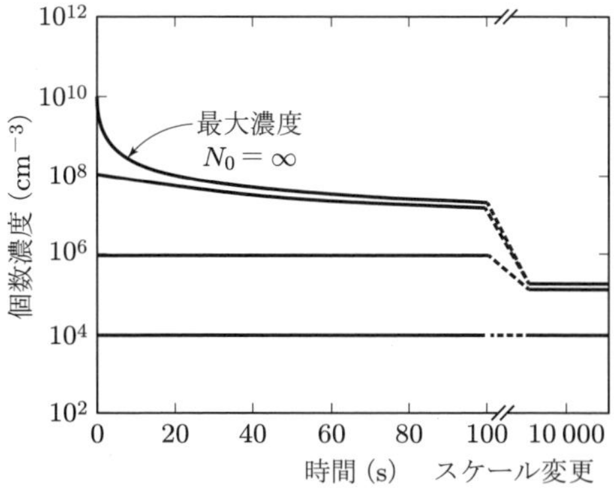

図 12.2　単分散粒子の凝集（時間軸線形目盛）．さまざまな初期濃度からの濃度の時間変化

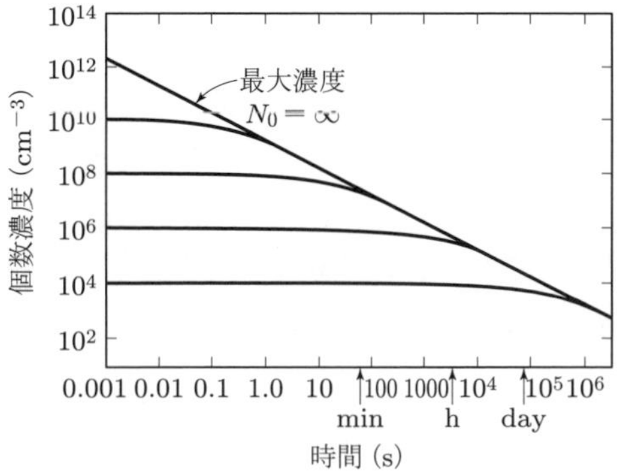

図 12.3　単分散粒子の凝集（時間軸対数目盛）．さまざまな初期濃度からの個数濃度の時間変化

表 12.2　単分散粒子が初期濃度の半分，粒径が 2 倍になるのに要する時間 a)

初期濃度 N_0（個/m^3 [個/cm^3]）	$0.5N_0$ となるまでの時間	粒径が 2 倍となるまでの時間 ($N = 0.125N_0$)
10^{20} [10^{14}]	20 µs	140 µs
10^{18} [10^{12}]	2 ms	14 ms
10^{l6} [10^{10}]	0.2 s	1.4 s
10^{14} [10^{8}]	20 s	140 s
10^{l2} [10^{6}]	33 min	4h
10^{10} [10^{4}]	55 h	16 days
10^{8} [10^{2}]	231 days	4 yr

a) $K = 5 \times 10^{-16}\ m^3/s$ [$5 \times 10^{-10}\ cm^3/s$].

は約 10^{12} 個/m^3 [10^6 個/cm^3] である．同様に，エアロゾルが地球規模で輸送されるには1日かかるが，このエアロゾルの個数濃度は 3×10^{10} 個/m^3 [3×10^4 個/cm^3] を超えることはない．

これらの図表から，凝集を無視できる濃度範囲が求められる．たとえば個数濃度が 10^{12} 個/m^3 [10^6 個/cm^3] 未満の場合，測定時間が5分程度であれば，凝集による粒径の変化は無視できる．一方，測定時間が2日間の場合，凝集の影響を無視するには，濃度を 10^9 個/m^3 [10^3 個/cm^3] 未満とする必要がある．経験的には，濃度が 10^{12} 個/m^3 [10^6 個/cm^3] 未満の場合であれば，研究室での実験においても産業衛生分野での観測においても，凝集を無視してかまわない．式 (12.6) と図 12.2 からわかるように，凝集を停止させ，粒径分布を一定に保つには，凝集が無視できる程度の濃度までエアロゾルを急速に希釈すればよい．

ここまでの議論では，球形粒子の凝集のみを対象としていた．非球形粒子の凝集はより速く進行する．これは，同じ体積の球と比較して表面積が大きいこと，またブラウン運動による衝突の可能性がより高くなることに起因する．ほぼ球形に近く，わずかに不規則な形状をしている粒子では，この効果は小さい．Zebel, 1966 は，10：1 の比をもつ楕円形粒子は，同一体積の球形粒子よりも凝集係数が35％大きくなることを理論計算により示した．

粒子間の静電引力は，上記の熱凝集機構を促し，凝集を加速する．逆符号の荷電量をもつエアロゾル粒子間では衝突の可能性が高まるが，これは同符号の荷電量をもつ粒子間の衝突が減少することによって相殺される．ボルツマン平衡荷電分布（Boltzmann eqilibrium charge distribution）にあるエアロゾルでは，静電引力による凝集への影響は無視できる程度である（15.7 節参照）．しかし，強い双極荷電分布をもつエアロゾルでは，凝集が顕著に増加することがある．荷電しているエアロゾルは，荷電していないエアロゾルに比べ，鎖状の凝集体を形成しやすい．単極性の荷電分布をもつエアロゾル粒子は，互いに反発し合うために凝集は遅くなる．この反発力により，静電気的な拡散やエアロゾル雲の分散（壁があれば，壁への付着）が起こり，結果的に個数濃度は減少する．

12.2　多分散粒子の凝集

12.1 節では，単分散エアロゾルについて凝集に関する式を導出した．しかし，現実の多くの状況では，さまざまな粒径の粒子が存在する（多分散している）．たとえば，屋内で発生する超微粒子の場合，粒子の濃度と粒径にもよるが，多分散粒子間での凝集が最大70％の粒子損失の原因となることが示されている（Rim et al., 2016 参照）．凝集速度はエアロゾル中の粒子の粒径範囲に左右されるため，計算はより複雑となり，数学的に明確な解は存在しない．

まず，比較的簡単な場合として，0.1 μm より大きい粒径 d_1，d_2 の 2 種類の粒子から成るエアロゾルについて考える．同一粒径粒子間の衝突は，式 (12.9) で与えられる凝集係数を用いれば，前節に示した凝集に関する式で求めることができる．粒径の異なる粒子間の衝突も同様に式 (12.11) と式 (12.12) から求められるが，凝集係数 $K_{1,2}$ は，d と D のすべての積の組み合わせを用いて式 (12.8) を拡張した，次式で与えられる．

$$K_{1,2} = \pi(d_1D_1 + d_1D_2 + d_2D_1 + d_2D_2) \tag{12.17}$$

d_2 が大きく，d_1 が小さい場合，拡散係数 D_1 は相対的に大きく，D_2 は小さくなる．式 (12.17) を展開すると，積 d_2D_1 は，同等の単分散粒子の積 d_1D_1 または d_2D_2 のいずれか，あるいは積 d_1D_2 よりもはるかに大きくなることを示している．したがって，$K_{1,2}$ は d_1 または d_2 単独の凝集係数よりも大きくなり，異なる粒径の粒子間の凝集は，同じ粒径の粒子間よりも速く進行する．物理的には，凝集過程は二つの要素，すなわち，表面積と拡散粒子により支配される．大きな粒子は大きな表面積をもつが拡散は遅く，逆に小さな粒子は拡散が速いが表面積が小さい．これらの要素が相互に相殺し合うため，単分散エアロゾルの場合には凝集係数は粒径にあまり影響されない．大きな粒子は広い吸収面を有しており，その面に拡散によって小さな粒子が頻繁に衝突するため，粒径の異なる粒子間では，同粒径の場合よりも速く凝集が進行する．粒径の差が大きいほどこの効果は大きい．表 12.3 に，さまざまな粒径の組み合わせについて凝集係数を示す．0.01 μm 粒子と 1.0 μm 粒子の間での凝集は，1.0 μm 粒子のみの場合より 500 倍速く，0.01 μm 粒子のみの場合より 180

表 12.3 異なる粒径のエアロゾル粒子間の凝集係数 a)

	凝集係数 $K_{1,2}$ b)			
d_1（μm）	d_2 = 0.01 μm	d_2 = 0.1 μm	d_2 = 1.0 μm	d_2 = 10 μm
0.01	9.6	122	1 700	17 000
0.1	122	7.2	24	220
1.0	1 700	24	3.4	10.3
10	17 000	220	10.3	3.0

a) 式 (12.17) により計算した（フックス補正あり）．
b) $K_{1,2}$ の値に 10^{-16} を掛ければ m^3/s [10^{-10} を掛ければ cm^3/s] となる．

倍速くなる.

1.0 μm の粒子（液滴）が 0.1 μm の粒子と衝突すると，もとの 1.0 μm の粒子よりも 0.1%大きい質量（または体積）をもつ新しい粒子が形成される.

$$\frac{\text{新しい粒子の質量}}{\text{もとの粒子の質量}} = \frac{1.0^3 + 0.1^3}{1.0^3} = 1.001$$

これは，新しい粒子の粒径がもとの 1.0 μm 粒子の粒径より 0.03%大きくなることを意味している.

$$\left(\frac{1.001}{1}\right)^{1/3} = 1.0003$$

新しい粒子の粒径は，もとの 1.0 μm 粒子と本質的に変わりはないが，小さな粒子の粒径は大きく変化する．実際，小さな粒子は消滅してしまう．このように大きな粒子は，小さな粒子を急速に収集する受け皿のような役目をする．この現象について，大きな粒子が小さな粒子を「掃討する（mopping up）」または「食い尽くす（eating up）」としばしば表現される.

多分散エアロゾルを考えると，状況はさらに複雑になる．この場合，着目する粒子と他のすべての粒径の粒子との凝集を考慮する必要がある．さらに，粒径分布や着目する粒径の粒子の割合は時間とともに変化する．連続的な粒径分布を k 個の粒径範囲から成る離散的な分布に近似して考えると，多分散エアロゾルの平均凝集係数 $\bar{K}$ は次式のように定義できる.

$$\bar{K} = \sum_{i=1}^{k}\sum_{j=1}^{k} K_{ij} f_i f_j \tag{12.18}$$

ここで，K_{ij} は式（12.17）で定義され，f_i と f_j はそれぞれ i 番目と j 番目の粒径範囲の粒子の総数の割合である．式（12.18）によって得られる $\bar{K}$ の値は，ある時点での特定のエアロゾルに適用される．粒径分布は時間とともに変化するため，凝集過程の各ステップで新しい $\bar{K}$ 値を計算する必要がある．式（12.18）で与えられる $\bar{K}$ の値を式（12.12）に使用すると，$\bar{K}$ の値があまり変化しない期間における個数濃度の時間変化を求めることもできる．Lee, 1983，Lee and Chen, 1984，および Lee et al., 1997 は，対数正規分布したエアロゾルの凝集を分析する手法を開発した．Lee and Chen, 1984 は，CMD $>\lambda$ の対数正規分布に対する $\bar{K}$ について次の明示的な式を与えている.

$$\bar{K} = \frac{2kT}{3\eta}\left(1 + \exp\left(\ln^2\sigma_g\right) + \frac{2.49\lambda}{\mathrm{CMD}}\left(\exp\left(0.5\ln^2\sigma_g\right) + \exp\left(2.5\ln^2\sigma_g\right)\right)\right) \tag{12.19}$$

ここで，λ，CMD，σ_g はそれぞれ平均自由行程，個数中央径，幾何標準偏差である．

表 12.4 は，さまざまな CMD および GSD の対数正規分布についての $\bar{K}$ の値を示している．GSD が 1.0 の場合，その値は単分散エアロゾルの凝集係数である．この値は，特定の GSD 値をもつ多分散エアロゾルの凝集係数と比較できる．表中の行方向の凝集係数の違いは，多分散性の影響を反映している．式 (12.19) と表中の数値は，ある特定の時間に特定の粒径分布を示している場合にのみ用いることができる．表の凝集係数を式 (12.12) に用いた場合，対数正規分布の粒径をもつエアロゾルの個数濃度の変化を正確に計算でき，$d_{\bar{m}}$ の変化を計算できる．時間の経過とともに CMD は増加し，対応する $\bar{K}$ の位置は表中の下方へ移動する．GSD が一定ならば，$d_{\bar{m}}$ などの他の粒径は CMD に比例して増加する．表を用いれば，既知の特性をもつ多分散エアロゾルについて最適な凝集係数を求めることができ，また，$\bar{K}$ を一定と仮定した場合の誤差を求めることもできる．計算は，$\bar{K}$ の値を逐次更新しながら，あるいは開始時と終了時の $\bar{K}$ の値の平均を用いて行うことができる．

粒径分布の形や，凝集によるその形の変化を無視した場合，個数濃度の変化から求めることのできる平均径は，平均質量径（diameter of average mass）$d_{\bar{m}}$ である．4.2 節を参照すれば，$d_{\bar{m}}$ が個数濃度と質量濃度を結び付けるものであることがわかる．系に損失がないとすると，質量濃度は一定であり，次式で求められる．

表 12.4 対数正規粒径分布をもつ多分散エアロゾルの凝集係数 a), b)

個数中央径 (μm)	凝集係数 $\bar{K}\times10^{16}\,(\mathrm{m^3/s})[\bar{K}\times10^{10}\,(\mathrm{m^3/s})]$					
	GSD = 1.0	GSD = 1.3	GSD = 1.5	GSD = 1.8	GSD = 2	GSD = 2.5
0.002	4.4	4.9	5.9	8.3	11.0	26.2
0.005	6.9	7.8	9.2	13.0	17.2	40.0
0.01	9.6	10.8	12.6	17.5	22.9	50.9
0.02	12.1	13.4	15.4	20.8	26.5	55.1
0.05	10.7	11.7	13.4	17.7	22.2	43.8
0.1	7.5	8.2	9.3	12.2	15.2	29.4
0.2	5.2	5.6	6.3	8.0	9.8	18.2
0.5	3.8	4.0	4.4	5.3	6.1	10.1
1	3.4	3.5	3.8	4.4	5.0	7.4
2	3.2	3.3	3.5	4.0	4.4	6.1
5	3.0	3.2	3.3	3.7	4.1	5.4

a) 式 (12.18) に補正を加え，標準条件に対して計算した．

b) K の値は 10^{-16} を掛ければ $\mathrm{m^3/s}$，10^{-10} を掛ければ $\mathrm{cm^3/s}$ となる．

$$C_m = \frac{\pi}{6}\rho_p(d_{\bar{m}})_1^3 N_1 = \frac{\pi}{6}\rho_p(d_{\bar{m}})_2^3 N_2 \tag{12.20}$$

ここで，Nは個数濃度で，下付き文字1と2は時間1と2の条件を表す．ρ_pは，固体粒子では変化する可能性があるが，液体粒子では変化しないので，ρ_pが変化しないと仮定すると，次式となる．

$$(d_{\bar{m}})_2 = (d_{\bar{m}})_1\left(\frac{N_1}{N_2}\right)^{1/3} \tag{12.21}$$

式(12.21)は，N_1とN_2が正確にわかっており，ρ_pが一定で，かつ損失がないかぎり，粒径分布の変化に関係なく，いかなる粒径分布においても成り立つ．

粒径分布がきわめて広い場合（GSD＞1.5），時間の経過とともに凝集によって粒径分布は狭くなる．これは，小さな粒子と大きな粒子との凝集が促進されることによって生じるもので，結果として小さな粒子の数が大幅に減少し，より大きな粒子の数がわずかに増加することとなる．その結果，図12.4に示すように，平均質量径が増加し，粒径分布が狭くなる．一方，単分散エアロゾルの凝集においては，一部の粒子が大きくなり凝集が促進されるため，単分散エアロゾルの凝集は徐々に多分散エアロゾルに移行し，粒径分布が拡大する．粒径分布の狭小化と拡大の競合メカニズムの理論的分析（Friedlander, 2000，Lee, 1983）によれば，ある程度の時間が経過すると，粒径分布は，初期の分布に関係なく安定した分布状態に移行することが示唆されている．結果として得られる粒径分布は自己保存粒径分布（self-preserving size distribution）とよばれ，GSDが約1.32～1.36のほぼ対数正規に

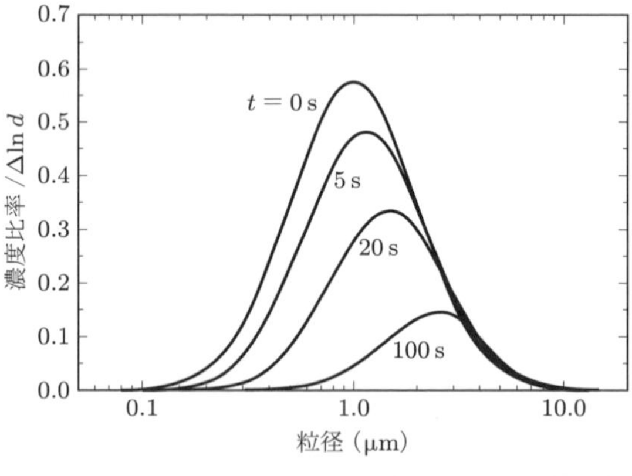

図 12.4　凝集による粒度分布の時間変化．$N_0 = 10^{14}/\text{m}^3$ $[10^8/\text{cm}^3]$，初期CMD＝1.0 μm，および初期GSD＝2.0に対する数値計算結果

なる．図 12.5 は，Lee, 1983 による分析に基づき，対数正規粒径分布をもつエアロゾルの凝集中に発生する GSD の変化を示している．凝集過程が進むにつれ，GSD は 1.32 の自己保存粒径分布に漸近し，広い分布はより狭く，狭い分布はより広くなる．実際に，エアロゾルの初期粒径が小さく，初期個数濃度が非常に高く（約 10^{15} 個/m^3 [10^9 個/cm^3] 以上），初期粒径分布が比較的狭い（GSD＝2.0 未満）場合でなければ，エアロゾルが自己保存的な粒径分布に達するには長い時間がかかる．安定した粒径分布を得るための別の方法として，凝集による小さな粒子の除去と沈降による大きな粒子の除去を利用する方法がある．これについては第 14 章に述べる．

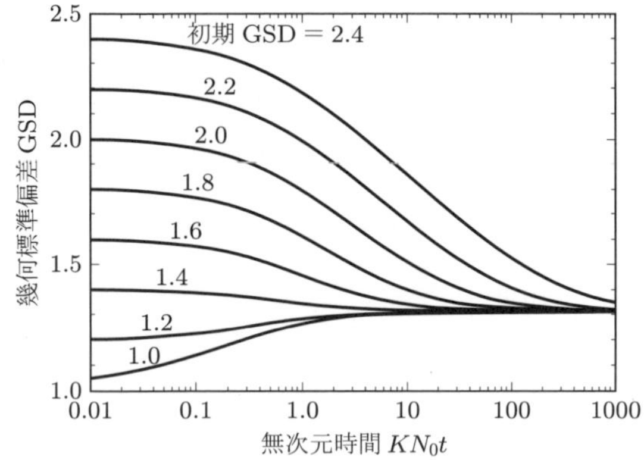

図 12.5　対数正規粒径分布をもつエアロゾルの凝集による GSD の時間変化（Lee, 1983 に基づく計算による）

12.3　運動学的凝集

運動学的凝集，あるいは動力学的凝集は，ブラウン運動以外の機構による粒子の相対的な運動の結果として生じる凝集である．粒径の異なる粒子は，重力沈降速度が異なるため，粒子間に相対的な運動が生じ，衝突を起こして凝集する．この例として，雨滴による大気中の浮遊粒子の除去がある．二つの粒径の粒子，すなわち，沈降速度が無視できるような小さな粒子と大きな粒子から成るエアロゾルを考える．大きな粒子は小さな粒子の雲の中を沈降していき，慣性とさえぎりの効果により小さな粒子の一部分と衝突する．ここで，繊維フィルタの説明で使用した単一繊維効率と同様な捕捉率（rate of capture）E を，理論的に予測される衝突頻度と実際の衝突頻度との比として定義する．小さな粒子が静止していると仮定した場合に，大きな粒子が通過すると，その周囲に流れができる．この流れによって脇に押しやられなかった粒子は通過する大きな粒子に衝突する．理論的に予測される衝突頻度は，このようにして求められる．大きな粒子による小さな粒子の捕捉率は，次のようになる．

$$n_c = \frac{\pi}{4} d_d^2 V_{\mathrm{TS}} N E \tag{12.22}$$

ここで，d_d は大きな粒子の粒径，V_{TS} はその沈降速度（または大きな粒子と小さな粒子の間の相対速度），N は小さな粒子の個数濃度である．

数マイクロメートル以上の大きな粒子でなければ，捕捉率の値はそれほど大きくはない（訳者注：これは，たとえ大きな粒子であっても，さらに大きな粒子に捕捉されてしまうからである）．捕捉効率を理論的に求めるのはきわめて複雑であり，数値解析を必要とする．相対速度 V で移動する粒径 d_d の液滴によって捕捉される粒径 d_p の小粒子の捕捉率は，次のような経験式で求められる．

$$E = \left(\frac{\mathrm{Stk}}{\mathrm{Stk} + 0.12}\right)^2 \quad （\mathrm{Stk} \geq 0.1 \text{ のとき}） \tag{12.23}$$

ここで，

$$\mathrm{Stk} = \frac{\rho_p d_p^2 C_c V}{18 \eta d_d}$$

である．同粒径の粒子間では相対速度が 0 となり，捕捉率は 0 になる．

同様な運動学的凝集は，遠心力がはたらく場や電界場における粒子間の相対運動によっても生じる．この場合の凝集は，沈降速度の違いによる凝集よりも大きいことがある．これは，粒子間の相対速度がより大きい場合があるためである．スプレーノズルから噴霧された液滴は，沈降速度より大きな速度をもち，とくに小さな液滴に対して捕捉率が高くなる．湿式スクラバの内部では，スプレー液滴による直接運動凝集，大きなスプレー液滴の沈降による重力凝集，固体粒子と液滴間の熱凝集という三つの凝集機構がはたらいている．

空気の流れが存在するところには必ず速度勾配があり，そのため，速度勾配による凝集（gradient coagulation．あるいはせん断凝集（shear coagulation））が起こる．速度勾配のある流れの中の粒子は，同一粒径であっても，各々が異なる（しかしごく近接した）流線上にある場合には速度差をもつ．図 12.6 に示すように，粒子間の相対的な運動の結果として，速い流線上の粒子が近くの遅い流線上の粒子に追いつき，衝突を起こす．管内の流れが層流の場合，速度勾配による凝集と熱凝集の比

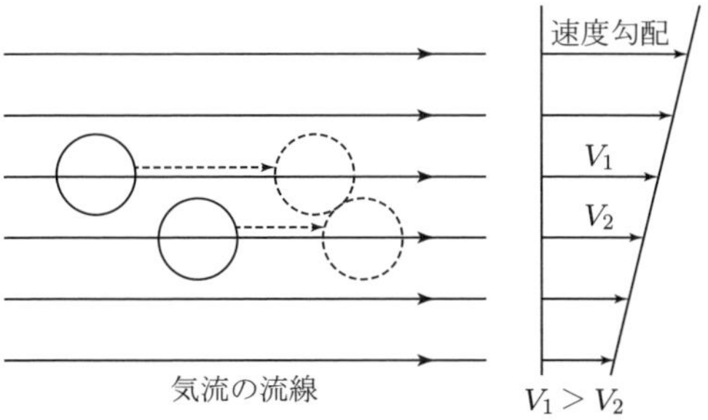

図 12.6 速度勾配による凝集のメカニズム

は，任意の点において次式で与えられる．

$$\frac{d_p^2 \Gamma}{6\pi D} \tag{12.24}$$

ここで, Γ はその点における速度勾配（$\mathrm{d}U/\mathrm{d}y$）である（Zebel, 1966）．式 (12.24) によれば，直径 10 mm の管内に 0.06 m^3/hr [1.0 L/min] の流量の流れがあるとき，2.5 µm より大きい粒子では，熱凝集よりも勾配凝集が大きくなる．

乱流は渦を生成し，粒子間の相対的な運動を引き起こす．この相対運動は，上に述べたのと同様な速度勾配から，あるいは，渦を横切る粒子の慣性によって生じるものである．後者は，乱流変動のスケール（すなわち渦の大きさ）が粒子の停止距離程度の場合はとくに重要になる．Fuchs, 1964 は，乱流中の単分散エアロゾルについて，乱流による凝集（coagulation in turbulent flow または turbulent coagulation）と熱凝集との比を次のように導出している．

$$\frac{b d_p^2}{64\pi D}\left(\frac{\rho_g \varepsilon}{\eta}\right)^{1/2} \tag{12.25}$$

ここで，b は 10 のオーダをもつ定数，ε は空気の単位質量あたりのエネルギー散逸率である．直径 d_t のダクト内を平均流速 $\bar{U}$ の乱流があった場合，$\varepsilon = 2f\bar{U}^3/d_t$，ここで f は管内流れの摩擦係数で, 抗力係数 C_D と同様の値である．直径 0.2 m [20 cm] の換気ダクト内の典型的な流速 10 m/s [1000 cm/s] を想定した場合，式 (12.25) によれば，粒径 1 µm 以上の粒子については，乱流凝集が熱凝集よりも重要となる．一般に乱流凝集は，0.1 µm の粒子では無視できるが，10 µm を超える粒子では非常に重要である．攪拌凝集（stirred coagulation）は乱流凝集と似ているが，その速度勾配は流体運動によるものではなく，攪拌機構によって引き起こされる．

高エネルギーの音波は，異なるサイズの粒子を異なる振幅で振動させる．小さな粒子は空気の振動に追従するが，大きな粒子は実質的には静止したままである．この相対運動によって生じる凝集は，音波凝集（acoustic coagulation）または超音波凝集（ultrasonic coagulation）とよばれる．ここでいう超音波とは，高強度（120 ～ 160 dB）の音という意味である．一般に，音波凝集は可聴域の振動数 1 ～ 10 kHz で生じる．音波凝集には三つの形態がある．すなわち，音波の直接的な通過による運動凝集，共鳴により作られた定常波による凝集，高強度（150 dB 以上）の音波により音響学的に生成される乱流（通常，150 dB より大きな強度の音で生じる）による凝集である．音波凝集は，空気清浄を促進するために，凝集によって粒径を大きくする前処理として実験室で使用されてきたが，市販用の空気清浄装置にこのような凝集機構を利用する用途は限られている．

問題

12.1　凝集係数を 3×10^{-16} m^3/s [3×10^{-10} cm^3/s] と仮定したとき，5 時間経過した後のエアロゾルの最大濃度はいくらか．

解答：1.9×10^{11} 個/m^3 [1.9×10^{5} 個/cm^3]

12.2　酸化マグネシウムのヒュームの初期個数濃度は 10^7 個/cm^3 で，粒径は 0.2 μm である．20℃において濃度が 10^6 個/cm^3 に減少するのに必要な時間を求めよ．また，このときの平均粒径はいくらか．凝集係数 K を 5×10^{-16} m^3/s [5×10^{-10} cm^3/s] の単分散粒子の凝集を仮定する．

解答：30 分，0.43 μm

12.3　ある研究者は，エアロゾルを 10 分間観察した後，個数濃度を測定し，10^7 個/cm^3 であったと報告した．これは合理的か．合理的な場合には，初期濃度を計算せよ．そうでない場合は，その理由を説明せよ．凝集係数 3.0×10^{-16} m^3/s [3.0×10^{-10} cm^3/s] の単分散粒子の凝集を仮定する．

解答：合理的ではない

12.4　粒径 1.0 μm の液体粒子（$\rho_p = 2\,000$ kg/m^3）から成る初期個数濃度 10^6 個/cm^3 の単分散エアロゾルについて，10 分後に初期粒子質量の 2 倍になる粒子の割合を求めよ．単純な単分散凝集を仮定し，より複雑な凝集は生じないものとする．

解答：17%

12.5　初期濃度が 10^{14} 個/m^3 [10^8 個/cm^3]，CMD が 1.0 μm の場合，CMD が 2 倍

になるまでにどの程度時間がかかるか．GSD = 2.0 で一定とし，単分散粒子の凝集を仮定する．

解答：149 秒

12.6　図 12.1 に示したデータから，凝集係数はどのような値になるか．この値から推測される粒径はどの程度のオーダか．

解答：$9.6 \times 10^{-16}\ \mathrm{m^3/s}$ [$9.6 \times 10^{-10}\ \mathrm{cm^3/s}$]，0.05 μm

12.7　紙巻きタバコを吸った場合，煙が肺に達するまでの 2 秒間の凝集により，タバコの煙の平均粒径は何倍に増大するか．紙巻きタバコから出る煙粒子の濃度が 3×10^9 個/cm^3 であり，$K = 7.0 \times 10^{-10}\ \mathrm{cm^3/s}$ で一定であると仮定する．

解答：1.7

12.8　初期濃度が 10^{14} 個/m^3 で，初期 CMD = 0.2 μm，GSD = 2.0 のエアロゾルについて，次の場合の 200 秒後の多分散エアロゾルの個数濃度を計算せよ．GSD は一定であると仮定する．

(a) 凝集係数が一定であり，初期条件の K から変化しないと仮定した場合．

(b) (a) の結果に基づき，初期と最終時点の平均 K を使用して再計算した場合．

解答：4.9×10^{12} 個/m^3 [4.9×10^6 個/cm^3]，5.9×10^{12} 個/m^3 [5.9×10^6 個/cm^3]

12.9　8 inch（20.32 cm）の管内を 2 000 ft/min（10.16 cm/s）で流れるエアロゾル（d = 1.0 μm）について，管の内壁から 10 μm の位置における熱凝集と速度勾配による凝集（せん断凝集）との比率を求めよ．内壁からの距離 y における流速は次式で与えられる．

$$U(y) = \frac{yf\bar{U}^2\rho_g}{2\eta} \quad (y \ll d_t \text{のとき})$$

この場合，$f = 0.017$ である．

解答：速度勾配による凝集は熱凝集の 110 倍

12.10　問題 12.9 と同じ条件について，空気力学径 5 μm の粒子の熱凝集に対する乱流による凝集の比率を求めよ．

解答：870 倍

参考文献

Davies, C. N., "Coagulation of Aerosols by Brownian Motion", *J Aerosol Sci.*, **10**, 151-161 (1979).

Friedlander, S.K., *Smoke, Dust and Haze*, 2nd edition, Wiley, New York, 2000.

Fuchs, N. A., *The Mechanics of Aerosols*, Pergamon, Oxford, 1964.

Lee, K.W., and Chen, H., "Coagulation Rate of Polydisperse Particles", *Aerosol Sci. Technol.*, **3**, 327-334 (1984).

Lee, K.W., Lee, Y. J., and Hon, D. S., "The Log-Normal Size Distribution Theory for Brownian Coagulation in the Low Knudsen Number Regime", *J. Colloid Interface Sci.*, **188**, 486-492 (1997).

Lee, K.W., Changes of Particle Size Distribution during Brownian Coagulation, *J. Colloid Interface Sci.*, **92**, 315-325 (1983).

Mercer, T. T., "Brownian Coagulation: Experimental Methods and Results", in Shaw, D. T. (Ed.), *Fundamentals of Aerosol Science*, Wiley, New York, 1978.

Rim, D., Choi, J., andWallace, L. A., "Size-Resolved Source Emission Rates of Indoor Ultrafine Particles Considering Coagulation", *Environ. Sci. Technol.* **50**, 10031-10038 (2016).

Zebel, G., "Coagulation of Aerosols", in Davies, C. N. (Ed.), *Aerosol Science*, Academic Press, New York, 1966.

13 凝縮と蒸発

凝縮（condensation）は，自然界においてエアロゾルが生成・成長する主要な原因であり，気相と粒子相の間の重要な質量輸送過程である．この過程は，通常，過飽和蒸気を必要とし，粒子生成に関与する微小粒子（核）あるいはイオンの存在により開始される．大気中の雲の生成の原因となる飽和状態は，飽和蒸気が混合や断熱膨張によって冷却されることにより生じる．光化学スモッグの生成原因となる過飽和状態は，蒸気圧の低い状態を生成する気相化学反応によって起こる．エアロゾル粒子生成のその他の主要な原理は，大きな液体や固体の崩壊や分散であり，これらについては第 21 章で述べる．

凝縮による成長過程と逆の過程が蒸発（evaporation）過程である．蒸発過程は噴霧乾燥に重要なはたらきをする．たとえば液滴として形成された粒子が蒸発し，海塩核のような凝縮を引き起こす核が生成されるのも，この過程による．

凝縮過程のうち，とくに生成と初期成長の現象は複雑であり，完全には理解されていない．したがって，この章の内容には定性的な説明が含まれている．

13.1 定　義

分圧（partial pressure）とは，容器中の混合気体から，ある 1 種類以外の気体（または蒸気）をすべて取り去ったとき，その気体（または蒸気）が容器に及ぼす圧力である．各々の気体成分の分圧の合計は，混合気体の全圧に等しい（ダルトンの法則（Dalton's law））．容器内に理想気体 A と B の混合物が大気圧で入っている場合を考えてみる．気体 A の分圧が 1/3 気圧，気体 B の分圧は 2/3 気圧であったとする．気体 A だけが容器全体を占めるとすると，容器内の圧力 1/3 気圧となる．理想気体の法則によると，気体 A は大気圧下では容器の 1/3 の体積を占める．同様に気体 B は，大気圧下では容器の 2/3 の体積を占める．このように，分圧は混合気体中の気体や蒸気の体積比（体積分率）を定義する一つの方法といえる．

$$\text{気体 A の体積分率} = \frac{p_A}{p_T} \tag{13.1}$$

ここで，p_A は気体 A の分圧，p_T は系の全圧であり，$p_T = \Sigma p_i$ が成り立つ．

飽和蒸気圧（saturation vapor pressure）は，一定温度下で蒸気が凝縮と蒸発との平衡を維持するのに必要な圧力である．ある蒸気の分圧が飽和蒸気圧にあるとき，実際には液体表面で凝縮と蒸発が同時に等しい量で起こっており，両者の間に質量平衡が成り立っている．液体とその蒸気だけが入った密閉容器中の圧力は，容器内温度でのその物質の飽和蒸気圧である．密閉容器内の空気と液体とが平衡状態であれば，容器内の水蒸気分圧は容器内温度での飽和蒸気圧に等しい．

エアロゾルの凝縮を扱う場合，平らな液体表面の飽和蒸気圧を記号 p_s で表す．水の飽和蒸気圧は経験式として次式で求められる．

$$p_s = \exp\left(16.7 - \frac{4\,060}{T - 37}\right)\text{kPa} \quad \left[p_s = \exp\left(18.72 - \frac{4\,062}{T - 37}\right)\text{mmHg}\right] \tag{13.2}$$

ここで，T は絶対温度（K）である．式 (13.2) は，273 ～ 373 K［0 ～ 100℃］の温度範囲にわたり公表データと 0.5％以内で一致する．293 K［20℃］の水の飽和蒸気圧は 2.34 kPa［17.5 mmHg］，373 K［100 ℃］の水の飽和蒸気圧は 101 kPa［760 mmHg］で，大気圧に等しく，0 m のところでは水が沸騰する．また周囲温度が 12 K［12℃］変化すると，p_s はほぼ 2 倍になる．

便宜上，以下では水と水蒸気を取り上げるが，これらの理論は他の液体–蒸気系に対しても当てはまる．平面に対する平衡水蒸気圧 p_s は，飽和（saturation）の状態に対応する水蒸気分圧 p である．特定の温度において，水蒸気の分圧 p が p_s より小さい場合，蒸気は不飽和（unsaturation）であり，p が p_s より大きい場合には，蒸気は過飽和（supersaturation）となる．

系の温度における飽和蒸気圧 p_s に対する蒸気分圧 p の比は，飽和率とよばれる．飽和率 S_R は次式で定義される．

$$S_R = \frac{p}{p_s} \tag{13.3}$$

飽和率が 1.0 より大きい場合，気体と蒸気の混合物は過飽和になる．飽和率が 1.0 のとき，混合物は飽和しており，1.0 未満の場合には混合物は不飽和になる．飽和率 1.0 を超える部分を過飽和の量（または単に過飽和）という．したがって，4％の過飽和とは，飽和率 1.04 に相当する．通常の環境では，水蒸気の過飽和が数パーセントを超えることはない．これは，この程度になると，13.5 節に述べるような機構により凝縮が起こり，水蒸気濃度がそれ以上増加することを防いでいるからである．一般的な名称としては，飽和率を％で表し，相対湿度とよぶ．以下の説明で，飽和率を100倍したものを相対湿度と読み替えてもかまわない．一般的な用語としては相対湿度のほうがよく使われている．相対湿度110％および50％は，それぞれ飽和率1.10と0.50に対応する．

過飽和は通常，飽和蒸気を冷却することによって生じる．蒸気の分圧は一定のままで，温度が低下するにつれて p_s が減少するため，1を超える飽和率を達成できる．気体全体にわたって一様な過飽和状態を作り温度勾配を生じさせない方法として，断熱膨張（adiabatic expansion．周囲との熱のやりとりがない膨張）による冷却がある．実験室では，これは断熱容器内で気体を急速に膨張させたり，気体をノズルから噴出させたりすることによって実現できる．雲は，多量の湿った空気が浮力によって上昇し，高度による圧力低下に伴って断熱膨張することによって大気中に形成される．この場合，上昇する空気塊の体積が非常に大きいため，周囲の空気からの熱の伝達は無視できる．断熱膨張は，ワインボトルのコルクを急に引き抜くときにも，ワインボトルの口に発生する細い「煙」としてしばしば観察される．このとき，コルクはピストンの役割を果たし，ボトル内のワインより上の部分の飽和蒸気を断熱的に膨張させている．同様のプロセスは，クジラが潮を吹く（呼吸のため息を吐く）ときにも発生し，断熱膨張によって凝縮した水分が目に見える噴出物を生成する．

断熱膨張の場合，絶対温度と膨張前後の気体または蒸気の全体積との関係は，熱力学から次式によって与えられる．

$$\frac{T_2}{T_1} = \left(\frac{v_1}{v_2}\right)^{\kappa-1} \tag{13.4a}$$

$$\frac{p_2}{p_1} = \left(\frac{v_1}{v_2}\right)^{\kappa} \tag{13.4b}$$

ここで，κ は比熱比（空気の場合は1.40），下付き文字1と2は膨張前後の条件を表す．初期体積に対する最終体積の比率 v_2/v_1 は，膨張率とよばれる．膨張後，蒸気の全圧と分圧は p_2/p_1 だけ減少する．初期温度と膨張比が既知である場合，得られる飽和率（式(13.3)）は，膨張後の蒸気の分圧（$(p_s)_1(p_2/p_1)$）と温度 T_2 での飽和蒸気圧の比によって求められる．表13.1に，初期温度293 K［20℃］の飽和空気が断熱膨張したときの飽和率を示す．

表 13.1　初期温度 293 K [20℃] の飽和空気が断熱膨張したときの膨張率，最終温度，飽和率 a)

膨張率 v_2/v_1	T_2 (K)	飽和率
1.0	293	1.0
1.1	282	1.8
1.2	272	3.1 b)
1.3	264	5.9 b)
1.4	256	10.6 b)
1.5	249	18.9 b)

a) 凝縮や結晶の形成が起こらないと仮定する．
添字 1 と 2 は膨張前後を示す．
b) $T_2 < 273$ K の場合，$p_s = \exp(22 - 6145/T)$．

例題　水蒸気が飽和した 20℃の空気が 18％断熱膨張した場合，温度と飽和率はいくらになるか．

解　$p = (p_s)_{20°\text{C}} = 2.34\,\text{kPa}\ \ [17.5\,\text{mmHg}]$

$$\text{膨張率} = \frac{v_2}{v_1} = 1.18$$

$$T_2 = T_1\left(\frac{v_1}{v_2}\right)^{\kappa-1} = 293\times\left(\frac{1}{1.18}\right)^{1.40-1} = 274.2\,\text{K}\ \ [1.2°\text{C}]$$

$$p_2 = p_1\left(\frac{v_1}{v_2}\right)^{\kappa} = 2.34\times\left(\frac{1}{1.18}\right)^{1.40} = 1.86\,\text{kPa}\ \ [13.95\ \text{mmHg}]$$

$$p_s = \exp\left(16.7 - \frac{4\,060}{T_2 - 37}\right) = 0.66\,\text{kPa}\ \ [4.95\,\text{mmHg}]$$

$$S_R = \frac{p_2}{p_s} = \frac{1.86}{0.66} = 2.8\ \ \left[S_R = \frac{13.95}{4.95} = 2.8\right]$$

13.2　ケルビン効果

飽和蒸気圧は，ある温度における平らな（曲率 0 の）液体表面の平衡分圧として定義される．小さな液滴の表面のように，液体表面がきつい（曲率半径が小さい）曲面の場合，質量平衡を維持するために必要な分圧は平らな表面よりも大きくなる．これは，表面の曲率によって表面分子間の引力がわずかに変化するためであり，液滴が小さくなるほど分子が液滴表面から離れやすくなる．この蒸発を防ぐ，すなわち質量平衡を維持するためには，液滴の周囲の蒸気の分圧が p_s より大きくなければならない．

平衡状態（成長も蒸発もしない）に必要な飽和率と液滴粒径との関係はケルビン比 K_R とよばれる．純粋な液体の場合，飽和率と液滴粒径との関係は，ケルビン方程式（Kelvin equation）またはギブス－トムソンの式（Gibbs-Thomson equation）で与えられる．

$$\text{液滴粒径 } d^* \text{の質量平衡に必要な } S_R = K_R = \frac{p_d}{p_s} = \exp\left(\frac{4\gamma M}{\rho R T d^*}\right) \tag{13.5}$$

ここで，γ，M，ρ はそれぞれ，液滴の表面張力，分子量，密度，d^* はケルビン直径（Kelvin diameter）とよばれ，液滴表面の水蒸気分圧が p_d のとき，成長も蒸発もしない液滴の直径である．式 (13.5) は，特定の粒子サイズ d^* の質量平衡を維持するために必要な飽和率を定義する式と見ることもできる．このような飽和率はケルビン比 K_R とよばれており，K_R は d^* の関数である．各々の液滴に対して，その粒径を維持できる飽和率，すなわちケルビン比は一つだけ存在する．飽和率が大きすぎると粒子は成長し，小さすぎると蒸発してしまう．逆に，所定のケルビン比では，直径 d^* をもつ粒子のみが安定して存在でき，これよりも小さいものは蒸発し，大きいものは成長する．

式 (13.5) の右側はつねに正であるため，ケルビン比はつねに1より大きく，純粋な液体の液滴が蒸発するのを防ぐためには過飽和が必要となる．この効果はケルビン効果（Kelvin effect）とよばれ，水滴の場合，0.1 μm 未満の粒子に対してのみ

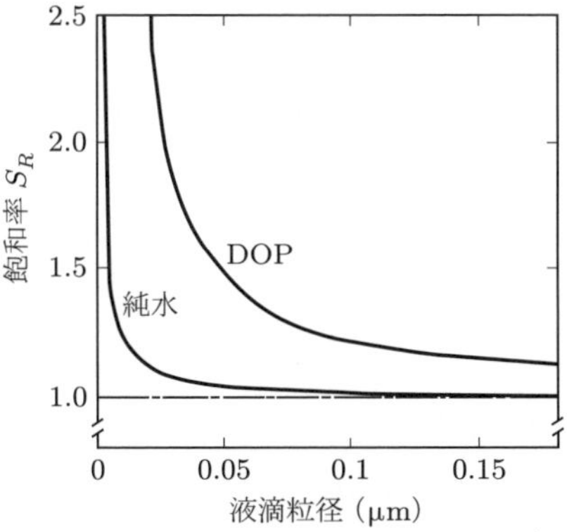

図 13.1 293 K［20℃］における純水と DOP の飽和率と液滴粒径との関係．各曲線の上は成長領域，下は蒸発領域

顕著に現れる．式 (13.5) から，$p_d = K_R p_s$ および $p_d \geq p_s$ であることがわかる．図 13.1 に純水と DOP について，ケルビン比と d^* との関係を示す．この 2 種類の物質は，ごく普通の液体の範囲に含まれている．各々の物質に対する曲線は，成長（凝縮）および蒸発の境界を示しており，曲線より上は成長領域であり，下は蒸発領域である．曲線は，特定の粒径の粒子の質量平衡に必要な飽和比を定義しているが，液滴の安定性を得るための条件を定義するものではない．飽和率が固定されている場合，線のすぐ上の純粋な材料の液滴は理論的には無制限に成長し，線のすぐ下の液滴は完全に蒸発する．

例題　293 K［20℃］において 0.05 μm の純水液滴の粒径を維持するには，どのようなケルビン比が必要か．また，この状況における p_d はいくらか．

解

$$K_R = \exp\left(\frac{4\gamma M}{\rho R T d^*}\right) = \exp\left(\frac{4 \times 0.0727 \times (18/1000)}{1000 \times 8.31 \times 293 \times 0.05 \times 10^{-6}}\right) = 1.044$$

$$\left[K_R = \exp\left(\frac{4 \times 72.7 \times 18}{1 \times 8.31 \times 10^7 \times 293 \times 0.05 \times 10^{-4}}\right) = 1.044\right]$$

$$p_d = K_R p_s = 1.044(2.34) = 2.44\,\mathrm{kPa} \quad [p_d = 1.044(17.5) = 18.3\,\mathrm{mmHg}]$$

図 13.1 に示したケルビン方程式の意味の一つは，飽和（$S_R = 1.0$）では，純粋な液体の小さな液滴は安定ではなく，蒸発して最終的に消滅するということである．これらの液滴の蒸発を防ぐには，わずかに過飽和の環境が必要である．前述の例では，直径 0.05 μm の水滴は，蒸発を防ぐために 1.044 よりも大きなケルビン比（相対湿度 104.4％に相当）が必要である．なお，ケルビン方程式は純粋な材料にのみ適用されることに注意する必要がある．13.5 節で説明するように，液滴が不純物を含んでいたり，電荷を有する場合は，状況が大きく変化する．

13.3　均一核生成

均一核生成（homogenous nucleation）とは，凝縮核やイオンが介在することなく，単に飽和蒸気のみから粒子が形成されることである．この過程は，自己核生成（self nucleation）ともよばれる．この種の粒子生成が自然に生じることはまずないが，実験室的では容易に生成でき，粒子の形成や成長過程の研究に用いられる．この節では，この均一核生成について取り上げるが，これは，13.5 節で説明する，より一般的な不均一核生成過程を理解するための背景として，有用と考えられるからである．

式 (13.5) から，飽和率が 1.0 を超える場合，粒子が成長して安定した液滴になるには，最初に直径 d^* に達する必要があることがわかる．個々の水分子（$d^* =$ 0.0004 μm）の成長が始まるには，理論的な飽和率は 220 でなければならない．しかし，純粋な物質の実験値から，これよりはるかに小さい飽和率において粒子の形成と成長が起こることが見出されている．たとえば，純粋な物質でも 10 未満，核凝集では 1.02 未満で粒子成長が生じることが示されている．個々の分子だけでは均一核生成過程が始まらないことは明らかである．不飽和蒸気中においても，ファンデルワールス力（van der Waals force）などの分子間の引力により，分子クラスタが形成される．クラスタは継続的に形成されるが，不安定なため，次々と崩壊していく．蒸気が過飽和になると，クラスタの個数濃度が増加し，互いに頻繁に衝突するようになる．この過程は凝集と似ているが，凝集体が形成後すぐに崩壊する点が異なる．

過飽和の度合いが高いほど，クラスタの個数濃度も大きくなり，d^* を超える大きさをもつ一時的な凝集体が形成される度合いも高くなる．このような凝集体は，一瞬でも d^* を超えると安定となり，凝集により成長して大きな粒子を形成する．温度一定の場合，こうした現象が生じるために必要な過飽和状態は明確であり，そのときの状態は臨界飽和度とよばれる．

293 K［20℃］の純水蒸気は，飽和率が 3.5 を超えると均一核生成によって自発的に粒子を形成する．この値は，90 個の水分子を含む分子クラスタの直径である 0.0017 μm のケルビン直径に相当する．273 K［0℃］では，水蒸気の均一核生成には飽和率 4.5 が必要である．図 13.2 に示すように，均一核生成は生じるか否かが明確に分かれる現象といえる．均一核生成を応用すれば，単分散ではないが，粒径分布の幅の狭いサブマイクロメートル粒子を高濃度で生成できる．

光化学スモッグは，紫外線によりある種の気相反応が促進され，水蒸気圧の低い反応生成物が形成されたものである．水蒸気圧が低いため，これらの生成物は高い過飽和状態にあり，均一核生成により粒子を形成しうる．大気中のエアロゾル粒子の質量濃度が，こうした機構によって増加する現象を，ガス–粒子変換（gas to particle conversion）とよぶ．

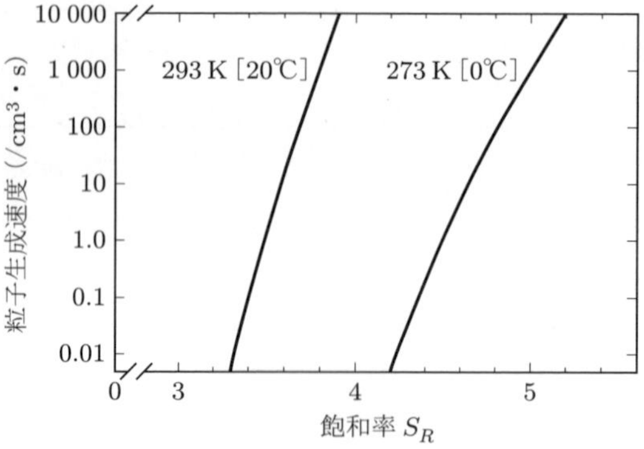

図 13.2　293 および 273 K [20 および 0℃] における均一核生成による粒子生成速度と飽和率との関係

13.4　凝縮による成長

安定した液滴が生成されると，いい換えれば，液滴の粒径が特定の飽和率で d^* を超えると，液滴は閾値を超え，凝縮によって成長する．成長速度は，飽和率，粒径，および気体の平均自由行程に依存する．粒子が最初に成長し始めるとき，その段階では，粒子の大きさは平均自由行程より小さい可能性がある．このような場合，粒子の成長速度は，粒子と蒸気分子の間のランダムな分子の衝突率に左右される．衝突率は，気体の分子運動理論から式 (2.15) によって与えられる．この式に式 (2.22) の分子速度を代入し，理想気体の法則（$n=p_\infty/kT$）を用いて周囲蒸気の分圧 p_∞ で分子の個数濃度 n を表すと，次式が得られる．

$$z=\frac{p_\infty}{\sqrt{2\pi mkT}} \tag{13.6}$$

ここで，m は蒸気分子の質量である．この式は，液滴表面の単位面積あたりの蒸気分子の到達率を示している．成長の状態を明らかにするためには，蒸発により表面から離れる分子と，付着せずに到着する分子を差し引いた後の正味の到着率を求める必要がある．この蒸発による損失率は，式 (13.6) の p_∞ を p_d に置き換えることにより求められる．なお，p_d は式 (13.5) で与えられ，液滴表面における分圧を表している．表面に到着した分子のうち，付着する分子の割合は凝縮係数 α_c とよばれ，正確な値には不確実性があるが，おおよそ 0.04 がよく使用される（Barrett and Clement, 1988 および Seinfeld and Pandis, 1998 参照）．液滴表面全体への正

味の分子到着率 n_z は，次のように液滴の表面積を A_s として $(z_{\rm in}-z_{\rm out})A_s$ で求められる．

$$n_z = \frac{\pi d_p^2 \alpha_c (p_\infty - p_d)}{\sqrt{2\pi mkT}} \tag{13.7}$$

粒子体積の変化率は，

$$\frac{\mathrm{d}v}{\mathrm{d}t} = n_z v_m \tag{13.8}$$

である．ここで，v_m は分子の体積であり，

$$v_m = \frac{M}{\rho_p N_a} \tag{13.9}$$

となる．ここで，M は液体の分子量，ρ_p は液体の密度，N_a はアボガドロ数である．$v=(\pi/6)d_p^3$ の導関数をとり，その結果を式 (13.7) ～ (13.9) に代入すると，粒子の成長速度が次式のように表される．

$$\frac{\mathrm{d}(d_p)}{\mathrm{d}t} = \frac{2M\alpha_c (p_\infty - p_d)}{\rho_p N_a \sqrt{2\pi mkT}} \quad (d_p < \lambda \text{ のとき}) \tag{13.10}$$

ここで，p_∞ は液滴の周囲にある気体の蒸気分圧，p_d は式 (13.5) のケルビンの式で与えられる液滴表面の蒸気分圧である．平均自由行程より小さい粒子の場合，粒子の成長率は粒子の大きさとは無関係である．

気体の平均自由行程より大きい粒子の場合，成長はランダムな分子衝突率には依存せず，液滴表面への分子拡散速度に依存する．この状況は，12.1 節で述べたエアロゾル粒子の凝集と類似している．拡散による蒸気分子と粒径 d_p の液滴との衝突率は，式 (12.4) により求められる．ただし，式 (12.4) は，大きさが等しく拡散係数も等しい粒子が，相互拡散している場合について導かれたものであるため，分子直径が液滴に比べて無視できるほど小さく，液滴の拡散係数が，蒸気分子の拡散係数に比べて無視できるという事実を考慮して，この式を修正する必要がある．これらの修正を加えると，式 (12.4) は次式となる．

$$n_z = 2\pi d_p D_v N \tag{13.11}$$

ここで，N は蒸気分子の正味濃度で置き換える必要がある．蒸気分子の正味の濃度は，前述のように，液滴表面から離れた部分の分圧 p_∞，温度 T_∞，および液滴表面の分圧 p_d，温度 T_d で表すと，次式の形になる．

$$n_z = \frac{2\pi d_p D_v}{k}\left(\frac{p_\infty}{T_\infty} - \frac{p_d}{T_d}\right) \tag{13.12}$$

ここで，k はボルツマン定数である．式 (13.10) を導出したのと同じ手順に従うと，純粋な液体から生成された液滴の粒子成長速度は，次のようになることがわかる．

$$\frac{\mathrm{d}(d_p)}{\mathrm{d}t} = \frac{4D_vM}{R\rho_p d_p}\left(\frac{p_\infty}{T_\infty} - \frac{p_d}{T_d}\right)\phi \quad (d_p > \lambda \text{のとき}) \tag{13.13}$$

ここで，R は気体定数，ϕ はこの章で後述するフックスの補正係数である．

$1.0 < S_R < 1.05$ の遅い成長条件下では，液滴温度は周囲温度とほぼ同じになり ($T_d \cong T_\infty$), p_d は周囲温度を用いて式 (13.2) から計算できる．通常は $d_p > \lambda$ であり，ケルビン効果は無視できる．凝縮核計数装置で生じるような，急速な粒子成長の場合(13.6 節参照), 凝縮過程における潜熱により液滴が加熱される．平衡液滴温度は，凝縮によって液滴が獲得する熱と，周囲の冷たい空気への伝導によって失われる熱が平衡を保つことで決定する．結果として得られる定常状態の温度上昇 $T_d - T_\infty$ は，液滴の大きさには依存せず，次式で与えられる．

$$T_d - T_\infty = \frac{D_vMH}{Rk_v}\left(\frac{p_d}{T_d} - \frac{p_\infty}{T_\infty}\right) \tag{13.14}$$

ここで，H は蒸発潜熱，k_v は気体の熱伝導率である．T_∞ が 0 ～ 50℃の場合，D_v, H, k_v の量は，温度上昇の誤差 5%未満で評価できる．しかし，p_d は T_d に依存するため，式 (13.14) を明示的に解くことは困難である．代わりに次の経験式を用いれば，S_R が 0 ～ 5，周囲温度 273 ～ 313 K［0 ～ 40℃］の場合の $T_d - T_\infty$ を直接計算できる．

$$T_d - T_\infty = \frac{(6.65 + 0.345T_\infty + 0.0031T_\infty^2)(S_R - 1)}{1 + (0.082 + 0.00782T_\infty)S_R} \tag{13.15}$$

ここで，T_∞ の単位は℃である．式 (13.15) で求めた $T_d - T_\infty$ は，S_R が 0.3 ～ 3.6, T_∞ が 73 ～ 303 K［0 ～ 30℃］の場合について 0.2 K［0.2℃］以内，S_R が 0 ～ 5, T_∞ が 273 ～ 313 K［0 ～ 40℃］の場合について 1 K［1℃］以内で，式 (13.14) による数値計算と一致する．

図 13.3 は，さまざまな周囲条件における水滴の $T_d - T_\infty$ を示している．粒子の温度は，成長中は周囲に比べて上昇し ($S_R > 1.0$)，蒸発中は低下する ($S_R < 1.0$)．成長の過程では，温度上昇の影響により，液滴表面の蒸気の分圧が増加し，凝縮と成長の速度が遅くなる．

式 (13.13) は，液滴の表面への分子の拡散に基づいている．拡散方程式と勾配の概念は，いずれも液滴表面の平均自由行程内の領域は破綻する．この領域では，分子の輸送は運動プロセスによって制御され，異なる方程式が適用される．フックスの補正係数 ϕ（クヌーセン補正ともよばれる）は，この効果に対して式 (13.13) を

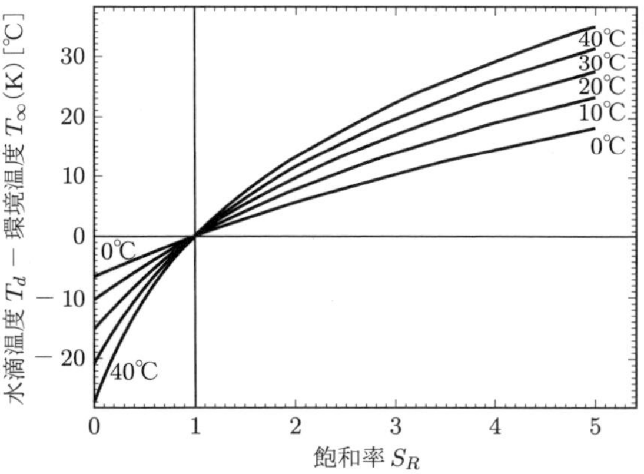

図 13.3 水滴温度と周囲温度の差（$T_d - T_\infty$）と飽和率との関係（周囲温度 273 ～ 313 K [0 ～ 40℃）

補正する（Fuchs, 1959）．この係数は，Davies, 1978 によって次のように求められている．

$$\phi = \frac{2\lambda + d_p}{d_p + 5.33(\lambda^2/d_p) + 3.42\lambda} \tag{13.16}$$

この効果により，小さな粒子の成長速度が遅くなる．この影響は 1 μm（$\phi = 0.91$）未満の粒子に重要であり，とくに 0.1 μm（$\phi = 0.42$）未満の粒子では非常に重要となる．

13.5 有核凝縮

有核凝縮（nucleated condensation），または不均一核生成（heterogeneous nucleation）は，粒子の生成や成長が凝縮核やイオンの存在により促進される過程である．均一核生成では，通常飽和率 2 ～ 10 が必要であるが，有核凝縮はほんの数パーセントの過飽和でも発生する可能性がある．核が溶解性物質の場合，凝縮は不飽和状態でも起こり，安定した大きさの液滴が形成されることがある．有核凝縮は，大気中で雲が形成される主なメカニズムでもある．以下では核となる物質が不溶性物質，イオン，および可溶性物質である場合の 3 ケースについて述べる．

不溶性の核は，過飽和蒸気中での凝縮に対して受動的な立場をとる．過飽和状態のとき，不溶性核はその表面に蒸気分子の吸着層を作る．前節で述べたように，その粒径が d^* より大きい場合，核はその大きさの液滴のようにふるまい，凝縮によって成長する．粒子が凝結核を形成する能力は，粒径，形状，化学組成，表面構造，表面電荷など多くの要因に依存するため，実際の状況はさらに複雑である．理想的な条件下では，ある飽和状態において核が成長するため，必要な粒径は式 (13.5) のケルビンの式の d^* で与えられる．たとえば，20℃の5%過飽和雰囲気では，粒径 0.05 µm を超える核が成長して大きな液滴を生成する．

ヨウ化銀の結晶などの物質が空気中に細かく分散した場合，これらは氷の核として機能し，液滴の形成に大きく影響する．これらの物質はその結晶構造により，液滴の核形成と同様に，過冷却された雲の中で氷粒子の生成および成長を促す．この話題は雲に関する物理学の書籍で取り上げられているので（Pruppacher and Klett, 1997 など参照），ここでは取り上げない．

通常，大気中には約 1 000 個/cm^3 のイオンが含まれている．これらのイオンは，宇宙放射や地中から発散する放射性ガスの作用によって絶えず生成されている．イオンは約 30 個の空気分子から成る単一電荷のクラスタであるが，13.3 節で述べたような安定なクラスタとは異なる．電荷をもった分子クラスタが存在すると，ケルビン比と d^* の曲線（図 13.1）がわずかに歪み，約 2.0 を超える過飽和状態で液滴の生成と成長が促進される．大気には凝縮核が多数含まれているため，はるかに低い過飽和状態で粒子の生成，成長を引き起こす可能性がある．一方，空気のイオンそのものは，大気中の 0.01 µm 以上の粒子の形成には，ほとんど影響を及ぼさない．

空気のイオンは飽和度が高い場合，粒子の形成と成長を促進することから，放射性物質の崩壊に関連した飛跡を得るためのウイルソンの霧箱（Wilson's cloud chamber）の実験に使用されている．霧箱内は，自発的成長（均一核生成）が生じる限界以下ではあるが，イオンによって粒子が生成され，成長するのに十分な過飽和状態に保たれている．放射性物質の崩壊によってアルファ線粒子が生成されると，それは空気中を数センチメートル移動し，その飛跡中に数千個の空気イオンを残していく．これらのイオンは急速に成長してマイクロメートルサイズの粒子になり，適切な照明を当てるとアルファ線粒子の経路が見えるようになる．

最も重要な粒子生成メカニズムは，可溶性物質の核への凝縮である．以下に述べるものは，あらゆる可溶性の核に対して成り立つが，ここでは最も一般的な可溶性核生成物質である塩化ナトリウムを取り上げる．塩化ナトリウムの核は，海洋の波や泡の作用により大量に生成され，大気中のいたる所に存在する．よく知られているように，食塩を水に溶かすと水の沸点が上昇する．これは，水表面の平衡蒸気圧が低下することによるが，水滴の場合には，純水よりも低い飽和率で凝縮による成長が起こることになる．水溶液中の食塩の水和力により，飽和状態でも不飽和状態でも安定な液滴が形成される．可溶性物質の核は，わずか数パーセントの過飽和状態でも，粒子の成長を可能とするため，これらの核は大気中で水滴を形成する主な媒体となる．過飽和状態は通常，数パーセントを超えることはない．これは可溶性の核がつねに存在しているため，これによる粒子の生成や成長によって過剰な蒸気が消耗される（過飽和を緩和される）ためであり，過飽和度が高くなって他のメカニズム（あるいはより小さな核）が活発になることを妨げている．

可溶性の核を含む液滴では，二つの競合する効果がケルビン比と粒径との関係を支配している．まず，塩の質量は一定のままで水のみが蒸発するため，液滴が小さくなるにつれて液滴内の塩分濃度が増加する．したがって，溶解塩の所定の質量は，粒径が小さくなるにつれて液滴表面の蒸気圧を大幅に低下させるはたらきをする．この傾向と競合するのがケルビン効果であり，粒径が小さくなるにつれて液滴表面の蒸気圧が増加する．溶解した材料を含む液滴のケルビン比と粒径との関係は次式で与えられる．

$$K_R = \frac{p_d}{p_s} = \left(1 + \frac{6imM_w}{M_s \rho \pi d_p^3}\right)^{-1} \exp\left(\frac{4\gamma M_w}{\rho R T d_p}\right) \tag{13.17}$$

ここで，m は分子量 M_s をもつ溶解した塩の質量，M_w は溶媒（通常は水）の分子量，ρ は溶媒の密度，i は溶解時に塩の各分子が形成するイオンの数（NaCl の場合は 2）である．式 (13.17) は，飽和率が 1 に近い場合に適用される．最初の括弧内の項は，溶解した塩の影響によるもので，指数項はケルビンの式である．

これら競合する効果は，図 13.4，13.5 に示す飽和率と粒径との関係に及ぼす影響を見ると，よく理解できる．溶解塩が存在しない場合，式 (13.17) はケルビンの式と等価であり，粒径とケルビン比との関係は，図 13.4 において純水と示された曲線となる．他の各曲線は，ケーラー曲線（Kohler curve）とよばれ，一定質量の塩化ナトリウムが溶解した液滴に対応する．この質量，すなわちもとの核を校正していた塩の質量は，液滴の成長中や蒸発中も一定のままである．図 13.1 と同様に，図 13.4 の曲線より上の領域は成長領域，曲線より下の領域は蒸発領域である．図 13.4 では，溶解した塩の存在により，蒸発と成長を分ける曲線の形状が劇的に変化することがわかる．

図 13.5 は，とくに質量 10^{-16} g の塩化ナトリウムの核を含む液滴を取り上げ，一定の飽和率で生じる成長と蒸発の状況を示している．この塩化ナトリウムの質量は，粒径 0.045 μm の球に相当する．0.36％を超える過飽和状態（RH＝100.36％）

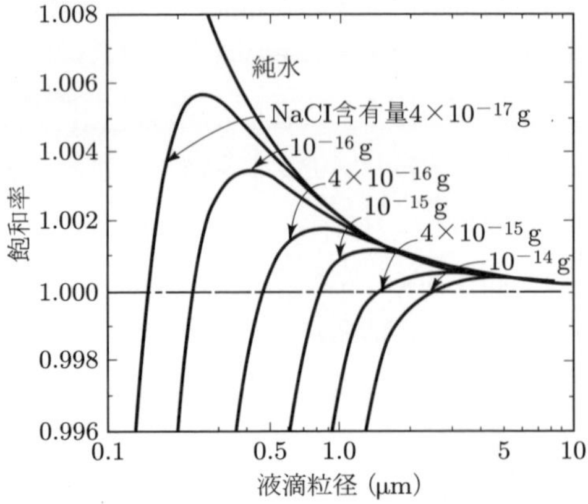

図 13.4　293 K［20℃］における純水および塩化ナトリウムを含む液滴の飽和率と液滴粒径との関係．各曲線より上は成長領域，下は蒸発領域（訳者注：飽和率×100＝相対湿度）

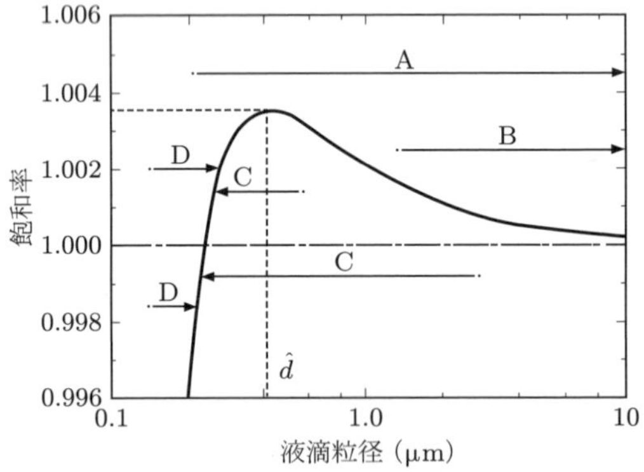

図 13.5　293 K［20℃］で 10^{-16} g の塩化ナトリウムを含む液滴の飽和率と液滴粒径．一定の飽和率での成長と蒸発を矢印で示す

では，核は液滴を形成し，過飽和状態が維持されるかぎり成長する．この状況は，図中の矢印 A で示されている．このような液滴の成長は，飽和率が $\hat{d}$ における曲線の最大値よりも大きい場合，質量が 10^{-16} g 以上のすべての塩化ナトリウム核で発生する．矢印 B で示す液滴粒径と飽和率でも同様の成長が発生する．曲線の下の液滴は蒸発し，矢印 C で示すように，最終的に $\hat{d}$ 未満の粒径で曲線に到達する．曲線の上で $\hat{d}$ の左側にある条件の液滴は，矢印 D で示すように，曲線に到達するまで成長する．矢印 C および矢印 D のすべての場合において，液滴は $\hat{d}$ の左側の

曲線で安定した粒径に到達する．これは，飽和率が1未満の場合（すなわち，不飽和条件の場合）にも当てはまる．したがって，0.045 μm の塩核は，飽和条件では最終的に 0.23 μm の液滴となる．これは真に安定した状態であり，飽和率（相対湿度）が変化しないかぎり，液滴は成長も蒸発もしない．飽和率が変化した場合には，粒径が変化して新たな平衡状態に達する．

図 13.6 および 13.7 は，粒径と相対湿度との関係を示したもので，図 13.3 および図 13.4 に類似しているが，より広い範囲の飽和率について表してある．図 13.6 は，

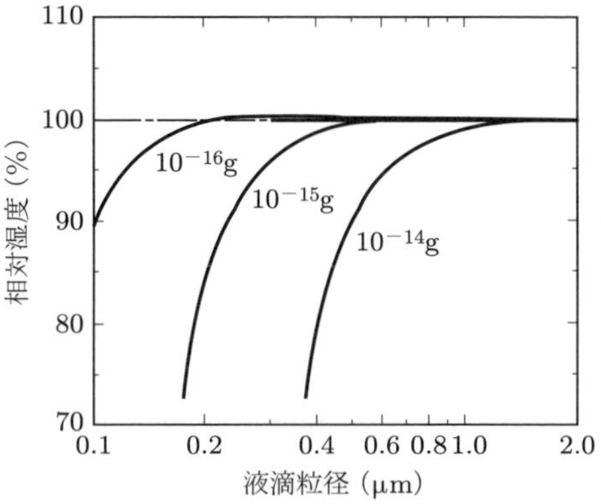

図 13.6 293 K［20℃］における塩化ナトリウムを含む液滴の相対湿度と液滴粒径との関係．図 13.4 はこの図の一部を拡大したもの

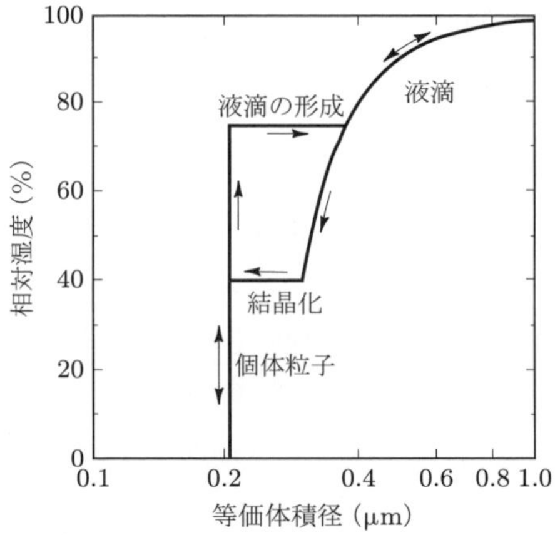

図 13.7 湿度の上昇に伴う塩化ナトリウム粒子から液滴への移行および湿度の低下に伴う再結晶化．相対湿度と等価体積径の関係として示した．遷移はおおよその値を示している

図中に示した質量の塩化ナトリウムを含む液滴の大きさが，相対湿度によりどのように変化するかを示している．図13.7は，10^{-14} g の塩化ナトリウムの核について，塩の結晶から液滴に転移する様子を示している．温度が上昇すると，相対湿度75％で塩の結晶（0.21 μm）から液滴（0.38 μm）へと変化し，湿度が低下すると，相対湿度約40％で再結晶することがわかる．この再結晶が遅れる現象は，履歴現象（hysteresis）とよばれる．この履歴曲線は塩ごとに異なり，特徴的な曲線（図13.7）を使用して，存在する化学物質の種類を識別できる．

夏季のかすみは，夏の高い湿度によってもたらされる，このような成長の結果であり，典型的な塩の核は粒径約0.3 μmの液滴に達する．この粒径は最も光散乱を起こしやすいため，視程に影響を及ぼすことがある（第16章および付録参照）．

13.6　凝縮核計数装置

微粒子が過飽和環境でマイクロメートルサイズの液滴に成長することを利用して，その個数濃度を測定できる．この種の測定装置は，凝縮核計数装置（condensation particle counter：CPC または condensation nuclei counter：CNC）とよばれている．これらの機器では，いずれもまず，水またはアルコール蒸気でエアロゾルを飽和させ，断熱膨張または冷たいチューブに導入してエアロゾルを冷却し，成長に必要な過飽和状態を作り出す．エアロゾル中に存在する核はすべて，同じレベルの過飽和に同時間さらされ，初期サイズに関係なく，粒径約10 μmまで成長する．すべての核が液滴に成長するため，液滴と核の個数濃度は凝縮の前後において同じままである．液滴の個数濃度は通常，適切に校正された減光測定装置（16.2節参照）または光学粒子計数器（16.5節参照）によって測定される．

この測定法では，第一近似的に，成長する最小粒子の大きさは，達成される過飽和レベルに対するケルビンの式（式(13.5)）の d^* に等しくなると仮定している．大気中の雲の研究に使用される装置は，ほんの数パーセントの過飽和状態を作り出している．これは，このレベルが雲の形成中に発生する最大値であるためである．この種の装置で測定される核は，雲凝縮核（cloud condensation nuclei：CCN）とよばれる．一般的な凝縮核計数では，200～400％の過総和状態を用いている．この過飽和度は，理論上の検出可能下限である粒径約0.002 μmを検出しうる条件に対応している．装置の種類に応じて，100～10^{13} 個/m^3 [0.0001～10^7 個/cm^3] の粒子個数濃度が測定可能である．

測定前に核を含まない空気でエアロゾルを希釈することで，より高い濃度を測定できる．これらの機器は通常，自動的に動作して粒子個数濃度に関するリアルタイムの情報を提供する．近年，検出下限 1 nm 付近の性能をもつ層流式連続フロー CPC が開発された．検出可能な最小核の実際のサイズについては，機器と核との化学的性質によって異なるため不確実性がある．図 13.8 は，作動流体として水を使用する連続フロー CPC（TSI 3789）の粒径 1 ～ 100 nm に対する計数効率特性を示したものである．

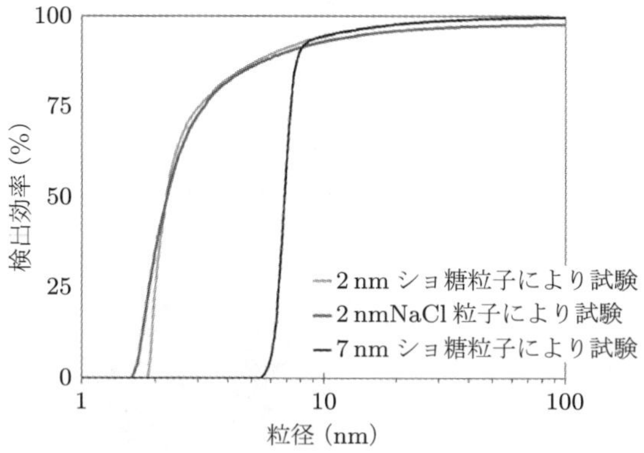

図 13.8 2 種類の試験エアロゾルに対する連続フロー CPC の粒子検出効率の測定値，および飽和器–凝縮器間の選択可能なカットオフ粒径

作動流体としてイソプロピルアルコール（isopropyl alcohol：IPA）および水を使用する CPC の概略を図 13.9 に示す．イソプロピルアルコールを用いる CPC の場合，過飽和状態は，アルコールを含ませたフェルトで裏打ちされたチューブ（saturator または growth tube：成長管とよばれる）にエアロゾルを導入し，その後，冷却管（condenser とよぶ）内で 283 K［10℃］まで冷却することによって達成する．チューブから取り出した液滴が低濃度の場合は，第 16 章に詳述する光学粒子計数器によって，あるいは高濃度の場合は減光測定装置によって粒子濃度を測定する．この機種のさまざまなバージョンでは，流量 5 ～ 25 cm^3/s［0.3 ～ 1.5 L/min］，濃度限界 100 ～ 10^{13} 個/m^3［10^{-4} ～ 10^7 個/cm^3］での利用が可能である．アルコール凝縮を使用する方法は，疎水性の非常に小さなオイルや燃焼粒子の検出に有利である．TSI 3007（TSI Inc., Shoreview, MN）は，バッテリー駆動のハンドヘルドポータブル機器で，この原理に基づいて動作する．この装置は，最小 0.01 μm の粒子を

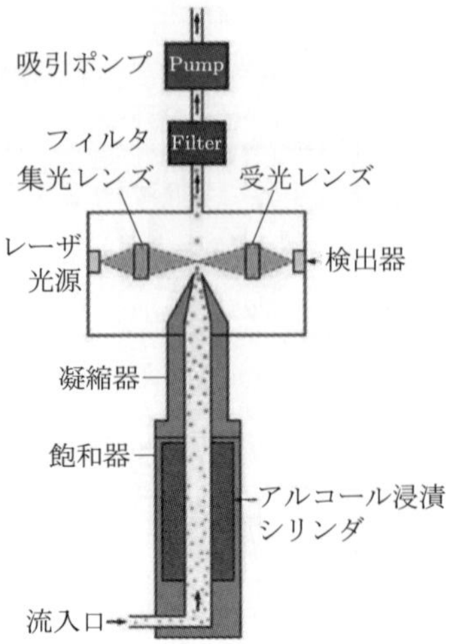

（a）イソプロピルアルコール式凝縮核計数装置（CPC）

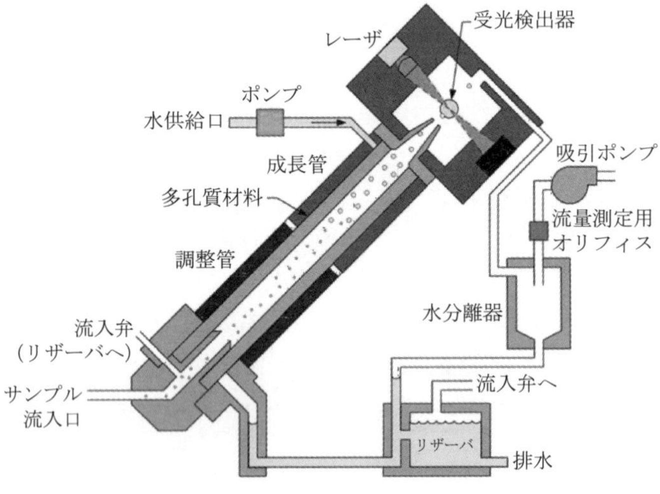

（b）水を使用する凝縮核計数装置（CPC）

図 13.9

検出でき，濃度範囲は 0.1 〜 10^5 個/cm^3 である．作動流体として水を使用する CPC においても，粒子の成長と測定のプロセスはイソプロピルアルコール式の装置と同じである．唯一の違いは，成長管が水で飽和している点である．

CPC は，複数の機器による複合的なシステムで校正する（図 13.10 参照）．静電スプレー式エアロゾル発生器（electrospray aerosol generator：EAG）によってエ

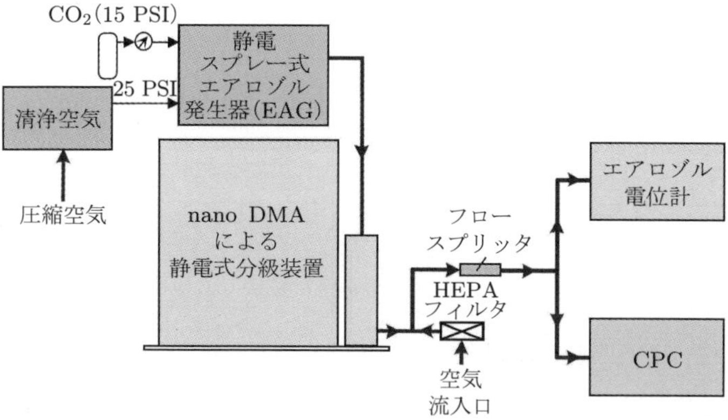

図 13.10 凝縮核計数装置（CPC）の校正システム（Liu et al., 2005 /SAE International）

メリーオイルのエアロゾルを生成し，これをインラインで接続した微分型電気移動度分析装置（differential mobility analyzer : DMA）で分級すると，単分散で単一帯電の試験エアロゾルが生成される．この試験エアロゾルを用いて CPC をエアロゾル電位計に対して校正できる（Liu et al., 2005 参照）．CPC の開発の歴史, 原理, および性能に関するレビューは，Kangasluoma et al., 2017 に記載されている．

13.7 蒸 発

蒸発（evaporation）は，凝縮による成長と逆の過程であり，粒子に到達する分子よりも多くの分子が粒子表面から離れることになる．蒸発の場合，凝縮が始まるために到達しなければならない形成の閾値に相当するものはなく，したがって，不純物を含まない純粋な液体の液滴は完全に蒸発して消滅する．以下では，蒸発速度（rate of evaporation．粒子の大きさの時間変化の割合）$\mathrm{d}(d_p)/\mathrm{d}t$，および液滴が完全に蒸発するのに必要な時間，すなわち，液滴の（droplet lifetime）または乾燥時間（drying time）について述べる．

平均自由行程よりはるかに大きな粒子の場合，蒸発速度は，液滴から蒸気が拡散する速度によって決まる．この速度は，凝縮による成長速度を支配する式 (13.13) で与えられる．

$$\frac{\mathrm{d}(d_p)}{\mathrm{d}t} = \frac{4D_v M}{R\rho_p d_p}\left(\frac{p_\infty}{T_\infty} - \frac{p_d}{T_d}\right)\phi \quad (d_p > \lambda \text{ のとき}) \tag{13.18}$$

ここで，$d_p < 1.0\ \mu\mathrm{m}$ の場合，フックスの補正係数 ϕ が必要となる．液滴から十分

離れた点での粒子の蒸気圧 p_∞ が液滴表面の蒸気分圧 p_d より小さいとき，式 (13.18) の右辺は負になり，時間とともに粒子の大きさが減少する．すなわち，液滴は蒸発する．このとき，凝縮による成長の場合と同様に，蒸発が液滴温度 T_d に与える影響を考慮する必要がある．液滴は蒸発に必要な熱によって冷却される．この冷却により，液滴表面の蒸気の分圧 p_d と蒸発速度 $\mathrm{d}(d_p)/\mathrm{d}t$ が低下する．結果として生じる平衡温度降下 $T_d - T_\infty$ は，式 (13.14) および (13.15) で与えられ，図 13.3 に示したようになる．液滴表面の分圧 p_d は，T_d で評価された式 (13.2) で与えられる．フックス効果（Fuchs effect）は，$d_p < 1.0\ \mu\mathrm{m}$ の場合にも蒸発速度を遅くする．フックス補正（Fuchs correction）が無視できる大きな粒子の場合，式 (13.18) を積分して，特定のサイズ d_1 の液滴が完全に蒸発するのに必要な時間 t，すなわち，液滴の寿命（または乾燥時間）を求めることができる．

$$\int_{d_1}^{0} d_p \mathrm{d}(d_p) = \int_0^t \frac{4D_v M}{R\rho_p}\left(\frac{p_\infty}{T_\infty} - \frac{p_d}{T_d}\right)\mathrm{d}t$$

$$d_1^2 = \frac{8D_v M t}{R\rho_p}\left(\frac{p_d}{T_d} - \frac{p_\infty}{T_\infty}\right)$$

$$t = \frac{R\rho_p d_p^2}{8D_v M\left(\dfrac{p_d}{T_d} - \dfrac{p_\infty}{T_\infty}\right)} \quad (d_p > 1.0\,\mu\mathrm{m}\text{のとき}) \qquad (13.19)$$

図 13.11 に示すように，液滴は乾燥過程のほとんどで 1.0 μm より大きい．式 (13.19) を用いると，10 ～ 50 μm の大きな液滴の乾燥時間をかなり正確に求めることができる．このような条件では，液滴の寿命は初期粒径の 2 乗に比例する．

約 0.1 μm より小さい液滴の場合，液滴表面の蒸気の分圧 p_d は，T_d で評価されるケルビンの式によって求められる．これよりも大きな液滴の場合，p_d は T_d で評価された式 (13.2) で与えられる p_s に等しくなる．

例題　293 K［20℃］の乾燥空気中で，20 μm の純水の液滴が完全に蒸発するのにどれくらいの時間がかかるか．

解　式 (13.19) を使用して求めよ．T_d は式 (13.15) または図 13.3 から求める．p_d は T_d について評価する．$p_\infty = 0$ とする．

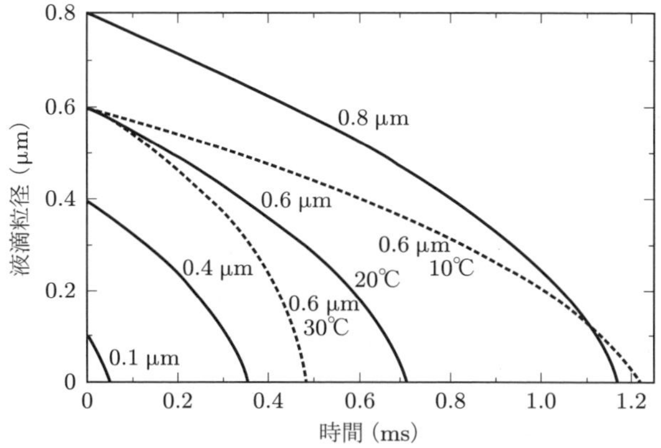

（a）液滴粒径 0.1 〜 0.8 μm の場合（破線は蒸発に対する周囲温度の影響を示している）

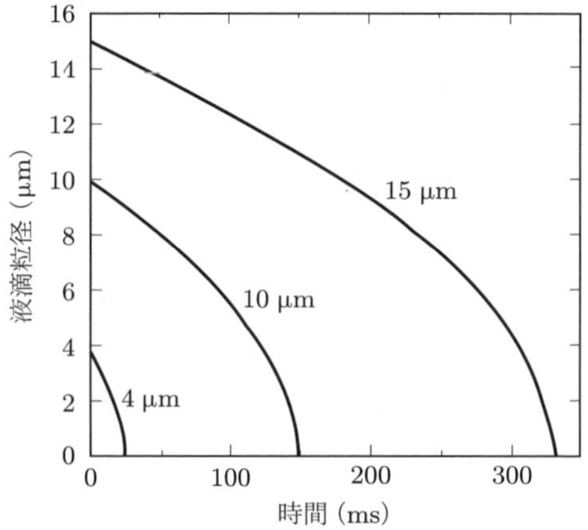

（b）液滴粒径 4 〜 15 μm の場合

図 13.11　293 K［20℃］，相対湿度 50％における純水液滴の蒸発

$$T_d - 20 = \frac{(6.65 + 0.345(20) + 0.0031(20^2))(0-1)}{1 + (0.082 + 0.00782(20)) \times 0}$$

$$T_d = 20 - 14.8 = 5.2°\mathrm{C} = 278.2\,\mathrm{K}$$

$$p_d = \exp\left(16.7 - \frac{4\,060}{278.2 - 37}\right) = 0.876\,\mathrm{kPa} = 876\,\mathrm{Pa}$$

$$\left[p_d = \exp\left(18.72 + \frac{4\,062}{278.2 - 37}\right) = 6.55\,\mathrm{mmHg}\right]$$

$$t = \frac{8.31 \times 1000 \times (20 \times 10^{-6})^2}{8 \times 2.4 \times 10^{-5} \times 0.018(876/278.2)} = 0.31\,\mathrm{s}$$

$$\left[t = \frac{62\,400 \times 1 \times (20 \times 10^{-4})^2}{8 \times 0.24 \times 18(6.55/278.2)} = 0.31\,\mathrm{s}\right]$$

50 μm を超える液滴の場合は，蒸発速度に対する沈降速度の影響を補正する必要がある．沈降による風の速度は，粒子表面における質量拡散と熱伝導に影響する．

空気力学径が 50 μm 未満の液滴の場合，風による蒸発率の増加は 10％未満である．粒径 100 μm の液滴の場合，蒸発速度は式（13.18）で予測される値より 31％大きくなる．最大 2 mm の水滴に対するこの風に関する係数値は，Davies, 1978 によって与えられている．

式（13.18）により粒子の収縮率が求められるが，この値は，周囲の蒸気分圧 p_∞（空気中の水蒸気の場合は周囲の相対湿度に比例する）と周囲の蒸気分圧との差に比例する．図 13.12 に，初期の水滴粒径と寿命との関係に周囲の相対湿度が及ぼす影響を示す．この図は，相対湿度 0 ～ 50％の間では液滴の寿命の違いは小さいが，飽和状態では乾燥時間がはるかに遅くなることを示している．相対湿度は液滴の寿命に 100 ～ 1 000 倍の影響を与える可能性があるが，図 13.11（a）の 10℃および 30℃の破線で示されているように，周囲温度の影響ははるかに小さい．

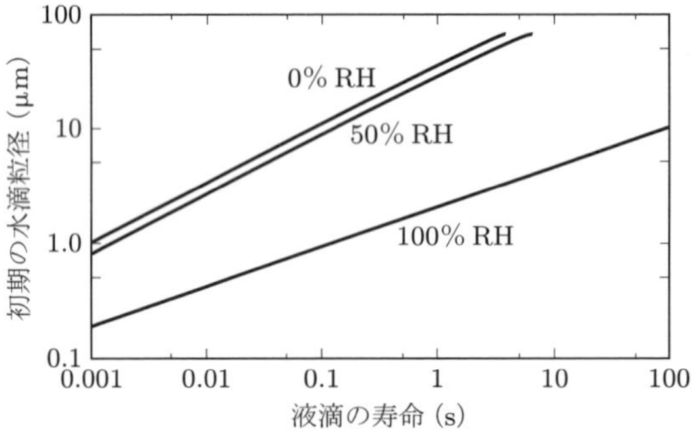

図 13.12　293 K［20℃］，相対湿度 0，50 および 100％における水滴の粒径に対する寿命

図 13.12 に示した液滴の寿命は，式（13.18）を初期粒径から 0 の範囲について数値積分して得たものである．図に示されている結果には，フックス効果，ケルビン効果および液滴の温度降下に対する補正が加えられている．さまざまな大きさの水

滴の寿命について，これらの補正の影響を表 13.2 に示す．フックス効果と温度降下は蒸発を抑制するのに対し，ケルビン効果は小さな粒子の蒸発を促進する．温度降下の補正は，水滴の場合，すべての大きさに対して重要であるが，揮発性の低い液体ではそれほど重要ではない．フックス効果とケルビン効果は，それぞれ粒径 1.0 μm および 0.1 μm より小さい液滴に対して重要である．ケルビン効果を無視すると（すなわち，式 (13.18) で p_d ではなく p_s を使用すると），液滴は飽和環境では蒸発しないという誤った予測につながる．

第一近似として，液滴の蒸発速度は物性値 $D_v M p_s/\rho_p$ に依存すると仮定しているが，この値は液体の種類によって大きく異なる．表 13.3 に，標準条件での四つの

表 13.2　293 K [20℃]，相対湿度 50% における水滴寿命の計算結果へのフックス効果，ケルビン効果，温度降下補正の影響[a),b)]

液滴粒径 (μm)	液滴の寿命 (s)				すべて考慮しない場合
	すべての効果を考慮した場合	フックス効果を考慮しない場合	ケルビン効果を考慮しない場合	温度降下を考慮しない場合	$P_d = P_s$ $T_d = T_\infty$ $\phi = 1$
0.01	1.6×10^{-6}	6.0×10^{-8}	5.0×10^{-6}	9.1×10^{-7}	6.0×10^{-8}
0.04	1.4×10^{-5}	1.7×10^{-6}	2.1×10^{-5}	6.6×10^{-6}	9.6×10^{-7}
0.1	4.7×10^{-5}	1.3×10^{-5}	5.8×10^{-5}	2.1×10^{-5}	6.0×10^{-6}
0.4	3.6×10^{-4}	2.2×10^{-4}	3.8×10^{-4}	1.5×10^{-4}	9.6×10^{-5}
1.0	1.7×10^{-3}	1.4×10^{-3}	1.8×10^{-3}	7.4×10^{-4}	6.0×10^{-4}
4.0	0.024	0.023	0.024	0.010	9.6×10^{-3}
10	0.15	0.14	0.15	0.062	0.060
40	2.3	2.3	2.3	0.97	0.96

a) 式 (13.18) を数値積分し，補正値を計算した．
b) 各列の下線付きの値より上部の数値は，誤差が 20% を超えている．

表 13.3　293 K [20℃] の乾燥空気中でのエチルアルコール，水，水銀，DOP の液滴寿命[a)]

初期の液滴粒径 (μm)	液滴の寿命 (s)			
	エチルアルコール	水	水銀	DOP
0.01	4×10^{-7}	2×10^{-6}	0.005	1.8
0.1	9×10^{-6}	3×10^{-5}	0.3	740
1	3×10^{-4}	0.001	14	3×10^{4}
10	0.03	0.08	1 200	2×10^{6}
40	0.4	1.3	2×10^{4}	4×10^{7}

a) 式 (13.18) に補正を加えて計算した．

液体の液滴寿命を示したが，液滴の寿命には極端な幅があることがわかる．ほとんどの液滴は核凝縮によって生成されるため，蒸発の結果，粒径が0になるのではなく，もとの核の大きさまで乾燥する．液滴粒径が核の大きさに近づくにつれて，可溶性の核を含む液滴の乾燥速度は純水の乾燥速度よりも遅くなる．これは，溶液の濃度が増加して p_d の減少が生じ，その結果，$|p_\infty - p_d|$ が減少するためである．大気中の液滴では，汚染物質を吸着して表面膜を形成することがあり，蒸発速度が大幅に低下する可能性がある．

問題

13.1　一辺が 0.077 μm の NaCl 立方体結晶の，相対湿度 100％における平衡液滴粒径はどれくらいか．

解答：0.8 μm

13.2　吐き出された呼気が自己核生成によって凝縮する気温はどれくらいか．ただし，飽和率 4.3 が必要と仮定する．

解答：285.6 K［12.6℃］

13.3　相対湿度が 0 から 100％に増加すると，直径 0.1 μm の NaCl エアロゾル粒子の粒径は何倍になるか．NaCl の密度は 2 200 kg/m^3［2.2 g/cm^3］である．

解答：8.5

13.4　均一核生成を伴わずに飽和水蒸気が断熱膨張するときの最大膨張比を計算せよ．初期温度が 20℃で，均一核生成には飽和率 4.3 が必要であると仮定する．［ヒント：p_s には式（13.2）を使用し，反復的な計算が必要となる．］

解答：1.26

13.5　粒径 0.2 μm の水滴が蒸発しないために必要な最小相対湿度はどの程度か．$T = 274$［1℃］とする．

解答：101.2%

13.6　2％の過飽和環境における粒径 2 μm の純水液滴の成長速度はどれくらいか．$T = 293$ K［20℃］とし，フックス効果と液滴加熱は無視する．

解答：17 μm/s

13.7　相対湿度 0％，293 K［20℃］における粒径 7 μm の水滴の乾燥時間を，液滴の温度低下による影響を補正した場合と補正しない場合について計算せよ．

解答：0.041 秒，0.015 秒

13.8 試験エアロゾルを生成するには，ポリスチレン球の懸濁液を 20 μm の液滴としてエアロゾル化し，相対湿度 60％で大量の空気と混合して乾燥させる．液滴を完全に乾燥させるには，混合後にどのくらいの滞留時間が必要か．$T=$ 293 K［20℃］とする．

解答：0.98 秒

13.9 濃度 10^4/cm^3 の 0.02 μm の塩核が 10 μm の水滴に成長するとき，エアロゾルの質量濃度は何倍増加するか．凝縮器の容積が 240 cm^3 の凝縮核計数装置を使用する場合，このプロセスにはどれだけの水が必要か．

解答：6×10^7 倍増加，1.3 mg

13.10 ノズルで空気を膨張させ，空気を 293 K［20℃］まで冷却させたとき，結露がなければ飽和率が 1.3 になる．ノズル下流の空気中に 10^4 個/cm^3 の核が存在する場合，それぞれの核はどの程度の大きさに成長するか．追加の水の投入はないこととする．

［ヒント：過飽和度は，粒子の成長に利用できる水蒸気の量を表す．］

解答：10 μm

参考文献

Barrett, J. C., and Clement, C. F., "Growth Rates for Liquid Drops", *J. Aerosol Sci.*, **9**, 223-242 (1988).

Davies, C. N., "Evaporation of Airborne Droplets", in Shaw, D. T. (Ed.), *Fundamentals of Aerosol Science*, Wiley, New York, 1978.

Ferron, G. A., and Soderholm, S. C., "Estimation of the Times for Evaporation of PureWater Droplets and for Stabilization of Salt Solution Particles", *J Aerosol Sci*, **3**, 415-429 (1990).

Fuchs, N. A., *Evaporation and Droplet Growth in Gaseous Media*, Pergamon, Oxford, 1959.

Kangasluoma, J., Hering, S., Picard, D., Lewis, G., Enroth, J., Korhonen, F., Kulmala, M., Sellegri, K., Attoui, M., and Petäjä, T., "Characterization of Three New Condensation Particle Counters for Sub-3nm Particle Detection during the Helsinki CPCWorkshop: the ADI VersatileWater CPC, TSI 3777 Nano Enhancer and Boosted TSI 3010", *Atmos. Meas. Tech.*, **10**, 2271-2281 (2017).

Liu,W., Osmondson, B.L., Bischof, O.F., and Sem, G.J., "Calibration of Condensation Particle Counters", *SAE Int. J. Fuels Lubr.*, **114**, 85-91 (2005).

Pruppacher, H. R., and Klett, J. D., *Microphysics of Clouds and Precipitation*, 2nd edition, Kluwer, Dordrecht, The Netherlands, 1997.

Seinfeld, J.H., and Pandis, S.N., *Atmospheric Chemistry and Physics*, 3rd edition, Wiley, New York, 2016.

14 大気中のエアロゾル

大気中のエアロゾル，すなわち大気中に通常見られる粒子は，自然および人為起源の固体粒子と液体粒子から成る複雑かつ変化に富む混合物である．この章ではまず，自然のバックグラウンドエアロゾル，すなわち人間の活動がない場合に存在するエアロゾルについて考察する．一方，都市エアロゾルは人為的発生源によって支配されている．いずれの場合も，一次粒子は継続的に大気中に放出され，大気中で二次粒子が形成される．どの種類の粒子も，成長，蒸発，または化学反応を生じる可能性があり，さまざまな除去メカニズムの影響を受ける．大気中で観測される粒径分布は，これらすべてのプロセスの複雑な相互作用を反映している．なお，水滴雲は重要な大気エアロゾルであるが，ここでは触れない．

14.1 バックグラウンドエアロゾル

自然由来の大気中エアロゾルおよび人為的（人間の活動に関連する）エアロゾルの発生源を表 14.1 に示す．自然発生源からのエアロゾルの発生量は大きな幅をもっているが，これは，それらを求めるための仮定が不確実なためである．土壌粒子には，乾燥地域からの飛散粒子，および岩石の自然風化が含まれている．各々の発生源を直接比較することは，誤った結論を導くことになる．なぜなら，各々の発生源が大気中のエアロゾルに与える影響は，輸送距離や除去機構によって大幅に変化するからである．土壌粒子や火山の噴出物，あるいは人為的な直接的放出によって発生する粒子の大部分は大粒径粒子であり，発生源の近くに降下してしまう．一方，表中に示したその他の発生源，たとえば，火災や二次生成粒子では，微細な粒子が形成される．これらの微粒子は，数日間も浮遊状態のままであり，地球的規模の距離で輸送されることがある．自然発生による光化学スモッグは，樹木から放出されるテルペン蒸気と日光との反応により生成される．

自然起源，人為起源を問わず，大気中の粒子の大部分は，ガス状放出物から大気

表 14.1　大気エアロゾルの地球規模の排出源と推定値 a),b)

粒子の種類	自然由来		人為起源		合計	
	粒径範囲	平均粒径	粒径範囲	平均粒径	粒径範囲	平均粒径
生物起源の一次有機物質	15〜70	50	—	—	15〜70	50
生物由来の二次有機物質	3〜83	11	—	—	3〜83	11
生物由来のVOC	835〜1 000	900	—	—	835〜1 000	900
燃焼有機バイオマス	26〜70	44	12〜270	90	38〜340	134
ブラックカーボン（煤）	—	—	8〜14	12	8〜14	12
炭素質	—	—	15〜90	29	15〜90	29
産業粉塵	—	—	40〜130	100	40〜130	100
鉱物粒子	1 000〜2 150	1 731	50〜250	150	1 050〜2 400	1 881
硝酸塩	12〜27	25	90〜118	95	102〜145	120
海塩	3 000〜20 000	7 068	—	—	3 000〜20 000	7 068
成層圏の火山粉塵	2〜17	10	—	—	2〜17	10
硫酸塩	107〜374	165	50〜122	73	157〜496	238
対流圏の火山粉塵	4〜90	30	—	—	4〜90	30
総排出量	5 004〜23 881	10 034	265〜994	408	5 269〜24 875	10 442

a）Tomasi et. al., 2016 から改変.
b）単位は Tg/yr［10^6 metric tons/yr］.

中で粒子に変換したものである．表 14.1 に示した発生量には不確実な要素が含まれてはいるが，地球規模では，自然発生源のほうが人為的発生源よりもはるかに多いことは明確である．人為起源の発生源（anthropegenic source）は，地球全体の粒子の放出量の 10 〜 50％未満である．自然発生源は地球上に広く分布しており，またそれらの大部分は広範囲な発生源になっている．一方，人為的発生源は地球上のごく狭い地域，すなわち，世界各地に存在する工業地域に集中している．これらの地域では，人為的発生量のほうが自然的発生量を上回ることが多い．

一度粒子が大気中に放出されたり生成されたりすると，凝縮したり他の粒子と凝集したりして成長することがある．粒子は数マイクロメートル以上まで成長すれば，沈降したり，木の葉のような表面に衝突したりして除去される．微小粒子は，さまざまな表面に拡散沈着したり，雨滴を形成させる核として機能したりする（レインアウト：rainout）．粗大粒子は，雨や雪によって洗い流される（ウォッシュアウト：washout）．微小粒子は大気中で数日間浮遊しているが，粗大粒子（$d_a > 20$ μm）は数時間のうちに除去される．

表 14.2 は，大気層で観察されるさまざまなエアロゾルの種類を示している．大気中の粒子状物質の大部分は対流圏（高度 11 km より下の領域）に集中しているが，成層圏のエアロゾルは気候に重大な影響を与える可能性がある．これは Kremser et al., 2016 によって検討されている．成層圏（高度 11 ～ 50 km）における微粒子の主な発生源として SO_2 ガスから粒子に変換した硫酸液滴がある．成層圏には，地表で放出された硫黄化合物から化学的に生成されたり，大規模な火山噴火によって放出された SO_2 ガスが維持されており，これらが水蒸気との光化学反応を伴う均一核生成によって形成される．このような粒子は，発生源を中心として北半球または南半球に広く分散している（訳者注：Kremser et al., 2018 に基づき，原著の文章を若干修正した）．

表 14.2 自然および人為起源のエアロゾルの垂直分布 [a)]

大気層	エアロゾルの種類
成層圏	火山粉塵
対流圏	対流圏の煙，粉塵，霧
	生物起源の有機および硫酸塩エアロゾル
	海塩
境界層	燃焼有機物および煤
	人為起源の有機エアロゾルおよび煤塵粒子
	人為起源の硫酸塩および硝酸塩エアロゾル
	ブラックカーボン

a）Willeke et al., 2011.

成層圏のオゾン層は太陽放射を吸収し，周囲の空気よりも加熱される．この加熱によって，大気の安定した領域が形成される．成層圏で形成された硫酸の液滴は，18 ～ 20 km の安定した層に蓄積する．このエアロゾル層は，発見者の名前にちなんでユンゲ層（Junge layer）とよばれている．

主要な火山では，成層圏の微粒子濃度が 2 桁も増加する可能性がある．1991 年のピナツボ山の噴火では，14 ～ 20 Tg（訳者注：テラグラム，10^{12} g = 1 000 000 トン）の SO_2 が成層圏に放出され，2 ～ 5 μg/m^3 であったエアロゾル濃度が 20 ～ 100 μg/m^3 にまで増加した．噴火前の粒径分布は CMD = 0.14 μm，GSD = 1.6 であったが，噴火後には CMD = 0.66 μm，GSD = 1.5 となった．成層圏における唯一重要な人為起源の粒子は高高度航空機からの煤だが，これは成層圏エアロゾル全体の 1 パーセント未満である．

成層圏は安定しており，水分含有量が低いため，雲が形成されない．成層圏には雲がないため，降雨により粒子が除去されることもない．また，粒子濃度は 1 cm^3 あたりわずか数個であるため，凝集による成長とその後の沈降による除去も無視できる．同様に，蒸気濃度が低いため，凝縮による成長も遅くなる．したがって，対流圏下部における粒子の寿命が 1 ～ 2 週間であるのに対し，成層圏では 1 ～ 2 年も粒子はそこに留まっている．成層圏エアロゾルの気候および地球規模への影響については，14.3 節で説明する．

表 14.1 に示したように，対流圏のバックグラウンドエアロゾルは，自然発生源からの直接放出とガス–粒子変換による粒子生成に依存する．質量ベースでいえば，砂漠，海洋，植物からの直接放出が粒子の最大の発生源である．直接排出量の 80％は対流圏最下層の数キロメートルに集中している．その結果，対流圏のバックグラウンドエアロゾルは高度によって大きく変化する．高度数キロメートル以上では，粒子濃度は地表からの直接放出の影響をほとんど受けないので，この領域の粒径分布はバックグランドエアロゾルの分布によく似ている．大陸と海洋のバックグラウンドエアロゾルはさらに区別できる．Seinfeld and Pandis, 2016 は，平均的な地上レベルのバックグラウンドエアロゾルの粒径分布に関するデータを，四つのモード，すなわち

Ⅰ：核形成モード（nucleation）

Ⅱ：エイトケンモード（Aitken）

Ⅲ：蓄積モード（accumulation）

Ⅳ：粗大径粒子モード（coarse particle）

の粒子に分類して集計している（図 14.2 (a) 参照）．都市エアロゾルの場合，粒子の大部分は最初の三つのモードにあり，個数濃度はそれぞれ 7 100 個/cm^3，6 320 個/cm^3，960 個/cm^3 である．各モードは対数正規分布として表すことができる．各モードの粒径分布は次のとおりである．

モード I：CMD = 0.0117 μm，GSD = 1.26

モード II：CMD = 0.0373 μm，GSD = 1.28

モード III：CMD = 0.151 μm，GSD = 1.22

他の種類の微細エアロゾル（d_a < 2.5 μm）の濃度，CMD および GSD 値は，表

表 14.3 各地域タイプにおけるエアロゾルのモード別にまとめた個数濃度，CMD，GSD（各データは三つのモードの合計で正規化した対数正規分布から求めた）

種類	モードⅠ			モードⅡ			モードⅢ		
	C_N (個/cm^3)	CMD (μm)	GSD	C_N (個/cm^3)	CMD (μm)	GSD	C_N (個/cm^3)	CMD (μm)	GSD
都市部	7 100	0.0117	1.26	6 320	0.0373	1.28	960	0.151	1.22
海上	133	0.008	1.93	66.6	0.266	1.23	3.1	0.58	1.49
地方	6 650	0.015	1.25	147	0.054	1.75	1 990	0.084	1.30
大陸遠隔地	3 200	0.02	1.17	2 900	0.116	1.24	0.3	1.8	1.46
自由対流圏	129	0.007	1.91	59.7	0.25	1.29	63.5	0.52	1.53
極地	21.7	0.138	1.28	0.186	0.75	1.35	3×10^{-4}	8.6	1.34
砂漠	726	0.002	1.28	114	0.038	2.16	0.178	21.6	1.55

a）Seinfeld and Pandis, 2016.

14.3 に記載されている．

Nyeki et al., 1997 による高度 3.5 km（訳者注：原著 8.5 は誤り）でのバックグラウンドエアロゾルの測定では，蓄積モードの粒子の平均 CMD が 0.12 μm，GSD が 1.57 であることがわかった．濃度レベルは冬には 1.5×10^7 個/m^3 [15 個/cm^3]，夏には 6.6×10^7 個/m^3 [66 個/cm^3] であった．図 14.1 は，Jaenicke, 1986 に基づいて，バックグラウンドエアロゾルの粒径分布に関するデータを要約したものである．自然由来のエアロゾルがつねに存在するため，「きれいな空気」という用語を定義することは困難である．このような場合，「凝縮核計数装置で測定した総粒子含有量が 700 個/cm^3 未満の空気」などと定義するのが妥当である．都市部から離

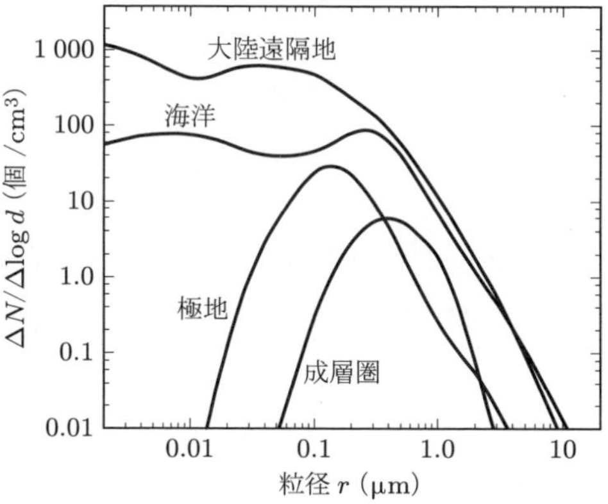

図 14.1 バックグラウンド大気エアロゾルの粒径分布（Jaenicke, 1986）

れた地域や標高 2 km を超える地点のバックグラウンドエアロゾルは，通常，このきれいな空気の定義に当てはまる．

宇宙放射線や土壌から発生する放射性ガスの作用により，大気中ではイオンが継続的に生成されている．陸上では，毎秒 1 cm^3 あたり約 10 対のイオン（正イオンと負イオン）が形成される．これらのイオンはエアロゾル粒子に付着し，また互いに再結合するが，その割合は小さなイオン（荷電分子クラスタ）の平衡濃度である 100 ～ 5 000 個/cm^3，平均で 8×10^8 個/m^3［800 個/cm^3］に収束するような割合である．

14.2　都市エアロゾル

大都市の大気最下層の数キロメートルで見られる都市エアロゾルは，人為的発生源がそのほとんどを占めている．発展途上国の重度汚染都市において大気汚染が発生した際のエアロゾル質量濃度は，10 μg/m^3 のオーダから 1 mg/m^3 の範囲に及ぶ．都市部におけるエアロゾル濃度の水平分布は，自然発生源および人為的発生源からの近さに応じて大きく異なる．大気の安定性と混合層の厚さ（通常は 2 km 以下）も局所濃度に影響する．

都市エアロゾルの粒径分布は非常に複雑である．これは，都市エアロゾルはさまざまな発生源からのエアロゾルの混合物であり，またそのそれぞれが異なる粒径分布をもつうえ，成長，蒸発，除去プロセスによって粒径や個数濃度が変化するためである．都市エアロゾルの粒径分布データを表す最も一般的な方法は，核形成モード，蓄積モード，粗大径粒子モードの三つに分類する方法である．

各モードの粒子は，発生源，粒径範囲，生成メカニズム，および化学組成が異なる．それぞれの粒径分布は対数正規分布で評価する（表 14.3 参照）．図 14.2 (a) は，典型的な大気エアロゾルの粒径分布を両対数グラフで示したものである．実線で示したように，各モードを統合した分布は個々のモードの影響を含んでいる．個々のモードとして当てはめられた分布を破線で示したが，これらは表面積分布や質量分布の性質を示しているわけではない．

図 14.2 (a) の分布において，粒径 0.1 ～ 10 μm のほぼ直線的に減衰している右下がりの部分は，逆べき乗則分布（Junge distribution）で表すことができる．

$$\frac{\Delta N}{\Delta \log d_p} = 91.67 d^{-3.75} \tag{14.1}$$

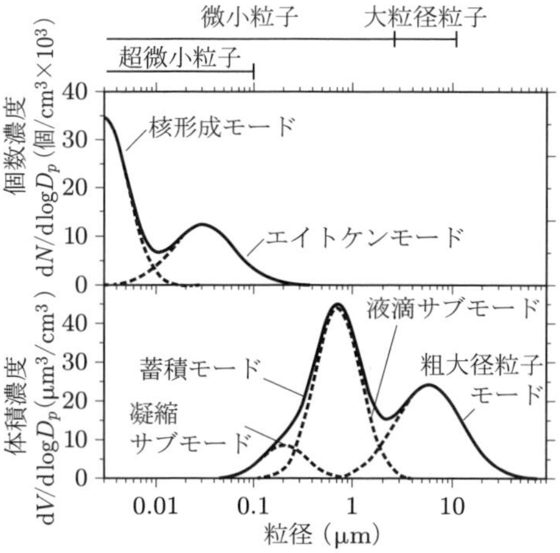

（a）対数正規分布で表される四つの典型的な大気エアロゾルの粒径分布．平均的な都市エアロゾル

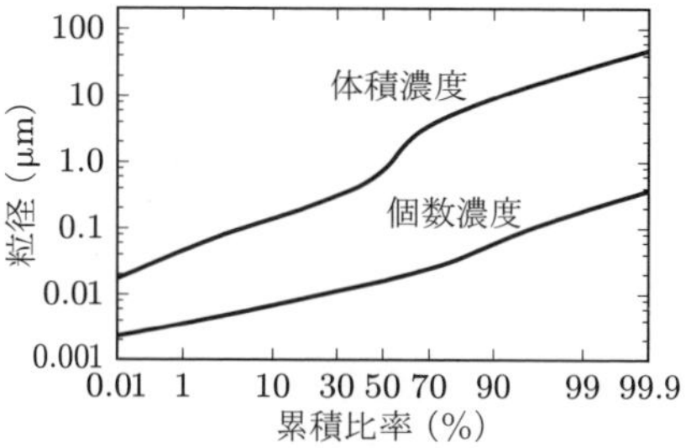

（b）個数濃度と体積濃度の対数正規分布

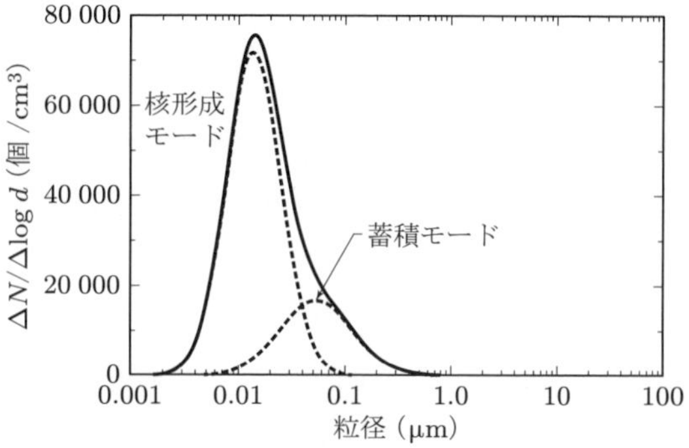

（c）個数濃度分布を片対数グラフにプロットしたもの

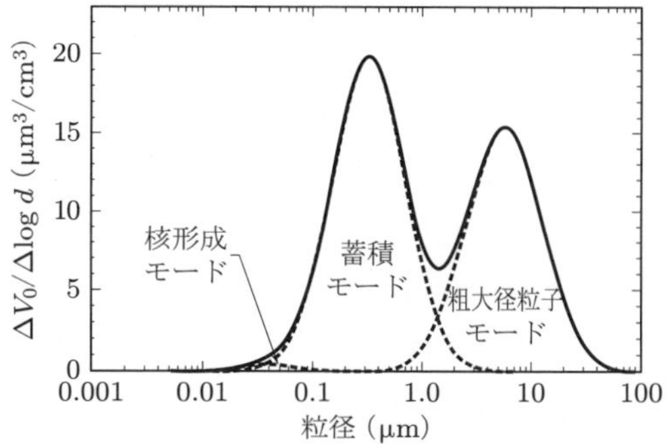

（d）体積濃度分布を片対数グラフにプロットしたもの

図 14.2 大気中のエアロゾルの粒径分布（(a) Seinfeld and Pandis, 2016,（b）～（d）Whitby, 1978）．

dの単位はμmである．式 (14.1) は経験的な式であり，大気中のエアロゾルがこの分布関数を必ずもつという基本的あるいは理論的な理由はない．

図 14.2 (b) は，都市エアロゾルの粒径分布を累積数および体積の対数確率グラフとして示したものである（4.5 節参照）．分布は対数正規分布からの大幅な逸脱を示しており，個々のモードの影響はここには現れていない．図 (c)，(d) はそれぞれ，算術スケールでの単位対数間隔あたりの粒子数，体積，対数スケールでの粒径を示している．これらは，都市エアロゾルの粒径分布に対する各モードの影響を明確に表している．大気中のエアロゾルの粒径分布に関するほとんどの情報は，図 (c) または図 (d) の形式で示されている．これらの図は，個数濃度分布では，ほとんどの粒子が核形成モードにあるが，体積（および質量）分布として見たときには，ほとんどが蓄積モードと粗大径粒子モードで構成されていることを示している．図 (d) に示す体積（または質量）分布は，光化学スモッグを含むほとんどの都市エアロゾルに典型的なものである．これらの粒径分布は通常，二つのピークを示し，これらの谷間は直径 1 ～ 3 μm の範囲にある．粒子の表面積と光の散乱は，主に蓄積モードの粒子に関連している．

核形成モードは主に，大気中に直接放出される燃焼粒子と，ガス–粒子変換によって大気中で形成される粒子で構成される．このモードはつねに存在するわけではないが，高速道路やその他の燃焼源の近くで見られる．とくに発生源付近では個数濃度が高いため，これらの小さな粒子は相互に，あるいは蓄積モードの粒子と急速に凝集する．このため，核形成モードの粒子は大気中での寿命が比較的短く，最終的には蓄積モードになる．核形成モードの粒子は蓄積モードの粒子を供給し，蓄積モードの粒子が雲滴の形成する核として機能し，その後，雨滴として大気から除去される（レインアウト）．

エイトケンモードには，直径 0.01 ～ 0.1 μm の範囲の粒子が含まれる．これらは通常，直接放出，ガス–粒子変換，核形成粒子の凝集，および燃焼粒子の凝縮によって形成される．核形成モードと同様に，エイトケンモードの粒子も揮発性ガスの凝縮核として作用し，最終的には蓄積モードになる可能性がある．図 14.2 (a) からわかるように，核形成モードの粒子とエイトケンモードの粒子を総称して超微粒子（ultrafine particle．$d_p < 0.1$ μm）とよぶ．

蓄積モードには，燃焼粒子，スモッグ粒子，および核形成モード粒子が蓄積モード粒子と凝集したものが含まれる．スモッグ粒子は，強い太陽光の下で揮発性有機物と窒素酸化物とが光化学反応することによって大気中で形成される．核形成モードと蓄積モードとの間にはかなりの重複がある．名称が示すように，蓄積モードでは除去メカニズムが弱く，粒子が蓄積される．蓄積モードの粒子は降雨やそれに伴う洗い流し（レインアウト，ウォッシュアウトともいう）によって除去されるが，凝集が遅いため粗大径粒子モードには成長しない．核形成モードと蓄積モードの粒子は微小粒子（fine particle）を構成する．蓄積モードのサイズ範囲には可視光の波長程度のものが含まれており，大気エアロゾルの可視効果のほとんどには，蓄積モードの粒子が支配的な影響を及ぼしている（16.4 節参照）．

雲や霧の中など高湿度の条件下では，蓄積モード自体に二つのサブモードを生じる場合がある．その一つは MMD が 0.2 ～ 0.3 μm の凝縮モード，もう一つは MMD が 0.5 ～ 0.8 μm の液滴モードである．液滴は，吸湿性の凝縮モード粒子の成長によって形成される．このプロセスは，液滴内の化学反応によって促進される可能性がある．

粗大径粒子モードは，風に吹かれる塵，海しぶきから発生する大きな塩の粒子，農業や採掘で発生する粉塵など，機械的に生成された人為起源の粒子で構成される．粗大粒子はサイズが大きく，容易に沈降したり表面に衝突したりするため，大気中での寿命はわずか数時間または数日である．粗大粒子と微粒子との境界は，1 μm と 3 μm の間の鞍点である．微粒子モードには総質量の 3 分の 1 から 3 分の 2 が含まれており，残りは粗大径粒子モードに含まれる．総質量に対する微小粒子の質量比は，空間的にも時間的にも変化する．微粒子と粗大粒子では，大気中での化学組成，発生源，寿命が異なる．二つのモード間の物質交換は比較的わずかであるが，二つのモードの質量濃度の間に逆相関が見られるような場合もある．風速が小さいと，風に吹き飛ばされた土壌粒子の濃度は減少するが，光化学反応による粒子の形成が促進され，風速が大きいとその逆になる．このような場合，両者の濃度には逆相関の関係が現れる．

図 14.2 (a) ～ (d) は，都市エアロゾルの粒径分布を示している．これは，粒子の生成，成長，除去プロセスの結果として得られる定常状態の結果である．粒子の生成プロセスとしては，光化学反応やガス－粒子変換，成長プロセスとしては凝集，凝縮，蒸発，除去プロセスとしては沈降，沈着，降雨，洗い流しなどがある．図 14.3 にこれらのプロセスを模式的に示す．

微小粒子と粗大粒子の化学組成は大きく異なる．これらの粒子の間には物質移動がほとんどないため，それらは化学的に異なる 2 種類のエアロゾルとして大気中に存在する．微小粒子は全体として酸性であり，大気中のほとんどの硫酸塩，アンモ

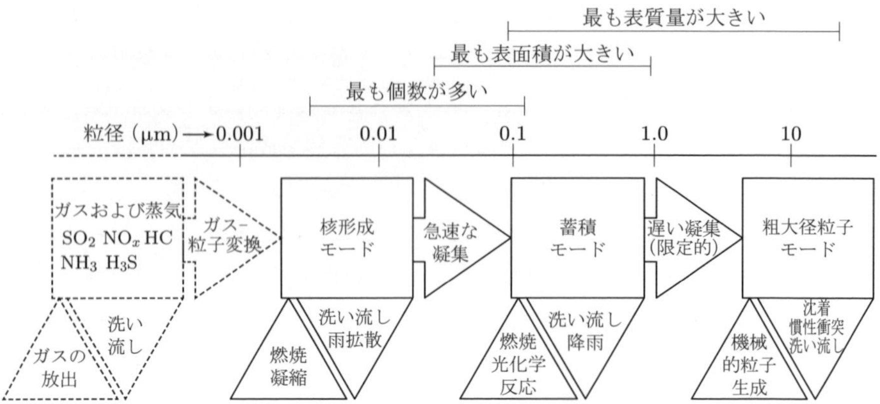

図 14.3　都市エアロゾルとそれを変化させるプロセスの概略

ニウム化合物，炭化水素，元素炭素（煤），有毒金属，および水が含まれている．粗大粒子は塩基性であり，ケイ素，鉄，カルシウム，アルミニウムなどのほとんどの地殻物質とその酸化物，さらに大きな海塩粒子や植物の破片が含まれる．表 14.4 に，微小粒子と粗大粒子の化学組成に関するデータを示す．表のデータは，サンプリング中に微小粒子と粗大粒子とを分離する二分式仮想インパクタを使用して取得したものである（5.7 節参照）．

表 14.4　都市部と地方における微小粒子と粗大粒子の平均組成（$\mu g/m^3$）[a]

	都市部		地方	
	微小粒子	粗大粒子	微小粒子	粗大粒子
合計質量	42	27	24	5.6
SO_4^-	17	1.1	12.0	
NO_3^-	0.25	1.8	0.30	—
NH_4^+	4.3	<0.19	2.3	—
H^+	0.067	<0.01	0.114	—
C	7.6	3.3	3.3	1.3
Al	0.095	1.4	0.020	0.20
Si	0.20	3.8	0.038	0.58
S	—	—	3.7	0.20
Ca	0.15	3.1	0.016	0.32
Fe	0.17	0.73	0.028	0.12
Pb	0.48	0.13	0.097	0.014

a）Finlayson-Pitts and Pitts, 2000.

近年，微小粒子状物質（$PM_{2.5}$）は，死亡率と罹患率の主な原因であることが世界中で認識されている．$PM_{2.5}$ による汚染がさまざまな経路を通じて心臓血管や呼吸器の健康に悪影響を与えるという強力な証拠もある．世界の疾病負担（global burden of disease：GBD）研究プロジェクトに基づく最近の研究では，2015 年に $PM_{2.5}$ が約 890 万人の早期死亡につながったことが判明した（Burnett et al., 2018 参照）．

14.3 世界的な影響

14.1 節に述べた大気中のエアロゾルは，気候変動とオゾン層破壊という二つの地球規模の大気プロセスに重大な影響を与える．大規模な火山噴火の後，成層圏のエアロゾル濃度は最大 2 桁増加する可能性がある．これらの粒子の成層圏での半減期は約 1 年である．この成層圏のもや（煙霧）は，入射する太陽放射を宇宙に散乱させ，地球の放射バランスに直接影響を与える（16.3 節参照）．これは地球のアルベド（albedo．反射率）の変化として現れる．成層圏の粒子は地球の長波放射にはほとんど影響を及ぼさないため，最終的には対流圏と地表の冷却につながる．Pueschel, 1996 は，1991 年 6 月のピナツボ山の噴火により，地表と対流圏に到達する太陽放射量が 1991 年 9 月までに $-2.7\ \mathrm{W/m^2}$［$-2\,700\ \mathrm{erg/s \cdot cm^2}$］変化したと推定している．これは，噴火により対流圏の核粒子が増加した結果，雲が増加し，これらの影響が部分的に相殺されて宇宙への地球放射線が減少したためと考えられる．一方，産業革命以来の大気中の CO_2 蓄積の影響による正味の変化は $+1.82\ \mathrm{W/m^2}$［$+1\,820\ \mathrm{erg/s \cdot cm^2}$］（Myhre et al., 2013 参照）である．これらを比較すると，成層圏エアロゾルは地球の表面温度に対し，温室効果ガスと同じ桁で逆方向の影響を与えている可能性があり，気候変動の分析には必ずこの効果を含める必要がある．

対流圏エアロゾルも気候に影響を与える可能性がある．対流圏の粒子は，二つのメカニズムによって太陽放射を宇宙に散乱させる．一つは対流圏エアロゾルによる直接散乱である．もう一つは，対流圏で凝縮核濃度が増加した場合に，雲の液滴数が多くなり，反射率が増加することによるものである．どちらのメカニズムも地球の放射バランスに影響し，地表面を冷却する．人為起源のエアロゾルによる複合効果は，温室効果に類似しており，ホワイトハウス効果（whitehouse effect）とよばれている．ホワイトハウス効果の大きさについては，温室効果よりもよくわかっていない．Schwartz, 1996 は，ホワイトハウス効果による冷却は，温室効果による温度上昇の 20 ～ 100%であると推定している．ホワイトハウス効果の原因となる粒子の対流圏での寿命は約 1 週間であるが，温室効果の原因となるガスの大気中での寿命は数十年もある．

成層圏の粒子はオゾン層破壊にも重要な役割を果たす．低温の冬の極地成層圏では, 硝酸と水蒸気が凝縮して極地成層圏に雲を形成する．これらの雲粒子の表面は，人為起源のクロロフルオロカーボン（CFC）などの成層圏の塩素化合物を，分子状塩素（Cl_2）と次亜塩素酸（HClO）に触媒変換する場所として機能する．極地の春では, 太陽がこれらの化合物を光分解して塩素原子（Cl）にし, これがオゾン（O_3）と反応して，酸素（O_2）と一酸化塩素（ClO）を形成する．後者は光分解されて再び塩素原子に戻り, オゾンが継続的に破壊されながらこのサイクルが繰り返される．火山の噴火は，成層圏のエアロゾルを増加させることでこのプロセスを強化し，極地に移動して塩素の触媒活性化のための表面を提供する（Seinfeld and Pandis, 2016 参照）．

問題

14.1　表 14.3 に示すモーダルデータについて，体積濃度がそれぞれ核形成モードで 106 000/cm^3，蓄積モードで 32 000/cm^3，粗大粒子モードで 5.4/cm^3 であった場合，三つのモードのエアロゾルの単位質量あたりの粒子個数濃度はいくらか．粒子は単位密度（1 g/cm^3）と仮定する．

解答：1.13×10^{19} 個/kg，1.65×10^{17} 個/kg，3.12×10^{16} 個/kg
[1.13×10^{16} 個/g，1.65×10^{14} 個/g，3.12×10^{13} 個/g]

14.2　核形成モードの粒子が単独で凝集した場合，核形成モードの平均質量径が蓄積モードの CMD と等しくなるまでにどれだけの時間がかかるか．表 14.3 に示すモーダルデータを使用して推定せよ．GSD は初期値から変化せず，K は 30×10^{-16} m^3/s [30×10^{-10} cm^3/s]（表 12.4 から補間された平均値）で一定であると仮定する．

解答：1.29×10^6 秒（15 日）

参考文献

Burnett, R., Chen, H., Szyszkowicz, M., et al., "Global Estimates of Mortality Associated with Long-Term Exposure to Outdoor Fine Particulate Matter", *Proc. Natl. Acad. Sci.*, **115**, 9592-9597 (2018).

Finlayson-Pitts, B. J., and Pitts, J. N., "Chemistry of the Upper and Lower Atmosphere: Theory, Experiments, and Applications", Academic Press, San Diego, 2000.

Husar, R. B., "Satellite-based Measurement of Atmospheric Aerosols", in Kulkarni, P., Baron, P. A., and Willeke, K. (Eds.), *Aerosol Measurement: Principles, Techniques, and Applications, 3rd edition*, Wiley, New Jersey, 2011.

Jaenicke, R., "Physical Characterization of Aerosols", in Lee, S. D., Schneider, T., Grant, L. D., and Verkerk, P. J. (Eds.), *Aerosols: Research, Risk Assessment, and Control Strategies*, Lewis Publishers, Chelsea, MI, 1986.

Kiehl, J. T., and Rodhe, H. "Modeling Geographical and Seasonal Forcing due to Aerosols", in Charlson, R. J. and Heintzenberg, J. (Eds.), *Aerosol Forcing of Climate*, Wiley, New York, 1995.

Kremser, S., et al., "Stratospheric Aerosol—Observations, Processes, and Impact on Climate", *Rev. Geophys.*, **54**, 278-335 (2016).

Myhre, G., Shindell, D., Bréon, F-M., et al., "Anthropogenic and Natural Radiative Forcing", In Stocker, T. F., Qin, D., Plattner, G-K., et al. (Eds.) *Climate Change 2013: The Physical Science Basis. Contribution ofWorking Group I to the Fifth Assessment Report of the Intergovernmental Panel on Climate Change. Cambridge University Press*, Cambridge, United Kingdom and New York, NY, USA, 2013.

National Research Council, *Airborne Particles*, University Park Press, Baltimore, 1979.

Nyeki, S., Li, F., Rosser, D., Colbeck, I., and Baltensperger, U., "The Background Aerosol Size Distribution at a High Alpine Site: An Analysis of the Seasonal Cycle", *J. Aerosol Sci.*, **28**, S211-S212 (1997).

Pueschel, R. F., "Stratospheric Aerosols: Formation, Properties, Effect", *J. Aerosol Sci.*, **27**, 383-402 (1996).

Schwartz, S. E., "The Whitehouse Effect—shortwave Radiative Forcing of Climate by Anthropogenic Aerosols: An Overview", *J. Aerosol Sci.*, **27**, 359-382 (1996).

Seinfeld, J. H. and Pandis, S. N., *Atmospheric Chemistry and Physics*, 3rd Edition, Wiley, New York, 2016.

Whitby, K. J., "The Physical Characteristics of Sulfur Aerosol", *Atmos. Env.*, **12**, 135-159 (1978).

15 電気的性質

エアロゾルの力学で取り扱う静電現象のうち最も重要なものは，静電場の中で荷電粒子にはたらく静電気力である．大部分のエアロゾル粒子はある程度荷電しており，あるものは非常に強く荷電している．荷電粒子にはたらく静電気力は，重力の数千倍にも達する．この静電気力によって引き起こされる運動は，空気清浄設備やエアロゾルのサンプリング，あるいは測定装置の基本となるものである．

15.1 単 位

荷電粒子は，荷電した表面もしくは他の荷電粒子の近傍で，静電気力（electrostatic force）を受ける．この力は，空気あるいは真空を介して遠隔的に作用し，電流が介在する必要はない．粒子の電荷は，粒子のもつ電子が過剰であるか不足しているかに応じて，それぞれ正または負に帯電する．この節では，静電気の基本原理と，これを表すのに用いられる単位系について述べる．

静電気力を表す基本式はクーロン（Coulomb）の式であり，距離 R だけ離れた同符号の二つの電荷の間にはたらく反発力 F_E は，次式で与えられる．

$$F_E = K_E \frac{qq'}{R^2} \tag{15.1}$$

ここで，q と q' はそれぞれの荷電量であり，K_E は使用する単位系に依存する比例定数である．

単位系によって荷電量の定義方法が異なるため，SI と cgs 単位系では，式 (15.1) の形が異なってくる．

SI では，七つの SI 基本単位のうちの一つであるアンペア（A）は，1 m 離れた 2 本の平行な電線間に指定された力を生成するのに必要な電流として定義される．電荷と電位差の単位はアンペアから導き出される．電荷の単位であるクーロン (C) は，1 A の電流によって 1 秒間に輸送される電荷の量として定義される（訳者注：

定電流・瞬時電流・平均電流はアンペアで表されるのに対して，ある体積内に蓄えられた電荷や，一定時間内にある面を通過した電荷の量はクーロンで表される．電流は1クーロン（C）の電荷が1秒間流れたときに1Aとなる．2019年の定義改定により，電気素量 e で $1.602\,176\,634\times10^{-19}$C，すなわち 6.24×10^{18} 個の電子が移動したときが1Aである）．電位差の単位であるボルト（V）は，1Aを伝送し，1ワット（W）の電力を消費する電気力線に沿った2点間の電位差として定義される（訳者注：2019年改定のSIでは，ボルトは組立単位（基本単位を組み合わせて表す単位）として示されており，定義はない．SI基本単位で表すと $\mathrm{V=m^2{\cdot}kg{\cdot}s^{-3}{\cdot}A^{-1}}$ となる）．SIでは，式(15.1)の K_E の値は次のようになる．

$$K_E=\frac{1}{4\pi\varepsilon_0}=9.0\times10^9\quad \mathrm{N\cdot m^2/C^2} \tag{15.2}$$

ここで，ε_0 は真空の誘電率 $8.85\times10^{-12}\ \mathrm{C^2/N{\cdot}m^2}$ である．式(15.1)と式(15.2)を組み合わせると，次式が得られる．

$$F_E=9.0\times10^9\frac{qq'}{R^2}\quad(\mathrm{SI}) \tag{15.3}$$

ここで，F_E の単位はN，q および q' の単位はC，R の単位はmである．

cgs静電単位系（esu）では，電荷の量はスタットクーロン（statcoulomb，statC）で表される．これは，二つの等しい電荷が1cm離れたときに1dynの反発力を引き起こす電荷の量として式(15.1)で定義される．「stat」は，cgs単位とSI単位を区別するための接頭語である．したがって，cgs単位系では $K_E=1$（無次元）となり，式(15.1)は次のように単純化できる．

$$F_E=\frac{qq'}{R^2}\quad(\text{cgs 単位}) \tag{15.4}$$

ここで，F_E の単位はdyn，q と q' の単位はstatC，R の単位はcmである．このように荷電を定義することにより，単位電流と単位電位差を同一の単位系によって定義できる．単位電流，すなわち1スタットアンペア（statA）は，1 statC/sの電流と同じである．単位電位差，すなわち1スタットボルト（statV）は，1 statCの電荷がある2点間を動く間に1 ergの仕事をするときの，その2点間の電位差として定義される．

cgs単位系には方程式が単純化されるという利点があるが，「stat」のついた単位系を使用しなければならない．一方，SIには共通の電気単位を使用できるという利点があるが，方程式に補正係数 K_E を導入しなければならない．表15.1に，二

表 15.1　静電気に関する定数および SI と cgs 単位系との変換係数

物理量	SI	cgs 単位系
荷電量	1 C	3.0×10^9 statC
電流	1 A	3.0×10^9 statA
電位差	1 V	0.0033 statV
K_E	9.0×10^9 N·m²/C²	1
電子の電荷	1.60×10^{-19} C	4.80×10^{-10} statC
単位電荷	6.3×10^{18}/C	2.1×10^9/statC
電気移動度	1 m²/V·s	3.0×10^6 cm²/statV·s
電場の強さ	1 N/C または V/m	3.3×10^{-5} dyn/statC または statV/cm

つの単位系の間の換算係数を示す．与えられた定義とクーロンの法則から，次の関係を導くことができる．

$$\begin{aligned} \mathrm{A} &= \mathrm{C/s} & \mathrm{stA} &= \mathrm{statC/s} \\ \mathrm{V} &= \mathrm{N \cdot m/C} & \mathrm{stV} &= \mathrm{dyn \cdot cm/statC} \\ \mathrm{N} &= K_E \mathrm{C}^2/\mathrm{m}^2 & \mathrm{dyn} &= \mathrm{statC}^2/\mathrm{cm}^2 \\ \mathrm{V} &= K_E \mathrm{C/m} & \mathrm{stV} &= \mathrm{statC/cm} \end{aligned} \tag{15.5}$$

ここで，式 (15.2) で定義したように，$K_E = 9.0 \times 10^9\ \mathrm{N \cdot m^2/C^2}$ である．

15.2 電　場

電場（electric field）は荷電物体の周囲に存在し，電場内の荷電粒子には静電気力が加わる．電場の強さ（field strength）は，粒子の単位荷電量あたりに形成される力 F_E の大きさで表される．電場の強さ，すなわち電界強度は次式で表される．

$$E = \frac{F_E}{q} \tag{15.6}$$

ここで，q は粒子の荷電量である．電界強度の単位は N/C [dyn/statC] であり，電場の強さは F_E と同じ方向をもつベクトルである．通常，荷電 q は電荷の最小単位である電子の電荷の絶対値 e，すなわち 1.6×10^{-19} C [4.8×10^{-10} statC]（電気素量）の n 倍として表される．

$$q = ne \tag{15.7}$$

したがって，強さ E の電場内で n 個の電気素量をもつ粒子に作用する力は，

$$F_E = qE = neE \tag{15.8}$$

となる．式 (15.8) は，エアロゾル粒子に作用する静電気力の基本式である．n と

Eが既知であれば，単純にこの式を用いればよい．エアロゾルに対して静電気理論を応用するための主な問題は，これら二つの量を決定することにある．nとEの値は，時間と位置によって変化し，しかも一方の値によって他方が影響を受ける．この問題については，15.2〜15.7節において取り扱う．

クーロンの法則は，荷電量，力および幾何学的位置の関係を示すものであるから，荷電表面近傍の任意の点での電場の強さを決定するのに使うことができる．まず，電場の強さを求めようとする点に仮想の単位電荷（unit charge）を考え，荷電表面上の各荷電量によってこの仮想電荷にはたらくクーロン力のベクトル和をとり，作用する力の合計を求める．次に，この力を式(15.6)に代入して電場の強さを求める．しかし，一般には荷電量の大きさと位置についての表面分布がわからないため，この方法を用いることはできない．任意の点における電場の強さは，理論的には，実際の電荷をその位置に置き，その電荷にはたらく静電気力を測定することにより求められるが，この方法も実用上多くの課題がある．

この方法に代わる電場の強さを求める方法として，比較的測定しやすい電圧もしくは電位差を用いた方法がある．2点間の電位差ΔWは，その2点間を単位電荷が動くのに必要な仕事量として定義できる．この仕事量は，単位電荷にはたらく力（すなわち電場の強さ）と2点間の距離Δxの積に等しい．

$$\Delta W = \frac{F_E \Delta x}{q} \tag{15.9}$$

式(15.8)，(15.9)により，電場の強さは次式のようになる．

$$E = \frac{\Delta W}{\Delta x} \tag{15.10}$$

したがって，ある点における電場の強さは，その点におけるその方向の電位勾配に等しい．電場の強さを決定することは，基本的には帯電した表面近傍における電位勾配を求めることに帰着する．

電場の強さに関する解，すなわち，ある点での電場の強さを表す式は，単純な幾何学的な考察により決定できる．以下に三つの例を示す．荷電量qの単一点電荷（single point charge）を取り巻く電場の場合，仮想の電荷q'を場内に置き，クーロンの法則を用いてその電荷に作用する力を求めれば，式(15.6)から次式のように電場の強さを容易に決定できる．

$$E = \frac{F_E}{q'} = \frac{K_E q}{R^2} \tag{15.11}$$

互いに異なる符号に荷電した2枚の平行平板間に生じる電場の強さは，板の端部における影響を無視すれば平行平板間で均一となり，以下のように与えられる．

$$E = \frac{\Delta W}{x} \tag{15.12}$$

ここで，ΔW は平行平板間の電位差であり，x は平板間の距離である．均一な電場では，荷電粒子に加わる静電気力は平板間のどの位置においても一定である．正に帯電した粒子にはたらく力の方向は負に帯電した平板に向かう方向になり，逆に負に帯電した粒子にはたらく力は正に帯電した平板に向かう方向となる．

中心軸上に導線を有する円筒を考えた場合，その内部の電場の強さは，次式で与えられる．

$$E = \frac{\Delta W}{R \ln(d_t / d_w)} \tag{15.13}$$

ここで，ΔW は導線と円筒との間の電位差，R は計算対象点の中心からの距離，d_t, d_w はそれぞれ円筒と導線の直径である．式 (15.13) は，R が 0 に近づくにつれ，電場の強さは無限大に近づくことを示している．しかし，導線の直径は有限であるため，$R=0$ のときの電場は存在しえない．電場の強さが最大となるのは，導線の表面上であり，その大きさは線の直径が減少するにつれて増加する．式 (15.13) は，二つの同心円筒間の空間の場の強度にも適用できる．幾何学的な形状が複雑になった場合や，イオンや荷電粒子などが空間に多数存在するような場合には，電場の強さを計算することは非常に難しくなる．

地表付近の対流圏では，負に帯電した地表と正に帯電した大気上空との電位差により電場が形成される．通常の晴天の日には，電場の強さは 120 V/m [1.2 V/cm] 程度であるが，雷雲の下では 10 000 V/m [100 V/cm] にも達し，落雷した場所ではさらに強くなる．

例題　粒子が 10^{-14} C の点電荷から 4 cm の位置にある．粒子の位置における電場の強度はいくらか．また，粒子が電気素量 100 個分の過剰な電荷をもっている場合，粒子に作用する静電気力はいくらか．

解

$$E = \frac{K_E q}{R^2} = \frac{9 \times 10^9 \times 10^{-14}}{(0.04)^2} = 0.056\,\mathrm{V/m}$$

$$F = qE = neE = 100 \times 1.6 \times 10^{-19} \times 0.056 = 9.0 \times 10^{-19}\,\mathrm{N}$$

cgs 単位系では次のようになる．

$$\left[q = 10^{-14} \times 3 \times 10^{9} = 3 \times 10^{-5}\,\mathrm{statC}\right]$$

$$\left[E = \frac{1 \times 3 \times 10^{-5}}{4^2} = 1.88 \times 10^{-6}\,\mathrm{statV/cm}\right]$$

$$\left[F = 100 \times 4.8 \times 10^{-10} \times 1.88 \times 10^{-6} = 9.0 \times 10^{-14}\,\mathrm{dyn}\right]$$

15.3　電気的移動度

電場に荷電粒子が存在するとき，その粒子は式 (15.8) に示した静電気力 F_E を受ける．この力によって生じる粒子速度は，3.3，3.7 節で述べた終末沈降速度と同様にして決定できる（3.3，3.7 節参照）．ストークス領域の粒子運動の場合，静電気力による終末速度 V_{TE} は，式 (3.18) におけるストークス抗力を静電気力に置き換えることにより得られる．

$$neE = \frac{3\pi\eta Vd}{C_c} \tag{15.14}$$

$$V_{\mathrm{TE}} = \frac{neEC_c}{3\pi\eta d} \tag{15.15}$$

式 (15.15) は，粒子の力学的移動度（mechanical mobility）B（式 (3.16)）を用いれば，次式のように書き換えられる．

$$V_{\mathrm{TE}} = neEB \tag{15.16}$$

粒子の運動がストークス領域外にあるときに V_{TE} を求めるには，Re > 1 の場合の V_{TS} の計算に用いたのと同様の手順を行う必要がありうる（3.7 節参照）．Re > 1 の場合，静電気力が重力よりもはるかに大きくなる可能性があるため，荷電粒子の挙動としては沈降よりも静電気力による運動のほうが支配的となる．式 (15.8) および式 (3.4) より

$$neE = C_D \frac{\pi}{8} \rho_g d^2 V_{\mathrm{TE}}^2 \tag{15.17}$$

となり，これを C_D について解くと，次式を得る．

$$C_D = \frac{8neE}{\pi\rho_g d^2 V_{\mathrm{TE}}^2} \tag{15.18}$$

式 (15.18) の両辺に $(\mathrm{Re})^2$ を掛けると，次式が求められる．

$$C_D(\mathrm{Re})^2 = \frac{8neE\rho_g}{\pi\eta^2} \tag{15.19}$$

この $C_D(\mathrm{Re})^2$ の値は，静電気力による終末速度やレイノルズ数が未知であっても求めることができる．この場合，V_{TS} を V_{TE} に置き換えた式 (3.33) によって $C_D(\mathrm{Re})^2$ の値から決定するか, 3.7 節に示したようなグラフや表を用いた手順によって求めることができる．

1900 年代初期の古典的物理実験の一つである Millikan の油滴の実験では，個々の電子の電荷を測定するために，ここで述べたような静電気的な性質を利用している．実験に用いられたミリカンセル（Millikan cell）とよばれる装置を図 15.1 に示す．サブマイクロメートルの球形粒子（油滴）は，一組の水平な平行平板間に導かれる．平行平板間の電位差は精密に調整可能である．平行平板間の粒子には光が照射されており，光線と 90° の位置に水平に置かれた顕微鏡により観察される．照射された粒子は，黒色の背景に対して光の小点として見える．平行平板間に電圧がかかっていない場合は, 3.9 節で述べた重力沈降セルと同様に，沈降速度の測定によって油滴の粒径を求めることができる．使用している噴霧発生法により，油滴は 1 個あるいは数個の過剰電子を帯びている．上方の平板の電位（下方の平板に比べて電位は正になっている）を調整することにより，上向きの静電気力と重力とをバランスさせると，粒子は静止状態になり，次式が成立する．

$$neE = \frac{\rho_p \pi d^3 g}{6} \tag{15.20}$$

Millikan は数千回の測定から．粒子の荷電量はつねに基本単位，すなわち電気素量 e の整数倍（e, $2e$, $3e$ など）であることを見出した．粒子が電場内で移動する能力は，粒子の電気移動度（electrical mobility）Z, すなわち単位強さの電場内での

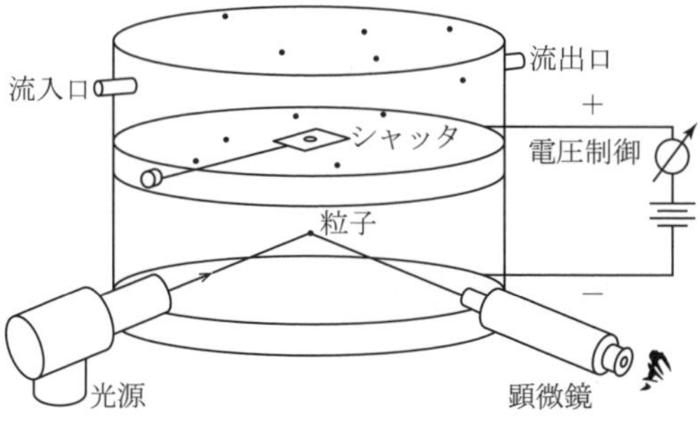

図 15.1 Millikan の油滴実験装置

電荷 ne の粒子の終末速度によって表すことができる．電気的移動度は次のように与えられる．

$$Z = \frac{V_{\mathrm{TE}}}{E} = \frac{neC_c}{3\pi\eta d} \quad (\mathrm{Re} < 1 \text{のとき}) \tag{15.21}$$

$$V_{\mathrm{TE}} = ZE \quad (\mathrm{Re} < 1 \text{のとき}) \tag{15.22}$$

式 (15.21) で与えられる粒子の移動度はストークス領域の抵抗に基づいており，粒子の運動がストークス領域の外側にある場合（$\mathrm{Re} > 1$）には，粒子速度は式 (15.21) および式 (15.22) で計算される速度よりも小さくなる．移動度は通常，$\mathrm{m^2/V{\cdot}s}$ [$\mathrm{cm^2/statV{\cdot}s}$] の単位で表される．

表 15.2 に電子，イオン，およびさまざまな荷電量のエアロゾル粒子の移動度の値を示す．イオンは，一つ以上の電子が過剰または不足している荷電分子クラスタであり，それぞれ負イオンまたは正イオンとよばれる．空気イオンは通常一価に帯電しており，炎，放射線，またはコロナ放電によって空気分子から形成される（15.5 節参照）．表より，高荷電粒子は中程度の電場でも非常に大きな移動度を得ることがわかる．

表 15.2　標準条件における電子，イオン，エアロゾル粒子の電気移動度

粒径（μm）	電気移動度（$\mathrm{m^2/V{\cdot}s}$）a)	
	単一荷電	限界荷電 b)
電子	6.7×10^{-2}	—
負の空気イオン	1.6×10^{-4}	—
正の空気イオン	1.4×10^{-4}	—
0.01	2.1×10^{-6}	7.3×10^{-4}
0.1	2.7×10^{-8}	9.3×10^{-4}
1.0	1.1×10^{-9}	(2.5×10^{-3}) c)
10	9.7×10^{-11}	(6.7×10^{-3}) c)
100	9.3×10^{-12}	(1.1×10^{-2}) c)

a）移動度は，表示されている値に 3×10^6 を掛ければ $\mathrm{cm^2/statV{\cdot}s}$ となる．
b）限界荷電量に基づく（15.6 節参照）．
c）単位電場内の速度 (m/s)，ただし $\mathrm{Re}>1.0$ のため式 (15.22) は成り立たない．

電気移動度と力学的移動度との間には，次式の関係が成り立つ．

$$Z = qB = neB \tag{15.23}$$

電場内の粒子の加速，減速は粒子の緩和時間 τ により特徴付けられ，5.2 節で述べたような関係が成り立つ．

例題 40個の過剰電子をもつ粒径0.6 μmの粒子の電気移動度を求めよ．また，この粒子をそれぞれ+1 000 V，－1 000 Vに保たれた間隔1 cmの平行平板間に置いたとき，粒子にはたらく静電気力，および静電気力による終末速度を求めよ．粒子の力学的移動度は表A.11を参照のこと．

解

$$Z = neB = 40\times1.6\times10^{-19}\times1.23\times10^{10} = 7.9\times10^{-8}\ \mathrm{m^2/(V\cdot s)}$$

$$\left[Z = 40\times4.8\times10^{-10}\times1.23\times10^{7} = 0.24\ \mathrm{cm^2/(statV\cdot s)}\right]$$

$$E = \frac{\Delta W}{x} = \frac{+1000-(-1000)}{0.01} = 200\,000\ \mathrm{V/m}$$

$$\left[E = \frac{2000\times0.0033}{1} = 6.6\ \mathrm{statV/cm}\right]$$

$$V_{\mathrm{TE}} = ZE = 7.9\times10^{-8}\times200\,000 = 0.016\ \mathrm{m/s}$$

$$[V_{\mathrm{TE}} = 0.24\times6.6 = 1.6\ \mathrm{cm/s}]$$

$$\mathrm{Re} = 66\,000\times0.016\times0.6\times10^{-6} = 6.3\times10^{-4}$$

$$[\mathrm{Re} = 6.6\times1.6\times0.6\times10^{-4} = 6.3\times10^{-4}]$$

注：$\dfrac{V_{\mathrm{TE}}}{V_{\mathrm{TS}}} = \dfrac{0.016}{1.37\times10^{-5}} = 1170$

15.4 荷電メカニズム

エアロゾル粒子が電荷を獲得する主なメカニズムは，火炎荷電，静電気荷電，拡散荷電，および電界荷電である．最後の二つは，通常はコロナ放電（15.5節）による単極性イオンの生成を必要とし，高荷電粒子の生成に使用される．粒子の荷電量を求めるには，どのような状態で荷電したのかを推定することが重要である．

火炎荷電（flame charging）は，粒子が火炎内で形成されるか火炎を通過するときに発生する．高温の火炎の中では，ガス分子が直接イオン化することにより，高濃度の正イオン，負イオンが生成され，粒子から電子またはイオンの熱電子放出が発生する．粒子が獲得する正味の電荷は材質に依存し，通常は，正に帯電した粒子と負に帯電した粒子の数が等しくなる．

静電気荷電（static electrification）は，大きな物質や他の粒子の表面から粒子が分離する際に荷電する機構である．この荷電メカニズムは，場合によっては高荷電粒子を形成することもあるが，エアロゾルの機構としては不安定なものである．静電気荷電は，とくに爆発性ダストを取り扱う場合に重要となる．粒子は通常，その生成，再飛散，高速輸送中に静電気によって荷電する．粒子の生成時に生じる静電気荷電の主な要因には，電解荷電，噴霧荷電，および接触荷電の三つがある．

電解荷電（electrolytic charging（訳者注：直訳すると「電解」となるが，メカニズムとしては，後の噴霧荷電と合わせ，「分離荷電」とよべる））は，高誘電性の液体が固体の表面から分離する際に生じる．たとえば，アトマイザーで高誘電性の液体を噴霧すると，この種の液体はアトマイザー表面から電荷を奪い，表面から分離する際に弱から中程度に荷電した液滴となる．純水は誘電性の高い液体であり，霧化中に荷電する可能性がある．噴霧荷電（spray charging）は，荷電した液体表面の破裂分離によって生じる．一部の液体は，表面効果により表面に電層を形成しており，噴霧や泡立ちによって液滴が形成される際にこの表面が破裂すると，荷電した液滴が生成される．接触荷電（contact charging），または摩擦荷電（triboelectrification）は，乾燥した非金属性の粒子が固体の表面から分離する際に生じる．粒子が表面に接触すると，粒子と表面の間で電荷が移動し，粒子が表面から離れるときに正味の正または負の電荷を獲得する．粒子の極性と粒子の電荷量は，粒子材質と摩擦帯電列におけるそれらの相対位置によって異なる．また，摩擦によって荷電量が増加する．ヴールの敷物で革靴をこすると帯電する現象は，このメカニズムの一般的な例である．接触荷電は，表面が乾燥していないと起こらないため，相対湿度が約65%を超えると作用しなくなる．乾燥した粉末を飛散させる方法では，そのほとんどが粉末と装置との間に何らかの摩擦があり，荷電粒子が形成される．

単極イオン（unipolar ion）と粒子が混在する場合，粒子はイオンとの不規則な衝突により荷電する．この過程は，イオンと粒子のブラウン運動による衝突の結果生じるため，拡散荷電（diffusion charging）とよばれる．この機構は電場を必要とせず，また，第一近似的には粒子の材質に依存しない．粒子に電荷が蓄積されていくにつれて，その周囲にイオンを跳ね返すような電場が生じ，イオンが粒子に到達する割合が小さくなる．気体分子と平衡荷電状態にあるイオンの速度は，ボルツマン分布を示す．粒子の荷電量が増大するにつれて，粒子の反発力に対抗できる速度をもったイオンの個数は減少していき，粒子への荷電率は0に近づく．しかし，ボルツマン分布には速度の上限がないため0になることはない．

直径 d_p の粒子が時間 t の間に拡散帯電によって獲得する電荷数 $n(t)$ は，近似的に次のように表せる．

$$n(t) = \frac{d_p kT}{2K_E e^2} \ln\left(1 + \frac{\pi K_E d_p \bar{c}_i e^2 N_i t}{2kT}\right) \tag{15.24}$$

ここで，$\bar{c}_i$はイオンの平均速度（標準状態で$\bar{c}_i = 240$ m/s［2.4×10^4 cm/s］），N_iはイオンの濃度である．標準状態では，$N_i t > 10^{12}$ s/m^3［10^6 s/cm^3］の場合，0.07～1.5 μm の粒子に対して式（15.24）の精度はたかだか 2 倍以内（200％以内）である．また $N_i t > 10^{13}$ s/m^3［10^7 s/cm^3］の場合にも，0.05～40 μm の粒子に対して 2 倍以内の精度である．数値積分を必要とするため，計算は若干煩雑となるが，より正確な方法が Lawless, 1996 によって提案されている．静電界が存在する場合でも，直径 0.2 μm 未満の粒子を荷電させる主なメカニズムは拡散荷電である．拡散荷電に似たプロセスとして，双極性イオンを用いて高荷電粒子を生成する方法がある．これについては 15.7 節に述べる．

電界荷電（field charging）は，強い電場が存在する場合に単極性イオンによって発生する荷電である．このメカニズムを図 15.2（a）～（c）に示す．図の左側に負，右側に正に帯電した平板があり，これらの間に平行な電場が形成されている場合を想定する．負に帯電した左側平板には負イオンが存在する．イオンは電場内を左側平板から右側平板に向けて高速で移動するため，イオンと粒子との間で頻繁な衝突が発生する．図（a）に示すように，荷電していない球形粒子を均一な電場に置くと，電場が変形する．図に示されている電気力線（field line）は，イオンの軌道を表していると考えてよい．電気力線の歪みの程度は，粒子材料の比誘電率（誘電率）ε と粒子の電荷に依存する．荷電していない粒子の場合，ε の値が大きいほど，粒子に引き寄せられる電気力線の数は多くなる．この電場内にあるイオンは電気力線に沿って運動し，その電気力線が粒子と交差する場所で，その粒子と衝突する．粒子の左側の交差線上にあるすべてのイオンは粒子と衝突し，その電荷を粒子に与える．粒子が荷電すると，粒子は同符号の電荷を帯びたイオンを跳ね返すようになる．この状況を図（b）に示した．このとき，粒子は部分的に荷電しているので，左側か

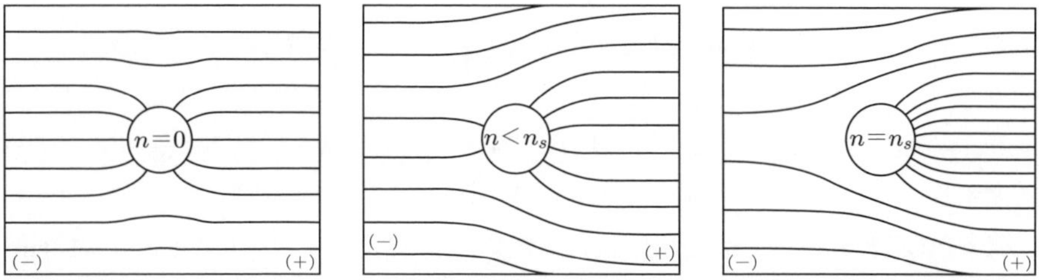

（a）帯電していない粒子　（b）ある程度荷電した粒子　（c）飽和荷電粒子

図 15.2　均一な電場内における粒子のまわりに生じる電気力線（図の左右に平行な電場があり，負イオンがその間を高速で移動していると仮定した）

ら粒子に引き寄せられる電場の強度と電気力線の数が減少し，右側ではこれらが増加する．このような変化の結果，粒子が荷電するに従い，粒子へのイオンの到達率は減少する．

最終的に粒子の荷電量がある量まで達すると，図 15.2 (c) に示すように，粒子の左側から入ってくる電気力線はなくなり，イオンが粒子に到達しえない状態となる．この限界荷電状態のとき，粒子は飽和荷電（saturation charge）されたという．

拡散荷電が無視できる場合，イオン数濃度 N_i の電場 E 中で時間 t の間に粒子が獲得する電荷の数 n は次のようになる．

$$n(t) = \left(\frac{3\varepsilon}{\varepsilon+2}\right)\left(\frac{Ed^2}{4K_E e}\right)\left(\frac{\pi K_E e Z_i N_i t}{1+\pi K_E e Z_i N_i t}\right) \tag{15.25}$$

ここで，ε は粒子の比誘電率，Z_i はイオンの移動度で，約 0.00015 m^2/V･s［450 cm^2/statV･s］である．この式の右辺二つ目の括弧までは，所定の荷電条件で十分な時間が経過した後に到達する飽和荷電数 n_s を表している．

$$n_s = \left(\frac{3\varepsilon}{\varepsilon+2}\right)\left(\frac{Ed^2}{4K_E e}\right) \tag{15.26}$$

式 (15.25) および式 (15.26) の右辺一つ目の括弧内は，粒子を構成する物質にのみ関係する係数であり，1.0（$\varepsilon=1$ の場合）から 3.0（$\varepsilon=\infty$ の場合）までの値をとる．比誘電率，すなわち誘電率 ε は，ある一定の電位差を加えたときに，種々の物体中に生じる電場の相対的な強さ（同じ条件下の真空中で生成される静電場の強度と比較した相対値）を表している．ほとんどの材料では $1<\varepsilon<10$ である．真空の場合は 1.0，空気の場合は 1.00059，DOP の場合は 5.1，石英の場合は 4.3 であるが，純水の場合は 80，導電性粒子の場合は無限大となる．式 (15.25) の右辺二つ目の括弧内は，飽和電荷が粒子の表面積と静電場の強度に比例することを示している．右辺三つ目の括弧内は時間によって変化する項であり，$\pi K_E e Z_i N_i t \gg 1.0$ のときにその値は 1 となる．荷電率は粒径や電場の強さには関係せず，イオン濃度だけに依存する．粒子を強制的に荷電させた場合，イオン濃度は通常 10^{13} 個/m^3［10^7 個/cm^3］以上が必要で，この場合，粒子の荷電量は 3 秒以内に飽和量の 95% に達する．

荷電量は，電界荷電では d_p^2 に，拡散荷電では d_p に比例する．したがって，1.0 μm を超える粒子は主に電界荷電により荷電するが，0.1 μm 未満の粒子では，たとえ電場が存在していても，主に拡散荷電により荷電する．電場の存在下でも，これらの間の粒径範囲では，両方の荷電機構が作用しており，状況はさらに複雑になる．

式 (15.24) および式 (15.25) は明示的ではあるが，限定的な仮定に基づき単純化されている．より正確な解析にはコンピュータによる計算が必要となる．Lawless, 1996 は，拡散，電場，および複合帯電に適用できる帯電速度の近似値を示している．特定の時間内に粒子が取得した電荷を求めるには，これを数値的に積分する必要がある．表 15.3 は，イオン濃度 10^{13} 個/m^3 [10^7 個/cm^3] で，拡散，電場，および複合荷電機構によってさまざまな粒径の粒子が 1 秒間に取得した電荷の数を示している．表の条件では, 5 µm 以上の粒子については式 (15.25) の電界荷電の式が適合し, 0.2 ～ 2 µm の粒子については式 (15.24) が適合する．図 15.3 は，さまざまな荷電条件で $\varepsilon = 5.1$ の粒子によって取得される電荷の数を示している．

表 15.3 $N_i t = 10^{13}$ s/m^3 [10^7 s/cm^3]，$\varepsilon = 5.1$ における電界荷電，拡散荷電，および複合荷電による荷電数の比較

粒径 (µm)	荷電数			
	拡散荷電		電界荷電	複合荷電
	式 (15.24 より)	数値解析 a)	$E = 500$ kV/m [5 kV/cm] 式 (15.25) より	$E = 500$ kV/m [5 kV/cm] 数値解析 a)
0.01	0.10	0.41	0.02	0.42
0.04	0.79	1.6	0.26	1.9
0.1	2.7	4.1	1.6	5.6
0.4	15.7	16.3	25.9	40
1.0	47	41	162	195
4.0	237	163	2 580	2 680
10	673	407	16 200	16 540
40	3 180	1 630	259 000	264 000

a) Lawless, 1996.

図 15.4 は，典型的な電界荷電条件における粒子の粒径と移動度を示している．粒子の電荷は粒径とともに減少するが，力学的移動度は粒径が小さくなると急速に増加する．したがって，電気移動度を最小限に抑えるための粒径はサブマイクロメートルの範囲にある．典型的な帯電条件下での移動度は粒径範囲 0.1 ～ 1 µm にあるが，弱い粒径依存性を示す．この節で述べたモデルの追加情報は，Liu and Kapadia, 1978 で参照できる．

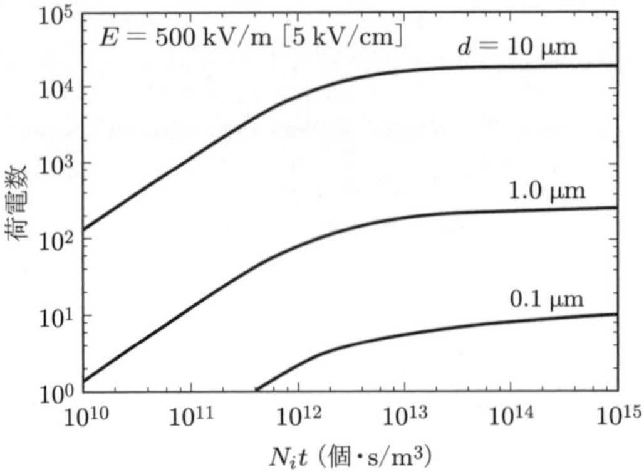

（a）電界強度 500 kV/m [5 kV/cm] における 0.1, 1, 10 μm 粒子の $N_i t$ に対する取得荷電数

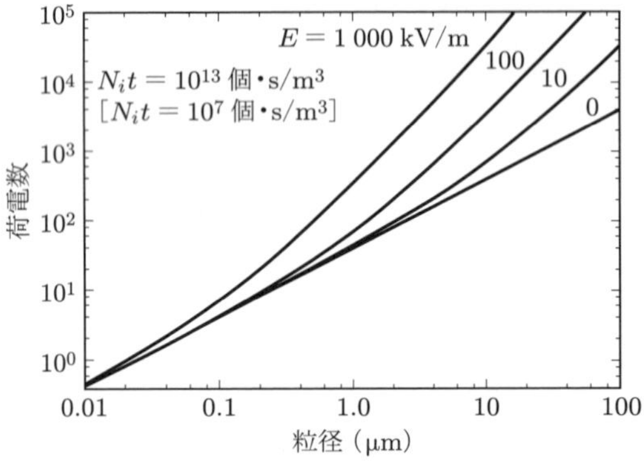

（b）$N_i t = 10^{13}$ 個・s/m^3[10^7 個・s/m^3] における電界強度 0, 100, 1 000, 10 000 V/cm における粒径に対する取得荷電数

図 15.3　電界帯電と拡散帯電による取得電荷数

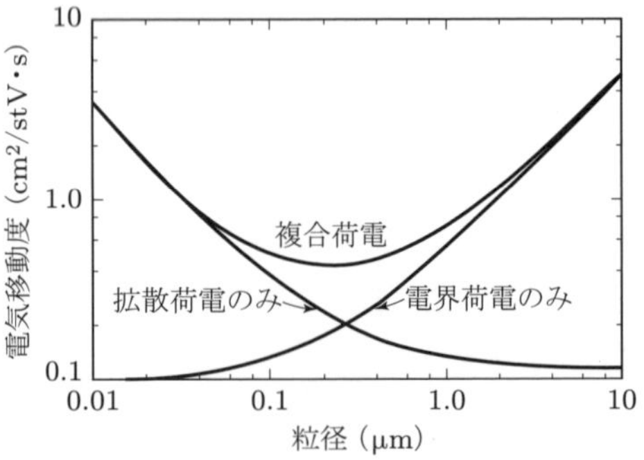

図 15.4　E= 500 kV/m [5 kV/cm] および $N_i t$= 10^{13} s/m^3 [10^7 s/cm^3] における粒径と拡散，電界，および複合荷電した粒子の電気移動度

例題 1. イオン濃度 10^{13} 個/m^3 [10^7 個/cm^3] における拡散荷電により，2.0 μm の水滴が 1 秒間に何個の素電荷を取得するか．

2. イオン濃度 10^{13} 個/m^3 [10^7 個/cm^3]，電界強度 600 kV/m [6 kV/cm] における電界荷電を想定した場合はどうか．

解 1.

$$n = \frac{2\times10^{-6}\times1.38\times10^{-23}\times293}{2\times9\times10^{9}\times(1.6\times10^{-19})^2}\times\ln\left(1+\frac{\pi\times9\times10^{9}\times2\times10^{-6}\times240\times(1.6\times10^{-19})^2\times10^{13}\times1}{2\times1.38\times10^{-23}\times293}\right)$$

$$= 17.6\times\ln(1+430)\ \mathrm{m\cdot N\cdot m\cdot K^{-1}\cdot K/(N\cdot m^2\cdot C^{-2}\cdot C^2)} = 106$$

$$\left[n = \frac{2\times10^{-4}\times1.38\times10^{-16}\times293}{2\times1\times(4.8\times10^{-10})^2}\times\ln\left(1+\frac{\pi\times1\times2\times10^{-4}\times2.4\times10^{-4}\times(4.8\times10^{-10})^2\times10^{7}\times1}{2\times1.38\times10^{-16}\times293}\right)\right.$$

$$\left. = 17.6\ \ln(1+430)\quad \mathrm{cm\cdot dyn\cdot cm\cdot K^{-1}\times K/stC^2} = 106\right]$$

2.

$$\frac{3\varepsilon}{\varepsilon+2} = \frac{3\times80}{80+2} = 2.93$$

$$\frac{Ed^2}{4K_Ee} = \frac{600000\times(2\times10^{-6})^2}{4\times9\times10^{9}\times1.6\times10^{-19}} = 417\,\frac{\mathrm{V\cdot m^{-1}\cdot m^2}}{\mathrm{N\cdot m^2\cdot C^{-2}\cdot C}}$$

$$\pi K_EeZ_iN_it = \pi\times9\times10^{9}\times1.6\times10^{-19}\times0.00015\times10^{13}\times1$$

$$= 6.79\,\frac{\mathrm{N\cdot m^2\cdot C\cdot m^2\cdot s}}{\mathrm{C^2\cdot V\cdot s\cdot m^3}}$$

$$n = 2.93\times417\times\left(\frac{6.79}{6.79+1}\right) = 1065$$

$$\left[\frac{3\varepsilon}{\varepsilon+2} = \frac{3\times80}{80+2} = 2.93\right.$$

$$\frac{Ed^2}{4K_Ee} = \frac{(6000/300)\times(2\times10^{-4})^2}{4\times1\times4.8\times10^{-10}} = 417\,\mathrm{statV\cdot cm^{-1}\cdot cm^2/statC}$$

$$\pi K_EeZ_iN_it = \pi\times1\times4.8\times10^{-10}\times450\times10^{7}\times1 = 6.79\,\frac{\mathrm{statC\cdot cm^2\cdot s}}{\mathrm{statV\cdot s\cdot cm^3}}$$

$$\left. n = 2.93\times417\times\left(\frac{6.79}{6.79+1}\right) = 1065\right]$$

15.5 コロナ放電

前節で述べた電界荷電と拡散荷電が生じるためには，高濃度の単極イオンが必要である．しかし，これらのイオンには相互反発作用があり，また電気移動度が大きいため寿命が短い．したがって，これらの荷電機構を応用するためには，イオンを継続的に生成しなければならない．イオンは，放射線や紫外線，燃焼，コロナ放電などによって空気中で生成される．このうち，コロナ放電のみが，エアロゾルを荷電するのに十分な濃度の単極イオンを生成できる．

コロナ放電（corona discharge）を発生させるには，針と平板，あるいは15.2節で示したような導線と同軸に配置された円筒などを用いて不均一な電場を作る必要がある．空気その他の気体は，通常，非常に高い絶縁性を有するが，十分に強い電場を加えると，空気は電気的崩壊を起こし，その一部が導電体となる．電場の形状により，この電気的崩壊は，アーク放電（are discharge）あるいはコロナ放電となる．円筒と導線を用いた場合，この崩壊が生じるのに十分な強い電場が形成されるのは，導線表面のごく薄い層内のみである．電気的崩壊が生じるのに必要な電場の強さは，導線直径 d_w によって異なり，次のような実験式によって与えられる（White, 1963）．

$$E_b = 3\,000 + 127 d_w^{-1/2}\ \mathrm{kV/m}\ \ [30 + 12.7 d_w^{-1/2}\ \mathrm{kV/cm}] \tag{15.27}$$

ここで，d_w の単位は m［cm］で，導線の直径 1 mm の場合，E_b は 7 000 kV/m［70 kV/cm］である．図 15.5 は，直径 0.2 m［20 cm］の円筒内で 50 kV に維持された直径 1 mm の導線の周囲における電界を示している．この場合，導線周囲の厚さ 0.8 mm の領域には，7 000 kV/m［70 kV/cm］を超える強さの電場が生じており，この領域でコロナ放電が生じる．円筒付近では電界強度が低いため，アーク放電は生じない．平行平板間の均一な電界の場合には状況が異なり，平板間の領域全体で絶縁破壊が発生し，アーク放電を引き起こす可能性がある．

コロナ放電の起こる領域では，電子は加速されて高速で運動しており，空気分子が衝突した際に電子が飛び出して正イオンと自由電子が生成される．コロナ領域では，このプロセスは雪崩のように連続的に発生し，導線の周辺に自由電子と正イオンの密集した雲を形成する．これがコロナ放電である．この過程は，自然放射線により生成される電子とイオンによって誘発される．導線が円筒に対して正の電位をもつ場合，電子は導線に向かって運動する．逆に正イオンは導線から円筒へ向かって移動し，単極性のイオン風（ion wind）となって流れる．導線が負の電位をもつ

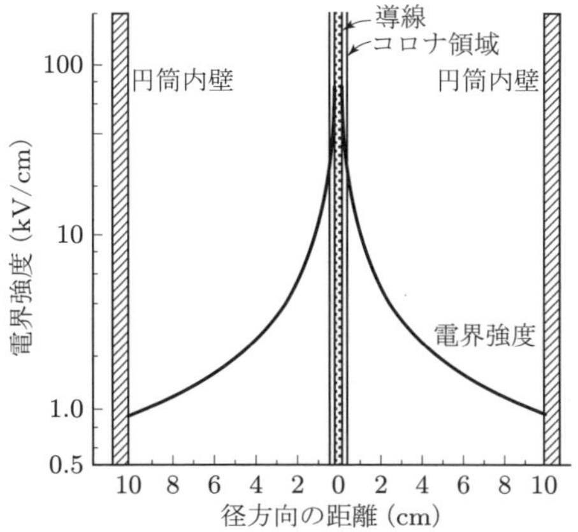

図 15.5 直径 0.2 m [20 cm] の円筒に同軸に直径 1 mm の導線を設置し，50 kV を加えた場合の電解強度分布．コロナ領域の範囲は限定されている

場合には，正イオンは導線に向かって運動し，電子は円筒に向かって反発する．導線からの距離が大きくなると，電場の強さが減少し，これらの速度も小さくなるので，電子は空気分子（酸素のようなイオンとなる気体分子が存在すれば）に衝突してイオンを形成しながら，円筒に向かって流れる．いずれの場合も，イオンは $10^{12} \sim 10^{15}$ 個/m^3 [$10^6 \sim 10^9$ 個/cm^3] の高濃度で，約 75 m/s [7 500 cm/s] の高速で導線から円筒に向かって移動する（図 15.5 の条件の場合）．

正のコロナと負のコロナでは，その性質も外見もまったく異なる．正のコロナの場合，導線の周囲全体にわたり，安定した独特の青緑色に輝くシース状のコロナが形成される．負のコロナの場合には，導線の表面上に糸状，あるいはブラシ状のコロナ光が発生し，踊っているように見える．こうした糸状のコロナは，長さ数ミリメートルにも及ぶ場合がある．コロナ放電の起こる領域では，酸素からオゾンを生成するのに十分なエネルギーがある．一方，負のコロナは正のコロナに比べて 10 倍程度のオゾンを生成する．このため，室内型および循環型の電気集塵機では，正のコロナが応用されている．ただし，この原理を応用した室内空気清浄装置の中には，室内オゾン発生源となる可能性があるものもあるため，注意が必要である．

工業用電気集塵機では，通常，負のコロナを利用している．これは，高電圧で利用でき，高効率であるからである．気体の温度，圧力，および組成は，コロナの発生に影響を及ぼす．導線と円筒の間にエアロゾル粒子を導くと，粒子は電界荷電によって導線と同極性に荷電する．コロナやイオン風を生成するための電場内でも，同様の電界荷電が生じる．清浄な空気を高速で円筒内に流すと，この空気は単極性イオンを領域外に運び出し，エアロゾル粒子と混合して拡散荷電を生じる可能性がある．

15.6　限界荷電量

エアロゾル粒子は，その粒径に応じて最大荷電量に限界がある．また，外部に強い電場が存在すると，エアロゾル粒子がコロナ放電を引き起こす可能性がある．この現象による荷電量の損失によって，粒径に応じた荷電量の上限が決まり，その量は，球形粒子がコロナ放電を開始するのに要する荷電量と等しい．この種のコロナ放電は，実験室内あるいは雷雨時の雨滴などでしばしば観察される．しかし通常は，外部にそのような強い電場が存在することは稀なので，自然発生的な電荷損失の限界に達する前に，はるかに高い電荷に粒子が荷電してしまうことも多い．

負に荷電している固体粒子の場合，限界荷電量は，粒子表面から電子が自然放出されるのに必要な電場を粒子自らが作り出したときの荷電量である．この限界荷電量を超えると，粒子表面に密集している電子間にはたらく斥力が大きくなり，粒子表面から電子が放出される．球形粒子の場合，この限界荷電数は次式で与えられる．

$$n_L = \frac{d_p^2 E_L}{4K_E e} \tag{15.28}$$

ここで，E_L は電子が粒子から自然放出されるのに必要な表面電場の強さであり，9.0×10^8 V/m［3×10^4 statV/cm］である．この限界荷電量は，式からも明らかなように，粒子の表面積に比例する．

正の荷電粒子についても同様な荷電量が存在するが，負の荷電粒子と異なる点は，電子の代わりに正イオンが放出されることである．これは非常に起こりにくいプロセスであり，表面電場がさらに強くなければならない．この場合の限界荷電量は，式（15.28）において $E_L = 2.1\times10^{10}$ V/m［7×10^5 statV/cm］とおけば推定できる．図15.6は，これらの限界荷電数と粒径との関係を示したものである．

液滴には，レイリー限界（Rayleigh limit）とよばれる別の種類の限界が存在する．液滴内の電荷の相互反発が表面張力の拘束力を超えると，液滴は砕けて小さな液滴になる．この場合の限界荷電数は次式で与えられる．

$$n_L = \left(\frac{2\pi\gamma d_p^3}{K_E e^2}\right)^{1/2} \tag{15.29}$$

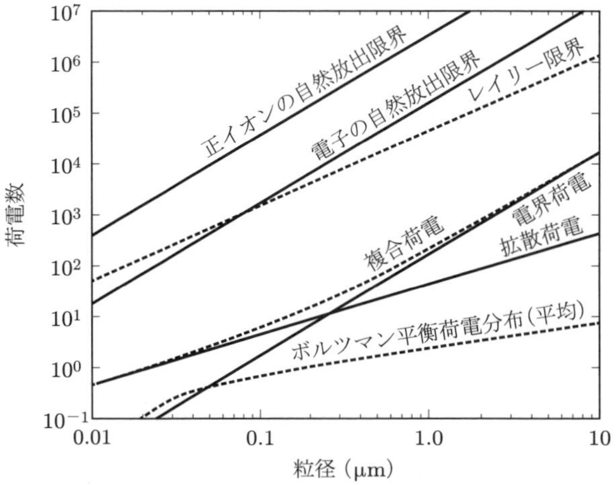

図 15.6 粒子の電荷限界および水滴 ($\gamma = 0.073$ N/m [73 dyn/cm]) のレイリー限界．拡散帯電の場合，$N_i t = 10^{13}$ 個 s/m^3 [10^7 個 s/cm^3] 電界荷電の場合，$E = 500$ kV/m [5 kV/cm]，$N_i t = 10^{13}$ 個 s/m^3 [10^7 個 s/cm^3]，$\varepsilon = 5.1$ とした

ここで，γ は液滴の表面張力である．図 15.6 に示したように，レイリー限界は，表面から電子あるいは正イオンが自然放出される限界よりも小さいため，ほぼすべての水滴についての限界荷電量となる．中程度に荷電した液滴も，蒸発によって粒径が小さくなるに伴って，高荷電状態になってくる．最終的に液滴の荷電量はレイリー限界に達し，崩壊する．液滴が崩壊しても，その破片の荷電量がレイリー限界を超えることはない．これは，同じ量の荷電量が，より広い表面に分布するからである．

例題 負に帯電した 1 μm の球の最大電荷はいくらか．

解

$$n_L = \frac{d_p^2 E_L}{4K_E e} = \frac{(10^{-6})^2 \times 9 \times 10^8}{4 \times 9 \times 10^9 \times 1.6 \times 10^{-19}} = 156000$$

$$\left[n_L = \frac{(10^{-4})^2 \times 3 \times 10^4}{4 \times 1 \times 4.8 \times 10^{-10}} = 156000 \right]$$

15.7 平衡荷電分布

エアロゾル粒子の最小荷電量は0であり，このとき粒子は電気的に中性である．エアロゾル粒子は，いたる所に存在する空気イオンとランダムに衝突し，荷電されるため，このような中性の粒子はほとんど存在しない．第14章で述べたように，大気中には約 10^3 個/cm^2 のイオンが存在しており，正および負イオンの数はほぼ等しい．最初は中性であったエアロゾル粒子も，そのランダムな熱運動によりイオンと衝突し，電荷を獲得する．最初から荷電したエアロゾル粒子は，逆極性のイオンを引きつけるため，ゆっくりとその荷電量を失っていく．これらの相反する作用により，粒子は最終的にボルツマン平衡荷電分布（Boltzmann equilibrium charge distribution）あるいは残留荷電分布とよばれる平衡電状態に達する．このような平衡荷電分布は，両極イオンと平衡状態にあるエアロゾルの荷電分布に対応している．その最小荷電量は統計的に非常に小さく，一部の粒子は電荷をもたず，他の粒子は一つ以上の電荷をもつという状態を表している．通常の空気は，正および負イオンがほぼ同量の濃度で存在していると考えられ，一次近似的に，n 個の正（または n 個の負）の単位電荷をもつ粒径の粒子の割合 f_n は次式で与えられる．

$$f_n = \frac{\exp(-K_E n^2 e^2 / d_p kT)}{\sum_{n=-\infty}^{\infty} \exp(-K_E n^2 e^2 / d_p kT)} \tag{15.30}$$

0.05 μm より大きい粒子の場合，式 (15.30) は正規分布を表す式と同じになり，次のように使いやすい形式で書くことができる．

$$f_n = \left(\frac{K_E e^2}{\pi d_p kT}\right)^{1/2} \exp\left(\frac{-K_E n^2 e^2}{d_p kT}\right) \tag{15.31}$$

この式は，0.02 μm より大きい粒子については7%以内，0.05 μm より大きい粒子については0.04%以内まで式 (15.30) と一致する．0.05 μm 未満の粒子の場合，式 (15.30) と式 (15.31) は荷電粒子の割合を若干過小評価しているため，正確な値を求めるには，より複雑な計算が必要となる（Hoppel and Frick, 1986 参照）．

表15.4は，特定の電荷を有する粒子の粒径ごとの割合を示している．表中の数値は，荷電数0に関して対称に分布している．これは正の荷電粒子の割合と負の荷電粒子の割合とが等しいことを表している．また，0.1 μm 未満の粒子では荷電数1の粒子の占める割合が大きく，粒径が大きい粒子では複数の荷電数をもつものの割合が増加している．表に示した平均荷電数は，符号を無視して計算したものである．図15.6中にボルツマン平衡における平均荷電数をその他の荷電条件と対比して示

表 15.4 ボルツマン平衡におけるエアロゾル粒子の荷電量の分布

粒径	平均	下記の荷電数をもつ粒子の全体に占める割合（%）								
(μm)	荷電数	<−3	−3	−2	−1	0	+1	+2	+3	>+3
0.01	0.007				0.3	99.3	0.3			
0.02	0.104				5.2	89.6	5.2			
0.05	0.411			0.6	19.3	60.2	19.3	0.6		
0.1	0.672		0.3	4.4	24.1	42.6	24.1	4.4	0.3	
0.2	1.00	0.3	2.3	9.6	22.6	30.1	22.6	9.6	2.3	0.3
0.5	1.64	4.6	6.8	12.1	17.0	19.0	17.0	12.1	6.8	4.6
1.0	2.34	11.8	8.1	10.7	12.7	13.5	12.7	10.7	8.1	11.8
2.0	3.33	20.1	7.4	8.5	9.3	9.5	9.3	8.5	7.4	20.1
5.0	5.28	29.8	5.4	5.8	6.0	6.0	6.0	5.8	5.4	29.8
10.0	7.47	35.4	4.0	4.2	4.2	4.3	4.2	4.2	4.0	35.4

した．平均荷電数$\bar{n}$は，経験的に次式で近似される．

$$\bar{n} = 2.37\sqrt{d_p} \tag{15.32}$$

ここで，d_pの単位はμmである．式(15.32)によれば，0.2 μmより大きい粒子に対して十分な精度（±5%）が得られる．

例題 ボルツマン平衡にある1 μm粒子のうち，+2の電荷をもつ粒子はどれだけあるか．

解 式(15.31)より，次のようになる．

$$f_n = \left(\frac{9\times10^9\times(1.6\times10^{-19})^2}{\pi\times10^6\times1.38\times10^{-23}\times293}\right)^{1/2}\exp\left(\frac{-9\times10^9\times2^2\times(1.6\times10^{-19})^2}{10^{-6}\times1.38\times10^{-23}\times293}\right)$$

$$= 0.107$$

$$\left[f_n = \left(\frac{1\times(4.8\times10^{-10})^2}{\pi\times10^{-4}\times1.38\times10^{-16}\times293}\right)^{1/2}\exp\left(\frac{-1\times2^2\times(4.8\times10^{-10})^2}{10^{-4}\times1.38\times10^{-16}\times293}\right) = 0.107\right]$$

エアロゾルがボルツマン平衡電荷分布に達する速度は，双極性イオンの濃度に依存し，次式で与えられる．

$$\frac{n(t)}{n_0} = \exp(-4\pi K_E e Z_i N_i t) \tag{15.33}$$

ここで，$n(t)$は，時間$t=0$で荷電数n_0の粒子が濃度N_iの両極性イオンにt秒間さらされた後の粒子の荷電数である．粒子の放電率は微小であり，粒径あるいは初期の荷電量とは無関係である．式 (15.33) は，双極性イオンが過剰に存在し，N_i が一定とみなせるような場合にとくに有効である．ボルツマン平衡荷電分布に達するまでのエアロゾル粒子の放電量は $N_i t$ によって決まり，$N_i t$ の値が同じならば，イオン濃度が異なっていても同じ結果となる．

式 (15.33) によれば，高荷電エアロゾル粒子を高濃度の両極性イオンと混合すると，ごく短時間に放電することが認められる．高濃度のイオンを生成する一つの方法として，空気を音速ジェットの形で流している中で，交流を作ってコロナ放電を起こさせる方法がある．生成された両極性イオンは音速ジェットにより電場から排出され，荷電粒子が入っている混合チャンバ内に導かれる．より一般的な方法としては，薄いステンレス鋼管に入ったポロニウム 210 やクリプトン 85 ガスなどの放射線源を使用して，放出されるエアロゾルが流れるチャンバ内の空気分子をイオン化する方法がある．チャンバの容積は，エアロゾルが「中和」される，すなわちボルツマン平衡電荷分布になるのに十分な滞留時間を提供する程度の大きさとする．高度に帯電した粒子を完全に中和するには，$N_i t$ は 6×10^{12} 個・s/m^3 [6×10^6 個・s/cm^3] 程度でなければならない．市販の放射線を利用したエアロゾル中和装置 (aerosol neutralizer) では，こうした高荷電粒子を中和するのに約 2 秒かかる．大気中では両極性イオン濃度が約 10^9 個/m^3 [10^3 個/cm^3] 程度として，同様の効果が得られるのに 100 分を要する．

15.8　電気集塵機

電気集塵機 (electrostatic precipitator) は，静電気力を使用して，エアロゾルのサンプリングと空気浄化のために荷電粒子を捕集する．静電気力は粒子にのみ作用し，重力あるいは慣性力を利用する方法に比べ，粒子の速度をはるかに大きくできる．サンプリングや空気清浄の原理は重力や慣性力を用いる集塵機と同じであるが，対象とする粒径が大きく異なり，これらに比べて最大 10^8 倍の差がある．まず第 1 段階として粒子を帯電させ，第 2 段階では，この荷電粒子を電場内に導入し，静電気力により生じる移動速度を利用して捕集面に粒子を付着させる．また，空気浄化装置として用いるには，第 3 段階として付着した粉塵を除去しなければならない．電気集塵機には，圧力損失が少ないこと，微粒子の捕集効率が高いこと，高濃度の粉塵が処理できること，などの特長がある．

粒子は電気集塵機内で，通常コロナ放電を利用した電界荷電により荷電される．

2段式の集塵機では，粒子荷電部と集塵部とが分かれている．1段式の集塵機では，集塵部に導線が組み込まれており，コロナ放電を生じさせる電場が，同時に集塵機能も果たしている．通常，電場の強さおよびイオン濃度は，粒子が1秒以内に飽和荷電に達する程度に調整されている．

荷電粒子は，流れの方向と捕集面（通常は金属管または平板の内側）に垂直な電場内を移動していき，捕集面に衝突する．層流方式電気集塵機の捕集原理は3.9節の図3.6に示した重力沈降チャンバと類似している．$V_{\mathrm{TE}} > HV_x/L$ を満足するすべての粒子は，効率100％で捕集される（ただし，H は1段式集塵機では導線から捕集面までの距離，2段式集塵機では平板間の距離，V_x は流速，L は流れの方向に測った距離，図3.6および3.7参照）．

空気清浄用の電気集塵機内の流れは乱流であり，その捕集原理は，3.8節で述べた攪拌沈降の場合と類似している．図15.7に示すような断面構造をもった導線と円筒の場合を考えてみよう．乱流混合に要する時間に比べて十分短い時間 $\mathrm{d}t$ の間に，円筒内壁から距離 $V_{\mathrm{TE}}\mathrm{d}t$ 内のすべての粒子は除去される．簡単化のため，粒子は内壁に接すると付着し，再飛散しないものと仮定する．除去される粒子の割合 $\mathrm{d}N/N$ は，円筒の総断面積 πR^2 に対する環状部分の面積 $2\pi RV_{\mathrm{TE}}\mathrm{d}t$ の比にマイナスをつけた値となり，次式で表される．

$$\frac{\mathrm{d}N}{N} = -\frac{2\pi R V_{\mathrm{TE}}\mathrm{d}t}{\pi R^2} = -\frac{2V_{\mathrm{TE}}\mathrm{d}t}{R} \tag{15.34}$$

この式の両辺を積分すると，t 秒後の粒子の個数濃度が得られる．

$$\int_{N_0}^{N(t)} \frac{\mathrm{d}N}{N} = \int_0^t \frac{-2V_{\mathrm{TE}}}{R}\,\mathrm{d}t \tag{15.35}$$

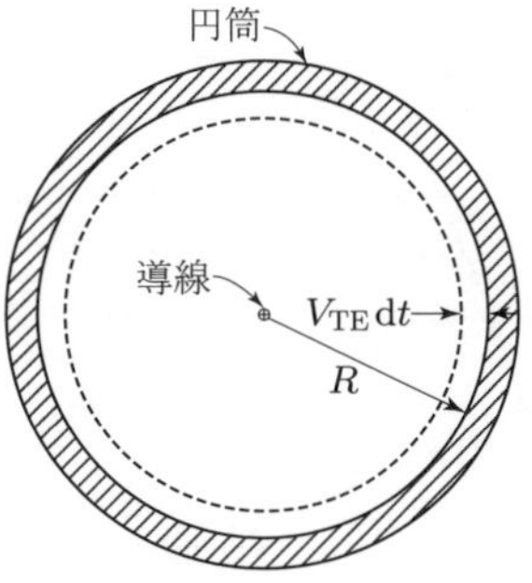

図15.7 導線と円筒を用いた電気集塵機の断面図

$$\frac{N(t)}{N_0} = \exp\left(\frac{-2V_{\mathrm{TE}}t}{R}\right) \tag{15.36}$$

円筒の長さが L，体積流量が Q のとき，円筒内を粒子が通過する時間は $\pi R^2 L/Q$ であり，これを式 (15.36) に代入すると，粒子の通過率，すなわち円筒への入口濃度と円筒からの出口濃度との比が求められる．

$$\mathbf{P} = \frac{N_{\mathrm{out}}}{N_0} = \exp\left(\frac{-2\pi V_{\mathrm{TE}}RL}{Q}\right) \tag{15.37}$$

式 (15.37) は通常，捕集効率の形に直して表現される．捕集面積 $A_c = 2\pi RL$ を代入すると，Deutch−Anderson の式が導かれる．

$$\mathbf{E} = 1 - \exp\left(\frac{-V_{\mathrm{TE}}A_c}{Q}\right) \tag{15.38}$$

この式は，電気集塵機の大きさを決める場合の基本式である．このとき，粒子は各断面にわたって均一に分布しており，集塵機内に入った直後に完全に荷電されると仮定している．式 (15.38) より，集塵機の大きさ，流量，V_{TE} が変化した場合の捕集効率の変化を予測できる．式 (15.36) ～ (15.38) から，集塵機の大きさや流量が変化して，集塵機内での粒子の存在時間が長くなると，捕集効率が高くなるのがわかる．同様に，粒子の荷電量あるいは電場の強さが増加して V_{TE} が大きくなると，捕集効率は高くなる．図 15.8 に，層流方式および乱流方式の電気集塵機の捕集効率を示す．層流方式集塵機において 100％の捕集効率を示す点は，乱流方式集塵機の場合には $1-1/e$ の捕集効率を示す点に対応している．式 (15.38) は，任意の効率（ただし，100％以下）が得られると予測しているが，高効率の空気清浄装置の

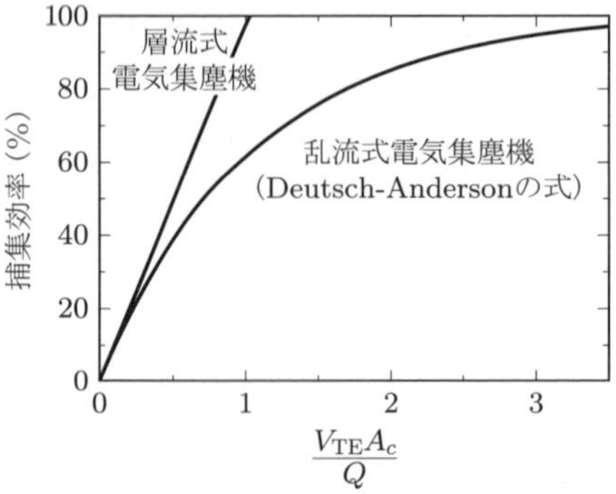

図 15.8　層流式および乱流式電気集塵機の効率曲線

効率はこの式では求められない．むしろ不均一な流れの分布や，付着粒子の再飛散付着した粉塵層により生じる過剰抵抗などの二次的な影響によって，捕集効率が決まる．

点−平板型電気集塵機は，電子顕微鏡用のエアロゾルのサンプリングや水晶式バランス粉塵計（10.5 節参照）に利用されている．図 15.9 に示すように，コロナと集塵用の電場は，コロナ発生用ニードルの先端（すなわち点）と，捕集面（すなわち平板）との間に形成される．装置の設計条件により異なるが，ニードルの先端と面との距離は 3 〜 40 mm，流量は 0.5 〜 5 L/min，電圧は 2 〜 15 kV の範囲である．電子顕微鏡用サンプルの捕集に用いる場合，粒子は，カーボン蒸着された直径 3 mm の電子顕微鏡用グリッド上に直接付着させる．幾何学的に見ると，この捕集面の面積は小さいため，捕集効率は低くなり，数パーセント程度である．しかし，サンプリングは，通常，粒径分布や粒子の形態を観察するために行われるため，絶対的な捕集効率そのものはあまり重要ではない．むしろ，粒径によって捕集効率が異なる可能性があることのほうが問題である．点−平板型電気集塵機内における粒子の荷電と捕集は，非常に短い時間内に行われるため，これらの荷電条件下における電気移動度の差異によって，サンプル粒径に偏りが生じる（Cheng et al., 1981）．サンプリング流量を下げ，イオン電流を調整することにより，この偏りを低減できる．

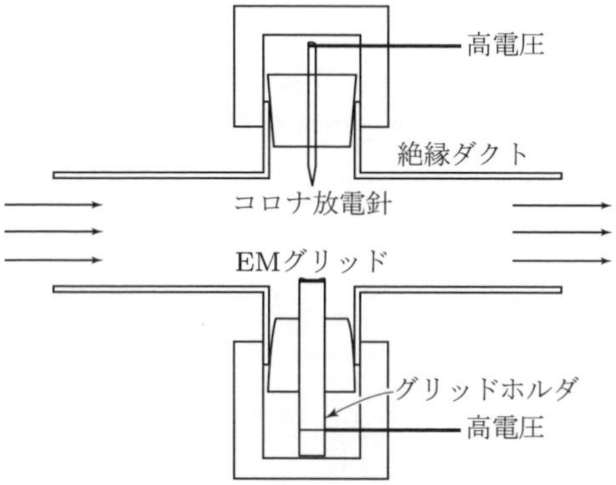

図 15.9 電子顕微鏡用のエアロゾルサンプル捕集に使用される点−平板型電気集塵機

15.9 静電気力を応用したエアロゾルの測定

簡単な電気移動度分析装置（electrical mobility analyzer）を図 15.10 に示す．エアロゾル粒子は，逆符号に帯電させた 2 枚の平行平板間の中央線に沿って導かれる．この装置の電圧を変化させながら，フィルタによるサンプリング（あるいは他のエアロゾル測定方法）を用いて，上流側と下流側の濃度を測定する．電圧が一定の場合，特定の値よりも大きな電気移動度を有する粒子は，すべて装置内に捕捉され，逆にその値より小さい電気移動度を有する粒子は装置を通り抜けて，下流側のフィルタ上に捕集される．非荷電粒子は，電場の影響を受けずに通過する．流入エアロゾルと流出エアロゾルの質量（あるいは他の量）を比較することにより，非荷電粒子の占める割合，ある範囲の電気移動度を有する粒子の占める割合，および電気移動度の分布を求めることができる．

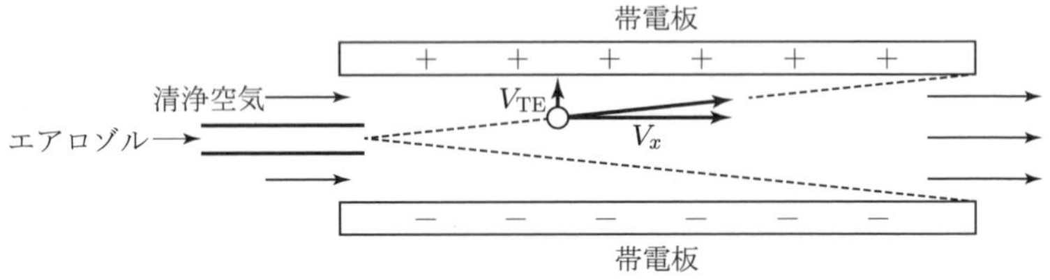

図 15.10　電気移動度分析装置

注意深く制御された条件下で粒子が拡散荷電によって荷電した場合，各粒径の粒子の電荷が既知であれば，すべての粒径に対応して電気移動度が関連付けられる．このような条件において，電気移動度の分布を測定すれば，粒径分布を求めることができる．図 15.11 は，現在最も優れたナノ粒子分粒装置である微分型電気移動度分析装置（differential mobility analyzer：DMA）の原理である．吸引されたエアロゾルはまずインパクタを通過し，大きな粒子（データ反転の問題を引き起こす可能性がある）が除去される．次に，エアロゾルは DMA に入る前にボルツマン平衡電荷分布に中和される．エアロゾルは，清浄空気で満たされた中心ロッドと同軸チューブの間の空間に軸方向に導入され，清浄空気の周囲をエアロゾルが包む形の層流が形成される．中央ロッドの底近くには狭い流出口があり，少量の空気を分級機から中央チューブを介して取り出すことができる．チューブは接地されており，中央ロッドは 20 〜 10 000 V の高電圧に保たれているため，一定範囲の電気移動度をもつ粒子のみがこの流出口に分級される．より大きな移動度をもつ粒子は流出口

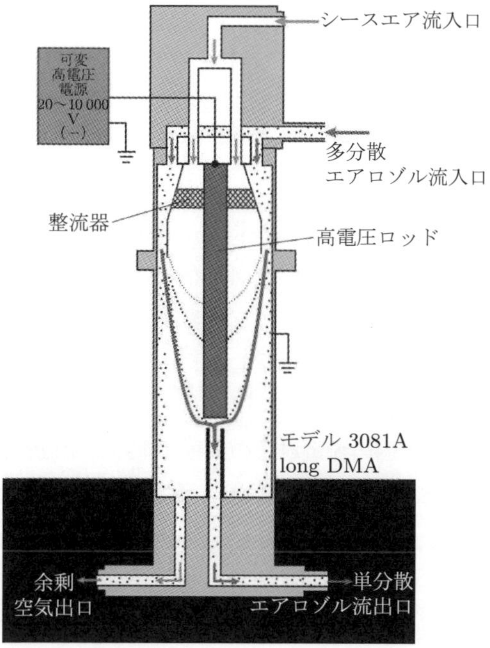

図 15.11　long DMA（TSI 3081A）（TSI Inc., Shoreview, MN）

に到達する前に中央のロッドに沈着し，より低い移動度をもつ粒子は流出口を通過して排気される．このようにして取り出される粒子は，ほぼすべて単一荷電の単分散粒子である．分級されるエアロゾルの粒径は，中央ロッドの電圧により調整できる．

DMA は当初，サブマイクロメートルのエアロゾルを生成する単分散エアロゾル発生器として測定器の校正用に使用されていたが，現在は，サブマイクロメートル範囲の高分解能な粒度分布測定装置として一般的に使用されている．DMA で分級したエアロゾルを CPC（13.6 節参照）で計数すると，狭い範囲の移動度，すなわち粒径範囲の粒子の個数濃度を測定できる．中央ロッドの電圧をステップ的に，または連続的に変化させ，サブマイクロメートル未満の粒子の粒径分布を評価できる．濃度測定可能な粒径の上限および下限は，使用する CPC の性能によって決定する．DMA は，10^6 ～ 10^{13} 個/m^3［1 ～ 10^7 個/cm^3］の濃度で 0.001 ～ 1.0 μm の粒子を分級する能力をもっている．DMA の一つである TSI Inc. モデル 3081A は，コンピュータ制御により自動的に粒子を最大 128 チャネルに分級できる．

2 台の DMA を直列または並列に使用（TDMA）すれば，蒸発，凝縮や化学反応による粒径変化の過程を研究できる．最初のDMAによって単分散のサブマイクロメートルの粒子が生成し，粒径変化の過程を経た粒子の粒径を2番目のDMAによって測定する．慎重な操作とデータ分析を行えば，0.3%という微小な粒径変化を測定できる．この方法は，粒径範囲0.01～0.2 μmの粒子に最適である．

最近のDMAは，高性能を維持しながらポータブルなものに発展している．nano DMA（たとえばTSI 3085A），mini cylindrical DMA（Cai et al., 2017），およびspider DMA（Amanatidis et al., 2020）などの小型DMAが，最新世代のナノ粒子分粒装置として提案されている．電気移動度分級装置の物理的な原理，開発の歴史，および現場での応用に関する体系的なレビューは，Flagan, 2011に記載されている．

粒子電位計は，フィルタ内の荷電粒子の捕捉によって生成される電流を継続的にモニタリングする測定器である（図15.12）．移動度と粒径との間には単純な関係があるため，2種類の電圧レベルを設定して測定したときの電流の差は，それぞれの電圧における分級サイズ範囲内の粒子数を表すことになる．この種の測定器として，TSI Aerosol Electrometer 3068B（TSI Inc., Shoreview, MN）がある．この装置は，事前に設定された電圧に従い動作し，粒径範囲0.002～5.0 μmの粒子数を測定する．自動運転時には，1秒～60秒間の粒子個数濃度の平均値を求めることができるが，この間，エアロゾルは安定した個数濃度と粒径分布を保つ必要があるため，対象粒子は固体または不揮発性の液体に限定される．0.02 μm未満の粒子は，

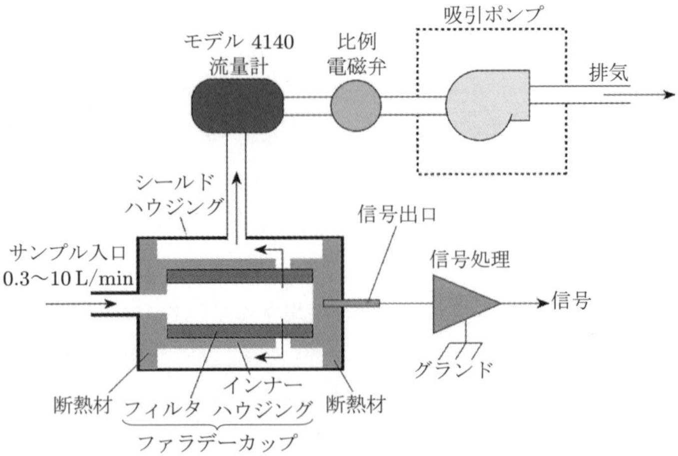

図15.12　粒子電位計（TSI 3068B）（TSI Inc., Shoreview, MN）

その一部が荷電していないが，その影響は機器の校正で補正できる．一方，粒径が 0.3 μm より大きい場合には，粒径に対する移動度の変化は非常に平坦となるので，粒径分解能が低下する．電気移動度分級装置と粒子電位計とを組み合わせると，CPC を校正できる（13.6 節参照）．

エアロゾル測定装置ではないが，Beckman Coulter Life Sciences, Indianapolis, IN が製造する Coulter 計数器は，電気抵抗の原理を応用して液体中の分散粒子の粒径分布を測定する装置である．この装置は，不溶性の粒子を測定するためだけに用いられる．粒子は，インピンジャなどを使用して導電性の液体中に直接捕集されるか，あるいは測定前にこの種の液体中に移動しておく．図 15.13 に示すように，液体は直径 10 ～ 400 μm の小さなオリフィスを通して流れる．オリフィスの両側に設けられた白金電極により，オリフィスを通して電流が流れている．粒子と液体の電気抵抗が異なるため，粒子がオリフィスを通過する際に，電解質が粒子に置き換わることによって瞬間的に電流変化が生じる．この変化量は，粒子の体積に比例するため，これを測定して粒径に変換する．多量のデータを収集することにより，体積重み付きの粒径分布が求められる．この装置は，0.3 ～ 200 μm の粒径範囲で使用できるが，特定のオリフィスを用いた場合，測定可能な粒径範囲はオリフィス直径の 2 ～ 40% である．校正には，既知の粒径のポリスチレンラテックス球（21.2 節参照）を用いる．最大計数率は 3 000 個/s であり，粒径分布を求めるには約 1 mg のサンプルが必要である．また，粒子を液体全体に均一に分散させるため，湿潤剤あるいは超音波が用いられる．

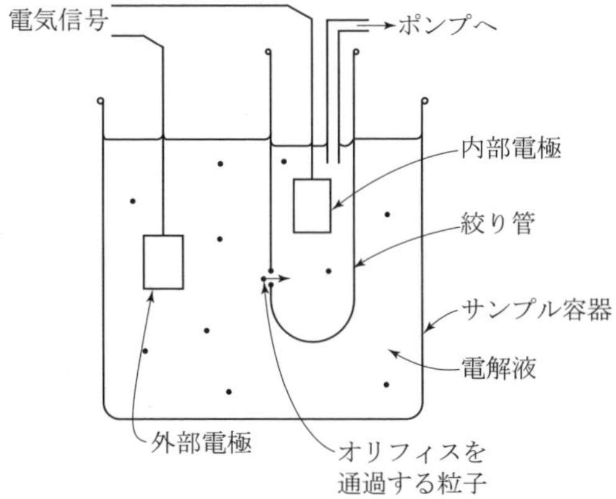

図 15.13 Coulter 計数器の検出素子

問題

15.1　9 000 V の電位差に維持されており，1 cm 離れた平行平板間に置かれた単位密度の粒径 1.0 μm の球の V_{TE} を考える．粒子がボルツマン平衡荷電分布に荷電していると仮定すると，静電気力による終末速度と重力沈降速度の比はいくらか．

解答：0.0023 m/s［0.23 cm/s］，66

15.2　雷雲から落ちる雨滴は，1 滴あたり 3.3×10^{-11} C［0.1 statC/滴］もの電荷を帯びている可能性がある．レイリー限界によると，そのような滴の最小サイズはどれくらいか．

解答：280 μm

15.3　単位密度の粒径 1.6 μm の粒子を，イオン濃度 10^{12} 個/m^3［10^6 個/cm^3］の下で 10 秒間の拡散荷電によって荷電させる．この荷電粒子は 300 kV/m［3 kV/cm］の静電場でどのような V_{TE} をもつか．

解答：0.016 m/s［1.6 cm/s］

15.4　逆極性で等しい電荷量をもつ二つの同じ粒径の粒子が衝突する速度は，それらの直径の 3 乗の逆数 d_p^{-3} に比例することを示せ．ここで，粒子の運動はストークス領域にあると仮定し，すべり補正を無視することとする．

15.5　容積 1.7 L のエアロゾル中和装置のシリンダ内に 1 mCi のクリプトン 85 の放射線源を置いたところ，イオン濃度が 3×10^{12} 個/m^3［3×10^6 個/cm^3］となった．エアロゾルが流量 50 L/min で装置内を通過したとき，装置通過後に粒子に残存する荷電量は，もとの荷電量に対してどの程度となるか．

解答：6.1×10^{-8}

15.6　1 200 kV/m［12 kV/cm］の均一な電場に，濃度 10^{14} 個/m^3［10^8 個/cm^3］のイオンがあった場合，直径 2.0 μm の粒子の飽和荷電量はいくらか．また，この粒子を飽和荷電量の 95% まで荷電させるにはどのくらいの時間がかかるか（$\varepsilon=10$ とする）．

解答：2 080 e，0.28 秒

15.7　2 μm の粒子が 100 kV/m［1 kV/cm］の静電場で得られる最大速度はどれくらいか．

［注：運動はストークス領域外にある．］

解答：250 m/s［25 000 cm/s］

15.8　293 K［20℃］で双極性イオンと平衡状態にある粒径 0.15 μm の粒子の平均電荷はいくらか．式（15.32）が成り立つと仮定する．

解答：1.47×10^{-19} C［4.4×10^{-10} statC］（注：式（15.30）による計算では 7%大きくなる）

15.9　レイリー限界による分裂によって，安定した液滴が形成されることを示せ.

15.10　電界強度 1 200 kV/m［12 kV/cm］における 0.6 μm 粒子（$\varepsilon=10$）の静電気力による終末速度と，この速度と沈降速度の比を求めよ．粒子はボルツマン平衡荷電分布に帯電していると仮定する.

解答：0.0043 m/s［0.43 cm/s］，320

15.11　電界強度 1 200 kV/m［12kV/cm］における 0.6 μm 粒子（$\varepsilon=10$）の静電気力による終末速度を求めよ．粒子は同じ場において 10^{14} 個/m^3［10^8 個/cm^3］のイオン濃度の下で 1 秒間荷電させると仮定する.

解答：0.44 m/s［44 cm/s］

15.12　拡散荷電および 2 000 kV/m［20 kV/cm］の電界荷電によって 1 秒間に等しい数の電荷を受け取る粒径はいくらか．各メカニズムが独立しており，いずれもイオン濃度が 10^{14} 個/m^3［10^8 個/cm^3］であると仮定する．また，$\varepsilon=1$ とする.
［ヒント：この問題では，Excel シートで試行錯誤するアプローチが最も簡単な方法かもしれない.］

解答：0.15 μm

15.13　ミリカンセル内の粒径 0.8 μm の単一帯電（負）粒子のバランスをとるために必要な電圧はどれくらいか．プレート間隔は 5 mm で，粒子濃度は 1 000 kg/m^3［1.0 g/cm^3］とする．

解答：82 V

参考文献

Amanatidis, S., Kim, C., Spielman, S. R., Lewis, G.S., Hering, S.V and Flagan, R.C. "The Spider DMA: A Miniature Radial Differential Mobility Analyzer", *Aerosol Sci. and Technol.*, *54*:2, 175-189 (2020).

Cai, R., Chen, D-R., Hao, J., and Jiang J., "A Miniature Cylindrical Differential Mobility Analyzer for Sub-3 nm Particle Sizing", *J. of Aerosol Sci.*, **106**, 111-119 (2017).

Cheng, Y-S., Yeh, H-C., and Kanapilly, G. M., "Collection Efficiencies of a Point-To-Plane Electrostatic Precipitator", *Am. Ind. Hyg. Assoc. J.*, **42**, 605-610 (1981).

Flagan, R.C., "Electrical Mobility Methods for Submicrometer Particle Characterization", in Kulkarni, P., Baron, P. A., andWilleke, K. (Eds.), *Aerosol Measurement: Principles, Techniques, and Applications, 3rd edition*,Wiley, New Jersey, 2011.

Hoppel,W. A., and Frick, G. M., "Ion-Aerosol Attachment Coefficients and the Steady-State

Charge Distribution on Aerosols in a Bipolar Environment", *Aerosol Sci. Tech.*, **5**, 1-21 (1986).

Lawless, P. A., "Particle Charging Bounds, Symmetry Relations, and an Analytic Charging Rate Model for the Continuum Regime", *J. Aerosol Sci.*, **27**, 191-215 (1996).

Liu, B. Y. H., and Kapadia, H., "Combined Field and Diffusion Charging of Aerosol Particles in the Continuum Regime", *J. Aerosol Sci.*, **9**, 227-242 (1978).

White, H. J., *Industrial Electrostatic Precipitation*, Addison-Wesley, Reading, MA, 1963.

16 光学的特性

エアロゾルの光学的特性は，鮮やかな夕日，虹，日輪や月暈（太陽や月に薄い雲がかかった際に，その周囲に虹のような光の輪が現れる現象）など，多くの素晴らしい大気効果の原因となっている．また，大気汚染と結び付いた場合には，視界を悪化させる．また，エアロゾル粒子と光の相互作用は，エアロゾル粒子の粒径や濃度を測定する測定器の重要な基礎原理となる．光学測定方法には，非常に高感度で，ほぼ瞬時に測定できること，粒子との物理的な接触を要しないことなどの利点がある．

この章に述べる光学現象はすべて，エアロゾル粒子による光の散乱と吸収の直接の結果である．黒煙が黒く見えるのは，粒子が可視光を吸収するためである．密な雨雲は，個々の水滴による吸収が無視できるほど小さな場合でも黒く見えるが，これは，水滴により光がほぼ完全に散乱されてしまい，雲を通過できないためである．また，晴れた日の雲が白く見えるのは，入射した光が広範囲に散乱されるためである．我々が物体を見るとき，主にその物体からの散乱光を見ているといえる．われわれの眼に届く散乱光には，その物体の色，表面の質感，形状などに関する情報が含まれている．

粒径 0.05 μm 未満の非常に微細な粒子による光の散乱は，分子散乱を扱ったレイリーの散乱理論（Rayleigh scattering theory）を用いて比較的簡単に説明できる．100 μm 以上の大きな粒子による散乱は，粒子による回折，反射，屈折を考慮して，光線を追跡する幾何光学によって容易に分析できる．両者の間の領域は，エアロゾル工学において最も重要な対象領域であり，ここで生じる散乱現象はミー散乱（Mie scattering）とよばれている．この粒径範囲では，粒径と光の波長とがほぼ同程度であるため，エアロゾル粒子による散乱現象は非常に複雑である．

エアロゾルによる散乱に関する科学的研究は，1800 年代後半に Tyndall による実験的研究や Rayleigh による理論的研究から始まった．1908 年，Gustav Mie は，マクスウェルの電磁放射理論（Maxwell's theory of electromagnetic radiation）をもとに，散乱に関する一般論を導いた．エアロゾル科学の他の分野に比べ，光散乱に関する理論は複雑ではあるが，完全球体で均質な粒子について厳密に成り立つので，この理論をもとに，高精度で信頼性の高い測定装置を作ることが可能である．

この章では，弾性散乱光，すなわち入射光と散乱光のエネルギーが等しい場合のみを取り扱う．蛍光やラマン散乱（Raman Scattering）などについては，ここでは取り上げていない．実在のエアロゾルは十分に希釈されているため，個々の粒子は，事実上，周囲とは独立に光を散乱する．したがって，前章までと同様に，微視的な立場に立ち，単一の粒子を取り扱う方法を用いる．

16.1　定　義

光は波長（wavelength）が 0.4 μm（紫）から 0.7 μm（赤）の可視電磁波であると定義されており，その周波数（frequency）は，$4\times10^{14}\sim8\times10^{14}$ Hz である．電磁波スペクトルの範囲は 10^{20} Hz 以上であるため，光の波長帯域は，電磁波スペクトルの中のきわめて狭い範囲にある．可視域の中心は緑色光で，波長はおよそ 0.5 μm である．波長と周波数には次式の関係が成り立つ．

$$c = f\lambda \tag{16.1}$$

ここで，c は光速度で，真空中では 3.0×10^{8} m/s [3.0×10^{10} cm/s] である．真空中の光の速度と特定の物質内での光の速度との比 V_p が，その物質の屈折率（index of refraction）である．波長が一定であれば屈折率は物質の種類のみによって決まるが，使用する光の波長に応じて屈折率はごくわずかに変化する．非吸収性物質では，屈折率は次式で与えられる．

$$m = \frac{c}{V_p} \tag{16.2}$$

これは絶対屈折率（absolute index of refraction）とよばれ，つねに 1 より大きな値となる．

ある程度の導電性をもつ物質は吸収性を示し，その屈折率は，次のように複素数で表される．

$$m = m'(1-ai) = m' - m'ai \tag{16.3}$$

ここで，i は $\sqrt{-1}$，m' は実屈折率，a はその物質の吸収率 A に関連する係数で，次式の関係がある．

$$A = \frac{4\pi a}{\lambda} \tag{16.4}$$

非吸収性の物質では，屈折率の虚部は 0 である．さまざまな物質の屈折率を表 16.1 に示す．

表 16.1 黄色ナトリウム光の波長（$\lambda = 0.589\ \mu m$）に対する一般的な材料の屈折率 [a)]

材料	屈折率	材料	屈折率
真空	1.0	石英（SiO_2）	1.544
水蒸気	1.00025	ポリスチレンラテックス	1.590
空気	1.00028	ダイヤモンド	2.417
水	1.3330	都市エアロゾル（平均）	1.56〜0.087*i*
グリセリン	1.4730	メチレンブルー	1.55〜0.6*i*
ベンゼン	1.501	煤	1.96〜0.66*i*
氷（H_2O）	1.305	炭素 [b)]	2.0〜10*i*
ガラス	1.52〜1.88	鉄	2.80〜3.34*i*
塩化ナトリウム	1.544	銅	0.47〜2.81*i*

a）データは主に *Handbook of Chemistry and Physics*, 100th ed., CRC, Boca Raton, FL, 2019.
b）$\lambda = 0.491\ \mu m$.

二相系の粒子の場合，相対屈折率（relative index of refraction）が用いられる．相対屈折率 m_r は，媒質中の光の速度 V_m と粒子中の光の速度 V_p との比で定義され，次式で与えられる．

$$m_r = \frac{V_m}{V_p} = \frac{m_p}{m_m} \tag{16.5}$$

実用的には空気の屈折率は，真空の屈折率と等しいと考えてよい（表 16.1 参照）．このため，エアロゾル粒子に関しては，絶対屈折率と相対屈折率は等しくなる．液体中に分散している粒子の場合には m_r の値は 1 より大きい場合も小さい場合もある．m_r は，液体中の気体粒子（気泡）の場合は 1 未満となる．

検出器の表面などの任意の表面に到達する電磁放射の強度は，単位面積あたりの放射エネルギーで表すことができる．単位時間あたりの放射エネルギーをワット（W）単位で測定したとすると，強度は W/m^2 [W/cm^2] の単位で表される．点光源から放射される光の強度は，特定の立体角に放射されるエネルギーとして，ワット/ステラジアン（W/sr）で表すことができる．可視光の場合，この強度は光度の

SI基本単位であるカンデラ（cd）で表すこともできる．ここで，ある点を中心とする仮想球面とその中心を頂点とする円錐を考えたときに，球の全表面積の $1/4\pi$ を切り取る円錐の立体角を1ステラジアン（1 sr）と定義する．したがって，球面合体の立体角は 4π（sr）である．エアロゾル粒子からの散乱光は点光源からの光と考えることができ，特定の方向の強度は前述の単位のいずれかで表される．

我々は主に可視光の散乱に着目しているが，ここで述べる理論は，任意の波長の電磁波について適用できる．たとえば，人工衛星による電波の散乱，雨によるマイクロ波の散乱，およびエアロゾル粒子による光の散乱は，いずれも等価な散乱過程である．それぞれの場合の散乱は，粒径と放射線の波長 λ の比によって決定する．この無次元数は粒径パラメータ（size parameter）とよばれ，次式で与えられる．

$$\alpha = \frac{\pi d}{\lambda} \tag{16.6}$$

係数 π は特定の光散乱方程式を単純化するために導入されたものであり，これにより α は波長と粒子周長との比に等しくなる．可視光線の場合，α の値は μm 単位で表した粒径の約6倍となる．

光は，粒子（光子）として考えることも，波動（電磁波）として考えることもできる．エアロゾルによる光の散乱を考える場合は，光を電磁波として考えるほうが扱いやすい．電磁波は横波であり，電界と磁界は伝播方向に垂直な面内で振動する．この振動が面内のあらゆる方向で認められるとき，その光は偏光していない（unpolarized）という．振動方向が一定であるとき，その光は偏光している（polarized）といい，振動方向の光の伝播方向がなす面を偏光面という．偏光フィルタを通過したレーザ光は偏光する．どのような光線もつねに，強度が異なる二つの成分，すなわち，垂直偏光成分（vertical polarization）と水平偏光（horizontal polarization）に分解できる．

16.2 減　光

エアロゾル粒子に光線があたると，その光の一部を散乱および吸収するため，光の強度が減少する．この現象は減光（extinction）とよばれ，ある軸方向に対して光の強度が減少する場合のみを対象としている．すべての粒子は光を散乱するが，吸収性物質から成る粒子だけは光を吸収する．エアロゾルの減光特性は，エアロゾルの測定，および16.4節に述べるような視程に対するエアロゾルの影響を評価する際に重要となる．我々は，日没時に夕日を直接見ることができる．これは太陽光の強度が，空気中の長い経路を通る間に減光により弱くなるからである．日没時の空や太陽が赤く見えるのは，青色の光が最も減衰しやすく，赤色の光は減衰しにくいためである．

図 16.1 に示すような平行光線の場合，エアロゾルを通過する光の強度 I と，エアロゾルに入射する光の強度 I_0 との比はブーゲの法則（Bouguer's law，Lambert-Beer の法則ともいわれる）で与えられる．

$$\frac{I}{I_0} = e^{-\sigma_e L} \tag{16.7}$$

ここで，σ_e はエアロゾルの減光係数（extinction coefficient），L はエアロゾルを通過する光線の経路長である．減光係数とは，単位光路長あたりの光の強度の損失率である．σ_e の単位は（長さ）$^{-1}$ であり，式 (16.7) の指数部が無次元となるよう σ_e と L には同じ長さの単位を用いなければならない．減光係数 σ_e は，フィルタを通過するエアロゾル濃度の式 (9.11) の γ に類似している（式 (16.7) と式 (9.11) は同じ形式であることに注意）．

図 16.1 に減光測定装置の構成を示す．レンズとピンホールの間隔は，粒子に投射される光線はすべて平行であり，また減光された平行光線のみが検出部に届くように調節する．検出器にもレンズと絞りがあるが，これらの絞りがないと粒子からの前方散乱光が検出器に到達する可能性があり，式 (16.7) が成り立たなくなる．単一粒子による減光は，次式で定義される粒子の減光効率 Q_e の関数として表される．

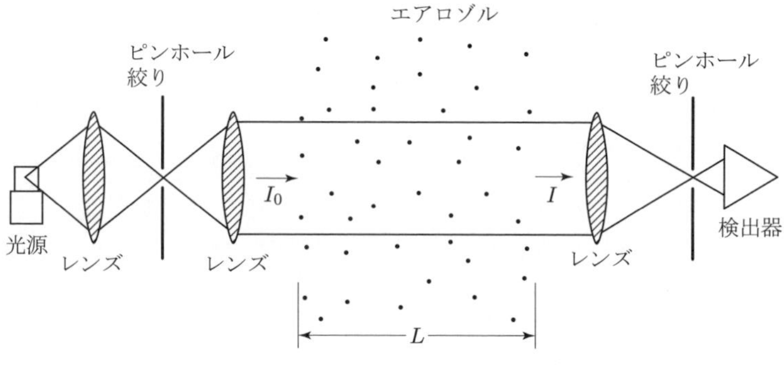

図 16.1 減光測定装置の構成

$$Q_e = \frac{\text{粒子によって散乱および吸収される光強度}}{\text{粒子に幾何学的に入射する光強度}} \tag{16.8}$$

幾何学的な入射光強度（geometrically incident power）とは，粒子の断面積 A_p を 1 秒間に横切るエネルギー量である．粒子の減光効率（extinction efficiency）とは，粒子が光線中から光を除去する能力を，粒子の投影面積による単純な遮断に対する相対的な値として表したものである．粒子の減光効率に粒子の投影面積を掛け合わせると，粒子によって光線中から除去された光の断面積が求められる．Q_e が 2.0 とは，粒子が単純な投影面積の遮蔽よりも 2 倍の光を除去することを示している．Q_e の値は 0 から約 5 の範囲である．1 cm^2 中の単分散エアロゾルの粒子は，単位強度の光線中から 1 粒子あたり A_pQ_e（W）の光を除去する．減光係数の定義から，単位体積あたり N 個の粒子から成る単分散エアロゾルの減光係数は次式のようになる．

$$\sigma_e = NA_pQ_e = \frac{\pi Nd^2Q_e}{4} \tag{16.9}$$

Q_e は，式 (9.14) で与えられる単一フィルタの効率と同じ方法で定義される（式 (16.8)）．また，式 (16.7) および式 (16.9) は，フィルタに関する式 (9.19) に類似している．どちらも巨視的現象（光の減衰とフィルタの透過）を，それぞれ微視的スケールの粒子特性 Q_e と E_Σ に関連付けたものである．

粒子の減光効率は，散乱効率 Q_s と吸収効率 Q_a の合計である．

$$Q_e = Q_s + Q_a \tag{16.10}$$

ここで，Q_s と Q_a は式 (16.8) と同様の式で定義される．単分散エアロゾルについては，式 (16.10) より次式が導かれる．

$$\sigma_e = \sigma_s + \sigma_a \tag{16.11}$$

ただし，σ_s と σ_a は式 (16.9) の Q_e をそれぞれ Q_s と Q_a に置き換えて定義される．非吸収性粒子の場合，$Q_e = Q_s$ および $\sigma_e = \sigma_s$ であり，多分散エアロゾルの場合，式 (16.9) は個々の粒径ごとに成立するから，合成された影響は各粒径ごとの σ_e の合計によって与えられる．

$$\sigma_e = \sum_i \frac{\pi N_i d_i^2 (Q_e)_i}{4} \tag{16.12}$$

ここで，N_i は粒径 d_i の粒子の個数濃度である．$(Q_e)_i$ が一定とみなせる場合（$d > 4\ \mu m$）には次のように表せる．

$$\sigma_e = \frac{\pi Q_e}{4}\sum N_i d_i^2 = \frac{\pi Q_e}{4} N\overline{d^2} \quad (d > 4\,\mu\text{m}のとき) \tag{16.13}$$

ここで，Nは全個数濃度である．幾何学的に相似な粒子では，平均表面積径は平均投影面積径と等しいので，Q_eが一定ならば，減光測定により表面積濃度 C_s（面積/m^3［面積/cm^3］）を求めることができる．式 (16.7) および式 (16.13) より，

$$C_s = \frac{-4}{LQ_e}\ln\left(\frac{I}{I_0}\right) \quad (d > 4\,\mu\text{m}のとき) \tag{16.14}$$

となり，Nが既知ならば，平均表面積径（2 次のモーメント平均（式 (4.22) 参照））が求められる．

$$d_{\bar{s}} = \left(\frac{C_s}{N\pi}\right)^{1/2} \tag{16.15}$$

すべての粒径に対して Q_e を与える単一の方程式はないが，Q_e が既知であると仮定すれば, エアロゾルに対する式 (16.7) と式 (16.9) は容易に適用できる．Q_e の値は，粒子の屈折率，形状，および光の波長と粒径との相対的な大きさに依存する．粒径 0.05 µm 未満の微細粒子に関しては，Q_e は次式で求めることができる．

$$Q_e = \frac{8}{3}\left(\frac{\pi d}{\lambda}\right)^4\left(\frac{m^2-1}{m^2+2}\right)^2 \quad (d < 0.05\,\mu\text{m}のとき) \tag{16.16}$$

この粒径範囲では，Q_e は d^4 に比例し，粒径が小さくなると Q_e は急激に減少する．気体に対しては次式が成り立つ．

$$\sigma_e = \frac{32\pi^3(m-1)^2 f}{3\lambda^4 n} \tag{16.17}$$

ここで，m は気体の屈折率（表 16.1 参照），n は気体分子の個数濃度（$n = pN_A/RT$ で与えられる）であり，標準状態の空気では $f = 1.054$ である（van de Hulst, 1957, 1981）．

大きな粒子（$d > 4$ µm）の場合, Q_e は振動を伴いながらその限界値 2.0 に近づく．0.05 〜 4 µm の粒子の場合，Q_e を与える単純な式はなく，その値は図 16.2 および図 16.3 のようなグラフを使って求めるか，またはコンピュータ計算によって求める（Grosshans et al., 2015 参照）．非吸収性粒子の場合，径 0.3 〜 1 µm の範囲では Q_e の最大値は 4 程度である．吸収性粒子や不規則な形状の粒子では，最大値はごくわずかに大きいだけで，振動することなく $Q_e = 2$ に近づく．図 16.2 の非吸収性粒子の曲線は，多数の小さな凹凸や揺れを取り除くため平滑化されている．吸収性粒子では，この種の変動は大幅に減少する．図 16.2 および 16.3 に示すように，

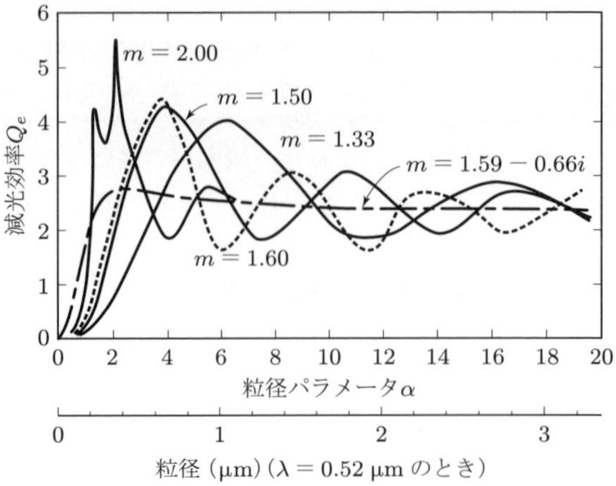

図 16.2　球の減光効率と粒径との関係（Hodkinson, 1966 以降）

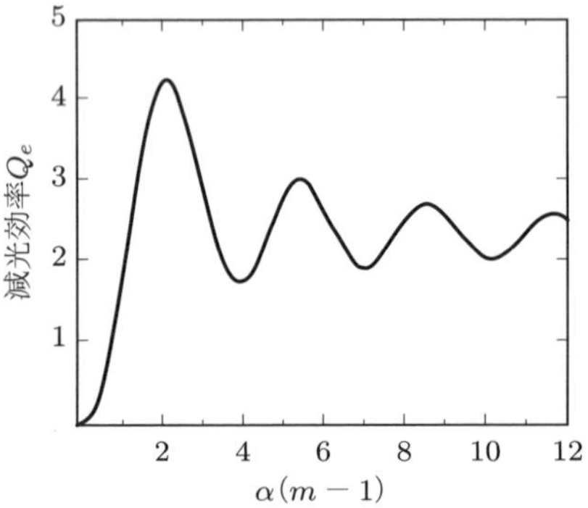

図 16.3　屈折率 1.33 ～ 1.50 の非吸収性粒子の減光効率と $\alpha(m-1)$ との関係（Kerker, 1969）

$\alpha=2$ より下の領域では，α が小さくなると減光効率が急激に減少する．

例題　10^8 個/m^3 の濃度で 0.5 μm の霧滴を含む 10 km の空気を通る光の透過率はいくらか．$\lambda=0.5$ μm と仮定する．

解　$\alpha=\dfrac{\pi 0.5}{0.5}=3.14$　　図 16.2 より，$Q_e=2$

$$\frac{I}{I_0}=e^{-\sigma_e L}=\exp\left(\frac{-\pi N d^2 Q_e L}{4}\right)$$

$$=\exp\left(\frac{-\pi\times 10^8\times(0.5\times 10^{-6})^2\times 2\times 10\,000}{4}\right)=e^{-0.392}=0.68$$

$$\left[\frac{I}{I_0}=\exp\left(\frac{-\pi\times100\times(0.5\times10^{-4})^2\times2\times10^6}{4}\right)=0.68\right]$$

α が大きくなると Q_e の値が 2.0 に近づく特性は，減光パラドックス（extinction paradox）とよばれ，大きな粒子ではその投影面積の 2 倍に等しい光を光線中から除去することを意味している．このパラドックスは，減光測定が粒径に比べて非常に離れた地点で行われなければならないという状況をもとにすれば説明できる．図 16.4 に示すように，粒子と検出部間の距離が十分大きい場合，粒子により回折された光は，すべて検出部に達する以前に本来の光線から外れてしまう．この距離は，影の最大範囲である $10d^2/\lambda$ に比べて十分大きくなければならない．この状況は，エアロゾル粒子の場合には簡単に作り出されるが，コーヒーカップによる減光を測定するためには，観測地点までの距離は 100 km 以上なければならない．我々が日常経験するような影では，この基準を満たすものはごく稀である．バビネの原理（Babinet's principle. Kerker, 1969 参照）により，遮蔽物体（この場合は粒子）による回折光のパターンは，粒子と同じ大きさの開口による回折光のパターンと一致する．適当な観測条件のもとでは，回折によって除去される光の量が，粒子の投影面積に入射する光の量に等しくなる．したがって $\alpha>20$ のとき，投影面積分の光が散乱によって除去されるのと同時に，同じ量の光が回折によって除去されることになり，Q_e の値は 2.0 になる．

単分散エアロゾルの場合，質量濃度 C_m を用いてブーゲの法則（式 (16.7)）を表すと，次の興味深い結果が得られる．

$$C_m=\frac{N\rho_p\pi d^3}{6} \tag{16.18}$$

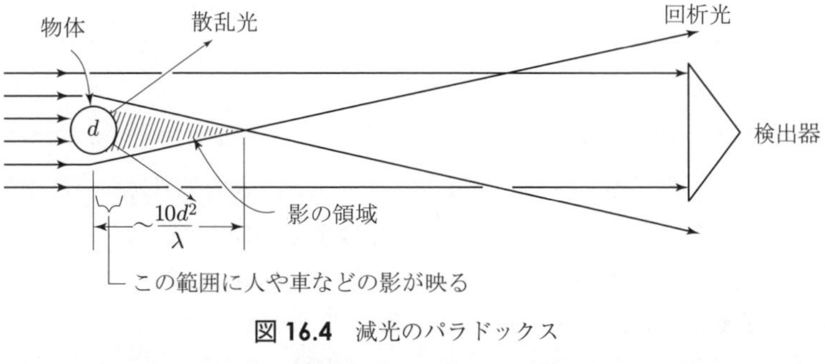

図 16.4 減光のパラドックス

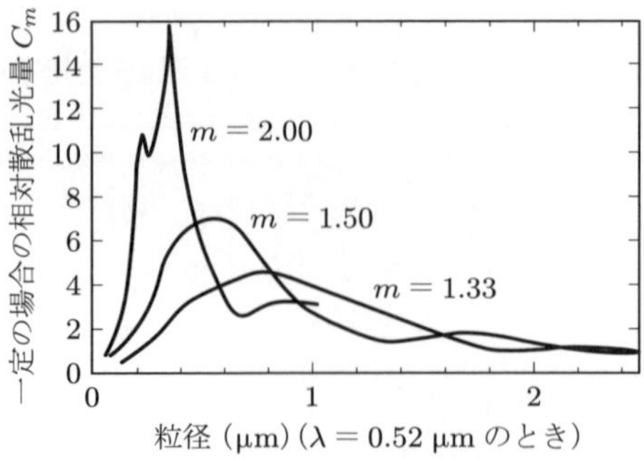

図 16.5　粒径に対するエアロゾルの単位質量あたりの相対散乱光量（光の波長 0.52 μm の場合）

式 (16.18) を式 (16.7) および式 (16.9) と組み合わせると，次式を得る．

$$\frac{I}{I_0} = \exp(-\sigma_e L) = \exp\left(-\frac{3C_m Q_e L}{2\rho_p d}\right) \tag{16.19}$$

Q_e が一定であるような大きな粒子では，質量濃度が一定な場合，粒径が小さくなるに従って減光が増大する（すなわち散乱が増大する）．図 16.5 は，3 種類の物質に関して単位質量あたりの相対散乱光量を粒径別に示したものである．小さな粒子の場合，Q_e は粒径が小さくなると急激に減少する（$Q_e \propto d^4$）ため，図に示したように，最大吸光量を示す粒径が存在する．また，質量濃度が一定な場合，粒径が減少するにつれて減光量が増加する範囲が存在する．このことから，大気中のエアロゾルや煙突の煙などの見え方が，主に 0.1～2 μm の粒子の濃度に支配されていること，また，この範囲外の粒子の濃度が減少しても減光や視程（16.4 節参照）にはほとんど影響を及ぼさないことが説明できる．

表 16.2 は，一定質量の水が分子，エアロゾル，または雨滴の形で大気中に存在する場合の相対減光量を比較したものである．一定量の水が含まれている場合，0.1 ～ 1.0 μm の範囲の粒子は，蒸気分子よりも 100 万倍，雨滴よりも 1 000 倍も光を減衰させて空気を濁らせる．通常，エアロゾルは低濃度でしか存在しないが，その視覚的な影響は大きい．

ここまでの議論では，単一散乱しか起こらないと仮定してきた．エアロゾルの濃度が十分に高い場合，各々の粒子で散乱された光が，入射光以外の方向から他の粒子に達する．この場合，減光された入射光ではなく，数多くの散乱を繰り返した光が検出部に達することがあり，式 (16.7) は成立しない．この現象は I/I_0 が 0.1 以下の場合に顕著となる．

表 16.2 18 g/m^3 の水を含む空気中 a) の減光と視距離

粒径（μm）	減光 b) $1-I/I_0$	視距離 c)（km）
蒸気	1.8×10^{-7}	220
0.01	3.8×10^{-5}	1.0
0.1	0.29	1.1×10^{-4}
1.0	0.64	3.8×10^{-5}
10	0.052	7.4×10^{-4}
1 mm（rain）	5.3×10^{-4}	0.074

a）293 K［20℃］における飽和蒸気量に相当する．
b）$L=1.0$ cm，$\lambda=0.5$ μm．
c）16.4 節参照．

16.3 散 乱

粒径 50 μm 未満の粒子では，粒子により屈折および反射した光を詳細に解析することは現実的に難しい．そのため，このような粒径範囲については，光とエアロゾル粒子の相互作用を散乱光の角度分布により議論する．

この散乱光の角度別分布は，粒子の屈折率および粒径，厳密には粒径パラメータに強く依存している．粒子からの散乱光は粒径を示す非常に高感度な指標であり，これを用いて個々のサブマイクロメートル粒子の粒径を測定できる．光散乱（light scattering）は，エアロゾルによって引き起こされる光学的効果であり，エアロゾル測定装置の測定原理として用いられている．また，光散乱は視程に対しても重要な役割を担っており，地球の放射バランスにも影響を及ぼす．光散乱は，照射された粒子が受け取った光を再放射し，特有の光強度の角度分布をもつ光源として機能すると考えると理解しやすい．

エアロゾル粒子によって散乱された光の角度分布を表す場合にも，ごく標準的な慣例が採用されている．図 16.6 に示すように，入射光と観測者の方向（すなわち散乱光）により形成される平面を散乱面（scattering plane）とよぶ．散乱角（scattering angle）θ は，散乱面内での入射光と散乱光の方向から測定する．入射方向からごくわずかだけそれた光は，散乱角が小さく，前方散乱光（forward-scattering light）とよばれる．反射光，あるいは光源に向かって後向きに散乱される光（たとえば $\theta=180°$）は，後方散乱光（back-scattered light）とよばれる．入射光および散乱光は，それぞれ二つの独立した偏光成分に分解できる．一つは散乱面に垂直なベクトルをもつ成分であり（下付き添字 1）．他方は散乱面に平行な成分である（下付き

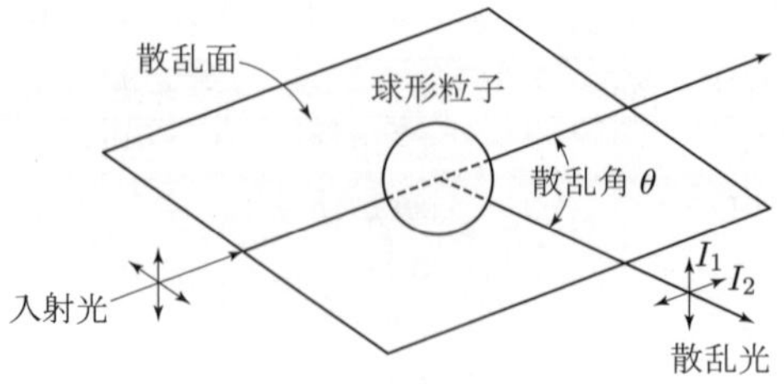

図 16.6　散乱角，散乱面，散乱光の偏光成分を示す模式図

添字 2）．

エアロゾルによる光散乱の一般理論は，1908 年に Gustav Mie により導かれている．この理論によれば，入射光強度が I_0 のとき，既知の α および m をもつ球形粒子による散乱光について，任意の角度 θ での強さを求めることができる．この理論から導かれたミー散乱の式（Mie equations，Mie scattering theory）は，光の波長よりも大きい粒子に対しては，非常に複雑な形となる．粒径が波長に比べて非常に小さい粒子（$d<0.05\ \mu\text{m}$）の場合は，より単純なレイリーの散乱理論を使うことができる．このような粒子では，入射光の瞬間的な電磁場は粒子全体にわたって均一であり，入射する電磁場と同期して振動する双極子を形成する．この振動双極子は，あらゆる方向に向かって電磁エネルギーを再放射する．散乱光の強度とそのパターンは，レイリー散乱（Rayleigh scattering）とよばれており，非偏光光源の場合，次式で与えられる．

$$I(\theta) = \frac{I_0 \pi^4 d^6}{8R^2\lambda^4}\left(\frac{m^2-1}{m^2+2}\right)^2 (1+\cos^2\theta) \quad (d<0.05\,\mu\text{m}\text{ のとき}) \tag{16.20}$$

ここで，$I(\theta)$ は，粒子からの距離 R における方向 θ に散乱した光の合計強度である．

式 (16.20) によれば，散乱光強度は任意の角度において d^6/λ^4 に比例している．この値は，粒径に関しては強い正の関係があり，波長に関しては強い負の関係を示す．レイリー散乱は，粒子の体積の 2 乗に依存するが，粒子の形状とは無関係である．散乱光の波長への依存性（散乱光強度～λ^{-4}）により，空の色が青いことを説明できる．空の色として青が支配的に見えるのは，青い光が赤い光に比べて約 5 倍強く空気分子により散乱（または再放射）するためである．

式 (16.20) の（$1+\cos^2\theta$）は，散乱光の二つの独立した偏光成分を表している．入射光が非偏光光線の場合，散乱面に垂直な方向に偏光した散乱光成分の強度は，次式で与えられる．

$$I_1 = \frac{I_0 \pi^4 d^6}{8R^2 \lambda^4} \left(\frac{m^2 - 1}{m^2 + 2} \right)^2 \quad (d < 0.05\,\mu\text{m のとき}) \tag{16.21}$$

この成分は，すべての散乱角で同じ強度をもつ．散乱面に平行な偏光の場合には，

$$I_2 = \frac{I_0 \pi^4 d^6}{8R^2 \lambda^4} \left(\frac{m^2 - 1}{m^2 + 2} \right)^2 \cos^2 \theta \quad (d < 0.05\,\mu\text{m のとき}) \tag{16.22}$$

となる．この式には $\cos^2 \theta$ が含まれているため，I_2 成分は散乱角 0 および 180° では I_1 に等しく，90° で 0 になる．レイリー散乱による散乱光の角度分布パターンは，両方の偏光成分について図 16.7 に示すような極座標を用いて表される．図では，散乱角は粒子からの放射状の線と入射光の方向との間の角度として示されており，その方向の散乱強度は，粒子から曲線までの線の長さで示されている．図では，I_1 成分がすべての角度で同じであり，I_2 成分が $\theta = 90°$ で 0 となる．したがって，気体分子や小さな粒子によって 90° 方向に散乱された光は，散乱面に垂直な方向に偏光された光だけで構成されていることがわかる．同様に，晴れた日の空からの散乱光は，太陽に対して 90° の方向から見ると垂直方向に偏光されている．ミツバチはこの現象を利用して飛行している．レイリー散乱では，前方散乱と後方散乱は対称であり，等しい量の光が両方向に散乱することを表している．

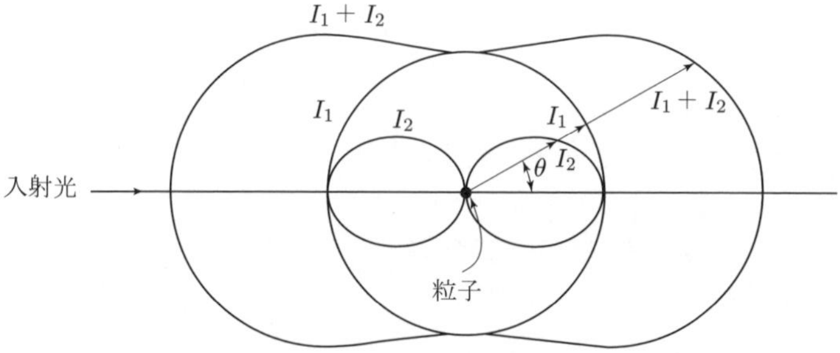

図 16.7 極座標で表したレイリー散乱光の分布．散乱面は紙面に平行としている

式 (16.20) を半径 R の球の全表面積にわたって積分すると，非吸収性粒子では，粒子により全方向に散乱される光の全放射エネルギーが求まり，$I_0 \pi d^2 Q_e / 4$ となる．

約 0.05 μm 以上の粒子について散乱光の角度分布を求めるには，ミー散乱の式を用いなければならない．ミー散乱の理論は，球による散乱の問題について，複雑ではあるがきわめて一般的な解を導いている．この理論は，吸収性の球にも非吸収性の球にも適合し，さらに，分子程度の大きさから古典的な光学で扱うような大きさまで包含している．レイリー散乱する粒径範囲では，ミー散乱理論とレイリー散乱

理論は一致する．

ミー散乱理論の解は，粒子の表面における一連の境界条件に従う，入射波，粒子内部の波，および散乱波のベクトル波動方程式を組み合わせたマクスウェル方程式の完全な形式解である．この理論の導出と方程式の説明は，van de Hulst, 1957, 1981 および Kerker, 1969 に記載されている．

マクスウェルの電磁方程式に対するミー散乱理論の解は，物理学の古典的問題の一つに対する解でもある．コンピュータプログラムを用いて，ミー散乱方程式の 2 次元，3 次元を解析し，その散乱光強度の分布を可視化できる．今日では，オンラインのオープンソースプラットフォームを利用することもできる（Peña-Rodríguez et al., 2011 および Sumlin et al., 2018 参照）．

強度 I_0(W/m^2)［W/cm^2］の非偏向光で照射された球形粒子からの散乱光強度は，角度 θ，距離 R について次式で表される．

$$I(\theta) = \frac{I_0 \lambda^2 (i_1 + i_2)}{8\pi^2 R^2} \tag{16.23}$$

ここで，i_1 と i_2 は，それぞれ垂直方向および平行方向の偏光散乱光に対する強度パラメータである．偏向光の場合，散乱強度は次のように表される．垂直偏光の場合は，

$$I_1(\theta) = \frac{I_0 \lambda^2 i_1}{4\pi^2 R^2} \tag{16.24}$$

平行偏光の場合は，

$$I_2(\theta) = \frac{I_0 \lambda^2 i_2}{4\pi^2 R^2} \tag{16.25}$$

となる．ミー散乱光の強度パラメータ i_1 と i_2 は，m，α，θ の関数であり，ルジャンドル多項式（Legendre polynomials）とベッセル関数（Bessel functions）を含む複雑な無限級数の形で定義されている．ミー散乱の計算は複雑なため，m，α，θ の関数として表にした i_1 と i_2 の値から散乱光強度を推定するか，コンピュータを使用して関数を直接計算するのが一般的である．

例題 10^{12} 個の粒子に光を照射し, 0.3 m [30 cm] の距離で観察した場合, 0.05 μm 粒子（m=1.5）の入射強度に対する後方散乱強度の比はいくらか. λ=0.5 μm と仮定する.

解
$$\frac{I}{I_0}=10^{12}\times\left(\frac{\pi^4\times(0.05\times10^{-6})^6}{8\times0.3^2\times(0.5\times10^{-6})^4}\right)\left(\frac{1.5^2-1}{1.5^2+2}\right)^2(1+\cos^2(180°))=5.9\times10^{-6}$$

$$\left[\frac{I}{I_0}=10^{12}\times\left(\frac{\pi^4\times(0.05\times10^{-4})^6}{8\times30^2\times(0.5\times10^{-4})^4}\right)\left(\frac{1.5^2-1}{1.5^2+2}\right)(1+\cos^2(180°))=5.9\times10^{-6}\right]$$

図 16.8 は, m=1.33, α の値がそれぞれ 0.8, 2.0, 10.0 の場合について, θ と i_1, i_2 との関係を示したものである. 図から明らかなように, 粒径が大きくなるに従い, 散乱光の角度分布パターンは複雑になる. 粒径パラメータ α=0.8 のときには滑らかな曲線で表される分布が, α が 10 以上の場合, 散乱光強度は大きな変動を示す分布に変化し, ほんの数度の散乱角の違いで 100 倍あるいはそれ以上変化するようになる. 粒子が大きくなるにつれて, 前方向の散乱は他の角度よりもはるかに強くなる. α=10 の場合において, 散乱角 0° から 20° の間に見られる突出した曲線はフォワードローブ（forward lobe. 訳者注：前方に葉のような形に見える分布）として知られ, 主に回折光で構成されている. この分布はレイリー散乱では生じない. 凝集

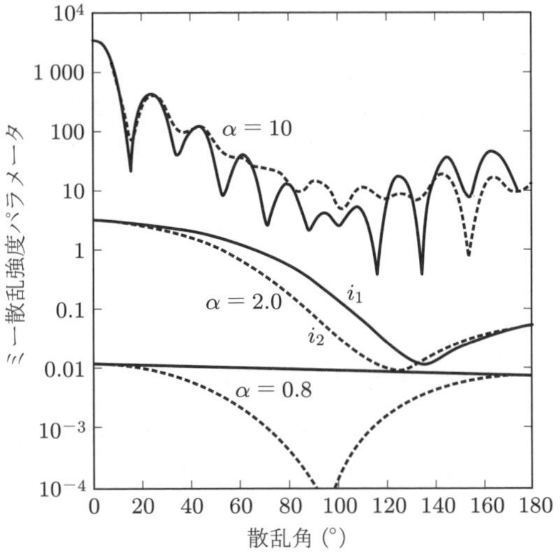

図 16.8 散乱角に対するミー散乱強度パラメータの分布. α=0.8, 2.0, 10.0 の水滴（m=1.33), 実線は i_1, 破線は i_2 を示す

粒子やきわめて不規則な形状の粒子，あるいは吸収性粒子の場合には，図に示した不規則な散乱光分布が平滑化される傾向を示す．図示したような不規則な散乱パターンは，単一粒子または単分散エアロゾルのみに見られるものである．ほとんどのエアロゾルは多分散であることから，さまざまな粒径に対する散乱光分布のパターンが重ね合わされることになり，曲線は平滑なものになる．

図 16.9 は，水滴の散乱光強度と粒径パラメータとの関係を，$\theta = 30^\circ$ および 90° の場合について示したものである．粒径がレイリー領域まで小さくなるにつれて，これらの曲線は滑らかになり，d^6 の指数曲線に近づいていく．粒径に対する散乱光強度の曲線は，ある散乱角範囲についての散乱光をとることにより平滑化できる．この原理は光散乱型粒子測定装置に利用されている．

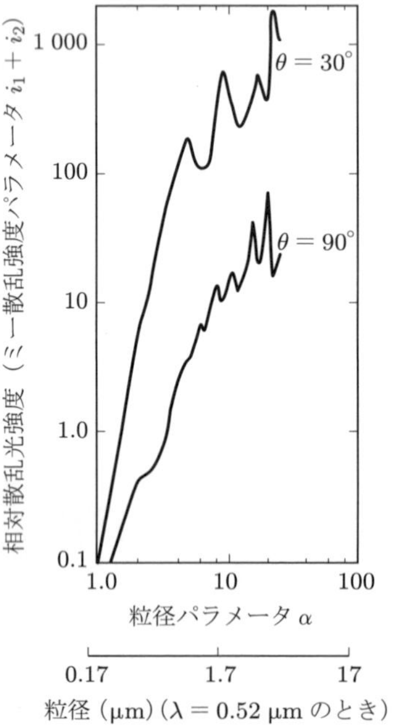

図 16.9 散乱光強度［ミー散乱強度パラメータ（$i_1 + i_2$）］と粒径パラメータとの関係．水滴（$m = 1.33$），散乱角 30° および 90° の場合

16.4 視 程

光散乱と減光の理論を応用したものに，粒子汚染の最も顕著な特徴である大気中の視程に関する研究がある．国立公園や自然地域における良好な視程の確保を義務付ける空気清浄法（Clean Air Act）が1977年に米国の議会を通過してから，視程に関する関心が高まっている．

視程（visibility）とは，遠くの物体がどの程度見えるかという主観的な量である．例外として航空業界では，視程という言葉を，水平線の少なくとも半周にわたって物体が見える最大距離の意味で用いている．より有用な科学用語として視距離（visual range）がある．これは，特定の方向についてどのくらい遠くまで見ることができるか，あるいは物体がかろうじて識別できる距離を表している．いずれの用語にも，視覚認識という心理物理学の概念が含まれている．

大気の視距離は，おもに大気中に存在するエアロゾル粒子による光の散乱と吸収に支配されている．大気中の気体分子による散乱の影響は，通常はごくわずかであるが，これにより最大視距離は100～300 kmに限定される．

視距離は，視力とコントラストという二つの要素によって制限される．文字と本のページとの間のコントラストが高くても，人間の視力には限界があるため，10 m離れた距離で本を読むことはできない．また，晴れた夜には簡単に星を見つけることができるが，これは，星の輝きと夜空の暗さの間に極端に高いコントラストがあるためである．同じ星を晴天日の昼間に見ることができないのは，空気分子により太陽光線が散乱され（天空光），その結果，コントラストが0になってしまうためである．多くの場合，遠くの物体は見えにくくなるが，これも，物体とその周囲との間のコントラストが低下するためである．主に粒径0.1～1.0 μmの範囲のエアロゾル粒子は，光を散乱させ，見かけのコントラストを低下させる．物体からの光は散乱によって視線から外れ，我々の眼には到達しない．逆に太陽光線が散乱によって視界に入ってくるため，暗い物体も明るく見える．これらの影響が重なり合って，物体とその周辺とのコントラストは減少する．観察者と物体との間の距離が離れるほど，このコントラストが減少し，物体が識別できなくなる．物体がちょうど識別できなくなる程度までコントラストが低下する点が視距離である．

独立した物体が，均一で広い背景の中にあるとき，その固有のコントラスト C_0 は次式で表される．

$$C_0 = \frac{B_0 - B'}{B'} \tag{16.26}$$

ここで，B_0 は対象物の明るさ，B' は背景の明るさである．明るさは，表面の輝度を表しており，表面の単位面積，単位立体角あたりの光束で定義される．その単位は $\mathrm{Lm/m^2 \cdot sr}$（訳者注：Lm はルーメン）あるいは $\mathrm{cd/m^2}$（訳者注：cd はカンデラ）である．水平線近くの空の明るさは，晴天日で $10^4\ \mathrm{cd/m^2}$，また曇りで月のない闇夜の空では $10^{-4}\ \mathrm{cd/m^2}$ である．白い紙の明るさは，太陽光の下で $25\,000\ \mathrm{cd/m^2}$，月光の下で $0.03\ \mathrm{cd/m^2}$ である．

物体とその周囲の明るさが等しいとき，コントラストは 0 になり，その物体は周囲と区別がつかなくなる．物体の明るさが背景の明るさより小さければ，コントラスト C_0 の値は負になり，完全体が白い（または明るい）背景中に置かれた場合には，コントラストは -1 に近づく．物体が背景より明るい場合，C_0 は正の値をとる．たとえば，夜間の照明は C_0 の値が大きい場合の例である．日中に約 10 を超えるコントラストが発生することはほとんどない．

図 16.10 に示した丘陵群のように，遠くにある対象を順次見ていくと，丘陵までの距離が遠くなるに従って，その色合いはより明るく見える．視程の限界では，丘陵は周囲の水平線と同じ明るさになる．遠くの丘や山の様子を明るくし，空とのコントラストを低下させているのは，介在するエアロゾルによる散乱光が，観測者の眼に達するためである．距離が遠くなるほど，観測者と山との間に存在するエアロゾルは多くなり，山はより明るく見える．

図 16.10　距離が増すにつれて森林に覆われた山々の見かけの明るさが増加することを示す例（W.L. Hinds 提供）

森林に覆われた山々の空に対する固有のコントラスト，すなわち，ごく近距離でエアロゾルが介在しない場合のコントラストは，おおよそ－1である．山を近距離から見た場合の見かけのコントラスト C_R は，介在するエアロゾルによる散乱の影響を受けるため，固有のコントラストよりも小さくなる．見かけのコントラストは次式で定義される．

$$C_R = \frac{B_R - B'_R}{B'_R} \tag{16.27}$$

ここで，B_R と B'_R は，それぞれ物体と背景の観測点から見た明るさである．観察者と物体との間にエアロゾル（または空気）による散乱が無視できるような場合には，見かけのコントラストは固有のコントラストと等しくなる．

図16.11に示すように，明るさの変化は観測者と対象物との間の均質なエアロゾルのある薄層 $\mathrm{d}x$ によって引き起こされ，水平方向に見える対象物の明るさの変化量 $\mathrm{d}B$ は次のようになる．

$$\frac{\mathrm{d}B}{\mathrm{d}x} = -\boldsymbol{\sigma}_e B + B_a \tag{16.28}$$

ここで，B は薄層の場所から見た対象物の明るさ，$\boldsymbol{\sigma}_e B$ は散乱と吸収による単位厚さあたりの明るさの損失，B_a はエアロゾルにより散乱する太陽光のうち，観測者に向かう光によって生じる単位厚さあたりの層の明るさである．同様の式は水平線の空（背景）についても成り立つが，その輝度は位置によって変化しないため，$\mathrm{d}B/\mathrm{d}x$ は0となり，式(6.29)に等しくなければならない．

$$B_a = \boldsymbol{\sigma}_e B' = \boldsymbol{\sigma}_e B'_R \tag{16.29}$$

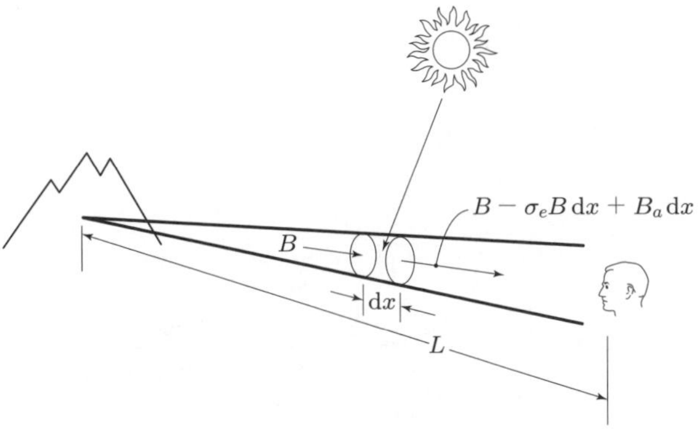

図16.11 コシュミーダの法則（Koschmieder's law）の概念図

物体と観察者の間の距離 L にわたって式 (16.28) を積分すると，次式を得る．

$$\int_{B_0}^{B_R} \frac{\mathrm{d}B}{B_a - \sigma_e B} = \int_0^L \mathrm{d}x \tag{16.30}$$

$$B_R = B'_R(1 - e^{-\sigma_e L}) + B_0 e^{-\sigma_e L} \tag{16.31}$$

ここで，B_a/σ_e は式 (16.29) に従って B'_R に置き換えられている．式 (16.29)，(16.31) を式 (16.27) に代入すると，コシュミーダの式（Koschmieder's equation, 式 (16.33)）が得られる．この式は，水平線を背景として見たときの対象物の見かけ上のコントラストを観測者と対象物との間の距離 L の関数として表したものである．

$$C_R = \left(\frac{B_0 - B'_R}{B'_R}\right) e^{-\sigma_e L} \tag{16.32}$$

$$C_R = C_0 e^{-\sigma_e L} \tag{16.33}$$

式 (16.33) と式 (16.7) を比較すると，コントラストと距離との指数関係は，減光の関係と同じであることがわかる．式 (16.33) は，水平線を背にして対象物を水平方向から見た場合には，固有のコントラストの値のいかんにかかわらず成立する．ただし，エアロゾルの減光係数と，エアロゾルの明るさは，観測距離全域にわたって均一でなければならない．視距離が短い場合，あるいは，エアロゾルが十分に希釈されている場合には $\sigma_e L$ はほぼ 0 であり，見かけのコントラストが固有のコントラストと等しくなり，対象物をほぼ完全に見ることができる．図 16.12 に示すよ

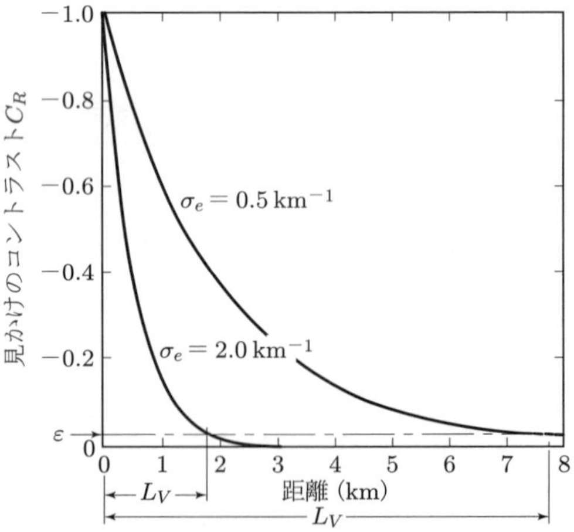

図 16.12　水平線を背景とした暗い物体の見かけのコントラストと距離との関係

うに，距離が大きくなる（または σ_e が増加する）に従ってコントラストはかぎりなく 0 に近づく．

対象物と背景とがようやく区別できるような最小コントラストを，輝度コントラストの限界値（threshold of brightness contrast）といい，記号 ε で表す．その値は，さまざまな要素によって変化するが，最も重要な要素は，図 16.13 に示すように，全体的な明るさのレベルである．図に示した ε の値は 50％の検出値を表しており，正のコントラストでも負のコントラストでも適合する．Middleton, 1952 は，観測者の慣れ，角度で測った対象物の大きさ，暗さに眼が順応する度合，観測時間の長さなど，ε に影響を及ぼす要因について論じている．0.002 cd/m^2 付近に見られる曲線の不連続点は，中心視覚（foveal vision）から周辺視覚（parafoveal vision）に移行する点である．

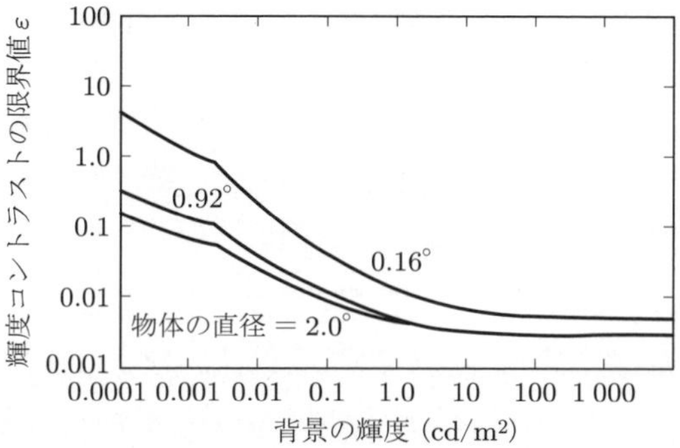

図 16.13 輝度コントラストの限界値と背景の明るさとの関係．ただし，観測時間には制限を加えていない．図中のパラメータは対象物の直径を円弧の弦の角度で表したもの（Blackwell, 1946）

式（16.33）は，視距離 L_V と ε を用いて次のように表すことができる．

$$\varepsilon = |C_0| \exp(-\sigma_e L_V) \tag{16.34}$$

この式は，水平線を背景とした任意の対象物の任意の照射条件での状態に適合する．日中で観測条件が良い場合には，ε の値としては 0.02 が通常用いられる．このことは，見かけのコントラストが固有のコントラストの 2％にまで低下しても，すなわち 98％コントラストが低下しても，水平線を背景とした黒い物体は識別できることを意味している．図 16.12 は，ε，L_V，σ_e の関係を示したものである．水平線を背景とした暗色物体を太陽光のもとで見る場合には，$\varepsilon = 0.02$ の値を式（16.34）に代入し整理すると，視距離が求められる．

$$L_v = \frac{-\ln(0.02)}{\sigma_e} = \frac{3.91}{\sigma_e} \tag{16.35}$$

昼光で水平線を背景に暗い物体を観察する場合，視距離は大気の減光係数に単純に反比例していることになる．また視距離は σ_e と同じ長さの単位であり，式 (16.35) で与えられる．式 (16.35) は，視距離と σ_e との関係を表しているが，この関係と式 (16.9)，(16.13) あるいは式 (16.19) から視程とエアロゾルの個数濃度，質量濃度，および粒径との関係も表される．視距離が 30 km を超える場合は，大気中の分子の影響も考慮に入れる必要があり，この場合，エアロゾルの減光係数と大気の減光係数の和を総減光係数として用いる．

1899 年に Rayleigh は，以上に述べた視程の原理およびレイリー理論の結果である式 (16.17) を用い，目視観測によってアボガドロ数（Avogadro's number）を求めた．インドのダージリンで休暇を過ごしていた彼は，ある晴れた日にホテルのテラスから 150 km 離れたエベレストを観察した．簡単な計算により，n の値として（海面補正を加えた）3×10^{19} を求めたが，これはアボガドロ数 N_a の値 6.7×10^{23} に対応している．これは，観測方法の単純さを考えると驚くほど正確な数値であり，大気測定ツールとしての光散乱の威力を示している．

例題　直径 0.3 μm の粒子を 2×10^{10} 個/m³ [2×10^{4} 個/cm³] の濃度で含む汚染大気中での，昼光の視距離はいくらか．ただし，粒子の屈折率を 1.5 と仮定する．

解　$\sigma_e = \dfrac{N\pi d^2 Q_e}{4}$　ここで，$Q_e = 1.4$（図 16.2 より）

$$\sigma_e = \frac{2\times10^{10}\times\pi\times(0.3\times10^{-6})^2\times1.4}{4} = 1.98\times10^{-3}\,\mathrm{m}^{-1}$$

$$\left[\sigma_e = \frac{2\times10^{4}\times\pi\times(0.3\times10^{-4})^2\times1.4}{4} = 1.98\times10^{-5}\,\mathrm{cm}^{-1}\right]$$

$$L_v = \frac{3.91}{\sigma_e} = \frac{3.91}{0.00198} = 1970\,\mathrm{m} = 2.0\,\mathrm{km}$$

$$\left[L_v = \frac{3.91}{1.98\times10^{-5}} = 1.97\times10^{5}\,\mathrm{cm} = 2.0\,\mathrm{km}\right]$$

式 (16.35) は，ε が 0.02 で正しければ真の視距離を与えるが，視距離は照度によって異なる．気象学上の視距離（meteorological range）は，照射レベルの均一性は無視し，コントラストの閾値0.02が得られる距離として定義されている．式（16.35）は，気象学上の視距離を定義する式でもある．大気中のエアロゾルによる吸収は，散乱に比べて無視できるほど小さく，σ_e は σ_S で置き換えることができる（式（16.11））．この仮定により，σ_S（b_{scat} ともよばれる）を直接測定できる積分型比濁計（16.5 節参照）を用いて，気象学上の視距離を求めることができる．都市部の汚染された空気では，σ_a は $0.5\sigma_S$ に達することもあるため，総減光係数 σ_e を用いなければならない．

エアロゾルの質量濃度 C_m と積分型比濁計による σ_S の測定値との相関を調べた結果，Lodge, 1981 は総質量濃度に対して次式の関係が成り立つことを見出している．総質量濃度については，

$$\frac{C_m}{\sigma_S} = 0.5\,\mathrm{g/m^2} \tag{16.36}$$

微粒子モードの質量濃度 C'_m に対しては，

$$\frac{C'_m}{\sigma_S} = 0.3\,\mathrm{g/m^2} \tag{16.37}$$

である．相関係数は，総質量濃度で 0.6 ～ 0.9，微粒子モードでは約 0.9 であり，視程の改善のためには微小粒子が重要なことを示している．相対湿度が 70％を超えると，吸湿性粒子上に液滴が形成されるため，σ_S が C_m に対して増加する．式（16.36），（16.37）は多数の地点で測定されたデータの平均値を示したものであり，個々の測定点では著しく異なることもありうる．都市部で観測される黄色や茶色のもや（haze）は，主にエアロゾルの波長依存性減光によって引き起こされ，二次的に NO_2 などの気体の波長依存性減光によっても引き起こされる．

16.5 エアロゾルの光学測定

光散乱を利用すれば，エアロゾルの濃度や粒径をきわめて高感度に測定できる．単一の粒子では，0.1 μm 程度の小ささであっても十分検出可能な光散乱信号を作り出す．光散乱測定法には，エアロゾルの乱れを最小限に抑え，継続的な測定が可能であること，また瞬時の情報を得ることも可能という利点がある．一方，光散乱測定法は，粒子の屈折率や散乱角，粒径，形状などのわずかな変化にも散乱光が敏感に反応するため，混乱を招くことがある．Singh et al., 2009 は，エアロゾル測

定用の光散乱装置の歴史的概要を示している．

光度計（フォトメータ（photometer）），比濁計（ネフェロメータ（nephelometer）），および光学粒子計数器（optical-particle counter：OPC）の3種類の機器は，多分散エアロゾルから固定角度で散乱される光を測定に利用している．これらは通常レーザ光学機器として分類される．光度計は，一度に多くの粒子から散乱した総合的な光から相対濃度を測定する．その一例が，図16.14に示すTSI 8587A光度計である．エアロゾルは装置内を2 L/minで連続的に流れる．照明光学系と集光光学系は，一定範囲の角度で散乱した光が検出器に到達するように配置されており，TSI 8587Aは45°における散乱光を測定している．設計に応じて，他の機器は90°，45°，30°未満で散乱光を測定する場合がある．前方散乱式光度計（<30°）は，90°散乱装置よりも屈折率の影響を受けにくい．光度計は，単分散試験エアロゾルを用いたフィルタの透過率試験に使用できる．一般的な機器では，0.001%という非常に低い透過率も測定できる．

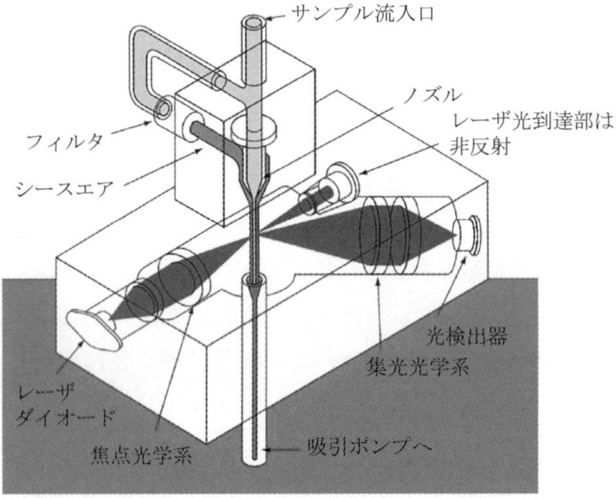

図 **16.14**　TSI 8587A 光度計（TSI Inc., Shoreview, MN）

光減衰光度計（lightattenuating photometer）または透過率計（transmissometer）は，数センチメートルから数キロメートルの範囲の経路長による光の減衰（減光）を測定する機器である．従来型のスタック透過率計（stack transmissometer）は，エアロゾルを横切って検出器に集束する光源を備えている．この測定器は煙突内の煙による減光の測定などに用いられるが，検出されるビームの集光性が不十分なことがあり，前方散乱光を過大に検出してしまう．高濃度のエアロゾルでは多重散乱効果が発生するため，透過光の強度は粒子濃度に応じて予測不可能に変化する．この予測不可能性は，試験エアロゾルによる純粋な減光を測定する場合には問題にならないが，大気中の乱流の影響と組み合わせると問題となる可能性がある．Wu et al., 2018 は，サンプリングに複数の検出器を使用することで透過計システムを改良している．特定の検出器配置により，システムは乱流によるビームの歪みやビームワンダ（訳者注：ビームの分布などが時間的に変化する現象）の影響を受けにくくなり，長距離の消光測定や地上レベルの環境監視システムに効果的に利用できる．

労働衛生の分野では，粒子質量濃度を測定するポータブル光度計が使用されている．使用される散乱角と波長は，機器の応答に対する粒計と屈折率の影響を低減するように選択される．これらの光度計では，$1\ \mu g/m^3 \sim >200\ \mu g/m^3$ の範囲にわたる粒子質量濃度をリアルタイムで読み取ることができる．このような機器の出力はエアロゾル物質や粒径分布の影響を受けやすく，これらのパラメータのうち一つまたは二つ以上の要因が変化すると，測定結果が変化する可能性がある．粒子の屈折率と粒径が一定の場合は，質量による校正が可能である．メーカーの校正エアロゾルと著しく異なるエアロゾルに使用する場合，機器はフィルタサンプルを複数用いて校正する必要がある．これらの光度計は，粒径と化学組成が一定の粒子を対象とする場合には，時間と場所によって変化する濃度比較に適用できる．

光度計の別のカテゴリである吸収光度計は，ブラックカーボンなど，空気中の光を吸収するエアロゾルの濃度を測定するために使用される．これらの機器は通常，フィルタを通過する光の透過率，またはフィルタによる光の反射率を測定する．フィルタ材料による光強度の減衰は，サンプリングされた空気流中の光吸収粒子の質量の増加に比例するため，フィルタ上の質量濃度は光減衰測定に基づいて計算できる．これらの機器では，ファイバーマトリックスフィルタとメンブレンフィルタが頻繁に使用される．フィルタサンプルを1秒ごとに繰り返し測定すると，粒子の質量濃度に関する準リアルタイムなデータが得られる．この種の機器として一般的なものには，Aethalometer（Magee Scientific, Berkeley, CA）や粒子煤塵吸収光度計（PSAP）（Radiance Research, Seattle, WA）などがある．これらは，路上走行車両やその他の燃焼活動からのブラックカーボン排出を研究するために広く使用されている．市販の吸光光度計とその性能の包括的なレビューは，Müller et al., 2011 に記載されている．

比濁計は，エアロゾルからの光の散乱を可能なかぎり広範囲の角度で測定するよう設計されている．この機器は，粒子やガス分子による散乱係数 σ_s を測定でき，視程や大気質の研究に役立つ．式 (16.11) によれば，σ_a が 0 の場合，比濁計は式 (16.35) によって気象範囲の推定を可能とする σ_e を直接測定できる．この装置は 3° から 177° までの散乱光を測定でき，約 1 L の感応容積のエアロゾルから 2×10^{-7}/m という小さな散乱係数を測定できる．感応容積とは信号が検出される領域であり，入射ビームと散乱ビーム，およびエアロゾル気流の直径によって定義される．ポータブル光度計と同様に，適切な校正を行うことで，比濁計により粒子の質量濃度を推定できる．偏光イメージング比濁計（PI-Neph）は，地上レベルの光散乱と大気エアロゾルの半球後方散乱に広く使用されている．比濁計は粒子の形態や微小物理的特性の測定（Espinosa et al., 2017 参照）や個人の $PM_{2.5}$ 暴露評価（Tryner et al., 2019 参照）にも使用できることが示されている．

図 16.15 に示すような光学粒子計数器（OPC）は，光度計に似ている．ただし，エアロゾルは，集束された光またはレーザビームの中をシースエアに囲まれた細い流れとして導入するため，一度に一つの粒子だけが照射され，その散乱光が検出される．そのため，この機器を使用するには，一度に一つの粒子だけがビームを通過するように，エアロゾルの希釈が必要となる場合がある．各粒子が集束された光ビームを通過すると，散乱光が検出され，電気信号のパルスに変換される．このパルス波高（またはパルス面積）から，検出された粒子の粒径区分を判断し，各粒径区分の計数値，および累積計数値として出力する．光学粒子計数器は，検出した光の強度が粒径に対して単調な関数であるという仮定に基づいているが，後述するように，

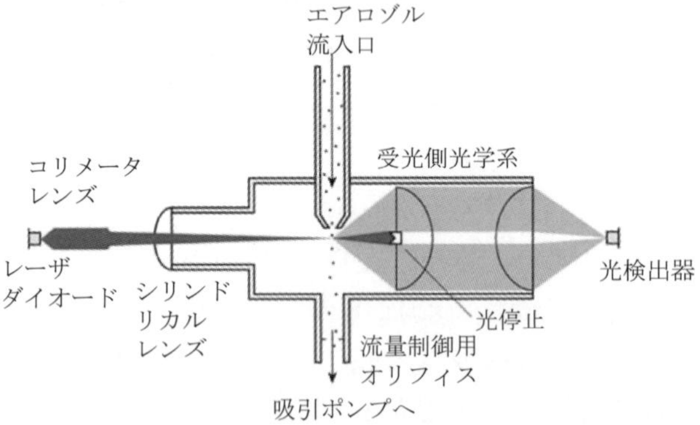

図 16.15　光学粒子計数器（OPC）

これはつねに当てはまるわけではない．

OPC は，エアロゾルの粒径分布に関する情報が迅速に得られるため，エアロゾル研究，大気汚染研究，クリーンルームの清浄度管理において重要な測定器としても使用されている．OPC は 60 年以上にわたって開発と改良が続けられてきた．1980 年代には，Climet 208（Climet Instruments Co., Redlands, CA）などの商用 OPC で白色光照明が使用された．後のモデルでは，よりコヒーレントで単一波長のレーザなどの光源が使用されるようになり，より正確で安定した測定が可能となった．現在の OPC の開発傾向は，携帯性の向上，バッテリー寿命の延長，光源としてのレーザダイオードの使用が焦点となっている．

代表的な市販の OPC の特性を表 16.3 に示す．個々の測定器で計数可能な粒径範囲は限定されるが，複数の粒径範囲の異なる OPC を組み合わせると，0.05 μm 程度から数百マイクロメートルまでの広い粒径範囲の測定が可能となる．一般的な OPC は，0.3 ～ 10 μm の粒径範囲を計数可能であり，4 ～ 16 の粒径区分について

表 16.3 さまざまな光学式粒子計数器の特性

計数器	粒径範囲 (μm)	チャンネル数	散乱角 (deg)	サンプリング流量 (cm³/min)	最大濃度 [a] (cm⁻³)	電子的応答時間 [b] (μs)
TSI 3330 [c]	0.3～10	16	120	1 000	3 000	2.11
Kanomax USA Inc. [d]						
3888/3889	0.3～10	3/6	指定なし	2 800	71	31.80
3905/3910	0.3～10	6	指定なし	28 000/50 000	18	12.54
PMS, Inc. [e]						
Lasair III 110	0.1～5	8	35–120	28 000	34	6.64
Lasair III 310B/310C	0.3～25	6	35–120	28 000	50	4.52
Lasair III 350L	0.3～25	6	35–120	50 000	30	4.21
Lasair III 5100	0.5～25	6	35–120	100 000	25	2.53
IsoAir 310P	0.3～5	4	35–120	28 000	50	4.52
Climet [f]						
CL–170	0.3～25	6	指定なし	28 000	指定なし	指定なし
CL–15x	0.3～5	4	指定なし	28 000	指定なし	指定なし

a）同時誤差 10％に相当する濃度．　b）式（16.38）により計算した．

c）TSI Inc., Shoreview, MN.　d）Kanomax USA, Inc., Andover, NJ.

e）Particle Measuring Systems, Inc., Boulder, CO.　f）Climet Instruments Co., Redlands, CA.

個数濃度を出力できる．サンプリング流量の選択は通常，対象となる粒子の最小粒径と粒径範囲によって決定する．散乱角の選択には，多くの要素のトレードオフが関係する．順方向での検出はより強力な信号が得られるが，バックグラウンドノイズを低減するために特別な注意が必要となる．前方散乱は主に回折光であり，屈折率や粒子が光を吸収するか否かにはあまり影響を受けない利点がある．一部の機器では，ボウル型ミラーを使用して，特定の散乱角範囲内で散乱した光をすべて収集する．光源としてレーザを使用する機器では，検出可能な最小粒径は通常 0.05 ～ 0.3 μm である．これらの機器は，0.1 μm を超える粒子に対して約 100％の計数効率を示す（式 (16.38) 参照）．OPC の校正は，粒径と屈折率が既知の単分散球状粒子を用いて行うことができる．

OPCの応答は,粒径と屈折率,および光源によって決まる.粒子の屈折率がわかっている場合，適切な校正により粒径分布を正確に測定できる．屈折率が未知のエアロゾル粒子の場合，粒径推定の誤差は，メーカの校正曲線と比較して－50％～＋140％の範囲となる可能性がある．この大きな広がりは，粒子内にある範囲の屈折率が存在する場合，OPC の有用性を制限する可能性もある．異なる光源を備えた OPC の場合には特性が異なり，図 16.16 は，白色光粒子計数器がレーザ計数器よりも滑らかで単調な曲線をもつことを示している．1 ～ 5 μm のサイズ範囲では，応答曲線の一部が単調ではなく，特定の信号強度に対応する粒径が複数存在する．

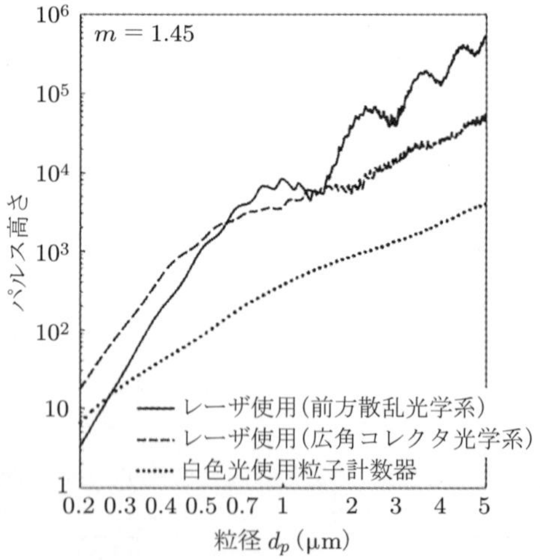

図 16.16　光源として白色光を使用する光学粒子計数器（OPC）と，レーザ光学系を使用する 2 種類の OPC の応答曲線．粒子の屈折率 $m=1.45$（Heim et al., 2008）

現場測定では，この問題は，その領域のサイズビン（size bins. 訳者注：ここでは各粒径区分のレンジ幅を変更する意味）を広げることで対策できる．

OPC はまた, 高濃度の場合に同時発生誤差を生じるため, 比較的低い個数濃度（通常は 10^{10} 個/m^3 [10^4 個/cm^3] 未満）のエアロゾルの測定に制限される．より高濃度のエアロゾルを測定する場合は，このレベルまで希釈する必要がある．同時発生誤差は，二つ以上の粒子が測定器の感応容積内を同時に通過する場合に発生し，粒子数濃度の過小評価と粒径の過大評価につながるスプリアス信号（spurious signal. 訳者注：測定誤差につながる不要信号）を引き起こす．観測された計数値 N_0 と真の計数値 N_t との比は次式で与えられる．

$$\frac{N_0}{N_t} = \exp(-N_t Q \tau) \tag{16.38}$$

ここで，Q は入射光と散乱光のビーム，およびエアロゾル気流の直径によって定義される感知容積を通過する流量であり，τ は検出器の信号回復時間（粒子がビームを横切る時間に信号処理時間を加えたもの）である．粒子数の損失を 10%未満にするには，N_0/N_t 値を 0.9 より大きい値とする必要がある．流量とビーム寸法を減らすことで，一致誤差を最小限に抑えることができる．ただし，ビーム寸法が小さい場合は，ほぼすべての粒子がビームを通過して高い計数効率が得られるように，エアロゾル流の直径が小さくなるよう絞り込む必要がある．一部の機器では，エアロゾル流の空気力学的集束を使用して，0.1 mm 未満の流れの直径を達成している．表 16.3 には，偶然に発生する計数誤差が 10%となる最大濃度と，式 (16.38) に基づく τ の推定値が示されている．

光学式粒子計数器から得られた粒径分布データを解釈するには注意が必要である．出力される分布は個数別のサイズ分布または個数分布であるが，下限を下回る粒径の粒子数は不明であり，実際よりも多く計数される可能性がある．結果をマイクロメートルあたりの計数値（粒径区分のチャネル幅で割った数値）としてプロットすると，データが正確に表現される．粒子の総数に不確実性がある場合，マイクロメートルあたりの割合をプロットすると，重大な誤りが生じる可能性がある．

近年，大気環境の $PM_{2.5}$ モニタリングの空間的および時間的分解能を向上するため，光学粒子検知原理を応用した低コストの空気センサが広く使用されている．これは，屋外および屋内の大気汚染レベルを追跡する地域市民ベースの監視ネットワークで人気を集めており, リアルタイムデータの一部はオンラインで入手できる．これらのセンサは，比較的低価格，低消費エネルギーで，メンテナンスの必要性が

表 16.4　光散乱技術を使用した商用の空気センサの特性

センサ	おおよその価格($)[a]	寸法(mm)	おおよその重量(g)	電源	データロギング方法	対応するPMの種類	相関係数 R^2
Alphasense OPC-N2	500	75×63.5×60	105	バッテリーなし，5V DC電源アダプタ	SPIおよびmicro-SDポート	PM_1, $PM_{2.5}$, PM_{10}	0.8(PM_1) 0.41～0.69($PM_{2.5}$) 0.28～0.53(PM_{10})[b]
Air Quality Egg (v.2) - PM model	240	140×140×85	198	バッテリーなし，USB電源アダプタ	Wi-Fi	$PM_{2.5}$	−0.06 to 0.40[c]
Airviz Speck	150	114×94×89	164	バッテリーなし，5V DC電源アダプタ	USB 2.0, Wi-Fi	$PM_{2.5}$	0.01[c]
Dylos DC1700-PM	475	178×114×76	544	内部バッテリーおよび電源アダプタ	内部ロガー，データ出力ポートおよび制御ソフトウェア	$PM_{2.5}$, PM_{10}	0.5～0.72($PM_{2.5}$) 0.06～0.21(PM_{10})[b]
HabitatMap-AirBeam2	250	132×98×27	142	内部バッテリーおよびmicro USB電源アダプタ	Bluetooth, Wi-Fi, micro-USBポート	PM_1, $PM_{2.5}$, PM_{10}	0.74～0.77(PM_1) 0.68～0.79($PM_{2.5}$) <0.1(PM_{10})[b]
Met One Aerocet 831	2 000	159×92×51	794	内部バッテリーまたは8.4V DC電源アダプタ	内部ロガー，USBポートおよび制御ソフトウェア	PM_1, $PM_{2.5}$, PM_4, PM_{10}, 全粒径粒子	0.77[c]
Nova Fitness SDS011[d]	20	71×70×23	50	バッテリーなし，5V DC電源アダプタ	N/A	$PM_{2.5}$, PM_{10}	N/A

表 16.4 光散乱技術を使用した商用の空気センサの特性（つづき）

センサ	おおよその価格（$）[a]	寸法（mm）	おおよその重量（g）	電源	データロギング方法	対応する PM の種類	相関係数 R^2
RTI MicroPEM	2 000	N/A	＜240	単5電池または120V AC電源アダプタ	内部ロガー（32MB），micro-USB ポート	$PM_{2.5}$	0.72 [c]
Plantower PMS7003 [d]	20	48×37×12	30	バッテリーなし，5V DC 電源アダプタ	N/A	PM_1, $PM_{2.5}$, PM_{10}	N/A
PurpleAir PA-II	229	125×85×85	332	バッテリーなし，5V DC電源アダプタ	Wi-Fi およびクラウドへのデータアップロード	PM_1, $PM_{2.5}$, PM_{10}	0.96〜0.98（PM_1）0.93〜0.97（$PM_{2.5}$）0.66〜0.7（PM_{10}）[b]
TSI AirAssure	1 500	162×85×33	200	24V AC/DC 電源アダプタ	データ出力ポート	$PM_{2.5}$	＞0.81 [b]
Winsen ZH03A [d]	20	50×32.4×21	30	3V DC 電源アダプタ	N/A	PM_1, $PM_{2.5}$, PM_{10}	N/A

a）2020 年 7 月時点の価格.
b）South Coast AQMD Air Quality Sensor Performance Evaluation Center（AQ-SPEC）プログラムからのデータ. その他のセンサの仕様は http://www.aqmd.gov/aq-spec より入手可能.
c）US-EPA Air Sensor Toolbox プログラムからのデータ.
d）これらのセンサの仕様は Badura et al., 2018 による.

低いため，世界中で広く流通している．市販されている空気センサの特性を表 16.4 に示す．他の光散乱機器と同様に，これら空気センサの精度は粒径や屈折率などの粒子の特性に依存する．空気センサのデータの精度と再現性は，適切に校正することによって保証する必要がある．センサの校正方法として，米国連邦基準（Federal Reference Method：FRM）による重量校正がある．フィールドテストでは，空気センサの性能は三つの重要なパラメータによって評価できる．すなわち，同一モデルの異なるセンサの間のばらつき，収集された全データのうちの有効データの割合，線形相関係数（R^2：センサと基準機器と間の線形相関の強さ）である．空気センサの性能もモデルによって異なり，湿度や粒子レベルの影響を受ける可能性がある．

米国環境保護庁（Environmental Protection Agency：EPA）や南海岸大気質管理地区（the South Coast Air Quality Management District）など一部の政府機関は，研究者や一般向けのガイドラインとして空気センサの使用に関する参考文書を作成している．これらの文書には，センサの選択と校正，データ処理，性能テストとメンテナンスに関するガイドラインが含まれており，通常はオンラインでオープンアクセスできる．研究者らは空気センサのフィールド性能テストに関する結果も発表しており，その例は Badura et al., 2018 に記載されている．

光子相関分光法（photon correlation spectroscopy：PCS），動的光散乱法（dynamic light scattering：DLS），または準弾性光散乱法（quasi-elastic light-scattering：QELS）とよばれる別の粒径測定方法は，光散乱と粒子のブラウン運動の両方を利用している．粒子の集合体にレーザビームを照射し，散乱光を特定の角度で検出する．入射光は単一の周波数をもつが，散乱光はドップラー効果と粒子のブラウン運動により狭い範囲だが周波数の広がりをもつ．これを低周波スペクトラムアナライザ（low-frequency spectrum analyzer）またはデジタル自己相関器（digital autocorrelator：PCS）によって分析する．スペクトルの幅はエアロゾルの平均拡散係数，すなわち粒径に関連付けられる．この方法は高濃度のエアロゾルが必要であるが，粒子の屈折率が既知である必要はなく，とくにナノ粒子（$d_p < 100$ nm）の粒径情報を取得するのにとくに有効である．ナノ粒子では角度散乱パターンに非対称性がないため，静的光散乱法などの方法が適用できないからである（Sorensen et al., 2011 参照）．PCS，DLS，QELS などの粒径測定法は，煤，ディーゼル排気粒子，タバコの煙粒子などの燃焼エアロゾルの研究に応用されている．

問題

16.1　ミー散乱の強度パラメータの表から，粒径 0.088 μm のポリスチレンラテックス球により 90° の方向に散乱した光では，$i_1 = 4.89 \times 10^{-4}$ および $i_2 = 4.43 \times 10^{-8}$ が得られる．レイリー散乱が成立すると仮定した場合，90° 方向の全散乱強度にはどの程度の誤差が生じるか．ただし，$\lambda = 0.55$ μm，$m = 1.59$ とする．

解答：280%

16.2　粒子と気体と散乱光の量が等しくなるような，エアロゾルの個数濃度と質量濃度を求めよ．ただし，粒径 0.5 μm，$m = 1.5$，$\rho_p = 1\,000$ kg/m^3 [1.0 g/cm^3] とする．

解答：2.6×10^7/m^3 [26/cm^3]，1.7 μg/m^3

16.3　粒径 1.0 μm の水滴が濃度 10^8/m^3 [100/cm^3] で含まれている 1 km の空気を通過する光透過率を求めよ．光の波長を 0.52 μm とする．

解答：0.73

16.4　粒子のない空気 1 cm^3 と同程度の光を 1 cm^3 あたり散乱する 0.05 μm 粒子の個数濃度はいくらか．空気の σ_e は 1.5×10^{-5} 個/m [1.5×10^{-7} 個/cm]，粒子は $m=1.5$，$\lambda=0.5$ μm と仮定する．

解答：3.4×10^{12} 個/m^3 [3.4×10^6 個/cm^3]

16.5　カリフォルニア州の大気環境の視程基準では，相対湿度 70％未満の場合，平均 σ_e を 0.23 km^{-1} 未満とすることが求められている．この規定はどのような視距離に相当するか．また，それはいくらのエアロゾル質量濃度に相当するか．粒径 0.18 μm（累積モードの表面積平均径（sauter mean diameter：SMD）），粒子の屈折率 1.5，ρ_p が 1 000 kg/m^3 [1.0 g/cm^3] であると仮定する．

解答：17 km [10.6 マイル]，110 μg/m^3

16.6　ある晴れた日，UCLA 健康科学センターの建物の屋上で大気中のエアロゾル濃度（25 μg/m^3）を測定していると，35 マイル離れたパロス・ベルデス・ヒルがちょうど見えることに気付いた．大気中のエアロゾルが単分散であると仮定した場合，その粒径はどれくらいか．$Q_e=1.0$ および $\rho_p=1\,000$ kg/m^3 [1.0 g/cm^3] と仮定し，空気分子による消滅は無視する．

解答：0.34 μm

16.7　問題 16.6 について，空気分子の影響を含めた場合の粒径はいくらか．$\lambda=$ 0.5 μm と仮定する．

解答：0.40 μm

16.8　都市大気中の視距離を観察する．この距離が微細粒子のみに依存し，同等の視距離を非吸収性の単分散エアロゾルで表すことができると仮定した場合，その粒径はいくらになるか．$Q_e=Q_s=1$，粒子密度 1 500 kg/m^3 [1.5 g/cm^3] と仮定する．

[ヒント：視距離と微粒子の質量濃度を関連付ける経験式と，ブーゲの法則を使用する．]

解答：0.3 μm

16.9　粒子を含まない 20℃ の空気について，海面上での気象学上の視距離を求めよ．$\lambda=0.5$ μm と仮定する．

解答：220 km

16.10 (a) 霧のかかった月夜に黒い自動車を見ることのできる最大距離はいくらか．ただし，霧は濃度 10^{10} 個/m^3 [10^4 個/cm^3] の 5 μm の液滴で構成され，背景の輝度が 10^{-3} cd/m^2，目が完全に暗順応していると仮定する．

(b) (a) で自動車のヘッドライトが点灯しており，観測者にまっすぐ向けられている場合ではどうか．ただし，固有のコントラストは 10^4 とする．

解答：(a) 6.1 m，(b) 30 m

参考文献

Badura, M., Batog, P., Drzeniecka-Osiadacz, A., and Modzel P., "Evaluation of Low-Cost Sensors for Ambient PM2.5 Monitoring", *J. Sens.*, **2018**, 5096540 (2018).

Blackwell, H. R., "Contrast Thresholds of the Human Eye", *JOSA*, **36**, 624-643 (1946).

Dave, J. V., "Scattering of Electromagnetic Radiation by a Large, Absorbing Sphere", *IBM J. Res. Develop.*, **13**, 302-313 (1969).

Espinosa,W. R., Remer, L. A., Dubovik, O., Ziemba, L., Beyersdorf, A., Orozco, D., Schuster, G., Lapyonok, T., Fuertes, D., and Martins, J. V., "Retrievals of Aerosol Optical and Microphysical Properties from Imaging Polar Nephelometer Scattering Measurements", *Atmos. Meas. Tech.*, **10**, 811-824 (2017).

Grosshans, H., Kristensson, E., Szász, R.-Z., and Berrocal, E., "Prediction and Measurement of the local extinction coefficient in sprays for 3D simulation/experiment data comparison", *Int. J. Multiph. Flow*, **72**, 218-232 (2015).

Heim, M., Mullins, B. J., Umhauer, H., and Kasper, G., "Performance Evaluation of Three Optical Particle Counters with an Efficient "Multimodal" Calibration Method", *J. Aerosol Sci.*, **39**, 1019-1031 (2008).

Hodkinson, J. R., "The Optical Measurement of Aerosols", in Davies, C. N. (Ed.), *Aerosol Science*, Academic Press, New York, 1966.

Kerker, M., *The Scattering of Light and Other Electromagnetic Radiation*, Academic Press, New York, 1969.

Lodge, J. P.,Waggoner, A. P., Klodt, D. T., and Crain, C. N., "Non-health Effects of Airborne Particulate Matter", *Atm. Env.*, **15**, 431-482 (1981).

Middleton,W. E. K., *Vision through the Atmosphere*, University of Toronto, Toronto, 1952.

Müller, T., Henzing, J. S., de Leeuw, G., et al., "Characterization and Intercomparison of Aerosol Absorption Photometers: Result of Two IntercomparisonWorkshops", *Atmos. Meas. Tech.*, **4**, 245-268 (2011).

Peña-Rodríguez, O., Pérez, P. P. G., and Pal, U., "MieLab: A Software Tool to Perform Calculations on the Scattering of ElectromagneticWaves by Multilayered Spheres", *Int. J. Spectrosc.*, **2011**, 583743 (2011).

Singh R.P., "Static and Dynamic Light Scattering by Aerosols in a Controlled Environment", in

Kokhanovsky, A. A. (Eds.) *Light Scattering Reviews 4*, Springer Praxis Books, Springer, Berlin, Heidelberg, 2009.

Sorensen, C. M., Gebhart, J., O'Hern, T. J., and Rader, D. J., "Optical Measurement Techniques: Fundamentals and Applications", in Kulkarni, P., Baron, P. A., and Willeke, K., (Eds.), *Aerosol Measurement: Principles, Techniques, and Applications, 3rd edition, Wiley*, New Jersey, 2011.

Sumlin, B. J., Heinson,W. R., and Chakrabarty, R. K., "Retrieving the Aerosol Complex Refractive Index Using PyMieScatt: A Mie Computational Package with Visualization Capabilities", *J. of Quant. Spectrosc. and Radiat. Transf.*, **205**, 127-134 (2018).

Tryner, J., Good, N., Wilson, A., Clark, M. L., Peel, J. L., Volckens, J., "Variation in Gravimetric Correction Factors for Nephelometer-Derived Estimates of Personal Exposure to $PM_{2.5}$", *Environ. Pollut.*, **250**, 251-261 (2019).

Van de Hulst, H. C., *Light Scattering by Small Particles*,Wiley, New York, 1957; republished by Dover, New York, 1981.

Whitby, K. T., andWilleke, K., "Single Particle Optical Counters: Principles and Field Use", in Lundgren, D. A. et al. (Eds.), *Aerosol Measurement*, University Presses of Florida, Gainesville, FL, 1979.

Wu, C., Rzasa, J.R., Ko, J., Paulson, D.A., Coffaro, J., Spychalsky, J., Crabbs, R.F., and Davis, C.C., "Multi-Aperture Laser Transmissometer System for Long-Path Aerosol Extinction Rate Measurement", *Appl. Opt.* **57**, 551-559 (2018).

17 エアロゾルの全体運動

前章までのエアロゾル運動の解析は，個々の粒子の運動のみに注目したものである．しかし，大きなスケールの運動に注目すると，一つ一つの粒子の運動は無視できる場合がある．そのような例の一つとして，エアロゾルの気相の密度が周囲の気体密度と違っている場合がある．たとえば，煙突からの排気は，その浮力により，その中に含まれている粒子を煙突出口から何メートルもの高さまで上昇させる．こうした状況における気体の運動は，流体力学や気象学の対象分野であり，ここでは取り上げない．雲とその周囲の空気との間に密度の差がない場合でも，雲全体としての運動がその雲を構成している個々の粒子の運動より速い場合がある．この章の目的上，広範囲な清浄空気の中に明確な境界をもつエアロゾル濃度の高い部分のことをエアロゾル雲（aerosol cloud）あるいは単にクラウドと定義する．クラウドの力学は個々の粒子よりもはるかに複雑であり，完全に説明することは難しい．この章では，クラウドとしての動きが発生する大きさの条件を定義しておく．

クラウドの運動は，エアロゾル全体としての性質に支配されることから，まず純粋な空気と比較したクラウドの粘性と密度を評価する．粒径 1 μm の単位密度球から成る単分散エアロゾルで質量濃度が 100 g/m^3 のものを考える．これはきわめて高い質量濃度であり，作りうる最も高密度な煙に相当する．このエアロゾルの個数濃度は 2×10^8 個/cm^3 である．粒子間の平均距離は 17 μm，すなわち粒子直径の 17 倍ある．このエアロゾルのほとんどは空気であり，粒子はお互いにほとんど影響を及ぼさないほど離れている．このような二相系の粘性 η_c は次式で与えられる．

$$\eta_c = \eta(1 + 2.5C_v) \tag{17.1}$$

ここで, C_v は体積濃度, すなわちエアロゾルの単位体積あたりの粒子の体積である．この例では C_v＝0.0001 で，クラウドは純粋な空気の粘性より 0.025％だけ大きい粘性を有するが，無視できる程度の差である．クラウドの密度は，粒子を含まない空気の密度よりも，粒子の質量濃度分だけ大きい．質量濃度 100 g/m^3 の場合，エアロゾルは清浄空気より 8.3％大きい密度を有している．エアロゾルの全体運動を引き起こしているのは，この密度の違いである．重力によるエアロゾルの全体運動は，クラウド沈降あるいは集団降下とよばれている．

クラウド沈降（cloud settling）は，エアロゾル濃度が十分に高く，個々の粒子の沈降速度よりも速い速度で，クラウド全体が一つのかたまりの形で沈降する場合に生じる．この現象は粒子そのものによって引き起こされるものであり，クラウドの内側と外側に気体密度の違いがある必要はない．この現象が起こる理由を最もよく理解するには，一定の空間内に球状に並んでいる粒子群を考えるとよい．空気を一定速度 U_0 でクラウドに吹きつけた場合，空気は，経路の相対抵抗に応じて，クラウドを通過することも，これを避けて流れることもできる．粒子濃度が低いときには，空気は粒子の間を通り抜け，個々の粒子との相対速度は U_0 となる．粒子によって生じる全抵抗は，各々の粒子にはたらく抗力の合計である．粒子濃度が十分に高いとき，クラウド内部を流れる空気に対する抵抗は非常に大きくなり，空気がクラウドの周囲を流れるようになる．この場合，空気とクラウド内の粒子の相対速度は0となり，抵抗は球形のクラウドの周囲を流れる空気の抗力により生じる．これら両極端な状態の間には，両方の機構が作用する中間状態が存在する．同様の状況が，重力によるクラウドの自由沈降の場合にも見られ，エアロゾルがクラウドとして動くか，あるいは粒子として動くかは，エアロゾルの濃度，クラウドの大きさ，粒子の粒径によって決まる．これら2種類のエアロゾルの運動を図17.1に模式的に示す．

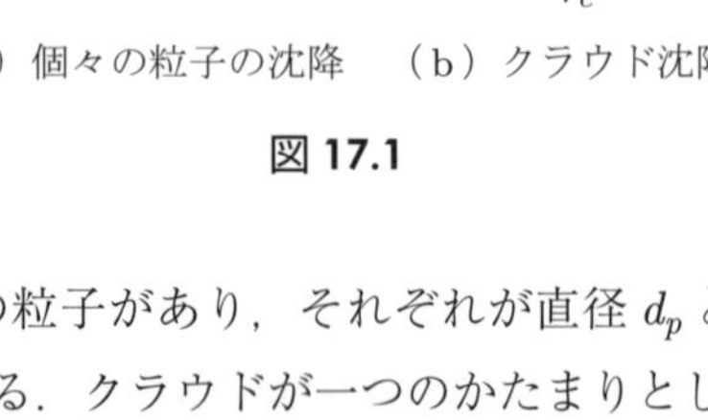

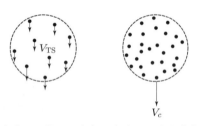

（a）個々の粒子の沈降　（b）クラウド沈降

図 17.1

単位体積あたり N 個の粒子があり，それぞれが直径 d_p と密度 ρ_p をもつ直径 d_c の球形のクラウドを考える．クラウドが一つのかたまりとして動くには，浮遊させている気体と粒子は一緒に動かなければならない．また粒子について考えると，クラウド中での粒子と気体との相対的な運動は無視できるため，粒子と気体とは結合している，あるいは粒子が完全に気体に取り込まれていると考えることができる．

この場合，クラウドにかかる下向きの重力は，気体の質量に粒子の質量を加えたものに等しく，浮力はクラウドに押しのけられた気体の質量に等しい．粒子の沈降と同様の方法をクラウドの沈降に適用し，クラウドの密度を定義すると便利である．気体密度が ρ_g で，クラウドと周囲のきれいな空気との間にガス密度の差がない場合，球形のクラウドの正味のクラウド密度（密度から浮力を引いたもの）ρ_c は，クラウドの質量からこれに押しのけられた気体の体積分の質量を引き，クラウドの体積 v_c で割ったものである．

$$\rho_c = \frac{\rho_g v_c + C_m v_c - \rho_g v_c}{v_c} = C_m \tag{17.2}$$

したがって，正味のクラウド密度は，適切な単位（SI の kg/m^3 および cgs 単位系の g/cm^3）で表した粒子質量濃度 C_m にすぎない．クラウドは粒子よりもはるかに大きいため，そのレイノルズ数も大きく，その運動はストークス領域の範囲外となることが多い．球形のクラウドの沈降速度 V_c は，重力をニュートン領域の抗力に等しいとおくことで得られる．

$$\frac{\rho_c \pi d_c^3 g}{6} = C_D \frac{\pi}{8} \rho_g d_c^2 V_c^2 \tag{17.3}$$

V_c について解くと，クラウドの沈降速度は次式で表される．

$$V_c = \left(\frac{4\rho_c d_c g}{3 C_D \rho_g} \right)^{1/2} \tag{17.4}$$

式 (17.4) は完全な剛体球の場合に当てはまるが，沈降しているクラウドでは，内部に循環流が生じるので，クラウドにはたらく抗力は減少する．その結果，沈降速度は $(6/5)^{1/2}$ 倍，すなわち約 10%増加する．簡単化のためにこの影響は無視している．式 (17.4) は式 (3.29) の ρ_p を ρ_c に, d_p を d_c に置き換えたものに等しい．3.7 節に述べた高レイノルズ数における粒子の沈降速度の求め方を使用すれば，クラウドの沈降速度についても同様に求めることができる．

例題　直径 5 m の球形の水滴雲の質量濃度は 1 g/m^3 である．クラウドの終末沈降速度はどれくらいか．

解

$$\rho_c = 0.001\,\mathrm{kg/m^3}\ [10^{-6}\,\mathrm{g/cm^3}]$$

$$C_D(\mathrm{Re})^2 = \frac{4 d_c^3 \rho_c \rho_g g}{3\eta^2} = \frac{4 \times 5^3 \times 0.001 \times 1.2 \times 9.81}{3 \times (1.81 \times 10^{-5})^2} = 5.99 \times 10^9$$

$$\left[C_D(\mathrm{Re})^2 = \frac{4\times 500^3\times 10^{-6}\times 1.2\times 10^{-3}\times 981}{3\times(1.81\times 10^{-4})^2} = 5.99\times 10^9\right]$$

この値は，表 3.4 に示されている値の範囲を超えており，C_D が 0.44 の一定値をもつ領域にある．したがって，次のようになる．

$$\mathrm{Re} = \left(\frac{5.99\times 10^9}{0.44}\right)^{1/2} = 1.17\times 10^5$$

$$V_c = \frac{\mathrm{Re}}{66\,000 d_c} = \frac{1.17\times 10^5}{66\,000\times 5} = 0.35\,\mathrm{m/s}\quad \left[V_c = \frac{1.17\times 10^5}{6.6\times 500} = 35\,\mathrm{cm/s}\right]$$

したがって，このクラウドの沈降速度は，直径 360 μm の単位密度球の沈降速度と同等である．

個々の粒子の沈降速度 V_p は次式で与えられる（式 (3.21) の再掲）．

$$V_p = \frac{\rho_p d_p^2 g C_c}{18\eta} \tag{17.5}$$

クラウド沈降が顕著であるかどうかは，クラウドの沈降速度（式 (17.4)）と粒子の沈降速度（式 (17.5)）の比 G に依存する．この比率は

$$G = \frac{V_c}{V_p} = \frac{12\eta}{\rho_p d_p^2 C_c}\left(\frac{3\rho_c d_c}{C_D \rho_g g}\right)^{1/2} \tag{17.6}$$

となる．ここで，C_c は粒子のすべり補正係数である．$G \gg 1$ の場合，クラウド沈降が支配的になる．$G \ll 1$ の場合には，粒子の沈降のみが発生する．そして，その中間では両方の沈降が起こっている．簡単にするために，$G=1$ の値をクラウド沈降の最小値とすると，後述するように，時間の経過とともに G が減少する要因があるため，クラウド沈降運動が継続するためには，$G \gg 1$ であることが必要である．

式 (17.4) は，球形のクラウドにのみ適用できる式である．クラウドは，はじめは球形であっても，運動を開始するとすぐに表面に不均一な圧力が加わるために変形する．この変形により，クラウドの運動は遅くなり，小さなクラウドへと分裂する可能性がある．また，沈降しているクラウドは，気流によってその表面が削られるので，時間とともにしだいに小さくなっていく．これらの影響により，クラウド沈降速度は減少する．ほとんどのクラウドを構成するエアロゾルは多分散であり，沈降速度の差によって粒子は分離するため，クラウドは希薄となり，クラウド沈降が妨げられる傾向がある．これらの影響があるため，式 (17.4) は，正確にはクラウドの初期の運動のみに適用できる．

式 (17.6) のさまざまな変数の影響は，抗力係数 C_D が ρ_c と d_c に依存するためわかりにくくなっている．クラウドの動きがストークス領域にあるような特殊な場合には $C_D = 24/\mathrm{Re}$ であり，クラウドのレイノルズ数を Re_c とすれば式 (17.6) は次のように書ける．

$$G = \frac{\rho_c d_c^2}{\rho_p d_p^2 C_c} = \frac{\pi C_N d_p d_c^2}{6C_c} \quad (\mathrm{Re}_c < 1\text{のとき}) \tag{17.7}$$

ここで，C_c は粒子のすべり補正係数である．式 (17.7) は，$\mathrm{Re} < 1$ のクラウドにのみ適用できる．これはクラウドの大きさが数センチメートル未満であることを意味する．ストークス領域でのクラウドの沈降は，クラウドが大きいほど，質量濃度が高いほど，あるいは粒径が小さいほど促進される．粒径 1 μm の粒子で構成された直径 1 cm のクラウドに対して，G の値を 1 にするためには，質量濃度がわずか 9.8 mg/m^3 あればよい．

表 17.1 にクラウド沈降 ($G = 1$) に必要な最小の質量濃度を示す．表 17.1 の値は，式 (17.4)，(17.6) および 3.7 節の手順を用いて計算したものである．この表は，クラウド沈降が発生するか否かを決定するには，クラウドの大きさと粒径が重要であることを示している．クラウドの運動が持続するためには，少なくとも最初からクラウドとして運動していることが必要なのは明らかだが，運動を継続的するには，多くの場合 $G > 100$ が必要と考えられる．先述した希釈，分解および浸食などの影響により，直径が数メートル以下のクラウドの寿命は短い．さらに $G = 1$ という値は，クラウド沈降速度と粒子の沈降速度が等しいということのみを意味しており，その速度は，とくにサブマイクロメートルの粒子の場合は非常に小さい．したがって，表 17.2 で行ったように，たとえばクラウドが 0.01 m/s [1 cm/s] などといった明確な沈降速度となるのに必要な質量濃度を求めておくことは，実用上では重要となる．この場合，必要な質量濃度は粒径によらないが，必要な個数濃度は粒径に依存する．質量濃度の値は，表 17.1 では μg/m^3，表 17.2 では mg/m^3 であることに注意されたい．

クラウド中の粒子の個数濃度が高いとき，質量濃度は変化しないが，凝集によって個数濃度と粒径の両方が急速に変化する．式 (17.6) からわかるように，クラウドの直径と質量濃度が一定で，粒径が増大すると，G の値は著しく減少する．したがって，凝集はクラウド沈降を妨げる．これらのことから，エアロゾル雲は，最初は一つのかたまりとして運動するが，浸食，分解，粒径分布，希釈および凝集などによる複合作用を受け，急速に個々の粒子の運動に戻ることがわかる．

表 17.1　標準状態におけるクラウド沈降（$G = 1$）に必要な最小の質量濃度

粒径（μm）	質量濃度（μg/m^3）			
	$d_c = 0.01$ m	$d_c = 0.1$ m	$d_c = 1$ m	$d_c = 10$ m
0.04	82	0.82	0.0082	8.2×10^{-5}
0.1	240	2.4	0.024	2.4×10^{-4}
0.4	1 900	19	0.19	0.0028
1.0	9 800	98	1.3	0.023

表 17.2　クラウド沈降速度 0.01 m/s［標準状態で 1 cm/s］に必要な濃度

粒径（μm）	質量濃度（mg/m^3）［個数濃度（個/cm^3）］			
	$d_c = 0.01$ m	$d_c = 0.1$ m	$d_c = 1$ m	$d_c = 10$ m
0.04	4 400［1.3×10^{11}］	100［3.1×10^9］	3.8［1.1×10^8］	0.34［1.0×10^7］
0.1	4 400［8.5×10^9］	100［2.0×10^8］	3.8［7.3×10^6］	0.34［6.4×10^5］
0.4	4 400［1.3×10^8］	100［3.1×10^6］	3.8［1.1×10^5］	0.34［1.0×10^4］
1.0	4 400［8.5×10^6］	100［2.0×10^5］	3.8［7.3×10^3］	0.34［6.4×10^2］

一般に，クラウド中の気体の成分と温度は，周囲の空気のものとは異なる．これにより生じるクラウド内外の密度差は，粒子の質量を含んだクラウドの正味のクラウド密度 ρ_c よりはるかに大きいのが普通である．たとえば，自然大気中では，わずか 0.2℃の温度差で，質量濃度 1 g/m^3 のクラウドに重力と同等の浮力が生じる．同様の効果は，130 Pa［1 mmHg］の絶対湿度差によっても生じる．大気中のクラウドの垂直方向の運動に関しては，粒子の質量は二次的な要因にしかすぎない．燃焼によって生じたクラウドは，初めは気体が高温であるため上昇するが，冷却すると CO_2 の量が多いため沈降する．このようなクラウドの動きは，タバコの煙（空気よりも高密度の気相を含む高濃度のエアロゾル）を使った実験で観察されている．煙エアロゾルのから成るクラウドの運動学的挙動は人間の呼吸器系に不均一な沈着を引き起こし，それにより気管・気管支の有毒物質への暴露が増加する可能性がある（Martonen et al., 2000 参照）．さらに，咳やくしゃみによって生成されるエアロゾル流も，さまざまな粒径の飛沫で構成され，乱流と浮力の影響を受ける一種のクラウドである．これらの呼吸クラウドの動きは呼吸性病原体の移動範囲を拡大する可能性があり，呼吸器疾患の蔓延に重大な影響を与えている（Bourouiba et al., 2014, Nishimura et al., 2013 参照）．

エアロゾル雲が清浄空気の上に層状に形成されているような特殊な場合については，レイリー-テイラー不安定性（Rayleigh-Taylor instability）を用いて分析できる．この現象は，重力場，あるいはその他の力がはたらく場において，密度の高い流体層が，それより軽い体層の上に重なった場合に発生する．このような現象は，大気中，火山からの煤塵によるクラウド中，海洋中，および水よりも密度が高く負の走地性（重力に逆らって泳ぐ）を示す微生物の培養においてよく発生する．レイリー–テイラー不安定性は，重い層が突然軽い層を突き抜ける現象として説明されている．沈降速度に関する突破点および粒子から全体運動に移行する境界条件については, Hinds et al., 2002 によって議論されている．クラウド沈降の場合と同様に，気体の密度差が，この現象のおもな要因となっている．気体密度のわずかな差は，個々の粒子の沈降にはほとんど影響を及ぼさないが，ひとたびレイリー–テイラー不安定性，あるいはクラウド沈降を引き起こした場合には，粒子運動を著しく変化させる可能性がある．多分散粒子クラウドを特徴付ける効果的なモデルは，Lai et al., 2016 に記載されている．

スペクトロメータ（spectrometer）として動作するあらゆる分級装置には，エアロゾルの流れと運搬流としての清浄空気の流れの二つがある．したがって，これらの装置ではクラウド沈降や不安定性の影響を受けやすくなる．エアロゾル遠心分離器（3.9 節参照）は，粒子と気流に大きな遠心力がはたらいているため，とくにその影響を受けやすくなる．

この章に述べたクラウドの運動は，クラウドが完全に容器全体を占めている状態とは区別しなければならない．このような状態では，高濃度によるエアロゾルの粘度の増加，および粒子によって置き換えられた体積に起因する気体のわずかな上昇のため，クラウドの沈降は起こらず，粒子の沈降速度がごくわずかに低下するだけである．これら二つの効果は，容器内のエアロゾルが非常に高濃度であったとしても，粒子の沈降速度にわずかな影響（$<0.1\%$）しか与えない．

問題

17.1 喫煙者が吹き出す煙の輪は，かなりの速度で降下する．煙の輪を直径 0.05 m［5 cm］の球体であると考えた場合，クラウド沈降速度はいくらになるか．ただし，煙ガスは室温の空気であり，煙粒子の濃度は 30 g/m^3 であると仮定する．また，煙粒子が直径 0.4 μm で単位密度であるとした場合，G の値はいくらか．

解答：0.17 m/s［17 cm/s］，25 000

17.2 問題 17.1 の前半はそのままとし，煙の密度が空気より 2％大きいとした場合について沈降速度を求めよ.

解答：0.24 m/s [24 cm/s]

参考文献

Bourouiba, L., Dehandschoewercker, E., and Bush, J.W. M., "Violent Expiratory Events: on Coughing and Sneezing", *J. of Fluid Mech.*, **745**, 537-563 (2014).

Hinds,W.C., Ashley, A., Kennedy, N. J., and Bucknam, P., "Conditions for Cloud Settling and Rayleigh-Taylor Instability", *Aerosol Sci. & Technol.*, **36**, 1128-1138 (2002).

Lai, A.C.H.,Wang, R., Law, A.W. and Adams, E. E., "Modeling and Experiments of Polydisperse Particle Clouds", *Environ Fluid Mech*, **16**, 875-898 (2016).

Martonen, T. B., and Musante, C. J., "Importance of Cloud Motion on Cigarette Smoke Deposition in Lung Airways", *Inhal. Toxicol.*, **12**, 261-280 (2000).

Nishimura, H., Sakata, S., and Kaga, A. A., "New Methodology for Studying Dynamics of Aerosol Particles in Sneeze and Cough Using a Digital High-Vision, High-Speed Video System and Vector Analyses", *PLoS ONE*, **8**, e80244 (2013).

18 粉塵爆発

図 18.1 に示すように，エアロゾルの最も特異な性質として，高濃度で激しく爆発する特性が挙げられる．1970 年代の米国では，粉塵による爆発事故が毎年平均 40 件以上発生していた．この件数は 1980 年代から 2000 年代にかけて 11 件に減少（Blair, 2007 参照）したが，2009 年から 2018 年までの 10 年間においても，いまだ穀物粉塵による爆発事故は，年間平均で 8.4 回発生している．これらの事故を合わせると，毎年数名の死者と数百万ドルもの物的損害が発生していることがわかる．粉塵爆発（dust explosion）の重要性を考え，この章ではその特性と制御方法について簡単に述べる．粉塵爆発の現象は複雑であるが，数多くの実験データが得られている．粉塵の爆発特性に関する包括的なレビューは，Cashdollar, 2000 に記載されている．粉塵爆発に関するその他のレビュー資料は，Eckhoff, 2016 および Amyotte et al., 2019 に記載されている．一般的ではないが，可燃性液体の霧も爆発の可能性がある（Yuan, 2006 参照）．

図 18.1 ペンシルベニア州ブルーセトンの実験鉱山での石炭粉塵爆発の再現（Verakis and Nagy, 1987. https://doi.org/10.1520/STP28185S）．（Copyright ASTM）

粉塵爆発が発生するには，適当な濃度の粉塵と酸素の存在に加え，着火源が必要である．あらゆる有機化合物やある種の無機化合物，金属などの被酸化性物質は，エアロゾルの状態になると，通常 20～200 g/m^3 程度の高濃度で燃焼する．この燃焼が限られた空間内で起こると，粉塵爆発が発生する．爆発の過程では，熱の生成はその消散よりもはるかに速い現象となる．このため，ガス状燃焼生成物の生成を伴う暴走反応が生じ，ガス膨張による急激な圧力上昇がさまざまな損傷被害を引き起こす．大きな粉塵爆発の場合でも，最初は小規模な爆発にすぎない．小爆発の圧力波によって，床，壁，梁から粉塵が再浮遊すると高濃度となり，第二のはるかに大きな爆発を引き起こす．工場や鉱山では，このような爆発が連続して起こり，拡大していく可能性がある．このような粉塵の再飛散によって，たとえ大空間であっても爆発濃度に達してしまうため，粉塵爆発の破壊力は大きいものになる．一方，爆発性のガスの場合，このような大空間で爆発濃度に達することは稀である．炭鉱では，メタンガスによる小規模な爆発や発破によって粉塵爆発が引き起こされる．工場では，高圧タンクの破裂や，機械的作用で粉塵が浮遊している領域に着火源があると，大きな爆発を引き起こすことがある．堆積した粉塵層の小さな火災を消火しようとして，消火器や消火栓の水をかけたことで粉塵が再飛散し，爆発を引き起こすといった事故もしばしば発生する．

いくつかの点で，粉塵爆発はガス爆発に類似している．両者にはともに，爆発下限濃度（lower explosive limit），すなわち，爆発に必要な最低濃度がある．ガスには爆発上限濃度があるが，粉塵の場合は明確ではなく，これを正確に求めることは困難である．爆発上限は，粒子に到達する酸素が不十分な場合に発生する．図 18.2 に示すように，有機粉塵の濃度は一般に 1 500 ～ 3 000 g/m^3 である．メタンには明確に定義された爆発下限濃度と爆発上限濃度があるが，褐炭粉塵には下限濃度しかない．表 18.1 は，代表的な粉塵の爆発下限濃度とその他の爆発特性である．ここに示されている濃度と圧力のデータは，1 m^3 または 20 L の球形チャンバを使用して取得したものである．粉塵は入手した状態，または 63 μm（No. 230）のふるいで分級した状態で粒径測定した後，圧縮空気によってチャンバ内に分散して，10 kJ の化学点火装置で点火した．これらの大型の試験チャンバは，従来の 1.2 L 円筒形ハルトマン装置よりも，データの再現性と信頼性が向上している（ISO, 1985，および ASTM, 2020）．表 18.1 に示したデータは，異種の粉塵の特性を相対的に示しているにすぎず，他の実験装置を用いて得られる結果とは必ずしも合致しないが，違いは 2 倍以下に収まっている．

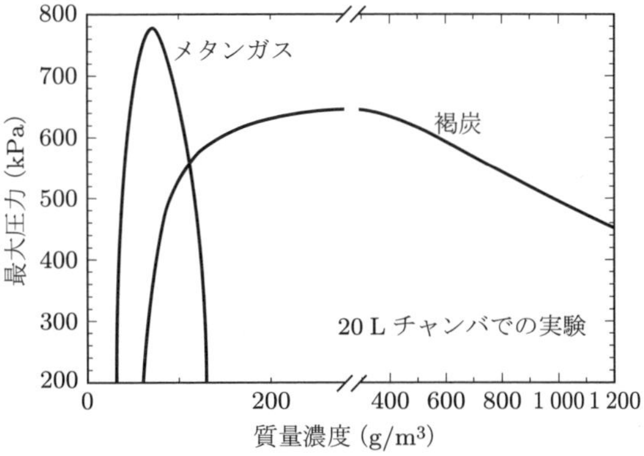

図 18.2 空気中のメタンおよび褐炭粉塵の爆発濃度範囲 (Hertzberg and Cashdollar, 1987, Eckhoff, 2003).

表 18.1 さまざまな粉塵の爆発特性 a)

材料	MMD (μm)	爆発下限濃度 (g/m^3)	最大到達圧力 b) (kPa)	圧力上昇指数 c) K_{st} (kPa·m/s)	最低着火温度 (℃)
綿	44	100	720	2 400	560
木材（合板）	43	60	920	10 200	490
とうもろこし粉	16	60	970	15 800	520
小麦粒	80	60	930	11 200	—
歴青炭	38	125	860	8 600	610
エポキシ樹脂	26	30	790	12 900	510
ポリ塩化ビニル（PVC）	25	125	820	4 200	750
アスコルビン酸	39	60	900	11 000	460
有機染料（赤）	<10	50	11 200	24 900	520
アルミニウム	22	30	11 500	110 000	500
亜鉛	<10	250	670	12 500	570
硫黄	20	30	680	15 100	280

a) Eckhoff, 2003.　b) 最大圧力（kPa）を 100 で割ると bar となる.
c) 圧力上昇指数 K_{st}（kPa·m/s）を 100 で割ると bar·m/s となる.

圧力上昇指数（pressure rise index）$K_{\rm st}$ は爆発の激しさを示す尺度である．これは，特定の粉塵物質，粒径分布，および水分含有量に対して定まる定数で，最大圧力上昇率 $({\rm d}p/{\rm d}t)_{\rm max}$ と次の関係にある.

$$K_{\rm st} = (V_{\rm ch})^{1/3}\left(\frac{{\rm d}p}{{\rm d}t}\right)_{\rm max} \quad (V_{\rm ch} > 0.002\,{\rm m}^3 \text{ のとき}) \tag{18.1}$$

ここで，V_{ch} はチャンバの容積（m^3 単位）である．K_{st} は数値的には 1 m^3 チャンバの $(dp/dt)_{max}$ に等しくなる．表 18.1 に示されている濃度は非常に高い値であり，通常，人間が働いている場所では見られない数値である．このような高い濃度は，ダクト内，閉鎖型装置の内部，あるいは，爆風などによる一時的な再飛散状態の際にしか発生しない．

図 18.3 に示すように，爆発下限濃度は粒径と材質によって異なる．多くの材料では，爆発下限濃度と粒径を関連付ける曲線の形状は，燃焼を制御する加熱粒子の揮発速度（化学分解（pyrolysis）または熱分解（thermal decomposition）による）によって決まる．爆発下限濃度が粒径によって変化しない領域（ポリエチレン粒子の場合は 0 ～ 80 μm）では，粒子は非常に短い時間で完全に揮発するため，揮発速度は火炎伝播プロセスに影響を与えない．中間領域（ポリエチレン粒子の場合は 80 ～ 120 μm）では，揮発は不完全で表層のみで発生するため，火炎が伝播するには，より高い濃度が必要である．上限より大きい粒子の場合（ポリエチレン粒子の場合は 120 μm），表面積と体積との比が非常に低くなるため，火炎が伝播するには揮発が不十分である．

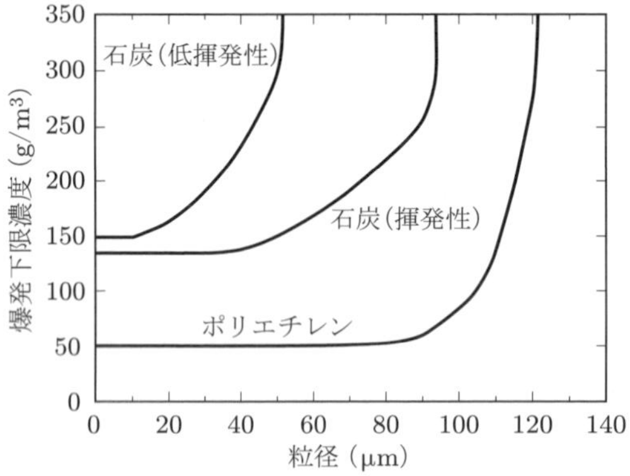

図 18.3　瀝青炭とポリエチレンダストの爆発下限濃度に対する粒径の影響（Hertzberg and Cashdollar, 1987）

ガスの燃焼とは異なり，粉塵爆発における燃焼は，爆ごう状態（detonation condition），すなわち火炎速度が音速またはそれを超える爆発状態には達しない．爆ごう状態であれば，爆発に伴い高圧衝撃波が生じる．粉塵爆発は，火炎速度（通常は毎秒数メートル）が，爆発によって発生する圧縮波の速度（音速である約

340 m/s）よりもはるかに遅い爆燃（deflagmation）として特徴付けられる．圧縮波は火炎に先行して沈着した粉塵を再飛散させ，火炎が到達したときに爆発可能な濃度となる．粉塵爆発における損害は，爆ごうによる瞬間的な衝撃波ではなく，むしろ燃焼熱やガス状の燃焼生成物質の発生に伴う圧力増加によって引き起こされる．粉塵爆発における火炎面の速度，つまり火炎速度は，層流燃焼速度（約 0.2 ～ 0.3 m/s），膨張と浮力によるガスの速度，火炎面での乱流の強さ，および爆発が起こる構造物の形状に依存する．火炎速度は，粉塵濃度が最小爆発濃度を超えると最大値まで増加する．長いトンネルや，一方の端が開いている管状の領域で，床に粉塵の層があり，粉塵爆発が発生した場合，ガスの膨張により管に沿った火炎速度が音速まで加速される可能性がある．数マイクロメートルより大きい粒子の場合，空間の粒子濃度が一定であれば，粒径が大きくなるにつれて火炎速度は低下する．しかし，床に薄い粉塵の層があるだけで，粉塵が再飛散して爆発濃度となる可能性がある．典型的な工場空間では，床上に厚さ 1 mm 未満の粉塵層があったとしても，粉塵が完全に再飛散した場合には爆発濃度に達する．

粉塵爆発の激しさは，発生する最大圧力 $p_{\max}$ と圧力上昇率 $\mathrm{d}p/\mathrm{d}t$ によって決まる．代表的な粉塵についてのこれらの値を表 18.1 に示した．濃度約 500 g/m^3 の自然由来の有機粉塵が密閉容器内で爆発したとき，最大圧力は点火前の圧力の約 6 ～ 10 倍となる．この濃度は，化学量論的濃度（訳者注：反応に関与する物質の割合はつねに一定であり，ここでは反応（燃焼）に最適な空気と反応物質との濃度の割合となる濃度を指している．ストイキ比（stoichiometry），燃焼分野では理論空燃比ともいう）を若干超える程度の値であるが，爆発下限濃度よりも十分に高い濃度である．最大圧力に達するのに要する時間はごく短時間であり，容器内や建物内では数秒以内に最大値に達する．圧力は，建物からの漏れ（爆発によって急激に変化する可能性がある）や実験装置の冷却などによって定まる速さで減少していく．圧力上昇率は，爆発による被害を低減するための爆発放散口を設計するための重要な要素となる．

着火は，電気火花，炎，加熱面などによって起こる．粉塵の着火に必要な最低温度を表 18.1 に示した．最低着火温度は，粉塵の粒径（$\propto d_p^3$）が大きくなるにつれて，また粉塵の相対湿度と水分含有量が増加するにつれて上昇する．また，着火面積が大きくなるほど，低い温度で粉塵爆発を引き起こす可能性がある．電気，摩擦，または溶接によって発生する火花は最低着火温度を超えているが，その量は非常に少量である．火花による着火で重要なパラメータは，火花のもつエネルギーである．火花着火に必要な最小エネルギーは 1 ～ 4 000 mJ の範囲であり，試験に使用される装置の種類によって大きく異なる.

粉塵爆発に伴う危険性は，粉塵層の飛散性（21.3節参照），着火のしやすさ，爆発の激しさによって異なる．粉塵の着火温度が低い場合，着火エネルギーが低い場合，または爆発下限濃度が低い場合に，着火を起こしやすくなる．爆発の激しさは，p_{max} と K_{st} の値に伴い増加する.

粉塵爆発に対する主な対策は，爆発自体を防ぎ，また爆発してしまった場合には，爆発による連鎖反応やその影響を抑えることである．そのため，高温の表面，炎，摩擦や溶接による火花などの着火源を管理する必要がある．電気機器や照明器具は防爆仕様として密閉容器に収め，ダクト，送風機，空気清浄装置は静電気による帯電を防ぐために十分に接地する必要がある．沈着した粉塵が再飛散すると爆発が伝播する可能性があるため，施設内の清掃管理は非常に重要である．とくに梁，棚，その他の水平面に粉塵が溜まらないように，頻繁に掃除する必要がある．たとえば，米国労働安全衛生局（OSHA）は，穀物取り扱い施設内に堆積する粉塵の量を1/8 inch（3 mm）以下とすることを要求している．研磨，粉砕，および粉塵の移送を行う装置は，防塵筐体として粉塵が漏れないように密閉する必要がある．また，爆発が広がらないように，危険な操作は隔離すべきである．このような運転操作は，破壊的な圧力の発生を防ぐための爆発放散口を備えた堅固な部屋の中で行うようにする．爆発放散口のサイズに関するガイドラインは，全米防火協会（NFPA, 2018）などの安全団体によって示されている.

鉱山では，メタン濃度が爆発濃度まで高くならないように，換気や濃度監視を行う必要がある．多くの場合，炭鉱では，必要な清浄度を保つことは現実的には困難なので，他の方法がとられる．すなわち，壁，天井および床に，石灰などの不活性粉塵をふりかける方法である．爆発の際には，不活性粉塵とともに再飛散状態になるが，不活性粉塵は熱を大量に吸収するので，炎の伝播や粉塵爆発を防ぐことになる．必要な不活性粉塵の量は石炭中の揮発性物質含有量により異なるが，石炭粉の重量の4倍に及ぶこともある．危険区域には，大量の不活性粉塵を入れた容器を頭上に設置しておく．これは圧力波が生じた際に自動的に不活性粉塵を再飛散させ，爆発の拡大を防ぐためである．粉砕やフライス加工などを無人の密閉空間で行う場合は，十分な量の CO_2 を添加して酸素濃度を爆発下限濃度以下にすることで粉塵爆発を避けることができる．金属粉塵を除けば，炎の伝搬と粉塵爆発に必要な最低酸素濃度は10～15％程度である.

問題

18.1 コーンスターチエアロゾルの爆発下限濃度における個数濃度と視距離（visual range. 16.4 節参照）はどれくらいか. $d_p = 16\ \mu m$（表 18.1 より）および $\rho_p = 1\,000\ kg/m^3\ [1.0\ g/cm^3]$ と仮定する.

解答：2.8×10^{10} 個/m^3 [28 000 個/cm^3]，0.35 m [35 cm]

18.2 2 m×2 m の正方形断面をもつ歴青炭鉱のトンネルにおいて，石炭粉塵の 10%が再飛散したときに爆発濃度になるには，床上の石炭粉塵の層はどのくらいの厚さでなければならないか．炭粉層のかさ密度を 500 kg/m^3 [0.5 g/cm^3] とする.

解答：5.0 mm

18.3 コーンスターチの爆発で最大圧力が発生したとき，爆発によって 2 m^2 のドアが受ける力はどの程度となるか.

解答：1.9 MN

参考文献

Amyotte, P. R., and Khan, F. I. (Eds.), "Dust Explosions", in *Methods in Chemical Process Safety*, **3**, 1-316 (2019).

ASTM, "ASTM Standard E1226-19, Standard Test Method for Explosibility of Dust Clouds", *Annual book of ASTM Standards, 14.02*, American Society for Testing and Materials, Philadelphia, 2020.

Blair, A. S., "Dust Explosion Incidents and Regulations in the United States", *J. of Loss Prev. Process Ind.*, **20**, 523-529 (2007).

Cashdollar, K. L., "Overview of Dust Explosibility Characteristics", *J. of Loss Prev. Process Ind.*, **13**, 183-199 (2000).

Eckhoff, R.K., *Dust Explosions in the Process Industries*, 3rd edition, Gulf Professional Publishing, Burlington, MA, 2003.

Eckhoff, R.K., *Explosion Hazards in the Process Industries.*, Gulf Professional Publishing, Burlington, MA, 2016.

Hertzberg, M., and Cashdollar, K. L., "Introduction to Dust Explosions", in Cashdollar, K. L., and Hertzberg, M. (Eds.), *Industrial Dust Explosions*, American Society for Testing and Materials, Philadelphia, 1987.

ISO, *Explosion Protection Systems. Part 1: Determination of Explosion Indices of Combustible Dusts in Air*, ISO/DIS 6184/1, International Standardization Organization, Geneva, 1985. Reviewed and confirmed in 2005.

National Fire Protection Association, *NFPA 68, Standard on Explosion Protection by Deflagration Venting*, 2018 edition, National Fire Protection Association, Quincy, MA, 2018.

Verakis, H. C., and Nagy, J., "A Brief History of Dust Explosions", in Cashdollar, K. L., and Hertzberg, M. (Eds.), *Industrial Dust Explosions*, American Society for Testing andMaterials, Philadelphia, 1987.

Yuan, L., "Ignition of Hydraulic Fluid Sprays by Open Flames and Hot Surfaces", *J. of Loss Prev. Process Ind.*, **19**, 353-361 (2006).

19 バイオエアロゾル

バイオエアロゾルは生物起源のエアロゾルである．これにはウイルス，細菌や真菌などの生物，真菌の胞子，花粉，犬・猫・昆虫などのアレルゲンなど，生物の一部または生成物が含まれる．バイオエアロゾルは，その生物学的特性が人間，動物，植物の健康に影響を与える可能性があるため，エアロゾルの重要な研究領域の一つとなっている．バイオエアロゾルには，これに特化した分析が必要であり，サンプルの収集と取り扱いにもこれに特化した手法が求められる．この章では，バイオエアロゾルの特性とサンプリングの概要を説明する．

19.1 バイオエアロゾルの特性

バイオエアロゾルは空気中の粒子状物質の約15％を占め（Hyde et al., 2020 参照），屋内外のどこにでも存在する．また，わずか1個の細菌，重さ1 pg 未満の小さな粒子であっても，人が吸入してしまうと疾患を引き起こす場合がある．一般的なバイオエアロゾルの粒子サイズとバックグラウンド濃度の範囲を表19.1に示す．バイオエアロゾルの発生源は，主に植物，動物（人間を含む），土壌，水である．バイオエアロゾルによって引き起こされる健康影響には，(1) 感染症，(2) 喘息などの感作反応，(3) エンドトキシン（endotoxins．特定の細菌の細胞壁の成分）や真菌由来のマイコトキシン（mycotoxins）など毒素や刺激物による反応などがある．

表 19.1 バイオエアロゾルの粒径と環境のバックグラウンド濃度 a)

バイオエアロゾルの種類	粒径（μm）	個数濃度（/m^3）
ウイルス	0.02～ 0.3	—
細菌（バクテリア）	0.3 ～ 10	0.5～ 1 000
真菌の胞子	0.5 ～ 30	0 ～10 000
花粉	10 ～100.0	0 ～ 1 000

a) データは主に Jacobson and Morris, 1976.

バイオエアロゾル粒子の多くは，その生成と成長の過程において凝集体や液滴中の微生物のクラスタを形成したり，あるいは他の浮遊粒子に付着したりしてエアロゾルとなる．バイオエアロゾルには，生存可能なグループと生存不可能なグループの二つがある．前者は生きた微生物なので，適切な栄養素で培養することにより，個々の微生物を可視化できる大きさのクラスタやコロニーに成長させ，その存在を識別および定量化できる．微生物の死骸，花粉，動物のふけ，昆虫の排泄物など生存不可能なバイオエアロゾルには，異なる分析方法が必要となる．最も一般的なバイオエアロゾルは細菌と真菌の胞子である．空気中のバイオエアロゾルの濃度は，すべてのエアロゾルの場合と同様，表面に沈降および堆積することにより，時間とともに減衰する（3.8 節および 7.4 節参照）．また，生存可能なバイオエアロゾルは，相対湿度，酸素含有量，空気中の微量ガスの濃度に応じて，時間の経過とともに生物活性が低下する．バイオエアロゾルの特徴は，Humbal et al., 2018 および Reponen et al., 2011 で取り上げられている．

細菌は大きさが 0.3 ～ 10 μm の単細胞生物である．細菌を構成する成分は主に水であり，その水和度に応じて密度は 1 000 ～ 1 500 kg/m^3 [1 ～ 1.5 g/cm^3] の範囲にある．通常，細菌の形は球状または棒状をしているが，塊状または鎖状で発生する場合もあり，これまでに 1 700 種以上が確認されている．人を発病させるものは，ヒト病原体とよばれる．エアロゾル化した細菌によって引き起こされる感染症には，結核，レジオネラ症，炭疽症などがある．日和見感染症とよばれる症状の原因となる病原体は，健康な人には無害だが，免疫システムが低下すると感染の可能性を生じる．多くの環境細菌は水や土壌中に存在しており，これらが撒き上げられるとエアロゾルとして放出される．土壌 1 g には 10^9 個の細菌が存在する．屋内環境では，バクテリアが空調システム内の湿度調整用の水で繁殖し，気流や振動によってエアロゾル化する可能性がある．一部の細菌は内生胞子とよばれる胞子を放出する．これらは細菌が休眠するためのきわめて耐久性のある 0.5 ～ 3 μm の胞子で，気流によって容易に運ばれる．内生胞子を形成する細菌の一つに過敏性肺炎の原因となる放線菌がある．

真菌類は，屋外環境やほとんどの屋内環境に存在する特異な微生物の代表であり，酵母などの単細胞生物として存在することもあれば，より一般的には菌糸とよばれる微細な多細胞分岐構造に発達することもある．菌糸の塊は容易に確認できる．黒カビや白カビは，菌の増殖が目に見える形で表面に現れたものである．150 万個あると推定される真菌類のうち，これまでに確認されているのは約 7 万個だけである．

真菌類の多くは腐生菌であり，有機物の死骸などから栄養を得てその分解を促進する．これらは主に土壌，湿った場所，腐った植物の表面などに見ることができる．ほとんどの真菌は，胞子を空気中に放出して分散する．これらの真菌胞子は粒径 0.5 ～ 30 μm，通常は 2 ～ 4 μm の単細胞，断片化した菌糸，または菌糸末端の小片であり，耐環境性があり，空気輸送に適応している．これらは気流や機械的外乱によってエアロゾル化する．対照的に，酵母は胞子を生成しないが，増殖している液体のエアロゾル化に伴い，空気中に浮遊する．真菌や胞子を吸入すると，ヒストプラズマ症（histoplasmosis）やアスペルギルス症（aspergillosis）などの日和見感染を引き起こす可能性がある．ほとんどの真菌はアレルギー疾患（喘息など）に関連している．

ウイルスは宿主細胞内でのみ増殖できる．RNA または DNA とそれを包む外殻で構成されており，その他の構造をほとんどもたない．ウイルスそのもののサイズは 0.02 ～ 0.3 μm だが，ほとんどのウイルスは飛沫核の一部として，またはさまざまなサイズの他の粒子に付着して浮遊している．ウイルスは人間，その他の動植物に感染するが，ほとんどのものは 1 種類の宿主に限定して感染する．感染した人は，そのウイルスの一次保有者となり，他の人への感染源となる．条件がそろえば，ウイルスは布地やカーペットの上で数週間生存でき，直接これに接触したり，汚染された食品や水，エアロゾルを介したりして感染する．エアロゾル化のプロセスは，咳，くしゃみ，または会話による．新型コロナウイルス（COVID-19）感染症のパンデミック中に行われた研究で，エアロゾルが二つの主な経路によって SARS-CoV-2 の感染に関与していることが示された．一つは飛沫粒子（>5 μm）の飛散，もう一つは小さな粒子（<5 μm）の吸入である．5 μm 未満の小さな粒子には，固体または液体の形でウイルスを含む呼吸器残留物が含まれる可能性がある（Asadi et al., 2020 参照）．ウイルスは，風邪，インフルエンザ，水痘，麻疹，ハンタウイルス肺症候群（hantavirus pulmonary syndrome）などの感染症も引き起こす．

花粉粒子は，同種の他の植物の花に遺伝物質を伝達するため，植物によって生成される比較的大きな球形に近い粒子である．粒子サイズは 10 ～ 100 μm，大部分は 25 ～ 50 μm の範囲にあり，平均密度は 850 kg/m^3 [0.85 g/cm^3] である．風によって受粉する植物（顕花植物）は豊富なバイオエアロゾル花粉を生成し，昆虫によって授粉される植物は容易にエアロゾル化しない粘着性の花粉を生成する．花粉は，環境から自身を守る丈夫な外殻をもっている．風によって運ばれる花粉は，葯とよばれる突き出た花の先端で生成される．この配置によって，花粉が風に巻き込まれやすくなる．花粉の生成と放出には季節性があり，また風と天候によっても影響を受ける．花粉は，花粉症などの上気道のアレルギー疾患を引き起こすことがよく知られている．

アレルギー疾患に関連する他のバイオエアロゾルには，エアロゾル化した藻類，昆虫の破片，イエダニやゴキブリの排泄物，犬，猫，鳥の唾液やフケなどがある．生存可能なエアロゾルは，輸送中の空気中での生存率（viability）が異なり，高湿度を好むものもあれば，低湿度を好むものもある．多くは温度や紫外線の影響を受ける．酸素は一部のバイオエアロゾルにとって有毒であり，微量ガスもおそらく他の多くのバイオエアロゾルに影響を与えると考えられている．

農場や農業環境では，あらゆる種類のバイオエアロゾル発生の可能性がある．農場以外の屋外環境におけるバイオエアロゾルは，少数の細菌と花粉を含む真菌の胞子がそのほとんどであるが，濃度は，風，天候，および地域の発生源によって大きく変動する．培養可能なバイオエアロゾルの典型的な屋外濃度は，100 ～ 1 000 cfu/m^3（cfu＝コロニー形成単位．19.2 節参照）である．屋内に発生源がない場合，自然換気のある屋内環境は屋外環境に似ているが，バイオエアロゾル濃度は低くなる．機械的に換気されたオフィス空間では，バイオエアロゾル濃度は低く，通常は 100 cfu/m^3 未満である．しかし，農場の建物，食品加工工場，繊維工場，製材所などの特定の作業環境では，10^4 ～ 10^{10} cfu/m^3 の高濃度のバイオエアロゾルが発生する可能性がある．現在，バイオエアロゾルの許容レベルに関するガイドラインは限定されたものがあるだけである．バイオエアロゾルの用量反応関係に関しては，Walser et al., 2015 および Mbareche et al., 2018 にいくつかの追加情報が記載されている．

19.2　サンプリング

バイオエアロゾルのサンプリングの目的は，特定の種の存在や個数濃度，あるいは総バイオエアロゾル濃度を評価することである．バイオエアロゾルのサンプリングには，一般粒子（非バイオエアロゾル粒子）に用いられる多くの方法が使用されるが，分析方法によって異なるサンプリング方法が用いられる．バイオエアロゾルのサンプリングには，物理的な側面と生物学的な側面に配慮する必要がある．物理的な配慮は，バイオエアロゾルと一般粒子とで違いはない．生物学的な配慮としては，相互汚染を防ぐため無菌的な取り扱いが必要なこと，サンプリングおよび分析の過程において微生物の生存能力に対して特別な注意を必要とすることが挙げられる．生存率は対象とする微生物，環境，使用するサンプル機器および分析方法に依存するため，バイオエアロゾルの気中濃度の測定には大きな不確実性が生じる．サンプリングおよび分析の過程を経て生き残り，増殖し，計数される生存粒子の割合は 0.1 ～ 0.001 の範囲と推定されている（Blais-Lecours et al., 2015）．バイオエアロゾルのサンプリングにおいて考慮すべきその他の要素として，個数濃度のばらつきが大きいこと，対象となる粒子サイズの範囲が広いこと，過小負荷および過負荷（訳者注：培地表面における濃度のばらつきによる影響）に対する分析感度，および他の粒子による干渉などが挙げられる．バイオエアロゾルのモニタリング，サンプリング，センシング方法の包括的なレビューは，Lindsley et al., 2017，Cox et al., 2020，Mainelis, 2020，および Kabir et al., 2020 によって提供されている．

バイオエアロゾルのサンプリングには三つの段階がある．一つ目は流入効率に関するもので，一般粒子の場合と同じである．この段階は，等速性および静止空気サンプリングに関する 10.1 節および 10.2 節で説明されている．第 2 段階は，スライドガラス，半固体培地，または水表面への粒子の収集または堆積である．これは，一般粒子に使用される基本的な方法をバイオエアロゾルに適応させることによって実現される．第 3 段階は，存在するバイオエアロゾル粒子を特定および定量するための生物学的分析である．この段階はバイオエアロゾルのサンプリングに特有のものといえる．バイオエアロゾル分析には，顕微鏡検査または培養培地で増殖した後のコロニーを計数する方法が用いられる．バイオエアロゾルのサンプリングに関する第 2 段階については，以下で説明する．

最も一般的な収集方法は，一般粒子について 5.5 節で説明したのと同じ慣性衝突によるもので，スリットインパクタで粒子を培地に直接衝突させる．寒天培地は，収集された細菌や真菌の胞子の成長を促進するのに必要な水と栄養素を含む半固体材料である．ウイルスの場合は，細胞や生体組織から成る培養培地が使用される．通常，寒天は培養プレートとよばれる 100 mm または 150 mm の使い捨てペトリ皿に満たし，スリットの下でゆっくりと回転させて使用する．回転式スリットインパクタの流量は 28 ～ 50 L/min，カットオフ粒径は約 0.5 μm である．

マルチジェットインパクタは，寒天培養プレートに直接衝突する 100 ～ 500 個のノズルを備えている．このノズルによる噴流が，収集した粒子を寒天表面に広く分散し，過負荷となることを防止する．カットオフ粒径 0.6 ～ 8 μm の単一および多段インパクタとして利用可能であるが，高速噴流や衝突時のせん断力により，生存能力が失われる可能性があることを考慮する必要がある．花粉の収集には，他のタイプのインパクタが使用される．花粉粒子は，収集後に顕微鏡検査で計数するため，スライドガラスまたは粘着剤がコーティングされた透明テープに直接衝突させ，培養は使用しない．接着剤をコーティングしたポリスチレンのロッドに花粉粒子を直接衝突させるサンプラ（Rotorod Sampler）もある．ロッドの断面は正方形で，長さ 60 mm，幅 0.5 ～ 1.6 mm，露出した回転フレームに取り付けられており，透明なので直接顕微鏡で粒子を計数できる．サンプリングの際のカットオフ粒径は，ストークス数の定義である式 (5.23) によって次のように推定できる．

$$d_{50} = \left(\frac{18\eta d_r (\mathrm{Stk}_{50})}{\rho_p V_T} \right)^{1/2} \tag{19.1}$$

ここで，d_r はロッドの幅，V_T はロッドの接線速度，Stk_{50}（50%捕集のストークス数）は約 0.3 である．ちなみに，85%回収のストークス数 Stk_{85} は約 1.5 である．

インピンジャ（10.6 節および図 10.13 参照）は，水，緩衝食塩水，栄養ブロス（訳者注：液体培地）などの液体中のバイオエアロゾルを収集するのに使用される．最も一般的に使用される二つのインピンジャは，全ガラス製インピンジャ，AGI-30 と AGI-4 である．名称にある数値は，ガラスノズルからインピンジャ本体の基部までの距離を mm で示している．液体の収集により乾燥は防止されるが，噴流や乱流により生じる液体内のせん断力により，バイオエアロゾル粒子の生存能力が失われることがある．AGI-30 のカットオフ粒径は 0.3 μm で，AGI-4 のカットオフ粒径はわずかに小さくなるが，生存率の損失が大きくなる．収集した微生物を含む水を培養プレートに直接適用することも，あるいはコロニーにとって望ましい表面密度を得るために希釈して適用することもある．

バイオエアロゾルサンプリングに広く使用されているもう一つのインピンジャは，SKC BioSampler（SKC Inc., Eighty Four, PA, 表 10.2 参照）である．これは，生存粒子に対する長時間サンプリングを可能とし，鉱物油など粘性の高いサンプリング液体に対する優れた収集性能を備えた 3 ノズルサンプラである．各サンプリングノズルは，流量 4.2 L/min のサンプリングが可能で，合計流量は約 12.5 L/min になる．BioSampler に同社の sonic-flow BioLite＋ pump と組み合わせると，必要な流量を正確に設定できる．BioSampler を使用したバイオエアロゾル収集の例は，Dungan et al., 2016 に示されている．

遠心サンプラは，回転する「パドルホイール」をもち，一端が環境に開放された構造をしている．ホイールのリムには寒天でコーティングされた固定式の取り外し可能なプラスチック性の捕集ストリップが取り付けられる．サンプル空気が回転軸に沿って流入すると，空気中に含まれる粒子が遠心力によってストリップ上に運ばれ，捕集される．サンプル流量は 40 ～ 50 L/min である．

メンブレンフィルタは，バイオエアロゾル粒子を収集する用途にも用いられる．収集した粒子は，光学顕微鏡で検査する（20.3 節参照）か，またはフィルタの粒子付着側を上にして培地に置き，培養する．メンブレンフィルタによるサンプリングでは，収集された微生物が濾過の過程で乾燥し，生存能力が大きく損なわれるので，高濃度の汚染環境におけるバイオエアロゾルのサンプリングに使用される．

バイオエアロゾルは，また，培養プレート上に直接沈降させることでもサンプリングできる．これは，特定の微生物の存在を判定するには簡単で安価な方法である．しかし，この方法では，培養後に初期粒子のサイズを特定できず，沈降速度や粒子のフラックス（沈降してきた粒子数）を分析できないので，浮遊粒子の個数濃度を評価することはできない．

一部の感染性病原体には，吸引性粒子等の選択的サンプリング手法（11.5 節参照）が適用できる．吸引性粒子のサンプリング（11.4 節参照）は，すべてのバイオエアロゾルのサンプリング，とくに花粉やその他の大きな粒子のサンプリングに適している．

バイオエアロゾルのサンプリングに考慮すべき重要事項として，微生物またはコロニーを計数するための適切な表面密度（負荷）がある．表面密度が不十分な場合，計数が少なくなり，統計的不確実性が高くなる．顕微鏡による微生物の計数では，表面密度が高すぎる場合（過負荷），非バイオエアロゾル粒子との重複が生じ，識別が困難となる．環境サンプルには通常，生存可能な粒子よりもはるかに多くの非生存可能粒子が含まれている．コロニーを数える場合，過負荷は以下に示す 3 種類の過小評価につながる．

- 二つの同じ種が互いに十分に近い場合，それらは一つのコロニーとしてカウントされる．
- 二つの異なる種が十分に接近している場合，一方が他方の成長を阻害する可能性がある．
- 非バイオエアロゾル粒子が，その化学的性質により，近くの生存可能な粒子の成長を阻害する可能性がある．

特定のサンプラについて，望ましい表面密度 s（単位面積あたりのコロニーまたは粒子数）を得るためのサンプリング時間 t は次式で与えられる．

$$t = \frac{sA}{\bar{C}_N Q} \tag{19.2}$$

ここで，A は粒子が堆積する面積，$\bar{C}_N$ はバイオエアロゾル粒子の平均個数濃度，Q はサンプラ流量である．顕微鏡による計数の場合，10^8 個/m^2 [10 000 個/cm^2] の表面密度の場合に良好な結果が得られる．コロニーの計数には，10^4 個/m^2 [1 個/cm^2] の表面密度が望ましい．

マルチジェットインパクタでは，別の方法が採用されている．各噴流ノズルの真下に粒子が堆積する箇所があるが，培養後，特定の場所に一つだけの微生物が堆積しているのか，複数の微生物が堆積しているのかを判断することは困難である．関与する微生物の数に関係なく，コロニーのある箇所は，充填サイト（filled sites）またはポジティブホールとよばれる．プレートは，充填サイトの数を数えることによって分析される．マルチジェットインパクタでは，充填サイトが多いほど，複数の微生物が存在するサイトの割合が大きくなる．Macher and Burge, 2001 は，捕集された生存微生物の総数を，充填サイトの数から推定するための表（補正係数を含む）を提案している．ここには，推定値の統計的不確実性も示されている．表19.2 に示すように，サイトの 10％未満がコロニーで埋まっている場合，補正は 5％未満となる．サイトの 80％が埋まっている場合，補正係数は 2.0 である．N_j 個の噴流ノズルを備えたインパクタの場合，以下の経験式で，コロニーのあるサイトの数 n_f から収集された生存微生物の総数 n_c を求めることができる．

表 19.2　マルチジェットインパクタの充填サイト数に対する補正係数 a)

充填サイトの割合 b)	補正係数 c)	充填サイトの割合 b)	補正係数 c)
0.05	1.026	0.55	1.452
0.10	1.054	0.60	1.527
0.15	1.084	0.65	1.615
0.20	1.116	0.70	1.720
0.25	1.151	0.75	1.848
0.30	1.189	0.80	2.012
0.35	1.231	0.85	2.232
0.40	1.277	0.90	2.559
0.45	1.329	0.95	3.154
0.50	1.386	1.00	>5.878

a）Macher, 1989 から計算した．
b）コロニーのある沈着サイトの割合．
c）捕集された生存粒子の総数は，充填サイト数に補正係数を掛けたものに等しい．

$$n_c = n_f \left(\frac{1.075}{1.052 - f} \right)^{0.483} \quad (f < 0.95 \text{ のとき}) \tag{19.3}$$

バイオエアロゾル測定用の市販のリアルタイム機器の例として，BIOTRAK リアルタイム生粒子カウンター（TSI, Inc., Shoreview, MN）がある．この機器は，生物蛍光粒子計数技術により，生存可能なバイオエアロゾルと非生存可能なバイオエアロゾルとを区別して粒径別の計数を行う．紫外線レーザービームを粒子に照射したとき放出される特定の波長の蛍光は，生物細胞によって生成される特定の分子に関係付けられるため，その蛍光強度を測定することにより，粒子中に生存可能な微生物が存在するか否かを判断できる．この機器には六つの粒径に対応したチャネルがあり，サンプリング流量は 28.3 L/min [1 cfm]，最大 2.9×10^8 個/m^3 [290 個/cm^3] の濃度で 0.5 ～ 25 μm の粒子を測定できる．別の市販のリアルタイムバイオエアロゾルセンシング機器として，Droplet Measurement Technologies（Longmont, CO）が製造する Wideband Integrated Bioaerosol Spectrometer（WIBS-5/NEO）がある．波長 635 nm のレーザー光源を粒子の蛍光発光に使用し，粒子サイズ，形状，蛍光特性を評価して花粉，細菌，真菌の分類を行う．この機器は，0.3 L/min でサンプリングし，粒径範囲 0.5 ～ 30 μm の粒子について，蛍光粒子の場合は最大濃度 4.66×10^8 個/m^3 [466 個/cm^3]，一般粒子については最大濃度は 9.5×10^9 個/m^3 [9 500 個/cm^3] まで測定できる．リアルタイムのバイオエアロゾルセンシング技術の包括的なレビューは，Huffman et al., 2019 に記載されている．

問題

19.1　速度調整可能な回転スリットインパクタの 1 回転あたりの総堆積面積は 50 cm^2 である．バイオエアロゾル濃度が 1 000 cfu/m^3 の場合，望ましいコロニー表面密度を得るには，どれくらいの時間サンプルを採取する必要があるか．サンプル流量が 28 L/min で，1 回転するまでサンプリングを行うと仮定する．

解答：107 秒（1.8 分）

19.2　400 個のノズルを有するジェットインパクタにより 28 L/min で 20 分間バイオエアロゾルをサンプリングしたとき，344 個のコロニーがカウントされた．この場合，浮遊している生存粒子の平均個数濃度はいくらか．サンプリング中に生存能力が失われないことを前提とする．

解答：1 410 cfu/m^3

参考文献

Asadi, S., Bouvier, N.,Wexler, A. S., and Ristenpart,W. D., "The Coronavirus Pandemic and Aerosols: Does COVID-19 Transmit via Expiratory Particles?", *Aerosol Sci. and Technol.*, **54**, 635-638 (2020).

Blais-Lecours, P., Perrott, P., and Duchaine, C., "Non-culturable Bioaerosols in Indoor Settings: Impact on Health and Molecular Approaches for Detection", *Atmos. Environ.*, **110**, 45-53 (2015).

Cox, J., Mbareche, H., Lindsley,W.G., and Duchaine, C., "Field Sampling of Indoor Bioaerosols", *Aerosol Sci. and Technol.*, **54**, 572-584 (2020).

Dungan, R. S., and Leytem, A. B., "Recovery of Culturable Escherichia coli O^{157}:H^{7} During Operation of a Liquid-Based Bioaerosol Sampler", *Aerosol Sci. and Technol.*, **50**, 71-75 (2016).

Huffman, J. A., Perring, A. E., Savage, N. J., et al., "Real-time Sensing of Bioaerosols: Review and Current Perspectives", *Aerosol Sci. and Technol.*, **54**, 465-495 (2019).

Humbal, C., Gautam, S., and Trivedi, U., "A Review on Recent Progress in Observations, and Health Effects of Bioaerosols", *Environ. Int.*, **118**, 189-193 (2018).

Hyde, P., and Mahalov, A., "Contribution of Bioaerosols to Airborne Particulate Matter", *J. Air Waste Manage. Assoc.*, **70**, 71-77 (2020).

Jacobson, A. R., and Morris S. C., "The Primary Air Pollutants—Viable Particles, Their Occurrence, Sources and Effects", in Stern, A. C. (Ed.), *Air Pollution*, 3rd edition, Academic Press, New York, 1976.

Kabir, E., Azzouz A., Raza, N., et al., "Recent Advances in Monitoring, Sampling, and Sensing Techniques for Bioaerosols in the Atmosphere", *ACS Sens.*, **5**, 1254-1267 (2020).

Lindsley,W. G., Green, B. J., Blachere, F. M., "Sampling and Characterization of Bioaerosols", in Andrews, R., and O'Connor P. F. (Eds.), *NIOSH Manual of Analytical Methods (NMAM), 5th edition, NIOSH*,Washington D.C., 2017.

Macher, J. M., and Burge, H. A., "Sampling Biological Aerosols", in Cohen, B. S, and McCammon, Jr. C. S. (Eds.), *Air Sampling Instruments for Evaluation of Atmospheric Contaminants*, 9th edition, ACGIH, Cincinnati, 2001.

Mainelis, G., "Bioaerosol Sampling: Classical Approaches, Advances, and Perspectives", *Aerosol Sci. and Technol.*, **54**, 496-519 (2020).

Mbareche, H., Morawska, L., and Duchaine, C., "On the Interpretation of Bioaerosol Exposure Measurements and Impacts on Health", *J. AirWaste Manage. Assoc.*, **69**, 789-804 (2019).

Reponen, T.,Willeke, K., Grinshpun, S., and Nevalainen, A., "Biological Particle Sampling", in Kulkarni, P., Baron, P. A., andWilleke, K. (Eds.), *Aerosol Measurement: Principles, Techniques, and Applications, 3rd edition*,Wiley, New Jersey, 2011.

Walser, S. M., Gerstner, D. G., Brenner, B., et al., "Evaluation of Exposure-Response Relationships for Health Effects of Microbial Bioaerosols - A Systematic Review", *Int. J. of Hyg. and Environ. Health*, **218**, 577-589 (2015).

20 粒径の顕微鏡測定法

エアロゾル粒子を顕微鏡観察することにより，粒径を直接測定できる．これは，沈降，衝突，移動度，光散乱などの粒径に関連する特性から間接的に粒径を測定する方法とは大きく異なる．顕微鏡測定法では，粒子の形状を観察することもでき，必要なサンプルの量はごく少量でよい．顕微鏡による測定では，きわめて正確な値が得られるので，多くの場合，他の粒径測定法の校正のための主要な基準測定値として機能する．しかし，顕微鏡測定法で粒径分布を求めることは一般にかなり手がかかるたいへんな作業であり，根気と熟練，綿密な準備が必要である．

20.1 不整形粒子の相当径

顕微鏡で粒径を測定する場合，各粒子の二次元投影像，つまりシルエットに基づいて大きさを求める．球形粒子の場合，これは単に顕微鏡で観察される円形のシルエットの直径だが，一般的な不整形粒子の場合は，図 20.1 に示すような相当径（等

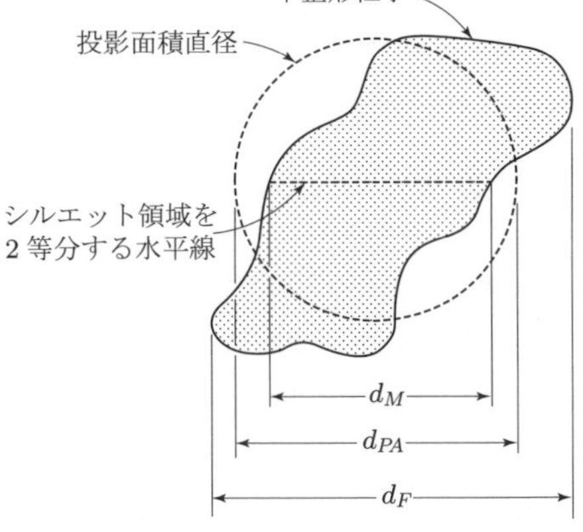

図 20.1 不整形粒子のシルエットとマーティン径 d_M，フェレの直径 d_F，および投影面積直径 d_{PA}

価直径（equivalent diameter)）を使用する必要がある．3.5 節で定義した相当径は，粒子の空気力学的挙動に基づいたものであったが，ここに示した等相当径はシルエットの形状のみに基づいている．図示した中で最小の直径 d_M はマーティン径（Martin's diameter）とよばれ，粒子のシルエットを等面積に 2 等分する線分のうち，特定の基準線に沿ったものの長さとして定義される．この直径は統計的直径とよばれることがある．マーティン径は粒子の向きによって異なり，その粒子固有の値を求めるには，全方向について求めた径の平均値を計算する必要がある．しかし，実際に個々の粒子について全方向の平均を求めるようなことは行われていない．代わりに，基準線に対してランダムな方向を向いた多数の粒子について単一のマーティン径を測定することが一般的である．そうすれば，粒子が多数ある場合には，実質的に全方向の平均を求めたことと同じことになる．マーティン径はつねに粒子のシルエットの重心を通る．ある粒子のマーティン径の平均は，粒子のシルエットの重心を通る全線分の平均を表している．

もう一つの統計的直径に，図 20.1 に示すフェレの直径（Feret's diameter）d_F がある．フェレの直径は，特定の基準線に沿った粒子の投影長さ，または基準線に平行な粒子の両側の接線間の距離として定義される．マイクロメータ（20.3 節）を装着した顕微鏡のように，特定の軸に沿ったスケールが利用可能な場合は，フェレの直径を使用するのが最も便利である．

最も一般的に使用される相当径は，図 20.1 にも示されている投影面積直径（projected area diameter）d_{PA} であり，粒子シルエットと同じ投影面積をもつ円の直径として定義される．投影面積直径は粒子の向きに関係なく，特定のシルエットに固有の値が得られるという利点をもつ．投影面積直径の評価には不規則な形状の面積を求める必要があり，個々の粒子について正確な d_{PA} を測定することは難しい．しかし，粒子のシルエットと既知の面積の標準円との単純な視覚的比較により同定することが可能であり，この方法は広く用いられている．このような方法で粒径を簡単に区分できると，第 4 章で述べた方法により粒径分布を評価できる．

一般に，$d_M \leq d_{PA} \leq d_F$ であり，等号は球についてのみ成立する．破砕材料などの不整形粒子の場合，d_M は d_{PA} よりわずかに小さく（10％未満），両者は等しいとみなされることが多い．フェレの直径は，通常，このような材料の d_{PA} よりも約 20％大きい．光学顕微鏡測定では，投影領域の直径は，接眼レンズの目盛（接眼格子）または接眼マイクロメータ（レチクル）に印刷された標準面積円を使用して測定される．目盛パターンが印刷された直径約 2 cm のガラス製接眼レンズを顕

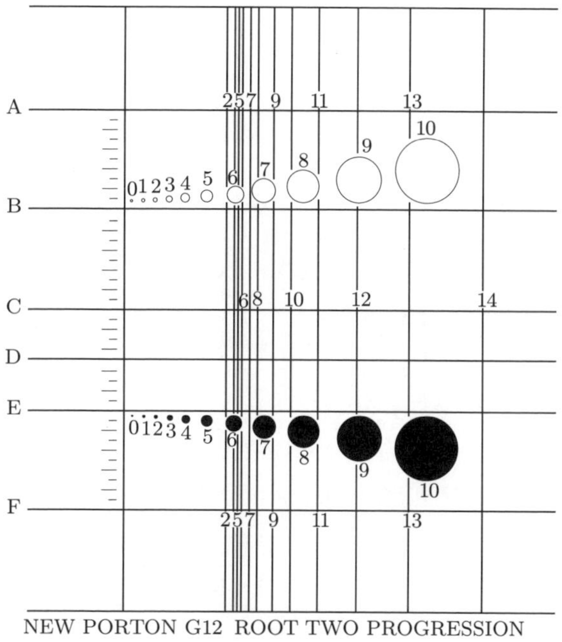

図 20.2 ポートン格子

微鏡に挿入すると，そのパターンが粒子の拡大画像に重なって見える．一般的なものに，図 20.2 に示すポートン格子（Porton graticule）がある．ポートン格子上の各円の面積は，隣接する小さい円の 2 倍の面積をもっている．したがって，円の直径は$\sqrt{2}$の等比級数となっており，また一つおきの円の直径はすべて 2 倍異なっている．n 番目の円の直径 d_n は次式で求められる．

$$d_n = d_0 \times 2^{n/2} \tag{20.1}$$

ここで，d_0 は基本円，すなわち 0 番目の円の直径である．中心線からの番号付きの線までの距離も，番号付きの円の直径と同じ等比級数となっており，図に示すバージョンでは，白丸の内径も同様である．顕微鏡ごとに，観察される円の直径を，スライドガラス上に取り付けられた長さ 1 mm の小型定規であるステージマイクロメータで校正しておく．図 20.3 に示すように，ステージマイクロメータには 1 mm の長さが各々 10 μm ずつに 100 等分されたセグメントが示されており，10 目盛ごとに数値が示されている．ステージマイクロメータを顕微鏡のサンプル位置に設置し，接眼レンズに印刷された目盛のパターンを重ね合わせて観察する．図 20.2 の水平線 A と F の間の垂直距離は，0 番目の円の直径の 200 倍である．この距離を

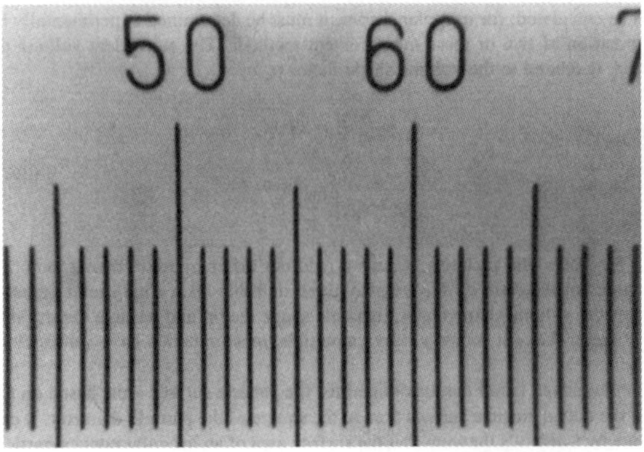

図 20.3　400倍で見たステージマイクロメータの一部．最小線間の実際の距離は 10 μm

ステージマイクロメータで測定し，式 (19.1) により各円の直径を計算する．

例題　ポートン格子の目盛上の線Aと線Fの間の観察距離を，43倍の対物レンズと10倍の接眼レンズを備えた顕微鏡のステージマイクロメータで測定したところ，98 μm であった．このとき，0番目の円の直径は 98/200，すなわち 0.49 μm，9番目の円の直径は $0.49 \times 2^{9/2}$，すなわち 11.1 μm であった．ステージマイクロメータで9番目の円の直径を直接測定するか，中心線と14番目の線との距離 63 μm を測定することによっても，同じ結果を得ることができるか．

解　若干精度の低い方法ではあるが可能である．この場合，9番目の円の見かけの直径は $63 \times 2^{-5/2}$，すなわち 11.1 μm である．他の円の直径は，一つおきの円（または線）の直径が2倍変化するという事実を利用してすぐに求められる．したがって，たとえば，7番目の円と5番目の円の直径は各々 5.5 μm，2.8 μm であり，また8番目の円と6番目の円の直径は各々 7.8 μm，3.9 μm である．

測定は通常，連続する円の直径で定義される範囲ごとに粒子を区分けし，各範囲の値をその範囲の上端粒径に対する累積パーセントの形で対数確率グラフ上にプロットして行う．同様の方法は電子顕微鏡にも適用できる．すなわち，拡大した粒子の写真と拡大したポートン格子を印刷した透明シートを使用して，さまざまな面積を比較する．実際には，連続する円の面積に2倍の差があるため，粒子は簡単かつ迅速に粒径区分できる．円が等比級数を成すことから，対数確率グラフ上のデータは粒径軸に沿って等間隔になる．

ほとんどのエアロゾルの粒径分布は微細粒径側にシフトしており，大粒径の粒子は比較的少数しか存在しない．大粒径粒子の個数が意味をもつ程度となるまで計数するには，微細粒径側の粒子を不必要に多く計数する必要がある．この問題は，区分計数法（stratified counting）により避けることができる．表 20.1 に示すように，測定は，たとえばポートン格子の全域，あるいはその一部の一定面積の視野範囲について行う．最初の視野範囲では，全粒径範囲について計数する．次の視野範囲では，それ以前の視野範囲で計数された個数が，10 個（あるいは，あらかじめ決めた数）未満となる粒径範囲の粒子のみを計数する．対象とする各粒径範囲のすべてについて十分な数の粒子が計数されたならば，データを計数視野の数に応じて正規化し，これを使って累積あるいは各区分範囲のパーセンテージを計算する．区分計数法を使用しない場合，最大の径範囲で表 20.1 に示した例と同じ精度を得るには，約 1 250 個の粒子を計数する必要がある．

表 20.1 区分計数法の例

視野番号	粒径範囲ごとの計測数						
	>1.4 µm	1.4～2.0 µm	2.0～2.8 µm	2.8～4.0 µm	4.0～5.7 µm	5.7～8.0 µm	合計
1	44	81	75	42	6	2	250
2					9	3	12
3						3	3
4						1	1
5						3	3
合計	44	81	75	42	15	12	269
視野平均個数	44	81	75	42	7.5	2.4	251.9
粒径範囲の割合（%）	17.5	32.1	29.8	16.7	3.0	1.0	100.0
累積頻度（%）	17.5	49.6	79.3	96.0	99.0	100.0	

不整形粒子の顕微鏡による粒径測定が有効か否かは，測定された粒径を，粒子挙動を説明する他の相当径に変換できるか否かによる．最も有用なのは体積相当径（equivalent volume diameter）で，これと 3.5 節に述べた動力学的形状係数（dynamic shape factor）とを結び付けることで，粒子の空気力学的特性を説明できる．体積形状係数 α_v は，粒子の体積 v_p を前述のシルエットから求める直径の一つに関連付

けるものである．投影面積直径に対しては次のように定義される．

$$\alpha_v = \frac{v_p}{d_{PA}^3} \tag{20.2}$$

同様の定義では，d_F または d_M から α_v が得られるが，簡単のため，d_{PA} から定義した α_v のみを考える．表 20.2 に，さまざまな幾何形状をもつ粒子と鉱物ダストについての体積形状係数（volume shape factor）の例を示す．投影面積直径に基づく体積形状係数は，球の場合，最大値 $\pi/6 = 0.52$ になる．規則的な幾何学的形状を有する粒子の α_v は計算できるが，不規則な形状の場合は，2 種類以上の測定方法を組み合わせて実験的に求めなければならない．体積相当径 d_e と体積形状係数 α_v とは，次の関係にある．

$$v_p = \frac{\pi}{6} d_e^3 = d_{PA}^3 \alpha_v$$

$$d_e = d_{PA} \left(\frac{6\alpha_v}{\pi} \right)^{1/3} \tag{20.3}$$

表 20.2 には d_a/d_{PA} の値も併記したが，繊維や小さい板を除いて，d_a と d_{PA} には 2

表 20.2　さまざまな幾何形状をもつ粒子と鉱物ダストについての体積形状係数 α_v および d_a/d_{PA} [a)]

粒子	体積形状計数 α_v	d_a/d_{PA}
幾何学的形状		
球	0.52	1.0 [b)]
立方体	0.38	0.89 [b)]
扁平回転楕円体（軸比＝5）	0.33	0.76 [b)]
円筒形（軸比＝5）	0.30	
鉱物粉塵		
無煙炭	0.16	0.70
歴青炭	0.24	0.88
陶土		0.92
ガラス		1.08～1.34
石灰岩	0.16	
石英	0.21	0.97～1.16
砂	0.26	1.00
滑石	0.16	0.75

a）粒子が最も安定した状態で測定した投影面積直径に基づく．鉱物粉塵のデータは Davies, 1979，幾何学的形状の α_v は Mercer, 1973.

b）単位密度．

倍以上の差はない．この有用な量は，体積形状係数，動力学的形状係数，および粒子密度を一つの係数に関連付けることができ，非常に重い物質を除くほとんどの鉱物では，この値はほぼ1に近い．

実際の粒子表面積と粒子直径の2乗の比をもとに，粒子表面積についても同様の形状係数が定義できる．コーシーの積分定理（Cauchy's theorem）の理論より，不整形な凸状粒子（convex particle）の表面積は，粒子が取りうるすべての向きについて平均すると，その投影面積の4倍に等しいことがわかる．特定の方向性がない凸状粒子の場合，投影面積直径の二次モーメント平均（rms）は平均表面の直径 $d_{\bar{S}}$ に等しい．

20.2 粒子のフラクタル次元

凝集した金属ヒュームや煤塵など，複雑な構造を有するエアロゾル粒子の形状は，フラクタル次元の観点から特徴付けることができる．フラクタルは，さまざまな倍率で幾何学的に類似した形状をもつ構造のことを指す．この特性は，自己相似性またはフラクタル形態とよばれている．フラクタル次元を用いると，対象物の周長や表面積などの特性を測定スケールに関連付けることができる．

たとえば，海岸線の長さは，連続する一連の等しい直線のセグメントによって表すことができる．各セグメントの長さは，一つの接触点から次の接触点までとし，これを単位長さ（ステップサイズ）とする．これは一種の「定規」である．全長はステップサイズによって異なる．ステップサイズが小さいほど，測定できる詳細がより細かくなり，測定される海岸線の全長は長くなる．図20.4は，イギリスの海岸線について求めたステップサイズと測定された長さとの関係を示している．測定された海岸線の長さ L とステップサイズ λ との関係を対数グラフにプロットしたものはリチャードソンプロット（Richardson plot）とよばれ，負の傾き m をもつ直線に近似できる．この直線の方程式は次のとおりである．

$$L = k\lambda^m = k\lambda^{1-D_f} \tag{20.4}$$

ここで，k は定数，D_f はフラクタル次元で，次式で表される．

$$D_f = 1 - m \tag{20.5}$$

このとき，フラクタル次元1.24が海岸線の複雑さの尺度となり，その値は1と2の間にある．海岸線が完全に滑らかな直線である場合，測定スケールによる長さの変化はないため，m は0，D_f は1.0となる．海岸線の自己相似の複雑さが増加する

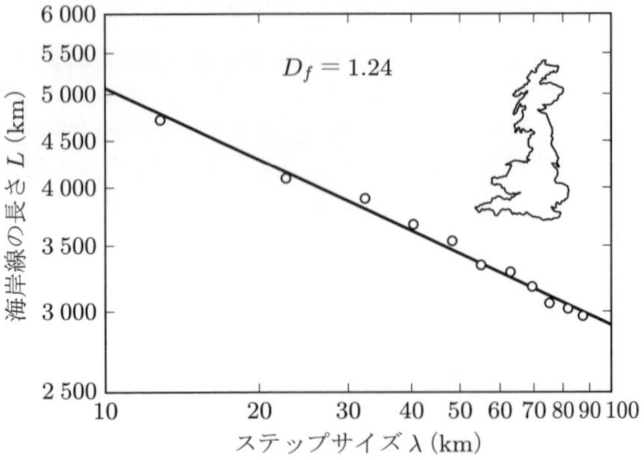

図 20.4　英国の海岸線において測定された長さとステップサイズ（13 ～ 88 km）（Kaye, 1994）

につれて，フラクタル次元が増加し，この例では最大値の 2.0 に近づいていく．図 20.5 は，複雑さが増し，フラクタル次元が増加する線分を示している．これらはすべて線分であるため，トポロジー次元は 1，つまり引き伸ばせば直線となる．フラクタル次元は非整数次元と考えることができ，この場合は直線を表す 1 次元と面を表す 2 次元との中間となる．

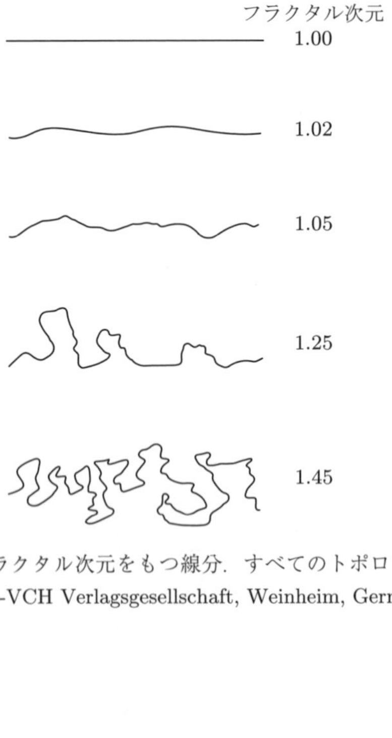

図 20.5　異なるフラクタル次元をもつ線分．すべてのトポロジー次元は 1 である（Kaye, 1994, Wiley-VCH Verlagsgesellschaft, Weinheim, Germany）

例題 図 20.4 に示すデータについて，イギリスの海岸線のフラクタル次元と海岸線の長さをステップサイズ 30 km として計算せよ.

解

$$m = \frac{\log(y_1/y_2)}{\log(x_1/x_2)} = \frac{\log(5050/2920)}{\log(10/100)} = -0.238$$

$$D_f = 1 - (-0.238) = 1.238$$

$$k = \frac{L}{\lambda^m} = \frac{5050}{10^{-0.238}} = 8740\,\mathrm{km}$$

よって，$\lambda = 30$ km に対して，次のようになる.

$$L = k\lambda^{1-D_f} = 8740 \times 30^{-0.238} = 3890\,\mathrm{km}$$

イギリスの海岸線の長さを計算するためのここで説明したフラクタル次元の概念とアプローチは，同様にあらゆる粒子にも適用できる．適切なスケーリングを用いると，図 20.4 に示したデータは，同じ形状のエアロゾル粒子にも適用でき，同じフラクタル次元が得られる. 対象がイギリスであろうとエアロゾル粒子であろうと，対象物のシルエットに対する最大フェレ直径で L と λ を無次元化（正規化）すれば，図 20.4 は同様な概観のグラフとなる．図 20.6 は，シミュレーションによって得られた粒子形状，および正規化した粒子周長 P/d_F と正規化したステップサイズ λ/d_F の関係を示したグラフである. 図中にはそれぞれのフラクタル次元も併記してある.

凝集形態にあるエアロゾル粒子は，通常，そのフラクタル幾何学特性に基づいて，研究されている．たとえば，煤塵粒子は 0.05 ～ 400 μm のサイズ範囲でフラクタル形態を示し，これは 10 ～ 10^8 個の一次粒子の凝集体に相当する（Sorensen and Feke, 1996 参照）．これらの粒子のフラクタル次元（d_F）は，その発生源によって 1.5 ～ 3.0 の範囲で大きく異なる（表 20.3 参照）．d_F は，空気中での粒子の老化に伴って増加する傾向がある（Wang et al., 2017 参照）．また，Sorensen and Feke, 1996 は，凝集体中の一次粒子の数 N_{pp}，凝集体の直径 $2R_g$，および一次粒子のサイズ d_{pp} の間の関係を以下のように導出した.

$$N_{pp} = 1.7\left(\frac{2R_g}{d_{pp}}\right)^{1.8} \tag{20.6}$$

ここで，1.8 はフラクタル次元である．R_g は凝集体の回転半径であり，粒子の質量の質量中心からの平均距離の rms に等しい寸法尺度である．直径 d_{pp} の N_{pp} 一次粒子で構成される液体球は，式 (20.6) においてフラクタル次元が 3.0（$\lambda < 0.5\, d_p$ の場合），定数が 3.95 となる．凝集体のフラクタル特性に関する理論計算は

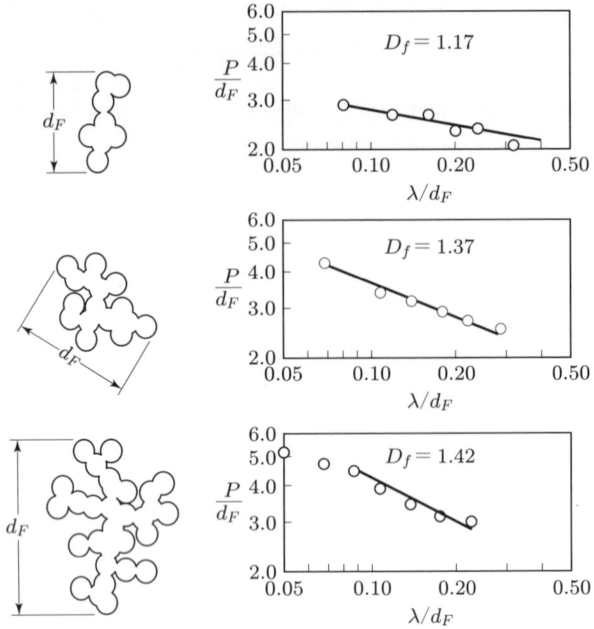

図 20.6　シミュレーションによって得られた粒子凝集体の形状とそのリチャードソンプロット（Kaye, 1994, Wiley-VCH Verlagsgesellschaft, Weinheim, Germany）

表 20.3　煤塵粒子のフラクタル次元（d_F）

粒子	d_F	分析方法
大気中の煤塵，現場測定 [a)]	2.3 ± 0.3	光散乱（X 線自由電子レーザ）
ブタン炎 [b),c)]	1.87～2.19	光散乱（改変ミリカンセル）
アセチレン炎 [b),d)]	1.5～1.6	電子顕微鏡（TEM）
H_2SO_4 でコーティングされた煤塵（相対湿度 5%）[e)]	2.54	電子顕微鏡（TEM）
プロパン炎 [f)]	2.08 ± 0.14	電子顕微鏡（TEM）
バイオマス燃焼粒子 [g)]	2.09 ± 0.06	移動度分析装置，エアロゾル質量分析装置
ディーゼルエンジン，一般粒子 [b),h)]	2.1～2.9	モビリティアナライザ
ディーゼルエンジン，PM [i)]	2.3 ± 0.1	モビリティアナライザ（タンデム DMA）
予混合エチレン炎 [i)]	2.15 ± 0.1	モビリティアナライザ（タンデム DMA）
火花点火エンジン [b),h)]	2.2～3.0	モビリティアナライザ

a）Loh et al., 2012.　b）Xiong et al., 2001.　c）Nyeki and Colbeck, 1994.
d）Samson et al., 1987.　e）Zhang et al., 2008.　f）Khalizov et al., 2012.
g）Schneider et al., 2006.　h）Skillas et al., 1998.　i）Maricq and Xu, 2004.

Eggersdorfer et al., 2011 が提示し，d_F を定量化するための実験方法については Kulkarni et al., 2011 がレビューしている．

エアロゾル科学の分野におけるその他の量も，フラクタルとして説明できる．たとえば，ブラウン運動する粒子の経路を追跡し，その位置を一定の時間間隔で直線セグメントとしてつないでいけば，フラクタルが得られる．時間間隔を短くするにつれ，より詳細な軌跡が再現され，パスは長くなるが，自己相似性は維持される．フラクタルとして説明できる量の他の例としては，雲と煙のプルームの境界，乱流，肺の気道の形状などがある．

20.3 光学顕微鏡測定法

光学顕微鏡は多くの科学分野で使用されている一般的な機器であるため，ここでは粒径測定に重要な顕微鏡の特性のみを取り上げる．光学顕微鏡は，直径 0.3 ～ 20 µm の固体粒子の計数とサイズの計測に最適である．高精度な複合顕微鏡であれば任意のものを粒径測定に使用できるが，多数の対物レンズと可動機構付のステージを備えた顕微鏡が最も便利である．図 20.7 に，そのような顕微鏡の主要な構成を示す．図示はしていないが，この他にサブステージ用照明器および両眼用の接眼レンズを備えておくとよい．

光学顕微鏡の光路を図 20.8 に示す．外部光源（通常は顕微鏡ランプ）からの光は，鏡により反射されて集光レンズに入る．集光レンズは，光を集光させて下方からサンプルに照射する．測定対象の粒子は，メカニカルステージに保持されたスライドガラス上に取り付けられている．粒子の拡大像は，スライドの真上に配置された対物レンズによって得られる．この像は接眼レンズの近くに結ばれるため，接眼レンズによりさらに拡大されて，観測しやすい適当な位置に虚像を結ぶ．この場合，接眼レンズは単純な拡大鏡のように機能する．総倍率（画像サイズと粒子サイズとの比）は，対物レンズと接眼レンズの倍率の積にほぼ等しくなる．対物レンズの倍率は 10 ～ 100，接眼レンズの倍率は 5 ～ 25 で，10 倍，15 倍，20 倍を備えたものが最も便利である．接眼レンズは顕微鏡チューブにスライドして簡単に交換できる．焦点合わせは，鏡筒とレンズ系をラックアンドピニオン機構（訳者注：歯車機構の一つ）で上下に移動させることで行われる．

高倍率においては，細かな焦点調節が必要であり，鏡筒を 1 µm の精度で移動させるには，500：1 の歯車機構が必要である．メカニカルステージには，観測用に

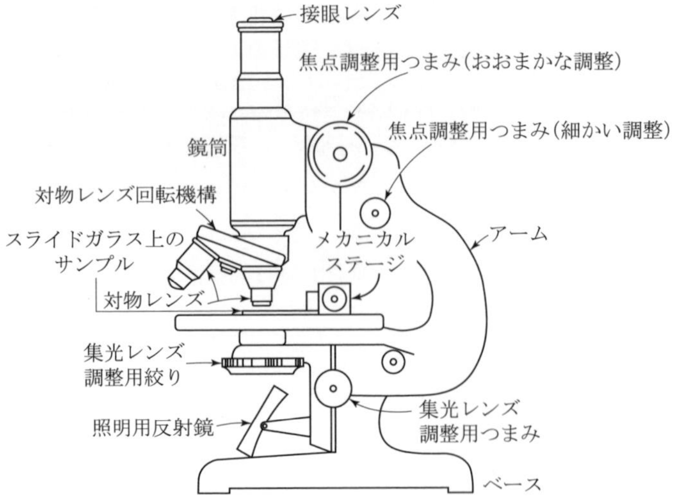

図 20.7　光学顕微鏡

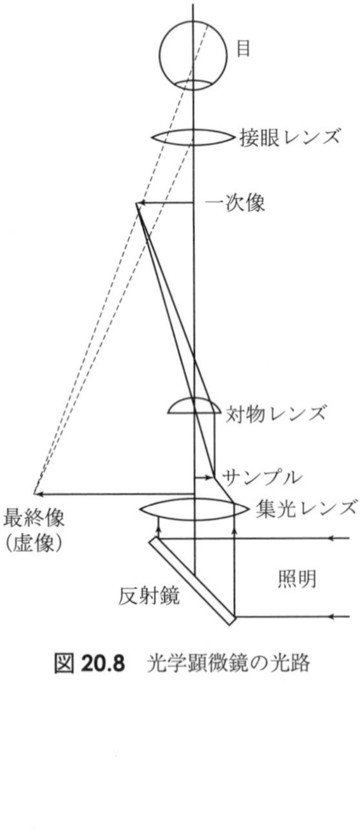

図 20.8　光学顕微鏡の光路

スライドガラスを載せて固定する機構と，サンプル位置を 2 軸方向に動かして調整するための微調整機構が付いている．この機能は，不均一に付着したサンプルを横断的に測定するのにとくに便利で，粒子の像を標準円や格子間隔と比較する際にも，簡単に動かすことができる．図 20.7 に示す対物レンズ回転機構（nosepiece）には 2 ～ 5 枚の対物レンズが取り付けられており，必要に応じて所定の位置に回転させて使用する．対物レンズは，顕微鏡が一つの対物レンズに正確に焦点を合わせると，他の対物レンズにも焦点が合うように配置されている．

粒子は，重力沈降，静電気力，または熱泳動力によってスライドガラス上に直接捕集でき，顕微鏡で直接観察することが可能である．粉末や大量のダストのサンプルは，爪楊枝で優しく塗りつけることでスライドガラス上に広げることができる．フィルタ上に捕集した粒子を観察する場合は，フィルタを小さなパイ状片に切り出し，それを清浄なスライドガラス上に置く．その状態で液浸用の油を一滴たらし，フィルタをこれに浸して透明にし，さらにカバーガラスで覆って顕微鏡で観察する．浸漬油はフィルタ材料と同じ屈折率をもっていることが望ましい．エアロゾル粒子の光学顕微鏡観察用として最も一般的なフィルタは，孔径 0.45 μm のセルロースエステル製メンブレンフィルタである．このフィルタの屈折率は 1.510 である．ただし残念ながら，これと同じ屈折率をもつ粒子は透明になってしまうため，この方法では観察できない．

標準的な対物レンズと接眼レンズを使用すると約 2 500 倍の総合倍率が得られるが，観察可能な最小粒子の大きさは倍率ではなく，光の波長と対物レンズの特性による解像度の限界（limit of resolution）によって決まる．解像度の限界あるいは単に解像度は，拡大像の中で細部が識別できる最小スケールである．倍率を大きくすると像は大きくなるが，解像度の限界を超えて詳細が観察できるわけではない．解像度は，二つの点を観察したときに，横長の点ではなく，二つの点として識別しうる最小の 2 点間距離で定義される．解像度は，開口数 NA とよばれる対物レンズの特性によって次式のように表せる．

$$\mathrm{NA} = m \sin\left(\frac{\theta}{2}\right) \tag{20.7}$$

ここで，m は対物レンズとサンプルとの間の媒体の屈折率，θ は開口角（図 20.9 に示す角度）である．開口数 NA の対物レンズで得られる解像度の限界 L_R は，次のようになる．

$$L_R = \frac{1.22\lambda}{2(\mathrm{NA})} \tag{20.8}$$

ここで，λ は使用する光の波長で，白色光の場合は 0.55 μm である．

図20.9に示す三つの対物レンズの特性を表20.4に示す．θ の最大値は180° なので，$m>1$ の場合にのみ開口数が 1 を超える．これは，対物レンズとサンプルの間の空間を高屈折率のオイルで満たすことにより実現できる．このような方法で，白色光に対して開口数 1.4 近くまで引き上げることが可能となり，約 0.2 μm の解像度が得られる．通常，照明角度が対物レンズの開口角と等しくなるように集光レンズを調整する必要がある．最高の解像度を得るには，集光レンズの上部とスライドガラスの底面に液浸オイルを満たし，一体化させる．経験上，接眼レンズと対物レンズの選択は，最大有効倍率（maximum useful magnification）が対物レンズの開口数の 1 000 倍となるようにすればよい．被写界深度（depth of field）または垂直解像度とは，同時に焦点の合うサンプルの厚さ（深さ）であり，この厚さは，$L_R/\tan(\theta/2)$ にほぼ等しい．高倍率では被写界深度が浅くなるのが光学顕微鏡の一つの限界であり，大きな粒子を詳しく観察したり，フィルタ内のさまざまな深さに堆積した

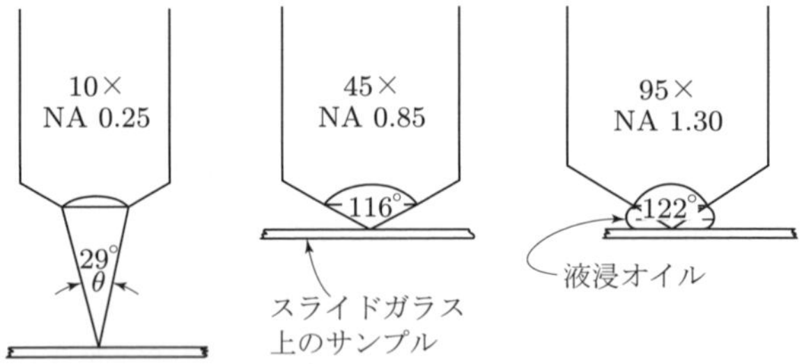

図 20.9　微鏡の対物レンズの比較．開口角を表示

表 20.4　粒径測定に用いられる代表的な顕微鏡対物レンズの特性

対物レンズと公称倍率	焦点距離 (mm)	開口数 NA	θ (deg)	被写界深度 (μm)	解像度の限界 (λ = 0.55 μm) (μm)
10×色収差補正レンズ	16	0.25	29	5.19	1.34
45×色収差補正レンズ	4	0.85	116	0.25	0.39
95×色収差補正レンズ（液浸オイル使用）	1.8	1.30	122	0.14	0.26

粒子を確認したりすることが困難になる．顕微鏡による計数とサイズ測定には，Millipore HA などのメンブレンフィルタを使用するのが望ましい．メンブレンフィルタでは，すべての粒子が表面上または表面近くに堆積し，同時に観察できる．

細線マイクロメータ（filar micrometer）と画像分割接眼レンズ（image splitting eyepiece）は，粒径測定に使用される顕微鏡の付属品である．いずれも通常の接眼レンズと交換して用いる．細線マイクロメータには，視野内に可動十字線があり，その位置は，校正済みのマイクロメータのつまみによって調整できる．まず十字線を粒子の左端に置いた状態でマイクロメータの設定を読み取り，十字線を粒子の右端に移動し，再度設定を読み取ることによって粒径を測定できる．粒子のフェレの直径は，読み取り値の差から計算できる．細線マイクロメータの精度はステージマイクロメータで校正する．画像分割接眼レンズはプリズムを備えており，粒子の像が二つ作られる．まず粒子の二つの像を重ね合わせたときのマイクロメータのつまみ位置を読み取っておく．マイクロメータのつまみを回すと像がずれて移動するので，一方の像の左端がもう一方の像の右端に来たときにマイクロメータの位置を読み取る．粒径は，この読み値の差とステージマイクロメータの校正値から計算できる．いずれの方法も時間と手間のかかる作業だが，円比較による方法に比べて正確である．粒径測定と分析に使用する顕微鏡技術のレビューは，Ahn et al., 2010 および Ault et al., 2017 に記載されている．

20.4 電子顕微鏡測定法

光学顕微鏡の分解能の限界より小さい粒子を調べるには，電子顕微鏡を使用する必要がある．電子顕微鏡には，走査型電子顕微鏡（SEM）と透過型電子顕微鏡（TEM）の 2 種類があるが，後者は光学顕微鏡に最も類似しているため，最初に説明する．図 20.10 に示すように，透過型電子顕微鏡は，光学顕微鏡が光（光子）を使用するのと同じように電子を使用する．ここでは，比較のため，光学顕微鏡については 20.3 節で説明した直視式ではなく投影式で示す．TEM では，加熱されたタングステンフィラメントから電子が放出され，磁気レンズによって集束する．これらは光学レンズと同じ機能を果たし，同様な名称が付けられている．ただし，磁気レンズには，レンズに流れる電流を制御することで焦点距離を調整できるという利点がある．空気分子による電子ビームの散乱を防ぐため，サンプル領域を含む電子顕微鏡の内部は，機械式真空ポンプと油拡散真空ポンプの組み合わせによって高真空

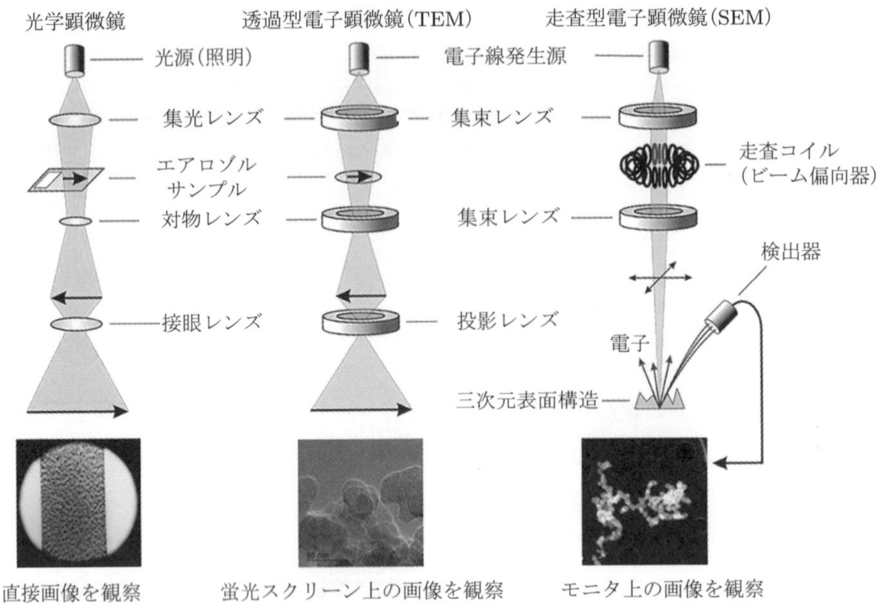

図 20.10　煤塵粒子の観察に関する光学顕微鏡，透過型電子顕微鏡（TEM），および走査型電子顕微鏡（SEM）の比較（Sorensen et al., 1998/American Physical Society，Okyay et al., 2016/Elsevier，および Gwaze et al., 2006/Elsevier）

（0.01 Pa［10^{-7} atm］未満）に維持されている．粒子に電子ビームを照射すると，吸収および散乱により光学顕微鏡の場合と同様な 2 次元のシルエット画像が得られるので，この電子像を蛍光板や写真乾板に投影して拡大像を観察する．

20.3 節に述べた解像度と被写界深度の原則は電子顕微鏡にも当てはまるが，電子顕微鏡で使用される放射線の波長は光の波長よりもはるかに短く，電子の波長は次のように与えられる．

$$\lambda_e = \frac{0.0012}{\sqrt{V}} \tag{20.9}$$

ここで，λ_e の単位は μm，顕微鏡の加速電圧 V の単位はボルトである．加速電圧が 70 kV の場合，電子ビームの波長は 4.5×10^{-6} μm，すなわち光の波長の 100 000 分の 1 である．ただし，電子顕微鏡では歪みを最小限に抑えるため，小さい値の開口角が使用され，分解能は光学顕微鏡の分解能の 100 000 倍も小さくなることはなく，一般的な TEM の解像度の限界は 0.001 μm 未満である．一方，開口数が小さいと，機器の解像度の 100 倍を超える深い被写界深度が得られるという利点がある．

表 20.5 さまざまな種類の顕微鏡の倍率，解像度，被写界深度，およびサンプルの環境

顕微鏡の種類	倍率	解像度の限界（μm）	被写界深度と解像度の比	サンプルの環境
目	1	～200		空気中
虫眼鏡	2～10	25～100		空気中
複合光学顕微鏡 43 倍対物レンズ（乾式）	200～850	0.3	3	空気中
複合光学顕微鏡 95 倍対物レンズ（油浸漬）	500～1 300	0.2	2	油中
走査型電子顕微鏡（SEM）	20～100 000	0.01	>1 000	真空中
透過型電子顕微鏡（TEM）	1 000～1 000 000	<0.001	>100	真空中

表 20.5 は，さまざまな種類の顕微鏡の倍率，解像度，被写界深度を比較したものである．

透過型電子顕微鏡（TEM）を使用すると，最も小さなエアロゾル粒子を測定できるが，この方法は，高真空と電子ビームによる加熱の複合効果下で蒸発または分解しない固体粒子にのみ使用できる．粒子は，直径 3 mm の特殊なグリッド上に堆積させ，グリッドホルダに取り付けて顕微鏡に挿入する．グリッドは 200 メッシュの電着スクリーンで，カーボンまたはパーロジオン（Parlodion．酢酸アミルに 1 ～ 4%ニトロセルロースを添加したもの）の薄膜でスクリーンの開口部が覆われている．膜は粒子に比べて十分に薄いため，電子ビームの減衰はわずかである．一方，粒子は電子ビームを広範囲に散乱および吸収して，高コントラストのシルエット画像を形成する．15.8 節に述べた小型集塵機による静電沈着によって，粒子をグリッドのフィルム表面に直接堆積させることができる．複製または転送手順を使用して，粒子またはそのレプリカを別の表面からグリッド上に堆積させることも可能である．

粒径測定は通常，顕微鏡で電子露光したネガ画像を拡大した写真から行われる．この目的には，特殊な微粒子の青色感光フィルムが使用される．測定手順は，ポートン格子または他の標準円の透明シートを使用すること以外は，20.1 節に示した光学顕微鏡についての手順と同じである．画像と写真の倍率との校正は，粒子と同じ倍率条件で回折格子のカーボンフィルムレプリカを撮影することによって行う．格子線間の間隔は通常 1 μm 未満で，独立した測定により精度が保証されている．

走査型電子顕微鏡（SEM）も，電子ビーム，磁気レンズ，高真空を使用するが，TEM とは異なる原理で動作し，立体的な外観をもつ画像が得られる．図 20.11 に

示すように，電子ビームを直径約 0.01 μm のスポットに集束し，規則的なパターンでサンプルを前後に走査する．電子ビームの照射により，試料の表面から低電圧の二次電子が放出され，サンプルに対して正電圧に維持された検出器に引き寄せられる．この二次電子は，曲線経路をたどって検出器（シンチレータと光電子増倍管（PMT）を組み合わせたもの）に到達し，そこで電気信号に変換される．試料から放出され，検出器に到達する二次電子の数は資料表面の形状に依存し，高い点からは多くの電子が放出され，谷部分からはほとんど電子が放出されない．表示用ディスプレイには，電子ビームの走査パターンと同期して各画素の明るさが表示されるので，任意の点での画素の明暗はその瞬間に検出器に到達する二次電子の数に比例している．その結果，高い点が明るく，低い点が暗く見え，サンプル表面の画像が再構成される．電子ビームに対してサンプルを傾けると，リアルな影が生成され，画像に顕著な立体感を与えることができる．1.1 節および 9.1 節に示した SEM 写真は表示用ディスプレイから直接撮影されたものである．サンプルを外部制御によって傾けたり回転させたりすることで，さまざまな方向から粒子を観察できる．

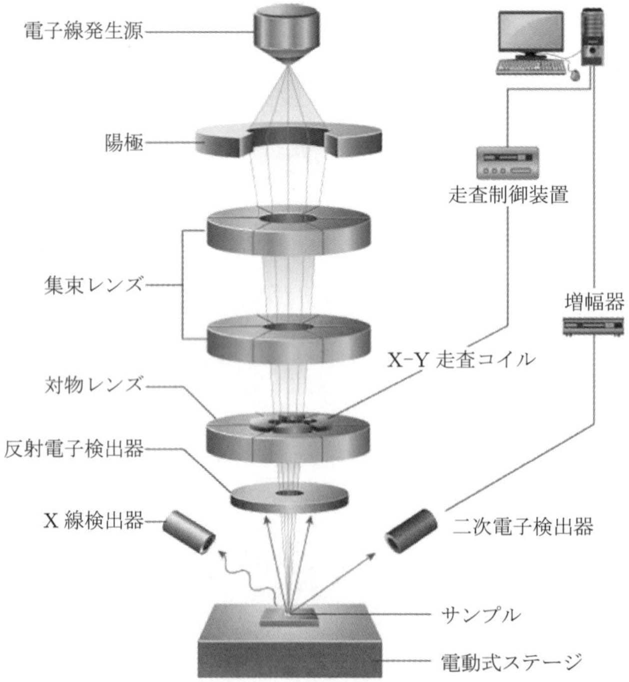

図 20.11　走査型電子顕微鏡（Ali, 2020/IntechOpen/CC BY 3.0）

一般的なSEMの解像度は約 0.01 μmで，TEMほどではないが，光学顕微鏡よりもはるかに優れており，ほとんどの粒子研究には十分対応できる．TEMと同様に，SEMで観察できるのは，固体の不揮発性粒子に限定される．TEMとは異なり，SEMでは電子ビームがサンプルサポートを透過する必要がないため，SEMサンプルは通常，直径10 ～ 30 mmのアルミニウムシリンダの端に取り付けられる．サンプル表面に電荷が蓄積すると電子ビームが偏向されてしまい，画像の歪みが生じる可能性があるため，予防措置を講じる必要がある．通常は，スパッタコーティング装置を使用して，粒子を含む資料の表面に金または炭素の非常に薄い（<0.01 μm）膜をコーティングすることにより対策する．粒子は，導電性または導電化できる任意の表面に堆積させることができる.キャピラリーメンブレンフィルタを用いると，その細孔サイズより大きい粒子をフィルタ表面上に直接サンプリングでき，その滑らかな表面は粒子を観察するのに適している．図 1.4 (b) は，キャピラリーメンブレンフィルタで採取されたSEMサンプルの例である．

走査型電子顕微鏡は，光学顕微鏡の300倍以上の被写界深度と，20 ～ 100 000倍の幅広い倍率を備えている．粒子の測定と評価には，100 ～ 10 000倍の倍率範囲が最も一般的に使用される．被写界深度が深く，表面特徴が正確に表現されるため，SEMは粒子のサイジングや形態の研究に適している．

電子ビームを単一粒子に集束したとき放出されるX線を,固体X線検出器によって検出すると，電子顕微鏡は，粒子の元素組成を決定するためのマイクロプローブとしても使用できる（エネルギー分散型X線分析：EDXA，20.5節参照）．このX線のエネルギースペクトルは粒子内の元素に対応して決まり，元素番号10以上の元素分析が可能となる（Kertész et al., 2009参照）．元素または分子組成に関する単一粒子のマイクロプローブ分析については，Fletcher et al., 2011に概説されている．

20.5 アスベストの計数

鉱物アスベストは，肺障害を引き起こすいくつかの独特の特性を備えており，その危険性を評価するには顕微鏡による方法が必要である．アスベスト粒子は特徴的な繊維状（図 1.4 (b) 参照）であり，呼吸器系の防御メカニズムをくぐり抜け，石綿肺（肺組織の瘢痕化（訳者注:擦り傷や切り傷などの外傷)），中皮腫（肺の内層の癌)，および肺癌を引き起こす．顕微鏡検査は，これらの疾患を引き起こすアスベスト繊維を特定するために使用される.

アスベストは繊維束として発生し，粉砕中に長手方向に破壊されてより細かい繊維になる．材料の強度が高いため，アスペクト比（直径に対する長さの割合）の大きな繊維が形成される．繊維の空気力学的特性により，長さ 50 μm，または直径 3 μm の繊維でも呼吸によって肺胞領域に到達できる．これは，繊維が流線に沿って整列し，狭い気道を通って肺胞領域まで蛇行しながら輸送されるためである．いったん肺胞内に大きなアスペクト比の繊維が沈着してしまうと，通常の除去機構ではこれを取り除くことができない．これらは肺液に対して不溶性であり，マクロファージ（macrophages. 訳者注：自然免疫において重要な役割を担う体内の細胞）に取り込まれるには長すぎるため，ごくわずかずつリンパ節のほうに移動するだけである．マクロファージが長い繊維を飲み込もうとすると，線維症，すなわち石綿肺に関連する肺胞表面の瘢痕化や肥厚を引き起こす酵素の漏出が生じると考えられている．長さ約 5 μm 未満のアスベスト繊維は，通常の除去メカニズムによって除去されるので，アスベスト関連疾患（アスベスト症（asbestosis））はそれぞれ，特定のサイズ範囲の繊維によって引き起こされる．直径 0.15 ～ 3 μm，長さ 2 ～ 100 μm のものは石綿肺，直径 0.1 μm 未満，長さ 5 ～ 100 μm のものは中皮腫，また直径 0.15 ～ 3 μm，長さ 10 ～ 100 μm のものは肺がんの発症にそれぞれ関連している（Lippmann, 1991）．健康リスクは粒子の形状に大きく依存するため，サイズや形状によって危険となるアスベスト粒子の濃度を評価するには，顕微鏡を使用する必要がある.

米国の作業環境におけるアスベスト暴露基準は，メンブレンフィルタと位相差顕微鏡（phase contrast microscopy：PCM）を使用した方法で測定される長さ 5 μm 以上，アスペクト比 3：1 以上の繊維について 100 000 本/m^3 [0.1 本/cm^3] としている．メンブレンフィルタ法は NIOSH 法ともよばれ，空気中のアスベスト繊維の濃度を定量的に求めるための，光学顕微鏡による測定方法である．この試験では，直径 25 mm のメンブレンフィルタ（孔径 0.45 ～ 1.2 μm の混合セルロースエステル製メンブレンフィルタ）上にサンプリング流量 0.5 ～ 16 L/min で呼吸ゾーンのエアロゾル粒子を収集する．50 mm の保護カウル(入口延長部)を備えた開放型フィルタホルダが使用される．サンプリング流量は，フィルタ表面での繊維密度が 100 ～ 1 300 本/mm^2 となる範囲に調整する．空間濃度が 40 000 ～ 500 000 本/m^3 [0.04 ～ 0.5 本/cm^3] の範囲であれば，サンプリング流量は 1.0 m^3 [1000 L] が妥当である．フィルタを熱いアセトン蒸気に暴露すると溶融し，トリアセチンの固体による透明なフィルムとして密封される．サイズと形状の基準を満たす繊維は，位相差顕微鏡により 400 ～ 450 倍の倍率（対物レンズ 45 倍, NA = 0.65 ～ 0.75, 接眼レンズ 10 倍）で計数できる．繊維の屈折率と捕集媒体の屈折率がごく近いため，繊維のコントラストを強調するために位相差顕微鏡が用いられる．

対象物がアスベストか否かにかかわらず，長さが 5 μm を超え，アスペクト比が 3：1（長さ：直径）以上の粒子は繊維とみなされる．米国の標準的な方法では，図 20.12 に示すように，ウォルトン–ベケット経緯線（Walton–Beckett graticule）を使用する．ウォルトン–ベケット経緯線の目盛には，周囲の標準的な繊維の大きさ・形状と比較するため，直径 100 μm の計数領域が定義されている．大きさ・形状の基準を満たし，完全に計数領域内にある繊維は 1 本の繊維としてカウントされ，部分的にフィールド内にある繊維は 1/2 本としてカウントされる．図には繊維状粒子の例を示す．光学顕微鏡の分解能には限界があるため，この方法では直径 0.25 μm 未満の繊維は検出できない．ほとんどの有害な繊維は小さすぎて位相差顕微鏡では検出できないため，得られたカウントは実際の濃度ではなく，アスベスト濃度の指標と考えるべきである．顕微鏡の分解能の限界近くで粒子のサイズを測定するのは難しいため，初心者の計測では繊維濃度が 1/2 以上過小評価される可能性がある．

大きさと形状の要件を満たす繊維が実際にアスベスト繊維であるかどうかを判断するには，光学顕微鏡および電子顕微鏡を適用できるが，透過型電子顕微鏡（TEM）

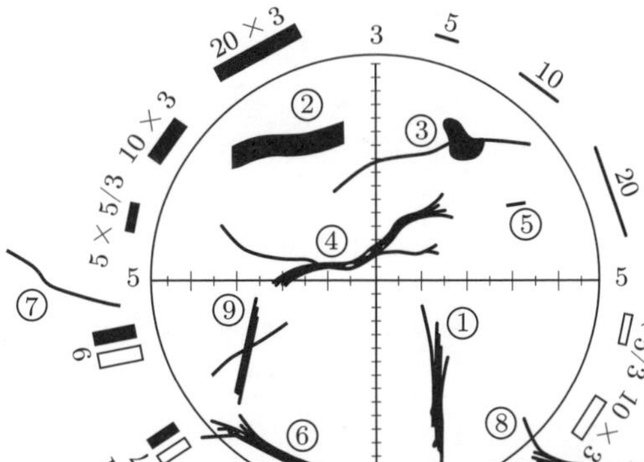

図 20.12 光学顕微鏡で繊維を計数するためのウォルトン–ベケット経緯線の目盛．粒子 1 ～ 4 は 1 本の繊維として数えられる．5 ～ 7 は数えられず，8 と 9 はそれぞれ半分の繊維と 2 本の繊維として数えられる（Baron, 1993/John Wiley & Sons Inc.）

による方法が最も確実である．この方法は，最も小さなアスベスト繊維にも適用可能であり，エネルギー分散型X線分析（EDXA）による元素分析や回折パターンによる結晶構造の分析との併用により，さらに確実な同定を行うことも可能となる．TEMサンプルは，混合セルロースエステル製のメンブレンフィルタで採取できるが，そのための特別な準備が必要である（NIOSH, 2019参照）．

ポータブル型繊維状エアロゾルモニタ TSI 7400AD（TSI Inc., Shoreview, MN）は，空気中の繊維濃度をリアルタイムで測定できる．この機器は流量 0.12 m^3/hr［2 L/min］でサンプリングし，最大10本/cm^3の繊維濃度を測定できる．リアルタイムな繊維濃度の読み取りが可能なほか，サンプリング期間中のピーク濃度や，NIOSメンブレンフィルタ法の要件に対応した30分および8時間の時間平均値を出力できる．この機器は，NIOSH法のサンプリング基準を満たすよう校正することもできる．

20.6　粒径の自動測定法

20.2節で述べた視覚による比較をもとにした粒径測定方法は，ほとんどの粒径分析に適しているが，時間がかかる面倒な作業であり，観測者の個人差や主観的な誤差も生じやすい．自動画像分析により，粒子画像のコンピュータ分析を使用するとこの問題を解決できる．まず，多数の粒子の画像をスキャンし，数百万の画素（ピクセル）の配列としてデジタル画像を作成する．画像は，光学顕微鏡，電子顕微鏡，または写真から取得したものであってもよい．コンピュータによって，明るい背景上の連続した暗いピクセルの配置から粒子のシルエットを認識し，投影面積の直径，フェレの直径，マーティン径，周長，およびさまざまな形状係数を計算できる．また，フィールド内のすべての粒子または選択した粒子についてこれらの量を求め，その平均値，標準偏差，および分散を自動的に計算することもできる．画像分析は，電子顕微鏡による元素分析と組み合わせることもできる．自動化したシステムでは，コンピュータ制御で顕微鏡が操作され，多数の粒子の粒径，形状，元素組成に関する情報が自動的に取得される．選択した数百または数千の粒子を分析すると，元素組成の粒径分布，特定の元素の平均濃度や粒径など，より詳細な情報を得ることができる．

粒径測定および形態分析のために粒子画像を処理するアルゴリズムについては，Bescond et al., 2014が報告している．正確，高速，かつ多用途に適用可能で，観測者による個人差の影響なしに測定できる点は，これらの自動処理アルゴリズムの大きな利点である．これらのアルゴリズムは，nm から mm までの範囲の粒子に適用可能であり，コントラストの高い画像が得られれば，最適に機能する．粒子画像のコントラストが低く，ぼやけたエッジしか撮影されていない場合には，粒子のエッジを二値化する閾値レベルを調整することで，ある程度対処することはできるが，顕微鏡検査，写真撮影，および画像分析のプロセスを見直し，正しく粒径測定できるよう撮影条件を調整する必要がある．この処理は，粒子の重なりやノイズの多い背景が撮影されている場合，さらに複雑となる可能性がある．メンブレンフィルタの穴などが背景として分析画像に写り込まないないよう注意すべきである．なぜなら，我々が画像を見るときには，こうした要素は本能的に排除されるが，コンピュータにはそのような機能はないからである．

問題

20.1　ダブレット粒子（二つの球が 1 点で接している粒子）だけで構成されるエアロゾルを考える．すべての球が直径 d で同一と仮定し，二つの粒子の中心を結ぶ直線と垂直な方向から観測した場合，次の問いに答えよ．

(a) これらの粒子の投影面積径はいくらか．

(b) 体積形状係数はいくらか．

(c) フェレの直径と最大および最小の投影面積径との比率はどれくらいか．

解答：$1.41d$，0.37，1.41，0.71

20.2　アスペクト比 5：1 のまっすぐな繊維について，繊維をその軸に対して垂直に見た場合，フェレの直径と投影面積径との最大の比はいくらか．

解答：2.0

20.3　正方形の投影断面をもつ粒子の場合，フェレの直径（すべての方向の平均）と投影面積径との比はいくらか．

解答：1.13

20.4　直径 1 μm，長さが直径の 3 倍の円筒形の繊維を考える．繊維の軸に対して垂直に見たときの繊維の投影面積直径と体積形状係数はそれぞれいくらか．

解答：2.0 μm，0.32

20.5　直径 d_p の滑らかな円形の断面をもつ粒子を考える．粒子のフラクタル次元は，この円に内接する正多角形を当てはめることで推定できる．内接正多角形を

4角形および6角形としたときのステップサイズから，フラクタル次元はいくらと推定できるか．

［ヒント：n 辺から成る正内接多角形の辺の長さ b は，$b = d_p \sin(180/n)$ である．］

解答：1.17

20.6　90倍の対物レンズ（開口角120°）と15倍の接眼レンズを備え，青色光（$\lambda = 0.4\ \mu m$）と屈折率1.51の浸漬油を使用した場合，解像度の限界はどれくらいか．

解答：0.19 μm

20.7　図20.2に示すポートン格子に描かれた最大と最小の円の径の比はいくらか．

解答：32

20.8　43倍の対物レンズと15倍の接眼レンズで観察した場合，1 μmの粒子の像は，ポートン格子の円のうちどの番号の円の間に入るか．ただし，10番目の円の像の直径は9.9 mmとする．

解答：2と3

参考文献

Ahn, K., Kim, S., Jung, H., et al., "Combined Use of Optical and Electron Microscopic Techniques for the Measurement of Hygroscopic Property, Chemical Composition, and Morphology of Individual Aerosol Particles", *Anal. Chem.*, **82**, 7999-8009 (2010).

Ali, A. S., "Application of Nanomaterials in Environmental Improvement", in Sen. M., (Ed.), *Nanotechnology and the Environment*, IntechOpen, London, U.K., 2020.

Ault, A. P., and Axson, J. L., "Atmospheric Aerosol Chemistry: Spectroscopic and Microscopic Advances", *Anal. Chem.*, **89**, 430-452 (2017).

Bescond. A., Yon, J., Ouf, F. X., et al., "Automated Determination of Aggregate Primary Particle Size Distribution by TEM Image Analysis: Application to Soot", *Aerosol Sci. and Technol.*, **48**, 831-841 (2014).

Davies, C. N., "Particle-Fluid Interaction", *Journal of Aerosol Science*, **10**, 477-513 (1979).

Eggersdorfer, M. L. and Pratsinis, S. E., "The Structure of Agglomerates Consisting of Polydisperse Particles", *Aerosol Sci. and Technol.*, **46**, 347-353 (2012).

Fletcher, R. A., Ritchie, N.W. M., Anderson I. M., et al., "Microcopy and Microanalysis of Individual Collected Particles", in Kulkarni, P., Baron, P. A., andWilleke, K. (Eds.), *Aerosol Measurement: Principles, Techniques, and Applications, 3rd edition*,Wiley, New Jersey, 2011.

Gwaze, P., Schmid, O., Annegarn, H. J., et al, "Comparison of Three Methods of Fractal Analysis Applied to Soot Aggregates fromWood Combustion", *J. Aerosol Sci.*, **37**, 820-838 (2006).

Kaye, B. H., *A RandomWalk through Fractal Dimensions, 2nd edition*,Wiley-VCH Verlagsgesellschaft, Weinheim, Germany, 1994.

Kertész, Z., Szikszai, Z., Szoboszlai, Z., et al., "Study of Individual Atmospheric Aerosol Particles at the Debrecen Ion Microprobe", *Nuclear Instruments and Methods in Physics Research Section B: Beam Interactions with Materials and Atoms*, **267**, 2236-2240 (2009).

Khalizov, A., Hogan, B., Qiu, C., et al., "Characterization of Soot Aerosol Produced from Combustion of Propane in a Shock Tube", *Aerosol Sci. and Technol.*, **46**, 925-936 (2012).

Kulkarni, P., Baron, P. A., Sorensen C. M., et al., "Nonspherical Particle Measurement: Shape Factor, Fractals, and Fibers", in Kulkarni, P., Baron, P. A., andWilleke, K. (Eds.), *Aerosol Measurement: Principles, Techniques, and Applications, 3rd edition*,Wiley, New Jersey, 2011.

Lippmann, M., "Industrial and Environmental Hygiene: Professional Growth in a Changing Environment", *Am. Ind. Hyg. Assoc. J.*, **52**, 341-348 (1991).

Loh,N., Hampton, C.,Martin, A., et al., "Fractal Morphology, Imaging and Mass Spectrometry of Single Aerosol Particles in Flight", *Nature*, **486**, 513-517 (2012).

Maricq, M. M., and Xu, N., "The Effective Density and Fractal Dimension of Soot Particles from Premixed Flames and Motor Vehicle Exhaust", *J. Aerosol Sci.*, **35**, 1251-1274, (2004).

Mercer, T. T., *Aerosol Technology in Hazard Evaluation*, Academic Press, New York, 1973.

NIOSH, "Asbestos and Other Fibers by PCM 7400", in *NIOSH Manual of Analytical Methods*, U.S., Gov. Printing Office,Washington DC, 2019.

Nyeki, S., and Colbeck, I., "The Measurement of the Fractal Dimension of Individual in situ Soot Agglomerates Using a Modified Millikan Cell Technique", *J. Aerosol Sci.*, **25**, 75-90 (1994).

Okyay, G., Héripré, E., Reiss, T., et al., "Soot Aggregate Complex Morphology: 3D Geometry Reconstruction by SEM Tomography Applied on Soot Issued from Propane Combustion", *J. Aerosol Sci.*, **93**, 63-79 (2016).

Samson, R. J., Mulholland, G.W., Gentry, J.W., "Structural Analysis of Soot Agglomerates", *Langmuir*, **3**, 272-281 (1987).

Schneider, J.,Weimer, S., Drewnick, F., et al., "Mass Spectrometric Analysis and Aerodynamic Properties of Various Types of Combustion-related Aerosol Particles", *Int. J.Mass Spectrom.*, **258**, 37-49 (2006).

Skillas, G., Künzel, S., Burtscher, H., et al., "High Fractal-like Dimension of Diesel Soot Agglomerates", *J. Aerosol Sci.*, **29**, 411-419 (1998).

Sorensen, C. M., and Feke, G. D., "The Morphology of Macroscopic Soot", *Aerosol Sci. and Technol.*, **25**, 328-337 (1996).

Sorensen, C. M., Hageman,W. B., Rush, T. J., et al., "Aerogelation in a Flame Soot Aerosol", *Phys. Rev. Lett.*, **80**, 1782-1785 (1998).

Wang, Y., Liu, F., He, C., et al., "Fractal Dimensions and Mixing Structures of Soot Particles during Atmospheric Processing", *Environ. Sci. Technol. Lett.*, **4**, 487-493 (2017).

Xiong, C., and Friedlander, S. K., "Morphological Properties of Atmospheric Aerosol Aggregates." *Proc. Natl. Acad. Sci. U. S. A.*, **98**, 11851-11856 (2001).

Zhang, R., Khalizov, A. F., Pagels, J., et al., "Variability in Morphology, Hygroscopicity, and Optical Properties of Soot Aerosols During Atmospheric Processing", *Proc. Natl. Acad. Sci. U. S. A.*, **105**, 10291-10296 (2008).

21 試験用エアロゾルの発生

エアロゾルテクノロジーの重要な要素の一つに，機器の校正，エアロゾル研究の実施，空気洗浄および空気サンプリング装置の開発などに用いられる試験用エアロゾルの生成がある．単分散エアロゾルは，粒径測定装置を校正したり，サンプリング装置に及ぼす粒径の影響を調べたりするために使用される．多分散エアロゾルは，制御された実験室条件下での校正や測定器の実際の使用状況をシミュレートするために使用される．単分散エアロゾルは通常，幾何標準偏差が 1.2 未満のエアロゾルとして定義される．エアロゾル研究では，粒径，形状，密度が既知の単分散試験用エアロゾルは非常に重要である．とくにほとんどのエアロゾル特性は粒径に強く依存するので，単分散エアロゾルを使用することでその特徴が一定に制御される．粒径の異なる一連の単分散エアロゾルを用いて試験を行えば，エアロゾルの特性や機器の性能に及ぼす粒径の影響を評価できる．たとえば，5.5 節および 5.6 節に示したインパクタのカットオフ径の曲線は，単分散試験用エアロゾルを用いて求めたものである．試験用エアロゾルは，毒物試験のための動物暴露実験，人間や動物の呼吸器への粒子沈着の研究治療用エアロゾルの投与法の研究など，さまざまな研究に用いられている．

理想的なエアロゾル発生器の条件は，粒径と濃度が容易に制御でき，単分散で非帯電の固体球状エアロゾル粒子を安定して繰り返し発生できることである．この章では，測定器の校正に適した連続的かつ安定した粒子発生を行える発生装置，および発生方法に焦点を当て，代表的なエアロゾル発生装置の特性を概説する．

21.1 液体の噴霧

噴霧とは，液体を空中の液滴に分解するプロセスのことである．アトマイザ（atomizer．噴霧器）は，液体を粉砕するために使用するエネルギーの種類によって分類される．圧力アトマイザは最も単純で，圧力を液体の運動エネルギーに変換し，液滴に分裂させる．圧力アトマイザには，ジェットアトマイザとスワールアトマイザがある．ジェットアトマイザは，液体を十分な速度で噴射し，ノズルからある程度離れたところで液体を比較的大きな液滴に分解する．スワールアトマイザは，液体がノズルから出るときに回転させ，中空の円錐を形成して液体の分解を促進する．2番目の方式として，圧縮空気からのエネルギーを使用して液体の流れを細分化する空気圧アトマイザがある．このタイプのアトマイザは最小の液滴を生成でき，粘性液体のエアロゾル化にも使用できる．3番目の方式は回転アトマイザで，回転要素を使用して液体に運動エネルギーを与え，それによって液体の崩壊を引き起こす．このアトマイザはスプレー乾燥によく使用される．他のタイプの噴霧器として，超音波噴霧器や静電噴霧器などがある．噴霧化に関する一般的な情報が Ashgriz, 2011 によって概説されている．

液滴エアロゾルを生成する一般的な方法は，圧縮空気による噴霧である．ネブライザ（nebulizer）は一種のアトマイザであり，噴霧により生成した粒子のうちの大粒径のものを容器内に衝突させて除去し，小粒径のエアロゾルを発生させる．ネブライザでは，5 ～ 50 g/m^3 の濃度で，質量中央径（MMD）で 1 ～ 10 μm，幾何標準偏差（GSD）が 1.5 ～ 2.5 のエアロゾルを発生させることができる．ほとんどの圧縮空気ネブライザの動作原理は，図 21.1 に示す TOPAS ATM 210 の動作原理と同様である．供給圧力 35 ～ 340 kPa（5 ～ 50 psig）（訳者注：psig（ポンド毎平方インチ．pound per square inch）で示したゲージ圧）の圧縮空気が，小さなチューブまたはオリフィスから高速で排出され，ベルヌーイ効果によって出口領域に低圧

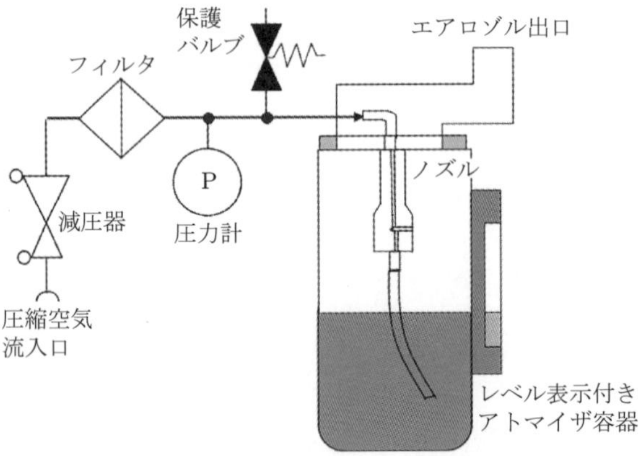

図 21.1　TOPAS ATM 210 エアロゾル発生器

部が発生すると，液体がリザーバから2番目のチューブを通って空気流に引き込まれる．液体は細いフィラメント（細い線状）としてチューブから引き出されるが，空気流中で加速され，引き伸ばされて分裂し，液滴になる．スプレー流は衝突面に導かれ，そこで大きな液滴は除去されて，液体リザーバに戻る．多くのネブライザは同様の動作原理を応用しているが，各部の形状は装置によって異なる．空気速度が増加し，粘性および表面張力の影響が減少すると，中央粒径は減少する．代表的なネブライザの特性を表21.1に示す．ほとんどのネブライザが発生できる最大粒子濃度は，$10^{12} \sim 10^{13}$ 個/m^3 [$10^6 \sim 10^7$ 個/cm^3] 程度である．

試験用エアロゾルの生成に使用される一般的な液体には，水，鉱油，フタル酸ジエチルヘキシル（di(2-ethylhexyl)phthalate：DOP），フタル酸ジブチル（di-butyl phthalate：DBP），セバシン酸ジエチルヘキシル（di(2-ethylhexyl)sebacate：DEHS）などの低蒸気圧液体が含まれる．これらの低蒸気圧液体の物理的および化学的特性は付録A.13に記載した．

圧縮空気ネブライザに蒸気圧 10^{-5} Pa [10^{-7} mmHg] 未満のDOP (293 K [20℃]) などの低揮発性液体を使用すると，数百秒の間，安定した粒径の液滴エアロゾルが

表 21.1 圧縮空気ネブライザの特性

ネブライザ	使用圧力 (kPa[psig])	流量 (L/min)	発生濃度	液滴の粒径分布 CMD またはMMD (μm)	液滴の粒径分布 GSD
TSI 3076[a]	240 [35]	3〜3.5	2×10^6 [f]	0.3〜0.35[g]	1.6〜2.0
TSI 3079A[a]	20 [3]	1.2〜5	10^8 [f]	0.2〜0.3[b][g]	NA
TOPAS ATM 210[c]	10 [1.5]	0.3〜4	10^8 [f]	0.1〜0.5[g]	NA
Kanomax 3250[d]	62〜125 [9〜18]	1〜1.5 (受動的に希釈) 2±0.3 (能動的に希釈)	3×10^7 [f]	0.55[g]	1.6〜1.8
Lovelace[e]	140 [20]	1.34	68[h]	6.9[i]	1.8
	210 [30]	1.81	51[h]	4.7[i]	1.9
	280 [40]	2.28	45[h]	3.2[i]	2.2

a) TSI Inc., Shoreview, MN. b) 粒径分布のモードで表示した．
c) Topas GmbH, Dresden, Germany. d) Kanomax USA Inc., Andover, NJ.
e) In-Tox Products, LLC, Cary, NC.
f) 発生濃度（個/cm^3）. g) CMD（μm）で表示.
h) 空気1Lあたりの霧化液体の体積（μL）. i) MMD（μm）で表示.

生成される（表13.3参照）．固体材料が溶解した揮発性溶媒を使用すると，液滴形成後に溶媒が急速に蒸発して，より小さな固体粒子が形成される．これは，液体の霧化によって固体粒子エアロゾルを生成する簡単な方法である．最終的なエアロゾル粒子の直径 d_p は，固体物質の体積分率 F_v と液滴直径 d_d に依存し，次の方程式に従う．

$$d_p = d_d (F_v)^{1/3} \tag{21.1}$$

0.1％の塩化ナトリウム水溶液を噴霧し，液滴が完全に乾燥すると，もとの液滴体積の1 000分の1の体積，すなわち液滴直径の10分の1の等価体積直径の固体粒子が生成される．この場合，すべての粒径が同じ係数で縮小するため，粒径分布のGSDは乾燥後も変化しない．揮発性溶媒に溶解した低蒸気圧の液体の噴霧も，小さな液滴エアロゾルの生成に使用でき，最終的な粒径は式（21.1）で計算できる．いずれの場合も，液相を完全に乾燥させる必要がある．この目的には，拡散乾燥カラムが役立つ．拡散乾燥カラムは顆粒状の乾燥剤に囲まれたスクリーンチューブであり，エアロゾルがここを通過する間に液相が完全に乾燥する．溶液からの噴霧による固体粒子の生成では，ネブライザの動作中にリザーバから溶媒が蒸発して失われないようにしなければならない．溶媒が失われると，リザーバ内の溶質の濃度が増加し，時間の経過とともに粒子サイズが増加する．高湿度の空気を供給したり，ネブライザを冷却したりすることにより，これらの蒸発損失を減少させることができる．

インパクタを圧縮空気ネブライザと併用すると，出力粒子サイズ分布を限定的に制御できる（Chen et al., 2011）．ネブライザから発生したエアロゾルは，第1段階としてインパクタ（5.5節）を通過させ，大きな粒子を除去し，次に仮想インパクタ（5.7節）により小さな粒子を除去する．適切なカットオフサイズを選択することで，0.5～5 μmのCMDで狭い粒径分布（GSD＜1.4）のエアロゾルを生成できる．この手法は，15.9節に示した微分型電気移動度分析装置（DMA）を用いて単分散のサブマイクロメートルエアロゾルを生成する分級操作に似ている．超音波ネブライザは，圧縮空気ジェットを使用せず，粒径範囲1～10 μm（MMD）のエアロゾル液滴を生成する．圧電素子により超音波を発生させ，少量の液体の表面近くに集束すると，超音波エネルギーは液体の激しい攪拌を引き起こし，液体の表面上に円錐形の噴水を形成する．液体中の圧縮波の作用により，噴水の表面に毛細管波が形成され，これらの波が砕けて高密度のエアロゾルが生成される．生成される粒径は，励起周波数に依存し，以下の経験式で求められる（Mercer, 1973）．

$$\mathrm{CMD} = \left(\frac{\gamma}{\rho_L f^2}\right)^{1/3} \tag{21.2}$$

ここで，γは液体の表面張力，ρ_Lは液体の密度，fは励起周波数（Hz）である．この式は，0.012 ～ 3 MHz の励起周波数に適用できる．穏やかな気流を液体表面に向けて液面からエアロゾルを運び去り，試験用エアロゾルとして使用する．超音波エネルギーのほとんどは液体中の熱として放散されるので，超音波ネブライザでは，温度上昇により蒸発損失が増加する可能性があることに注意しなければならない．

圧縮空気ネブライザは，エアジェットで液体フィラメントを破壊して粒子を形成する．エアロゾル生成の他の二つの方法も液体フィラメントの切断に依存しているが，フィラメントの形成と切断に異なる方法が用いられている．どちらの機器も単分散液滴を生成し，主にエアロゾル研究に使用される．図 21.2 に示すフローフォー

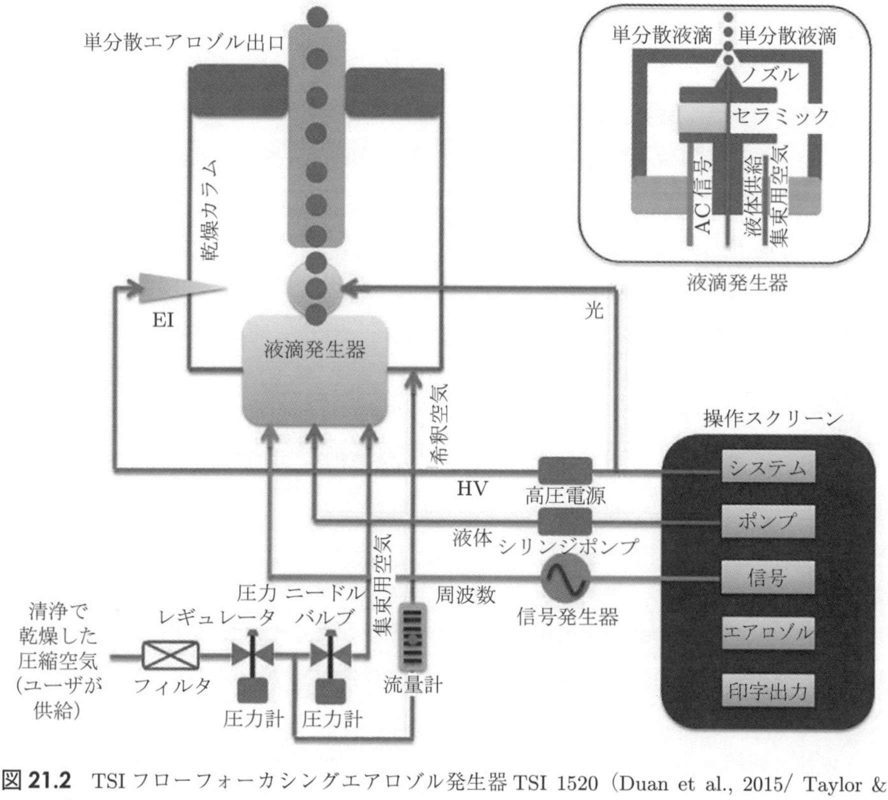

図 21.2 TSI フローフォーカシングエアロゾル発生器 TSI 1520（Duan et al., 2015/ Taylor & Francis）

カシングエアロゾル発生器（flow-focusing aerosol generator：FMAG，TSI 1520）では，まず調整可能な直径（最大直径 100 μm）のノズルから液体をポンプで送り出し，液体の細いフィラメントジェットを形成する．次に，この液体ジェットを振動セラミックのエアロゾル生成ヘッドを通過させ，粒子を形成する．適正な液体流量と振動周波数で使用すると，高度に単分散（GSD <1.02）の液滴を生成できる．粒径 d_d は次の二つの量から計算できる．

$$d_d = \left(\frac{6Q_L}{\pi f}\right)^{1/3} \tag{21.3}$$

ここで，Q_L は液体流量（m^3/s または cm^3/s），f は励起周波数（Hz）である．初期液滴の粒径は 15 ～ 90 μm の範囲である．液滴が形成された時点では液滴は互いに接近しており，急速に凝集する可能性がある．このため，粒子を希釈して分散させる目的で，出口付近に乾燥空気のジェットを吹き付けている．希釈・乾燥後の粒子径は 0.7 ～ 15 μm となる．希釈後の粒子濃度は 10^8 ～ 10^9 個/m^3 [100 ～ 1 000 個/cm^3] である．FMAG は，従来の振動オリフィス型エアロゾル発生装置と比較して，ピンホールの詰まりが少ない，集束オリフィスのサイズを柔軟に設定できるなどの利点がある．また，溶解溶質を含む不揮発性溶媒をこのタイプの発生器で使用すると，粒子サイズを小さくして固体粒子エアロゾルを生成できる．FMAG の設計と性能試験の包括的な図は，Duan et al., 2015 に記載されている．

どこにでもあるエアロゾルスプレー缶は，ある種のアトマイザといえる．これらの缶には，溶解または懸濁した物質と液体噴射剤の混合物が入っている．噴射剤は室温で高い蒸気圧をもっており，作動すると缶を加圧し，混合物をノズルから噴出する．この噴流中では，混合物が大気圧に遭遇する際に，推進剤の急速な蒸発によって破砕され，最大 100 μm に達する広い粒径範囲の液滴を生成する．スプレー缶で生成されるエアロゾルは，かなりの割合が，薬剤の吸入式投与に適した粒径範囲にある．

特殊なスプレー缶として定量吸入器（MDI）があり，治療薬の投与に使用されている．この装置は，一般的なスプレー缶と同じ原理で動作するが，投与バルブによって作動ごとに一定量の噴射剤と薬剤の混合物を分配する．薬剤は通常，液体噴射剤中に懸濁した微粉末の形をしている．生成されたエアロゾルは直接呼吸器に吸入されるが，呼吸器系のどの部位に治療薬を供給したいのかによって，望ましい粒径は異なる．約 7 μm より大きい粒子は喉の奥に衝突するため，肺の気道や肺胞領域で取り込むことができない．一部の装置では，スペーサチューブを使用して，液滴の速度を減速させ，完全に蒸発するまでに十分な距離と時間を確保する．

別のタイプの噴霧器としては，静電噴霧器，またはエレクトロスプレー装置がある．液体は，下向きに設置した中空のニードルを通してゆっくりと供給される（約 3 mm^3/s [10 mL/hr]）．ニードルとその数センチメートル下に設置した同軸リングとの間に高電圧（約 10 kV）を加えると，ニードル先端付近に強い静電場が発生する．コーンジェットモードとよばれる噴出モードでは，ニードルから出た液体が円錐を形成し，その先端から多数の液滴を放出する．液滴は荷電しており最初は互いに反発し合うが，その後電気的に中和される．粒径は単分散とすることが可能で，液体の誘電率，流量，電場の強さ，および電流によって制御できる．揮発性溶媒を使用すると，nm から μm の粒子を生成できる．エレクトロスプレー装置については Jaworek, 2007 に概説されている．

ここで示したすべての噴霧方法では，とくに溶媒の蒸発によって粒子サイズが小さくなったときに液滴が荷電する可能性があるので，除電（15.7 節参照）が必要となる場合がある．

21.2　懸濁液からの単分散粒子の微粒化

単分散固体粒子エアロゾルを生成する簡単な方法として，また，測定器の粒径測定精度の校正にも一般的に用いられる方法として，既知の粒径の単分散固体粒子を含む懸濁液を噴霧する方法がある．噴霧後，液体は乾燥によって除去され，固体粒子エアロゾルが生成される．この方法には，単分散のポリスチレンラテックス（polystyrene latex：PSL）やポリスチレン–ジビニルベンゼン（polystyrene-divinylbenzene：PS-DVB）ラテックス粒子の液体懸濁液がよく使用される．これらは数パーセントの相対標準偏差をもつ完全な球体であり，均一な特性をもっている．いずれの材料においても，球の密度は単位密度（1 050 kg/m^3 [1.05 g/cm^3]）に近く，空気力学径は物理的な直径よりもわずか（2.5%）大きい程度である．

これらの球体は幅広いサイズで入手可能である．たとえば，Thermo Fisher Scientific は，ポリスチレン，シリカ，ガラスで作られた球体を 20 nm から 2 000 μm まで，50 以上のサイズで販売している．これらの球体の校正基準は NIST（米国立標準技術研究所）によって認定されている．これらの大部分は，平均サイズの不確かさが 1%未満，サイズ分布の相対標準偏差が 2%未満である．これらは，水性懸濁液中に 0.5，1，2，10%の個体粒子を含んだ 15 mL バイアルで販売されている．水には，液体中の凝集を防ぐために，安定剤（界面活性剤および分散剤）が 0.02 ～ 0.2%含まれている．検出と分析を容易にするため，ポリマーマトリックスに蛍光色素を混ぜた蛍光粒子を利用できる．NIST は, 標準物質（standard reference materials：SRM）として 0.1 ～ 30 µm の八つのサイズのポリスチレン球を販売している．これらは，物理的および化学的特性の観点から広範囲に特徴付けられている．

販売されている球体を使用して単分散エアロゾルを生成した場合，以下の三つの問題が発生する可能性がある．まず，入手後に測定した粒径が，メーカーの提示する値とは若干異なる場合である．誤差の原因の一つは，電子顕微鏡のビームによる揮発や分解のため，球の直径が変化する傾向があることである．そのような影響を防ぎ，球体の正確な粒径測定を行うには，低強度の電子ビームを使用する．

二つ目の問題は，粒子が特定の溶媒中でわずかに膨潤することである．この問題は，エアロゾルを生成するときに，初期の液滴内に複数の球体が存在した場合に発生する．このような液滴が乾燥すると，得られる粒子は，単体の球体ではなく，球体のクラスタや連鎖になる．単一の球が存在する場合をシングレットとよぶのに対し，球が二つ存在する場合はダブレットまたはツイン，三つ存在する場合はトリプレットなどとよばれる．直径 d_d の液滴内に n 個の球が存在する確率 $P(n)$ は次式で与えられる．

$$P(n) = \frac{(\bar{x})^n}{n!} \exp(-\bar{x}) \tag{21.4}$$

ここで，液滴あたりの球の平均数である $\bar{x}$ は次式で与えられる．

$$F_v v_d = \bar{x} v_p$$

$$\bar{x} = F_v \left(\frac{d_d}{d_p}\right)^3 \tag{21.5}$$

ここで, v_d と v_p は液滴と球のそれぞれの体積, F_v は直径 d_p の球の体積分率である．表 21.2 に示すように，F_v が 10^{-3} 未満に減少（懸濁液が希釈される）すると，ダブレットに対するシングレットの比率が増加するが，シングレットに対する「空」，つまり粒子のない液滴の比率も増加する．これは，液滴生成速度が一定の場合，ダブレットの割合が減少するにつれてシングレットの濃度が減少することを意味している．実際の状況は，ネブライザによって生成される液滴の粒径分布により，表 21.2 で示唆される状況よりも複雑になる．図 21.3 は，特定の GSD ももつ液滴に対して, 式 (21.4) によって得られた全液滴に対する「空」の液滴およびシングレッ

表 21.2 液滴径が球の直径の 10 倍の場合に 0，1，2，3 個の球を含む液滴の割合

球の体積分率	指定された球数を含む液滴の割合				
F_v	$n=0$	$n=1$	$n=2$	$n=3$	$n>3$
0.1	0	0	0	0	1.000
0.01	5×10^{-5}	5×10^{-4}	0.002	0.007	0.990
10^{-3}	0.368	0.368	0.184	0.061	0.019
10^{-4}	0.905	0.090	0.005	1.5×10^{-4}	4.3×10^{-6}
10^{-5}	0.990	0.010	5.0×10^{-5}	1.6×10^{-7}	0
10^{-6}	0.999	0.001	5.0×10^{-7}	0	0
10^{-7}	0.999	1.0×10^{-4}	0	0	0

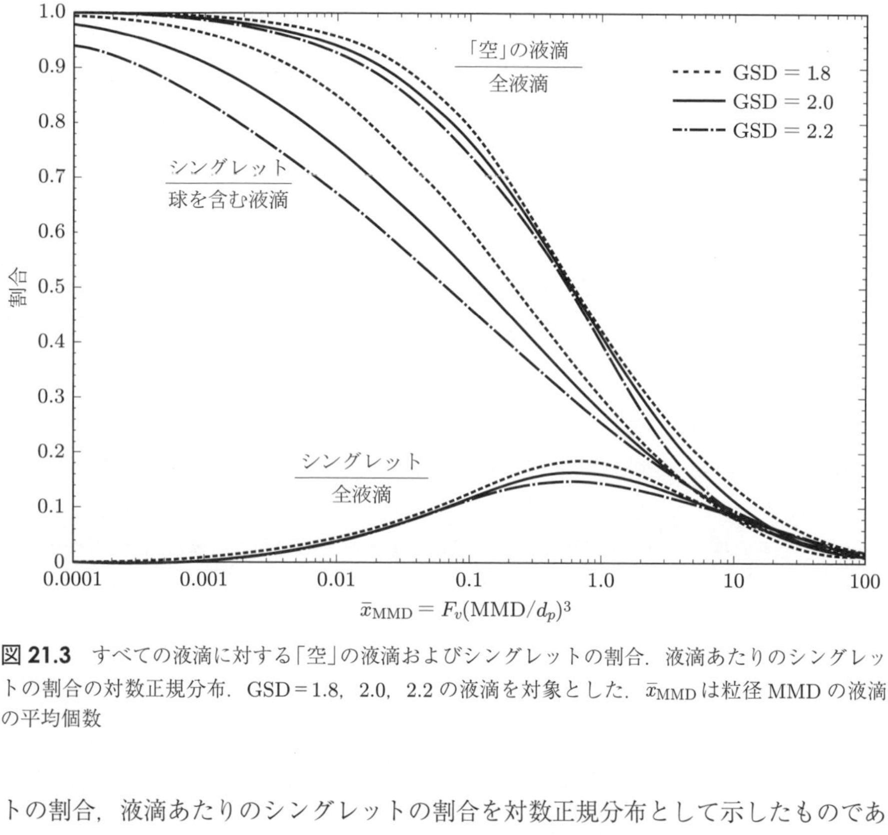

図 21.3 すべての液滴に対する「空」の液滴およびシングレットの割合．液滴あたりのシングレットの割合の対数正規分布．GSD = 1.8，2.0，2.2 の液滴を対象とした．$\bar{x}_{\mathrm{MMD}}$ は粒径 MMD の液滴の平均個数

トの割合，液滴あたりのシングレットの割合を対数正規分布として示したものである．横軸の $\bar{x}_{\mathrm{MMD}}$ は粒径 MMD の液滴の平均個数である．

$$\bar{x}_{\mathrm{MMD}} = F_v\left(\frac{\mathrm{MMD}}{d_p}\right)^3 \tag{21.6}$$

液滴粒径の対数正規分布（GSD = 1.8 ～ 2.2）の場合，シングレットの球体を一つだ

け含む液滴の割合は $\bar{x}_{\mathrm{MMD}}=0.7$ でピークに達する．この $\bar{x}_{\mathrm{MMD}}$ において，乾燥後に最大濃度のシングレットが生成されるが，粒子の 64 ～ 71％がマルチプレット（二つ以上の粒子からなる粒子）である．$\bar{x}_{\mathrm{MMD}}$ の値が約 0.001 の場合，乾燥エアロゾル中に 84 ～ 97％のシングレットが生成されるが，液滴の 98％以上には球体が含まれていないため，個数濃度は低くなる．

3 番目の問題は，空の液滴によって引き起こされる．一部の PSL では，液体中に少なからぬ割合で安定剤が含まれている．安定剤は空の液滴中に存在し，それらが乾燥すると，式 (21.1) で与えられる直径をもつ安定剤の残留粒子が形成される．安定剤は，小さな粒子の粒径をわずかに変化させる液膜も形成する．

粒径および界面活性剤の体積分率が既知である PSL 粒子について，シングレットとダブレットの比 R' を測定すると，ネブライザで生成される平均体積の液滴についての直径を推定する簡単な式が得られる．$n=1$ および $n=2$ を式 (21.4) に代入すると，次のようになる．

$$R'=\frac{P(1)}{P(2)}=\frac{2}{\bar{x}}=\frac{2v_p}{F_v\bar{v}_d} \tag{21.7}$$

$$d_{\bar{v}}=\left(\frac{6\bar{v}_d}{\pi}\right)^{1/3}=d_p\left(\frac{2}{F_vR'}\right)^{1/3} \tag{21.8}$$

例題　280 kPa［40 psig］で動作する Lovelace ネブライザを使用して，単分散 0.5 µm PSL 球をエアロゾル化する．最終的なエアロゾルの 90％がシングレットになるには，どのような懸濁液濃度を使用する必要があるか．噴霧された液体に体積分率 5×10^{-6} の界面活性剤が含まれている場合，界面活性剤残留粒子の粒径の中央値はどれくらいになるか．

解　表 21.1 より，MMD＝3.2 µm，GSD＝2.2，図 21.3 より，$\bar{x}_{\mathrm{MMD}}=0.0003$．これらの値を式 (21.6) に代入すると，次のようになる．

$$F_v=\bar{x}_{\mathrm{MMD}}\times\left(\frac{d_p}{\mathrm{MMD}}\right)^3=0.0003\times\left(\frac{0.5}{3.2}\right)^3=1.1\times10^{-6}$$

界面活性剤残留粒子の粒径は，次のようになる．

$$d_p=d_d(F_v)^{1/3}=3.2\times(5\times10^{-6})^{1/3}=0.055\,\mu\mathrm{m}$$

21.3 固体粒子の分散

固体粒子から試験用エアロゾルを生成するために最も広く使用されている方法は，乾燥粉末の空気圧による再分散である．この方法は乾式分散法とよばれ，幅広い材料と粒子供給量に対応できる．乾式分散生成装置の出力濃度は，1 mg/m^3 から 100 g/m^3 を超える範囲に及ぶ．このエアロゾル生成方法は，フィルタ試験，実験動物による毒物吸入試験や空気清浄に関するさまざまな研究に応用されている．

乾式分散を応用したエアロゾル発生器が備えるべき基本要件は，

① 粉体を計量しながら一定速度で連続的に発生装置に供給する手段

② 粉体を分散してエアロゾルを形成する手段

である．最も単純な粒子計量供給システムは，重力を利用して粉体を気流に送り込む方法で，通常は補助的にバイブレータを使用する．これのシステムでは，粒子の供給が不均一になったり，粉体の正味の密度が変化したりすることがあり，エアロゾル濃度が変動する可能性がある．より安定した計量方法として，粉体を圧縮して円柱状に成型したシリンダから一定量ずつ削り取っていく方法がある．この方法は，以下で述べるライト型エアロゾル発生器（Wright dust feeder）TSI 3410 に用いられているが，粉体の正味の密度が均一となるようシリンダが成型されており，長時間の使用においても安定して高い信頼性が得られる．

個体粒子の分散性（dispersibility）すなわち固体粒子の分離のしやすさは，粒子の材料，粒径および粒径範囲，粒子の形状，および水分含有量によって異なる．分散が不完全な場合，エアロゾルの粒径分布はもとの固体粒子の粒径分布よりも広いものになる．滑石（訳者注：マグネシウム・ケイ酸から成る鉱物の一つ）などの疎水性材料は，石英や石灰石などの親水性材料よりも分散しやすい．粉体を完全に分散させるには，粒子間の引力に打ち勝って粒子を分離するのに十分なエネルギーを供給する必要がある．分散性は粒径が大きくなるにつれて急激に増加するが，個々の発生器には，その装置では十分に分散できない下限粒径がある．

関連する量として粉塵発生率（dustiness）がある．これは，もとの粉体量と空中に浮遊する粉体量を測定した結果との割合をべき乗値で表したものである．粉塵量は，粉体の空中への浮遊のしやすさを相対的に示しており，さまざまな作業環境における発塵強度を推定するために使用される．粉塵発生率を評価する方法には，単一滴下試験と回転シリンダ試験がある．単一落下試験では，既知の質量の粉体（通常 100 ～ 300 g）を一定の高さから落下させ，周囲の空気から浮遊粉塵を一定時間フィルタ上に捕集して測定する．回転シリンダ試験では，既知の質量の粉末（通常 20 ～ 100 g）を内部にリブを設けた水平シリンダ内に置き，シリンダを一定時間ゆっくり回転させながら，シリンダ表面の空気を吸引し，浮遊粉塵をフィルタで捕集する．捕集された粉塵質量と初期粉塵質量との比を粉塵指数（dustiness index）とよび，単位 mg/kg で表す．通常，粉塵指数の範囲は 1 ～ 100 mg/kg のオーダとなる．結果は装置によって異なるので，統一的な結果を得るにはすべての操作変数を注意深く調整する必要がある．Plinke et al., 1995 は，落下試験による衝撃力から，粉体粒子間にはたらく凝集力を予測する経験式を示している．

個体粒子を分散させる最も一般的な方法として，粉体を高速気流に送り込む方法がある．乱流中のせん断力により粉体が分散され，凝集体が破壊される．別の方法として，100 ～ 200 μm のビーズから成る流動床に粉体を送り込む方法がある．この操作により凝集体を破壊し，粒子を気流中に分散させる．この方法では，定期的に流動床を洗浄し，大きな凝集体が流動床から飛散しないようにする．粉塵を分散させるために使用する圧縮空気は，コンプレッサからのオイルミスト混入を避け，清浄かつ十分に乾燥したものを使用する．しかし，逆に極度に乾燥した空気（相対湿度 $<5\%$）は，粒子間に強い静電気力を引き起こし，分散性を低下させる可能性もあるので，注意が必要である．

すべての乾式分散エアロゾル発生器に共通する問題は，分散中に粒子が帯電することである．この帯電は，個体粒子が発生器内の表面に触れたり，表面から離れたりしたときの接触荷電によるものであり，システム内壁への沈着による損失が原因で，出力濃度の変動を引き起こす．帯電効果は水分含有量の低い粉体で最も大きくなる．装置の構成材料を慎重に選択することで帯電を削減できるが，発生器から放出されるエアロゾルをボルツマン平衡電荷分布まで除電する方法が一般的に採用されている．15.7 節で述べたような高濃度の双極性イオンを発生する放射線源をチャンバ内に設置し，ここにエアロゾルを通過させて除電する．

凝集体や大きい粒子を発生エアロゾルから確実に除去するには，発生器の出力側に分級器を接続する必要がある．分級器としては，分離柱，サイクロン，インパクタ，遠心分離器などが用いられる．動物暴露試験の場合には，米国政府産業衛生士会議（ACGIH）の呼吸性粒子のカットオフ曲線に適合するようにサイクロンを操作して，エアロゾルから非呼吸性粒子を除去する．

表 21.3 は，市販されている 6 種類のエアロゾル発生器の特性をまとめたものである．これに関しては，Cheng and Chen, 2008 および Chen, 2011 に概説されてい

表 21.3 乾式分散型エアロゾル発生器の特性 a)

エアロゾル発生器	粒子供給機構	粒径範囲 (μm)	風量 (m^3/hr ［L/min］)	体積供給量 b) (mm^3/min)	発生濃度 b) (g/m^3)
Wright II c)	スクレーパ付充填シリンダ	0.2～ 10	0.6～2.1 ［10～35］	0.24～ 210	0.002 ～ 40
Vilnius Aerosol Generator c)	回転・振動タービン	0.1～100	0.2～0.6 ［4～10］	NA g)	0.001 ～ 2.5
Palas RGB 1000 d)	回転ブラシ付き充填シリンダ	0.1～100	0.3～5 ［5～83］	0.7 ～9 000	0.0001～400
TSI 3400A e)	流動層	0.5～ 40	0.3～0.9 ［5～15］	3 ～ 30	0.01 ～ 0.1
TSI 3410U e)	回転ブラシ付き充填シリンダ	0.2～100	0.5～2.1 ［8～35］	0.8 ～ 333	0.05 ～ 20
TSI 3410L e)	回転ブラシ付き充填シリンダ	0.2～100	1.5～4 ［25～67］	33 ～4 167	0.5 ～ 20
Jet O-Mizer Model 00 f)	ベンチュリ吸引	0.5～ 45	0.8～6.8 ［14～113］	100 ～3 000	1 ～100

a) Cheng and Chen, 2008 およびメーカーのパンフレットより.
b) 単位密度, $\rho_b = 1000$ kg/m^3 ［1.0 g/m^3］に基づいて換算した.
c) CH Technologies(USA), Inc.,Westwood, NJ.　d) Palas GmbH, Karlsruhe, Germany.
e) TSI Inc., Shoreview, MN.　f) Fluid Energy Processing & Equipment Co., Hatfield, PA.
g) 利用不可.

る. 最も広く使用されている乾式分散エアロゾル発生器は, 図 21.4 に示すライト型エアロゾル発生器である. この装置は, 制御された圧力下で個体粒子を固めたシリンダを使用し, 固形物の表面を一定の速度で削り取ることにより, 安定な粒子供給を可能としている. 個体粒子のシリンダを, 固定されたスクレーパヘッドの先端近傍で回転させる. 濾過された乾燥圧縮空気がスピンドル内の環状空間を通ってスクレーパヘッドに到達し, スクレーパの外縁にある溝を通過する. 空気はスクレーパの刃に沿って放射状に流れ, シリンダから削り取られた粒子を運んでいく. 粒子を含む空気は高速で中心軸からインパクタに向かって噴出し, 残っている凝集粒子を粉砕する. 粒子シリンダが取り付けられたねじ付きスピンドルが回転すると, 差動歯車機構によってシリンダがスクレーパの刃に向かって一定速度で前進するので, 粒子供給速度が一定に確保される. この前進速度は, スピンドル送りねじのピッチと駆動モータの速度によって制御されるが, 駆動モータの回転速度は 1 000 倍まで変化させることができる. 個体粒子シリンダには直径 12.7 mm と 38 mm の 2 種類があり, 粒子供給速度の範囲がさらに 9 倍になる. このエアロゾル発生器は, シ

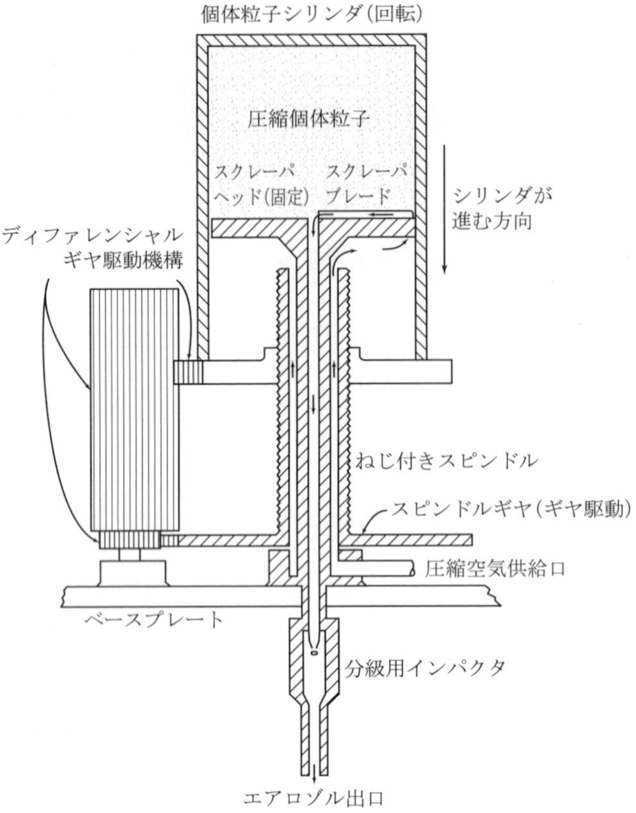

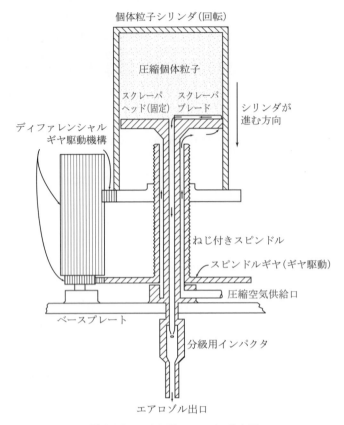

図 21.4　ライト型エアロゾル発生器

リカ，二酸化ウラン，その他の鉱物性ダストなど，粒子の 90％が 10 μm 未満であるような，硬く乾燥した物質に最も適しているが，石炭やカーボンブラックなどの柔らかく粘着性のある材料や，酸化鉄や酸化亜鉛の微細粉末には適していない．より広範囲な粒子を処理するには，TSI 3410 で使用される回転ブラシ分散器が使用される．この装置でも個体粒子を成型したシリンダが用いられる．この個体粒子シリンダをピストンによって回転するワイヤブラシ上に一定速度で押し出し，生成された粒子を圧縮空気の流れに乗せて排出する．

流動床エアロゾル発生器を図 21.5 に示す．この発生器は，180 μm のブロンズビーズが深さ 15 mm まで充填された直径 51 mm の流動床チャンバを備えている．ダストは流動床からクリプトン 85 中和チャンバに 9 L/min で直接排出される．

流動床の出口での速度が遅いため，動力学的直径が 50 μm を超える粒子は排出

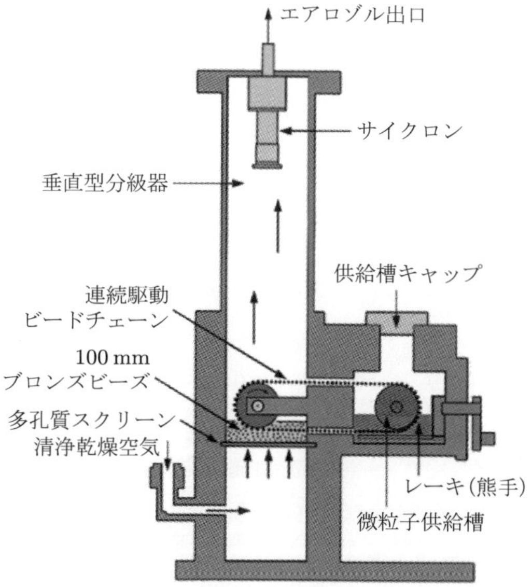

図 21.5 TSI 3400A 流動床エアロゾル発生器（TSI Inc., Shoreview, MN）

されない．個体粒子は，ボールチェーンを用いたコンベア供給システムによって連続的に計量され，流動床に導入される．チェーン内の各ボール間の空間は，一定量の粉体を捕集し，チューブを通って流動床に輸送された後，粉体は流動床に流れ込む．チェーンの速度を変更することによりエアロゾルの発生速度を 30 倍まで変化させることができる．この装置では，流動床内での粒子の滞留時間が長いため，粉体を最初に導入した後，一定の出力を得られるまでに数時間が必要である．粉体の計量速度を変更した場合にも，平衡に達するまでに 1 時間程度かかる．しかし，この遅い応答のため，供給速度の変動による出力濃度の変動はきわめて小さい．直径 1.2 cm の吸入性サイクロンを出口に取り付け，吸入性粒子のみ出力することもできる．

特殊なタイプの乾式分散エアロゾル発生器として，乾式粒子吸入器（dry-powder inhaler：DPI）がある．あらかじめ計量した医薬品粉末をカプセルまたはパケットに入れ，噴射剤を用いずにエアロゾル化し，吸入する．粉末を充填したゼラチンカプセルを DPI 吸入部の回転エレメントに挿入するタイプのものもある．カプセルの端には穴があけられており，吸入中にエレメントが回転するとエレメント上のベーンが乱流を発生し，この乱流によって医薬品粒子が吸気流に分散される．このような装置の包括的なレビューは，Islam and Gladki, 2008 に記載されている．

Schmoll et al., 2009 は，エアロゾル生成に使用されるさまざまな個体粒子の特性と用途を示している．さまざまな植物や樹木の花粉は単分散なので，試験用エアロゾルとしても使用できる．これらの花粉の粒径は植物の種類によって異なるが，約 15 μm から 70 μm までの範囲であり，密度は 0.45 ～ 1.05 g/cm^3 である．多分散試験用エアロゾルとしてよく使用される標準物質は，アリゾナ道路粉塵（Arizona road dust：ARD）である．この粉塵は等級分けされた自然由来の粒子で，その起源であるアリゾナ州にちなんでこのようによばれる．Sigma Aldrich, St. Louis, MO や Beckman Coulter Life Sciences, Indianapolis, IN など複数の販売業者から入手可能である．ISO や NIST では，ARD の粒度分布と化学組成を定義する規格（ISO 12103－1 および NIST 参照物質 8631b）を定めている．これらの粒子は，通常 69 ～ 77％の SiO_2，8 ～ 14％の Al_2O_3，および 4 ～ 7％の Fe_2O_3 で構成されている．粉体の質量の約 23％は 5.5 μm 未満の粒子であり，約 63％は 22 μm 未満の粒子である．粒子形状に関する情報は，Fletcher and Bright, 2000 に記載されている．

21.4　凝縮法

揮発性有機物質の蒸気を凝縮させることによって，サブマイクロメートルサイズのエアロゾルを高濃度に生成できる．凝縮型エアロゾル発生器には，さまざまな形式があるが，基本的には，凝縮核と蒸気の濃度を制御し，時間をかけて粒子を凝縮させる．特定の条件下では，それぞれの粒子が凝縮によって成長する速度は同じであり，凝縮核が凝縮領域を通過する際に液滴が形成され，最終的な同一粒径に成長する．装置壁面での結露による損失を無視すると，最終的に得られる液滴の直径は次のように求められる．

$$d_d = \left(\frac{6C_m}{\pi\rho_L N}\right)^{1/3} \tag{21.9}$$

ここで，C_m は蒸気の質量濃度，ρ_L は液体の密度，N は凝縮核の個数濃度である．粒径は，蒸気または核のいずれかの濃度を調整して制御できる．凝縮核は液滴よりもはるかに小さいため，その大きさのばらつきは，最終的な液滴のサイズには影響しない．この種のエアロゾル発生器には，室温で液体または固体で，沸点が 300 ～ 500℃の材料が適している．付録 A.13 には，凝縮エアロゾルの生成に使用される各種揮発性有機物質の特性を示した．凝縮は，熱交換，混合，断熱膨張による冷却によって生じさせる．蒸気濃度は，加熱された液体の貯蔵容器の上部または中央に空気を吹き込むか，あるいは液体を噴霧して加熱することで制御する．凝縮核は，加熱線またはネブライザによって生成する．凝縮エアロゾル発生器は，熱的な平衡を得るまでに長時間を必要とする．

図 21.6 に蒸発–凝縮型単分散エアロゾル発生器とよばれる装置の概要を示す．これは凝縮法を応用した簡易な装置である．蒸気と凝縮核はいずれもネブライザにより発生させ，少量（<1%）の不揮発性物質を含む DOP を噴霧し，加熱して目的の蒸気濃度に制御する．液滴が蒸発すると残留粒子が残り，凝縮核を形成するので，蒸気とこの凝縮核との混合物をゆっくりと冷却することで凝縮エアロゾルを生成する．エアロゾルの個数濃度は，ネブライザの液滴，凝縮核，および凝縮で形成された液滴のいずれも同一である．凝縮により生成された液滴は，ほぼすべて同一の条件下で成長するため，GSD = 1.2 ～ 1.4 となる．揮発性溶剤や内壁への蒸気の損失がない場合，粒子の全個数と全質量は一定なので，噴霧液滴と凝縮で形成された液滴の平均質量径も一定に保たれる．粒径は，ネブライザの液体中にアルコールのような凝縮部で凝縮しない揮発性溶媒を添加することによって制御される．この技術では，0.003 μm から 1.0 μm 以上の粒子を生成できる．このタイプの発生器についての情報は，TSI, Inc., Shoreview, MN から入手できる．市販の多分散凝縮発生装置も TSI, Inc. から提供されており，フィルタ試験用に大量のエアロゾルを生成できる．これらの発生器では，DOP などの揮発性物質を N_2 や CO_2 などの不活性ガスをキャリアとしてオリフィス，ヒータ部に送り，そこで気化させる単純なしくみを応用している．蒸気は大気中に放出される際に凝縮し，高密度のエアロゾル

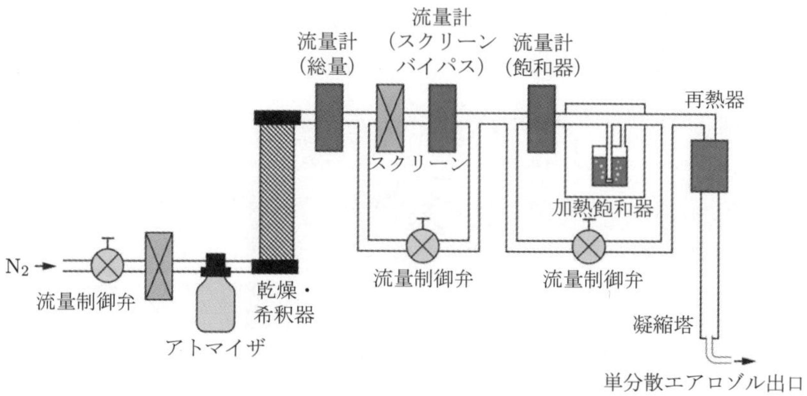

図 21.6 TSI 3475 蒸発–凝縮型単分散エアロゾル発生器（TSI, Inc., Shoreview, MN）

が形成される．

試験用エアロゾルは化学反応を応用して生成することもできる．四塩化チタニウムの液体は容易に蒸発し，空気中の水分と反応して TiO_2 と HCl を生成する．蒸気はほぼ瞬時に反応して，高密度の固体および液体のエアロゾルを形成する．この生成方法は，流れの可視化や換気空気の流れを確認するための煙管などに使用されている．

問題

21.1　フローフォーカシングエアロゾル発生器により 8 g の NaCl を 1 L の蒸留水に溶解した液体を，流量 0.2 cm^3/min で供給し，液滴を生成する．オリフィスの直径は 15 μm，100 kHz で振動させるものとする．このエアロゾル流を乾燥させた後に得られる NaCl 粒子の等価体積径はいくらか．

解答：6.1 μm

21.2　粒径 0.65 μm の PSL 粒子の 0.4％水懸濁液を噴霧させ，得られたエアロゾルを乾燥させた．このエアロゾルサンプルをメンブレンフィルタ上に捕集し，光学顕微鏡で観察した．6 視野について計数したところ，ダブレット球が 136 個，トリプレット球が 18 個認められた．ネブライザによって生成された初期の液滴の平均質量径を求めよ．

解答：3.0 μm

21.3　蒸発–凝縮型単分散エアロゾル発生器で粒子を生成する場合を考える．蒸発前の平均質量径が 2.8 μm で，熱交換器内壁での蒸気損失が 40％，凝縮核の損失はないものと仮定すると，最終的な質量平均径はいくらか．

解答：2.4 μm

21.4　Lovelace ネブライザ（21.2 節の例題および表 21.1）を 140 kPa［20 psig］で操作して，粒径 0.42 μm の PSL エアロゾルを生成する．懸濁液の濃度が 10^{-5} の場合，粒子は液滴にどの程度含まれるか．また，最終的なエアロゾルにおけるシングレットとダブレットの比率はどれくらいか．

解答：18％，2.3

参考文献

Ashgriz, N. (Ed.), *Handbook of Atomization and Sprays: Theory and Applications*, Springer, Boston, MA, 2011.

Chen, B. T., Fletcher, R. A., and Cheng, Y.-S., "Calibration of Aerosol Instruments", in Kulkarni, P., Baron, P. A., and Willeke, K. (Eds.), *Aerosol Measurement: Principles, Techniques, and Applications, 3rd edition*, Wiley, New Jersey, 2011.

Cheng, Y.-S. and Chen, B. T., "Aerosol Sampler Calibration", in *Air Sampling Technologies: Principles and Applications*, ACGIH, Cincinnati, 2008.

Duan, H., Romay, F. J., Li, C., Naqwi, A., Deng,W., and Liu, B. Y. H., "Generation of Monodisperse Aerosols by Combining Aerodynamic Flow-Focusing and Mechanical Perturbation", *Aerosol Sci. and Technol.*, **50**, 17-25 (2015).

Fletcher, R.A., and Bright, D. S., "Shape Factors of ISO 12103-A3 (Medium Test Dust)", *Filtr. + Sep.*, **37**, 48-56 (2000).

Islam, N., and Gladki, E., "Dry powder inhalers (DPIs) — A Review of Device Reliability and Innovation", *Int. J. Pharm.*, **360**, 1-11 (2008).

ISO, *Road Vehicles — Test Contaminants for Filter Evaluation — Part 1: Arizona Test Dust*, ISO 12103-1:2016, International Standardization Organization, Geneva, 2016.

Jaworek, A., "Micro and Nanoparticle Production by Electrospraying", *Powder Technol.*, **176**, 18-35 (2007).

Mercer, T. T., *Aerosol Technology in Hazard Evaluation*, Academic Press, New York, 1973.

NIST, SRM 8631b, *Medium Test Dust (MTD)*, National Institute of Standards and Technology, U.S. Department of Commerce, Gaithersburg, MD, 2020.

Plinke, M. A. E., Leith, D., Boundy, M. G., and Loeffler, F., "Dust Generation from Handling Powders in Industry", *Am. Ind. Hyg. Assoc. J.*, **56**, 251-257 (1995).

Schmoll, L. H., Elzey, S., Grassian, V. H., and O'Shaughnessy, P. T., "Nanoparticle Aerosol Generation Methods from Bulk Powders for Inhalation Exposure Studies", *Nanotoxicology*, **3**, 265-275 (2009).

付　録

A.1　定数と変換係数

基本単位

1 マイクロメートル(μm) = 1 ミクロン(μ) = 10^{-6} m = 10^{-4} cm = 10^{-3} mm = 10^{3} nm = 10^{4} Å
= 3.94×10^{-5} in

1 nm = 10^{-3} μm = 10^{-6} mm = 10^{-7} cm = 10^{-9} m

1 m = 39.4 in = 3.28 ft

1 km = 1 000 m = 3 280 ft = 0.621 mi

1 インチ(in) = 0.0254 m = 2.54 cm = 25.4 mm

1 フィート(ft) = 0.305 m = 30.5 cm = 305 mm

1 ニュートン(N) = 1kg·m/s^2 = 10^5 dyn = 10^5 g·cm/s^2

1 ポンド(lb) = 0.454 kg = 454 g

K = ℃ + 273

°F = 1.8(℃) + 32

体積

1 m^3 = 1 000 L = 10^6 cm^3 = 10^9 mm^3 = 35.3 ft^3

1 L = 0.001 m^3 = 1 000 cm^3 = 10^6 mm^3 = 0.0353 ft^3 = 61.0 in^3

1 ft^3 = 28 300 cm^3 = 28.3 L = 0.0283 m^3 = 1 728 in^3

1 in.^{3} = 16.4 cm^3 = 0.0164 L = 1.64×10^{-5} m^3

流量

1 m^3/s = 2 120 ft^3/min = 1 000 L/s

1 m^3/h = 16.7 L/min = 35.3 ft^3/h = 0.588 ft^3/min

1 ft^3/min(cfm) = 28.3 L/min(Lpm) = 1.70 m^3/h

1 ft^3/h = 0.47 L/min

濃度

1 μg/m^3 = 1 ng/L = 1 pg/cm^3

1 mg/m^3 = 1 μg/L = 1 ng/cm^3

1 g/m^3 = 1 mg/L = 1 μg/cm^3

1 mppcf = 35.3 個/cm^3

速度
1 ft/min = 0.305 m/min = 0.508 cm/s

1 ft/s = 0.305 m/s = 30.5 cm/s = 0.68 mph

293 K [20℃]における空気中の音速 = 343 m/s [34 300 cm/s]

真空中の光の速さ = 3.00×10^8 m/s [3.00×10^{10} cm/s]

加速度
海面高さにおける重力加速度 = 9.81 m/s^2 [981 cm/s^2]

圧力
1 atm = 1.01×10^6 dyn/cm^2 = 101 kPa = 14.7 lb/in^2 (psia) = 76 cmHg = 760 mmHg
= 1030 cmH_2O = 407 in. H_2O

1 Pa = 1N/m^2 = 10 dyn/cm^2 = 0.0075 mmHg = 0.0040 in. H_2O

1 lb/in^2 (psi) = 6.89 kPa = 51.7 mmHg = 27.7 in. H_2O

1 in.H_2O = 249 Pa = 2490 dyn/cm^2

293 K [20℃]における水蒸気圧 = 2.34 kPa [17.5 mmHg]

粘性係数
1 Pa·s = 1 N·s/m^2 = 1 kg/m·s = 10 poise (P) = 10 dyn·s/cm^2 = 10 g/cm·s

293 K [20℃]における空気の粘性係数 = 1.81×10^{-5} Pa·s [1.81×10^{-4} poise]

エネルギー
1 J = 1 N·m = 10^7 erg = 0.239 cal = 9.47×10^{-4} Btu（訳者注：英国熱量単位）

1 cal = 4.19 J = 4.19×10^7 erg = 0.00397 Btu

理想気体則　$Pv = n_m RT$
R = 8.31 J/K·mol (N·m/K·mol)　(P(Pa), v(m^3) のとき)

R = 82.1 atm·cm^3/K·mol　(P(atm), v(m^3) のとき)

R = 8.31×10^7 dyn·cm/K·mol　(P(dyn/cm^2), v(m^3) のとき)

R = 62 400 mmHg·cm^3/K·mol　(P(mmHg), v(m^3) のとき)

理想気体 1 mol の 293 K [20℃]における体積 = 0.0241 m^3 = 24.1 L

アボガドロ数 $N_a = 6.02 \times 10^{23}$ 個/mol

ボルツマン定数 $k = R/N_a = 1.38 \times 10^{-23}$ J/K (N·m/K) [1.38×10^{-16} erg/K (dyn·cm/K)]

293 K [20℃], 101 kPa (1 atm) の乾燥空気
密度 = 1.20 kg/m^3 = 1.20 g/L [1.20×10^{-3} g/cm^3] = 0.074 lb/ft^3

粘性係数 = 1.81×10^{-5} Pa·s [1.81×10^{-4} poise]

平均自由行程＝0.066 μm
分子量＝0.029 kg/mol [29.0 g/mol]
比熱比＝$\kappa = c_p/c_v = 1.40$
拡散係数＝2.0×10^{-5} m²/s [0.20 cm²/s]

体積組成（乾燥空気）

N_2	78.1%
O_2	20.9%
Ar	0.93%
CO_2	0.042%
その他	0.003%

293 K [20℃]，101 kPa（1 atm）の水

粘性係数＝0.00100 Pa·s [0.0100 dyn·s/cm²]
表面張力＝0.0727 N/m [72.7 dyn/cm]
飽和蒸気圧＝2.34 kPa [17.5 mmHg]

293 K [20℃]，101 kPa（1 atm）の水蒸気

拡散係数＝2.4×10^{-5} m²/s [0.24 cm²/s]
密度＝0.75 kg/m³＝0.75×10^{-3} g/cm³

A.2　基本的な物理法則

物体の慣性とは，静止状態または運動状態にある物体が，その状態から変化することに抵抗する物体の特性である．質量とは，慣性を定量的に表す尺度である．

運動量＝質量×速度＝mV

ニュートンの第2法則：物体の運動量の変化率は，物体に加わる正味の力，$\sum F = \mathrm{d}(mV)/\mathrm{d}t$に比例する．質量一定の物体では，

$$F = m\left(\frac{\mathrm{d}V}{\mathrm{d}t}\right) = ma$$

ここで，mがkg，aがm/s²の場合には力の単位はN(ニュートン)，mがg，aがcm/s²の場合には力の単位はdynとなる．

仕事＝力×距離：　1N·m＝1 J　[1 dyn·cm＝1 erg]

運動エネルギー＝$\frac{1}{2}mV^2$：　$1\,\mathrm{kg \cdot m^2/s^2} = 1\,\mathrm{J}$　$[1\,\mathrm{g \cdot cm^2/s^2} = 1\,\mathrm{erg}]$

力＝単位時間あたりの仕事量：　1W＝1 J/s＝10^7 erg/s＝0.00134 Hp

$$遠心力 = \frac{m(V_T)^2}{R} = mR\omega^2$$

ここで，V_T は接線速度 m/s [cm/s]，ω は角速度 rad/s，R は動作半径であり，$V_T = \omega R$ の関係がある．

$$1\ ラジアン(\mathrm{rad}) = \frac{360}{2\pi} = 57.3°$$

浮力＝押しのけられた流体の重さ

ダクト内の流れ

流量＝速度×断面積＝$Q = VA$

$$滞留時間 = \frac{ダクト容積}{流量}$$

球の性質

円周　$2\pi r = \pi d = 3.14d$

投影面積　$\pi r^2 = \dfrac{\pi d^2}{4} = 0.785d^2$

表面積　$4\pi r^2 = \pi d^2 = 3.14d^2$

体積　$\dfrac{4\pi r^3}{3} = \dfrac{\pi d^3}{6} = 0.524d^3$

全立体角　4π steradian (sr)

A.3　一般的なエアロゾル物質の相対密度

（単位は，表示された数値に 1000 を掛けると kg/m^3，10 を掛けると g/cm^3 となる）

固体			
アルミニウム	2.7	天然繊維	1　～1.6
酸化アルミニウム	4.0	パラフィン	0.9
硫酸アンモニウム	1.8	プラスチック	1　～1.6
アスベスト	2.0～2.8	花粉	0.45～1.05
アスベスト，クリソタイル	2.4～2.6	ポリスチレン	1.05
ヤシ油	1.0	ポリビニルトルエン	1.03
石炭	1.2～1.8	セメント	3.2
フライアッシュ（燃焼灰）	0.7～2.6	石英	2.6
フライアッシュ（浮灰）	0.7～1.0	塩化ナトリウム	2.2
一般的なガラス	2.4～2.8	硫黄	2.1
花崗岩	2.6～2.8	デンプン	1.5

（単位は，表示された数値に 1000 を掛けると kg/m^3，10 を掛けると g/cm^3 となる）

氷	0.92	滑石	2.6 〜2.8
鉄	7.9	二酸化チタン	4.3
酸化鉄	5.2	ウラニン色素	1.53
石灰岩	2.7	木材（乾燥）	0.4 〜1.0
鉛	11.3	亜鉛	6.9
大理石	2.6〜2.8	酸化亜鉛	5.6
メチレンブルー染料	1.26		
液体			
アルコール	0.79	水銀	13.6
フタル酸ジブチル（DBP）	1.045	油	0.88〜0.94
フタル酸ジオクチル（DOP）	0.983	オレイン酸	0.894
セバシン酸ジオクチル（DEHS）	0.915	ポリエチレン	1.13
塩酸	1.19	硫酸	1.84
		水	1.00

A.4　標準ふるいサイズ

指定寸法		公称ワイヤ径	指定寸法		公称ワイヤ径
ISO 規格 [a)]（μm）	号数（No.）	（μm）	ISO 規格 [a)]（μm）	号数（No.）	（μm）
250	60	180	63	230	44
180	80	131	53	270	37
150	100	110	45	325	30
125	120	91	38	400	25
106	140	76	32	450	28
90	170	64	25	500	25
75	200	53	20	635	20

a）開口部の寸法.

A.5　293 K［20℃］，101 kPa［1 atm］における気体と蒸気の特性

気体または蒸気	分子量	相対密度 a)	粘性係数 b)	拡散係数 c)
乾燥空気	29.0	1.00	1.81	2.0
湿った空気（飽和蒸気圧）	28.7	0.99	1.79	2.0
CO	28.0	0.967	1.75	
CO_2	44.0	1.52	1.46	1.6
CH_4	16.0	0.554	1.09	
H_2	2.0	0.070	0.88	6.8
H_2O	18.0	0.62	0.96	2.4
N_2	28.0	0.967	1.75	2.0
O_2	32.0	1.10	2.03	2.0

a）乾燥空気に対する密度の比．単位は，表示された数値に 1.20 を掛けると kg/m^3，0.00120 を掛けると g/cm^3 となる．

b）単位は，表示された数値に 10^{-5} を掛けると Pa・s，10^{-4} を掛けると P（$dyn \cdot s/cm^3$）となる．

c）空気中の気体または蒸気の拡散係数．単位は，表示された数値に 10^{-5} を掛けると m^2/s，0.1 を掛けると cm^2/s となる．

A.6　温度に対する空気の粘度，密度の変化

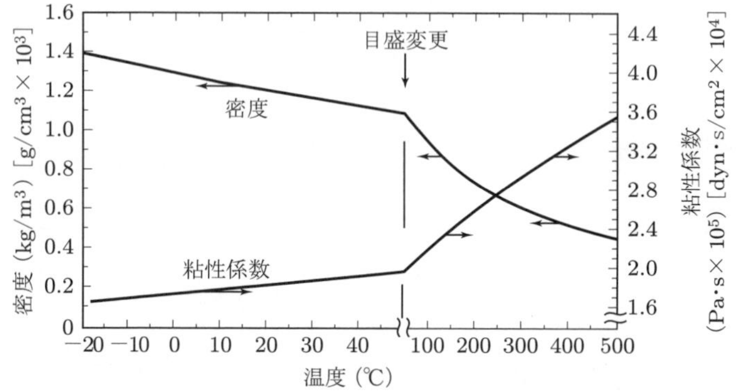

A.7　空気の圧力，温度，密度，平均自由行程と高度との関係

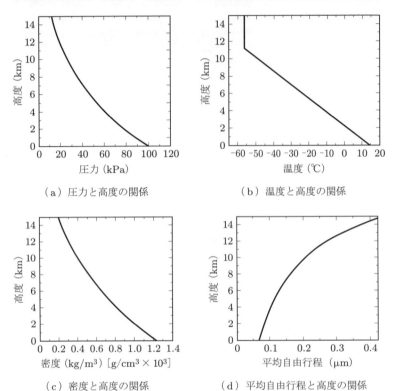

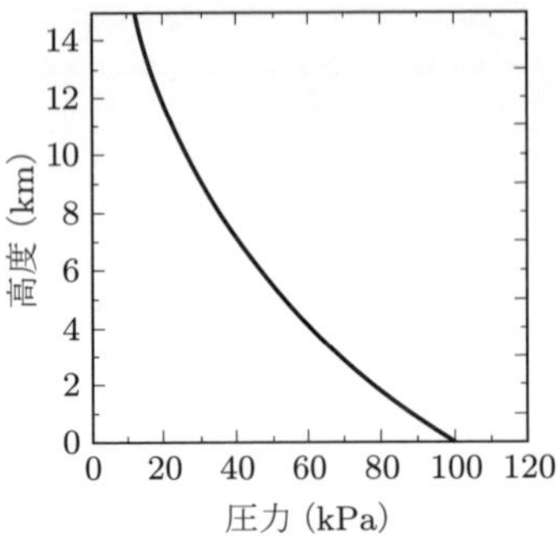

（a）圧力と高度の関係

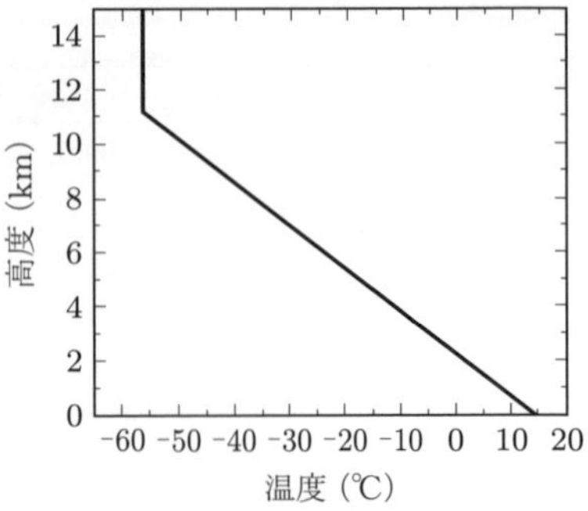

（b）温度と高度の関係

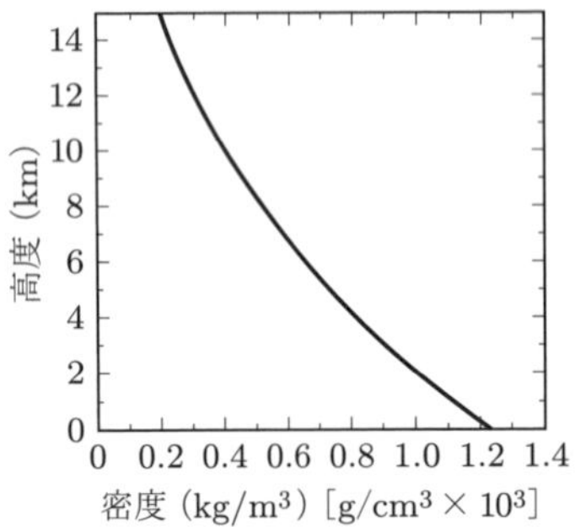

（c）密度と高度の関係

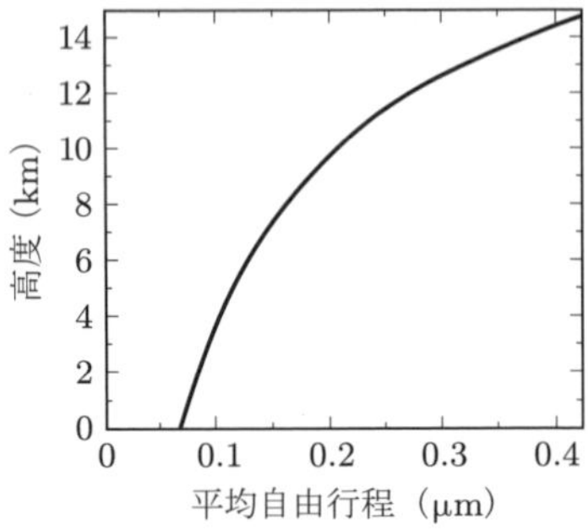

（d）平均自由行程と高度の関係

A.8　水蒸気の性質

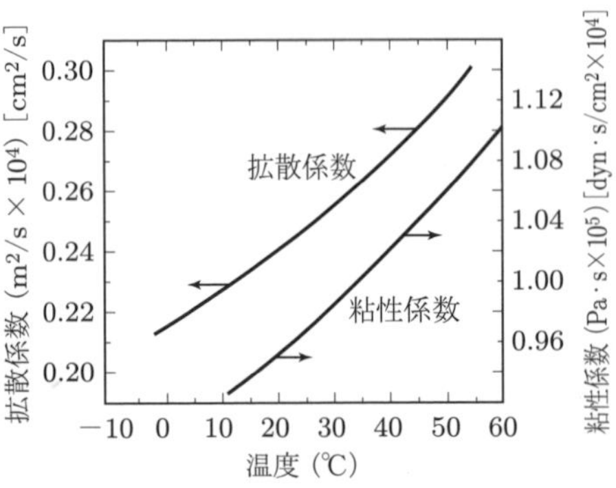

A.9　水の性質

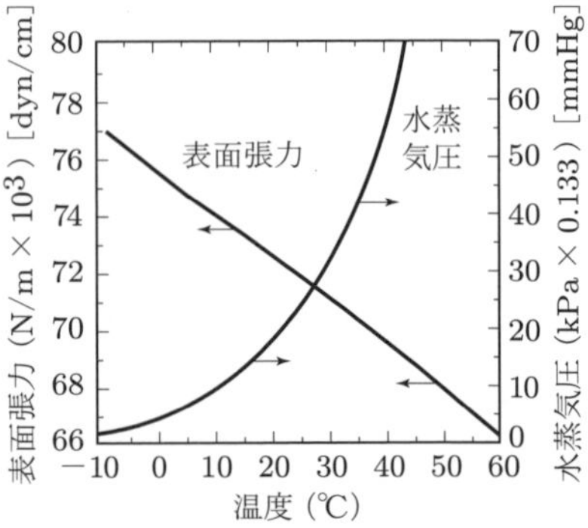

A.10　エアロゾル特性の粒子径範囲と測定機器

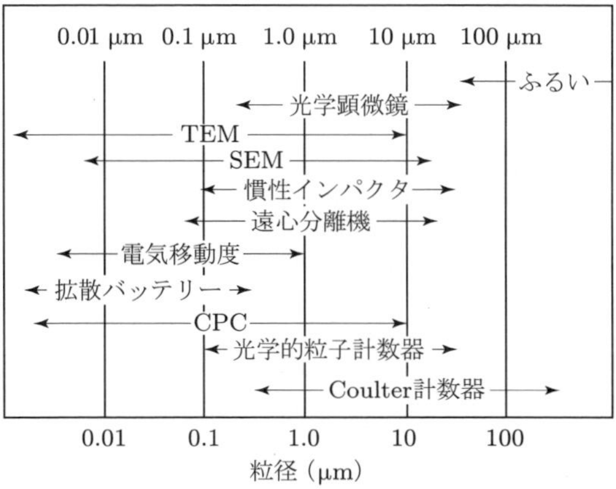

（a）測定器の適用粒径範囲

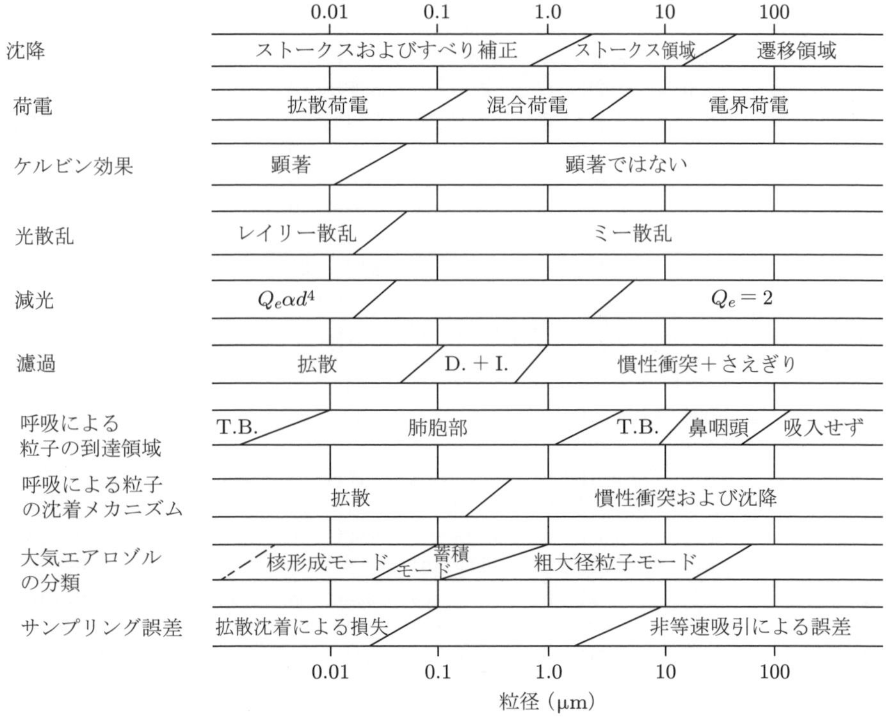

(b) エアロゾル特性の粒径範囲（図 1.6 参照）

A.11　(a) 標準状態における浮遊粒子の特性 (SI)[a)]

粒径 (μm)	すべり補正係数 C_c	沈降速度 V_{TS} (m/s)	緩和時間 τ (s)	移動度 B (m/N・s)	拡散係数 D (m^2/s)	凝集係数 K (m^3/s)
0.001	224.332	6.75E−09	6.89E−10	1.32E+15	5.32E−06	3.11E−16
0.0015	149.752	1.01E−08	1.03E−09	5.85E+14	2.37E−06	3.81E−16
0.002	112.463	1.35E−08	1.38E−09	3.30E+14	1.33E−06	4.40E−16
0.003	75.174	2.04E−08	2.08E−09	1.47E+14	5.94E−07	5.39E−16
0.004	56.530	2.72E−08	2.78E−09	8.28E+13	3.35E−07	6.21E−16
0.005	45.344	3.41E−08	3.48E−09	5.32E+13	2.15E−07	6.93E−16
0.006	37.888	4.11E−08	4.19E−09	3.70E+13	1.50E−07	7.56E−16
0.008	28.568	5.51E−08	5.61E−09	2.09E+13	8.46E−08	8.63E−16
0.01	22.976	6.92E−08	7.05E−09	1.35E+13	5.45E−08	9.48E−16
0.015	15.524	1.05E−07	1.07E−08	6.07E+12	2.45E−08	1.09E−15
0.02	11.801	1.42E−07	1.45E−08	3.46E+12	1.40E−08	1.15E−15
0.03	8.083	2.19E−07	2.23E−08	1.58E+12	6.39E−09	1.14E−15
0.04	6.229	3.00E−07	3.06E−08	9.13E+11	3.69E−09	1.07E−15
0.05	5.120	3.85E−07	3.93E−08	6.00E+11	2.43E−09	9.92E−16
0.06	4.384	4.75E−07	4.84E−08	4.28E+11	1.73E−09	9.20E−16
0.08	3.470	6.69E−07	6.82E−08	2.54E+11	1.03E−09	8.03E−16
0.1	2.928	8.82E−07	8.99E−08	1.72E+11	6.94E−10	7.17E−16
0.15	2.220	1.50E−06	1.53E−07	8.68E+10	3.51E−10	5.83E−16
0.2	1.878	2.26E−06	2.31E−07	5.51E+10	2.23E−10	5.09E−16
0.3	1.554	4.21E−06	4.29E−07	3.04E+10	1.23E−10	4.34E−16
0.4	1.402	6.76E−06	6.89E−07	2.06E+10	8.31E−11	3.97E−16
0.5	1.316	9.91E−06	1.01E−06	1.54E+10	6.24E−11	3.76E−16
0.6	1.261	1.37E−05	1.39E−06	1.23E+10	4.98E−11	3.62E−16
0.8	1.194	2.30E−05	2.35E−06	8.75E+09	3.54E−11	3.45E−16
1.0	1.155	3.48E−05	3.54E−06	6.77E+09	2.74E−11	3.35E−16
1.5	1.103	7.47E−05	7.62E−06	4.31E+09	1.74E−11	3.22E−16
2.0	1.077	1.30E−04	1.32E−05	3.16E+09	1.28E−11	3.15E−16
3.0	1.051	2.85E−04	2.90E−05	2.05E+09	8.31E−12	3.09E−16
4.0	1.039	5.00E−04	5.10E−05	1.52E+09	6.15E−12	3.06E−16
5.0	1.031	7.76E−04	7.91E−05	1.21E+09	4.89E−12	3.04E−16
6.0	1.026	1.11E−03	1.13E−04	1.00E+09	4.05E−12	3.03E−16
8.0	1.019	1.96E−03	2.00E−04	7.47E+08	3.02E−12	3.01 E−16
10	1.015	3.06E−03	3.12E−04	5.95E+08	2.41E−12	3.00E−16
15	1.010	6.84E−03	6.98E−04	3.95E+08	1.60E−12	2.99E−16
20	1.008	1.21E−02	1.24E−03	2.95E+08	1.19E−12	2.99E−16
30	1.005	2.72E−02	2.78E−03	1.96E+08	7.94E−13	2.98E−16
40	1.004	4.84E−02	4.93E−03	1.47E+08	5.95E−13	2.98E−16
50	1.003	7.55E−02	7.70E−03	1.18E+08	4.76E−13	2.98E−16
60	1.003	1.33E−01	1.11E−02	9.80E+07	3.96E−13	2.98E−16
80	1.002	1.72E−01	1.97E−02	7.34E+07	2.97E−13	2.98E−16
100	1.002	2.49E−01	3.07E−02	5.87E+07	2.37E−13	2.98E−16

a) 293 K［20℃］および 101 kPa（1 atm）での単位密度球について計算したもの.

A.11 (b) 標準状態における浮遊粒子の特性（cgs 単位）[a)]

粒径 (μm)	すべり補正係数 C_c	沈降速度 V_{TS} (m/s)	緩和時間 τ (s)	移動度 B (m/N・s)	拡散係数 D (m^2/s)	凝集係数 K (m^3/s)
0.001	224.332	6.75E−07	6.89E−10	1.32E+12	5.32E−02	3.11E−10
0.0015	149.752	1.01E−06	1.03E−09	5.85E+11	2.37E−02	3.81E−10
0.002	112.463	1.35E−06	1.38E−09	3.30E+11	1.33E−02	4.40E−10
0.003	75.174	2.04E−06	2.08E−09	1.47E+11	5.94E−03	5.39E−10
0.004	56.530	2.72E−06	2.78E−09	8.28E+10	3.35E−03	6.21E−10
0.005	45.344	3.41E−06	3.48E−09	5.32E+10	2.15E−03	6.93E−10
0.006	37.888	4.11E−06	4.19E−09	3.70E+10	1.50E−03	7.56E−10
0.008	28.568	5.51E−06	5.61E−09	2.09E+10	8.46E−04	8.63E−10
0.01	22.976	6.92E−06	7.05E−09	1.35E+10	5.45E−04	9.48E−10
0.015	15.524	1.05E−05	1.07E−08	6.07E+09	2.45E−04	1.09E−09
0.02	11.801	1.42E−05	1.45E−08	3.46E+09	1.40E−04	1.15E−09
0.03	8.083	2.19E−05	2.23E−08	1.58E+09	6.39E−05	1.14E−09
0.04	6.229	3.00E−05	3.06E−08	9.13E+08	3.69E−05	1.07E−09
0.05	5.120	3.85E−05	3.93E−08	6.00E+08	2.43E−05	9.92E−10
0.06	4.384	4.75E−05	4.84E−08	4.28E+08	1.73E−05	9.20E−10
0.08	3.470	6.69E−05	6.82E−08	2.54E+08	1.03E−05	8.03E−10
0.1	2.928	8.82E−05	8.99E−08	1.72E+08	6.94E−06	7.17E−10
0.15	2.220	1.50E−04	1.53E−07	8.68E+07	3.51E−06	5.83E−10
0.2	1.878	2.26E−04	2.31E−07	5.51E+07	2.23E−06	5.09E−10
0.3	1.554	4.21E−04	4.29E−07	3.04E+07	1.23E−06	4.34E−10
0.4	1.402	6.76E−04	6.89E−07	2.06E+07	8.31E−07	3.97E−10
0.5	1.316	9.91E−04	1.01E−06	1.54E+07	6.24E−07	3.76E−10
0.6	1.261	1.37E−03	1.39E−06	1.23E+07	4.98E−07	3.62E−10
0.8	1.194	2.30E−03	2.35E−06	8.75E+06	3.54E−07	3.45E−10
1	1.155	3.48E−03	3.54E−06	6.77E+06	2.74E−07	3.35E−10
1.5	1.103	7.47E−03	7.62E−06	4.31E+06	1.74E−07	3.22E−10
2	1.077	1.30E−02	1.32E−05	3.16E+06	1.28E−07	3.15E−10
3	1.051	2.85E−02	2.90E−05	2.05E+06	8.31E−08	3.09E−10
4	1.039	5.00E−02	5.10E−05	1.52E+06	6.15E−08	3.06E−10
5	1.031	7.76E−02	7.91E−05	1.21E+06	4.89E−08	3.04E−10
6	1.026	1.11E−01	1.13E−04	1.00E+06	4.05E−08	3.03E−10
8	1.019	1.96E−01	2.00E−04	7.47E+05	3.02E−08	3.01E−10
10	1.015	3.06E−01	3.12E−04	5.95E+05	2.41E−08	3.00E−10
15	1.010	6.84E−01	6.98E−04	3.95E+05	1.60E−08	2.99E−10
20	1.008	1.21E+00	1.24E−03	2.95E+05	1.19E−08	2.99E−10
30	1.005	2.72E+00	2.78E−03	1.96E+05	7.94E−09	2.98E−10
40	1.004	4.84E+00	4.93E−03	1.47E+05	5.95E−09	2.98E−10
50	1.003	7.55E+00	7.70E−03	1.18E+05	4.76E−09	2.98E−10
60	1.003	1.33E+01	1.11E−02	9.80E+04	3.96E−09	2.98E−10
80	1.002	1.72E+01	1.97E−02	7.34E+04	2.97E−09	2.98E−10
100	1.002	2.49E+01	3.07E−02	5.87E+04	2.37E−09	2.98E−10

a) 293 K［20℃］および 101 kPa（1 atm）での単位密度球について計算したもの.

A.12　標準および非標準状態におけるすべり補正係数

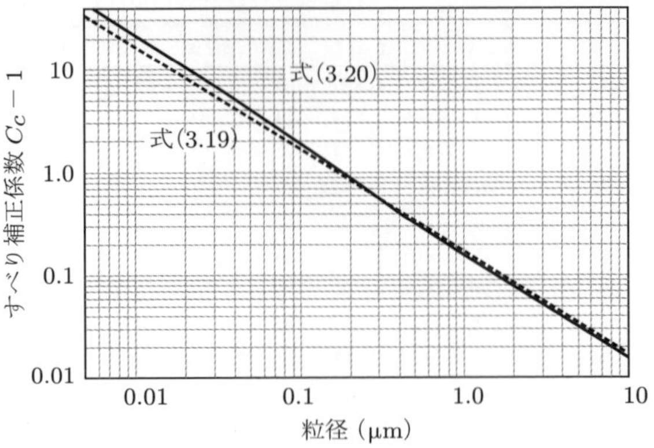

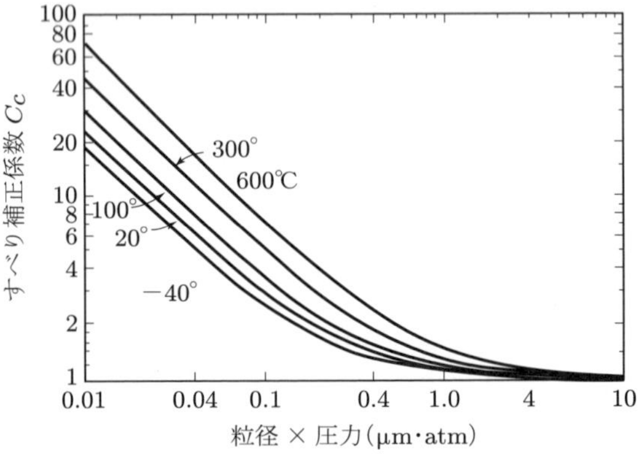

A.13　低蒸気圧液体の特性

液体	分子量	相対密度[a)]	293 K［20℃］における粘性係数（Pa・s）	表面張力（N/m×10^5）［dyn/cm］	沸点（℃）	293 K［20℃］における蒸気圧（Pa）［mmHg］	屈折率
DBP[c)]	278	1.05	0.020	—	340	0.012［9×10^{-5}］	1.493
DOP（DEHP）[d)]	391	0.984	0.082	31	350	3.5×10^{-6}［2.6×10^{-8}］	1.484
DOS（DEHS）[e)]	426	0.915	0.027	32	248	—	1.448
PAO[f)]（3004）	—	0.819	0.027	29	401	—	1.456
グリセロール	92	1.26	1.4	63	290（分解）	0.027［2×10^{-4}］	1.475
鉱油[g)]	—	0.86〜0.88	(0.6)	—	95％ ＞360	—	1.48
オレイン酸	283	0.894	—	—	360（分解）	0.012［9×10^{-5}］	1.458
PEG[h)]	380〜420	1.13	0.11	45	幅あり	—	1.465
シリコーン油[i)]	—	0.97〜1.1	0.1〜1	3〜21	—	—	—

— データなし
a）水に対する密度．示された数値に 1000 を掛けると kg/m^3，1.0 を掛けると g/cm^3 単位となる．
b）公開データを 293 K［20℃］に外挿した．
c）Di-butyl phthalate（DBP）．
d）Di（2-ethylhexyl） phthalate（DEP）．
e）Di（2-ethylhexyl） sebacate（DEHS）．
f）ポリアルファオレフィン（PAO），Emery 3004.
g）白色鉱物油，USP.
h）ポリエチレングリコール，PEG 400, Union Carbide.
i）DC 200，550，710 cSt（Centistokes：粘度の単位）の範囲．Dow Corning Corp.

A.14　293.15 K［20℃］における海面での大気特性 a)

特性値	記号	数値（SI）	数値（cgs 単位系）
絶対温度 b)	T	293.15 K	293.15 K［20℃］
重力加速度 c)	g	$9.8066\ \mathrm{m/s^2}$	$980.66\ \mathrm{cm/s^2}$
大気圧 c), d)	P	$1.0132\times10^5\ \mathrm{Pa}$	$1.0132\times10^6\ \mathrm{dyn/cm^2}$
アボガドロ数 c)	N_a	$6.0222\times10^{23}/\mathrm{mol}$	$6.0222\times10^{23}\ /\mathrm{mol}$
ボルツマン定数 c)	k	$1.3806\times10^{-23}\ \mathrm{J/K}$	$1.3806\times10^{-16}\ \mathrm{dyn\cdot cm/K}$
密度 e)	ρ_g	$1.2041\ \mathrm{kg/m^3}$	$1.2041\times10^{-3}\ \mathrm{g/cm^3}$
拡散係数 f)	D	$1.99\times10^{-5}\ \mathrm{m^2/s}$	$0.199\ \mathrm{cm^2/s}$
平均自由行程 g)	λ	0.066 μm	0.066 μm
モル体積 e)	v_m	$0.024053\ \mathrm{m^3/mol}$	24.053 L/mol
分子の個数濃度 e)	n	$2.5036\times10^{25}\ \mathrm{m^{-3}}$	$2.5036\times10^{19}\ \mathrm{cm^{-3}}$
分子量 c)	M	0.028964 kg/mol	28.964 g/mol
分子の衝突径 h)	d_m	$3.7\times10^{-10}\ \mathrm{m}$	$3.7\times10^{-8}\ \mathrm{cm}$
分子速度（平均）e)	$\bar{c}$	462.90 m/s	46290 cm/s
比熱比（c_p/c_v）i)	κ	1.400	1.400
音速 e)	V_s	343.23 m/s	34323 cm/s
普遍気体定数 c)	R	8.3143 J/mol・K	$8.3143\times10^7\ \mathrm{dyn\cdot cm/K\cdot mol}$
動粘性計数 j)	η	$1.8134\times10^{-5}\ \mathrm{Pa\cdot s}$	$1.8134\times10^{-4}\ \mathrm{poise}$

a）数値は有効数字 5 桁に四捨五入されている．

b）記載の値は本書で使用する標準温度 293.15［20℃］の値．USSA, 1976 で規定されている海面温度 288.15 K［15℃］の値とは異なる．

c）USSA, 1976.

d）正確な 760 mmHg の値．USSA, 1976.

e）USSA, 1976 の値を標準温度 293.15［20℃］に換算した．

f）Bolz and Tuve, 1973.

g）分子衝突径 0.37 nm を仮定して式（2.25）で計算した（分子衝突径の値（0.365 nm）の違いにより，293.15［20℃］に補正した USSA, 1976 の値とはわずかに異なる）．

h）USSA, 1976 の採用値 0.365 nm とはわずかに異なる（式（2.25）で計算する平均自由行程に影響を与えることに注意）．

i）USSA, 1976 の採用値．

j）サザーランドの式により標準温度 293.15［20℃］に換算した USSA, 1976 の値（2.4 節の例題参照）．

A.15 主なギリシャ文字の記号

Α α	アルファ（alpha）	Θ θ	シータ（theta）	Σ σ	シグマ（sigma）
Β β	ベータ（beta）	Κ κ	カッパ（kappa）	Τ τ	タウ（tau）
Γ γ	ガンマ（gamma）	Λ λ	ラムダ（lambda）	Φ φ	ファイ（phi）
Δ δ	デルタ（delta）	Μ μ	ミュー（mu）	Χ χ	カイ（chi）
Ε ε	イプシロン（epsilon）	Π π	パイ（pi）	Ω ω	オメガ（omega）
Η η	エータ（eta）	Ρ ρ	ロー（rho）		

A.16 接頭語

指数表記	名称	記号	指数表記	名称	記号
10^{12}	テラ（tera）	T	10^{-3}	ミリ（milli）	m
10^{9}	ギガ（giga）	G	10^{-6}	マイクロ（micro）	μ
10^{6}	メガ（mega）	M	10^{-9}	ナノ（nano）	n
10^{3}	キロ（kilo）	k	10^{-12}	ピコ（pico）	p
10^{-2}	センチ（centi）	c	10^{-15}	フェムト（femto）	f

参考文献

USSA, *U.S. Standard Atmosphere*, 1976, National Oceanic and Atmospheric Administration (NOAA), National Aeronautics and Space Administration (NASA), and United States Air Force (USAF), Washington, DC, 1976.

Bolz, R. E. and Tuve, G. L., *CRC Handbook of Tables for Applied Engineering Sciences*, 2d ed., CRC Press, Boca Raton, FL, 1973.

訳者あとがき

本書は，ハーバード大学およびロサンゼルス UCLA で活動された，エアロゾル科学の世界的権威である William C. Hinds 教授による著書“Aerosol Technology”の全訳である．原著の初版は 1982 年，第 2 版は 1999 年に出版されており，Hinds 教授ご自身は残念ながら 2021 年に他界されたが，2022 年に第 3 版が Yifang Zhu 教授（UCLA）との共著として出版された．Hinds 教授には心よりお悔やみを申し上げる．

我が国では，東京工業大学 早川一也教授（故人）監訳として 1985 年に原著初版の翻訳書が井上書院より出版され，これが長らく唯一の日本語版翻訳書であった．エアロゾルは，現在においても工学，科学，医学を始めとするさまざまな分野の重要な課題であり，早川教授らによる翻訳本は，広くエアロゾル科学・技術に携わる研究者，技術者のバイブル的な存在として愛読されてきた．

私自身の本書との出会いは，クリーンルームにおける汚染制御の研究を始めた際に，母校の恩師である須之部量寛教授（故人，元東京理科大学）に本書をご紹介いただいたことである．当時は我が国で本格的な半導体デバイスの量産が始まった時期で，エアロゾル粒子による汚染の対策は重要な技術課題であった．本書はエアロゾルの基礎から実用的課題までをわかりやすく解説しており，この分野の初学者であった私にとって大きな救いとなっただけでなく，その後の技術者生活においても，繰り返し本書を参考としてきた．その後，博士論文をまとめるにあたりご指導をいただいた東京工業大学 藤井修二教授が，早川研究室を引き継がれ，ご本人も本書の翻訳に携わっていた方であったことを知り，深く感銘を受けたことを覚えている．今回の第 3 版翻訳を共同作業いただいた東京工業大学 鍵直樹教授，工学院大学 並木則和教授の 2 名も藤井研究室のご出身で，同研究室では本書の輪読が毎年当然のように行われていたことを覚えている．

これまでに私が出会ったエアロゾル関連分野の研究者，技術者の方々からも，この分野の導入書として本書がたいへん役立ったという話や，翻訳本が絶版となり入手できなくなったことを惜しむ声を多く耳にしてきた．今回，原著第 3 版の出版に伴い，我々が本書の翻訳に携わることができたことは非常に光栄で，たいへん喜ばしく思っている．広く多くの方々にエアロゾルに興味をもっていただき，また本書を大いに利用していただくことを望む．

なお第3版の翻訳にあたり，訳者らの専門外である第11章「呼吸器系への沈着」については（独）労働者健康安全機構 小野真理子博士に，第14章「大気中のエアロゾル」については名古屋大学 長田和雄教授に，入念な原稿内容の確認･修正を行っていただいた．私の研究室秘書である青戸由佳氏には数式や記号の拾い出しや原稿チェックなどの緻密な作業をお願いした．森北出版 加藤義之氏には我々の不慣れな翻訳作業に対し，さまざまな有益な助言・サポートをいただいた．ここに記して皆様に心より感謝いたします．

2024年8月

諏訪 好英

索　引

■か　行

■さ　行

■た　行

な　行

は　行

■ま　行

■や 行

■ら 行

■わ 行

著者紹介

ウィリアム・C.・ハインズ（William C. Hinds）

UCLA フィールディング公衆衛生大学院環境保健科学部門 名誉教授，Sc.D.

専門分野は，呼吸保護を含むエアロゾルおよび空中汚染物質の産業衛生管理に関する基礎研究，応用研究．米国エアロゾル研究協会（AAAR）の会員として多くのワーキンググループ，委員会で活動し，アメリカ産業衛生協会フェロー（1994 年），アメリカ産業衛生協会ドナルド・E･カミングス記念賞（2009 年），AAAR デビッド・シンクレア賞（2009 年）など数々の賞を受賞．2021 年 5 月 14 日にカリフォルニア州ベイエリアの自宅にて 83 歳で逝去．

イーファン・チュウ（Yifang Zhu）

UCLA フィールディング公衆衛生大学院環境保健科学部門 教授，Ph.D.

専門分野は，エアロゾル科学・技術を中心とした大気汚染，気候変動，環境評価．現在，大気汚染物質の排出，輸送，変換の測定・評価とモデル化，および関連する健康影響の評価と緩和に重点を置いた研究に従事．米国健康影響研究所より新人研究者賞（2007 年），国立科学財団より教職員早期キャリア開発賞（2009 年），米国大気環境学会よりハーゲン－シュミット賞（2011 年）などを受賞．

訳者略歴

諏訪好英（すわ・よしひで）

1983 年　東京理科大学理工学部機械工学科卒業
1983 年　東京芝浦電気株式会社（現 株式会社東芝）生産技術研究所
1992 年　株式会社大林組 技術研究所
1996 年　論文により東京工業大学より博士（工学）取得
2003 ～ 2006 年　東京工業大学大学院情報理工学研究科 客員助教授（併任）
2009 ～ 2012 年　東京工業大学大学院情報理工学研究科 客員教授（併任）
2014 年　芝浦工業大学工学部機械工学科 教授

鍵　直樹（かぎ・なおき）

1999 年　東京工業大学大学院情報理工学研究科情報理工学専攻博士後期課程修了
　　　　博士（工学）
1999 年　東京工業大学特別研究員
2002 年　東京工業大学工学部助手
2004 年　国立保健医療科学院建築衛生部 研究員
2008 年　国立保健医療科学院建築衛生部 都市環境室長
2011 年　国立保健医療科学院建築衛生部 上席主任研究官
2012 年　東京工業大学大学院情報理工学研究科 准教授
2021 年　東京工業大学環境・社会工学院 教授

並木則和（なみき・のりかず）

1994 年　東京工業大学総合理工学研究科社会開発工学専攻修士課程修了
1996 年　論文により東京工業大学より博士（工学）取得
2003 年　金沢大学工学部 助教授
2004 年　金沢大学大学院自然科学研究科 助教授
2006 年　株式会社共立合金製作所
2008 年　工学院大学工学部応用化学科 准教授
2015 年　工学院大学先進工学部環境化学科 教授

エアロゾルテクノロジー（第3版）

2024年10月29日　第3版第1刷発行

監修　日本エアロゾル学会

訳者　諏訪好英・鍵直樹・並木則和

編集担当　加藤義之（森北出版）
編集責任　富井　晃（森北出版）
組版　双文社印刷
印刷　ワコー
製本　ブックアート

発行者　森北博巳
発行所　森北出版株式会社
〒102-0071　東京都千代田区富士見1-4-11
03-3265-8342（営業・宣伝マネジメント部）
https://www.morikita.co.jp/

Printed in Japan
ISBN978-4-627-67723-4